Springer-Lehrbuch

Günter Ludyk

Theoretische Regelungstechnik 1

Grundlagen, Synthese linearer Regelungssysteme

Mit 165 Abbildungen

Springer-Verlag
Berlin Heidelberg New York
London Paris Tokyo
Hong Kong Barcelona Budapest

Prof. Dr-Ing. Günter Ludyk
Universität Bremen, FB 1
Institut für Automatisierungstechnik
Kufsteiner Straße
28359 Bremen

Die Deutsche Bibliothek - Cip-Einheitsaufnahme

Ludyk, Günter:
Theoretische Regelungstechnik 1: Grundlagen, Synthese linearer Regelungssysteme
Berlin; Heidelberg; New York London; Paris Tokyo;
Hong Kong; Barcelona; Budapest: Springer, 1995
(Springer-Lehrbuch)

ISBN-13: 978-3-540-55041-9 e-ISBN-13: 978-3-642-77221-4
DOI: 10.1007/978-3-642-77221-4

Satz: Reproduktionsfertige Vorlage des Autors
SPIN: 10052172 68/3020 - 5 4 3 2 1 0 - Gedruckt auf säurefreiem Papier

Vorwort

Dieses Buch ist aus Lehrveranstaltungen hervorgegangen, die ich an der Universität Bremen über die Themen „Dynamische Systeme“ und „Regelungstheorie“ für Studenten der Studienrichtung Automatisierungstechnik seit mehr als zwanzig Jahren durchführe. Es ist deshalb unmöglich, sämtliche Quellen zu zitieren, die von mir im Laufe der Zeit herangezogen wurden. Soweit die Rekonstruktion der Quellen möglich war, sind diese im Literaturverzeichnis angegeben. Das führt aber auch dazu, daß nicht alle im Literaturverzeichnis aufgeführten Quellen im Text zitiert sind.

Das Buch befaßt sich mit den theoretischen Grundlagen der Regelungstechnik und den heute schon klassischen Verfahren im Frequenzbereich und Zustandsraum zur Synthese von Regelern, Zustandsbeobachtern und dem KALMAN-Filter sowohl für zeitkontinuierliche als auch für zeitdiskrete Einfach- und Mehrfachsysteme. Darüber hinaus werden Einführungen in die

- geometrische Theorie von Mehrfachregelungen,
- optimalen Regelungssysteme,
- robuste $\mathcal{H}_\infty$-Regelung,
- nichtlinearen Regelungssysteme und in die
- künstlichen Neuronalen Netze zur Regelung nichtlinearer Systeme

gegeben.

Wegen der angestrebten Klarheit der Aussagen war es notwendig, weitgehend von der mathematischen Notation Gebrauch zu machen, was häufig in der Folge *Definition-Satz-Beweis* zum Ausdruck kommt. Durch viele Beispiele wurde aber angestrebt, auch schwierige Aussagen anschaulich zu machen. Zur Selbstkontrolle des Lesers sind am Ende jedes Kapitels Übungsaufgaben und deren Ergebnisse, allerdings ohne den Lösungsweg, angegeben.

An mathematischen Grundlagen werden lineare Algebra, Differential- und Integralrechnung sowie LAPLACE- und $\mathcal{Z}$-Transformation vorausgesetzt. Die für das Verständnis des Inhalts dieses Buches benötigten Grundlagen über *Vektoren, Matrizen und Vektorräume* sowie LAPLACE- und *$\mathcal{Z}$-Transformation* sind im Anhang des ersten Bandes zusammengefaßt. Grundkenntnisse der Regelungstechnik, wie sie z.B. in [SCHMIDT] dargestellt sind, erleichtern das Einarbeiten in die behandelten Themen, werden aber nicht unbedingt vorausgesetzt.

Wegen des umfangreichen behandelten Stoffes mußte der Inhalt auf zwei Bände verteilt werden. Trotzdem ist und soll die *Theoretische Regelungstechnik* keine Enzyklopädie der Regelungstechnik sein, was z.B. schon daran zu erkennen ist, daß Gebiete wie die *Identifikation dynamischer Systeme* oder die *adaptiven Regelungssysteme* nicht behandelt werden.

Danksagungen

Zunächst möchte ich mich für die vielfältige Hilfe bei der Erstellung des Buches bei meinen Wissenschaftlichen Mitarbeitern Dipl.-Ing. P. HEIN, Dipl.-Ing. D. JÜRGENS, Dipl.-Ing. G.-J. MENKEN und Dr.-Ing. P. WALERIUS bedanken. Mein Dank gilt vor allem Herrn Dipl.-Ing. J. BUNKE, dem ein besonderes Lob für die Hilfe bei der Simulation verschiedener Regelungssysteme aus den Beispielen und die Erstellung verschiedener Bilder gebührt.

Meinen Kollegen Prof. HENK NIJMEIJER (Universität von Twente) und Prof. K. SCHLACHER (Universität Linz) möchte ich für die kritische Durchsicht des 11. Kapitels und viele Verbesserungsvorschläge herzlich danken.

Ich bedanke mich sehr herzlich bei meiner Frau *Renate* für die große Geduld mit dem auch an vielen Wochenenden fast drei Jahre arbeitenden Ehemann, insbesondere aber auch für das intensive Korrekturlesen. Schließlich danke ich Herrn Dipl.-Ing. T. LEHNERT vom Springer-Verlag für die stetige Förderung und vielfältige Unterstützung bei der Herausgabe des Buches.

Bremen, im Frühjahr 1995 **Günter Ludyk**

Inhaltsverzeichnis

Inhaltsübersicht Band 2

1 Einführung

1.1 Gebiete und Entwicklung der theoretischen Regelungstechnik

Die *Regelungstechnik* spielt eine bedeutende Rolle in der Entwicklung der Technik. Luft- und Raumfahrt sind heute ohne ihre Hilfe nicht durchführbar. Moderne Fertigungsanlagen und industrielle Prozesse sind nur durch die *Automatisierungstechnik*, deren Grundbausteine Steuerungen und Regelkreise sind, in Betrieb zu halten. Die Regelkreise sind vor allem notwendig, um z.B Drücke, Temperaturen, Konzentrationen usw. in der Verfahrenstechnik konstant zu halten oder gewünschten Werten nachzuführen. In der Produktions- und Raumfahrttechnik übernehmen geregelte Roboter immer komplexere Aufgaben.

Die eigentliche Regelungs*technik* beginnt mit dem Fliehkraftregler, der gegen Ende des 18. Jahrhunderts zunächst zur Drehzahlregelung bei Windmühlen und dann von James WATT bei Dampfmaschinen eingesetzt wurde. MAXWELL und WISCHNEGRADSKY eröffneten die *theoretische* Regelungstechnik, als sie das dynamische Verhalten solcher Systeme mit Hilfe von *Differentialgleichungen* gegen Ende des 19. Jahrhunderts untersuchten.

Zu Beginn des 20. Jahrhunderts wurde die *Operatorenrechnung* in Form der LAPLACE-Transformation zur Untersuchung von Regelungssystemen herangezogen. Die damit eng verwandten *Frequenzgangmethoden* wurden, bevor ihre Nützlichkeit für die Regelungstechnik erkannt wurde, vor allem in der Nachrichtentechnik verwendet, bei der es im wesentlichen um die Übertragung von Signalen eines bestimmten Frequenzbandes geht. So entstand die Stabilitätstheorie von NYQUIST für die Lösung des Stabilitätsproblems bei elektronischen Verstärkern der Nachrichtentechnik. Neben den Frequenzgangmethoden in Form des BODE-Diagramms fand die „klassische" Regelungstheorie ihren Abschluß durch die Methode der Wurzelortskurven.

Den Anfang der „modernen" Regelungstheorie kann man auf die 50er Jahre terminieren, als die zu automatisierenden Anlagen immer komplexer wurden. Die klassische Regelungstheorie befaßte sich nur mit Regelungssystemen, die eine Eingangs- und eine Ausgangsgröße hatten, sogenannte *Einfachsysteme*. Mit dieser Theorie konnte man bei komplexen Systemen, bei denen es auf die gleichzeitige Regelung mehrerer Prozeßgrößen ankam, nichts mehr anfangen. Außerdem wurden erhöhte Anforderungen an die Regelgüte bis hin zum optimalen Verhalten bezüglich vorgegebener Gütekriterien gestellt. Die Fortschritte in der Weltraumfahrt wurden nur möglich, in dem solche Probleme wie Bahnoptimierung bezüglich Zeit und Treibstoffverbrauch, gelöst wurden. Zur Lösung solcher Optimierungsprobleme mit Beschränkungen wurde von PONTRJAGIN das Maximumprinzip formuliert und von ihm und seinen Mitarbeitern bewiesen. Fast zur gleichen Zeit führte KALMAN die Zustandsraummethode in die Regelungtheorie ein, vor allem die überaus fruchtbaren Begriffe der Steuer- und Beobachtbarkeit von dynamischen Systemen. Eines der ersten, wesentlichen Ergebnisse war das KALMAN-Filter zur optimalen Schätzung von verraucht gemessenen Zustandsgrößen.

Durch die Zustandsraummethode wurde eine allgemeine Theorie eingeführt, die sowohl die Behandlung von linearen und nichtlinearen als auch von zeitinvarianten und zeitvarianten Systemen ermöglicht. Mit den Frequenzbereichsmethoden können dagegen nur lineare, zeitinvariante System untersucht werden. Allerdings ist der damit konzpierte geniale klassische PID-Regler ein auch heute noch umfangreich eingesetzter Reglertyp. Man würde ihn heute als „robusten" Regler bezeichnen, da er auch oft noch dann gut arbeitet, wenn die Prozeßparameter sich entweder ändern oder nicht genau bekannt sind.

Mit dem Aufkommen der Analog- und Digitalrechner stand dann auch sowohl für die Analayse als auch für die Synthese von Regelungssystemen ein adäquates Werkzeug zur Verfügung. Als Prozeßrechner sind die elektronischen Digitalrechner auch in der Lage, komplexe Regelungsalgorithmen zu verarbeiten. Seit den sechziger Jahren explodierte förmlich das Gebiet der theoretischen Regelungstechnik. Eine Vielzahl von Problemen wurde in Angriff genommen und Lösungsmethoden bereitgestellt. Neben den bereits angegebenen wurden vor allem auch nichtlineare und zeitvariante Prozesse behandelt.

1.2 Das Regelungsproblem

In der Automatisierungstechnik wird zwischen *Steuerung* und *Regelung* unterschieden, obwohl beide Begriffe sehr eng zusammenhängen, denn häufig ist die Lösung eines Steuerungsproblems ohne Regelung nicht lösbar. Soll z.B. ein Satellit in eine Erdumlaufbahn gebracht werden, wird man zunächst eine Raketentrajektorie ermitteln, die aus Kostengründen mit minimalem Treibstoffverbrauch auskommt. Diese Trajektorie und die zugehörigen Verläufe der Antriebskräfte werden mit Hilfe der Optimierungstheorie berechnet. Den Berechnungen liegen *mathematische Modelle* aller beteiligten Aggregate zugrunde. Diese Modelle stellen nur Näherungen an die Wirklichkeit dar. Außerdem sind von außen auf das Gesamtsystem einwirkende Störungen vorhanden, die nicht im voraus berechenbar sind. Insgesamt erhält man die in Bild 1.1 angegebene typische Struktur einer Steuerung. Die Modellungenauigkeiten und Störungen haben zur Folge,

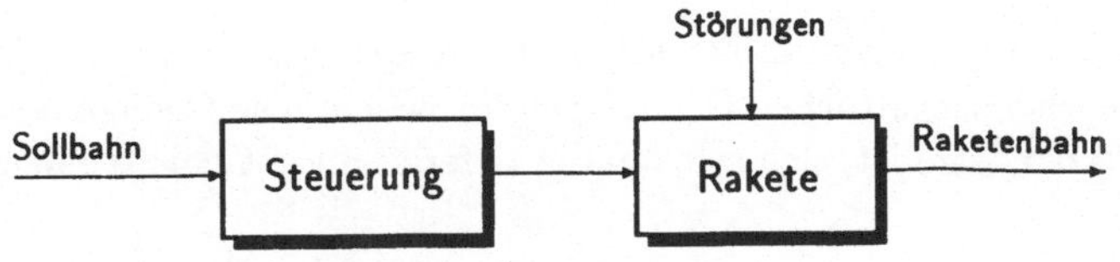

Bild 1.1: Steuerung einer Rakete.

daß die vorausberechnete Sollbahn nicht eingehalten wird. An dieser Stelle greift die Regelungstechnik ein. Durch Vergleich der gewünschten Sollbahn mit den gemessenen Bahndaten werden die Abweichungen auf die Antriebe *zurückgekoppelt* und die Bahn entsprechend korrigiert. Dadurch entsteht der in Bild 1.2 angegebene *Regelkreis*. Da die

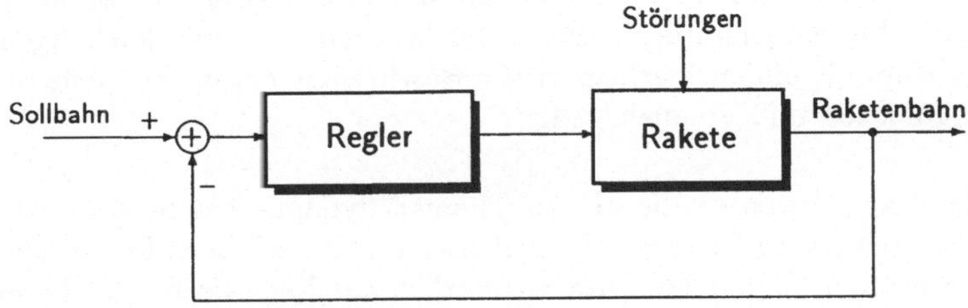

Bild 1.2: Regelung einer Rakete.

Abweichungen von der Sollbahn (hoffentlich) klein sind, kommt man bei der Auslegung der Regelkreise mit linearisierten Modellen des Gesamtsystems aus. Allerdings sind diese linearen Modelle nur jeweils für einen gewissen Bahnabschnitt hinreichend genau, so daß man eigentlich *zeitvariante* lineare Modelle zugrundelegen müßte. Die große Bedeutung der Theorie *linearer* Regelungssysteme liegt darin begründet, daß häufig nur kleine Abweichungen von Sollwerten bekämpft werden müssen.

Tendenziell ist man aber immer bestrebt, mit einem möglichst einfachen Algorithmus für den Regler auszukommen. Das besagt aber nicht, daß auch die zugrundeliegende Theorie „einfach“ ist. So liefert die sehr komplexe Theorie der $\mathcal{H}_\infty$-Regelung auch für große Parameterunsicherheiten einen einzigen Regler für gutes Verhalten von Mehrfachregelkreisen. Ist es nicht möglich, einen einzigen Regler für den gesamten Parameterbereich des zu regelnden Systems zu entwerfen, muß zu sich selbst anpassenden Regelern, den *adaptiven* Reglern oder sogar den *lernenden* Reglern übergegangen werden, wofür sich neuerdings auch künstliche Neuronale Netze als Werkzeug anbieten.

1.3 Inhaltsübersicht

Die theoretische Regelungstechnik ist ein umfangreiches und stetig wachsendes Gebiet. Aus diesem Grund kann hier keine Einführung in alle Teilgebiete gegeben werden. Die

„Theoretische Regelungstechnik" soll keine Enzyklopädie der Regelungstheorie sein, sondern die wissenschaftlichen Grundlagen für wesentliche Gebiete bereitstellen, so daß der Leser in der Lage ist, sich selbständig tiefer in diese Gebiete einzuarbeiten.

Die „Theoretische Regelungstechnik" ist in die folgenden Kapitel unterteilt:

Kapitel 2 befaßt sich mit der mathematischen Beschreibung dynamischer Systeme, nachdem auf die Unterschiede zwischen realem System, Systemmodell und mathematische Beschreibung des Systemmodells hingewiesen wurde. Ausgehend von Zustandsraumbeschreibungen für nichtlineare Modelle werden durch Linearisierung um einen Arbeitspunkt oder eine Solltrajektorie lineare mathematische Beschreibungen hergeleitet. Dies geschieht sowohl für zeitkontinuierliche als auch für zeitdiskrete Systeme, wobei die zeitdiskreten Systeme durch den Einsatz von Prozeßrechnern als Regler entstehen. Daran schließen sich die Lösungen der linearen Zustandsgleichungen an. Den Abschluß des Kapitels bilden mathematische Beschreibungen im Frequenzbereich, wie Übertragungsfunktion und Frequenzgang.

Im dritten Kapitel werden die beiden Themen dynamisches Systemverhalten und Stabilität behandelt. Ausgehend von äquivalenten mathematischen Beschreibungen und deren Transformation ineinander, wird ausführlich auf Eigenwerte und Eigenvektoren sowie Diagonal- und JORDAN-Form eingegangen. Nach der Ermittlung der Transitionsmatrizen, die den Übergang von einem in einen anderen Zustand beschreiben, wird das dynamische Verhalten von zeitkontinuierlichen und zeitdiskreten Systemen diskutiert. Daraus entstehen dann die Stabilitätsdefinitionen und -kriterien.

Das Kapitel 4 befaßt sich mit der Reglersynthese im Frequenzbereich. Zunächst werden mathematische Modelle für die Führungs- und Störgrößen hergeleitet und dann wird auf die stationäre Genauigkeit von Regelkreisen eingegangen. Nach der Diskussion des gewünschten Verhalten des rückgekoppelten Gesamtsystems, wird über die vorgegebene Führungsübertragungsfunktion die benötigte Reglerübertragungsfunktion ermittelt. Nach der Diskussion der Realisierung der Reglerübertragungsfunktion durch analoge oder digitale Bausteine wird abschließend auf den direkten Entwurf von Abtastreglern eingegangen.

Die Begriffe Steuerbarkeit und Ermittelbarkeit werden im 5. Kapitel eingeführt. Mit Hilfe dieser von KALMAN eingeführten Begriffe kann geprüft werden, ob mit der gewählten Systemkonfiguration überhaupt die gewünschten Ziele erreicht werden können. Sowohl für zeitkontinuierliche als auch für zeitdiskrete lineare zeitinvariante bzw. zeitvariante Systeme werden Steuerbarkeitskriterien hergeleitet.

Das Kapitel 6 befaßt sich dann mit der Zustandsrückführung bei zeitkontinuierlichen bzw. zeitdiskreten linearen Einfachsystemen. Über die Regelungsnormalform der mathematischen Beschreibung eines Systems werden allgemeine Formeln für die Synthese von Zustandsrückführungen hergeleitet, so daß das zustandsrückgekoppelte System das vorgegebene Verhalten aufweist. Die Betrachtung von Parameterunsicherheiten führt schließlich zum PI-Zustandsregler.

Für die Zustandsrückführung werden sämtliche Zustandsgrößen des Systems benötigt. Mit dem Problem der Ermittlung der Zustandsgrößen aus den gemessenen Ein- und Ausgangsgrößen befaßt sich das 7. Kapitel. Es wird der Begriff der Zustandsbeobachtbarkeit eingeführt und die Rekonstruktion der Zustandsgrößen von linearen Einfachsystemen mit Hilfe sogenannter Zustandsbeobachter diskutiert.

Das Kapitel 8 befaßt sich mit der Zustandsrückführung und -beobachtung von Mehrfachsystemen. Hierbei wird auch auf die Entkopplung von Mehrfachsystemen eingegangen, also darauf, daß Regelvorgänge für eine Regelgröße möglichst keine Auswirkung auf andere Regelgrößen hat. Abschließend wird auf die geometrische Theorie der Störgrößenentkopplung von WONHAM eingegangen.

In den vorhergehenden Kapiteln wurden Regler so ausgelegt, daß das geregelte System ein vorgegebenes günstiges Verhalten aufweist. Im 9. Kapitel wird zunächst darauf eingegangen, wie ein zeitdiskretes System ohne bzw. mit Beschränkungen der Stellgrößen aus einem gegeben Anfangszustand innerhalb möglicht weniger Abtatsperioden, also zeitoptimal in einen gegebenen Endzustand überführt werden kann. Dann werden Regler hergeleitet, die bezüglich eines quadratischen Gütekriteriums optimal sind. Den Abschluß des Kapitels bildet die Herleitung des KALMAN-Filters für die Rekonstruktion von Zustandsgrößen aus verrauschten Meßgrößen.

Mit der optimalen Regelung zeitkontinuierlicher Systeme befaßt sich das 10. Kapitel. Nach der Rekapitulation der Bestimmung von Extremwerten einer Funktion unter Einhaltung von Nebenbedingungen mit Hilfe von LAGRANGE-Multiplikatoren wird das Maximumprinzip von PONTRJAGIN formuliert und hergeleitet. Eine erste Anwendung ist die Lösung des Problems der quadratisch optimalen Regelung von linearen zeitkontinuierlichen Systemen. Diese Lösungsmethoden werden dann verwendet, um robuste $\mathcal{H}_\infty$-Regler zu berechnen. Den Abschluß des Kapitels bildet die Herleitung von zeitoptimalen Reglern für lineare zeitkontinuierliche Systeme mit beschränkten Stellgrößen.

Das 11. Kapitel befaßt sich ausschließlich mit der Analyse nichtlinearer Systeme und dem Entwurf nichtlinearer Zustandsrückführungen für die Regelung solcher Systeme, wobei in Analogie mit dem Vorgehen bei linearen Systemen gewisse Normalformen mittels nichtlinearer Zustandstransformationen eine Rolle spielen. Ohne mathematische Systemmodelle wird schließlich die Regelung nichtlinearer Systeme mit Hilfe von künslichen Neuronalen Netzen vorgestellt.

Die für das Verständnis benötigten Grundlagen aus der linearen Algebra und der LAPLACE- und $\mathcal{Z}$-Transformation sind in einem Anhang kurz zusammengefaßt.

An dieser Stelle soll auch kurz darauf eingegangen werden, welche Gebiete *nicht* behandelt werden. Das sind zunächst die elementaren Grundlagen der Regelungstechnik und die klassischen Syntheseverfahren im Frequenzbereich mittels Frequenzgang- und

Wurzelortverfahren. Diese sind ausführlich z.B. in [SCHMIDT, LANDGRAF/SCHNEIDER, FÖLLINGER] beschrieben. Über das Gebiet der Parameteridentifikation und den damit eng zusammenhängenden adaptiven Regelungssystemen, existieren umfangreiche Monogrfien, z.B. [ISERMANN, UNBEHAUEN], so daß auch auf die Behandlung dieser Themen hier verzichtet wurde.

1.4 Schreibweise, Bezeichnungen

Es werden die folgenden Schreibweisen und Bezeichnungen in formelmäßigen Darstellungen verwendet:

- Zur Unterscheidung von Vektoren und Matrizen (s.u.) werden für *skalare Größen* beliebige Buchstaben in normaler Schriftstärke verwendet, z.B.

  u Eingangsgröße eines Einfachsystems.

- Aus n Zeilen und m Spalten bestehende $(n \times m)$-*Matrizen* werden mit fettgedruckten Großbuchstaben bezeichnet, z.B.

$\boldsymbol{A}$	Systemmatrix,
$\boldsymbol{I}$	Einheitsmatrix,
$\boldsymbol{I}_p$	$(p \times p)$-Einheitsmatrix,
$\det(\boldsymbol{A})$	Determinante der quadratischen Matrix $\boldsymbol{A}$,
$\operatorname{adj}(\boldsymbol{A})$	Adjungierte der quadratischen Matrix $\boldsymbol{A}$,
$\boldsymbol{A}^{-1}$	Inverse der quadratischen Matrix $\boldsymbol{A}$,
$\boldsymbol{A}^T$	Transponierte der Matrix $\boldsymbol{A}$,
$\boldsymbol{A}^{-T}$	Abkürzung für $(\boldsymbol{A}^T)^{-1}$.

- *Spaltenvektoren* werden mit fettgedruckten Kleinbuchstaben bezeichnet, z.B.

$$\boldsymbol{x} = \begin{bmatrix} x_1 \\ x_2 \\ \vdots \\ x_n \end{bmatrix} \qquad \text{Zustandsvektor,}$$

$\boldsymbol{u}$, $\boldsymbol{y}$ Eingangs- bzw. Ausgangsvektor.

- *Zeilenvektoren* entstehen aus Spaltenvektoren durch Transponieren und werden deshalb durch das hochgestellt T gekennzeichnet, z.B.

$$\boldsymbol{c}^T = \begin{bmatrix} c_1 & c_2 & \cdots & c_n \end{bmatrix},$$

$$\boldsymbol{t}^T = \begin{bmatrix} t_1 & t_2 & \cdots & t_n \end{bmatrix}.$$

Entsprechend kann ein Spaltenvektor auch durch einen transponierten Zeilenvektor dargestell werden:

$$\boldsymbol{x} = \begin{bmatrix} x_1 & x_2 & \cdots & x_n \end{bmatrix}^T.$$

- LAPLACE-*Transformierte* einer Zeitfunktion werden durch Ersetzen des Zeitarguments t durch das komplexzahlige Argument s gekennzeichnet:

  $$u(s) = \mathcal{L}\{u(t)\},$$
  $$\boldsymbol{x}(s) = \mathcal{L}\{\boldsymbol{x}(t)\},$$
  $$\boldsymbol{G}(s) = \mathcal{L}\{\boldsymbol{G}(t)\}.$$

  Aus traditionellen Gründen wird allerdings die LAPLACE-Transformierte einer Gewichtsfunktion $g(t)$, nämlich die Übertragungsfunktion, mit großen Buchstaben gekennzeichnet:

  $$G(s) = \mathcal{L}\{g(t)\}.$$

- $\mathcal{Z}$-*Transformierte* von Zeitfolgen werden entsprechend den $\mathcal{L}$-Transformierten gekennzeichnet:

  $$u(z) = \mathcal{Z}\{u_k\},$$
  $$\boldsymbol{x}(z) = \mathcal{Z}\{\boldsymbol{x}_k\},$$
  $$\boldsymbol{H}(z) = \mathcal{Z}\{\boldsymbol{H}_k\},$$
  $$H(z) = \mathcal{Z}\{h_k\} \quad \text{Übertragungsfunktion.}$$

Um bei Rückverweisen oder Bezugnahmen eine leichtere Auffindbarkeit zu gewährleisten, wird in allen Kapiteln eine fortlaufende Numerierung durchgeführt, unabhängig davon, ob es sich um eine Definition, einen Satz oder ein Beispiel handelte. Das Ende eines Beweises oder eines Beispiels wird durch das Symbol □ gekennzeichnet.

2 Mathematische Beschreibung dynamischer Systeme

Das Kapitel beginnt mit dem Aufzeigen der Unterschiede zwischen realem System, Systemmodell und mathematischer Beschreibung des Systemmodells. Ausgehend von Zustandsraumbeschreibungen für nichtlineare Modelle werden durch Linearisierung um einen Arbeitspunkt oder eine Solltrajektorie lineare mathematische Beschreibungen sowohl für zeitkontinuierliche als auch zeitdiskrete Systeme hergeleitet. Anschließend werden die linearen Zustandsgleichungen gelöst und besondere Eigenschaften der dabei auftretenden Transitionsmatrix hervorgehoben. Den Schluß dieses Kapitels bilden mathematische Beschreibungen im Frequenzbereich.

2.1 Reales System, Modell und mathematische Beschreibung

In der Automatisierungstechnik werden *reale Systeme* automatisiert, die aus sich gegenseitig beeinflussenden Elementen oder Objekten zusammengesetzt sind. Beispiele für solche realen Systeme sind eine elektrische Maschine, ein Roboter, eine Fertigungsanlage, eine Destillationskolonne, ein Flugzeug oder ein Raumfahrzeug.

Die Analyse eines gegebenen realen Systems beginnt mit dem Aufstellen eines *Modells.* Besteht z.B. das reale System aus der Zusammenschaltung zweier Widerstände, einer Spule und einem Kondensator, so stellt der Ersatzschaltplan in Bild 2.1(a) für niedrige Frequenzen, also z.B. die Frequenz in Versorgungsnetzen von 50 Hz, ein ausreichendes Modell des realen Systems dar. Wird dasselbe Netzwerk in einem Rundfunkempfänger verwendet, also im Bereich von kHz und MHz, dann müssen, wie Bild 2.1(b) zeigt, Koppelkapazitäten, Leitungsinduktivitäten, Windungskapazitäten der Spule und der Verlustwiderstand des Kondensators berücksichtigt werden: Das reale System muß für diesen Anwendungsfall durch ein komplizierteres Modell beschrieben werden.

Im folgenden Beispiel werden für einen Roboterarm zwei verschiedene Modelle hergeleitet.

2.1 Beispiel: Ein um eine vertikale Achse drehbarer Roboterarm mit dem Trägheitsmoment J_R

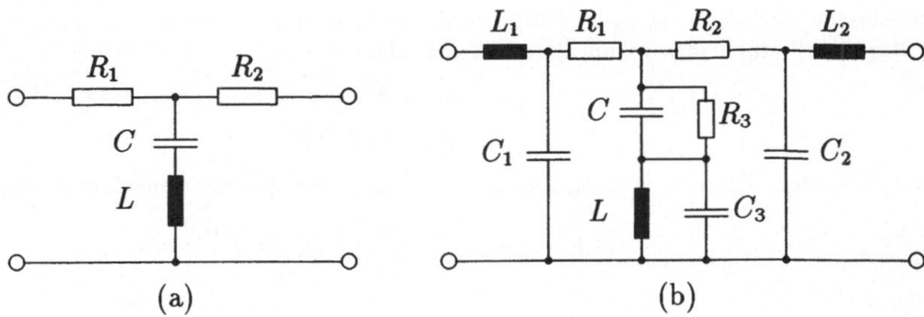

Bild 2.1: Modell eines Netzwerks für (a) niedrige Frequenzen, z.B. 50 Hz, und (b) höhere Frequenzen.

wird von einem Motor mit dem Trägheitsmoment J_M mit dem Drehmoment $m(t)$ angetrieben (Bild 2.2). Mit dem Drehwinkel φ erhält man für dieses *Starrkörpermodell* die mathematische Beschreibung

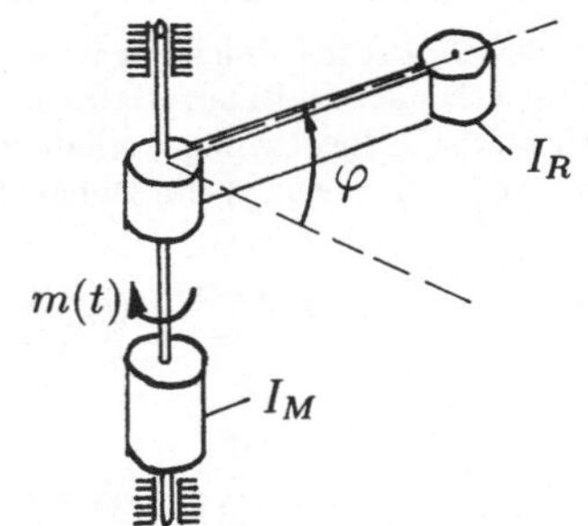

Bild 2.2: Roboterarm

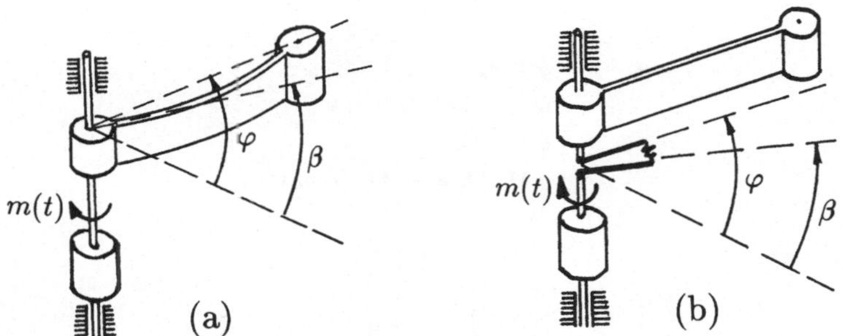

Bild 2.3: (a) Elastischer Roboterarm und (b) sein Modell.

$$\ddot{\varphi}(t)(J_R + J_M) = m(t). \tag{2.1}$$

Handelt es sich bei dem Roboterarm um einen in Leichtbauweise erstellten Teil eines Roboters für Raumfahrtanwendungen, so ist der Arm in sich elastisch und seine Durchbiegung ist bei einer genau vorzunehmenden Positionierung nicht mehr zu vernachlässigen (Bild 2.3a). Diese Durchbiegung läßt sich näherungsweise durch eine zwischen Motor und Roboterarm angebracht gedachte Feder mit der Federkonstanten c modellieren (Bild 2.3b), bei weiterhin starr angenommenem Roboterarm. Dieses Modell kann durch die beiden gekoppelten Differentialgleichungen zweiter Ordnung

$$J_R\ddot{\varphi} + c(\varphi - \beta) = 0, \tag{2.2}$$

$$J_M\ddot{\beta} + c(\beta - \varphi) = m(t) \tag{2.3}$$

beschrieben werden, die auch zu einer Vektordifferentialgleichung zusammengefaßt werden können:

$$\begin{bmatrix} J_A & 0 \\ 0 & J_M \end{bmatrix} \begin{bmatrix} \ddot{\varphi} \\ \ddot{\beta} \end{bmatrix} + \begin{bmatrix} c & -c \\ -c & c \end{bmatrix} \begin{bmatrix} \varphi \\ \beta \end{bmatrix} = \begin{bmatrix} 0 \\ 1 \end{bmatrix} m(t), \tag{2.4}$$

oder kürzer

$$\boldsymbol{M}\ddot{\boldsymbol{y}} + \boldsymbol{K}\boldsymbol{y} = \boldsymbol{h}\, m(t). \tag{2.5}$$

Auch bei diesem technischen System erhält man je nach Genauigkeitsanforderungen zwei unterschiedlich komplizierte Modelle. □

Ist das reale System durch ein abstraktes System, nämlich das Modell, ersetzt, das das reale System ausreichend zu beschreiben scheint, so wird für die Darstellung des Verhaltens des Modells eine *mathematische Beschreibung* benötigt. Für ein gegebenes Modell können verschiedene mathematische Beschreibungen gefunden werden.

2.2 Beispiel: Für das Modell des elastischen Roboterarms in Beispiel 2.1 wurden als *erste* mathematische Beschreibung die beiden gekoppelten Differentialgleichungen zweiter Ordnung (2.2) und (2.3) angegeben. Eine *zweite* mathematische Beschreibung erhält man, wenn die beiden gekoppelten Differentialgleichungen *zweiter* Ordnung in vier gekoppelte Differentialgleichungen *erster* Ordnung so umgeformt werden:

$$\ddot{\boldsymbol{y}} = -\boldsymbol{M}^{-1}\boldsymbol{K}\boldsymbol{y} + \boldsymbol{M}^{-1}\boldsymbol{h}m(t).$$

Mit

$$\boldsymbol{x}_1 \overset{\text{def}}{=} \boldsymbol{y} = \begin{bmatrix} \varphi \\ \beta \end{bmatrix}$$

und

$$\boldsymbol{x}_2 \overset{\text{def}}{=} \dot{\boldsymbol{y}} = \begin{bmatrix} \dot{\varphi} \\ \dot{\beta} \end{bmatrix}$$

erhält man

$$\begin{aligned} \dot{\boldsymbol{x}}_1 &= \dot{\boldsymbol{y}} = \boldsymbol{x}_2 \\ &= \boldsymbol{O}\boldsymbol{x}_1 + \boldsymbol{I}\boldsymbol{x}_2 \\ \dot{\boldsymbol{x}}_2 &= \ddot{\boldsymbol{y}} \\ &= -\boldsymbol{M}^{-1}\boldsymbol{K}\boldsymbol{x}_1 + \boldsymbol{M}^{-1}\boldsymbol{h}\, m(t), \end{aligned}$$

oder mit

$$\boldsymbol{x} \overset{\text{def}}{=} \begin{bmatrix} \boldsymbol{x}_1 \\ \boldsymbol{x}_2 \end{bmatrix} = \begin{bmatrix} \varphi \\ \beta \\ \dot{\varphi} \\ \dot{\beta} \end{bmatrix}$$

wird

$$\begin{aligned} \dot{\boldsymbol{x}} &= \begin{bmatrix} \boldsymbol{O} & \boldsymbol{I} \\ -\boldsymbol{M}^{-1}\boldsymbol{K} & \boldsymbol{O} \end{bmatrix} \boldsymbol{x} + \begin{bmatrix} \boldsymbol{O} \\ \boldsymbol{M}^{-1}\boldsymbol{h} \end{bmatrix} m(t) \\ &= \begin{bmatrix} 0 & 0 & 1 & 0 \\ 0 & 0 & 0 & 1 \\ -c/J_R & c/J_R & 0 & 0 \\ c/J_M & -c/J_M & 0 & 0 \end{bmatrix} \boldsymbol{x} + \begin{bmatrix} 0 \\ 0 \\ 0 \\ 1/J_M \end{bmatrix} m(t) \end{aligned}$$

oder allgemein

$$\dot{\boldsymbol{x}} = \boldsymbol{A}\boldsymbol{x} + \boldsymbol{b}u(t). \tag{2.6}$$

Interessiert vor allem die Lage der Nutzlast am Ende des Roboterarms, also der Winkel φ, kann man diese Größe als Ausgangsgröße y des Systems betrachten,

$$\begin{aligned} y(t) &= \varphi(t) \\ &= \begin{bmatrix} 1 & 0 & 0 & 0 \end{bmatrix} \boldsymbol{x} \\ &= \boldsymbol{c}^T \boldsymbol{x}. \end{aligned} \tag{2.7}$$

Unterwirft man die Gleichungen (2.6) und (2.7) der LAPLACE-Transformation, erhält man für $\boldsymbol{x}(0) = \boldsymbol{o}$ nach einigen Umformungen für den Zusammenhang zwischen Ausgangsgröße $y(s)$ und Eingangsgröße $u(s)$ im Frequenzbereich

$$\begin{aligned} y(s) &= \boldsymbol{c}^T(s\boldsymbol{I} - \boldsymbol{A})^{-1}\boldsymbol{b}u(s) \\ &= \frac{\boldsymbol{c}^T \operatorname{adj}(s\boldsymbol{I} - \boldsymbol{A})\boldsymbol{b}}{\det(s\boldsymbol{I} - \boldsymbol{A})} u(s) \\ &= \frac{c/(J_R J_M)}{s^4 + (c/J_M - c/J_R)s^2} u(s) \\ &= G(s)u(s). \end{aligned} \tag{2.8}$$

Diese *Übertragungsfunktion* $G(s)$ ist eine *dritte* Möglichkeit für die mathematische Beschreibung des Modells in Bild 2.5 des elastischen Roboterarms aus Bild 2.4. □

Zusammenfassend ist zu sagen, daß für ein gegebenes reales System verschiedene Modelle aufgestellt und für jedes Modell wieder verschiedene mathematische Beschreibungen gefunden werden können (Bild 2.4). Im folgenden soll unter einem *System* immer ein abstraktes System, nämlich das Modell eines realen Systems verstanden werden.

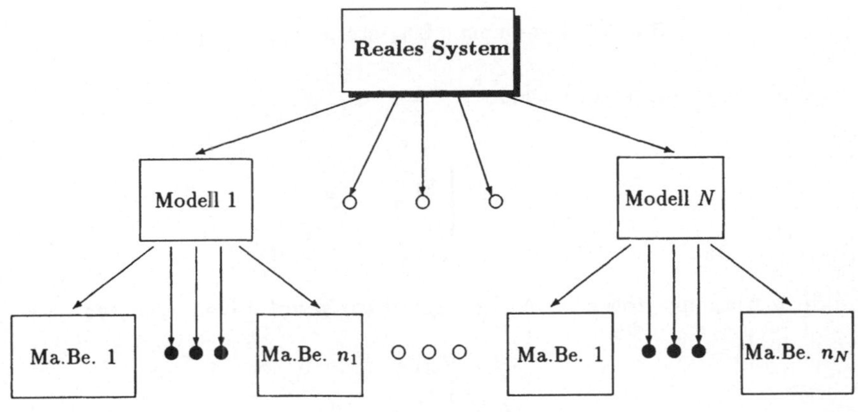

Bild 2.4: Verschiedene Modelle und mathematische Beschreibungen (Ma.Be.) eines realen Systems.

2.2 Eingangs-Ausgangs-Beschreibung

Welche Größen eines Systems *Eingangsgrößen* und welche *Ausgangsgrößen* sind, ist oft nicht eindeutig festgelegt, sondern hängt davon ab, wie das System verwendet wird. Eine elektrische Gleichstrommaschine kann z. B. als Motor oder als Generator betrieben werden. Im Fall des Motorbetriebs sind Ankerspannung und -strom sowie Feldspannung und -strom Eingangsgrößen, dagegen Drehzahl und Drehmoment an der Maschinenwelle Ausgangsgrößen. Wird dagegen die Maschine als Generator betrieben, sind Feldspannung und -strom sowie Drehzahl und Drehmoment Eingangsgrößen und Ankerspannung und -strom Ausgangsgrößen. Im folgenden ist zusammengefaßt, was unter einem System verstanden wird.

2.3 Definition: *Ein* **System** *ist das Modell eines realen Systems, bei dem eine bestimmte Zahl von veränderbaren Variablen* **Eingangsgrößen** *und eine andere Gruppe von abhängigen Variablen* **Ausgangsgrößen** *heißt. Systeme mit nur einer Eingangsgröße und einer Ausgangsgröße heißen* **Einfachsysteme**, *solche mit mehreren Ein- und (oder) mehreren Ausgangsgrößen* **Mehrfachsysteme**.

Hat ein System p Eingangsgrößen $u_1, u_2, ..., u_p$ und q Ausgangsgrößen $y_1, y_2, ..., y_q$, kann es wie in Bild 2.5 a dargestellt werden. Die p Eingangsgrößen können im **Ein-**

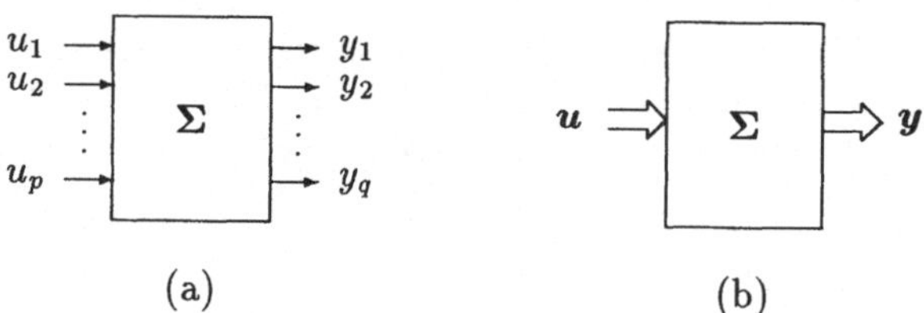

Bild 2.5: System mit p Eingangs- und q Ausgangsgrößen

gangsvektor $\boldsymbol{u}$ mit p Komponenten

$$\boldsymbol{u} \stackrel{\text{def}}{=} \begin{pmatrix} u_1 \\ u_2 \\ \vdots \\ u_p \end{pmatrix} \in \mathbb{R}^p, \tag{2.9}$$

und die q Ausgangsgrößen im **Ausgangsvektor** $\boldsymbol{y}$ mit q Komponenten

$$\boldsymbol{y} \stackrel{\text{def}}{=} \begin{pmatrix} y_1 \\ y_2 \\ \vdots \\ y_q \end{pmatrix} \in \mathbb{R}^q \tag{2.10}$$

zusammengefaßt werden (Bild 2.5 b).

Sind die Eingangsgrößen zeitabhängige Funktionen, bezeichnet man mit $\boldsymbol{u}_{[t_0,t_1]}$ die Eingangsvektor*funktion* über dem Zeitintervall $[t_0, t_1]$. Mit welcher Ausgangsvektorfunktion $\boldsymbol{y}_{[t_0,t_1]}$ reagiert ein System auf eine Erregung mit der Eingangsvektorfunktion $\boldsymbol{u}_{[t_0,t_1]}$? Ist der Ausgangsvektor $\boldsymbol{y}(t)$ im Zeitpunkt t nur von dem Eingangsvektor $\boldsymbol{u}(t)$ im Zeitpunkt t oder von dem gesamten Verlauf der Eingangsvektorfunktion $\boldsymbol{u}_{[t_0,t_1]}$ oder noch von anderen Größen abhängig?

2.4 Beispiel. Sei bei dem Roboter in Beispiel 2.1 in der mathematischen Beschreibung (2.1)

$$\ddot{\varphi}(t)(J_R + J_M) = m(t)$$

des Starrkörpermodells der Lagewinkel φ die Ausgangsgröße y und das Drehmoment m die Eingangsgröße u, dann kann man mit $J_{ges} \stackrel{\text{def}}{=} J_R + J_M$ Gleichung (2.1) auch so schreiben

$$\ddot{y}(t) = \frac{1}{J_{ges}} u(t). \tag{2.11}$$

Zweimalige Integration dieser gewöhnlichen Differentialgleichung zweiter Ordnung liefert

$$y(t) = y(0) + t\dot{y}(0) + \frac{1}{J_{ges}} \int_0^t \int_0^\tau u(\sigma) \mathrm{d}\sigma \mathrm{d}\tau, \tag{2.12}$$

d. h. , die Ausgangsgröße $y(t)$ ist nicht nur vom gesamten Verlauf der Eingangsgröße u im Zeitintervall $[0, t]$, sondern zusätzlich auch noch von den Anfangswerten $y(0)$ und $\dot{y}(0)$, also vom Anfangswinkel $\varphi(0)$ und der Anfangswinkelgeschwindigkeit $\dot{\varphi}(0)$ abhängig. □

Das Beispiel 2.4 zeigt, daß sich sogar die Ausgangsgröße y zeitlich ändern kann, wenn überhaupt keine Eingangsgröße auf das System wirkt, nämlich wenn die Anfangswinkelgeschwindigkeit $\dot{\varphi}(0) = \dot{y}(0)$ nicht gleich null ist. Physikalisch gesehen ist die Roboterbewegung in diesem Fall die Folge der im Roboterarm gespeicherten kinetischen Energie E_k, die proportional dem Quadrat der Winkelgeschwindigkeit ist, $E_k = \frac{1}{2} J_{ges} \dot{\varphi}^2$. Systeme mit Elementen, die Energie speichern können, heißen **dynamische Systeme**.

Führt man, ähnlich wie in Beispiel 2.2 auch in Beispiel 2.4 zwei neue Größen

$$x_1 \stackrel{\text{def}}{=} y \quad \text{und} \quad x_2 \stackrel{\text{def}}{=} \dot{y},$$

ein, enthält der neue Vektor

$$\boldsymbol{x} \stackrel{\text{def}}{=} \begin{bmatrix} x_1 \\ x_2 \end{bmatrix}$$

zum Zeitpunkt $t = 0$ gerade die Anfangswerte $\varphi(0)$ und $\dot{\varphi}(0)$, die zusätzlich zu den Eingangsfunktionen bei einem dynamischen System benötigt werden, um die Ausgangsgröße $y(t)$ für jeden Zeitpunkt $t \geq 0$ berechnen zu können. Es ist dann

$$\begin{aligned} \dot{x}_1 &= x_2, \\ \dot{x}_2 &= \frac{1}{J_{ges}} u(t) \end{aligned}$$

und

$$y = x_1$$

oder

$$\begin{aligned} \dot{\boldsymbol{x}} &= \begin{bmatrix} 0 & 1 \\ 0 & 0 \end{bmatrix} \boldsymbol{x} + \begin{bmatrix} 0 \\ 1/J_{ges} \end{bmatrix} u \\ &= \boldsymbol{A}\boldsymbol{x} + \boldsymbol{b}u, \end{aligned}$$

und

$$\begin{aligned} y &= [1 \quad 0]\boldsymbol{x} \\ &= \boldsymbol{c}^T \boldsymbol{x}. \end{aligned}$$

Hier ist der Vektor $\boldsymbol{x}$ zweidimensional, $\boldsymbol{x} \in \mathbb{R}^2$. In der mathematischen Beschreibung (2.7) des elastischen Roboterarms des Beispiels 2.2 war $\boldsymbol{x}$ vierdimensional, also $\boldsymbol{x} \in \mathbb{R}^4$.

Sind p Eingangsgrößen $u_1, ..., u_p$ vorhanden, kann man ein dynamisches System allgemein durch n Differentialgleichungen erster Ordnung darstellen:

$$\begin{aligned} \dot{x}_1 &= f_1(x_1, ..., x_n, u_1, ..., u_p), \\ &\vdots \\ \dot{x}_n &= f_n(x_1, ..., x_n, u_1, ..., u_p), \end{aligned} \tag{2.13}$$

die auch wie folgt geschrieben werden können:

$$\boxed{\dot{\boldsymbol{x}} = \boldsymbol{f}(\boldsymbol{x}, \boldsymbol{u}).} \tag{2.14}$$

Für die q Ausgangsgrößen $y_1, ..., y_q$ kann dann mit $\boldsymbol{y} \in \mathbb{R}^q$ die Abhängigkeit von $\boldsymbol{x}$ und $\boldsymbol{u}$ wie folgt geschrieben werden:

$$\boxed{\boldsymbol{y} = \boldsymbol{g}(\boldsymbol{x}, \boldsymbol{u}).} \tag{2.15}$$

2.5 Definition: *Der Vektor $\boldsymbol{x}$ heißt* **Zustandsvektor** *und seine Komponenten x_i heißen* **Zustandsgrößen**, *wenn der Anfangszustand $\boldsymbol{x}(t_0)$ zusammen mit der Eingangsvektorfunktion $\boldsymbol{u}_{[t_0,t]}$ hinreicht, um den Ausgangsvektor $\boldsymbol{y}(t)$ für alle $t \geq t_0$ berechnen zu können.*

Hat der Zustandsvektor n Komponenten, so kann er in einem n-dimensionalen Raum mit den Zustandsgrößen $x_1, ..., x_n$ als Koordinaten dargestellt werden. Dieser Raum heißt **Zustandsraum** und wird mit $\mathcal{X}$ bezeichnet.

2.6 Definition: *Ein System heißt* **System n-ter Ordnung**, *wenn der Zustandsraum $\mathcal{X}$ die Dimension n hat.*

Der Zustand eines Systems im Zeitpunkt t kann dann als Punkt im n-dimensionalen Zustandsraum dargestellt werden. Der Ort aller dieser Punkte im Zustandsraum für ein *Zeitintervall* heißt **Trajektorie**. Bild 2.6 zeigt ein Beispiel für ein System dritter Ordnung.

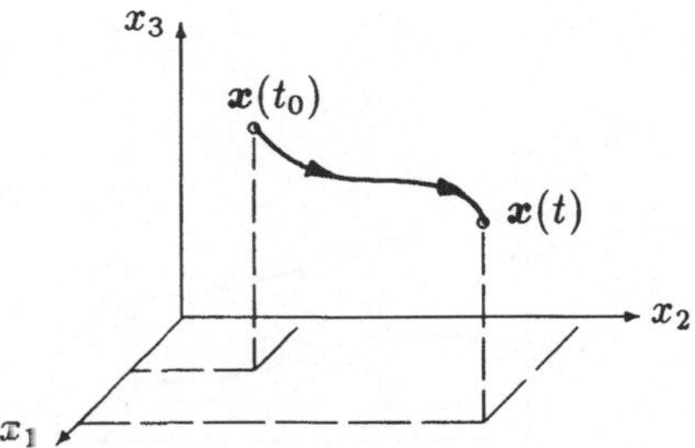

Bild 2.6: Trajektorie im dreidimensionalen Zustandsraum.

Sind die Parameter eines Systems zeitveränderlich, nimmt z. B. die Gesamtmasse eines Treibstoff verbrauchenden Fahrzeugs mit der Zeit ab, dann ist die rechte Seite $\boldsymbol{f}$ der **Zustandsgleichung** und (oder) die rechte Seite $\boldsymbol{g}$ der **Ausgangsgleichung** explizit von der Zeit abhängig:

$$\dot{\boldsymbol{x}}(t) = \boldsymbol{f}(\boldsymbol{x}(t), \boldsymbol{u}(t), t), \tag{2.16}$$

$$\boldsymbol{y}(t) = \boldsymbol{g}(\boldsymbol{x}(t), \boldsymbol{u}(t), t). \tag{2.17}$$

Bild 2.7 zeigt das Zusammenwirken von Zustands- und Ausgangsgleichung in einem **Strukturbild**. Die Doppellinien sollen andeuten, daß die Größen, die die Blöcke miteinander verbinden, vektoriell sind.

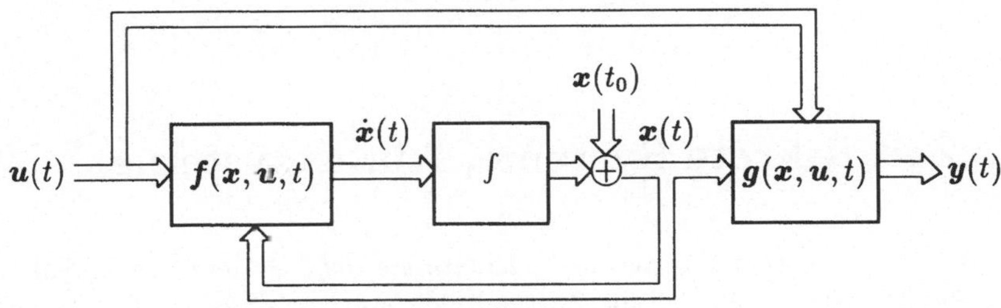

Bild 2.7: Darstellung der mathematischen Beschreibung in einem Strukturbild.

Es gibt auch Systeme, deren mathematische Beschreibung einen Zustandsvektor mit unendlich vielen Komponenten enthält, wie das folgende Beispiel zeigt.

2.7 Beispiel: Die Temperatur x entlang eines Balkens kann durch die Diffusionsgleichung, eine *partielle* Differentialgleichung beschrieben werden. Die Temperatur x hängt sowohl vom Ort z auf dem Balken als auch von der Zeit t ab,

$$\frac{\partial x}{\partial t} = k \frac{\partial^2 x}{\partial z^2} + u(z, t). \tag{2.18}$$

Die Eingangsgröße u kann ebenfalls von Ort und Zeit abhängen und stellt z.B. die Wärmezufuhr dar. Der Anfangszustand $x(t_0, z)$ ist eine Funktion des Ortes (Bild 2.8). Das dynamische Verhalten der Temperatur längs des Balkens wird durch die zeitliche Änderung unendlich vieler Zustandsvariablen beschrieben. Der Zustandsraum ist für dieses System nicht endlichdimensional, sondern unendlichdimensional. □

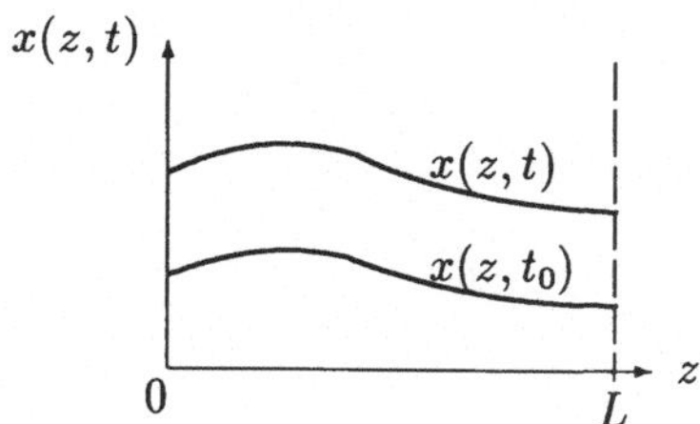

Bild 2.8: Temperaturverteilung x längs eines Balkens.

Man kommt zu der

2.8 Definition: *Ein System heißt* **System mit konzentrierten Parametern,** *wenn die Ordnung des Systems endlich ist. Ist die Ordnung des Systems unendlich, heißt es* **System mit verteilten Parametern.**

Ein System mit konzentrierten Parametern besteht aus endlich vielen diskreten Energiespeichern. Es kann durch eine endliche Zahl von *gewöhnlichen* Differentialgleichungen beschrieben werden. Systeme mit verteilten Parametern werden dagegen durch *partielle* Differentialgleichungen beschrieben.

2.3 Zeitdiskrete Systeme, Abtastsysteme

Bisher wurden in diesem Kapitel nur *zeitkontinuierliche* Systeme behandelt, die dadurch gekennzeichnet sind, daß die Zustandsgleichungen *Differentialgleichungen* sind. Soll ein solches zeitkontinuierliches System wie der Roboterarm mit Hilfe eines Reglers genau positioniert werden, so wird die Position digital, z.B. mittels Codescheiben gemessen und die erforderlichen Stellgrößen mit einem digitalen Prozeßrechner berechnet. Ein solcher Prozeßrechner ermittelt die Ausgangsgrößen des zu regelnden Systems nur in bestimmten Zeitpunkten, die Ausgangsgrößen werden *abgetastet* (Bild 2.9). Aus diesem Grund werden solche Systeme **Abtastsysteme** genannt. Die im Prozeßrechner berechneten Stellgrößen für den Prozeß werden für die Zeit zwischen zwei *Abtastzeitpunkten* t_k und $t_k + T$, wobei T die *Abtastperiode* ist, konstant gehalten und erst im nächsten Abtastzeitpunkt $t_{k+1} = t_k + T$ verändert. Die Stellgrößen haben dann einen

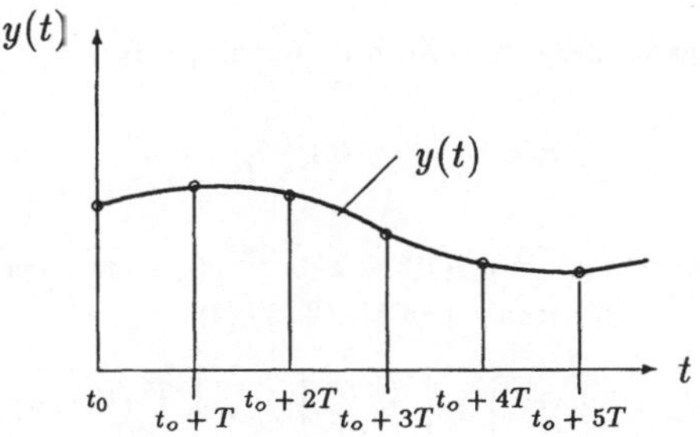

Bild 2.9: Abtastung einer Funktion $y(t)$.

stufenförmigen Verlauf wie in Bild 2.10. Es ist[1]

$$\boldsymbol{u}(t) = \boldsymbol{u}(t_k) \quad \text{für } t \in [t_k, t_{k+1}). \tag{2.19}$$

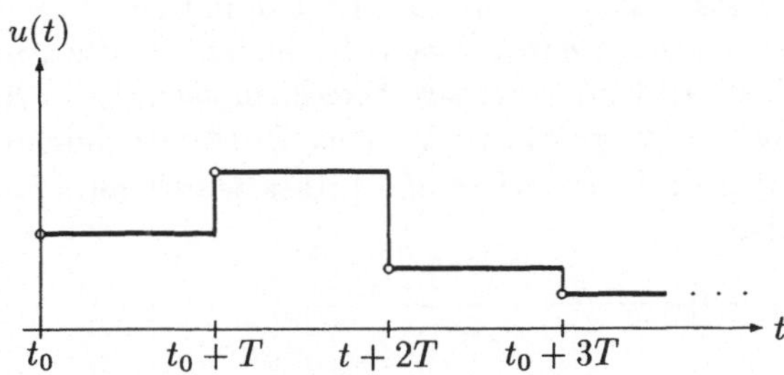

Bild 2.10: Stufenförmige Eingangsfunktion eines Abtastsystems.

2.10 Beispiel. Für den Roboterarm in Beispiel 2.1 wurde in Beispiel 2.4 für die Ausgangsgröße

$$y(t) = y(t_0) + (t - t_0)\dot{y}(t_0) + \frac{1}{J_{ges}} \int_{t_0}^{t} \int_{t_0}^{\tau} u(\sigma) \mathrm{d}\sigma \mathrm{d}\tau \tag{2.20}$$

hergeleitet (siehe (2.12) für $t_0 = 0$). Wird auf diesen Roboterarm im Zeitintervall $[t_k, t_{k+1})$ die konstante Eingangsgröße $u(t_k)$ gegeben, erhält man für den Übergang der Ausgangsgröße y im Zeitpunkt $t_0 = t_k$ in den Zeitpunkt $t = t_k + T$ aus (2.20)

$$y(t_k + T) = y(t_k) + T \cdot \dot{y}(t_k) + \frac{T^2}{2J_{ges}} u(t_k). \tag{2.21}$$

Differenzieren von (2.20) liefert

$$\dot{y}(t) = \dot{y}(t_0) + \frac{1}{J_{ges}} \int_{t_0}^{t} u(\tau) \mathrm{d}\tau,$$

[1] $t \in [t_k, t_{k+1})$ bedeutet: $t_k \leq t < t_{k+1}$; dagegen würde $t \in [t_k, t_{k+1}]$ bedeuten: $t_k \leq t \leq t_{k+1}$.

also für eine konstante Eingangsgröße $u(t_k)$ im Zeitintervall $[t_k, t_k + T)$

$$\dot{y}(t_k + T) = \dot{y}(t_k) + \frac{T}{J_{ges}} u(t_k). \tag{2.22}$$

Mit den neuen Zustandsgrößen $x_{1,k} \stackrel{\text{def}}{=} y(t_k)$ und $x_{2,k} \stackrel{\text{def}}{=} \dot{y}(t_k)$ sowie der Eingangsgröße $u_k \stackrel{\text{def}}{=} u(t_k)$ und der Ausgangsgröße $y_k \stackrel{\text{def}}{=} y(t_k)$ erhält man für (2.21/22)

$$\boldsymbol{x}_{k+1} = \begin{bmatrix} x_{1,k+1} \\ x_{2,k+1} \end{bmatrix} = \begin{bmatrix} 1 & T \\ 0 & 1 \end{bmatrix} \boldsymbol{x}_k + \begin{bmatrix} T^2/(2J_{ges}) \\ T/J_{ges} \end{bmatrix} u_k, \tag{2.23}$$

$$y_k = [1 \quad 0] \boldsymbol{x}_k. \tag{2.24}$$

□

Für das System „Roboterarm“ in Beispiel 2.10 erhält man für den Übergang aus dem Zustand $\boldsymbol{x}_k = [y(t_k) \quad \dot{y}(t_k)]^T$ in den Zustand $\boldsymbol{x}_{k+1} = [y(t_k + T) \quad \dot{y}(t_k + T)]^T$ die *Differenzengleichung* (2.23), die, zusammen mit der Ausgangsgleichung (2.24) das Systemverhalten in den Abtastzeitpunkten vollständig beschreibt. Da man, ausgehend vom Anfangszustand $\boldsymbol{x}_0 = [y(t_0) \quad \dot{y}(t_0)]^T$ und mit der Folge der Eingangsgrößen $\{u_0, u_1, u_2, ...\}$ jeden folgenden Zustand $\boldsymbol{x}_1, \boldsymbol{x}_2, ...$ in den Abtastzeitpunkten $t_1, t_2, ...$ aus der Differenzengleichung (2.25) sukzessive berechnen kann, ist es sinnvoll, diese Differenzengleichung eines *zeitdiskreten* Systems auch **Zustandsgleichung** zu nennen.

Allgemein erhält man für ein zeitveränderliches zeitdiskretes System als Zustands- und Ausgangsgleichung

$$\begin{aligned} \boldsymbol{x}_{k+1} &= \boldsymbol{f}(\boldsymbol{x}_k, \boldsymbol{u}_k, k), \\ \boldsymbol{y}_k &= \boldsymbol{g}(\boldsymbol{x}_k, \boldsymbol{u}_k, k). \end{aligned} \tag{2.25}$$

Das Zusammenwirken dieser beiden Gleichungen kann wieder in einem Strukturbild verdeutlicht werden (Bild 2.11), in dem der Block mit T einen Speicher darstellt, der die

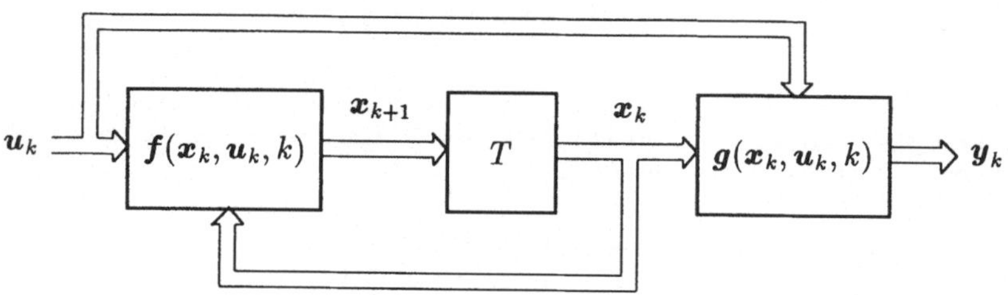

Bild 2.11: Struktur eines zeitdiskreten Systems.

anliegende Eingangsfolge um ein Abtastintervall T verzögert als Ausgangsfolge wieder ausgibt.

2.4 Lineare Systeme

Reale nichtlineare Systeme werden oft durch lineare Systeme als Modelle angenähert, da die mathematische Behandlung linearer Systeme weitaus einfacher als die von nichtlinearen Systemen ist.

2.11 Definition: *Ein System heißt* **linear**, *wenn* $\boldsymbol{f}(\boldsymbol{x},\boldsymbol{u},t)$ *und* $\boldsymbol{g}(\boldsymbol{x},\boldsymbol{u},t)$ *bezüglich* $\boldsymbol{x}$ *und* $\boldsymbol{u}$ *linear sind.*

Hierbei wird wie üblich eine Funktion $\varphi(\xi)$ als *linear* bezeichnet, wenn sowohl das *Verstärkungsprinzip* $\varphi(c\cdot\xi) = c\cdot\varphi(\xi)$ als auch das *Überlagerungsprinzip* $\varphi(\xi_1+\xi_2) = \varphi(\xi_1)+\varphi(\xi_2)$ erfüllt ist. Dies kann in einer Definition so zusammengefaßt werden:

2.12 Definition: *Eine Funktion* $\varphi(\xi)$ *heißt* **linear**, *wenn gilt*

$$\varphi(c_1\cdot\xi_1 + c_2\cdot\xi_2) = c_1\cdot\varphi(\xi_1) + c_2\cdot\varphi(\xi_2). \tag{2.26}$$

Damit kann leicht bewiesen werden der

2.13 Lemma: *Wenn für* $\boldsymbol{f}$ *und* $\boldsymbol{g}$ *gilt*

$$\boldsymbol{f}(\boldsymbol{x},\boldsymbol{u},t) = \boldsymbol{A}(t)\boldsymbol{x} + \boldsymbol{B}(t)\boldsymbol{u}, \tag{2.27}$$

$$\boldsymbol{g}(\boldsymbol{x},\boldsymbol{u},t) = \boldsymbol{C}(t)\boldsymbol{x} + \boldsymbol{D}(t)\boldsymbol{u}, \tag{2.28}$$

ist das System linear.

Beweis: Übung.

Ein lineares *zeitkontinuierliches* System ist also dadurch gekennzeichnet, daß es die folgende mathematische Beschreibung hat

$$\boxed{\begin{aligned}\dot{\boldsymbol{x}}(t) &= \boldsymbol{A}(t)\boldsymbol{x}(t)+\boldsymbol{B}(t)\boldsymbol{u}(t),\\ \boldsymbol{y}(t) &= \boldsymbol{C}(t)\boldsymbol{x}(t)+\boldsymbol{D}(t)\boldsymbol{u}(t).\end{aligned}} \tag{2.29}$$

Für ein System der Ordnung n hat der Zustandsvektor n Komponenten, es ist $\boldsymbol{x} \in \mathbb{R}^n$, und die *Systemmatrix* $\boldsymbol{A}(t)$ ist eine quadratische $(n\times n)$-Matrix. Sind p Eingangsgrößen vorhanden, ist $\boldsymbol{u} \in \mathbb{R}^p$, und sind q Ausgangsgrößen vorhanden, ist $\boldsymbol{y} \in \mathbb{R}^q$. Die *Eingabematrix* $\boldsymbol{B}(t)$ ist dann eine $(n\times p)$- , die *Ausgabematrix* $\boldsymbol{C}(t)$ eine $(q\times n)$- und die *Durchgangsmatrix* $\boldsymbol{D}(t)$ eine $(q\times p)$-Matrix. Kompakt kann das auch so geschrieben werden:

$$\boldsymbol{A}(t) \in \mathbb{R}^{n\times n},$$

$$\boldsymbol{B}(t) \in \mathbb{R}^{n\times p},$$

$$\boldsymbol{C}(t) \in \mathbb{R}^{q\times n},$$

$$\boldsymbol{D}(t) \in \mathbb{R}^{q\times p}.$$

Die durch die Gleichungen (2.29) mathematisch beschreibbaren linearen zeitkontinuierlichen Systeme können durch das Strukturbild in Bild 2.12 anschaulich beschrieben

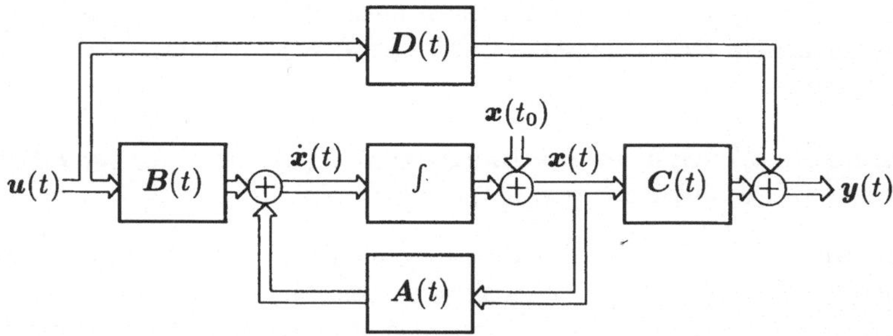

Bild 2.12: Struktur eines linearen zeitkontinuierlichen Systems.

werden, wobei von der Lösung

$$\boldsymbol{x}(t) = \boldsymbol{x}(t_0) + \int_{t_0}^{t} [\boldsymbol{A}(\tau)\boldsymbol{x}(\tau) + \boldsymbol{B}(\tau)\boldsymbol{u}(\tau)]\mathrm{d}\tau \tag{2.30}$$

der Zustandsgleichung in (2.29) ausgegangen wird.

Für ein *Einfachsystem*, bei dem nur eine Eingangs- und eine Ausgangsgröße vorhanden ist, es ist $p = q = 1$, ist die Eingabematrix ein Spaltenvektor $\boldsymbol{b} \in \mathbb{R}^n$, die Ausgabematrix ein Zeilenvektor $\boldsymbol{c}^T \in \mathbb{R}^n$ und die Durchgangsmatrix ein Skalar $d(t)$. Bei *zeitinvarianten* linearen Systemen sind sämtliche Matrizen unabhängig von der Zeit. Es hat also ein lineares zeitinvariantes zeitkontinuierliches Einfachsystem die mathematische Beschreibung

$$\dot{\boldsymbol{x}}(t) = \boldsymbol{A}\boldsymbol{x}(t) + \boldsymbol{b}u(t), \tag{2.31}$$

$$y(t) = \boldsymbol{c}^T\boldsymbol{x} + d\,u(t) \tag{2.32}$$

und ist durch die Struktur in Bild 2.13 beschreibbar.

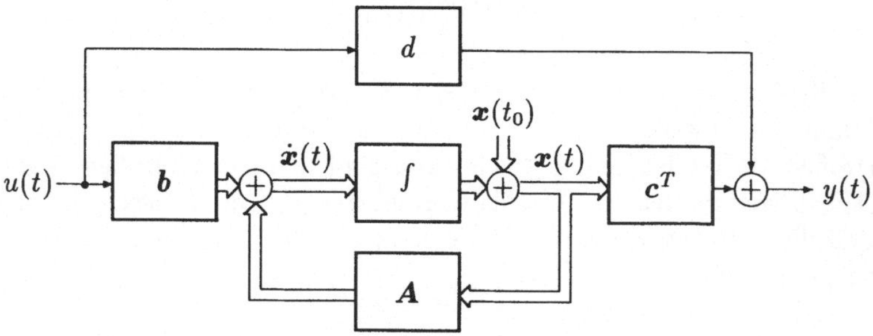

Bild 2.13: Struktur eines linearen zeitinvarianten zeitkontinuierlichen Einfachsystems.

Lineare *zeitdiskrete* Systeme haben allgemein die mathematische Beschreibung

$$\boxed{\begin{aligned} \boldsymbol{x}_{k+1} &= \boldsymbol{A}_k\boldsymbol{x}_k + \boldsymbol{B}_k\boldsymbol{u}_k, \\ \boldsymbol{y}_k &= \boldsymbol{C}_k\boldsymbol{x}_k + \boldsymbol{D}_k\boldsymbol{u}_k. \end{aligned}} \tag{2.33}$$

Hierbei kennzeichnet der Index k die Abhängigkeit von der diskreten Zeitvariablen $k \in \mathbb{Z}$. Bild 2.14 zeigt in einem Strukturbild das Zusammenwirken der Gleichun-

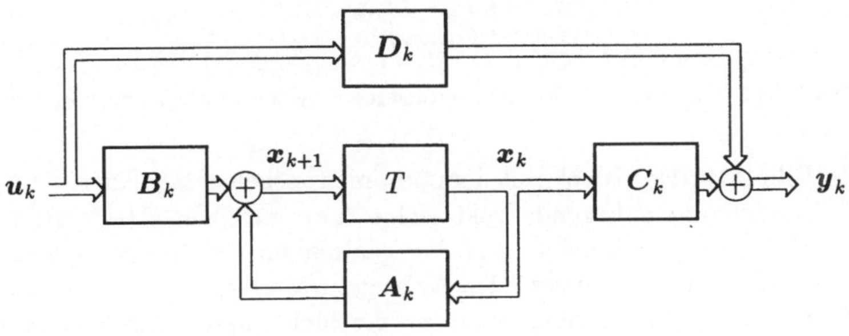

Bild 2.14: Struktur eines linearen zeitdiskreten Systems.

gen (2.33) eines linearen zeitdiskreten Systems. Die Zustandsdifferenzengleichung in (2.33) beschreibt den Übergang des Systemzustands vom Zeitpunkt t_k zum Zeitpunkt t_{k+1}. Vergleicht man das Strukturbild 2.14 eines *zeitdiskreten* linearen Systems mit dem Strukturbild 2.12 eines *zeitkontinuierlichen* linearen Systems, so erkennt man die große Ähnlichkeit. Ein bemerkenswerter Unterschied ist jedoch vorhanden. In Bild 2.12 kommt die Wirkung des Anfangszustands $\boldsymbol{x}(t_0)$ mit zum Ausdruck, dagegen beim zeitdiskreten System in Bild 2.14 nicht. Zu einer dem Bild 2.12 entsprechenden Darstellungsform kommt man aber sofort, wenn die Zustandsdifferenzengleichung in (2.33) durch Subtraktion von $\boldsymbol{x}_k$ auf beiden Seiten der Gleichung so verändert wird:

$$\boldsymbol{x}_{k+1} - \boldsymbol{x}_k = \boldsymbol{A}_k\boldsymbol{x}_k - \boldsymbol{x}_k + \boldsymbol{B}_k\boldsymbol{u}_k.$$

Mit

$$\Delta\boldsymbol{x}_k \stackrel{\text{def}}{=} \boldsymbol{x}_{k+1} - \boldsymbol{x}_k \tag{2.34}$$

erhält man daraus

$$\Delta\boldsymbol{x}_k = (\boldsymbol{A}_k - \boldsymbol{I})\boldsymbol{x}_k + \boldsymbol{B}_k\boldsymbol{u}_k. \tag{2.35}$$

Ausgehend vom Anfangszustand $\boldsymbol{x}_0$ erhält man hieraus den Zustand im Zeitpunkt t_k gemäß

$$\begin{aligned} \boldsymbol{x}_k &= \boldsymbol{x}_0 + \sum_{i=0}^{k-1} \Delta\boldsymbol{x}_i, \\ \boldsymbol{x}_k &= \boldsymbol{x}_0 + \sum_{i=0}^{k-1} \left[(\boldsymbol{A}_i - \boldsymbol{I})\boldsymbol{x}_i + \boldsymbol{B}_i\boldsymbol{u}_i\right]. \end{aligned}$$

In dieser Gleichung taucht jetzt direkt, wie in (2.30) für zeitkontinuierliche Systeme, der Anfangszustand $\boldsymbol{x}_0$ auf. Zu (2.35) und der Ausgangsgleichung in (2.33) gehört nun die

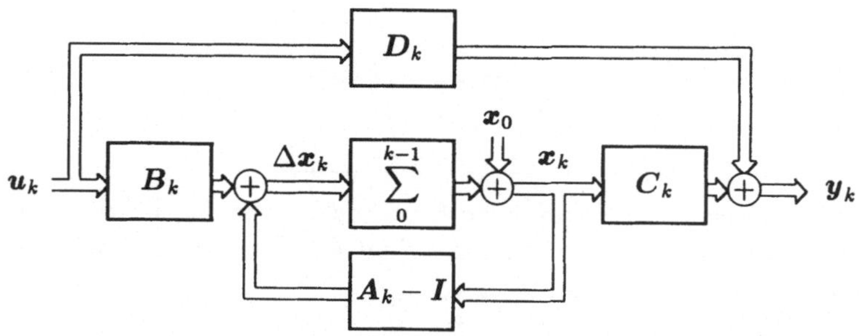

Bild 2.15: Struktur eines linearen zeitdiskreten Systems mit einem Summierer.

Struktur in Bild 2.15. Der Block mit dem Summenzeichen symbolisiert einen Summierer, der die am Eingang anliegende Vektorfolge $\Delta \boldsymbol{x}_k$ summiert. Das Strukturbild 2.15 gilt für alle $k \geq 0$, das Strukturbild 2.14 dagegen nur für den Übergang vom Zeitpunkt k zum Zeitpunkt $k+1$. Würde man den Anfangszustand $\boldsymbol{x}_0$ in das Bild 2.14 eintragen, wie es leider noch oft in Veröffentlichungen geschieht, käme man zu der unsinnigen Zustandsgleichung

$$\boldsymbol{x}_{k+1} = \boldsymbol{A}_k(\boldsymbol{x}_k + \boldsymbol{x}_0) + \boldsymbol{B}_k \boldsymbol{u}_k.$$

Zu *zeitinvarianten* zeitdiskreten linearen Systemen gehören mathematische Beschreibungen mit zeitunabhängigen Matrizen, d.h., Mehrfachsysteme haben mathematische Beschreibungen der Form

$$\boldsymbol{x}_{k+1} = \boldsymbol{A}_d \boldsymbol{x}_k + \boldsymbol{B}_d \boldsymbol{u}_k, \tag{2.36}$$

$$\boldsymbol{y}_k = \boldsymbol{C} \boldsymbol{x}_k + \boldsymbol{D} \boldsymbol{u}_k \tag{2.37}$$

und Einfachsysteme

$$\boldsymbol{x}_{k+1} = \boldsymbol{A}_d \boldsymbol{x}_k + \boldsymbol{b}_d u_k, \tag{2.38}$$

$$y_k = \boldsymbol{c}^T \boldsymbol{x}_k + d u_k. \tag{2.39}$$

2.5 Linearisierung und Näherung von nichtlinearen Systemen

Für *lineare* Systeme gibt es umfangreiche Analyse- und Syntheseverfahren von großer Allgemeinheit. Daher werden, wenn möglich, nichtlineare Systeme durch lineare Modelle angenähert. Wenn nur kleine Änderungen um einen *Ruhezustand* zugelassen werden, können viele nichtlineare Systeme durch lineare Modelle hinreichend gut angenähert werden. Dies ist zum Beispiel der Fall, wenn ein technisches System in einem vorgegebenen, gleichbleibenden Betriebszustand arbeiten soll, also bei gegebener konstanter Eingangsgröße $\bar{\boldsymbol{u}} = \text{const}$ die gewünschte konstante Ausgangsgröße erzeugt. Ein Regler hat dann z.B. die Aufgabe, die Ausgangsgröße der Anlage auch bei Störeinwirkungen auf den vorgegebenen Werten zu halten. Sind die Auswirkungen der Störungen auf den sich einstellenden stationären Zustand gering, kann ein lineares Modell des zu regelnden Systems für die Auslegung des Reglers herangezogen werden.

Oft besteht das gewünschte Verhalten eines Systems nicht darin, konstante Ausgangsgrößen zu erzeugen, sondern, wie beispielsweise bei einem Raumfahrzeug, auf einem vorbestimmten Kurs zu bleiben, einer *Solltrajektorie* $\bar{\boldsymbol{x}}(t)$ zu folgen. Der Kurs wird im voraus festgelegt. Die korrigierenden Steuerkräfte, die das Raumfahrzeug auf der gewünschten Bahn halten sollen, können dann mit Hilfe eines linearen Modells, das durch Linearisierung der nichtlinearen mathematischen Beschreibung entlang der Solltrajektorie gewonnen wird, ermittelt werden.

Es gibt aber auch Fälle, bei denen eine besondere Struktur der nichtlinearen Gleichungen so vorliegt, daß man durch eine mathematische Transformation zu einer linearen mathematischen Beschreibung kommen kann.

2.5.1 Linearisierung durch mathematische Umformung

Liegt z.B. die mathematische Beschreibung eines nichtlinearen Systems in dieser Form vor:

$$\begin{aligned} \dot{\boldsymbol{x}}(t) &= \boldsymbol{A}\boldsymbol{x}(t) + \boldsymbol{b}f(u(t)), \\ y(t) &= \boldsymbol{c}^T\boldsymbol{x}(t), \end{aligned} \tag{2.40}$$

erhält man durch Einführen der Hilfsgröße

$$v \overset{\text{def}}{=} f(u) \tag{2.41}$$

die neue lineare mathematische Beschreibung

$$\begin{aligned} \dot{\boldsymbol{x}} &= \boldsymbol{A}\boldsymbol{x} + \boldsymbol{b}v, \\ y &= \boldsymbol{c}^T\boldsymbol{x}. \end{aligned} \tag{2.42}$$

Diese neue mathematische Beschreibung ist natürlich nur im Wertebereich der Funktion $f(\cdot)$ gültig, d.h., ist z.B. $f(u) = u^2$, dann ist die lineare Zustandsgleichung (2.42) nur für $v \geq 0$ gültig.

Bei anderen nichtlinearen Systemen kann oft mit Hilfe einer nichtlinearen Zustandstransformation

$$\boldsymbol{z} \overset{\text{def}}{=} \boldsymbol{\varphi}(\boldsymbol{x}) \tag{2.43}$$

aus der allgemeinen mathematischen Beschreibung

$$\dot{\boldsymbol{x}}(t) = \boldsymbol{a}(\boldsymbol{x}(t)) + \boldsymbol{b}(\boldsymbol{x}(t))u(t), \tag{2.44}$$

$$y(t) = g(\boldsymbol{x}(t)) \tag{2.45}$$

diese erhalten werden

$$\dot{\boldsymbol{z}} = \begin{bmatrix} z_2 \\ z_3 \\ \vdots \\ z_n \\ \alpha(\boldsymbol{z}) \end{bmatrix} + \begin{bmatrix} 0 \\ 0 \\ \vdots \\ 0 \\ \beta(\boldsymbol{z}) \end{bmatrix} u, \tag{2.46}$$

$$y = z_1. \tag{2.47}$$

Hierbei wird im einzelnen so vorgegangen: Differenziert man die Transformationsgleichung (2.43) nach der Zeit, erhält man mit (2.44)

$$\begin{aligned}\dot{\boldsymbol{z}} &= \frac{\partial\varphi(\boldsymbol{x})}{\partial\boldsymbol{x}}\cdot\dot{\boldsymbol{x}} && (2.48)\\ &= \frac{\partial\varphi(\boldsymbol{x})}{\partial\boldsymbol{x}}\boldsymbol{a}(\boldsymbol{x}) + \frac{\partial\varphi(\boldsymbol{x})}{\partial\boldsymbol{x}}\boldsymbol{b}(\boldsymbol{x})u. && (2.49)\end{aligned}$$

Ersetzt man dann $\boldsymbol{x}$ durch die inverse Transformation $\boldsymbol{x} = \varphi^{-1}(\boldsymbol{z})$, erhält man (2.46). Das Problem der Existenz und Aufstellung der Transformation (2.43) wird ausführlich in Kapitel 11 über nichtlineare Systeme behandelt. Führt man jetzt die neue Eingangsgröße

$$v \stackrel{\text{def}}{=} \alpha(\boldsymbol{z}) + \beta(\boldsymbol{z})u \qquad (2.50)$$

ein, erhält man die lineare mathematische Beschreibung

$$\begin{aligned}\dot{\boldsymbol{z}}(t) &= \begin{bmatrix} 0 & 1 & 0 & \cdots & 0\\ 0 & 0 & 1 & \ddots & \vdots\\ \vdots & \vdots & \ddots & \ddots & 0\\ 0 & 0 & \cdots & 0 & 1\\ 0 & 0 & \cdots & 0 & 0\end{bmatrix}\boldsymbol{z}(t) + \begin{bmatrix}0\\0\\ \vdots\\0\\1\end{bmatrix}v(t), && (2.51)\\ y(t) &= \begin{bmatrix}1 & 0 & \cdots & 0\end{bmatrix}\boldsymbol{z}(t). && (2.52)\end{aligned}$$

2.14 Beispiel: Für das nichtlineare System dritter Ordnung mit der mathematischen Beschreibung

$$\begin{aligned}\dot{x}_1 &= (1 + x_2^2)u\\ \dot{x}_2 &= x_1 + x_2^2 + (1 + x_2^2)u\\ \dot{x}_3 &= x_1 - x_2\\ y &= x_3\end{aligned}$$

erhält man mittels der nichtlinearen Transformation[2]

$$\begin{bmatrix} z_1\\ z_2\\ z_3\end{bmatrix} = \begin{bmatrix} x_3\\ x_1 - x_2\\ -x_1 - x_2^2\end{bmatrix} \stackrel{\text{def}}{=} \varphi(\boldsymbol{x})$$

und

$$\frac{\partial\varphi(\boldsymbol{x})}{\partial\boldsymbol{x}} = \begin{bmatrix} 0 & 0 & 1\\ 1 & -1 & 0\\ -1 & -2x_2 & 0\end{bmatrix}$$

die neue Zustandsgleichung

$$\begin{aligned}\dot{\boldsymbol{z}} &= \begin{bmatrix} x_1 - x_2\\ -x_1 - x_2^2\\ -2x_1x_2 - 2x_2^3\end{bmatrix} + \begin{bmatrix}0\\0\\-(1+x_2^2)(1+2x_2)\end{bmatrix}u,\\ &= \begin{bmatrix} z_2\\ z_3\\ -2x_2(x_1 + x_2^2)\end{bmatrix} + \begin{bmatrix}0\\0\\-(1+x_2^2)(1+2x_2)\end{bmatrix}u,\end{aligned}$$

[2]Wie man eine solche Transformation erhält, wird in Kapitel 11 hergeleitet.

d.h. mit

$$v = -2x_2(x_1 + x_2^3) - (1 + 2x_2)(1 + x_2^2)u$$

die lineare mathematische Beschreibung

$$\begin{aligned} \dot{z} &= \begin{bmatrix} 0 & 1 & 0 \\ 0 & 0 & 1 \\ 0 & 0 & 0 \end{bmatrix} + \begin{bmatrix} 0 \\ 0 \\ 1 \end{bmatrix} v, \\ y &= \begin{bmatrix} 1 & 0 & 0 \end{bmatrix} z, \end{aligned}$$

die in Bild 2.16 als Strukturbild dargestellt ist. Es besteht übrigens nur für $x_2 \neq -1/2$ ein eindeutiger Zusammenhang zwischen v und u, denn es ist

$$u = \frac{-1}{(1 + 2x_2)(1 + x_2^2)}(2x_2(x_1 + x_2^3) + v).$$

□

v → ∫ → z_3 → ∫ → z_2 → ∫ → z_1 → y

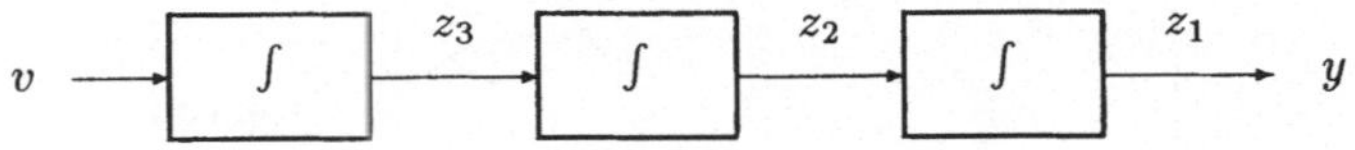

Bild 2.16: Struktur des Systems in Beispiel 2.14

Es sind allerdings nicht alle nichtlinearen Systeme auf die eben beschriebene Art und Weise linearisierbar. In diesen Fällen ist oft die Verwendung von linearen Modellen als Näherung für das Verhalten des nichtlinearen Systems ein hinreichender Ausweg.

2.5.2 Linearisierung um einen Arbeitspunkt

Die folgenden Betrachtungen beruhen auf der Möglichkeit, eine gegebene Funktion durch ihre TAYLOR-Reihe darzustellen. Für eine hinreichend differenzierbare Funktion $f(x)$ erhält man als Entwicklung um den Punkt $\bar{x}$ die TAYLOR-Reihe für den Punkt $\bar{x} + \xi$:

$$\begin{aligned} f(\bar{x} + \xi) &= f(\bar{x}) + \left.\frac{\partial f}{\partial x}\right|_{\bar{x}} \xi + \left.\frac{\partial^2 f}{\partial x^2}\right|_{\bar{x}} \frac{\xi^2}{2} + \left.\frac{\partial^3 f}{\partial x^3}\right|_{\bar{x}} \frac{\xi^3}{3!} + \cdots \left.\frac{\partial^i f}{\partial x^i}\right|_{\bar{x}} \frac{\xi^i}{i!} + \cdots \\ &= \sum_{i=0}^{\infty} \left.\frac{\partial^i f}{\partial x^i}\right|_{\bar{x}} \frac{\xi^i}{i!}. \end{aligned} \tag{2.53}$$

Diese Reihe mit unendlich vielen Gliedern gibt den Funktionswert $f(\bar{x} + \xi)$ für *beliebig großes* ξ *exakt* wieder. Bricht man die Reihe nach endlich vielen Gliedern ab, stellt die verbleibende *endliche* Reihe nur noch eine *Näherung* für den Funktionswert $f(\bar{x}+\xi)$ dar. Dieser Näherungswert wird um so genauer sein, je mehr Reihenglieder berücksichtigt werden und je kleiner die Abweichung $|\ \xi\ |$ von $\bar{x}$ ist.

2.15 Beispiel: Für die Sinusfunktion $\sin(x)$ erhält man als TAYLOR-Reihe um den Punkt $\bar{x}$:

$$\sin(\bar{x} + \xi) = \sin(\bar{x}) + \cos(\bar{x}) \cdot \xi - \sin(\bar{x})\frac{\xi^2}{2} - \cos(\bar{x})\frac{\xi^3}{3!} + \sin(\bar{x})\frac{\xi^4}{4!} + \cdots. \tag{2.54}$$

Eine erste brauchbare Näherung wäre durch die ersten beiden Reihenglieder in (2.54) gegeben:

$$\sin(\bar{x}+\xi) \approx \sin(\bar{x}) + \cos(\bar{x}) \cdot \xi,$$

also durch eine Gerade, die die Tangentengleichung im Punkt $(\bar{x}, \sin(\bar{x}))$ ist. Sie liefert schon brauchbare Ergebnisse für kleine ξ. Eine weitere bessere Näherung ist durch eine Parabel gegeben, die durch die drei ersten Reihenglieder in (2.54) bestimmt wird:

$$\sin(\bar{x}+\xi) \approx \sin(\bar{x}) + \cos(\bar{x}) \cdot \xi - \sin(\bar{x}) \cdot \frac{\xi^2}{2}.$$

Die Näherungen werden immer besser, je mehr Reihenglieder berücksichtigt werden. In Bild 2.17 ist die Sinusfunktion mit drei Näherungen um den Punkt $\bar{x} = 7$ dargestellt. □

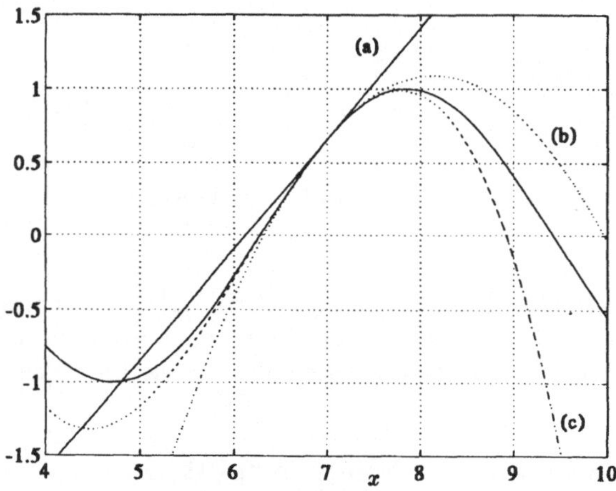

Bild 2.17: Sinusfunktion und ihre (a) lineare, (b) quadratische und (c) kubische Näherung um den Punkt $\bar{x} = 7$.

Eine Funktion f, die von mehreren Variablen $x_1, ..., x_n$ abhängt, hat folgende TAYLOR-Reihe für den Punkt $\bar{\boldsymbol{x}} + \boldsymbol{\xi}$ $(\bar{\boldsymbol{x}}, \boldsymbol{\xi} \in \mathbb{R}^n)$

$$f(\bar{\boldsymbol{x}} + \boldsymbol{\xi}) = f(\bar{\boldsymbol{x}}) + \left(\left. \frac{\partial f}{\partial \boldsymbol{x}} \right|_{\bar{\boldsymbol{x}}} \right)^T \boldsymbol{\xi} + \frac{1}{2} \boldsymbol{\xi}^T \left. \frac{\partial^2 f}{\partial \boldsymbol{x}^2} \right|_{\bar{\boldsymbol{x}}} \boldsymbol{\xi} + \cdots,$$

wobei

$$\frac{\partial f}{\partial \boldsymbol{x}} \stackrel{\text{def}}{=} \begin{bmatrix} \dfrac{\partial f}{\partial x_1} \\ \vdots \\ \dfrac{\partial f}{\partial x_n} \end{bmatrix}$$

ein Vektor und

$$\frac{\partial^2 f}{\partial \boldsymbol{x}^2} \stackrel{\text{def}}{=} \begin{bmatrix} \frac{\partial^2 f}{\partial x_1^2} & \frac{\partial^2 f}{\partial x_1 \partial x_2} & \cdots & \frac{\partial^2 f}{\partial x_1 \partial x_n} \\ \vdots & \vdots & & \vdots \\ \frac{\partial^2 f}{\partial x_n \partial x_1} & \frac{\partial^2 f}{\partial x_n \partial x_2} & \cdots & \frac{\partial^2 f}{\partial x_n^2} \end{bmatrix} = \boldsymbol{H}(\boldsymbol{x}) \tag{2.55}$$

eine HESSE-Matrix ist.

Entsprechend erhält man für die i-te Funktion $f_i(\boldsymbol{x})$ einer vektoriellen Funktion $\boldsymbol{f}(\boldsymbol{x})$ diese TAYLOR-Reihe

$$f_i(\bar{\boldsymbol{x}} + \boldsymbol{\xi}) = f_i(\bar{\boldsymbol{x}}) + \left(\left. \frac{\partial f_i}{\partial \boldsymbol{x}} \right|_{\bar{\boldsymbol{x}}} \right)^T \boldsymbol{\xi} + \frac{1}{2} \boldsymbol{\xi}^T \underbrace{\left. \frac{\partial^2 f_i}{\partial \boldsymbol{x}^2} \right|_{\bar{\boldsymbol{x}}}}_{\boldsymbol{H}_i(\bar{\boldsymbol{x}})} \cdot \boldsymbol{\xi} + \cdots \tag{2.56}$$

oder zusammengefaßt

$$\boldsymbol{f}(\bar{\boldsymbol{x}} + \boldsymbol{\xi}) = \boldsymbol{f}(\bar{\boldsymbol{x}}) + \boldsymbol{J}(\bar{\boldsymbol{x}})\boldsymbol{\xi} + \frac{1}{2} \begin{bmatrix} \boldsymbol{\xi}^T \boldsymbol{H}_1(\bar{\boldsymbol{x}}) \\ \vdots \\ \boldsymbol{\xi}^T \boldsymbol{H}_n(\bar{\boldsymbol{x}}) \end{bmatrix} \boldsymbol{\xi} + \cdots \tag{2.57}$$

mit der JACOBI-Matrix

$$\boldsymbol{J}(\bar{\boldsymbol{x}}) \stackrel{\text{def}}{=} \begin{bmatrix} \left(\left. \frac{\partial f_1}{\partial \boldsymbol{x}} \right|_{\bar{\boldsymbol{x}}} \right)^T \\ \vdots \\ \left(\left. \frac{\partial f_n}{\partial \boldsymbol{x}} \right|_{\bar{\boldsymbol{x}}} \right)^T \end{bmatrix}. \tag{2.58}$$

Das Ziel einer Regelung besteht häufig darin, die Ausgangsgrößen y_i eines Systems als Regelgrößen konstant zu halten:

$$y_i(t) = \bar{y}_i = \text{const.} \tag{2.59}$$

Handelt es sich bei dem System um einen nichtlinearen Prozeß, dann kann dieser beispielsweise durch die nichtlinearen Zustands- und Ausgangsgleichungen

$$\dot{\boldsymbol{x}}(t) = \boldsymbol{f}(\boldsymbol{x}(t), \boldsymbol{u}(t)), \tag{2.60}$$

$$\boldsymbol{y}(t) = \boldsymbol{g}(\boldsymbol{x}(t), \boldsymbol{u}(t)) \tag{2.61}$$

beschrieben werden. Zu der gewünschten Regelgröße $\bar{\boldsymbol{y}}$ gehören Zustandsgrößen $\bar{\boldsymbol{x}}$ und Stellgrößen $\bar{\boldsymbol{u}}$, die die Gleichungen (2.60) und (2.61) erfüllen müssen. Geht man davon aus, daß der Systemzustand $\bar{\boldsymbol{x}}$ im Arbeitspunkt wie die Regelgrößen $\bar{\boldsymbol{y}}$ konstant ist, ist $\dot{\bar{\boldsymbol{x}}}(t) = \boldsymbol{o}$ und man erhält für die $n + p$ Größen $\bar{x}_1, ..., \bar{x}_n$ und $\bar{u}_1, ..., \bar{u}_p$ die $n + p$ Bestimmungsgleichungen

$$\boldsymbol{o} = \boldsymbol{f}(\bar{\boldsymbol{x}}, \bar{\boldsymbol{u}}), \tag{2.62}$$

$$\bar{\boldsymbol{y}} = \boldsymbol{g}(\bar{\boldsymbol{x}}, \bar{\boldsymbol{u}}). \tag{2.63}$$

Weicht der Ausgangsvektor $\boldsymbol{y}$ von der gewünschten Größe $\bar{\boldsymbol{y}}$ um $\boldsymbol{\eta}(t)$ ab, ist also

$$\boldsymbol{y}(t) = \bar{\boldsymbol{y}} + \boldsymbol{\eta}(t), \tag{2.64}$$

dann soll mittels einer Änderung der Eingangsgrößen in

$$\boldsymbol{u}(t) = \bar{\boldsymbol{u}} + \boldsymbol{\omega}(t) \tag{2.65}$$

die Ausgangsänderung wieder rückgängig gemacht werden, was vor allem durch eine Zustandsänderung

$$\boldsymbol{x}(t) = \bar{\boldsymbol{x}} + \boldsymbol{\xi}(t) \tag{2.66}$$

geschehen wird. Die Gleichungen (2.64) bis (2.66) in die Zustandsgleichung (2.60) eingesetzt, liefert mit $\dot{\bar{\boldsymbol{x}}} = \boldsymbol{o}$

$$\dot{\boldsymbol{x}}(t) = \dot{\boldsymbol{\xi}}(t) = \boldsymbol{f}(\bar{\boldsymbol{x}} + \boldsymbol{\xi}(t), \bar{\boldsymbol{u}} + \boldsymbol{\omega}(t)). \tag{2.67}$$

Sind die Änderungen $\boldsymbol{\xi}(t)$ und $\boldsymbol{\omega}(t)$ klein gegenüber den Ruhelagen $\bar{\boldsymbol{x}}$ und $\bar{\boldsymbol{u}}$, kann man die rechte Seite der Zustandsgleichung (2.67) sehr gut durch die ersten Glieder einer TAYLOR-Reihe annähern:

$$\boldsymbol{f}(\bar{\boldsymbol{x}} + \boldsymbol{\xi}(t), \bar{\boldsymbol{u}} + \boldsymbol{\omega}(t)) \approx \boldsymbol{f}(\bar{\boldsymbol{x}}, \bar{\boldsymbol{u}}) + \left.\frac{\partial \boldsymbol{f}}{\partial \boldsymbol{x}}\right|_{\bar{\boldsymbol{x}}, \bar{\boldsymbol{u}}} \boldsymbol{\xi}(t) + \left.\frac{\partial \boldsymbol{f}}{\partial \boldsymbol{u}}\right|_{\bar{\boldsymbol{x}}, \bar{\boldsymbol{u}}} \boldsymbol{\omega}(t). \tag{2.68}$$

Hierin ist aber nach (2.62) $\boldsymbol{f}(\bar{\boldsymbol{x}}, \bar{\boldsymbol{u}}) = \boldsymbol{o}$, also erhält man aus (2.67) und (2.68) die *lineare* Gleichung

$$\boxed{\dot{\boldsymbol{\xi}}(t) = \left.\frac{\partial \boldsymbol{f}}{\partial \boldsymbol{x}}\right|_{\bar{\boldsymbol{x}}, \bar{\boldsymbol{u}}} \boldsymbol{\xi}(t) + \left.\frac{\partial \boldsymbol{f}}{\partial \boldsymbol{u}}\right|_{\bar{\boldsymbol{x}}, \bar{\boldsymbol{u}}} \boldsymbol{\omega}(t).} \tag{2.69}$$

Hierin sind

$$\left.\frac{\partial \boldsymbol{f}}{\partial \boldsymbol{x}}\right|_{\bar{\boldsymbol{x}}, \bar{\boldsymbol{u}}} = \begin{bmatrix} \frac{\partial f_1}{\partial x_1} & \frac{\partial f_1}{\partial x_2} & \cdots & \frac{\partial f_1}{\partial x_n} \\ \vdots & \vdots & & \vdots \\ \frac{\partial f_n}{\partial x_1} & \frac{\partial f_n}{\partial x_2} & \cdots & \frac{\partial f_n}{\partial x_n} \end{bmatrix}_{\bar{\boldsymbol{x}}, \bar{\boldsymbol{u}}} \in \mathrm{I\!R}^{\mathrm{n \times n}} \tag{2.70}$$

und

$$\left.\frac{\partial \boldsymbol{f}}{\partial \boldsymbol{u}}\right|_{\bar{\boldsymbol{x}}, \bar{\boldsymbol{u}}} = \begin{bmatrix} \frac{\partial f_1}{\partial u_1} & \frac{\partial f_1}{\partial u_2} & \cdots & \frac{\partial f_1}{\partial u_p} \\ \vdots & \vdots & & \vdots \\ \frac{\partial f_n}{\partial u_1} & \frac{\partial f_n}{\partial u_2} & \cdots & \frac{\partial f_n}{\partial u_p} \end{bmatrix}_{\bar{\boldsymbol{x}}, \bar{\boldsymbol{u}}} \in \mathrm{I\!R}^{\mathrm{n \times p}} \tag{2.71}$$

JACOBI-Matrizen, berechnet im Arbeitspunkt $(\bar{\boldsymbol{x}}, \bar{\boldsymbol{u}})$. Entsprechend kann auch mit der rechten Seite der Ausgangsgleichung

$$\boldsymbol{y}(t) = \bar{\boldsymbol{y}} + \boldsymbol{\eta}(t) = \boldsymbol{g}(\bar{\boldsymbol{x}} + \boldsymbol{\xi}(t), \bar{\boldsymbol{u}} + \boldsymbol{\omega}(t)) \tag{2.72}$$

verfahren werden:

$$\boldsymbol{g}(\bar{\boldsymbol{x}} + \boldsymbol{\xi}(t), \bar{\boldsymbol{u}} + \boldsymbol{\omega}(t)) \approx \boldsymbol{g}(\bar{\boldsymbol{x}}, \bar{\boldsymbol{u}}) + \left.\frac{\partial \boldsymbol{g}}{\partial \boldsymbol{x}}\right|_{\bar{\boldsymbol{x}},\bar{\boldsymbol{u}}} \cdot \boldsymbol{\xi}(t) + \left.\frac{\partial \boldsymbol{g}}{\partial \boldsymbol{u}}\right|_{\bar{\boldsymbol{x}},\bar{\boldsymbol{u}}} \cdot \boldsymbol{\omega}(t). \tag{2.73}$$

Setzt man (2.73) in (2.72) ein und subtrahiert $\bar{\boldsymbol{y}} = \boldsymbol{g}(\bar{\boldsymbol{x}}, \bar{\boldsymbol{u}})$, erhält man für die Abweichungen vom Arbeitspunkt die *lineare* Ausgangsgleichung

$$\boxed{\boldsymbol{\eta}(t) = \left.\frac{\partial \boldsymbol{g}}{\partial \boldsymbol{x}}\right|_{\bar{\boldsymbol{x}},\bar{\boldsymbol{u}}} \boldsymbol{\xi}(t) + \left.\frac{\partial \boldsymbol{g}}{\partial \boldsymbol{u}}\right|_{\bar{\boldsymbol{x}},\bar{\boldsymbol{u}}} \boldsymbol{\omega}(t).} \tag{2.74}$$

Hierin haben jetzt die JACOBI-Matrizen die Formen

$$\left.\frac{\partial \boldsymbol{g}}{\partial \boldsymbol{x}}\right|_{\bar{\boldsymbol{x}},\bar{\boldsymbol{u}}} = \begin{bmatrix} \frac{\partial g_1}{\partial x_1} & \frac{\partial g_1}{\partial x_2} & \cdots & \frac{\partial g_1}{\partial x_n} \\ \vdots & \vdots & & \vdots \\ \frac{\partial g_q}{\partial x_1} & \frac{\partial g_q}{\partial x_2} & \cdots & \frac{\partial g_q}{\partial x_n} \end{bmatrix}_{\bar{\boldsymbol{x}},\bar{\boldsymbol{u}}} \in \mathbb{R}^{q \times n} \tag{2.75}$$

und

$$\left.\frac{\partial \boldsymbol{g}}{\partial \boldsymbol{u}}\right|_{\bar{\boldsymbol{x}},\bar{\boldsymbol{u}}} = \begin{bmatrix} \frac{\partial g_1}{\partial u_1} & \frac{\partial g_1}{\partial u_2} & \cdots & \frac{\partial g_1}{\partial u_p} \\ \vdots & \vdots & & \vdots \\ \frac{\partial g_q}{\partial u_1} & \frac{\partial g_q}{\partial u_2} & \cdots & \frac{\partial g_q}{\partial u_p} \end{bmatrix}_{\bar{\boldsymbol{x}},\bar{\boldsymbol{u}}} \in \mathbb{R}^{q \times p}. \tag{2.76}$$

Mit den zeitinvarianten Matrizen

$$\boldsymbol{A} \stackrel{\text{def}}{=} \left.\frac{\partial \boldsymbol{f}}{\partial \boldsymbol{x}}\right|_{\bar{\boldsymbol{x}},\bar{\boldsymbol{u}}}, \quad \boldsymbol{B} \stackrel{\text{def}}{=} \left.\frac{\partial \boldsymbol{f}}{\partial \boldsymbol{u}}\right|_{\bar{\boldsymbol{x}},\bar{\boldsymbol{u}}}, \quad \boldsymbol{C} \stackrel{\text{def}}{=} \left.\frac{\partial \boldsymbol{g}}{\partial \boldsymbol{x}}\right|_{\bar{\boldsymbol{x}},\bar{\boldsymbol{u}}}, \quad \boldsymbol{D} \stackrel{\text{def}}{=} \left.\frac{\partial \boldsymbol{g}}{\partial \boldsymbol{u}}\right|_{\bar{\boldsymbol{x}},\bar{\boldsymbol{u}}}, \tag{2.77}$$

erhält man damit für kleine Änderungen um den Arbeitspunkt $(\bar{\boldsymbol{y}}, \bar{\boldsymbol{x}}, \bar{\boldsymbol{u}})$ die lineare mathematische Beschreibung

$$\boxed{\begin{aligned} \dot{\boldsymbol{\xi}}(t) &= \boldsymbol{A} \cdot \boldsymbol{\xi}(t) + \boldsymbol{B} \cdot \boldsymbol{\omega}(t), \\ \boldsymbol{\eta}(t) &= \boldsymbol{C} \cdot \boldsymbol{\xi}(t) + \boldsymbol{D} \cdot \boldsymbol{\omega}(t). \end{aligned}} \tag{2.78}$$

2.16 Beispiel: Die Drehzahl eines Gleichstrommotors, ausgedrückt durch die Winkelgeschwindigkeit ω, soll bei einem vorhandenen Lastmoment M_L konstant auf dem Wert $\bar{\omega}$ (Arbeitspunkt) gehalten werden. Das im folgenden herzuleitende mathematische Modell des Gleichstrommotors soll im Arbeitspunkt linearisiert werden. Für den Ankerstromkreis gilt (Bild 2.18)

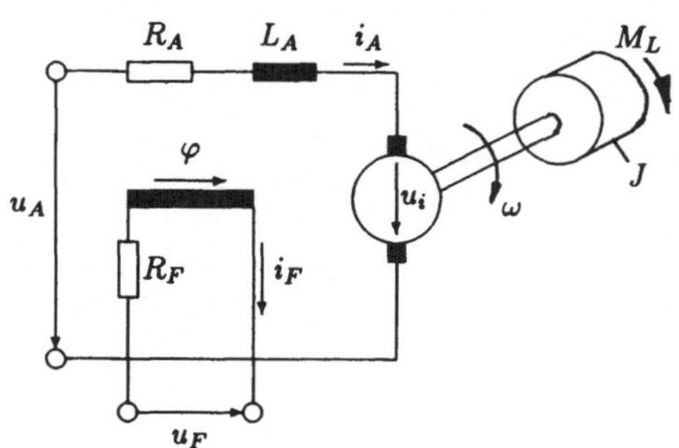

Bild 2.18: Ersatzschaltbild eines fremderregten Gleichstrommotors.

$$u_A - u_i = i_A \cdot R_A + L_A \frac{\mathrm{d}i_A}{\mathrm{d}t},$$

wobei die induzierte Spannung u_i des Motors von der Winkelgeschwindigkeit ω und dem magnetischen Fluß φ des Motors abhängt:

$$u_i = c\,\omega\varphi.$$

Der Feldstromkreis genügt der Gleichung

$$u_F = i_F R_F + \frac{\mathrm{d}\varphi}{\mathrm{d}t},$$

und für den mechanischen Kreis mit dem Antriebsmoment

$$M_A = c\varphi i_A,$$

gilt

$$M_A - M_L = J\frac{\mathrm{d}\omega}{\mathrm{d}t},$$

wobei J das Gesamtträgheitsmoment der rotierenden Teile ist. Aufgrund der nichtlinearen Magnetisierungskennlinie des Feldstromkreises besteht zwischen dem auf die Nennwerte des Gleichstromkreises normierten Feldstrom i_F und dem magnetischen Fluß φ ein nichtlinearer Zusammenhang, der z.B. durch

$$i_F = \varphi - 1,42\varphi^2 + 1,44\varphi^3$$

dargestellt werden kann (Bild 2.19). Zusammenfassend erhält man als mathematische Beschreibung für den Gleichstrommotor die drei Differentialgleichungen

$$\frac{\mathrm{d}i_A}{\mathrm{d}t} = -\frac{R_A}{L_A}i_A - \frac{c}{L_A}\omega\varphi + \frac{1}{L_A}u_A, \tag{2.79}$$

$$\frac{\mathrm{d}\varphi}{\mathrm{d}t} = -R_F(\varphi - 1,42\varphi^2 + 1,44\varphi^3) + u_F, \tag{2.80}$$

$$\frac{\mathrm{d}\omega}{\mathrm{d}t} = \frac{c}{J}\varphi i_A - \frac{1}{J}M_L \tag{2.81}$$

mit den drei Zustandgrößen i_A, φ und ω, den drei Eingangsgrößen u_A, u_F und M_L und der Ausgangsgröße $y = \omega$. Die sich daraus ergebende Struktur ist in Bild 2.20 beschrieben. Unter der Annahme,

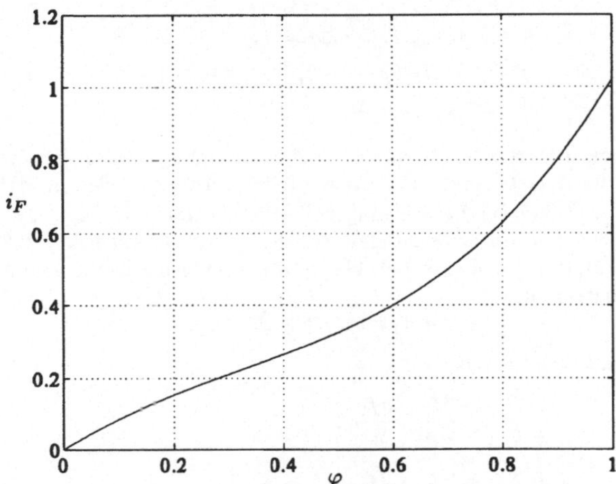

Bild 2.19: Normierte Magnetisierungskennlinie.

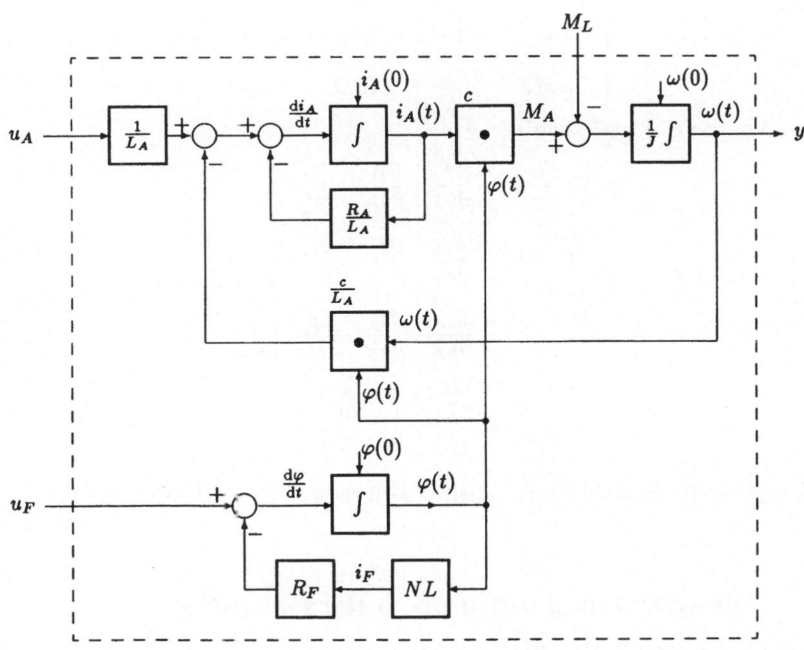

Bild 2.20: Strukturbild eines fremderregten Gleichstrommotors.

daß der Antrieb sich im Arbeitspunkt befindet, also die zeitlichen Ableitungen der Zustandsgrößen i_A, φ und ω gleich null sind, erhält man

$$\begin{aligned} 0 &= -R_A \bar{i}_A - c\,\bar{\omega}\bar{\varphi} + \bar{u}_A, \\ 0 &= -R_F\,(\bar{\varphi} - 1,42\bar{\varphi}^2 + 1,44\bar{\varphi}^3) + \bar{u}_F, \\ 0 &= c\,\bar{\varphi}\,\bar{i}_A - M_L. \end{aligned}$$

Das sind bei vorgegebenen Werten $\bar{\omega}, M_L$ und $\bar{u}_F$ drei Bestimmungsgleichungen für die restlichen drei Größen $\bar{i}_A, \bar{\varphi}$ und $\bar{u}_A$ im Arbeitspunkt. Faßt man die drei Zustandsgrößen im Arbeitspunkt zu dem Vektor $\bar{\boldsymbol{x}} \stackrel{\text{def}}{=} [\bar{i}_A \quad \bar{\varphi} \quad \bar{\omega}]^T$ und die drei Eingangsgrößen im Vektor $\bar{\boldsymbol{u}} \stackrel{\text{def}}{=} [\bar{u}_A \quad \bar{u}_F \quad M_L]^T$ zusammen und nennt die rechten Seiten der Differentialgleichungen (2.79), (2.80) bzw. (2.81) f_1, f_2 bzw. f_3, erhält man gemäß (2.70), (2.71) und (2.77) für kleine Abweichungen $\boldsymbol{\xi}$ und $\boldsymbol{\omega}$ vom Arbeitspunkt $\bar{\boldsymbol{x}}$ und $\bar{\boldsymbol{u}}$ die lineare Zustandsgleichung

$$\dot{\boldsymbol{\xi}}(t) = \boldsymbol{A}\boldsymbol{\xi}(t) + \boldsymbol{B}\boldsymbol{\omega}(t)$$

mit der zeitinvarianten Systemmatrix

$$\begin{aligned} \boldsymbol{A} &= \begin{bmatrix} \frac{\partial f_1}{\partial i_A} & \frac{\partial f_1}{\partial \varphi} & \frac{\partial f_1}{\partial \omega} \\ \frac{\partial f_2}{\partial i_A} & \frac{\partial f_2}{\partial \varphi} & \frac{\partial f_2}{\partial \omega} \\ \frac{\partial f_3}{\partial i_A} & \frac{\partial f_3}{\partial \varphi} & \frac{\partial f_3}{\partial \omega} \end{bmatrix}_{\bar{\boldsymbol{x}},\bar{\boldsymbol{u}}} \\ &= \begin{bmatrix} -R_A/L_A & -c\,\bar{\omega}/L_A & -c\,\bar{\varphi}/L_A \\ 0 & -R_F(1 - 2.84\bar{\varphi} + 4.32\bar{\varphi}^2) & 0 \\ c\,\bar{\varphi}/J & c\,\bar{i}_A/J & 0 \end{bmatrix} \end{aligned}$$

und der zeitinvarianten Eingabematrix

$$\begin{aligned} \boldsymbol{B} &= \begin{bmatrix} \frac{\partial f_1}{\partial u_A} & \frac{\partial f_1}{\partial u_F} & \frac{\partial f_1}{\partial M_L} \\ \frac{\partial f_2}{\partial u_A} & \frac{\partial f_2}{\partial u_F} & \frac{\partial f_2}{\partial M_L} \\ \frac{\partial f_3}{\partial u_A} & \frac{\partial f_3}{\partial u_F} & \frac{\partial f_3}{\partial M_L} \end{bmatrix}_{\bar{\boldsymbol{x}},\bar{\boldsymbol{u}}} \\ &= \begin{bmatrix} 1/L_A & 0 & 0 \\ 0 & 1 & 0 \\ 0 & 0 & -1/J \end{bmatrix}. \end{aligned}$$

Bild 2.21 zeigt das Strukturbild für das lineare Modell mit $\bar{\bar{\varphi}} \stackrel{\text{def}}{=} (1 - 2,84\bar{\varphi} + 4,32\bar{\varphi}^2)$. □

2.5.3 Linearisierung um eine Solltrajektorie

Oft besteht die Aufgabe einer Regelung nicht darin, eine oder mehrere Regelgrößen auf einem konstanten Wert zu halten (im Arbeitspunkt), sondern darin, daß die Regelgrößen zeitveränderlichen Führungsgrößen möglichst genau folgen. Ein Beispiel hierfür ist das Bewegen der Spitze eines Roboterarms auf einer gewünschten Sollbahn.

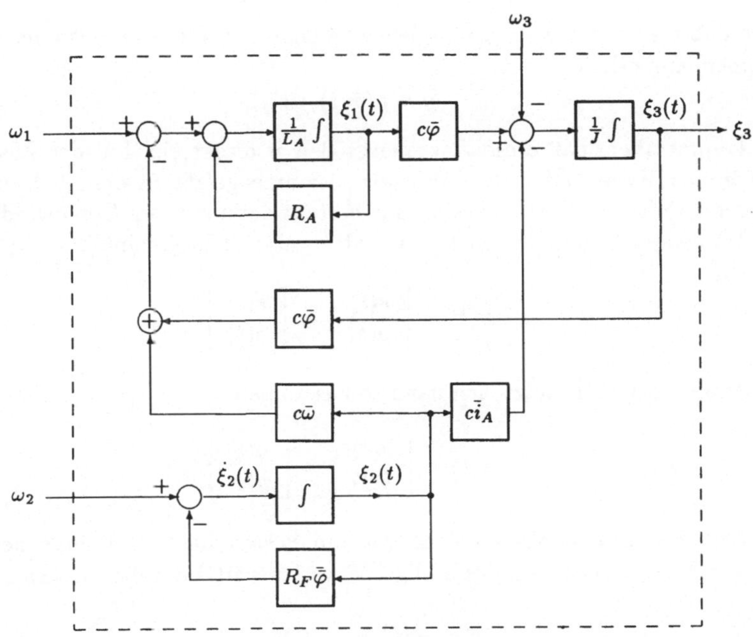

Bild 2.21: Strukturbild des linearen Modells eines fremderregten Gleichstrommotors.

Eine solche Sollbahn erhält man oft als Ergebnis einer Optimierung. Soll z.B. der Übergang von einer Anfangsposition in eine Endposition unter möglichst wenig Energieverbrauch geschehen, erhält man mit Hilfe der in den Kapiteln 9 und 10 beschriebenen Verfahren eine optimale Trajektorie $\boldsymbol{x}^*(t)$ und den zugehörigen optimalen Stellgrößenverlauf $\boldsymbol{u}^*(t)$. Für das Einhalten dieser optimalen Trajektorie kann man dann eine Regelung verwenden, die dafür sorgt, daß Abweichungen $\boldsymbol{\xi}(t)$ von der Solltrajektorie $\bar{\boldsymbol{x}}(t) = \boldsymbol{x}^*(t)$ verschwinden. Diese Abweichungen entstehen durch Störungen oder ungenaue Modellierung des Systems. Grundlage für den Entwurf des Reglers wäre dann z.B. eine Näherung in Form eines linearen Modells

$$\dot{\boldsymbol{\xi}}(t) = \boldsymbol{A}(t)\boldsymbol{\xi}(t) + \boldsymbol{B}(t)\boldsymbol{\omega}(t),$$

worin die Systemmatrix

$$\boldsymbol{A}(t) = \left.\frac{\partial \boldsymbol{f}}{\partial \boldsymbol{x}}\right|_{\bar{\boldsymbol{x}}(t),\bar{\boldsymbol{u}}(t)}$$

und die Eingabematrix

$$\boldsymbol{B}(t) = \left.\frac{\partial \boldsymbol{f}}{\partial \boldsymbol{u}}\right|_{\bar{\boldsymbol{x}}(t),\bar{\boldsymbol{u}}(t)}$$

zeitveränderlich sind, obwohl das zu regelnde nichtlineare System zeitinvariant sein kann.

Bei mechanischen Systemen kann das Vorgehen auch so sein, daß die Regelgrößen die Ausgangsgrößen $\boldsymbol{y}(t)$ sind und die zeitveränderlichen Führungsgrößen die Funktionen

$\bar{\boldsymbol{y}}(t)$, so daß man aus der Ausgangsgleichung eines nichtlinearen Systems zunächst den Zusammenhang erhält

$$\bar{\boldsymbol{y}} = \boldsymbol{g}(\bar{\boldsymbol{x}}(t), \bar{\boldsymbol{u}}(t)).$$

Hinzu kommt aber, daß diese Ausgangsgrößen $\boldsymbol{y}$ direkt ein Teil der Zustandsgrößen sind, nämlich Wege und (oder) Winkel, zusammengefaßt in dem Vektor $\boldsymbol{s} \in \mathbb{R}^{n/2}$. Die andere Hälfte des Zustandsvektors $\boldsymbol{x}$ besteht dann aus den Geschwindigkeiten und (oder) Winkelgeschwindigkeiten $\boldsymbol{v} = \dot{\boldsymbol{s}} \in \mathbb{R}^{n/2}$, also ist insgesamt

$$\boldsymbol{x}(t) = \begin{bmatrix} \boldsymbol{s}(t) \\ \boldsymbol{v}(t) \end{bmatrix} = \begin{bmatrix} \boldsymbol{s}(t) \\ \dot{\boldsymbol{s}}(t) \end{bmatrix}.$$

Die Solltrajektorie $\bar{\boldsymbol{x}}(t)$ setzt sich dann so zusammen

$$\bar{\boldsymbol{x}}(t) = \begin{bmatrix} \bar{\boldsymbol{s}}(t) \\ \dot{\bar{\boldsymbol{s}}}(t) \end{bmatrix} = \begin{bmatrix} \bar{\boldsymbol{y}}(t) \\ \dot{\bar{\boldsymbol{y}}}(t) \end{bmatrix}.$$

Damit liegt $\bar{\boldsymbol{x}}(t)$ in analytischer Form vor und es kann auch $\dot{\bar{\boldsymbol{x}}}(t)$ berechnet werden, so daß man für die Berechnung des Stellgrößenverlaufs $\bar{\boldsymbol{u}}(t)$ auf die Zustandsgleichung

$$\dot{\bar{\boldsymbol{x}}}(t) = \boldsymbol{f}(\bar{\boldsymbol{x}}, \bar{\boldsymbol{u}})$$

zurückgreifen kann. Mit Hilfe von $\bar{\boldsymbol{x}}(t)$ und $\bar{\boldsymbol{u}}(t)$ kann dann wieder für die Reglersynthese ein zeitvariantes lineares Modell hergeleitet werden, wie am folgenden Beispiel gezeigt wird.

2.17 Beispiel: Ein teleskopförmiger Roboterarm (Bild 2.22) habe zwei Freiheitsgrade, zum ei-

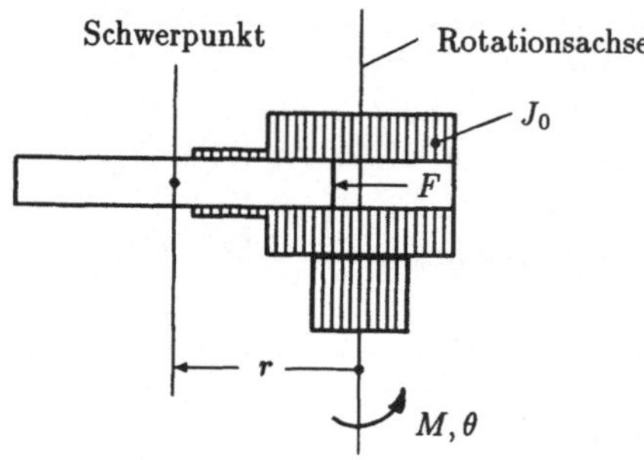

Bild 2.22: Teleskopförmiger Roboterarm.

nen eine Drehbewegungsmöglichkeit um die vertikale Achse um den Winkel θ und zum anderen eine radiale Bewegungsmöglichkeit des beweglichen Teils des Roboterarms um den Weg r. Der Drallsatz – für einen Körper ist die Summe der äußeren Momente gleich der zeitlichen Ableitung des Dralls (Drehimpulses) – liefert die erste wesentliche Gleichung für das mathematische Modell. Der Drehimpuls D eines rotierenden Körpers ist proportional dem Trägheitsmoment J bezüglich der Rotationsachse und der Winkelgeschwindigkeit ω um die Drehachse:

$$D = J\omega.$$

Ist J_0 das unveränderliche Trägheitsmoment des Drehgestells einschließlich der Führung für den radial beweglichen Arm und ist[3] $j(r) = j_0 + mr^2$ das Trägheitsmoment des beweglichen Arms, dann setzt sich das Gesamtträgheitsmoment J so zusammen

$$J = J_0 + j_0 + m \cdot r^2.$$

Wirkt das Drehmoment $M(t)$, liefert der Drallsatz

$$\begin{aligned} M(t) &= \frac{\mathrm{d}}{\mathrm{d}t}(J(t) \cdot \omega(t)) \\ &= \dot{J}(t) \cdot \omega(t) + J(t) \cdot \dot{\omega}(t) \\ &= \frac{\partial J}{\partial r} \cdot \frac{\mathrm{d}r}{\mathrm{d}t} \cdot \omega(t) + J(t) \cdot \dot{\omega}(t) \\ &= 2mr\dot{r}\omega + \left(J_0 + j_0 + mr^2\right)\dot{\omega}. \end{aligned} \tag{2.82}$$

Hierbei ist $2mr\dot{r}\omega$ das CORIOLIS-Moment. Entsprechend gilt für die radiale Bewegung, daß die Summe der äußeren Kräfte gleich der zeitlichen Ableitung des Impulses ist, also

$$F(t) + mr\omega^2 = \frac{\mathrm{d}}{\mathrm{d}t}(mv) = m\dot{v}(t). \tag{2.83}$$

Hier ist $mr\omega^2$ die Zentrifugalkraft und $F(t)$ die den beweglichen Arm antreibende Kraft. Berücksichtigt man die beiden Zusammenhänge

$$\dot{\theta}(t) = \omega(t) \quad \text{und} \quad \dot{r}(t) = v(t),$$

erhält man insgesamt vier gewöhnliche Differentialgleichungen erster Ordnung

$$\boxed{\begin{aligned} \dot{\theta}(t) &= \omega(t), && (a) \\ \dot{\omega}(t) &= -\frac{2rm\omega v}{J_0 + j_0 + mr^2} + \frac{1}{J_0 + j_0 + mr^2} M(t), && (b) \\ \dot{r}(t) &= v(t), && (c) \\ \dot{v}(t) &= r\omega^2 + \frac{1}{m} F(t). && (d) \end{aligned}} \tag{2.84}$$

Mit dem Zustandsvektor $\boldsymbol{x} \stackrel{\text{def}}{=} [\,\theta \quad \omega \quad r \quad v\,]^T$ und dem Eingangsvektor $\boldsymbol{u} \stackrel{\text{def}}{=} [\,M \quad F\,]^T$ können die Gleichungen (2.84) kompakt auch so geschrieben werden

$$\dot{\boldsymbol{x}}(t) = \boldsymbol{f}(\boldsymbol{x}(t), \boldsymbol{u}(t)).$$

Die zu regelnden Größen seien der Drehwinkel θ und die Ausfahrlänge r. Der Roboterarm soll aus einer Anfangslage θ_0, r_0 in eine Endlage θ_f, r_f in der Zeit t_f überführt werden. Am Ende der Bewegung soll sich der Arm wieder in Ruhe befinden, also $\dot{\theta}(t_f) = \dot{r}(t_f) = 0$ sein. Die Bewegung sei in Abhängigkeit von der Zeit durch ein kubisches Polynom beschreibbar, für den Winkel z.B.

$$\theta(t) = a_0 + a_1 t + a_2 t^2 + a_3 t^3.$$

Die Polynomkoeffizienten a_i können aufgrund der Anfangs- und Endbedingungen so ermittelt werden: Aus $\theta(0) = \theta_0$ folgt $a_0 = \theta_0$ und aus $\dot{\theta}(0) = 0$ folgt mit

$$\dot{\theta}(t) = a_1 + 2\,a_2 t + 3\,a_3 t^2$$

[3] j_0 ist das Trägheitsmoment für $r = 0$ und m die Masse des beweglichen Arms.

schließlich $a_1 = 0$. Zusätzlich soll $\theta(t_f) = \theta_f$ und $\dot\theta(t_f) = 0$ gelten, also

$$\theta_f = \theta_0 + a_2 t_f^2 + a_3 t_f^3$$

und

$$0 = 2\,a_2 t_f + 3\,a_3 t_f^2.$$

Diese beiden Gleichungen liefern

$$a_2 = 3(\theta_f - \theta_0)/t_f^2 \;\text{ und }\; a_3 = -2(\theta_f - \theta_0)/t_f^3.$$

Entsprechend erhält man für die radiale Sollbewegung

$$r(t) = b_0 + b_1 t + b_2 t^2 + b_3 t^3$$

mit

$$b_0 = r_0,\; b_1 = 0,\; b_2 = 3(r_f - r_0)/t_f^2 \;\text{ und }\; b_3 = -2(r_f - r_0)/t_f^3.$$

Insbesondere erhält man für $\theta_0 = r_0 = 0$, $\theta_f = \pi$, $r_f = 1$ und $t_f = 2$ (Bild 2.23):

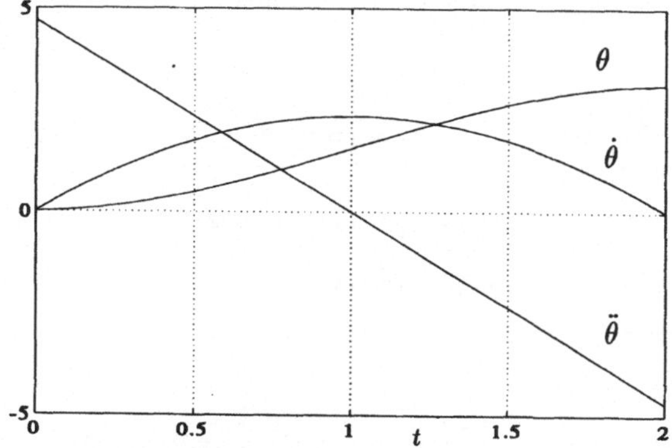

Bild 2.23: Sollwerte für die Drehbewegung.

$$\theta(t) = \frac{3\pi}{4}t^2 - \frac{\pi}{4}t^3,\quad \dot\theta(t) = \frac{3\pi}{2}t - \frac{3\pi}{4}t^2 = \omega(t);$$

$$r(t) = \frac{3}{4}t^2 - \frac{1}{4}t^3,\quad \dot r(t) = \frac{3}{2}t - \frac{3}{4}t^2 = v(t).$$

Damit erhält man insgesamt die Solltrajektorie:

$$\bar{\boldsymbol{x}}(t) = \begin{bmatrix} \bar\theta(t) \\ \bar\omega(t) \\ \bar r(t) \\ \bar v(t) \end{bmatrix} = \begin{bmatrix} 3\pi t^2/4 - \pi t^3/4 \\ 3\pi t/2 - 3\pi t^2/4 \\ 3t^2/4 - t^3/4 \\ 3t/2 - 3t^2/4 \end{bmatrix}$$

und daraus mit

$$\dot{\bar{\boldsymbol{x}}}(t) = \begin{bmatrix} 3\pi t/2 - 3\pi t^2/4 \\ 3\pi/2 - 3\pi t/2 \\ 3t/2 - 3t^2/4 \\ 3/2 - 3t/2 \end{bmatrix}$$

den Stellgrößenverlauf aus (2.85) und (2.86)

$$\bar{\boldsymbol{u}}(t) = \begin{bmatrix} \bar M(t) \\ \\ \bar F(t) \end{bmatrix} = \begin{bmatrix} \frac{3\pi t^4}{8}(3-t)(\frac{15}{4} - 4t + t^2) + (J_0 + j_0)\frac{3\pi}{2}(1-t) \\ \\ \frac{3m}{2}(1-t) - \frac{9\pi^2 m t^2}{16}(3-t)(1-t)^2 \end{bmatrix},$$

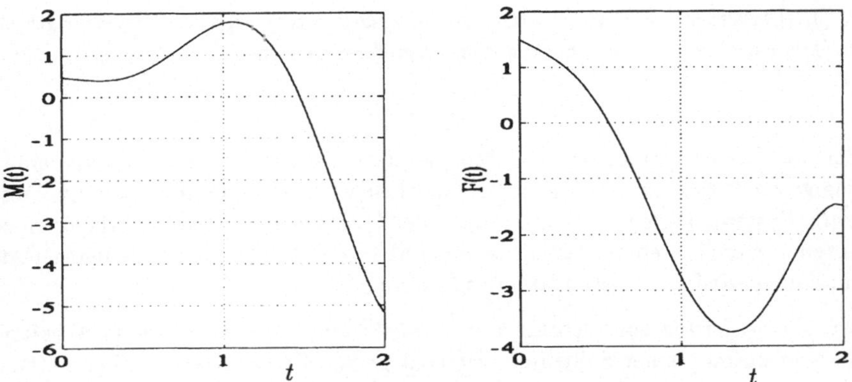

Bild 2.24: Stellgrößenverlauf für Solltrajektorie des Roboterarms.

der in Bild 2.24 skizziert ist. Eine Linearisierung der nichtlinearen Zustandsgleichung (2.87) entlang der Solltrajektorie liefert die zeitvariante Systemmatrix

$$A(t) = \begin{bmatrix} \frac{\partial f_1}{\partial \theta} & \frac{\partial f_1}{\partial \omega} & \frac{\partial f_1}{\partial r} & \frac{\partial f_1}{\partial v} \\ \frac{\partial f_2}{\partial \theta} & \frac{\partial f_2}{\partial \omega} & \frac{\partial f_2}{\partial r} & \frac{\partial f_2}{\partial v} \\ \frac{\partial f_3}{\partial \theta} & \frac{\partial f_3}{\partial \omega} & \frac{\partial f_3}{\partial r} & \frac{\partial f_3}{\partial v} \\ \frac{\partial f_4}{\partial \theta} & \frac{\partial f_4}{\partial \omega} & \frac{\partial f_4}{\partial r} & \frac{\partial f_4}{\partial v} \end{bmatrix}_{\bar{x},\bar{u}} = \begin{bmatrix} 0 & 1 & 0 & 0 \\ 0 & a_{22}(t) & a_{23}(t) & a_{24}(t) \\ 0 & 0 & 0 & 1 \\ 0 & a_{42}(t) & a_{43}(t) & 0 \end{bmatrix}$$

mit

$$\begin{aligned} a_{22}(t) &= \frac{-2\bar{r}(t)m\bar{v}(t)}{J_0 + j_0 + m\bar{r}(t)^2}, \\ a_{23}(t) &= \frac{-2m[\bar{\omega}(t)\bar{v}(t)(J_0 + j_0 + m\bar{r}(t)^2) + \bar{r}(t)\bar{M}(t)]}{(J_0 + j_0 + m\bar{r}(t)^2)^2}, \\ a_{24}(t) &= \frac{-2\bar{r}(t)m\bar{\omega}(t)}{J_0 + j_0 + m\bar{r}(t)^2}, \\ a_{42}(t) &= 2\bar{r}(t)\bar{\omega}(t), \\ a_{43}(t) &= \bar{\omega}(t)^2 \end{aligned}$$

sowie die zeitvariante Eingabematrix

$$B(t) = \begin{bmatrix} \frac{\partial f_1}{\partial M} & \frac{\partial f_1}{\partial F} \\ \frac{\partial f_2}{\partial M} & \frac{\partial f_2}{\partial F} \\ \frac{\partial f_3}{\partial M} & \frac{\partial f_3}{\partial F} \\ \frac{\partial f_4}{\partial M} & \frac{\partial f_4}{\partial F} \end{bmatrix} = \begin{bmatrix} 0 & 0 \\ 1/(J_0 + j_0 + m\bar{r}(t)^2) & 0 \\ 0 & 0 \\ 0 & 1/m \end{bmatrix},$$

so daß man insgesamt die um die Solltrajektorie linearisierte Zustandsdifferentialgleichung

$$\dot{\boldsymbol{\xi}}(t) = \boldsymbol{A}(t)\boldsymbol{\xi}(t) + \boldsymbol{B}(t)\boldsymbol{\omega}(t)$$

für $t \in [0, t_f]$ bekommt, wobei $\boldsymbol{\xi}(t) = \boldsymbol{x}(t) - \bar{\boldsymbol{x}}(t)$ bzw. $\boldsymbol{\omega}(t) = \boldsymbol{u}(t) - \bar{\boldsymbol{u}}(t)$ die Abweichungen von der Solltrajektorie bzw. von dem zugehörigen Eingangsgrößenverlauf sind. □

Bei der Linearisierung eines nichtlinearen *zeitinvarianten* Systems um eine zeitabhängige Solltrajektorie erhält man als mathematische Beschreibung ein lineares *zeitvariantes* System. Dagegen erhält man bei der Linearisierung eines nichtlinearen zeitinvarianten Systems in einem festen, zeitunabhängigen Arbeitspunkt als mathematische Beschreibung wieder ein zeitinvariantes System.

Die Linearisierung von nichtlinearen *zeitdiskreten* Systemen in einem Arbeitspunkt $(\bar{\boldsymbol{x}}, \bar{\boldsymbol{u}})$ oder entlang einer Solltrajektorie geht genauso vonstatten wie bei zeitkontinuierlichen Systemen.

2.5.4 Bilineare Näherung

Eine bessere Näherung für nichtlineare Systeme als das lineare System (2.78) erhält man, wenn die quadratischen Terme in der TAYLOR-Reihe berücksichtigt werden. Man erhält für die rechte Seite $\boldsymbol{f}(\boldsymbol{x}, \boldsymbol{u})$ der Zustandsgleichung statt (2.68) für kleine Änderungen $\boldsymbol{\xi}(t)$ und $\boldsymbol{\omega}(t)$ um die Ruhelagen $\bar{\boldsymbol{x}}$ und $\bar{\boldsymbol{u}}$:

$$\boldsymbol{f}(\bar{\boldsymbol{x}} + \boldsymbol{\xi}(t), \bar{\boldsymbol{u}} + \boldsymbol{\omega}(t)) \approx \boldsymbol{f}(\bar{\boldsymbol{x}}, \bar{\boldsymbol{u}}) + \left.\frac{\partial \boldsymbol{f}}{\partial \boldsymbol{x}}\right|_{\bar{\boldsymbol{x}}, \bar{\boldsymbol{u}}} \boldsymbol{\xi}(t) + \left.\frac{\partial \boldsymbol{f}}{\partial \boldsymbol{u}}\right|_{\bar{\boldsymbol{x}}, \bar{\boldsymbol{u}}} \boldsymbol{\omega}(t) +$$

$$+ \frac{1}{2} \begin{bmatrix} \begin{bmatrix} \boldsymbol{\xi}^T(t) & \boldsymbol{\omega}^T(t) \end{bmatrix} \boldsymbol{H}_1 \\ \vdots \\ \begin{bmatrix} \boldsymbol{\xi}^T(t), \boldsymbol{\omega}^T(t) \end{bmatrix} \boldsymbol{H}_n \end{bmatrix}_{\bar{\boldsymbol{x}}, \bar{\boldsymbol{u}}} \begin{bmatrix} \boldsymbol{\xi}(t) \\ \boldsymbol{\omega}(t) \end{bmatrix} . \tag{2.85}$$

Hierbei haben die HESSE-Matrizen $\boldsymbol{H}_i$ diese Struktur

$$\boldsymbol{H}_i = \begin{bmatrix} \dfrac{\partial^2 f_i}{\partial \boldsymbol{x}^2} & \dfrac{\partial^2 f_i}{\partial \boldsymbol{x} \partial \boldsymbol{u}} \\ \dfrac{\partial^2 f_i}{\partial \boldsymbol{u} \partial \boldsymbol{x}} & \dfrac{\partial^2 f_i}{\partial \boldsymbol{u}^2} \end{bmatrix} , \tag{2.86}$$

also z.B. für einen dreidimensionalen Zustandsvektor $\boldsymbol{x} = \begin{bmatrix} x_1 & x_2 & x_3 \end{bmatrix}^T$ und zwei Eingangsgrößen in $\boldsymbol{u} = \begin{bmatrix} u_1 & u_2 \end{bmatrix}^T$

$$\boldsymbol{H}_i = \left[\begin{array}{ccc|cc} \frac{\partial^2 f_i}{\partial x_1^2} & \frac{\partial^2 f_i}{\partial x_1 \partial x_2} & \frac{\partial^2 f_i}{\partial x_1 \partial x_3} & \frac{\partial^2 f_i}{\partial x_1 \partial u_1} & \frac{\partial^2 f_i}{\partial x_1 \partial u_2} \\ \frac{\partial^2 f_i}{\partial x_2 \partial x_1} & \frac{\partial^2 f_i}{\partial x_2^2} & \frac{\partial^2 f_i}{\partial x_2 \partial x_3} & \frac{\partial^2 f_i}{\partial x_2 \partial u_1} & \frac{\partial^2 f_i}{\partial x_2 \partial u_2} \\ \frac{\partial^2 f_i}{\partial x_3 \partial x_1} & \frac{\partial^2 f_i}{\partial x_3 \partial x_2} & \frac{\partial^2 f_i}{\partial x_3^2} & \frac{\partial^2 f_i}{\partial x_3 \partial u_1} & \frac{\partial^2 f_i}{\partial x_3 \partial u_2} \\ \hline \frac{\partial^2 f_i}{\partial u_1 \partial x_1} & \frac{\partial^2 f_i}{\partial u_1 \partial x_2} & \frac{\partial^2 f_i}{\partial u_1 \partial x_3} & \frac{\partial^2 f_i}{\partial u_1^2} & \frac{\partial^2 f_i}{\partial u_1 \partial u_2} \\ \frac{\partial^2 f_i}{\partial u_2 \partial x_1} & \frac{\partial^2 f_i}{\partial u_2 \partial x_2} & \frac{\partial^2 f_i}{\partial u_2 \partial x_3} & \frac{\partial^2 f_i}{\partial u_2 \partial u_1} & \frac{\partial^2 f_i}{\partial u_2^2} \end{array}\right]$$

Für die i-te Komponente im letzten Summanden von (2.85) erhält man

$$\frac{1}{2} \begin{bmatrix} \boldsymbol{\xi}^T & \boldsymbol{\omega}^T \end{bmatrix} \boldsymbol{H}_i \begin{bmatrix} \boldsymbol{\xi} \\ \boldsymbol{\omega} \end{bmatrix} = \frac{1}{2} \left(\boldsymbol{\xi}^T \frac{\partial^2 f_i}{\partial \boldsymbol{x}^2} \boldsymbol{\xi} + \boldsymbol{\xi}^T \frac{\partial^2 f_i}{\partial \boldsymbol{x} \partial \boldsymbol{u}} \boldsymbol{\omega} + \boldsymbol{\omega}^T \frac{\partial^2 f_i}{\partial \boldsymbol{u} \partial \boldsymbol{x}} \boldsymbol{\xi} + \boldsymbol{\omega}^T \frac{\partial^2 f_i}{\partial \boldsymbol{u}^2} \boldsymbol{\omega} \right). \tag{2.87}$$

Eine besondere Modellklasse, nämlich die *bilinearen* Systeme, erhält man für den Fall, daß $\frac{\partial^2 f_i}{\partial \boldsymbol{x}^2} = \boldsymbol{o}$ und $\frac{\partial^2 f_i}{\partial \boldsymbol{u}^2} = \boldsymbol{o}$ für $i = 1, ..., n$ gilt und zusätzlich

$$\frac{\partial^2 f_i}{\partial u_j \partial x_k} = \frac{\partial^2 f_i}{\partial x_k \partial u_j}$$

für alle j und k ist; denn dann reduziert sich (2.87) auf

$$\frac{1}{2} \begin{bmatrix} \boldsymbol{\xi}^T & \boldsymbol{\omega}^T \end{bmatrix} \boldsymbol{H}_i \begin{bmatrix} \boldsymbol{\xi} \\ \boldsymbol{\omega} \end{bmatrix} = \frac{1}{2} \left(\boldsymbol{\xi}^T \frac{\partial^2 f_i}{\partial \boldsymbol{x} \partial \boldsymbol{u}} \boldsymbol{\omega} + \boldsymbol{\omega}^T \frac{\partial^2 f_i}{\partial \boldsymbol{u} \partial \boldsymbol{x}} \boldsymbol{\xi} \right) = \boldsymbol{\omega}^T \frac{\partial^2 f_i}{\partial \boldsymbol{u} \partial \boldsymbol{x}} \boldsymbol{\xi}. \tag{2.88}$$

Mit

$$\bar{\boldsymbol{H}}_i \stackrel{\text{def}}{=} \left. \frac{\partial^2 f_i}{\partial \boldsymbol{u} \partial \boldsymbol{x}} \right|_{\bar{\boldsymbol{x}}, \bar{\boldsymbol{u}}} \in \mathbb{R}^{p \times n} \tag{2.89}$$

erhält man für den Arbeitspunkt $\bar{\boldsymbol{x}}, \bar{\boldsymbol{u}}$ aus (2.85) die bilineare Zustandsgleichung

$$\boxed{\dot{\boldsymbol{\xi}}(t) = \boldsymbol{A} \boldsymbol{\xi}(t) + \boldsymbol{B} \boldsymbol{\omega}(t) + \begin{bmatrix} \boldsymbol{\omega}^T \bar{\boldsymbol{H}}_1 \\ \vdots \\ \boldsymbol{\omega}^T \bar{\boldsymbol{H}}_n \end{bmatrix} \boldsymbol{\xi}(t).} \tag{2.90}$$

Faßt man jeweils die j-ten Spalten $\bar{\boldsymbol{h}}_{i,j}$ der Matrizen $\bar{\boldsymbol{H}}_i$ zu den neuen Matrizen

$$\boldsymbol{N}_j \stackrel{\text{def}}{=} \begin{bmatrix} \bar{\boldsymbol{h}}_{1,j}^T \\ \vdots \\ \bar{\boldsymbol{h}}_{n,j}^T \end{bmatrix}, \quad j = 1, ..., p, \tag{2.91}$$

zusammen, kann (2.90) auch in dieser Form geschrieben werden

$$\boxed{\dot{\boldsymbol{\xi}}(t) = \boldsymbol{A}\boldsymbol{\xi}(t) + \boldsymbol{B}\boldsymbol{\omega}(t) + \begin{bmatrix} \boldsymbol{N}_1\boldsymbol{\xi}(t) & \cdots & \boldsymbol{N}_p\boldsymbol{\xi}(t) \end{bmatrix} \boldsymbol{\omega}(t).} \tag{2.92}$$

Bilinear wird ein solches System genannt, weil bei festgehaltenem Zustandsvektor die rechte Seite der Zustandsgleichung linear in der Eingangsgröße ist, was man besonders gut an Gl. (2.92) sieht, und bei festgehaltenem Eingangsvektor linear bezüglich der Zustandsgrößen ist, was besonders leicht an Gl. (2.90) zu sehen ist. Die Einführung der bilinearen Systeme soll in der folgenden Definition zusammengefaßt werden, in der wieder die gebräuchlichen Bezeichnungen $\boldsymbol{x}$ für den Zustandsvektor, $\boldsymbol{u}$ für den Eingangsvektor und $\boldsymbol{y}$ für den Ausgangsvektor verwendet werden.

2.18 Definition: *Ein System heißt* **bilineares System**, *wenn es diese mathematische Beschreibung hat*

$$\dot{\boldsymbol{x}} = \boldsymbol{A}\boldsymbol{x}(t) + (\boldsymbol{B} + \begin{bmatrix} \boldsymbol{N}_1\boldsymbol{x}(t) & \cdots & \boldsymbol{N}_p\boldsymbol{x}(t) \end{bmatrix})\boldsymbol{u}(t), \tag{2.93}$$

$$\boldsymbol{y} = \boldsymbol{C}\boldsymbol{x}(t) + \boldsymbol{D}\boldsymbol{u}(t), \tag{2.94}$$

wobei $\boldsymbol{A} \in \mathbb{R}^{n \times n}$, $\boldsymbol{B} \in \mathbb{R}^{n \times p}$, $\boldsymbol{C} \in \mathbb{R}^{q \times n}$, $\boldsymbol{D} \in \mathbb{R}^{q \times p}$ *und* $\boldsymbol{N}_i \in \mathbb{R}^{n \times n}$ *für* $i = 1, 2, ..., p$.

2.6 Lineare zeitkontinuierliche Systeme

2.6.1 Zeitvariante lineare Systeme

In den vorhergehenden Abschnitten wurde die allgemeine mathematische Beschreibung

$$\boxed{\begin{aligned} \dot{\boldsymbol{x}}(t) &= \boldsymbol{A}(t)\boldsymbol{x}(t) + \boldsymbol{B}(t)\boldsymbol{u}(t), \\ \boldsymbol{y}(t) &= \boldsymbol{C}(t)\boldsymbol{x}(t) + \boldsymbol{D}(t)\boldsymbol{u}(t) \end{aligned}} \tag{2.95}$$

für zeitkontinuierliche lineare zeitvariante Systeme mit dem n-dimensionalen Zustandsvektor $\boldsymbol{x}$, dem p-dimensionalen Eingangsvektor $\boldsymbol{u}$ und dem q-dimensionalen Ausgangsvektor $\boldsymbol{y}$ eingeführt. Die Komponenten der Matrizen werden als stetige beschränkte

Zeitfunktionen vorausgesetzt.

2.6.1.1 Lösung der homogenen linearen Differentialgleichung

Zunächst soll die *homogene* Differentialgleichung

$$\boxed{\dot{\boldsymbol{x}}(t) \;=\; \boldsymbol{A}(t)\boldsymbol{x}(t)} \tag{2.96}$$

für den Anfangswert $\boldsymbol{x}(t_0) = \boldsymbol{x}_0$ gelöst werden. Der Anfangszustand kann so zerlegt werden

$$\begin{aligned} \boldsymbol{x}(t_0) &= \begin{bmatrix} x_1(t_0) \\ 0 \\ \vdots \\ 0 \end{bmatrix} + \begin{bmatrix} 0 \\ x_2(t_0) \\ 0 \\ \vdots \\ 0 \end{bmatrix} + \cdots + \begin{bmatrix} 0 \\ \vdots \\ 0 \\ x_n(t_0) \end{bmatrix} \\ &= x_1(t_0) \begin{bmatrix} 1 \\ 0 \\ \vdots \\ 0 \end{bmatrix} + x_2(t_0) \begin{bmatrix} 0 \\ 1 \\ 0 \\ \vdots \\ 0 \end{bmatrix} + \cdots + x_n(t_0) \begin{bmatrix} 0 \\ \vdots \\ 0 \\ 1 \end{bmatrix} \\ &= x_1(t_0)\boldsymbol{i}_1 + x_2(t_0)\boldsymbol{i}_2 + \cdots + x_n(t_0)\boldsymbol{i}_n. \end{aligned} \tag{2.97}$$

Angenommen, $\boldsymbol{\varphi}_j(t, t_0)$ sei die Lösung der homogenen Differentialgleichung (2.96) für den Anfangszustand $\boldsymbol{i}_j$, dann muß für $t = t_0$

$$\boldsymbol{\varphi}_j(t_0, t_0) = \boldsymbol{i}_j$$

sein. Aufgrund der Linearität ist für den Anfangszustand $x_j(t_0) \cdot \boldsymbol{i}_j$ die Lösung gleich $x_j(t_0) \cdot \boldsymbol{\varphi}_j(t, t_0)$ und somit für den Anfangszustand $\boldsymbol{x}(t_0)$ in der Form (2.97) die Lösung gleich

$$\begin{aligned} \boldsymbol{x}(t) &= x_1(t_0)\varphi_1(t, t_0) + x_2(t_0)\varphi_2(t, t_0) + \cdots + x_n(t_0)\varphi_n(t, t_0) \\ &= \begin{bmatrix} \varphi_1(t, t_0) & \varphi_2(t, t_0) & \cdots & \varphi_n(t, t_0) \end{bmatrix} \boldsymbol{x}(t_0) \end{aligned}$$

oder zusammengefaßt

$$\boxed{\boldsymbol{x}(t) = \boldsymbol{\Phi}(t, t_0)\boldsymbol{x}(t_0).} \tag{2.98}$$

Die $(n \times n)$-Matrix $\boldsymbol{\Phi}(t, t_0)$ heißt **Transitions-** oder **Übergangsmatrix**, und es ist für

$t = t_0$

$$\boxed{\boldsymbol{\Phi}(t_0, t_0) = \boldsymbol{I}.} \tag{2.99}$$

Setzt man die Lösung (2.98) in die homogene Differentialgleichung (2.96) ein, erhält man

$$\dot{\boldsymbol{\Phi}}(t, t_0)\boldsymbol{x}(t_0) = \boldsymbol{A}(t)\boldsymbol{\Phi}(t, t_0)\boldsymbol{x}(t_0)$$

oder

$$\left[\dot{\boldsymbol{\Phi}}(t, t_0) - \boldsymbol{A}(t)\boldsymbol{\Phi}(t, t_0)\right] \boldsymbol{x}(t_0) = \boldsymbol{o}. \tag{2.100}$$

Diese Gleichung muß für beliebige Vektoren $\boldsymbol{x}(t_0)$ erfüllt sein, was nur der Fall ist, wenn die in eckigen Klammern stehende Matrix die Nullmatrix ist, woraus folgt

$$\boxed{\dot{\boldsymbol{\Phi}}(t, t_0) = \boldsymbol{A}(t)\boldsymbol{\Phi}(t, t_0),} \tag{2.101}$$

d.h., die Transitionsmatrix $\boldsymbol{\Phi}(t, t_0)$ erfüllt selbst die zu lösende homogene Differentialgleichung (2.96).

In (2.99) und (2.101) sind bereits zwei wesentliche Eigenschaften der Transitionsmatrix $\boldsymbol{\Phi}(t, t_0)$ niedergelegt, obwohl diese noch nicht bekannt ist. Die Transitionsmatrix selbst kann wie folgt ermittelt werden:

Integriert man die homogene Differentialgleichung $\dot{\boldsymbol{x}}(t) = \boldsymbol{A}\boldsymbol{x}(t)$ auf beiden Seiten, erhält man

$$\boldsymbol{x}(t) - \boldsymbol{x}(t_0) = \int_{t_0}^{t} \boldsymbol{A}(\tau_1)\boldsymbol{x}(\tau_1)\mathrm{d}\tau_1$$

oder

$$\boldsymbol{x}(t) = \boldsymbol{x}(t_0) + \int_{t_0}^{t} \boldsymbol{A}(\tau_1)\boldsymbol{x}(\tau_1)\mathrm{d}\tau_1. \tag{2.102}$$

Dies gilt auch für τ_1 statt t:

$$\boldsymbol{x}(\tau_1) = \boldsymbol{x}(t_0) + \int_{t_0}^{\tau_1} \boldsymbol{A}(\tau_2)\boldsymbol{x}(\tau_2)\mathrm{d}\tau_2. \tag{2.103}$$

(2.103) in (2.102) eingesetzt, ergibt

$$\boldsymbol{x}(t) = \boldsymbol{x}(t_0) + \int_{t_0}^{t} \boldsymbol{A}(\tau_1)\boldsymbol{x}(t_0)\mathrm{d}\tau_1 + \int_{t_0}^{t} \boldsymbol{A}(\tau_1)\int_{t_0}^{\tau_1} \boldsymbol{A}(\tau_2)\boldsymbol{x}(\tau_2)\mathrm{d}\tau_2\mathrm{d}\tau_1. \tag{2.104}$$

Setzt man für $\boldsymbol{x}(\tau_2)$ eine (2.103) entsprechende Form ein und fährt so fort, erhält man insgesamt die unendliche Reihe

$$\begin{aligned}\boldsymbol{x}(t) &= \boldsymbol{x}(t_0)+\int_{t_0}^{t}\boldsymbol{A}(\tau_1)\boldsymbol{x}(t_0)\mathrm{d}\tau_1+\int_{t_0}^{t}\boldsymbol{A}(\tau_1)\int_{t_0}^{\tau_1}\boldsymbol{A}(\tau_2)\boldsymbol{x}(t_0)\mathrm{d}\tau_2\mathrm{d}\tau_1+\\ &\int_{t_0}^{t}\boldsymbol{A}(\tau_1)\int_{t_0}^{\tau_1}\boldsymbol{A}(\tau_2)\int_{t_0}^{\tau_2}\boldsymbol{A}(\tau_3)\boldsymbol{x}(t_0)\mathrm{d}\tau_3\mathrm{d}\tau_2\mathrm{d}\tau_1+\cdots,\end{aligned}$$

d.h.,

$$\begin{aligned}\boldsymbol{x}(t) = \Bigg[&\boldsymbol{I}+\int_{t_0}^{t}\boldsymbol{A}(\tau_1)\mathrm{d}\tau_1+\int_{t_0}^{t}\boldsymbol{A}(\tau_1)\int_{t_0}^{\tau_1}\boldsymbol{A}(\tau_2)\mathrm{d}\tau_2\mathrm{d}\tau_1\\ &+\int_{t_0}^{t}\boldsymbol{A}(\tau_1)\int_{t_0}^{\tau_1}\boldsymbol{A}(\tau_2)\int_{t_0}^{\tau_2}\boldsymbol{A}(\tau_3)\mathrm{d}\tau_3\mathrm{d}\tau_2\mathrm{d}\tau_1+\cdots\Bigg]\boldsymbol{x}(t_0).\end{aligned} \tag{2.105}$$

Ein Vergleich dieser Gleichung mit (2.98) liefert die Reihendarstellung für die Transitionsmatrix

$$\boxed{\begin{aligned}\boldsymbol{\Phi}(t,t_0) &= \boldsymbol{I}+\int_{t_0}^{t}\boldsymbol{A}(\tau_1)\mathrm{d}\tau_1+\int_{t_0}^{t}\boldsymbol{A}(\tau_1)\int_{t_0}^{\tau_1}\boldsymbol{A}(\tau_2)\mathrm{d}\tau_2\mathrm{d}\tau_1\\ &+\int_{t_0}^{t}\boldsymbol{A}(\tau_1)\int_{t_0}^{\tau_1}\boldsymbol{A}(\tau_2)\int_{t_0}^{\tau_2}\boldsymbol{A}(\tau_3)\mathrm{d}\tau_3\mathrm{d}\tau_2\mathrm{d}\tau_1+\cdots.\end{aligned}} \tag{2.106}$$

Diese Formel hat nur einen Sinn, wenn die Reihe konvergent ist. Es gilt aber der

2.19 Satz: *Die Matrizenreihe (2.106) ist konvergent.*

Beweis: Zunächst wird gezeigt: Bezeichnet man mit M die obere Grenze für die Matrizennorm $\|\boldsymbol{A}(t)\|$, also

$$M \overset{\text{def}}{=} \max_t \|\boldsymbol{A}(t)\|, \quad t\in[t_0,t_f],$$

ist für $t\in[t_0,t_f]$ der absolute Betrag des m-ten Integrals, und zwar für jedes Element (j,k) der Matrix:

$$\left|\left[\int_{t_0}^{t}\boldsymbol{A}(\tau_1)\int_{t_0}^{\tau_1}\boldsymbol{A}(\tau_2)\cdots\int_{t_0}^{\tau_{m-1}}\boldsymbol{A}(\tau_m)\mathrm{d}\tau_m\cdots\mathrm{d}\tau_2\mathrm{d}\tau_1\right]_{(j,k)}\right| \le \frac{M^m|t_f-t_0|^m}{m!}. \tag{2.107}$$

Das Element c_{jk} einer Matrix $\boldsymbol{C}$ kann mit Hilfe der j-ten Spalte $\boldsymbol{i}_j$ und der k-ten Spalte $\boldsymbol{i}_k$ der Einheitsmatrix $\boldsymbol{I}$ wie folgt dargestellt werden,

$$c_{jk}=\boldsymbol{i}_j^T\boldsymbol{C}\boldsymbol{i}_k,$$

wobei $||\boldsymbol{i}_j|| = ||\boldsymbol{i}_k|| = 1$ ist. Es gilt stets die Abschätzung

$$\begin{aligned}\left|\boldsymbol{i}_j \int_{t_0}^{\tau_{m-1}} \boldsymbol{A}(\tau_m)\mathrm{d}\tau_m \boldsymbol{i}_k\right| &= \left|\int_{t_0}^{\tau_{m-1}} \boldsymbol{i}_j \boldsymbol{A}(\tau_m)\boldsymbol{i}_k \mathrm{d}\tau_m\right| \\ &\leq \int_{t_0}^{\tau_{m-1}} |\boldsymbol{i}_j \boldsymbol{A}(\tau_m)\boldsymbol{i}_k|\,\mathrm{d}\tau_m \\ &\leq \int_{t_0}^{\tau_{m-1}} ||\boldsymbol{A}(\tau_m)|| \cdot ||\boldsymbol{i}_j|| \cdot ||\boldsymbol{i}_k|| \mathrm{d}\tau_m \\ &\leq \int_{t_0}^{\tau_{m-1}} M \mathrm{d}\tau_m \\ &\leq M|t_f - t_0|.\end{aligned}$$

Außerdem gilt für das Produkt $\boldsymbol{C}_1\boldsymbol{C}_2$ zweier Matrizen, deren obere Grenzen M_1 und M_2 sind, die Abschätzung

$$||\boldsymbol{C}_1\boldsymbol{C}_2|| \leq M_1 M_2,$$

so daß weiter die Abschätzung gilt

$$\begin{aligned}\left|\boldsymbol{i}_j \int_{t_0}^{\tau_{m-2}} \boldsymbol{A}(\tau_{m-1}) \int_{t_0}^{\tau_{m-1}} \boldsymbol{A}(\tau_m)\mathrm{d}\tau_m \mathrm{d}\tau_{m-1} \boldsymbol{i}_k\right| &\leq \int_{t_0}^{\tau_{m-2}} \left|\boldsymbol{i}_j \boldsymbol{A}(\tau_{m-1}) \int_{t_0}^{\tau_{m-1}} \boldsymbol{i}_j \boldsymbol{A}(\tau_m)\boldsymbol{i}_k\right| \mathrm{d}\tau_{m-1} \\ &\leq \int_{t_0}^{\tau_{m-2}} M_1 M_2 |\tau_{m-1} - t_0| \mathrm{d}\tau_{m-1} \\ &\leq \frac{M^2|t_f - t_0|^2}{2!},\end{aligned}$$

mit $M = \max(M_1, M_2)$, und so weiter, so daß man schließlich die Abschätzung (2.107) erhält. Damit erhält man für das Element $\varphi_{jk}(t, t_0)$ in der j-ten Zeile und k-ten Spalte der Transitionsmatrix $\boldsymbol{\Phi}(t, t_0)$ die Abschätzung

$$\begin{aligned}|\varphi_{jk}(t, t_0)| &\leq 1 + M|t_f - t_0| + \frac{M^2|t_f - t_0|^2}{2!} + \frac{M^3|t_f - t_0|^3}{3!} + \cdots \\ &= \mathrm{e}^{M|t_f - t_0|},\end{aligned}$$

womit die Konvergenz der Reihendarstellung (2.106) gezeigt wurde. □

2.20 Beispiel: Gesucht wird die Lösung der zeitvarianten homogenen Differentialgleichung

$$\dot{\boldsymbol{x}} = \begin{bmatrix} 0 & 0 \\ 1+t & 0 \end{bmatrix} \boldsymbol{x}(t)$$

für den Anfangszustand $\boldsymbol{x}(t_0) = \boldsymbol{x}_0$. Einsetzen der Systemmatrix

$$\boldsymbol{A}(t) = \begin{bmatrix} 0 & 0 \\ 1+t & 0 \end{bmatrix} = (1+t)\begin{bmatrix} 0 & 0 \\ 1 & 0 \end{bmatrix}$$

in die Reihe (2.106) und Berücksichtigen von

$$\begin{bmatrix} 0 & 0 \\ 1 & 0 \end{bmatrix}^k = \boldsymbol{O} \text{ für } k \geq 2$$

ergibt für die Transitionsmatrix

$$\begin{aligned}\boldsymbol{\Phi}(t,t_0) &= \boldsymbol{I} + \begin{bmatrix} 0 & 0 \\ 1 & 0 \end{bmatrix} \int\limits_{t_0}^{t} (1+\tau)\mathrm{d}\tau \\ &= \boldsymbol{I} + \begin{bmatrix} 0 & 0 \\ 1 & 0 \end{bmatrix} (t - t_0 + \frac{1}{2}(t^2 - t_0^2)) \\ &= \begin{bmatrix} 1 & 0 \\ (t - t_0 + \frac{1}{2}(t^2 - t_0^2)) & 1 \end{bmatrix}\end{aligned}$$

und somit die allgemeine Lösung

$$\boldsymbol{x}(t) = \boldsymbol{\Phi}(t,t_0)\boldsymbol{x}_0 = \begin{bmatrix} x_{0,1} \\ (t - t_0 + \frac{1}{2}(t^2 - t_0^2))x_{0,1} + x_{0,2} \end{bmatrix}.$$

□

Durch gliedweises Differenzieren der Reihendarstellung (2.106) erhält man

$$\begin{aligned}\frac{\mathrm{d}}{\mathrm{d}t}\boldsymbol{\Phi}(t,t_0) &= \boldsymbol{A}(t) + \boldsymbol{A}(t)\int\limits_{t_0}^{t}\boldsymbol{A}(\tau_1)\mathrm{d}\tau_1 + \boldsymbol{A}(t)\int\limits_{t_0}^{t}\boldsymbol{A}(\tau_1)\int\limits_{t_0}^{\tau_1}\boldsymbol{A}(\tau_2)\mathrm{d}\tau_2\mathrm{d}\tau_1 + \cdots \\ &= \boldsymbol{A}(t)\left[\boldsymbol{I} + \int\limits_{t_0}^{t}\boldsymbol{A}(\tau_1)\mathrm{d}\tau_1 + \int\limits_{t_0}^{t}\boldsymbol{A}(\tau_1)\int\limits_{t_0}^{\tau_1}\boldsymbol{A}(\tau_2)\mathrm{d}\tau_2\mathrm{d}\tau_1 + \cdots\right] \\ &= \boldsymbol{A}(t)\boldsymbol{\Phi}(t,t_0),\end{aligned}$$

also in der Tat Gleichung (2.101). Da die Matrizenreihe (2.106) gleichmäßig in t konvergiert, ist die soeben durchgeführte gliedweise Differentiation erlaubt.

2.6.1.2 Einige weitere Eigenschaften der Transitionsmatrix

Eine sehr wichtige Eigenschaft enthält der folgende

2.21 Satz: *Die Transitionsmatrix $\boldsymbol{\Phi}(t,t_0)$ ist stets regulär.*

Beweis: Die homogene Differentialgleichung

$$\dot{\boldsymbol{x}}(t) = -\boldsymbol{A}^T(t)\boldsymbol{x}(t)$$

habe die Transitionsmatrix $\boldsymbol{\Psi}(t,t_0)$, mit $\boldsymbol{\Psi}(t_0,t_0) = \boldsymbol{I}$. Wenn $\boldsymbol{\Phi}(t,t_0)$ die Transitionsmatrix der homogenen Differentialgleichung

$$\dot{\boldsymbol{x}}(t) = \boldsymbol{A}(t)\boldsymbol{x}(t)$$

ist, gilt sowohl

$$\dot{\boldsymbol{\Phi}}(t,t_0) = \boldsymbol{A}(t)\boldsymbol{\Phi}(t,t_0)$$

als auch

$$\dot{\boldsymbol{\Psi}}(t,t_0) = -\boldsymbol{A}^T(t)\boldsymbol{\Psi}(t,t_0).$$

Für die zeitliche Ableitung des Produkts $\boldsymbol{\Psi}^T(t,t_0)\boldsymbol{\Phi}(t,t_0)$ der beiden Transitionsmatrizen gilt dann

$$\begin{aligned}\frac{\mathrm{d}}{\mathrm{d}t}\left[\boldsymbol{\Psi}^T(t,t_0)\boldsymbol{\Phi}(t,t_0)\right] &= \dot{\boldsymbol{\Psi}}^T(t,t_0)\boldsymbol{\Phi}(t,t_0) + \boldsymbol{\Psi}^T(t,t_0)\dot{\boldsymbol{\Phi}}(t,t_0) \\ &= -\boldsymbol{\Psi}^T(t,t_0)\boldsymbol{A}(t)\boldsymbol{\Phi}(t,t_0) + \boldsymbol{\Psi}^T(t,t_0)\boldsymbol{A}(t)\boldsymbol{\Phi}(t,t_0) \\ &= \boldsymbol{O},\end{aligned}$$

d.h., das Produkt $\boldsymbol{\Psi}^T(t,t_0)\boldsymbol{\Phi}(t,t_0)$ muß eine konstante Matrix sein. Da aber für den Zeitpunkt $t = t_0$

$$\boldsymbol{\Psi}^T(t_0,t_0)\boldsymbol{\Phi}(t_0,t_0) = \boldsymbol{I} \cdot \boldsymbol{I} = \boldsymbol{I}$$

ist, ist stets $\boldsymbol{\Psi}^T(t,t_0)\boldsymbol{\Phi}(t,t_0) = \boldsymbol{I}$. Also ist die Transitionsmatrix $\boldsymbol{\Phi}(t,t_0)$ stets regulär und $\boldsymbol{\Psi}^T(t,t_0)$ ist die Inverse: $\boldsymbol{\Phi}^{-1}(t,t_0) = \boldsymbol{\Psi}^T(t,t_0)$. □

Aufgrund des Satzes 2.21 braucht man sich um die Invertierbarkeit der Transitionsmatrix nicht zu kümmern, sie ist stets gegeben. Außerdem erlaubt der Satz 2.21 eine grobe Prüfung, ob man sich bei der Berechnung der Transitionsmatrix verrechnet hat, denn die Determinante von $\boldsymbol{\Phi}(t,t_0)$ muß stets ungleich null sein.

Eine weitere Eigenschaft der Transitionsmatrix erhält man durch die folgende Betrachtung. Für das System $\dot{\boldsymbol{x}} = \boldsymbol{A}(t)\boldsymbol{x}$ erhält man den Übergang aus dem Anfangszustand $\boldsymbol{x}(t_0)$ in den Zustand

$$\boldsymbol{x}(t_1) = \boldsymbol{\Phi}(t_1,t_0)\boldsymbol{x}(t_0) \tag{2.108}$$

zum Zeitpunkt t_1. Für den Anfangszustand $\boldsymbol{x}(t_1)$ ist

$$\boldsymbol{x}(t_2) = \boldsymbol{\Phi}(t_2,t_1)\boldsymbol{x}(t_1). \tag{2.109}$$

(2.109) in (2.108) eingesetzt, ergibt

$$\boldsymbol{x}(t_2) = \boldsymbol{\Phi}(t_2,t_1)\boldsymbol{\Phi}(t_1,t_0)\boldsymbol{x}(t_0). \tag{2.110}$$

Andererseits kann der Zustand $\boldsymbol{x}(t_2)$ auch direkt aus $\boldsymbol{x}(t_0)$ berechnet werden:

$$\boldsymbol{x}(t_2) = \boldsymbol{\Phi}(t_2,t_0)\boldsymbol{x}(t_0). \tag{2.111}$$

Da (2.110) und (2.111) für jeden beliebigen Anfangszustand $\boldsymbol{x}(t_0)$ gelten, folgt die neue Eigenschaft der Transitionsmatrix

$$\boxed{\boldsymbol{\Phi}(t_2,t_1) \cdot \boldsymbol{\Phi}(t_1,t_0) = \boldsymbol{\Phi}(t_2,t_0).} \tag{2.112}$$

Auch für $t < t_0$ gilt

$$\boldsymbol{x}(t) = \boldsymbol{\Phi}(t,t_0)\boldsymbol{x}(t_0);$$

denn beim Beweis des Satzes 2.19 wurde an keiner Stelle verlangt, daß t größer als t_0 sein muß, womit aber auch die Transitionsmatrix $\boldsymbol{\Phi}(t,t_0)$ für $t < t_0$ definiert ist. So folgt für $t_2 = t_0$ aus (2.112)

$$\boldsymbol{\Phi}(t_0,t_1) \cdot \boldsymbol{\Phi}(t_1,t_0) = \boldsymbol{I}, \tag{2.113}$$

woraus dann sofort die wichtige Eigenschaft der Transitionsmatrix folgt

$$\boxed{\boldsymbol{\Phi}^{-1}(t_1,t_0) = \boldsymbol{\Phi}(t_0,t_1),} \tag{2.114}$$

Tabelle 2.1: Eigenschaften der Transitionsmatrix $\boldsymbol{\Phi}(t, t_0)$

Nr.	Eigenschaft der Transitionsmatrix	Gleichung
1	$\dot{\boldsymbol{\Phi}}(t, t_0) = \boldsymbol{A}(t)\boldsymbol{\Phi}(t, t_0)$ $\boldsymbol{\Phi}(t_0, t_0) = \boldsymbol{I}$	(2.101)
2	$\boldsymbol{\Phi}(\mathrm{t}, \mathrm{t}_0) = \boldsymbol{I} + \int_{t_0}^{t} \boldsymbol{A}(\tau_1)\mathrm{d}\tau_1 + \int_{t_0}^{t} \boldsymbol{A}(\tau_1) \int_{t_0}^{\tau_1} \boldsymbol{A}(\tau_2)\mathrm{d}\tau_2\tau_1 + \cdots$	(2.106)
3	$\boldsymbol{\Phi}(t_2, t_1)\boldsymbol{\Phi}(t_1, t_0) = \boldsymbol{\Phi}(t_2, t_0)$	(2.112)
4	$\boldsymbol{\Phi}^{-1}(t_1, t_0) = \boldsymbol{\Phi}(t_0, t_1)$	(2.114)

d.h., man erhält die invertierte Transitionsmatrix einfach durch Vertauschen der Zeitargumente. In Tabelle 2.1 sind die Eigenschaften der Transitionsmatrix zusammengefaßt.

2.6.1.3 Lösung der inhomogenen linearen Differentialgleichung

Die vollständige Lösung der inhomogenen Differentialgleichung

$$\dot{\boldsymbol{x}}(t) = \boldsymbol{A}(t)\boldsymbol{x}(t) + \boldsymbol{B}(t)\boldsymbol{u}(t) \tag{2.115}$$

soll mit Hilfe der von LAGRANGE angegebenen *Methode der Variation der Konstanten* gefunden werden. Hierbei wird als Lösung von (2.115) angesetzt

$$\boldsymbol{x}(t) = \boldsymbol{\Phi}(t, t_0)\boldsymbol{x}_0(t), \tag{2.116}$$

wobei der sonst konstante Anfangszustand $\boldsymbol{x}_0$ jetzt zeitvariabel angenommen wird. Differenziert man diesen Ansatz nach der Zeit t, erhält man

$$\begin{aligned} \dot{\boldsymbol{x}}(t) &= \dot{\boldsymbol{\Phi}}(t, t_0)\boldsymbol{x}_0(t) + \boldsymbol{\Phi}(t, t_0)\dot{\boldsymbol{x}}_0(t) \\ &= \boldsymbol{A}(t)\boldsymbol{\Phi}(t, t_0)\boldsymbol{x}_0(t) + \boldsymbol{\Phi}(t, t_0)\dot{\boldsymbol{x}}_0(t) \\ &= \boldsymbol{A}(t)\boldsymbol{x}(t) + \boldsymbol{\Phi}(t, t_0)\dot{\boldsymbol{x}}_0(t). \end{aligned} \tag{2.117}$$

Ein Vergleich von (2.117) mit (2.115) verlangt dann

$$\boldsymbol{\Phi}(t, t_0)\dot{\boldsymbol{x}}_0(t) = \boldsymbol{B}(t)\boldsymbol{u}(t),$$

d.h., es ist

$$\dot{\boldsymbol{x}}_0(t) = \boldsymbol{\Phi}^{-1}(t, t_0)\boldsymbol{B}(t)\boldsymbol{u}(t),$$

also

$$\boldsymbol{x}_0(t) = \boldsymbol{x}_0(t_0) + \int_{t_0}^{t} \boldsymbol{\Phi}^{-1}(\tau, t_0)\boldsymbol{B}(\tau)\boldsymbol{u}(\tau)\mathrm{d}\tau. \tag{2.118}$$

Aus dem Ansatz (2.116) folgt

$$\boldsymbol{x}_0(t_0) = \boldsymbol{x}(t_0),$$

so daß man durch Einsetzen von (2.118) in (2.116) und unter Berücksichtigung von $\boldsymbol{\Phi}^{-1}(\tau, t_0) = \boldsymbol{\Phi}(t_0, \tau)$ die vollständige Lösung

$$\boldsymbol{x}(t) = \boldsymbol{\Phi}(t, t_0)\left[\boldsymbol{x}(t_0) + \int_{t_0}^{t} \boldsymbol{\Phi}(t_0, \tau)\boldsymbol{B}(\tau)\boldsymbol{u}(\tau)\mathrm{d}\tau\right]$$

erhält, die man mit

$$\boldsymbol{\Phi}(t, t_0)\boldsymbol{\Phi}(t_0, \tau) = \boldsymbol{\Phi}(t, \tau)$$

auch so schreiben kann

$$\boxed{\boldsymbol{x}(t) = \boldsymbol{\Phi}(t, t_0)\boldsymbol{x}(t_0) + \int_{t_0}^{t} \boldsymbol{\Phi}(t, \tau)\boldsymbol{B}(\tau)\boldsymbol{u}(\tau)\mathrm{d}\tau.} \tag{2.119}$$

Im folgenden Satz sind die Ergebnisse zusammengefaßt:

2.22 Satz: *Die homogene lineare zeitvariante zeitkontinuierliche Zustandsdifferentialgleichung*

$$\dot{\boldsymbol{x}}(t) = \boldsymbol{A}(t)\boldsymbol{x}(t)$$

hat für den Anfangszustand $\boldsymbol{x}(t_0)$ die eindeutige Lösung

$$\boldsymbol{x}(t) = \boldsymbol{\Phi}(t, t_0)\boldsymbol{x}(t_0).$$

Die Transitionsmatrix $\boldsymbol{\Phi}(t, t_0)$ ist durch die unendliche Reihe

$$\boldsymbol{\Phi}(t, t_0) = \boldsymbol{I} + \int_{t_0}^{t} \boldsymbol{A}(\tau_1)\mathrm{d}\tau_1 + \int_{t_0}^{t} \boldsymbol{A}(\tau_1) \int_{t_0}^{\tau_1} \boldsymbol{A}(\tau_2)\mathrm{d}\tau_2\mathrm{d}\tau_1 + \cdots$$

definiert, wenn die Elemente $a_{ij}(t)$ der Systemmatrix $\boldsymbol{A}(t)$ stetige Funktionen von t sind. Die Transitionsmatrix $\boldsymbol{\Phi}(t, t_0)$ ist regulär, also existiert stets die Inverse, und zwar ist

$$\boldsymbol{\Phi}^{-1}(t, t_0) = \boldsymbol{\Phi}(t_0, t).$$

Die inhomogene lineare zeitvariante Zustandsdifferentialgleichung

$$\dot{\boldsymbol{x}}(t) = \boldsymbol{A}(t)\boldsymbol{x}(t) + \boldsymbol{B}(t)\boldsymbol{u}(t)$$

hat die eindeutige Lösung

$$\boldsymbol{x}(t) = \boldsymbol{\Phi}(t, t_0)\boldsymbol{x}(t_0) + \int_{t_0}^{t} \boldsymbol{\Phi}(t, \tau)\boldsymbol{B}(\tau)\boldsymbol{u}(\tau)\mathrm{d}\tau.$$

Die Herleitung der Lösung (2.119) der inhomogenen Differentialgleichung ist im Prinzip völlig unabhängig von der Form des Terms $\boldsymbol{B}(t)\boldsymbol{u}(t)$. Sie wäre genauso verlaufen für die inhomogene Differentialgleichung

$$\dot{\boldsymbol{x}}(t) = \boldsymbol{A}(t)\boldsymbol{x}(t) + \boldsymbol{f}(\boldsymbol{u}(t)), \tag{2.120}$$

wobei jetzt $\boldsymbol{f}(\boldsymbol{u}(t))$ auch eine nichtlineare Funktion der Eingangsgrößen $u_1, ..., u_p$ sein darf. In diesem Fall erhält man als Lösung

$$\boldsymbol{x}(t) = \boldsymbol{\Phi}(t, t_0)\boldsymbol{x}(t_0) + \int_{t_0}^{t} \boldsymbol{\Phi}(t, \tau)\boldsymbol{f}(\boldsymbol{u}(\tau))\mathrm{d}\tau. \tag{2.121}$$

Durch Einsetzen der allgemeinen Lösung (2.119) in die Ausgangsgleichung in (2.95) erhält man schließlich den Verlauf des Ausgangsvektors zu

$$\boldsymbol{y}(t) = \boldsymbol{C}(t)\boldsymbol{\Phi}(t,t_0)\boldsymbol{x}(t_0) + \int\limits_{t_0}^{t} \boldsymbol{C}(t)\boldsymbol{\Phi}(t,\tau)\boldsymbol{B}(\tau)\boldsymbol{u}(\tau)\mathrm{d}\tau + \boldsymbol{D}(t)\boldsymbol{u}(t). \tag{2.122}$$

2.6.2 Zeitinvariante lineare Systeme

Lineare zeitinvariante Systeme mit der mathematischen Beschreibung

$$\begin{aligned} \dot{\boldsymbol{x}}(t) &= \boldsymbol{A}\boldsymbol{x}(t) + \boldsymbol{B}\boldsymbol{u}(t), \\ \boldsymbol{y}(t) &= \boldsymbol{C}\boldsymbol{x}(t) + \boldsymbol{D}\boldsymbol{u}(t) \end{aligned} \tag{2.123}$$

sind dadurch gekennzeichnet, daß die Matrizen $\boldsymbol{A}, \boldsymbol{B}, \boldsymbol{C}$ und $\boldsymbol{D}$ konstant sind, d.h., ihre Koeffizienten sind zeitunabhängig. In diesem Fall erhält man für die Transitionsmatrix gemäß (2.106)

$$\begin{aligned} \boldsymbol{\Phi}(t,t_0) &= \boldsymbol{I} + \int\limits_{t_0}^{t} \boldsymbol{A}\mathrm{d}\tau_1 + \int\limits_{t_0}^{t} \boldsymbol{A} \int\limits_{t_0}^{\tau_1} \boldsymbol{A}\mathrm{d}\tau_2\mathrm{d}\tau_1 + \int\limits_{t_0}^{t} \boldsymbol{A} \int\limits_{t_0}^{\tau_1} \boldsymbol{A} \int\limits_{t_0}^{\tau_2} \boldsymbol{A}\mathrm{d}\tau_3\mathrm{d}\tau_2\mathrm{d}\tau_1 + \cdots \\ &= \boldsymbol{I} + \boldsymbol{A} \int\limits_{t_0}^{t} \mathrm{d}\tau_1 + \boldsymbol{A}^2 \int\limits_{t_0}^{t}\int\limits_{t_0}^{\tau_1} \mathrm{d}\tau_2\mathrm{d}\tau_1 + \boldsymbol{A}^3 \int\limits_{t_0}^{t}\int\limits_{t_0}^{\tau_1}\int\limits_{t_0}^{\tau_2} \mathrm{d}\tau_3\mathrm{d}\tau_2\mathrm{d}\tau_1 + \cdots \\ &= \boldsymbol{I} + \boldsymbol{A}\,(t-t_0) + \boldsymbol{A}^2\,\frac{(t-t_0)^2}{2} + \boldsymbol{A}^3\,\frac{(t-t_0)^3}{3!} + \cdots, \end{aligned} \tag{2.125}$$

die aber nur noch von der Zeitdifferenz $t - t_0$ abhängt. Ersetzt man in (2.125) t durch $t - t_0$ und t_0 durch 0, so ist

$$\boldsymbol{\Phi}(t,t_0) = \boldsymbol{\Phi}(t,0),$$

weshalb es üblich ist, für die Transitionsmatrix von zeitinvarianten Systemen nur noch $\boldsymbol{\Phi}(t)$ zu schreiben, so daß sich (2.125) zu

$$\boldsymbol{\Phi}(t) = \boldsymbol{I} + \boldsymbol{A}t + \boldsymbol{A}^2\frac{t^2}{2} + \boldsymbol{A}^3\frac{t^3}{3!} + \cdots \tag{2.125}$$

vereinfacht.

In Anlehnung an die Definition der Exponentialfunktion

$$\mathrm{e}^x \stackrel{\text{def}}{=} 1 + x + \frac{x^2}{2} + \frac{x^3}{3!} + \cdots$$

schreibt man für die entsprechende Matrizenreihe (2.125) auch für die Transitionsmatrix

$$\mathrm{e}^{\boldsymbol{A}t} \stackrel{\text{def}}{=} \boldsymbol{\Phi}(t). \tag{2.126}$$

Aus der Matrizenreihe (2.125) folgt sofort für die Transitionsmatrix

$$\boxed{\boldsymbol{\Phi}(0) = \boldsymbol{I}.} \tag{2.127}$$

Weiterhin folgt aus

$$\boldsymbol{\Phi}(t_2, t_1)\boldsymbol{\Phi}(t_1, t_0) = \boldsymbol{\Phi}(t_2, t_0)$$

für die Transitionsmatrix von zeitinvarianten Systemen

$$\boldsymbol{\Phi}(t_2 - t_1)\boldsymbol{\Phi}(t_1 - t_0) = \boldsymbol{\Phi}(t_2 - t_0),$$

also für $t_a \stackrel{\text{def}}{=} t_2 - t_1$ und $t_b \stackrel{\text{def}}{=} t_1 - t_0$

$$\boxed{\boldsymbol{\Phi}(t_a)\boldsymbol{\Phi}(t_b) = \boldsymbol{\Phi}(t_a + t_b).} \tag{2.128}$$

Wird $t_a = t$ und $t_b = -t$ gesetzt, folgt aus (2.128)

$$\boldsymbol{\Phi}(t)\boldsymbol{\Phi}(-t) = \boldsymbol{\Phi}(0) = \boldsymbol{I}$$

oder

$$\boxed{\boldsymbol{\Phi}^{-1}(t) = \boldsymbol{\Phi}(-t),} \tag{2.129}$$

d.h., man erhält die inverse Matrix einer Transitionsmatrix eines zeitinvarianten Systems einfach durch Ersetzen von t durch $-t$.

Für lineare zeitinvariante Systeme erhält man schließlich aus (2.119) und (2.122) mit $t_0 = 0$ die Lösungen

$$\boxed{\begin{aligned} \boldsymbol{x}(t) &= \boldsymbol{\Phi}(t)\boldsymbol{x}(0) + \int_0^t \boldsymbol{\Phi}(t-\tau)\boldsymbol{B}\boldsymbol{u}(\tau)\mathrm{d}\tau, \\ \boldsymbol{y}(t) &= \boldsymbol{C}\boldsymbol{\Phi}(t)\boldsymbol{x}(0) + \int_0^t \boldsymbol{C}\boldsymbol{\Phi}(t-\tau)\boldsymbol{B}\boldsymbol{u}(\tau)\mathrm{d}\tau + \boldsymbol{D}\boldsymbol{u}(t). \end{aligned}} \tag{2.130}$$

2.23 Beispiel: Ein lineares zeitinvariantes dynamisches System mit der mathematischen Beschreibung

$$\begin{aligned}\dot{\boldsymbol{x}}(t) &= \begin{bmatrix} -2 & 1 \\ 0 & -2 \end{bmatrix} \boldsymbol{x}(t) + \begin{bmatrix} 0 \\ 1 \end{bmatrix} u(t), \\ y(t) &= \begin{bmatrix} 1 & 2 \end{bmatrix} \boldsymbol{x}(t)\end{aligned}$$

und dem Anfangszustand $\boldsymbol{x}(0) = [1 \quad 1]^T$ wird durch eine Sprungfunktion

$$\sigma(t) \stackrel{\text{def}}{=} \begin{cases} 1 & \text{für } t > 0 \\ 0 & \text{für } t \leq 0 \end{cases}$$

als Eingangsgröße, $u(t) = \sigma(t)$, erregt. Für $t \geq 0$ soll die Ausgangsfunktion bestimmt werden. Nach (2.125) erhält man für die Transitionsmatrix

$$\begin{aligned}\boldsymbol{\Phi}(t) &= \begin{bmatrix} 1 & 0 \\ 0 & 1 \end{bmatrix} + \begin{bmatrix} -2 & 1 \\ 0 & -2 \end{bmatrix} t + \begin{bmatrix} 4 & -4 \\ 0 & 4 \end{bmatrix} \frac{t^2}{2} + \begin{bmatrix} -8 & 12 \\ 0 & -8 \end{bmatrix} \frac{t^3}{3!} + \cdots \\ &= \begin{bmatrix} 1 - 2t + \frac{1}{2}4t^2 - \frac{1}{3!}8t^3 + - \cdots & t(1 - 2t + \frac{1}{2}4t^2 - + \cdots) \\ 0 & 1 - 2t + \frac{1}{2}4t^2 - \frac{1}{3!}8t^3 + - \cdots \end{bmatrix} \\ &= \begin{bmatrix} \mathrm{e}^{-2t} & t\mathrm{e}^{-2t} \\ 0 & \mathrm{e}^{-2t} \end{bmatrix}\end{aligned}$$

und nach (2.130) die Auswirkung der Eingangsgröße

$$\int_0^t \boldsymbol{\Phi}(t-\tau)\boldsymbol{b}u(\tau)\mathrm{d}\tau = \int_0^t \begin{bmatrix} (t-\tau)\mathrm{e}^{-2(t-\tau)} \\ \mathrm{e}^{-2(t-\tau)} \end{bmatrix} \mathrm{d}\tau = \begin{bmatrix} \frac{1}{4}(1 - \mathrm{e}^{-2t}) - \frac{t}{2}\mathrm{e}^{-2t} \\ \frac{1}{2}(1 - \mathrm{e}^{-2t}) \end{bmatrix}$$

Insgesamt gilt für den Zustandsvektor

$$\begin{aligned}\boldsymbol{x}(t) &= \begin{bmatrix} \mathrm{e}^{-2t} & t\mathrm{e}^{-2t} \\ 0 & \mathrm{e}^{-2t} \end{bmatrix} \begin{bmatrix} 1 \\ 1 \end{bmatrix} + \begin{bmatrix} \frac{1}{4}(1 - \mathrm{e}^{-2t}) - \frac{t}{2}\mathrm{e}^{-2t} \\ \frac{1}{2}(1 - \mathrm{e}^{-2t}) \end{bmatrix} \\ &= \begin{bmatrix} \frac{1}{4} + \frac{3}{4}\mathrm{e}^{-2t} + \frac{t}{2}\mathrm{e}^{-2t} \\ \frac{1}{2}(1 + \mathrm{e}^{-2t}) \end{bmatrix}\end{aligned}$$

und schließlich für die Ausgangsgröße

$$y(t) = [1 \quad 2]\, \boldsymbol{x}(t) = \frac{5}{4} + \frac{7}{4}\mathrm{e}^{-2t} + \frac{t}{2}\mathrm{e}^{-2t}.$$

□

Das Beispiel 2.23 zeigt, daß die Berechnung der Transitionsmatrix mit Hilfe der Reihendarstellung (2.119) schon bei diesem einfachen Beispiel sehr umständlich ist. In Abschnitt 3.2 werden mathematische Beschreibungen angegeben, die die Ermittlung der Transitionsmatrix für lineare zeitinvariante Systeme sehr vereinfacht.

Abschließend soll die Lösung der Zustandsgleichung von linearen zeitinvarianten Systemen mit Hilfe der LAPLACE-Transformation angegeben werden, die gegenüber der Berechnung der Transitionsmatrix über die Reihendarstellung (2.119) schon eine Vereinfachung der Berechnung bringt.

Die homogene Differentialgleichung

$$\dot{\boldsymbol{x}}(t) = \boldsymbol{A}\boldsymbol{x}(t)$$

LAPLACE-transformiert, ergibt mit $\boldsymbol{x}(s) \stackrel{\text{def}}{=} \mathcal{L}\{\boldsymbol{x}(t)\}$

$$s\boldsymbol{x}(s) - \boldsymbol{x}_0 = \boldsymbol{A}\boldsymbol{x}(s)$$

und aufgelöst nach $\boldsymbol{x}_{\mathcal{L}}(s)$:

$$\boldsymbol{x}(s) = (s\boldsymbol{I} - \boldsymbol{A})^{-1}\boldsymbol{x}_0. \tag{2.131}$$

Rücktransformation in den Zeitbereich liefert

$$\boldsymbol{x}(t) = \mathcal{L}^{-1}\{(s\boldsymbol{I} - \boldsymbol{A})^{-1}\}\boldsymbol{x}_0. \tag{2.132}$$

Ein Vergleich dieser Lösung mit $\boldsymbol{x}(t) = \boldsymbol{\Phi}(t)\boldsymbol{x}_0$ liefert sofort

$$\boxed{\boldsymbol{\Phi}(t) = \mathcal{L}^{-1}\{(s\boldsymbol{I} - \boldsymbol{A})^{-1}\}.} \tag{2.133}$$

In Tabelle 2.2 sind die Eigenschaften der Transitionsmatrix für zeitinvariante Systeme zusammengefaßt.

Tabelle 2.2: Eigenschaften der Transitionsmatrix $\boldsymbol{\Phi}(t)$.

Nr.	Eigenschaft	Gleichung
1	$\dot{\boldsymbol{\Phi}}(t) = \boldsymbol{A}\boldsymbol{\Phi}(t)$ $\boldsymbol{\Phi}(0) = \boldsymbol{I}$	(2.101)
2	$\boldsymbol{\Phi}(t) = \boldsymbol{I} + \boldsymbol{A}t + \boldsymbol{A}^2\frac{t^2}{2} + \boldsymbol{A}^3\frac{t^3}{3!} + \cdots$	(2.125)
3	$\boldsymbol{\Phi}(t_a)\boldsymbol{\Phi}(t_b) = \boldsymbol{\Phi}(t_a + t_b)$	(2.128)
4	$\boldsymbol{\Phi}^{-1}(t) = \boldsymbol{\Phi}(-t)$	(2.129)
5	$\boldsymbol{\Phi}(t) = \mathcal{L}^{-1}\{(s\boldsymbol{I} - \boldsymbol{A})^{-1}\}$	(2.133)

2.24 Beispiel: Die Transitionsmatrix $\boldsymbol{\Phi}(t)$ für das System in Beispiel 2.23 erhält man mit Hilfe der LAPLACE–Transformation wie folgt:

$$(s\boldsymbol{I} - \boldsymbol{A}) = \begin{bmatrix} s+2 & -1 \\ 0 & s+2 \end{bmatrix},$$

$$\boldsymbol{\Phi}(s) = (s\boldsymbol{I} - \boldsymbol{A})^{-1} = \begin{bmatrix} \frac{1}{s+2} & \frac{1}{(s+2)^2} \\ 0 & \frac{1}{s+2} \end{bmatrix}.$$

Die Rücktransformation ergibt unter Beachtung der Regeln der LAPLACE–Transformation

$$\boldsymbol{\Phi}(t) = \mathcal{L}^{-1}\{(s\boldsymbol{I} - \boldsymbol{A})^{-1}\} = \begin{bmatrix} e^{-2t} & te^{-2t} \\ 0 & e^{-2t} \end{bmatrix}. \square$$

2.25 Beispiel: Die zu der Systemmatrix

$$\boldsymbol{A} = \begin{bmatrix} 1 & 2 \\ 1 & 0 \end{bmatrix}$$

gehörende Transitionsmatrix erhält man mit der LAPLACE-Transformation über

$$s\boldsymbol{I} - \boldsymbol{A} = \begin{bmatrix} s-1 & -2 \\ -1 & s \end{bmatrix}$$

zu

$$\boldsymbol{\Phi}(s) = \frac{1}{s(s-1)-2} \begin{bmatrix} s & 2 \\ 1 & s-1 \end{bmatrix}.$$

Mit den Wurzeln $s_1 = 2$ und $s_2 = -1$ des Polynoms $s(s-1) - 2 = s^2 - s - 2$ wird

$$\boldsymbol{\Phi}(s) = \begin{bmatrix} \frac{s}{(s-2)(s+1)} & \frac{2}{(s-2)(s+1)} \\ \frac{1}{(s-2)(s+1)} & \frac{s-1}{(s-2)(s+1)} \end{bmatrix}.$$

Rücktransformation in den Zeitbereich mit Hilfe der Partialbruchzerlegung oder der Tabelle der Korrespondenzen der LAPLACE-Transformation im Anhang ergibt

$$\boldsymbol{\Phi}(t) = \begin{bmatrix} \frac{1}{3}(2e^{2t} + e^{-t}) & \frac{2}{3}(e^{2t} - e^{-t}) \\ \frac{1}{3}(e^{2t} - e^{-t}) & \frac{1}{3}(e^{2t} + 2e^{-t}) \end{bmatrix},$$

ein Ergebnis, das, aus der Reihe

$$\boldsymbol{\Phi}(t) = \begin{bmatrix} 1 & 0 \\ 0 & 1 \end{bmatrix} + \begin{bmatrix} 1 & 2 \\ 1 & 0 \end{bmatrix} t + \begin{bmatrix} 3 & 2 \\ 1 & 2 \end{bmatrix} \frac{t^2}{2} + \begin{bmatrix} 5 & 6 \\ 3 & 2 \end{bmatrix} \frac{t^3}{3!} + \begin{bmatrix} 11 & 10 \\ 5 & 6 \end{bmatrix} \frac{t^4}{4!} + \cdots$$

gemäß (2.125) abzuleiten, wohl schon einiger Intuition bedarf. Da die Transitionsmatrix die homogene Differentialgleichung

$$\dot{\boldsymbol{\Phi}}(t) = \boldsymbol{A}\boldsymbol{\Phi}(t) \tag{2.134}$$

und die Anfangsbedingung $\boldsymbol{\Phi}(0) = \boldsymbol{I}$ erfüllen muß, kann diese Tatsache zur Überprüfung der ermittelten Transitionsmatrix herangezogen werden. In diesem Beispiel ist in der Tat

$$\boldsymbol{\Phi}(0) = \begin{bmatrix} \frac{1}{3}(2+1) & \frac{2}{3}(1-1) \\ \frac{1}{3}(1-1) & \frac{1}{3}(1+2) \end{bmatrix} = \boldsymbol{I}$$

und

$$\dot{\boldsymbol{\Phi}}(t) = \begin{bmatrix} \frac{1}{3}(4e^{2t} - e^{-t}) & \frac{2}{3}(2e^{2t} + e^{-t}) \\ \frac{1}{3}(2e^{2t} + e^{-t}) & \frac{1}{3}(2e^{2t} - 2e^{-t}) \end{bmatrix},$$

bzw.

$$A\Phi(t) = \begin{bmatrix} \frac{1}{3}(2e^{2t}+e^{-t})+\frac{2}{3}(2e^{2t}-e^{-t}) & \frac{2}{3}(e^{2t}-e^{-t})+\frac{2}{3}(e^{2t}+2e^{-t}) \\ \frac{1}{3}(2e^{2t}+e^{-t}) & \frac{2}{3}(e^{2t}-e^{-t}) \end{bmatrix}$$

$$= \begin{bmatrix} \frac{1}{3}(4e^{2t}-e^{-t}) & \frac{2}{3}(2e^{2t}+e^{-t}) \\ \frac{1}{3}(2e^{2t}+e^{-t}) & \frac{2}{3}(e^{2t}-e^{-t}) \end{bmatrix},$$

d.h., die Matrixdifferentialgleichung (2.134) ist erfüllt. □

2.7 Lineare zeitdiskrete Systeme

2.7.1 Abtastsysteme

In Abschnitt 2.4 wurde folgende mathematische Beschreibung für zeitvariante zeitdiskrete lineare Systeme angegeben:

$$\begin{aligned} \boldsymbol{x}_{k+1} &= \boldsymbol{A}_k\boldsymbol{x}_k + \boldsymbol{B}_k\boldsymbol{u}_k, \\ \boldsymbol{y}_k &= \boldsymbol{C}_k\boldsymbol{x}_k + \boldsymbol{D}_k\boldsymbol{u}_k. \end{aligned} \tag{2.135}$$

Eine solche mathematische Beschreibung erhält man z.B., wenn ein zeitkontinuierlicher Prozeß mit Hilfe eines Prozeßrechners geregelt wird. Der Prozeßrechner erzeugt eine stufenförmige Eingangsfunktion (siehe Bild 2.10), für die gilt:

$$\boldsymbol{u}(t) = \boldsymbol{u}(t_k) \quad \text{für} \quad t \in [t_k, t_k + T). \tag{2.136}$$

Kann der zu regelnde Prozeß durch ein lineares zeitkontinuierliches Modell angenähert werden, erhält man als mathematische Beschreibung

$$\dot{\boldsymbol{x}}(t) = \boldsymbol{A}(t)\boldsymbol{x}(t) + \boldsymbol{B}(t)\boldsymbol{u}(t), \tag{2.137}$$

$$\boldsymbol{y}(t) = \boldsymbol{C}(t)\boldsymbol{x}(t) + \boldsymbol{D}(t)\boldsymbol{u}(t). \tag{2.138}$$

Aus der Lösung

$$\boldsymbol{x}(t) = \boldsymbol{\Phi}(t,t_0)\boldsymbol{x}(t_0) + \int_{t_0}^{t} \boldsymbol{\Phi}(t,\tau)\boldsymbol{B}(\tau)\boldsymbol{u}(\tau)\mathrm{d}\tau \tag{2.139}$$

der Zustandsgleichung (2.137) erhält man für den Übergang des Systems aus dem Zustand $\boldsymbol{x}(t_k)$ im Abtastzeitpunkt t_k in den Zustand $\boldsymbol{x}(t_{k+1})$ im darauffolgenden Abtastzeitpunkt t_{k+1}, indem man $t_0 = t_k$ und $t = t_{k+1}$ setzt:

$$\boldsymbol{x}(t_{k+1}) = \boldsymbol{\Phi}(t_{k+1},t_k)\boldsymbol{x}(t_k) + \int_{t_k}^{t_{k+1}} \boldsymbol{\Phi}(t_{k+1},\tau)\boldsymbol{B}(\tau)\mathrm{d}\tau\,\boldsymbol{u}(t_k), \tag{2.140}$$

wobei $\boldsymbol{u}(t_k)$ aus dem Integral herausgezogen werden kann, da die Eingangsgrößen zwischen zwei Abtastzeitpunkten konstant sind. Führt man die $(n \times n)$-Matrix

$$\boldsymbol{A}_k \stackrel{\text{def}}{=} \boldsymbol{\Phi}(t_{k+1}, t_k) \tag{2.141}$$

und die $(n \times p)$-Matrix

$$\boldsymbol{B}_k \stackrel{\text{def}}{=} \int_{t_k}^{t_{k+1}} \boldsymbol{\Phi}(t_{k+1}, \tau)\boldsymbol{B}(\tau)\mathrm{d}\tau, \tag{2.142}$$

sowie $\boldsymbol{x}_k \stackrel{\text{def}}{=} \boldsymbol{x}(t_k)$ und $\boldsymbol{u}_k \stackrel{\text{def}}{=} \boldsymbol{u}(t_k)$ ein, erhält man die oben angegebene Zustandsdifferenzengleichung in (2.135). Da die Ausgangsgleichung (2.138) des zeitkontinuierlichen Systems für alle Zeitpunkte, also auch für die Abtastzeitpunkte t_k gilt, können die beiden Matrizen

$$\boldsymbol{C}_k \stackrel{\text{def}}{=} \boldsymbol{C}(t_k) \tag{2.143}$$

und

$$\boldsymbol{D}_k \stackrel{\text{def}}{=} \boldsymbol{D}(t_k) \tag{2.144}$$

direkt übernommen werden und ergeben mit $\boldsymbol{y}_k \stackrel{\text{def}}{=} \boldsymbol{y}(t_k)$ die Ausgangsgleichung in (2.135).

2.26 Beispiel: Das lineare zeitvariante zeitkontinuierliche System mit der Zustandsgleichung

$$\dot{\boldsymbol{x}}(t) = \begin{bmatrix} 0 & 0 \\ 1+t & 0 \end{bmatrix} \boldsymbol{x}(t) + \begin{bmatrix} 1 \\ 2 \end{bmatrix} u(t)$$

sei mit einem Prozeßrechner so verbunden, daß die Eingangsfunktion $u(\cdot)$ stufenförmig ist. In diesem Fall erhält man die Transitionsmatrix unter Berücksichtigung von

$$\boldsymbol{A}^k(t) = (1+t)^k \begin{bmatrix} 0 & 0 \\ 1 & 0 \end{bmatrix}^k = \boldsymbol{O} \quad \text{für} \quad k \geq 2$$

aus der Reihendarstellung (2.106) zu

$$\begin{aligned} \boldsymbol{\Phi}(t, t_0) &= \boldsymbol{I} + \begin{bmatrix} 0 & 0 \\ 1 & 0 \end{bmatrix} \int_{t_0}^{t} (1+\tau)\mathrm{d}\tau \\ &= \begin{bmatrix} 1 & 0 \\ t - t_0 + \frac{1}{2}(t^2 - t_0^2) & 1 \end{bmatrix}. \end{aligned}$$

Für $t_0 = t_k$ und $t = t_{k+1}$ ist dann nach (2.141) die Systemmatrix

$$\boldsymbol{A}_k = \begin{bmatrix} 1 & 0 \\ t_{k+1} - t_k + \frac{1}{2}(t_{k+1}^2 - t_k^2) & 1 \end{bmatrix}$$

und die Eingabematrix $\boldsymbol{B}_k = \boldsymbol{b}_k$ nach (2.142)

$$\begin{aligned} \boldsymbol{b}_k &= \int_{t_k}^{t_{k+1}} \boldsymbol{\Phi}(t_{k+1}, \tau) \begin{bmatrix} 1 \\ 2 \end{bmatrix} \mathrm{d}\tau \\ &= \int_{t_k}^{t_{k+1}} \begin{bmatrix} 1 \\ t_{k+1} - \tau + \frac{1}{2}(t_{k+1}^2 - \tau^2) + 2 \end{bmatrix} \mathrm{d}\tau \\ &= \begin{bmatrix} t_{k+1} - t_k \\ \frac{1}{3}t_{k+1}^3 + \frac{1}{2}t_{k+1}^2 + 2t_{k+1} + \frac{1}{6}t_k^3 + \frac{1}{2}t_k^2 - t_k(\frac{1}{2}t_{k+1}^2 + t_{k+1} + 2) \end{bmatrix}. \end{aligned}$$

Damit erhält man die Zutandsdifferenzengleichung

$$\boldsymbol{x}(t_{k+1}) = \boldsymbol{A}_k \boldsymbol{x}(t_k) + \boldsymbol{b}_k u(t_k),$$

die das Systemverhalten in den Abtastzeitpunkten beschreibt. □

Ein häufig vorkommender Sonderfall ist der, daß die Abtastperiodendauer *konstant*, also z.B. $t_k = kT$ und $t_{k+1} = (k+1)T$ ist und ein *zeitinvariantes* zeitkontinuierliches lineares System als mathematische Beschreibung vorliegt. Dann ist

$$\boldsymbol{\Phi}(t_{k+1}, t_k) = \boldsymbol{\Phi}(t_{k+1} - t_k) = \boldsymbol{\Phi}((k+1)T - kT) = \boldsymbol{\Phi}(T) \tag{2.145}$$

und

$$\int_{t_k}^{t_{k+1}} \boldsymbol{\Phi}(t_{k+1}, \tau)\boldsymbol{B}(\tau)\mathrm{d}\tau = \int_{kT}^{(k+1)T} \boldsymbol{\Phi}((k+1)T - \tau)\mathrm{d}\tau \boldsymbol{B} = \int_0^T \boldsymbol{\Phi}(\tau_1)\mathrm{d}\tau_1 \boldsymbol{B}. \tag{2.146}$$

Das letzte Integral in (2.146) erhält man aus dem vorangehenden Integral durch die Variablentransformation $\tau_1 \stackrel{\text{def}}{=} (k+1)T - \tau$. Es zeigt, daß in diesem Fall die Eingabematrix

$$\boxed{\boldsymbol{B}_d \stackrel{\text{def}}{=} \int_0^T \boldsymbol{\Phi}(\tau)\mathrm{d}\tau \boldsymbol{B}} \tag{2.147}$$

nicht vom Abtastzeitpunkt kT, sondern wie die Systemmatrix

$$\boxed{\boldsymbol{A}_d \stackrel{\text{def}}{=} \boldsymbol{\Phi}(T)} \tag{2.148}$$

nur von der Abtastperiode T abhängig ist. Ist die Systemmatrix des zeitkontinuierlichen Systems regulär, kann das Integral (2.147) weiter vereinfacht werden. Aus

$$\dot{\boldsymbol{\Phi}}(t) = \boldsymbol{A}\boldsymbol{\Phi}(t)$$

folgt dann nämlich

$$\boldsymbol{\Phi}(t) = \boldsymbol{A}^{-1}\dot{\boldsymbol{\Phi}}(t).$$

Dies in (2.147) eingesetzt, ergibt

$$\begin{aligned} \boldsymbol{B}_d &= \int_0^T \boldsymbol{A}^{-1}\dot{\boldsymbol{\Phi}}(t)\mathrm{d}t\boldsymbol{B} \\ &= \boldsymbol{A}^{-1}\left(\boldsymbol{\Phi}(T) - \boldsymbol{\Phi}(0)\right)\boldsymbol{B} \end{aligned}$$

also

$$\boldsymbol{B}_d = \boldsymbol{A}^{-1}\left(\boldsymbol{\Phi}(T) - \boldsymbol{I}\right)\boldsymbol{B}, \tag{2.149}$$

d.h., $\boldsymbol{A}_d$ kann aus dem linearen Gleichungssystem

$$\boldsymbol{A}\boldsymbol{B}_d = (\boldsymbol{\Phi}(T) - \boldsymbol{I})\boldsymbol{B}$$

berechnet werden.

Im allgemeinen hat also ein zeitinvariantes zeitdiskretes lineares System die mathematische Beschreibung

$$\begin{aligned} \boldsymbol{x}_{k+1} &= \boldsymbol{A}_d\boldsymbol{x}_k + \boldsymbol{B}_d\boldsymbol{u}_k, \\ \boldsymbol{y}_k &= \boldsymbol{C}\boldsymbol{x}_k + \boldsymbol{D}\boldsymbol{u}_k. \end{aligned} \tag{2.150}$$

2.7.2 Lösung der zeitdiskreten linearen Zustandsgleichung

Die Lösung der zeitvarianten Zustandsgleichung

$$\boldsymbol{x}_{k+1} = \boldsymbol{A}_k\boldsymbol{x}_k + \boldsymbol{B}_k\boldsymbol{u}_k \tag{2.151}$$

erhält man, beginnend mit $\boldsymbol{x}_{k_0}$ und $\boldsymbol{u}_{k_0}$, sukzessive so:

$$\begin{aligned} \boldsymbol{x}_{k_0+1} &= \boldsymbol{A}_{k_0}\boldsymbol{x}_{k_0} + \boldsymbol{B}_{k_0}\boldsymbol{u}_{k_0}, \\ \boldsymbol{x}_{k_0+2} &= \boldsymbol{A}_{k_0+1}\boldsymbol{x}_{k_0+1} + \boldsymbol{B}_{k_0+1}\boldsymbol{u}_{k_0+1}, \\ &= \boldsymbol{A}_{k_0+1}\boldsymbol{A}_{k_0}\boldsymbol{x}_{k_0} + \boldsymbol{A}_{k_0+1}\boldsymbol{B}_{k_0}\boldsymbol{u}_{k_0} + \boldsymbol{B}_{k_0+1}\boldsymbol{u}_{k_0+1}, \\ &\vdots \end{aligned}$$

also allgemein

$$\boldsymbol{x}_k = \boldsymbol{A}_{k-1}\boldsymbol{A}_{k-2}\cdots\boldsymbol{A}_{k_0}\boldsymbol{x}_{k_0} + \sum_{i=k_0}^{k-1}\boldsymbol{A}_{k-1}\boldsymbol{A}_{k-2}\cdots\boldsymbol{A}_{i+1}\boldsymbol{B}_i\boldsymbol{u}_i. \tag{2.152}$$

In Anlehnung an die Lösung $\boldsymbol{x}(t) = \boldsymbol{\Phi}(t, t_0)\boldsymbol{x}(t_0)$ der homogenen linearen Differentialgleichung $\dot{\boldsymbol{x}}(t) = \boldsymbol{\Phi}(t, t_0)\boldsymbol{x}(t_0)$, wird für zeitdiskrete lineare Systeme eine Transitionsmatrix so definiert

$$\boldsymbol{\Phi}_d(k, k_0) \stackrel{\text{def}}{=} \boldsymbol{A}_{k-1}\boldsymbol{A}_{k-2}\cdots\boldsymbol{A}_{k_0}, \tag{2.153}$$

so daß die homogene Differenzengleichung

$$\boldsymbol{x}_{k+1} = \boldsymbol{A}_k\boldsymbol{x}_k \tag{2.154}$$

die Lösung

$$\boldsymbol{x}_k = \boldsymbol{\Phi}_d(k, k_0)\boldsymbol{x}_{k_0} \tag{2.155}$$

hat. Damit kann die Lösung (2.152) der Zustandsgleichung (2.151) jetzt auch kürzer geschrieben werden

$$\boxed{\boldsymbol{x}_k = \boldsymbol{\Phi}_d(k, k_0)\boldsymbol{x}_{k_0} + \sum_{i=k_0}^{k-1} \boldsymbol{\Phi}_d(k, i+1)\boldsymbol{B}_i\boldsymbol{u}_i.} \tag{2.156}$$

Für die Ausgangsgröße $\boldsymbol{y}_k$ erhält man durch Einsetzen dieser Lösung für $\boldsymbol{x}_k$ in die Ausgangsgleichung in (2.135):

$$\boxed{\boldsymbol{y}_k = \boldsymbol{C}_k\boldsymbol{\Phi}_d(k, k_0)\boldsymbol{x}_{k_0} + \sum_{i=k_0}^{k-1} \boldsymbol{C}_k\boldsymbol{\Phi}_d(k, i+1)\boldsymbol{B}_i\boldsymbol{u}_i + \boldsymbol{D}_k\boldsymbol{u}_k.} \tag{2.157}$$

Die Ergebnisse sind in dem folgenden Satz zusammengefaßt.

2.27 Satz *Die homogene lineare zeitvariante zeitdiskrete Zustandsdifferenzengleichung*

$$\boldsymbol{x}_{k+1} = \boldsymbol{A}_k \boldsymbol{x}_k$$

hat für den Anfangszustand $\boldsymbol{x}_0 = \boldsymbol{x}_{k_0}$ *die eindeutige Lösung*

$$\boldsymbol{x}_k = \boldsymbol{\Phi}_d(k, k_0)\boldsymbol{x}_0.$$

Die Transitionsmatrix $\boldsymbol{\Phi}_d(k, k_0)$ *ist durch das endliche Matrizenprodukt*

$$\boldsymbol{\Phi}_d(k, k_0) = \boldsymbol{A}_{k-1}\boldsymbol{A}_{k-2}\cdots\boldsymbol{A}_{k_0}, \quad \boldsymbol{\Phi}_d(k_0, k_0) = \boldsymbol{I}$$

definiert. Die Transitionsmatrix $\boldsymbol{\Phi}_d(k, k_0)$ *ist bei Abtastsystemen, bei denen* $\boldsymbol{A}_k = \boldsymbol{\Phi}(t_{k+1}, t_k)$ *ist, stets regulär. Die inhomogene lineare zeitvariante zeitdiskrete Zustandsdifferenzengleichung*

$$\boldsymbol{x}_{k+1} = \boldsymbol{A}_k \boldsymbol{x}_k + \boldsymbol{B}_k \boldsymbol{u}_k$$

hat die eindeutige Lösung

$$\boldsymbol{x}_k = \boldsymbol{\Phi}_d(k, k_0)\boldsymbol{x}_{k_0} + \sum_{i=k_0}^{k-1} \boldsymbol{\Phi}_d(k, i+1)\boldsymbol{B}_i \boldsymbol{u}_i.$$

Aus der Definition (2.153)

$$\boldsymbol{\Phi}_d(k+1, k_0) = \boldsymbol{A}_k\boldsymbol{A}_{k-1}\cdots\boldsymbol{A}_{k_0}$$

folgt die Eigenschaft

$$\boldsymbol{\Phi}_d(k+1, k_0) = \boldsymbol{A}_k\boldsymbol{\Phi}_d(k, k_0), \tag{2.158}$$

d.h., die Transitionsmatrix $\boldsymbol{\Phi}_d$ erfüllt die zugehörige Differenzengleichung (2.154).

Wenn das lineare zeitdiskrete System *zeitinvariant* ist, dann sind alle $\boldsymbol{A}_k = \boldsymbol{A}_d$ und $\boldsymbol{B}_k = \boldsymbol{B}_d$ konstante Matrizen und aus der Lösung (2.152) wird für $k_0 = 0$

$$\boldsymbol{x}_k = \boldsymbol{A}_d^k \boldsymbol{x}_0 + \sum_{i=0}^{k-1} \boldsymbol{A}_d^{k-1-i}\boldsymbol{B}_d \boldsymbol{u}_i. \tag{2.159}$$

Hier gilt jetzt für die Transitionsmatrix

$$\boldsymbol{\Phi}_d(k, 0) = \boldsymbol{\Phi}_d(k) = \boldsymbol{A}_d^k. \tag{2.160}$$

Für zeitinvariante Systeme kann die Transitionsmatrix $\boldsymbol{\Phi}_d$ auch über die $\mathcal{Z}$-Transformation berechnet werden. Die homogene Gleichung

$$\boldsymbol{x}_{k+1} = \boldsymbol{A}_d \boldsymbol{x}_k$$

$\mathcal{Z}$-transformiert, ergibt mit $\boldsymbol{x}_{\mathcal{Z}}(z) \stackrel{\text{def}}{=} \mathcal{Z}\{\boldsymbol{x}_k\}$

$$z\boldsymbol{x}(z) - z\boldsymbol{x}_0 = \boldsymbol{A}_d\boldsymbol{x}(z)$$

und aufgelöst nach $\boldsymbol{x}(z)$

$$\boldsymbol{x}(z) = (z\boldsymbol{I} - \boldsymbol{A}_d)^{-1} z\boldsymbol{x}_0. \tag{2.161}$$

Rücktransformation in den Zeitbereich liefert

$$\boldsymbol{x}_k = \mathcal{Z}^{-1}\left\{(z\boldsymbol{I} - \boldsymbol{A}_d)^{-1} z\right\}\boldsymbol{x}_0. \tag{2.162}$$

Ein Vergleich dieser Lösung mit der Lösung $\boldsymbol{x}_k = \boldsymbol{\Phi}_d(k)\boldsymbol{x}_0$ liefert

$$\boxed{\boldsymbol{\Phi}_d(k) = \boldsymbol{A}_d^k = \mathcal{Z}^{-1}\left\{(z\boldsymbol{I} - \boldsymbol{A}_d)^{-1} z\right\} = \mathcal{Z}^{-1}\left\{(\boldsymbol{I} - z^{-1}\boldsymbol{A}_d)^{-1}\right\}.} \tag{2.163}$$

2.28 Beispiel: Für die Matrix

$$\boldsymbol{A}_d = \begin{bmatrix} 0,8 & 0,9 \\ 0 & 0,2 \end{bmatrix}$$

erhält man

$$\begin{aligned}(z\boldsymbol{I} - \boldsymbol{A}_d)^{-1} \cdot z &= \begin{bmatrix} \frac{z}{z-0,8} & \frac{0,9z}{(z-0,8)(z-0,2)} \\ 0 & \frac{z}{z-0,2} \end{bmatrix} \\ &= \begin{bmatrix} \frac{z}{z-0,8} & \frac{1,5z}{z-0,8} - \frac{1,5z}{z-0,2} \\ 0 & \frac{z}{z-0,2} \end{bmatrix}\end{aligned}$$

und nach Rücktransformation in den diskreten Zeitbereich

$$\phi_d(k) = \mathcal{Z}^{-1}\left\{(z\boldsymbol{I} - \boldsymbol{A}_d)^{-1} z\right\} = \begin{bmatrix} (0,8)^k & 1,5((0,8)^k - (0,2)^k) \\ 0 & (0,2)^k \end{bmatrix}.$$

□

Ist das zeitdiskrete System ein Abtastsystem, besteht zwischen der Transitionsmatrix $\boldsymbol{\Phi}(t)$ des zeitkontinuierlichen Systems und der Systemmatrix $\boldsymbol{A}_d$ des zeitdiskreten Systems nach (2.148) der Zusammenhang

$$\boldsymbol{\Phi}(T) = \boldsymbol{A}_d = \boldsymbol{\Phi}_d(1), \tag{2.164}$$

wobei T die Abtastperiodendauer ist. In diesem Fall ist

$$\boldsymbol{\Phi}(kT) = \boldsymbol{\Phi}_d(k) = \boldsymbol{A}_d^k, \tag{2.165}$$

d.h., man erhält $\boldsymbol{A}_d^k$, indem man in die Transitionsmatrix $\boldsymbol{\Phi}(t)$ des zeitkontinuierlichen Systems kT für t einsetzt.

2.29 Beispiel: Zu der Systemmatrix

$$\boldsymbol{A} = \begin{bmatrix} 1 & 2 \\ 1 & 0 \end{bmatrix}$$

des Beispiels 2.25 gehörte die Transitionsmatrix

$$\boldsymbol{\Phi}(t) = \begin{bmatrix} (2e^{2t} + e^{-t})/3 & 2(e^{2t} - e^{-t})/3 \\ (e^{2t} - e^{-t})/3 & (e^{2t} + 2e^{-t})/3 \end{bmatrix}.$$

Für $T = 0.1$ erhält man daraus gemäß (2.165)

$$\boldsymbol{A}_d^k = \boldsymbol{\Phi}(kT) = \begin{pmatrix} [2(1,22)^k + (0,905)^k]/3 & 2[(1,22)^k - (0,905)^k]/3 \\ [(1,22)^k - (0,905)^k]/3 & [(1,22)^k + 2(0,905)^k]/3 \end{pmatrix}.$$

□

2.7.3 Systemverhalten von linearen Abtastsystemen zwischen den Abtastzeitpunkten

Bei Abtastsystemen beschreiben die zeitdiskreten mathematischen Beschreibungen ein eigentlich zeitkontinuierliches System, allerdings nur in den diskreten Abtastzeitpunkten kT. Für eine genauere Analyse des zeitlichen Verhaltens eines solchen Abtastsystems ist mitunter aber auch der Verlauf der Zustands- und Ausgangsgrößen zwischen den Abtastzeitpunkten interessant.

Geht man wieder von der Lösung

$$\boldsymbol{x}(t) = \boldsymbol{\Phi}(t, t_0)\boldsymbol{x}(t_0) + \int_{t_0}^{t} \boldsymbol{\Phi}(t, \tau)\boldsymbol{B}(\tau)\boldsymbol{u}(\tau)\mathrm{d}\tau$$

des kontinuierlichen Systems aus, setzt jetzt aber $t_0 = kT$ und $t = kT + \epsilon T$, wobei $0 \leq \epsilon < 1$ ist, erhält man den Zustand $\boldsymbol{x}$ zwischen den beiden aufeinanderfolgenden Abtastzeitpunkten kT und $(k+1)T$ zu

$$\boldsymbol{x}((k+\epsilon)T) = \boldsymbol{\Phi}((k+\epsilon)T, kT)\boldsymbol{x}(kT) + \int_{kT}^{(k+\epsilon)T} \boldsymbol{\Phi}((k+\epsilon)T, \tau)\boldsymbol{B}(\tau)\mathrm{d}\tau\, \boldsymbol{u}(kT), \qquad (2.166)$$

wobei $\boldsymbol{u}(kT)$ aus dem Integral herausgezogen werden kann, da die Eingangsgröße zwischen zwei Abtastzeitpunkten als konstant angenommen wird. Mit der $(n \times n)$-Matrix

$$\boldsymbol{A}_{k+\epsilon} \stackrel{\text{def}}{=} \boldsymbol{\Phi}((k+\epsilon)T, kT), \qquad (2.167)$$

der $(n \times p)$-Matrix

$$\boldsymbol{B}_{k+\epsilon} \stackrel{\text{def}}{=} \int_{kT}^{(k+\epsilon)T} \boldsymbol{\Phi}((k+\epsilon)T, \tau)\boldsymbol{B}(\tau)\mathrm{d}\tau \qquad (2.168)$$

und

$$\boldsymbol{x}_{k+\epsilon} \overset{\text{def}}{=} \boldsymbol{x}((k+\epsilon)T) \tag{2.169}$$

erhält man die Zustandsdifferenzengleichung

$$\boxed{\boldsymbol{x}_{k+\epsilon} = \boldsymbol{A}_{k+\epsilon}\boldsymbol{x}_k + \boldsymbol{B}_{k+\epsilon}\boldsymbol{u}_k, \quad 0 \le \epsilon < 1.} \tag{2.170}$$

Mit

$$\boldsymbol{C}_{k+\epsilon} \overset{\text{def}}{=} \boldsymbol{C}(kT+\epsilon T), \tag{2.171}$$

$$\boldsymbol{D}_{k+\epsilon} \overset{\text{def}}{=} \boldsymbol{D}(kT+\epsilon T) \tag{2.172}$$

und

$$\boldsymbol{y}_{k+\epsilon} \overset{\text{def}}{=} \boldsymbol{y}(kT+\epsilon T) \tag{2.173}$$

erhält man dann die Ausgangsgleichung

$$\boxed{\boldsymbol{y}_{k+\epsilon} = \boldsymbol{C}_{k+\epsilon}\boldsymbol{x}_k + \boldsymbol{D}_{k+\epsilon}\boldsymbol{u}_k, \quad 0 \le \epsilon < 1.} \tag{2.174}$$

Für *zeitinvariante* lineare Abtastsysteme ist insbesondere

$$\boxed{\begin{aligned} \boldsymbol{x}_{k+\epsilon} &= \boldsymbol{A}_\epsilon\boldsymbol{x}_k + \boldsymbol{B}_\epsilon\boldsymbol{u}_k, \\ \boldsymbol{y}_{k+\epsilon} &= \boldsymbol{C}_\epsilon\boldsymbol{x}_k + \boldsymbol{D}_\epsilon\boldsymbol{u}_k \end{aligned}} \tag{2.175}$$

mit

$$\boldsymbol{A}_\epsilon \overset{\text{def}}{=} \boldsymbol{\Phi}(\epsilon T) \text{ und } \boldsymbol{B}_\epsilon \overset{\text{def}}{=} \int_0^{\epsilon T} \boldsymbol{\Phi}(\epsilon T - \tau)\mathrm{d}\tau \boldsymbol{B}. \tag{2.176}$$

2.30 Beispiel: Die Systemmatrix $\boldsymbol{A}_\epsilon$ für das System aus Beispiel 2.25 und 2.29 ist

$$\boldsymbol{A}_\epsilon = \boldsymbol{\Phi}(\epsilon T) = \begin{pmatrix} [2(1,22)^\epsilon + (0,905)^\epsilon]/3 & 2[(1,22)^\epsilon - (0,905)^\epsilon]/3 \\ [(1,22)^\epsilon - (0,905)^\epsilon]/3 & [(1,22)^\epsilon + 2(0,905)^\epsilon]/3 \end{pmatrix}.$$

□

2.8 Überführung mathematischer Beschreibungen in die Zustandsform

Die in den Abschnitten 2.6 und 2.7 hergeleiteten einfachen Lösungsformeln für lineare homogene und inhomogene Gleichungen in Zustandsform können auch noch für die Lösung anderer Formen von Differential- und Differenzengleichungssystemen herangezogen werden. Sie können nämlich für die Lösung jedes Systems von linearen Differential- und Differenzengleichungen von beliebig hoher Ordnung und beliebigen variablen Eingangsfunktionsgliedern verwendet werden. Hierzu müssen allerdings diese Gleichungssysteme in die Zustandsform übertragen werden.

2.8.1 Bewegungsgleichungen

In Abschnitt 2.1 wurde schon ein solches Verfahren für Differentialgleichungssysteme zweiter Ordnung angedeutet: Bei der Analyse mechanischer Systeme treten die Bewegungsgleichungen i. allg. in der mathematischen Beschreibung auf:

$$\boldsymbol{M}\ddot{\boldsymbol{q}}(t) + \boldsymbol{G}\dot{\boldsymbol{q}}(t) + \boldsymbol{K}\boldsymbol{q}(t) = \boldsymbol{V}\boldsymbol{u}(t), \tag{2.177}$$

wobei in $\boldsymbol{u}$ die von außen wirkenden Kräfte und Drehmomente zusammengefaßt sind. Die reguläre Matrix $\boldsymbol{M}$ enthält Massen und Trägheitsmomente und die Matrix $\boldsymbol{G}$ vor allem Dämpfungsfaktoren und Kreiselwirkungen. $\boldsymbol{K}\boldsymbol{q}$ repräsentiert die Lagekräfte. Multipliziert man zunächst die Gleichung (2.177) von links mit $\boldsymbol{M}^{-1}$, erhält man

$$\ddot{\boldsymbol{q}}(t) = -\boldsymbol{M}^{-1}\boldsymbol{G}\dot{\boldsymbol{q}}(t) - \boldsymbol{M}^{-1}\boldsymbol{K}\boldsymbol{q}(t) + \boldsymbol{M}^{-1}\boldsymbol{V}\boldsymbol{u}(t). \tag{2.178}$$

Mit dem Zustandsvektor

$$\boldsymbol{x} = \begin{bmatrix} \boldsymbol{x}_1 \\ \boldsymbol{x}_2 \end{bmatrix} \stackrel{\text{def}}{=} \begin{bmatrix} \boldsymbol{q} \\ \dot{\boldsymbol{q}} \end{bmatrix} \tag{2.179}$$

ergibt das

$$\dot{\boldsymbol{x}}_1(t) = \boldsymbol{x}_2(t)$$

und

$$\dot{\boldsymbol{x}}_2(t) = -\boldsymbol{M}^{-1}\boldsymbol{G}\boldsymbol{x}_2(t) - \boldsymbol{M}^{-1}\boldsymbol{K}\boldsymbol{x}_1(t) + \boldsymbol{M}^{-1}\boldsymbol{V}\boldsymbol{u}(t)$$

oder zusammengefaßt die Zustandsgleichung

$$\boxed{\dot{\boldsymbol{x}}(t) = \underbrace{\begin{bmatrix} \boldsymbol{O} & \boldsymbol{I} \\ -\boldsymbol{M}^{-1}\boldsymbol{K} & -\boldsymbol{M}^{-1}\boldsymbol{G} \end{bmatrix}}_{\boldsymbol{A}} \boldsymbol{x}(t) + \underbrace{\begin{bmatrix} \boldsymbol{O} \\ \boldsymbol{M}^{-1}\boldsymbol{V} \end{bmatrix}}_{\boldsymbol{B}} \boldsymbol{u}(t),} \tag{2.180}$$

mit der Lösung

$$\boldsymbol{x}(t) = \boldsymbol{\Phi}(t)\boldsymbol{x}_0 + \int_0^t \boldsymbol{\Phi}(t-\tau)\boldsymbol{B}\boldsymbol{u}(\tau)\mathrm{d}\tau. \tag{2.181}$$

2.8.2 Beschreibungsgleichungen (Deskriptorsysteme)

Oft liegt die mathematische Beschreibung eines Systems in Form von Differentialgleichungen höherer als erster Ordnung vor. In diesem Fall, in dem z.B. Ableitungen bis zur r-ten Ordnung auftreten, führt man die abgeleiteten Größen bis zur $(r-1)$-ten Ordnung als neue unbekannte Variablen ein und erhält r Differentialgleichungen erster Ordnung.

2.31 Beispiel: Gegeben seien als mathematische Beschreibung eines Systems die zwei gekoppelten Differentialgleichungen dritter und zweiter Ordnung

$$\begin{aligned} \dddot{y}_1 + 2\ddot{y}_2 + 4y_1 - 2y_2 &= u_1, \\ \ddot{y}_1 - 5\dot{y}_2 - 2y_1 + 6y_2 &= u_2 \end{aligned}$$

für die beiden Ausgangsgrößen y_1 und y_2 und die beiden Eingangsgrößen u_1 und u_2 eines dynamischen Systems. Setzt man

$$\begin{aligned} x_1 &\overset{\text{def}}{=} y_1, \\ x_2 &\overset{\text{def}}{=} \dot{y}_1 = \dot{x}_1, \\ x_3 &\overset{\text{def}}{=} \ddot{y}_1 = \dot{x}_2, \\ x_4 &\overset{\text{def}}{=} y_2, \\ x_5 &\overset{\text{def}}{=} \dot{y}_2 = \dot{x}_4 \end{aligned}$$

und beachtet

$$\dddot{y}_1 = \dot{x}_3 \quad \text{und} \quad \ddot{y}_2 = \dot{x}_5,$$

erhält man die fünf Gleichungen

$$\dot{x}_1 = x_2, \tag{2.182}$$

$$\dot{x}_2 = x_3, \tag{2.183}$$

$$\dot{x}_4 = x_5, \tag{2.184}$$

$$\dot{x}_3 + 2\dot{x}_5 = -4x_1 + 2x_4 + u_1, \tag{2.185}$$

$$0 = 2x_1 - x_3 - 6x_4 + 5x_5 + u_2. \tag{2.186}$$

Mit dem Zustandsvektor

$$\boldsymbol{x} \overset{\text{def}}{=} \begin{bmatrix} x_1 \\ \vdots \\ x_5 \end{bmatrix},$$

dem Ausgangsvektor

$$\boldsymbol{y} \overset{\text{def}}{=} \begin{bmatrix} y_1 \\ y_2 \end{bmatrix}$$

und den Matrizen

$$\boldsymbol{E} \overset{\text{def}}{=} \begin{bmatrix} 1 & 0 & 0 & 0 & 0 \\ 0 & 1 & 0 & 0 & 0 \\ 0 & 0 & 0 & 1 & 0 \\ 0 & 0 & 1 & 0 & 2 \\ 0 & 0 & 0 & 0 & 0 \end{bmatrix},$$

$$\boldsymbol{A} \overset{\text{def}}{=} \begin{bmatrix} 0 & 1 & 0 & 0 & 0 \\ 0 & 0 & 1 & 0 & 0 \\ 0 & 0 & 0 & 0 & 1 \\ -4 & 0 & 0 & 2 & 0 \\ 2 & 0 & -1 & -6 & 5 \end{bmatrix},$$

$$\boldsymbol{B} \stackrel{\text{def}}{=} \begin{bmatrix} 0 & 0 \\ 0 & 0 \\ 0 & 0 \\ 1 & 0 \\ 0 & 1 \end{bmatrix},$$

$$\boldsymbol{C} \stackrel{\text{def}}{=} \begin{bmatrix} 1 & 0 & 0 & 0 & 0 \\ 0 & 0 & 0 & 1 & 0 \end{bmatrix}$$

ergibt das die mathematische Beschreibung

$$\boldsymbol{E}\dot{\boldsymbol{x}} = \boldsymbol{A}\boldsymbol{x} + \boldsymbol{B}\boldsymbol{u}, \quad \boldsymbol{y} = \boldsymbol{C}\boldsymbol{x}. \tag{2.187}$$

Hierbei enthält allerdings (2.186) überhaupt keine abgeleiteten Zustandsgrößen mehr und stellt nur noch eine lineare Beziehung zwischen den fünf gesuchten Funktionen $x_1, ..., x_5$ dar. Löst man sie z.B. nach x_3 auf,

$$x_3 = 2x_1 - 6x_4 + 5x_5 + u_2,$$

dann erhält man statt (2.183)

$$\dot{x}_2 = 2x_1 - 6x_4 + 5x_5 + u_2 \tag{2.188}$$

und statt (2.185)

$$7\dot{x}_5 = -4x_1 - 2x_2 + 2x_4 + 6x_5 + u_1 - \dot{u}_2. \tag{2.189}$$

Mit den neuen Vektoren und Matrizen

$$\bar{\boldsymbol{x}} \stackrel{\text{def}}{=} \begin{bmatrix} x_1 \\ x_2 \\ x_4 \\ x_5 \end{bmatrix},$$

$$\bar{\boldsymbol{E}} \stackrel{\text{def}}{=} \begin{bmatrix} 1 & 0 & 0 & 0 \\ 0 & 1 & 0 & 0 \\ 0 & 0 & 1 & 0 \\ 0 & 0 & 0 & 7 \end{bmatrix},$$

$$\bar{\boldsymbol{A}} \stackrel{\text{def}}{=} \begin{bmatrix} 0 & 1 & 0 & 0 \\ 2 & 0 & -6 & 5 \\ 0 & 0 & 0 & 1 \\ -4 & -2 & 2 & 6 \end{bmatrix},$$

$$\bar{\boldsymbol{B}}_1 \stackrel{\text{def}}{=} \begin{bmatrix} 0 & 0 \\ 0 & 1 \\ 0 & 0 \\ 1 & 0 \end{bmatrix},$$

$$\bar{\boldsymbol{B}}_2 \stackrel{\text{def}}{=} \begin{bmatrix} 0 & 0 \\ 0 & 0 \\ 0 & 0 \\ 0 & -1 \end{bmatrix}$$

erhält man dann

$$\bar{\boldsymbol{E}}\dot{\bar{\boldsymbol{x}}} = \bar{\boldsymbol{A}}\bar{\boldsymbol{x}} + \bar{\boldsymbol{B}}_1\boldsymbol{u} + \bar{\boldsymbol{B}}_2\dot{\boldsymbol{u}} \tag{2.190}$$

oder nach Linksmultiplikation mit $\bar{\boldsymbol{E}}^{-1}$

$$\dot{\bar{\boldsymbol{x}}} = \begin{bmatrix} 0 & 1 & 0 & 0 \\ 2 & 0 & -6 & 5 \\ 0 & 0 & 0 & 1 \\ -4/7 & -2/7 & 2/7 & 6/7 \end{bmatrix} \bar{\boldsymbol{x}} + \begin{bmatrix} 0 & 0 \\ 0 & 1 \\ 0 & 0 \\ 1/7 & 0 \end{bmatrix} \boldsymbol{u} + \begin{bmatrix} 0 & 0 \\ 0 & 0 \\ 0 & 0 \\ 0 & -1/7 \end{bmatrix} \dot{\boldsymbol{u}}. \tag{2.191}$$

Bis auf das Glied auf der rechten Gleichungsseite mit $\dot{\boldsymbol{u}}$ entspricht das schon fast der gewohnten Zustandsgleichung. In diesem Beispiel wurden aus den zunächst fünf Variablen durch Elimination der

Variablen x_3 vier, allerdings durch Inkaufnahme des Hinzutretens der zeitlichen Ableitung des Eingangsvektors u. Dieser Schönheitsfehler ist noch zu beheben. □

Bei der Umformung der mathematischen Beschreibung in Differentialgleichungen 1. Ordnung trat in Beispiel 2.31 direkt die algebraische Gleichung (2.186) auf, so daß eine Reduktion auf vier Variable nahelag. Oft treten solche algebraischen Gleichungen nicht explizit auf, obwohl eine Reduktion möglich ist. Hierzu das folgende Beispiel:

2.32 Beispiel: In dem Transistorverstärker von Bild 2.25 seien die Eingangsspannung u_e und die

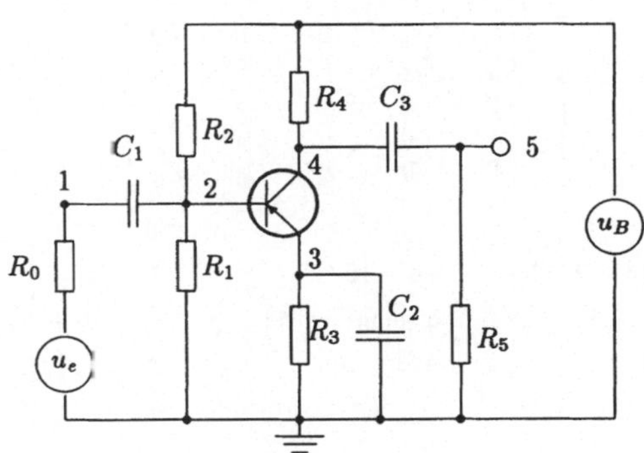

Bild 2.25: Transistorverstärker.

Batteriespannung u_B die zwei Eingangsgrößen und die Spannung $u_5 = y$ die Ausgangsgröße. Die u_i $(i = 1, 2, 3, 4, 5)$ sind die Spannungen an den Knoten 1, 2, 3, 4 und 5 gegenüber Masse. Der Transistor arbeitet wie ein Verstärker, indem der vom Knoten 4 zum Knoten 3 fließende Strom 99mal größer ist als der Strom i_{23} vom Knoten 2 zum Knoten 3. Der Strom i_{23} hängt von der Spannungsdifferenz $u_2 - u_3$ näherungsweise so ab:

$$i_{23} = 38 \cdot 10^{-6}(u_2 - u_3).$$

Für die fünf Knoten erhält man dann jeweils für die Summe der Ströme:

Knoten 1:

$$\frac{u_e}{R_0} - \frac{u_1}{R_0} + C_1(\dot{u}_2 - \dot{u}_1) = 0,$$

Knoten 2:

$$\frac{u_B}{R_2} - u_2\left(\frac{1}{R_1} + \frac{1}{R_2}\right) + C_1(\dot{u}_1 - \dot{u}_2) - \underbrace{38 \cdot 10^{-6}(u_2 - u_3)}_{i_{23}} = 0,$$

Knoten 3:

$$\underbrace{3800 \cdot 10^{-6}(u_2 - u_3)}_{100 \cdot i_{23}} - \frac{u_3}{R_3} - C_2\dot{u}_3 = 0,$$

Knoten 4:

$$\frac{u_B}{R_4} - \frac{u_4}{R_4} + C_3(\dot{u}_5 - \dot{u}_4) - \underbrace{3762 \cdot 10^{-6}(u_2 - u_3)}_{99 \cdot i_{23}} = 0,$$

Knoten 5:

$$-\frac{u_5}{R_5} + C_3(\dot{u}_4 - \dot{u}_5) = 0.$$

Diese fünf Gleichungen können mit

$$\boldsymbol{x} \stackrel{\text{def}}{=} \begin{bmatrix} u_1 \\ u_2 \\ u_3 \\ u_4 \\ u_5 \end{bmatrix}$$

so zusammengefaßt werden

$$\begin{bmatrix} -C_1 & C_1 & 0 & 0 & 0 \\ C_1 & -C_1 & 0 & 0 & 0 \\ 0 & 0 & -C_2 & 0 & 0 \\ 0 & 0 & 0 & -C_3 & C_3 \\ 0 & 0 & 0 & C_3 & -C_3 \end{bmatrix} \dot{\boldsymbol{x}} =$$

$$\begin{bmatrix} \frac{1}{R_0} & 0 & 0 & 0 & 0 \\ 0 & \left(\frac{1}{R_1} + \frac{1}{R_2} + 38 \cdot 10^{-6}\right) & -38 \cdot 10^{-6} & 0 & 0 \\ 0 & -3800 \cdot 10^{-6} & \left(\frac{1}{R_3} + 3800 \cdot 10^{-6}\right) & 0 & 0 \\ 0 & 3762 \cdot 10^{-6} & -3762 \cdot 10^{-6} & \frac{1}{R_4} & 0 \\ 0 & 0 & 0 & 0 & \frac{1}{R_5} \end{bmatrix} \boldsymbol{x} + \begin{bmatrix} -\frac{1}{R_0} & 0 \\ 0 & -\frac{1}{R_2} \\ 0 & 0 \\ 0 & -\frac{1}{R_4} \\ 0 & 0 \end{bmatrix} \begin{bmatrix} u_e \\ u_B \end{bmatrix} \tag{2.192}$$

und es ist

$$y = [0 \quad 0 \quad 0 \quad 0 \quad 1]\boldsymbol{x}. \tag{2.193}$$

Mit $R_0 = 1\,000\Omega$, $R_1 = \cdots = R_5 = 9\,000\Omega$, $C_1 = 10^{-6}$ F, $C_2 = 2 \cdot 10^{-6}$ F und $C_3 = 3 \cdot 10^{-6}$ F erhält man

$$\underbrace{\begin{bmatrix} -10^{-6} & 10^{-6} & 0 & 0 & 0 \\ 10^{-6} & -10^{-6} & 0 & 0 & 0 \\ 0 & 0 & -2 \cdot 10^{-6} & 0 & 0 \\ 0 & 0 & 0 & -3 \cdot 10^{-6} & 3 \cdot 10^{-6} \\ 0 & 0 & 0 & 3 \cdot 10^{-6} & -3 \cdot 10^{-6} \end{bmatrix}}_{\boldsymbol{E}} \dot{\boldsymbol{x}} =$$

$$\underbrace{\begin{bmatrix} 10^{-3} & 0 & 0 & 0 & 0 \\ 0 & 2{,}6 \cdot 10^{-4} & -3{,}8 \cdot 10^{-5} & 0 & 0 \\ 0 & -3{,}8 \cdot 10^{-3} & 3{,}91 \cdot 10^{-3} & 0 & 0 \\ 0 & 3{,}76 \cdot 10^{-3} & -3{,}76 \cdot 10^{-3} & 1{,}11 \cdot 10^{-4} & 0 \\ 0 & 0 & 0 & 0 & 1{,}11 \cdot 10^{-4} \end{bmatrix}}_{\boldsymbol{A}} \boldsymbol{x} + \underbrace{\begin{bmatrix} -10^{-3} & 0 \\ 0 & -1{,}11 \cdot 10^{-4} \\ 0 & 0 \\ 0 & -1{,}11 \cdot 10^{-4} \\ 0 & 0 \end{bmatrix}}_{\boldsymbol{B}} \begin{bmatrix} u_e \\ u_B \end{bmatrix} \tag{2.194}$$

Da die Matrix $\boldsymbol{E}$ singulär ist – die ersten beiden und die letzten beiden Zeilen stimmen bis auf den Faktor -1 überein – kann diese Gleichung nicht durch Inversion von $\boldsymbol{E}$ nach $\dot{\boldsymbol{x}}$ aufgelöst werden. Dies liegt daran, daß die Summe der ersten beiden und der letzten beiden Gleichungen von (2.192) direkt zu den beiden algebraischen Gleichungen führt:

$$0 = \frac{u_1}{R_0} + \left(\frac{1}{R_1} + \frac{1}{R_2} + 38 \cdot 10^{-6}\right) u_2 - 38 \cdot 10^{-6} u_3 - \frac{1}{R_0} u_e - \frac{1}{R_2} u_B, \tag{2.195}$$

$$0 = 3762 \cdot 10^{-6} u_2 - 3762 \cdot 10^{-6} u_3 + \frac{1}{R_4} u_4 + \frac{1}{R_5} u_5 - \frac{1}{R_4} u_B. \tag{2.196}$$

Durch Elimination der Variablen u_1 und u_4 kann das Gleichungssystem (2.194) auf eine Zustandsgleichung dritter Ordnung reduziert werden. □

Ein systematisches Verfahren für die Reduktion solcher Differentialgleichungssysteme 1.Ordnung mit singulärer Matrix $\boldsymbol{E}$ soll jetzt vorgestellt werden. Gegeben sei die mathematische Beschreibung

$$\boxed{\begin{aligned} \boldsymbol{E}\dot{\boldsymbol{x}}(t) &= \boldsymbol{A}\boldsymbol{x}(t) + \boldsymbol{B}\boldsymbol{u}(t), \\ \boldsymbol{y}(t) &= \boldsymbol{C}\boldsymbol{x}(t), \end{aligned}} \tag{2.197}$$

mit $\boldsymbol{E}, \boldsymbol{A} \in \mathbb{R}^{n \times n}, \boldsymbol{B} \in \mathbb{R}^{n \times p}$ und $\boldsymbol{C} \in \mathbb{R}^{q \times n}$. Gesucht wird eine mathematische Beschreibung m-ter Ordnung, wobei m der Rang der Matrix $\boldsymbol{E}$ ist. Zunächst wird von $\boldsymbol{E}$ eine Singulärwertzerlegung (siehe Anhang) vorgenommen

$$\boldsymbol{E} = \boldsymbol{U}\boldsymbol{S}\boldsymbol{V}^T = \boldsymbol{U}\begin{pmatrix} \boldsymbol{\Sigma} & \boldsymbol{O} \\ \boldsymbol{O} & \boldsymbol{O} \end{pmatrix}\boldsymbol{V}^T, \tag{2.198}$$

mit $\boldsymbol{S} \in \mathbb{R}^{n \times n}$, den orthogonalen Matrizen $\boldsymbol{U}, \boldsymbol{V} \in \mathbb{R}^{n \times n}$ und der Diagonalmatrix

$$\boldsymbol{\Sigma} = \begin{pmatrix} \sigma_1 & 0 & \cdots & 0 \\ 0 & \sigma_2 & \ddots & \vdots \\ \vdots & \ddots & \ddots & 0 \\ 0 & \cdots & 0 & \sigma_m \end{pmatrix} \in \mathbb{R}^{m \times m}.$$

(2.198) in (2.197) eingesetzt, ergibt

$$\boldsymbol{U}\boldsymbol{S}\boldsymbol{V}^T\dot{\boldsymbol{x}} = \boldsymbol{A}\boldsymbol{x} + \boldsymbol{B}\boldsymbol{u}. \tag{2.199}$$

Für die orthogonale Matrix $\boldsymbol{U}$ ist $\boldsymbol{U}^T\boldsymbol{U} = \boldsymbol{I}$, d.h., Multiplikation von (2.199) von links mit $\boldsymbol{U}^T$ liefert

$$\boldsymbol{S}\boldsymbol{V}^T\dot{\boldsymbol{x}} = \boldsymbol{U}^T\boldsymbol{A}\boldsymbol{x} + \boldsymbol{U}^T\boldsymbol{B}\boldsymbol{u}. \tag{2.200}$$

Mit den neuen Vektoren $\boldsymbol{\xi} \in \mathbb{R}^m$ und $\boldsymbol{z} \in \mathbb{R}^{n-m}$, die mit $\boldsymbol{x}$ so zusammenhängen

$$\begin{bmatrix} \boldsymbol{\xi} \\ \boldsymbol{z} \end{bmatrix} \stackrel{\text{def}}{=} \boldsymbol{V}^T\boldsymbol{x}, \quad \text{d.h.,} \quad \boldsymbol{x} = \boldsymbol{V}\begin{bmatrix} \boldsymbol{\xi} \\ \boldsymbol{z} \end{bmatrix}, \tag{2.201}$$

wird aus (2.200)

$$\begin{bmatrix} \boldsymbol{\Sigma} & \boldsymbol{O} \\ \boldsymbol{O} & \boldsymbol{O} \end{bmatrix}\begin{bmatrix} \dot{\boldsymbol{\xi}} \\ \dot{\boldsymbol{z}} \end{bmatrix} = \boldsymbol{U}^T\boldsymbol{A}\boldsymbol{V}\begin{bmatrix} \boldsymbol{\xi} \\ \boldsymbol{z} \end{bmatrix} + \boldsymbol{U}^T\boldsymbol{B}\boldsymbol{u} \tag{2.202}$$

und aus der Ausgangsgleichung in (2.197)

$$\boldsymbol{y} = \boldsymbol{C}\boldsymbol{V}\begin{bmatrix} \boldsymbol{\xi} \\ \boldsymbol{z} \end{bmatrix}. \tag{2.203}$$

Unterteilt man die Matrix $\boldsymbol{V}$ so

$$\boldsymbol{V} = [\boldsymbol{V}_1 \quad \boldsymbol{V}_2], \quad \boldsymbol{V}_1 \in \mathbb{R}^{n \times m}, \quad \boldsymbol{V}_2 \in \mathbb{R}^{n \times (n-m)},$$

und die Matrix $\boldsymbol{U}$ so

$$\boldsymbol{U}^T = \begin{bmatrix} \boldsymbol{U}_1^T \\ \\ \boldsymbol{U}_2^T \end{bmatrix}, \quad \boldsymbol{U}_1^T \in \mathbb{R}^{m \times n}, \quad \boldsymbol{U}_2^T \in \mathbb{R}^{(n-m) \times n},$$

erhält man anstatt (2.202)

$$\dot{\boldsymbol{\xi}} = \boldsymbol{\Sigma}^{-1}\boldsymbol{U}_1^T\boldsymbol{A}\boldsymbol{V}_1\boldsymbol{\xi} + \boldsymbol{\Sigma}^{-1}\boldsymbol{U}_1^T\boldsymbol{A}\boldsymbol{V}_2\boldsymbol{z} + \boldsymbol{\Sigma}^{-1}\boldsymbol{U}_1^T\boldsymbol{B}\boldsymbol{u}, \tag{2.204}$$

$$\boldsymbol{o} = \boldsymbol{U}_2^T\boldsymbol{A}\boldsymbol{V}_1\boldsymbol{\xi} + \boldsymbol{U}_2^T\boldsymbol{A}\boldsymbol{V}_2\boldsymbol{z} + \boldsymbol{U}_2^T\boldsymbol{B}\boldsymbol{u}. \tag{2.205}$$

Das ist ein sogenanntes **Differential-algebraisches Gleichungssystem**, da es die Kombination aus einer Differentialgleichung (2.204) und einer algebraischen Gleichung (2.205) ist. Ein solches Gleichungssystem ist nur dann sinnvoll, wenn die Anfangsbedingungen *konsistent* sind, d.h., die algebraische Gleichung (2.205) $\boldsymbol{o} = \boldsymbol{g}(\boldsymbol{\xi}, \boldsymbol{z}, \boldsymbol{u})$ erfüllt auch

$$\boldsymbol{o} = \boldsymbol{g}(\boldsymbol{\xi}(0), \boldsymbol{z}(0), \boldsymbol{u}(0)).$$

Mit (2.201) und (2.202) kann die Konsistenzbedingung für die Anfangsbedingungen auch so formuliert werden

$$\boldsymbol{o} \stackrel{!}{=} \boldsymbol{U}_2^T[\boldsymbol{A}\boldsymbol{x}(0) + \boldsymbol{B}\boldsymbol{u}(0)]. \tag{2.206}$$

Es gilt der

2.33 Satz: *Die Gleichung* $\boldsymbol{o} = \boldsymbol{U}_2^T[\boldsymbol{A}\boldsymbol{x}(0) + \boldsymbol{B}\boldsymbol{u}(0)]$ *ist erfüllt, wenn*

$$[\boldsymbol{A}\boldsymbol{x}(0) + \boldsymbol{B}\boldsymbol{u}(0)] \in \text{Bild}(\boldsymbol{E}). \tag{2.207}$$

Beweis: Für den orthogonalen Unterraum eines Nullraums gilt (siehe Anhang A)

$$(\text{Kern}(\boldsymbol{U}_2^T))^\perp = \text{Bild}(\boldsymbol{U}_2),$$

d.h.,

$$\text{Kern}(\boldsymbol{U}_2^T) = (\text{Bild}(\boldsymbol{U}_2))^\perp.$$

Da $\boldsymbol{U} = [\boldsymbol{U}_1 \quad \boldsymbol{U}_2]$ eine orthogonale Matrix ist, ist

$$(\text{Bild}(\boldsymbol{U}_2^T))^\perp = \text{Bild}(\boldsymbol{U}_1).$$

Nach [LUDYK,1990,Lemma 6.3] ist

$$\text{Bild}(\boldsymbol{U}_1) = \text{Bild}(\boldsymbol{E}),$$

also

$$(\text{Kern}(\boldsymbol{U}_2))^\perp = \text{Bild}(\boldsymbol{E}).$$

Gleichung (2.206) besagt aber dann

$$[\boldsymbol{A}\boldsymbol{x}(0) + \boldsymbol{B}\boldsymbol{u}(0)] \in \text{Bild}(\boldsymbol{E}).$$

□

Für die Ausgangsgleichung (2.203) erhält man

$$\boldsymbol{y} = \boldsymbol{C}\boldsymbol{V}_1\boldsymbol{\xi} + \boldsymbol{C}\boldsymbol{V}_2\boldsymbol{z}. \tag{2.208}$$

Wenn die $[(n-m) \times (n-m)]$-Produktmatrix $\boldsymbol{U}_2^T\boldsymbol{A}\boldsymbol{V}_2$ regulär ist[4], kann (2.205) nach $\boldsymbol{z}$ aufgelöst werden,

$$\boldsymbol{z} = -(\boldsymbol{U}_2^T\boldsymbol{A}\boldsymbol{V}_2)^{-1}\boldsymbol{U}_2^T\boldsymbol{A}\boldsymbol{V}_1\boldsymbol{\xi} - (\boldsymbol{U}_2^T\boldsymbol{A}\boldsymbol{V}_2)^{-1}\boldsymbol{U}_2^T\boldsymbol{B}\boldsymbol{u}. \tag{2.209}$$

(2.209) in (2.204) und (2.208) eingesetzt, liefert schließlich die mathematische Beschreibung

$$\boxed{\begin{aligned} \dot{\boldsymbol{\xi}} &= \boldsymbol{A}_{red}\boldsymbol{\xi} + \boldsymbol{B}_{red}\boldsymbol{u} \\ \boldsymbol{y} &= \boldsymbol{C}_{red}\boldsymbol{\xi} + \boldsymbol{D}_{red}\boldsymbol{u} \end{aligned}} \tag{2.211}$$

mit

$$\boldsymbol{A}_{red} \stackrel{\text{def}}{=} \boldsymbol{\Sigma}^{-1}\boldsymbol{U}_1^T(\boldsymbol{I} - \boldsymbol{A}\boldsymbol{V}_2(\boldsymbol{U}_2^T\boldsymbol{A}\boldsymbol{V}_2)^{-1}\boldsymbol{U}_2^T)\boldsymbol{A}\boldsymbol{V}_1 \in \mathbb{R}^{m\times m}, \tag{2.212}$$

$$\boldsymbol{B}_{red} \stackrel{\text{def}}{=} \boldsymbol{\Sigma}^{-1}\boldsymbol{U}_1^T(\boldsymbol{I} - \boldsymbol{A}\boldsymbol{V}_2(\boldsymbol{U}_2^T\boldsymbol{A}\boldsymbol{V}_2)^{-1}\boldsymbol{U}_2^T)\boldsymbol{B} \in \mathbb{R}^{m\times p}, \tag{2.213}$$

$$\boldsymbol{C}_{red} \stackrel{\text{def}}{=} \boldsymbol{C}(\boldsymbol{V}_1 - \boldsymbol{V}_2(\boldsymbol{U}_2^T\boldsymbol{A}\boldsymbol{V}_2)^{-1}\boldsymbol{U}_2^T\boldsymbol{A}\boldsymbol{V}_1) \in \mathbb{R}^{q\times m}, \tag{2.214}$$

$$\boldsymbol{D}_{red} \stackrel{\text{def}}{=} -\boldsymbol{C}\boldsymbol{V}_2(\boldsymbol{U}_2^T\boldsymbol{A}\boldsymbol{V}_2)^{-1}\boldsymbol{U}_2^T\boldsymbol{B} \in \mathbb{R}^{q\times p}. \tag{2.215}$$

2.34 Beispiel: Für die (5×5)-Matrix $\boldsymbol{E}$ der mathematischen Beschreibung (2.187) des Beispiels 2.31 erhält man die Singulärwertzerlegung

$$\boldsymbol{E} = \boldsymbol{U}\boldsymbol{S}\boldsymbol{V}^T = \begin{bmatrix} 0 & 1 & 0 & 0 & 0 \\ 0 & 0 & 1 & 0 & 0 \\ 0 & 0 & 0 & -1 & 0 \\ 1 & 0 & 0 & 0 & 0 \\ 0 & 0 & 0 & 0 & 1 \end{bmatrix} \begin{bmatrix} 2{,}236 & 0 & 0 & 0 & 0 \\ 0 & 1 & 0 & 0 & 0 \\ 0 & 0 & 1 & 0 & 0 \\ 0 & 0 & 0 & 1 & 0 \\ 0 & 0 & 0 & 0 & 0 \end{bmatrix} \begin{bmatrix} 0 & 0 & 0{,}447 & 0 & 0{,}894 \\ 1 & 0 & 0 & 0 & 0 \\ 0 & 1 & 0 & 0 & 0 \\ 0 & 0 & 0 & -1 & 0 \\ 0 & 0 & -0{,}894 & 0 & 0{,}447 \end{bmatrix}$$

und daraus die für die Reduzierung benötigten Untermatrizen mit $m = \text{Rang}(\boldsymbol{S}) = \text{Rang}(\boldsymbol{E}) = 4$:

$$\boldsymbol{\Sigma} = \begin{bmatrix} 2{,}236 & 0 & 0 & 0 \\ 0 & 1 & 0 & 0 \\ 0 & 0 & 1 & 0 \\ 0 & 0 & 0 & 1 \end{bmatrix} \in \mathbb{R}^{m\times m} = \mathbb{R}^{4\times 4},$$

$$\boldsymbol{U}_1^T = \begin{bmatrix} 0 & 0 & 0 & 1 & 0 \\ 1 & 0 & 0 & 0 & 0 \\ 0 & 1 & 0 & 0 & 0 \\ 0 & 0 & -1 & 0 & 0 \end{bmatrix} \in \mathbb{R}^{m\times n} = \mathbb{R}^{4\times 5},$$

$$\boldsymbol{U}_2^T = [0 \;\; 0 \;\; 0 \;\; 0 \;\; 1] \in \mathbb{R}^{(n-m)\times n} = \mathbb{R}^{1\times 5},$$

[4]Wenn die Produktmatrix $\boldsymbol{U}_2^T\boldsymbol{A}\boldsymbol{V}_2$ singulär ist, bedeutet dies, daß zuwenig Differential- bzw. algebraische Gleichungen gegeben sind, um die unbekannten Variablen bestimmen zu können.

$$V_1 = \begin{bmatrix} 0 & 1 & 0 & 0 \\ 0 & 0 & 1 & 0 \\ 0,447 & 0 & 0 & 0 \\ 0 & 0 & 0 & -1 \\ 0,894 & 0 & 0 & 0 \end{bmatrix} \in \mathbb{R}^{n\times m} = \mathbb{R}^{5\times 4}$$

und

$$V_2 = \begin{bmatrix} 0 \\ 0 \\ -0,894 \\ 0 \\ 0,447 \end{bmatrix} \in \mathbb{R}^{n\times(n-m)} = \mathbb{R}^{5\times 1}.$$

Die Formeln (2.212) bis (2.215) ergeben dann die reduzierte mathematische Beschreibung in Zustandsform ($\boldsymbol{D}_{red}$ ist hier eine Nullmatrix)

$$\begin{aligned} \dot{\boldsymbol{\xi}} &= \begin{bmatrix} 0 & -1,789 & 0 & 0,894 \\ 0 & 0 & 1 & 0 \\ 1,597 & 0,571 & 0 & 1,714 \\ -0,319 & 0,286 & 0 & 0,857 \end{bmatrix} \boldsymbol{\xi} + \begin{bmatrix} 0,447 & 0 \\ 0 & 0 \\ 0 & 0,286 \\ 0 & 0,143 \end{bmatrix} \boldsymbol{u}, \\ \boldsymbol{y} &= \begin{bmatrix} 0 & 1 & 0 & 0 \\ 0 & 0 & 0 & -1 \end{bmatrix} \boldsymbol{\xi}, \end{aligned}$$

wobei der neue Zustandsvektor $\boldsymbol{\xi}$ jetzt die Dimension $m = 4$ statt der Dimension $n = 5$ hat. □

2.35 Beispiel: Die mathematische Beschreibung (2.192), (2.193) des Transistorverstärkers in Beispiel 2.32 kann schrittweise so reduziert werden:
(1) Singulärwertzerlegung der Matrix $\boldsymbol{E}$:

$$\boldsymbol{E} = \boldsymbol{U}\boldsymbol{S}\boldsymbol{V}^T$$

$$= \begin{bmatrix} 0 & -\alpha & 0 & -\alpha & 0 \\ 0 & \alpha & 0 & -\alpha & 0 \\ 0 & 0 & -1 & 0 & 0 \\ -\alpha & 0 & 0 & 0 & \alpha \\ \alpha & 0 & 0 & 0 & \alpha \end{bmatrix} \begin{bmatrix} 6\cdot 10^{-6} & & & & \\ & 2\cdot 10^{-6} & & & \\ & & 2\cdot 10^{-6} & & \\ & & & 0 & \\ & & & & 0 \end{bmatrix} \begin{bmatrix} 0 & \alpha & 0 & -\alpha & 0 \\ 0 & -\alpha & 0 & -\alpha & 0 \\ 0 & 0 & 1 & 0 & 0 \\ \alpha & 0 & 0 & 0 & -\alpha \\ -\alpha & 0 & 0 & 0 & -\alpha \end{bmatrix}^T,$$

mit $\alpha = 0,7071$.
(2) Konstruktion der Untermatrizen mit $m = \text{Rang}(\boldsymbol{S}) = \text{Rang}(\boldsymbol{E}) = 3$:

$$\boldsymbol{U}_1^T = \begin{bmatrix} 0 & 0 & 0 & -\alpha & \alpha \\ -\alpha & \alpha & 0 & 0 & 0 \\ 0 & 0 & -1 & 0 & 0 \end{bmatrix}, \quad \boldsymbol{U}_2^T = \begin{bmatrix} -\alpha & -\alpha & 0 & 0 & 0 \\ 0 & 0 & 0 & \alpha & \alpha \end{bmatrix},$$

$$\boldsymbol{V}_1 = \begin{bmatrix} 0 & \alpha & 0 \\ 0 & -\alpha & 0 \\ 0 & 0 & 1 \\ \alpha & 0 & 0 \\ -\alpha & 0 & 0 \end{bmatrix}, \quad \boldsymbol{V}_2 = \begin{bmatrix} -\alpha & 0 \\ -\alpha & 0 \\ 0 & 0 \\ 0 & -\alpha \\ 0 & -\alpha \end{bmatrix}, \quad \boldsymbol{\Sigma} = \begin{bmatrix} 6\cdot 10^{-6} & 0 & 0 \\ 0 & 2\cdot 10^{-6} & 0 \\ 0 & 0 & 2\cdot 10^{-6} \end{bmatrix}.$$

Die Formeln (2.212) bis (2.215) ergeben dann die folgende reduzierte mathematische Beschreibung eines dynamischen Systems dritter Ordnung:

$$\begin{aligned} \dot{\boldsymbol{\xi}} &= \begin{bmatrix} -18,52 & 497,5 & 430 \\ 0 & -206,5 & -21,32 \\ 0 & -2132 & -1898 \end{bmatrix} \boldsymbol{\xi} + \begin{bmatrix} -351,8 & -26,00 \\ 146,0 & -62,3 \\ 1508 & 167,5 \end{bmatrix} \boldsymbol{u}, \\ y &= [-0,707 \quad 19,00 \quad 16,42]\boldsymbol{\xi} + [13,43 \quad 0,9926]\boldsymbol{u}. \end{aligned}$$

Nach (2.201) hängen die Zustandsvektoren $\boldsymbol{\xi}$ und $\boldsymbol{x}$ so zusammen

$$\boldsymbol{\xi} = \boldsymbol{V}_1^T \boldsymbol{x} = \begin{bmatrix} \alpha(u_4 - u_5) \\ \alpha(u_1 - u_2) \\ u_3 \end{bmatrix},$$

d.h., die Zustände ξ_i der reduzierten Zustandsgleichung sind proportional zu den Kondensatorspannungen in Bild 2.25, denn $u_4 - u_5$ ist die Spannung über dem Kondensator C_3, $u_1 - u_2$ die Spannung über C_1 und u_3 die Spannung über C_2. Diese drei Kondensatoren sind andererseits aber auch die einzigen Energiespeicher des Transistorverstärkers und deshalb auch prädestiniert als Zustandsvariable zu fungieren. Für den Fall, daß kein Eingangssignal vorhanden ist ($u_e(0) = 0$) und die Kondensatoren entladen sind, stellen sich beim Einschalten des Transistorverstärkers folgende Knotenspannungen ein ($U_B \neq 0$):

$$u_1(0) = u_5(0) = 0, \quad u_2(0) = u_3(0) = \frac{R_1}{R_1 + R_2} U_B, \quad u_4(0) = U_B,$$

so daß man für $R_i \stackrel{\text{def}}{=} R_1 = \cdots = R_5$

$$\boldsymbol{A}\boldsymbol{x}(0) + \boldsymbol{B}\boldsymbol{u}(0) = \begin{bmatrix} 0 \\ -U_B/R_i \\ U_B/(2R_i) \\ U_B/R_i \\ 0 \end{bmatrix} + \begin{bmatrix} 0 \\ -U_B/R_i \\ 0 \\ -U_B/R_i \\ 0 \end{bmatrix} = \begin{bmatrix} 0 \\ 0 \\ U_B/(2R_i) \\ 0 \\ 0 \end{bmatrix}$$

erhält, was mit $\boldsymbol{U}_2^T$ multipliziert den Nullvektor ergibt, also ist die Konsistenzbedingung (2.206) erfüllt!
□

Eine entsprechende Umformung kann auch für Differenzengleichungen

$$\boldsymbol{E}\boldsymbol{x}_{k+1} = \boldsymbol{A}\boldsymbol{x}_k + \boldsymbol{B}\boldsymbol{u}_k$$

mit singulärer Matrix $\boldsymbol{E}$ durchgeführt werden.

2.9 Gewichtsfunktion, Übertragungsfunktion und Frequenzgang

2.9.1 Gewichtsfunktion und Impulsantwort für zeitkontinuierliche Systeme

Für ein lineares zeitkontinuierliches System mit der mathematischen Beschreibung

$$\dot{\boldsymbol{x}}(t) = \boldsymbol{A}(t)\boldsymbol{x}(t) + \boldsymbol{B}(t)\boldsymbol{u}(t), \tag{2.216}$$

$$\boldsymbol{y}(t) = \boldsymbol{C}(t)\boldsymbol{x}(t) + \boldsymbol{D}(t)\boldsymbol{u}(t) \tag{2.217}$$

erhält man gemäß (2.122) den Zusammenhang zwischen dem Eingangsvektor $\boldsymbol{u}(t)$, dem Anfangszustand $\boldsymbol{x}(t_0)$ und dem Ausgangsvektor $\boldsymbol{y}(t)$

$$\boldsymbol{y}(t) = \boldsymbol{C}(t)\boldsymbol{\Phi}(t,t_0)\boldsymbol{x}(t_0) + \int_{t_0}^{t} \boldsymbol{C}(t)\boldsymbol{\Phi}(t,\tau)\boldsymbol{B}(\tau)\boldsymbol{u}(\tau)\mathrm{d}\tau + \boldsymbol{D}(t)\boldsymbol{u}(t). \tag{2.218}$$

Hierin wird der erste Summand auf der rechten Seite als (durch den Anfangszustand $\boldsymbol{x}(t_0)$ bewirkte) **freie Bewegung** und die beiden letzten als (durch den Eingangsvektor $\boldsymbol{u}(t)$) **erzwungene Bewegung** bezeichnet. Ist der Anfangszustand $\boldsymbol{x}(t_0) = \boldsymbol{o}$ und auch $\boldsymbol{D}(t) = \boldsymbol{O}$, erhält man

$$\boldsymbol{y}(t) = \int_{t_0}^{t} \boldsymbol{C}(t)\boldsymbol{\Phi}(t,\tau)\boldsymbol{B}(\tau)\boldsymbol{u}(\tau)\mathrm{d}\tau. \tag{2.219}$$

In diesem Fall wird das Systemverhalten ausschließlich von der unter dem Integral stehenden $(q \times p)$-**Gewichts**- oder **Impulsmatrix**

$$\boxed{\boldsymbol{G}(t,\tau) \stackrel{\text{def}}{=} \boldsymbol{C}(t)\boldsymbol{\Phi}(t,\tau)\boldsymbol{B}(\tau) \in \mathbb{R}^{q \times p}} \tag{2.220}$$

bestimmt. Die Erklärung der Bezeichnungen erfolgt weiter unten.

Im Falle eines *zeitinvarianten* linearen Systems ist die Gewichtsmatrix nur noch von der Zeitdifferenz $t - \tau$ gemäß

$$\boxed{\boldsymbol{G}(t-\tau) \stackrel{\text{def}}{=} \boldsymbol{C}\boldsymbol{\Phi}(t-\tau)\boldsymbol{B} \in \mathbb{R}^{q \times p}} \tag{2.221}$$

abhängig. Es besteht zwischen Ein- und Ausgangsfunktion der Zusammenhang

$$\boldsymbol{y}(t) = \int_{0}^{t} \boldsymbol{G}(t-\tau)\boldsymbol{u}(\tau)\mathrm{d}\tau. \tag{2.222}$$

Für Einfachsysteme ($p = q = 1$) wird aus der Gewichts- bzw. Impuls*matrix* die skalare **Gewichtsfunktion** bzw. **Impulsantwort**:

$$\boxed{g(t-\tau) \stackrel{\text{def}}{=} \boldsymbol{c}^T\boldsymbol{\Phi}(t-\tau)\boldsymbol{b}.} \tag{2.223}$$

Es besteht zwischen Ein- und Ausgangsfunktion dann der Zusammenhang

$$y(t) = \int_{0}^{t} g(t-\tau)u(\tau)\mathrm{d}\tau. \tag{2.224}$$

Anhand des folgenden Beispiels soll zunächst die Herkunft der Bezeichnung *Impulsantwort* erläutert werden.

2.36 Beispiel: Mit den Kondensatorspannungen als Zustandsgrößen x_1 und x_2, der Eingangsspannung

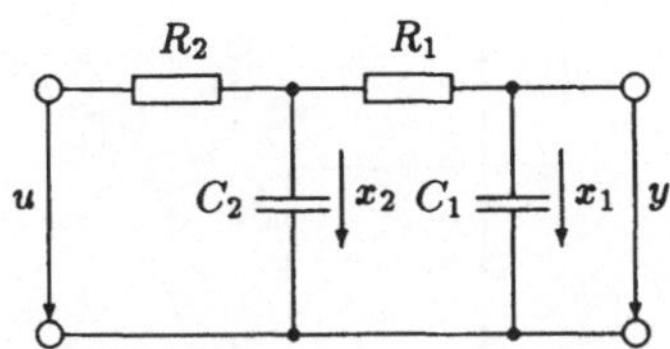

Bild 2.26: Elektrisches Netzwerk.

u als Eingangsgröße und der Ausgangsspannung y als Ausgangsgröße erhält man für das elektrische Netzwerk in Bild 2.26 die mathematische Beschreibung

$$\begin{aligned}\dot{x}_1 &= -\frac{1}{T_1}x_1 + \frac{1}{T_1}x_2,\\ \dot{x}_2 &= \frac{T}{T_1T_2}x_1 - \frac{T+T_1}{T_1T_2}x_2 + \frac{1}{T_2}u,\\ y &= x_1,\end{aligned}$$

wobei $T_1 = R_1C_1$, $T_2 = R_2C_2$ und $T = R_2C_1$ ist. Für die Größenwerte $R_1 = R_2 = 100$ kΩ und $C_1 = C_2 = 10\ \mu$F, ist $T_1 = T_2 = T = 1$ und damit

$$\begin{aligned}\dot{\boldsymbol{x}} &= \begin{bmatrix} -1 & 1 \\ 1 & -2 \end{bmatrix}\boldsymbol{x} + \begin{bmatrix} 0 \\ 1 \end{bmatrix}u,\\ y &= \begin{bmatrix} 1 & 0 \end{bmatrix}\boldsymbol{x}.\end{aligned}$$

In diesem Fall erhält man für die Gewichtsfunktion (Bild 2.27)

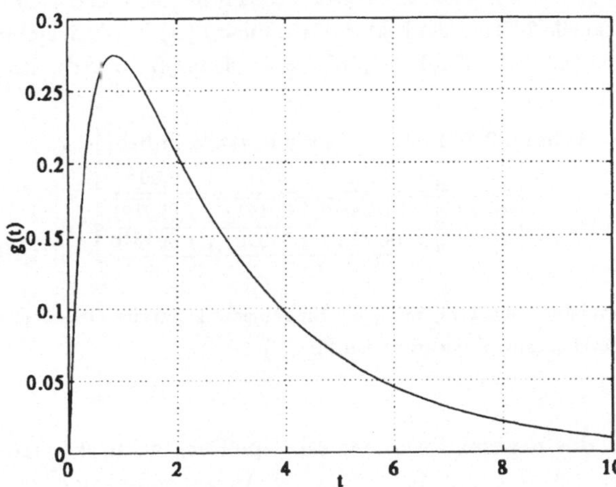

Bild 2.27: Gewichtsfunktion für das Netzwerk in Bild 2.26.

$$\begin{aligned}g(t) &= \boldsymbol{c}^T\boldsymbol{\Phi}(t)\boldsymbol{b}\\ &= \begin{bmatrix} 1 & 0 \end{bmatrix}\begin{bmatrix} \varphi_{11}(t) & \varphi_{12}(t) \\ \varphi_{21}(t) & \varphi_{22}(t) \end{bmatrix}\begin{bmatrix} 0 \\ 1 \end{bmatrix}\\ &= \varphi_{12}(t)\\ &= 0,447\left(\mathrm{e}^{-0,382t} - \mathrm{e}^{-2,618t}\right).\end{aligned}$$

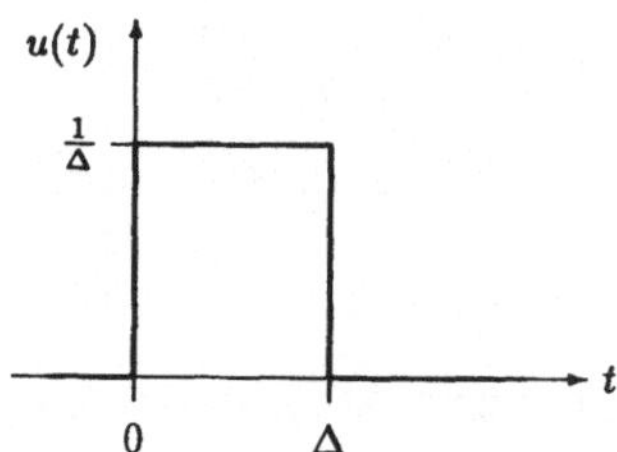

Bild 2.28: Rechteckfunktion $\delta_\Delta(t)$.

Als Eingangsgröße $u(t)$ wird jetzt auf das Netzwerk ein Rechteckimpuls δ_Δ der Länge Δ und der Amplitude $\frac{1}{\Delta}$ geschaltet (Bild 2.28). Hierfür erhält man als Ausgangsgröße für $t \geq \Delta$:

$$\begin{aligned} y(t) &= \int_0^\Delta g(t-\tau)\delta_\Delta(\tau)\mathrm{d}\tau \\ &= \frac{0,447}{\Delta}\int_0^\Delta g(t-\tau)\mathrm{d}\tau \\ &= 0,447\left(\alpha(\Delta)\mathrm{e}^{-0,382\,t} - \beta(\Delta)\mathrm{e}^{-2,618\,t)}\right), \end{aligned}$$

wobei

$$\alpha(\Delta) \stackrel{\text{def}}{=} \frac{\mathrm{e}^{0,382\,\Delta}-1}{0,382\,\Delta} \quad \text{und} \quad \beta(\Delta) \stackrel{\text{def}}{=} \frac{\mathrm{e}^{2,618\,\Delta}-1}{2,618\,\Delta}.$$

Für $\Delta = 0,01$ weicht $y(t)$ von $g(t)$ nur um ungefähr ein Prozent und für $\Delta = 0,001$ nur noch um ca. 0,1 Prozent ab! In Tabelle 2.3 sind die Faktoren $\alpha(\Delta)$ und $\beta(\Delta)$ in Abhängigkeit von Δ dargestellt. Für $\Delta \to 0$ wird $\lim \alpha(\Delta) = \lim \beta(\Delta) = 1$, d.h., es ist dann $y(t) = g(t)$: das System reagiert am

Tabelle 2.3: Faktoren für die Funktion in Beispiel 2.36

Δ	0,1	0,01	0,001
$\alpha(\Delta)$	1,019344	1,001912	1,000191
$\beta(\Delta)$	1,141314	1,013205	1,001310

Ausgang mit der Impulsfunktion $g(t)$, wenn als Eingangsfunktion die DIRAC-Funktion (siehe unten) wirkt. Deshalb die Bezeichnung *Impulsfunktion* für $g(t)$. □

Allgemein kann das so gezeigt werden: Für eine Rechteckfunktion δ_Δ gemäß Bild 2.28 als Eingangsfunktion erhält man für $t \geq \Delta$ die Ausgangsfunktion

$$y(t) = \int_0^\Delta g(t-\tau)\delta_\Delta \mathrm{d}\tau$$

$$= \int_0^\Delta \boldsymbol{c}^T \boldsymbol{\Phi}(t-\tau)\boldsymbol{b}\frac{1}{\Delta}\mathrm{d}\tau$$

$$= \frac{1}{\Delta} \boldsymbol{c}^T \boldsymbol{\Phi}(t) \int\limits_0^{\Delta} \left[\boldsymbol{I} + \boldsymbol{A}(-\tau) + \boldsymbol{A}^2 \frac{(-\tau)^2}{2} + \cdots \right] \mathrm{d}\tau \cdot \boldsymbol{b}, \tag{2.225}$$

wobei $\tau \leq \Delta$ ist. Für $\Delta \to 0$ erhält man

$$\lim_{\Delta \to 0} y(t) = \lim_{\Delta \to 0} \frac{1}{\Delta} \boldsymbol{c}^T \boldsymbol{\Phi}(t) \int\limits_0^{\Delta} \boldsymbol{I} \mathrm{d}\tau \cdot \boldsymbol{b} = \boldsymbol{c}^T \boldsymbol{\Phi}(t) \boldsymbol{b} = g(t). \tag{2.226}$$

Der Grenzwert

$$\delta(t) \overset{\text{def}}{=} \lim_{\Delta \to 0} \delta_\Delta(t) \tag{2.227}$$

wird als **Impulsfunktion** oder DIRAC-**Funktion** bezeichnet. Die Impulsfunktion $\delta(t)$ ist im Sinne der Analysis keine Funktion, sondern eine sogenannte *verallgemeinerte Funktion* oder *Distribution*. Hierbei wird die Impulsfunktion nicht durch (2.227), sondern durch die folgenden beiden Eigenschaften definiert:

(1) $\delta(t) = 0$ für $t \neq 0$,
(2) $\int\limits_{-\infty}^{+\infty} f(\tau)\delta(t-\tau)\mathrm{d}\tau = f(t)$.

Bei der *Impulsmatrix* $\boldsymbol{G}(t)$ kann man sich die i-te Spalte $\boldsymbol{g}_i(t)$ erzeugt denken durch $u_i(t) = \delta(t)$, wenn $u_j \equiv 0$ für $j \neq i$.

Führt man bei dem sogenannten **Faltungsintegral**

$$\int\limits_0^t g(t-\tau)u(\tau)\mathrm{d}\tau$$

eine Zeittransformation mit $\vartheta = t - \tau$ durch, erhält man

$$\int\limits_0^t g(t-\tau)u(\tau)\mathrm{d}\tau = \int\limits_t^0 g(\vartheta)u(t-\vartheta)(-\mathrm{d}\vartheta) = \int\limits_0^t g(\vartheta)u(t-\vartheta)\mathrm{d}\vartheta$$

oder

$$y(t) = \int\limits_0^t g(t-\tau)u(\tau)\mathrm{d}\tau = \int\limits_0^t g(\tau)u(t-\tau)\mathrm{d}\tau. \tag{2.228}$$

Anhand des zweiten Faltungsintegrals in (2.228) kann jetzt auch die Deutung des Namens *Gewichts*funktion vorgenommen werden: Man erhält $y(t)$, indem man die vergangenen Werte $u(t-\tau)$ der Eingangsgröße nach *Gewichtung* mit dem Faktor $g(\tau)$ aufsummiert.

Wie das Beispiel 2.36 zeigt, ist es in der Technik nicht notwendig, den Grenzübergang $\Delta \to 0$ wirklich durchzuführen; denn mit hinreichend kleinem Δ erhält man mit beliebiger Genauigkeit

$$y(t) \approx g(t)$$

für den „endlichen" Rechteckimpuls $\delta_\Delta(t)$. Auf diese Art und Weise könnte also mit sehr guter Näherung die Gewichtsfunktion durch Messen der Impulsantwort experimentell ermittelt werden. Jedoch ist die Erzeugung eines hinreichend schmalen Eingangsimpulses nicht möglich oder nicht zulässig. Man kann sich jedoch dadurch helfen, daß man als Eingangsfunktion die in Beispiel 2.23 definierte Sprungfunktion $\sigma(t)$ nimmt. In diesem Fall erhält man als Ausgangsfunktion

$$y(t) = \int_0^t g(\tau)\sigma(t-\tau)\mathrm{d}\tau = \int_0^t g(\tau)\mathrm{d}\tau, \tag{2.229}$$

also das Zeitintegral über die Impulsantwort, die sogenannte **Sprungantwort**

$$h(t) \stackrel{\text{def}}{=} \int_0^t g(\tau)\mathrm{d}\tau. \tag{2.230}$$

2.37 Beispiel: Für das elektrische Netzwerk aus Beispiel 2.36 erhält man als Sprungantwort

$$h(t) = 1 - (1,170\mathrm{e}^{-0,382\,t} - 0,170\mathrm{e}^{-2,618\,t}).$$

Diese Funktion ist in Bild 2.29 dargestellt. □

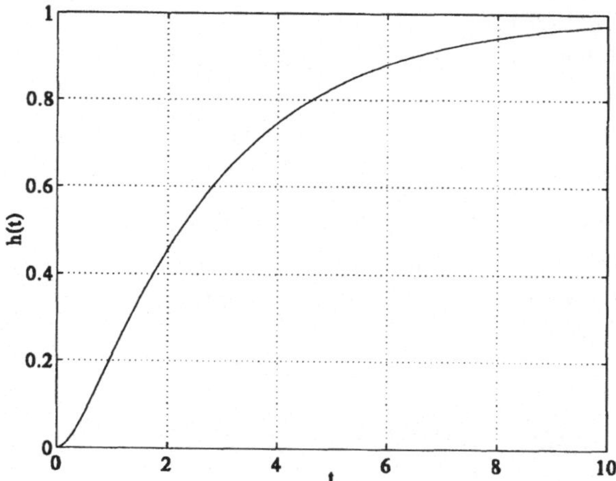

Bild 2.29: Sprungantwort für das Netzwerk in Beispiel 2.36.

Andererseits folgt durch Differenzieren von (2.230) der Zusammenhang

$$\frac{\mathrm{d}h(t)}{\mathrm{d}t} = g(t), \tag{2.231}$$

hat man also beispielsweise die Sprungantwort $h(t)$ meßtechnisch ermittelt, kann man die Impulsantwort durch graphische Differentiation erhalten.

Ändert sich die Sprungantwort $h(t)$ im Anfangsbereich $t = 0$ sprungartig, so kann das bei einem linearen zeitinvarianten Einfachsystem nur daher kommen, daß zwischen Ein- und Ausgang eine direkte Verbindung besteht, also in der Ausgangsgleichung

$$y(t) = \boldsymbol{c}^T \boldsymbol{x}(t) + d\,u(t)$$

$d \neq 0$ ist; denn in diesem Fall erhält man für $\boldsymbol{x}_0 = \boldsymbol{o}$ gemäß (2.218)

$$y(t) = \int_0^t \boldsymbol{c}^T \boldsymbol{\Phi}(t-\tau)\boldsymbol{b}u(\tau)\mathrm{d}\tau + d\,u(t)$$

bzw. für die Sprungfunktion $\sigma(t)$ als Eingangsfunktion

$$y(t) = h(t) = \int_0^t \boldsymbol{c}^T \boldsymbol{\Phi}(t-\tau)\boldsymbol{b}\mathrm{d}\tau + d\,\sigma(t).$$

Als linksseitigen Grenzwert für den Zeitpunkt $t = 0$ erhält man

$$h(0_-) \stackrel{\text{def}}{=} \lim_{\substack{\epsilon \to 0 \\ \epsilon > 0}} h(0-\epsilon) = 0$$

und als rechtsseitigen Grenzwert

$$h(0_+) \stackrel{\text{def}}{=} \lim_{\substack{\epsilon \to 0 \\ \epsilon > 0}} h(0+\epsilon) = d\,\sigma(0_+) = d.$$

Damit ist die Sprunghöhe im Zeitpunkt $t = 0$ gleich

$$\Delta h(0) = h(0_+) - h(0_-) = d.$$

2.38 Beispiel: Das System mit der mathematischen Beschreibung

$$\begin{aligned} \dot{x}(t) &= -\frac{1}{2}x(t) + u(t), \\ y(t) &= x(t) + 3\,u(t) \end{aligned}$$

hat für $x(0) = 0$ die Lösung

$$y(t) = \int_0^t \mathrm{e}^{\frac{\tau - t}{2}} u(\tau)\mathrm{d}\tau + 3\,u(t).$$

Mit $u(t) = \sigma(t)$ erhält man die Sprungantwort

$$h(t) = [2(1 - \mathrm{e}^{-\frac{t}{2}}) + 3]\sigma(t)$$

in Bild 2.30 und daraus

$$d = h(0_+) - h(0_-) = 3 - 0 = 3.$$

□

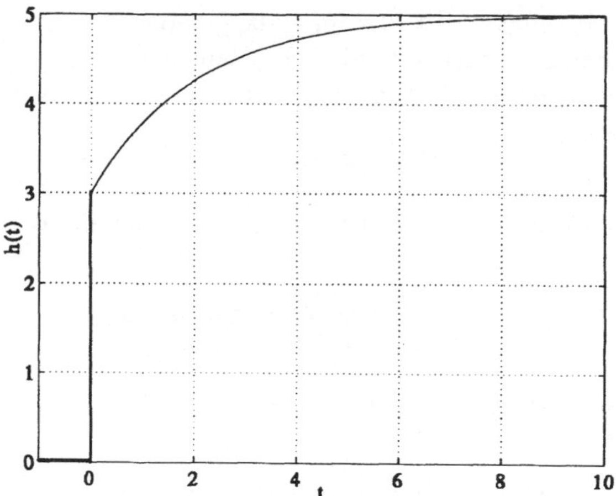

Bild 2.30: Sprungantwort des Systems in Beispiel 2.38.

2.9.2 Gewichtsfunktion, Impulsantwort und Sprungantwort für zeitdiskrete Systeme

Bei einem linearen zeitdiskreten System mit der mathematischen Beschreibung

$$\begin{aligned} \boldsymbol{x}_{k+1} &= \boldsymbol{A}_k \boldsymbol{x}_k + \boldsymbol{B}_k \boldsymbol{u}_k \\ \boldsymbol{y}_k &= \boldsymbol{C}_k \boldsymbol{x}_k + \boldsymbol{D}_k \boldsymbol{u}_k \end{aligned} \tag{2.232}$$

besteht gemäß (2.157) zwischen der Eingangsgröße $\boldsymbol{u}$ und der Ausgangsgröße $\boldsymbol{y}$, wenn der Anfangszustand $\boldsymbol{x}(k_0) = \boldsymbol{o}$ und die Durchgangsmatrix $\boldsymbol{D}_k \equiv \boldsymbol{O}$ ist, der Zusammenhang

$$\boldsymbol{y}_k = \sum_{i=k_0}^{k-1} \boldsymbol{C}_k \boldsymbol{\Phi}_d(k, i+1) \boldsymbol{B}_i \boldsymbol{u}_i. \tag{2.233}$$

In diesem Fall wird das Systemverhalten ausschließlich von der $(q \times p)$-**Gewichts**- oder **Impulsmatrix**

$$\boxed{\boldsymbol{G}_{k,i} \stackrel{\text{def}}{=} \boldsymbol{C}_k \boldsymbol{\Phi}_d(k, i+1) \boldsymbol{B}_i \in \mathbb{R}^{q \times p}} \tag{2.234}$$

bestimmt. Ausführlich geschrieben lautet (2.234):

$$\boldsymbol{G}_{k,i} = \begin{cases} \boldsymbol{C}_k \boldsymbol{B}_i & \text{für } k = i+1, \\ \boldsymbol{C}_k \boldsymbol{A}_{k-1} \boldsymbol{A}_{k-2} \cdots \boldsymbol{A}_{i+1} \boldsymbol{B}_i & \text{sonst.} \end{cases}$$

Im Falle eines *zeitinvarianten* linearen Systems ist die Gewichtsmatrix nur noch von der Zeitdifferenz $k - i$ abhängig, d.h., es ist $\boldsymbol{\Phi}_d(k - (i+1)) = \boldsymbol{A}_d^{k-i-1}$:

$$\boldsymbol{G}_{k-i} \stackrel{\text{def}}{=} \boldsymbol{C} \boldsymbol{A}_d^{k-i-1} \boldsymbol{B}_d \in \mathbb{R}^{q \times p} \tag{2.235}$$

oder allgemein

$$\boxed{G_k = CA_d^{k-1}B_d.} \tag{2.236}$$

Die Folge $\{G_k\}$ heißt **Impulsmatrixfolge** oder MARKOW-**Parameter**, da ihre Spalten durch den Impuls

$$\delta_k \stackrel{\text{def}}{=} \begin{cases} 1 & \text{für } k = 0 \\ 0 & \text{sonst} \end{cases} \tag{2.237}$$

in einer der p Eingangsgrößen erzeugt werden. Damit erhält man aus (2.233) die *Faltungssumme*

$$y_k = \sum_{i=0}^{k-1} G_{k-i}u_i. \tag{2.238}$$

Für Einfachsysteme ($p = q = 1$) erhält man die Gewichtsfunktion bzw. Impulsantwort

$$\boxed{g_{k-i} \stackrel{\text{def}}{=} c^T A_d^{k-i-1} b_d,} \tag{2.239}$$

so daß zwischen Eingangs- und Ausgangsgröße dieser Zusammenhang besteht

$$y_k = \sum_{i=0}^{k-1} g_{k-i}u_i. \tag{2.240}$$

Bei zeitdiskreten Systemen ist eine Interpretation der Bezeichnung *Impulsantwort* leicht durchzuführen; denn g_k stellt direkt die Wirkung des Impulses δ_k als Eingangsgröße im Zeitpunkt $k = 0$ auf den Ausgang im Zeitpunkt k dar. In diesem Fall ist direkt

$$y_k = \sum_{i=0}^{k-1} g_{k-i}\delta_k = g_{k-0} \cdot 1 = g_k. \tag{2.241}$$

Bei Abtastsystemen hat die Impulsfunktion die in Bild 2.31 skizzierte Form, d.h., es ist

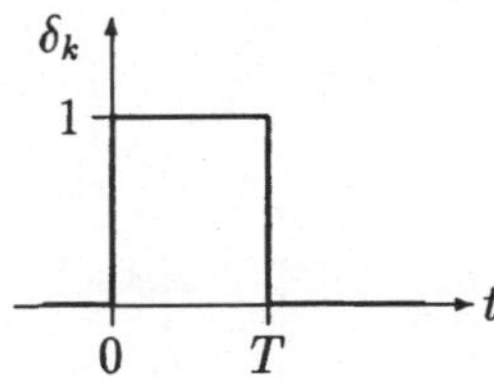

Bild 2.31: Impulsfunktion für Abtastsysteme

dann

$$\delta_k \stackrel{\text{def}}{=} \begin{cases} 1 & \text{für } t \in [0, T), \\ 0 & \text{sonst.} \end{cases}$$

Definiert man eine diskrete Sprungfunktion so

$$\sigma_k \overset{\text{def}}{=} \begin{cases} 0 \text{ für } k < 0 \\ 1 \text{ für } k \geq 0, \end{cases} \tag{2.242}$$

erhält man direkt als Sprungantwort

$$h_k \overset{\text{def}}{=} \sum_{i=0}^{k-1} g_{k-i} \cdot 1 = \sum_{i=0}^{k-1} g_{k-i}. \tag{2.243}$$

Ist in der Ausgangsgleichung der Durchgriff $d \neq 0$, führt man $g_0 \overset{\text{def}}{=} d$ ein und es wird aus (2.243)

$$y_k = h_k = \sum_{i=0}^{k} g_{k-i}. \tag{2.244}$$

2.9.3 Übertragungsmatrix und Übertragungsfunktion

Der Vorteil der mathematischen Beschreibung eines dynamischen Systems mit Hilfe von Zustandsvariablen liegt darin, daß damit auch nichtlineare und zeitvariante dynamische Systeme beschrieben werden können. Für *zeitinvariante* dynamische Systeme kann jedoch die Analyse und Synthese durch den Gebrauch der **Übertragungsfunktion** bzw. der **Übertragungsmatrix** vereinfacht werden.

Man erhält die Übertragungsfunktion bzw. Übertragungsmatrix eines linearen zeitinvarianten *zeitkontinuierlichen* Systems durch Anwendung der LAPLACE-Transformation und von *zeitdiskreten* Systemen durch Anwendung der $\mathcal{Z}$-Transformation auf die mathematische Beschreibung:

$\dot{\boldsymbol{x}}(t) = \boldsymbol{A}\boldsymbol{x}(t) + \boldsymbol{B}\boldsymbol{u}(t),$	$\boldsymbol{x}_{k+1} = \boldsymbol{A}_d\boldsymbol{x}_k + \boldsymbol{B}_d\boldsymbol{u}_k,$ (2.245)
$\boldsymbol{y}(t) = \boldsymbol{C}\boldsymbol{x}(t) + \boldsymbol{D}\boldsymbol{u}(t),$	$\boldsymbol{y}_k = \boldsymbol{C}\boldsymbol{x}_k + \boldsymbol{D}\boldsymbol{u}_k,$ (2.246)

d.h. aus

$s\boldsymbol{x}(s) - \boldsymbol{x}_0 = \boldsymbol{A}\boldsymbol{x}(s) + \boldsymbol{B}\boldsymbol{u}(s),$	$z\boldsymbol{x}(z) - \boldsymbol{x}_0 = \boldsymbol{A}_d\boldsymbol{x} + \boldsymbol{B}_d\boldsymbol{u}(z),$ (2.247)
$s\boldsymbol{y}(s) = \boldsymbol{C}\boldsymbol{x}(s) + \boldsymbol{D}\boldsymbol{u}(s),$	$z\boldsymbol{y}(z) = \boldsymbol{C}\boldsymbol{x}(z) + \boldsymbol{D}\boldsymbol{u}(z).$ (2.248)

Für $\boldsymbol{x}_0 = \boldsymbol{o}$ erhält man aus (2.247)

$$\boldsymbol{x}(s) = (s\boldsymbol{I} - \boldsymbol{A})^{-1}\boldsymbol{B}\boldsymbol{u}(s). \qquad \boldsymbol{x}(z) = (z\boldsymbol{I} - \boldsymbol{A}_d)^{-1}\boldsymbol{B}_d\boldsymbol{u}_z(z). \tag{2.249}$$

(2.249) in (2.248) eingesetzt, ergibt schließlich den Zusammenhang zwischen Ein- und Ausgangsgrößen im Bildbereich der LAPLACE- bzw. der $\mathcal{Z}$-Transformation:

$$\boldsymbol{y}(s) = [\boldsymbol{C}(s\boldsymbol{I} - \boldsymbol{A})^{-1}\boldsymbol{B} + \boldsymbol{D}]\boldsymbol{u}(s). \qquad \boldsymbol{y}(z) = [\boldsymbol{C}(z\boldsymbol{I} - \boldsymbol{A}_d)^{-1}\boldsymbol{B}_d + \boldsymbol{D}]\boldsymbol{u}(z). \tag{2.250}$$

Wendet man andererseits auf die Beschreibung (2.224) bzw. (2.235) mit Hilfe der Gewichtsmatrix die LAPLACE- bzw. $\mathcal{Z}$-Transformation an, erhält man mit der Faltungsregel

$$\boldsymbol{y}(s) = \boldsymbol{G}(s)\boldsymbol{u}(s). \qquad \boldsymbol{y}(z) = \boldsymbol{H}(z)\boldsymbol{u}(z). \tag{2.251}$$

Ein Vergleich von (2.250) mit (2.251) liefert:

$$\boldsymbol{G}(s) = \mathcal{L}\{\boldsymbol{G}(t)\} = \boldsymbol{C}(s\boldsymbol{I} - \boldsymbol{A})^{-1}\boldsymbol{B} + \boldsymbol{D}. \qquad \boldsymbol{H}(z) = \mathcal{Z}\{\boldsymbol{G}_k\} = \boldsymbol{C}(z\boldsymbol{I} - \boldsymbol{A}_d)^{-1}\boldsymbol{B}_d + \boldsymbol{D}. \tag{2.252}$$

Wenn p Eingangsgrößen und q Ausgangsgrößen vorhanden sind, ist $\boldsymbol{G}(s)$ eine $(p \times q)$-Matrix. Für $p = 3$ und $q = 2$ erhält man z.B.

$$\begin{bmatrix} y_1(s) \\ y_2(s) \end{bmatrix} = \begin{bmatrix} G_{11}(s) & G_{12}(s) & G_{13}(s) \\ G_{21}(s) & G_{22}(s) & G_{23}(s) \end{bmatrix} \begin{bmatrix} u_1(s) \\ u_2(s) \\ u_3(s) \end{bmatrix};$$

Bild 2.32 zeigt die Struktur des zugehörigen Mehrfachsystems.

Für die Matrix $(s\boldsymbol{I} - \boldsymbol{A})^{-1}$ erhält man ausgeschrieben

$$(s\boldsymbol{I} - \boldsymbol{A})^{-1} = \frac{\operatorname{adj}(s\boldsymbol{I} - \boldsymbol{A})}{\det(s\boldsymbol{I} - \boldsymbol{A})}, \tag{2.253}$$

wobei der Nenner $\det(s\boldsymbol{I} - \boldsymbol{A})$ ein Polynom n-ten Grades ist,

$$\det(s\boldsymbol{I} - \boldsymbol{A}) = s^n + a_{n-1}s^{n-1} + \cdots + a_1 s + a_0. \tag{2.254}$$

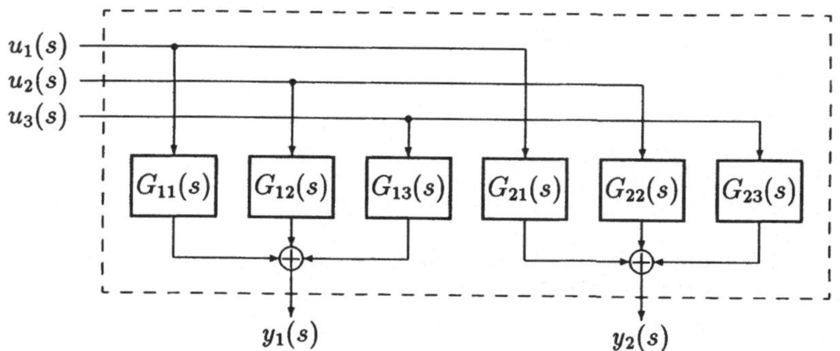

Bild 2.32: Struktur eines linearen zeitinvarianten Mehrfachsystems.

Der Zähler von (2.253) ist die zur Matrix $(s\boldsymbol{I}-\boldsymbol{A})$ adjungierte Matrix, deren Elemente $A_{ij}(s)$ Polynome in s von höchstens $(n-1)$-ten Grades sind. Das folgt aus dem Bildungsgesetz für die Elemente der adjungierten Matrix. Es ist nämlich das Element in der i-ten Zeile und k-ten Spalte $A_{ik}(s)$ gleich der Determinante der $[(n-1)\times(n-1)]$-Untermatrix, die entsteht, wenn man die k-te Zeile und die i-te Spalte der Matrix $(s\boldsymbol{I}-\boldsymbol{A})$ streicht, multipliziert mit $(-1)^{i+k}$:

$$A_{ik}(s) = (-1)^{i+k} \det \begin{bmatrix} (s-a_{11}) & -a_{12} & \cdots & \cdots & \cdots & -a_{1i} & \cdots & -a_{1n} \\ -a_{21} & (s-a_{22}) & & & & & & \vdots \\ \vdots & & \ddots & & & & & \vdots \\ -a_{k1} & \cdots & \cdots & (s-a_{kk}) & \cdots & -a_{ki} & \cdots & -a_{kn} \\ \vdots & & & & \ddots & & & \vdots \\ \vdots & & & & & (s-a_{ii}) & & \vdots \\ \vdots & & & & & & \ddots & \vdots \\ -a_{n1} & \cdots & \cdots & \cdots & \cdots & -a_{ni} & \cdots & (s-a_{nn}) \end{bmatrix} .$$

Bei der Bildung der Untermatrix fallen die Faktoren $(s-a_{kk})$ und $(s-a_{ii})$ heraus, d.h., es entsteht bei der Berechnung der Determinante ein Polynom $(n-2)$-ten Grades. Wird A_{jj} berechnet, fällt nur der Faktor $(s-a_{jj})$ heraus und es entsteht ein Polynom $(n-1)$-ten Grades.

(2.253) in (2.252) eingesetzt, liefert für die Übertragungsmatrix

$$\boldsymbol{G}(s) = \frac{\boldsymbol{C}\operatorname{adj}(s\boldsymbol{I}-\boldsymbol{A})\boldsymbol{B}}{\det(s\boldsymbol{I}-\boldsymbol{A})} + \boldsymbol{D}$$

$$= \frac{\boldsymbol{C}\operatorname{adj}(s\boldsymbol{I}-\boldsymbol{A})\boldsymbol{B} + \det(s\boldsymbol{I}-\boldsymbol{A})\cdot\boldsymbol{D}}{\det(s\boldsymbol{I}-\boldsymbol{A})}. \tag{2.255}$$

Da die Elemente der Matrix $\operatorname{adj}(s\boldsymbol{I}-\boldsymbol{A})$ Polynome in s höchstens $(n-1)$-ten Grades und die Matrizen $\boldsymbol{C}$ und $\boldsymbol{B}$ unabhängig von s sind, sind die Elemente der Matrix $\boldsymbol{C}\operatorname{adj}(s\boldsymbol{I}-\boldsymbol{A})\boldsymbol{B}$ ebenfalls Polynome in s höchstens $(n-1)$-ten Grades. Damit folgt aber aus (2.255):

2.39 Satz: *Ist die Determinante* $\det(s\boldsymbol{I} - \boldsymbol{A})$ *bzw.* $\det(z\boldsymbol{I} - \boldsymbol{A}_d)$ *ein Polynom n-ten Grades und in der mathematischen Beschreibung* (2.245) *die Durchgriffsmatrix* $\boldsymbol{D} = \boldsymbol{O}$, *dann sind die Zählerpolynome der Übertragungsmatrix höchstens* $(n-1)$*-ten Grades. Ist* $\boldsymbol{D} \neq \boldsymbol{O}$, *so können die Zählerpolynome der Übertragungsmatrix den Grad n haben.*

Im allgemeinen ist $\boldsymbol{G}(s)$ bzw. $\boldsymbol{H}(z)$ eine $(p \times q)$-Matrix, deren Elemente rationale Funktionen in s bzw. z sind. Für Einfachsysteme erhält man eine Übertragungs*funktion*

$$G(s) = \frac{Z(s)}{N(s)} \quad \text{bzw.} \quad H(z) = \frac{P(z)}{Q(z)} \tag{2.256}$$

mit dem Zählerpolynom

$$Z(s) \stackrel{\text{def}}{=} \boldsymbol{c}^T \operatorname{adj}(s\boldsymbol{I} - \boldsymbol{A})\boldsymbol{b} \quad \text{bzw.} \quad P(z) \stackrel{\text{def}}{=} \boldsymbol{c}^T \operatorname{adj}(z\boldsymbol{I} - \boldsymbol{A}_d)\boldsymbol{b}_d \tag{2.257}$$

und dem Nennerpolynom

$$N(s) \stackrel{\text{def}}{=} \det(s\boldsymbol{I} - \boldsymbol{A}) \quad \text{bzw.} \quad Q(z) \stackrel{\text{def}}{=} \det(z\boldsymbol{I} - \boldsymbol{A}_d). \tag{2.258}$$

Als **Nullstellen** der Übertragungsfunktion werden die Werte $s = n_i$ bzw. $z = n_i$ bezeichnet, für die $G(s) = 0$ bzw. $H(z) = 0$ ist. Das sind dann die Wurzeln des Zählerpolynoms. Für die Wurzeln p_i des Nennerpolynoms strebt für $s \to p_i$ bzw. $z \to p_i$ der Betrag der Übertragungsfunktion gegen unendlich. Die p_i werden deshalb **Pole** der Übertragungsfunktion genannt.

Ist die Übertragungsfunktion eines linearen Einfachsystems gegeben, können sofort zwei mathematische Beschreibungen in Zustandsform angegeben werden, denn es gilt der

2.40 Satz: *Ein System mit der Übertragungsfunktion*

$$G(s) = \frac{b_{n-1}s^{n-1} + \cdots + b_1 s + b_0}{s^n + a_{n-1}s^{n-1} + \cdots + a_1 s + a_0} \tag{2.259}$$

kann auch durch die mathematische Beschreibung in Zustandsform

$$\dot{\boldsymbol{x}}(t) = \begin{bmatrix} 0 & 1 & 0 & \cdots & 0 \\ 0 & 0 & \ddots & \ddots & \vdots \\ \vdots & \vdots & \ddots & \ddots & 0 \\ 0 & 0 & \cdots & 0 & 1 \\ -a_0 & -a_1 & \cdots & -a_{n-2} & -a_{n-1} \end{bmatrix} \boldsymbol{x}(t) + \begin{bmatrix} 0 \\ \vdots \\ \vdots \\ 1 \end{bmatrix} u(t) \tag{2.260}$$

$$y(t) = \begin{bmatrix} b_0 & b_1 & \cdots & b_{n-1} \end{bmatrix} \boldsymbol{x}(t) \tag{2.261}$$

oder

$$\dot{\hat{\boldsymbol{x}}}(t) = \begin{bmatrix} 0 & \cdots & \cdots & 0 & -a_0 \\ 1 & \ddots & & \vdots & \vdots \\ 0 & \ddots & \ddots & \vdots & \vdots \\ \vdots & \ddots & \ddots & 0 & -a_{n-2} \\ 0 & \cdots & 0 & 1 & -a_{n-1} \end{bmatrix} \hat{\boldsymbol{x}}(t) + \begin{bmatrix} b_0 \\ b_1 \\ \vdots \\ b_{n-1} \end{bmatrix} u(t) \tag{2.262}$$

$$y(t) = \begin{bmatrix} 0 & \cdots & 0 & 1 \end{bmatrix} \hat{\boldsymbol{x}}(t) \tag{2.263}$$

dargestellt werden.

Beweis: Durch LAPLACE-Transformation der Zustandsdarstellungen. □

Zu der mathematischen Beschreibung (2.260),(2.261) gehört die Struktur in Bild 2.33 und zu der in (2.262),(2.263) die Struktur in Bild 2.34.

Liegt die mathematische Beschreibung eines Systems in Form der Bewegungsgleichung

$$\boldsymbol{M}\ddot{q}(t) + \boldsymbol{G}\dot{q}(t) + \boldsymbol{K}\boldsymbol{q}(t) = \boldsymbol{V}\boldsymbol{u}(t) \tag{2.264}$$

aus Abschnitt 2.8.1 und der Ausgangsgleichung

$$\boldsymbol{y}(t) = \boldsymbol{W}_1\dot{\boldsymbol{q}}(t) + \boldsymbol{W}_2\boldsymbol{q}(t) \tag{2.265}$$

vor, wobei die Matrizen $\boldsymbol{M}$, $\boldsymbol{G}$ und $\boldsymbol{K}$ oft symmetrisch sind, ist es sinnvoll, vor allem um die Symmetrie zu erhalten und bei den numerischen Berechnungen berücksichtigen zu können, die Übertragungsmatrix $\boldsymbol{G}(s)$ direkt aus den beiden Gleichungen (2.264) und (2.265) herzuleiten. Sie liefern LAPLACE-transformiert mit $\boldsymbol{q}(0) = \dot{\boldsymbol{q}}(0) = \boldsymbol{o}$

$$\begin{aligned} \boldsymbol{q}_{\mathcal{L}}(s) &= (s^2\boldsymbol{M} + s\boldsymbol{G} + \boldsymbol{K})^{-1}\boldsymbol{V}\boldsymbol{u}_{\mathcal{L}}(s) \\ \boldsymbol{y}_{\mathcal{L}}(s) &= (s\boldsymbol{W}_1 + \boldsymbol{W}_2)\boldsymbol{q}_{\mathcal{L}}(s) \end{aligned}$$

also

$$\boldsymbol{G}(s) = (s\boldsymbol{W}_1 + \boldsymbol{W}_2)(s^2\boldsymbol{M} + s\boldsymbol{G} + \boldsymbol{K})^{-1}\boldsymbol{V}.$$

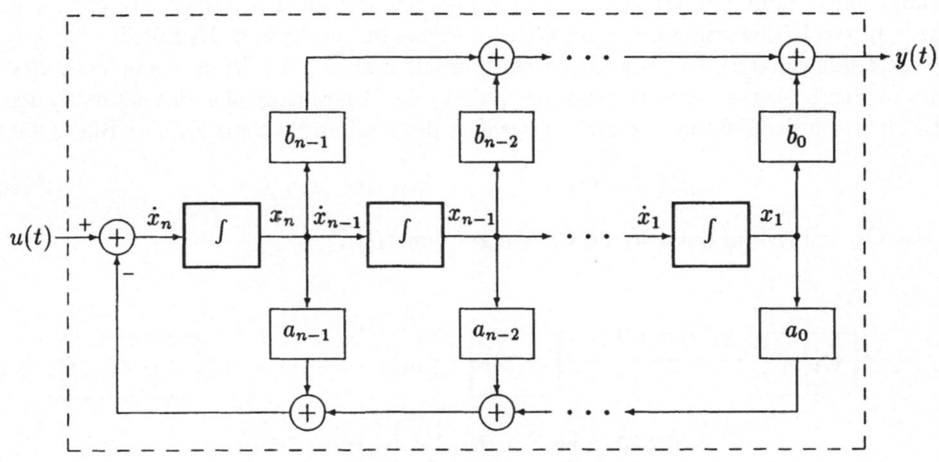

Bild 2.33: Struktur des Systems (2.260),(2.261).

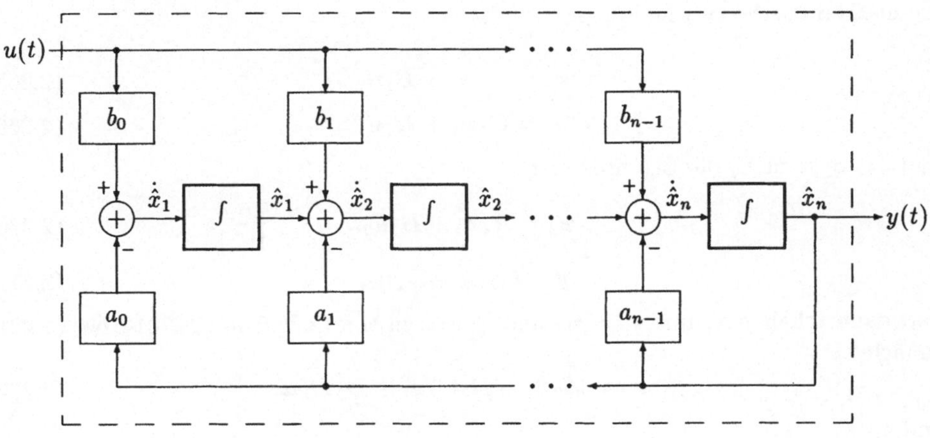

Bild 2.34: Struktur des Systems (2.262),(2.263).

2.9.4 Zusammenschaltung linearer Systeme

Übertragungsmatrizen und Übertragungsfunktionen werden vor allem für die Beschreibung von zusammengesetzten Systemen benutzt. Wenn das lineare System Σ_1 mit der $(q_1 \times p_1)$-Übertragungsmatrix $\boldsymbol{G}_1(s)$ und das lineare System Σ_2 mit der $(q_2 \times p_2)$-Übertragungsmatrix $\boldsymbol{G}_2(s)$ gegeben sind, erhält man für die *Hintereinanderschaltung* der beiden Systeme, vorausgesetzt, die Zahl q_1 der Ausgangsgrößen des ersten Systems Σ_1 ist gleich der Zahl p_2 der Eingangsgrößen des zweiten Systems Σ_2, aus Bild 2.35

$$\boldsymbol{y}_{\mathcal{L}}(s) = \boldsymbol{G}_2(s)\boldsymbol{u}_{2\mathcal{L}}(s) = \boldsymbol{G}_2(s)\boldsymbol{G}_1(s)\boldsymbol{u}_{\mathcal{L}}(s). \tag{2.266}$$

Das Gesamtsystem hat also die Übertragungsmatrix

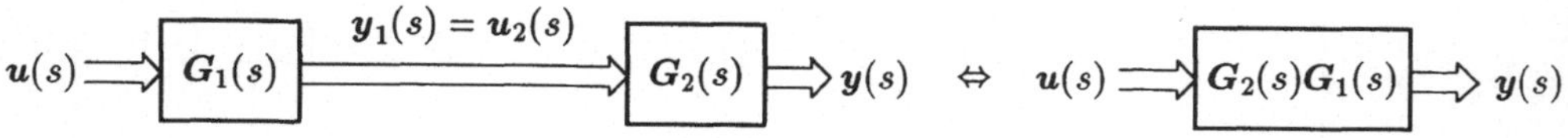

Bild 2.35: Hintereinanderschaltung zweier Systeme.

$$\boxed{\boldsymbol{F}(s) = \boldsymbol{G}_2(s)\boldsymbol{G}_1(s).} \tag{2.267}$$

Umständlicher ist die Herleitung einer mathematischen Beschreibung für die Hintereinanderschaltung, wenn man von den Zustandsbeschreibungen ausgeht. Wenn Σ_1 die mathematische Beschreibung

$$\dot{\boldsymbol{x}}_1 = \boldsymbol{A}_1\boldsymbol{x}_1 + \boldsymbol{B}_1\boldsymbol{u}, \tag{2.268}$$

$$\boldsymbol{y}_1 = \boldsymbol{C}_1\boldsymbol{x}_1 + \boldsymbol{D}_1\boldsymbol{u}, \tag{2.269}$$

und das System Σ_2 die Beschreibung

$$\dot{\boldsymbol{x}}_2 = \boldsymbol{A}_2\boldsymbol{x}_2 + \boldsymbol{B}_2\boldsymbol{u}_2, \tag{2.270}$$

$$\boldsymbol{y} = \boldsymbol{C}_2\boldsymbol{x}_2 + \boldsymbol{D}_2\boldsymbol{u}_2, \tag{2.271}$$

hat, dann erhält man mit $\boldsymbol{y}_1 = \boldsymbol{u}_2$ und Einsetzen von (2.269) in (2.270) bzw. (2.271) zunächst

$$\dot{\boldsymbol{x}}_2 = \boldsymbol{A}_2\boldsymbol{x}_2 + \boldsymbol{B}_2\boldsymbol{C}_1\boldsymbol{x}_1 + \boldsymbol{B}_2\boldsymbol{D}_1\boldsymbol{u} \tag{2.272}$$

und

$$\boldsymbol{y} = \boldsymbol{C}_2\boldsymbol{x}_2 + \boldsymbol{D}_2\boldsymbol{C}_1\boldsymbol{x}_1 + \boldsymbol{D}_2\boldsymbol{D}_1\boldsymbol{u}. \tag{2.273}$$

Faßt man $\boldsymbol{x}_1$ und $\boldsymbol{x}_2$ zu dem neuen Gesamtzustandsvektor

$$\boldsymbol{x} \overset{\text{def}}{=} \begin{bmatrix} \boldsymbol{x}_1 \\ \boldsymbol{x}_2 \end{bmatrix}$$

und die Gleichungen (2.268) und (2.272) zu einer Zustandsgleichung zusammen, erhält man zusammen mit der Ausgangsgleichung (2.273) folgende mathematische Beschreibung für das Gesamtsystem:

$$\dot{\boldsymbol{x}} = \begin{bmatrix} \boldsymbol{A}_1 & \boldsymbol{O} \\ \boldsymbol{B}_2\boldsymbol{C}_1 & \boldsymbol{A}_2 \end{bmatrix} \boldsymbol{x} + \begin{bmatrix} \boldsymbol{B}_1 \\ \boldsymbol{B}_2\boldsymbol{D}_1 \end{bmatrix} \boldsymbol{u}, \tag{2.274}$$

$$\boldsymbol{y} = [\, \boldsymbol{D}_2\boldsymbol{C}_1 \quad \boldsymbol{C}_2 \,]\boldsymbol{x} + \boldsymbol{D}_2\boldsymbol{D}_1\boldsymbol{u}. \tag{2.275}$$

Sind die Systeme Σ_1 und Σ_2 wie in Bild 2.36 *parallel* geschaltet, erhält man, wenn

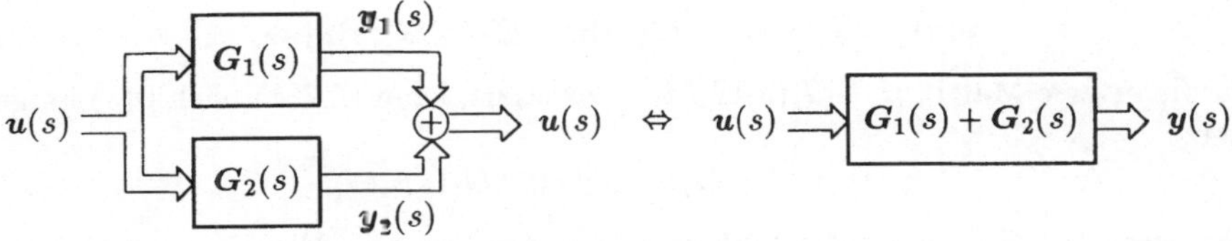

Bild 2.36: Parallelschaltung zweier linearer Systeme.

beide Systeme gleichviele Ein- und Ausgangsgrößen haben, $p_1 = p_2$ und $q_1 = q_2$,

$$\begin{aligned} \boldsymbol{y}(s) &= \boldsymbol{y}_1(s) + \boldsymbol{y}_2(s) \\ &= \boldsymbol{G}_1(s)\boldsymbol{u}(s) + \boldsymbol{G}_2(s)\boldsymbol{u}(s) \\ &= (\boldsymbol{G}_1(s) + \boldsymbol{G}_2(s))\boldsymbol{u}(s). \end{aligned} \tag{2.276}$$

Das parallelgeschaltete Gesamtsystem hat dann die Übertragungsmatrix

$$\boxed{\boldsymbol{F}(s) = \boldsymbol{G}_1(s) + \boldsymbol{G}_2(s).} \tag{2.277}$$

Geht man von der Zustandsbeschreibung (2.268) bis (2.271) aus, erhält man wieder mit

$$\boldsymbol{x} = \begin{bmatrix} \boldsymbol{x}_1 \\ \boldsymbol{x}_2 \end{bmatrix}$$

für die Parallelschaltung der beiden linearen Systeme Σ_1 und Σ_2 die mathematische Beschreibung

$$\dot{\boldsymbol{x}} = \begin{bmatrix} \boldsymbol{A}_1 & \boldsymbol{O} \\ \boldsymbol{O} & \boldsymbol{A}_2 \end{bmatrix} \boldsymbol{x} + \begin{bmatrix} \boldsymbol{B}_1 \\ \boldsymbol{B}_2 \end{bmatrix} \boldsymbol{u}, \tag{2.278}$$

$$\boldsymbol{y} = [\, \boldsymbol{C}_1 \quad \boldsymbol{C}_2 \,]\boldsymbol{x} + (\boldsymbol{D}_1 + \boldsymbol{D}_2)\boldsymbol{u}. \tag{2.279}$$

Wird das System Σ_1 über das System Σ_2, wie in Bild 2.37, *zurückgekoppelt*, so wird

$$\boldsymbol{u}_1(s) = \boldsymbol{u}(s) - \boldsymbol{y}_2(s) = \boldsymbol{u}(s) - \boldsymbol{G}_2(s)\boldsymbol{y}(s), \tag{2.280}$$

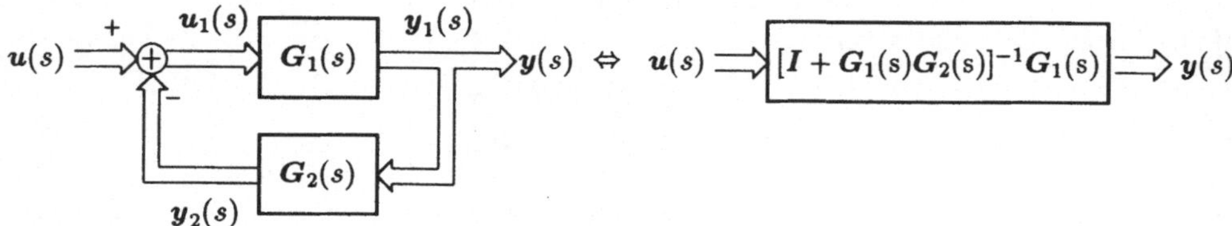

Bild 2.37: Rückgekoppeltes System.

d.h.,

$$\boldsymbol{y}(s) = \boldsymbol{G}_1(s)\boldsymbol{u}_1 = \boldsymbol{G}_1(s)\boldsymbol{u} - \boldsymbol{G}_1(s)\boldsymbol{G}_2(s)\boldsymbol{y}(s). \qquad (2.281)$$

Wenn die inverse Matrix $[I + \boldsymbol{G}_1(s)\boldsymbol{G}_2(s)]^{-1}$ existiert, kann (2.281) nach $\boldsymbol{y}(s)$ aufgelöst werden:

$$\boldsymbol{y}(s) = [\boldsymbol{I} + \boldsymbol{G}_1(s)\boldsymbol{G}_2(s)]^{-1}\boldsymbol{G}_1(s)\boldsymbol{u}(s). \qquad (2.282)$$

Für das gesamte rückgekoppelte System erhält man dann die Übertragungsmatrix

$$\boxed{\boldsymbol{F}(s) = [\boldsymbol{I} + \boldsymbol{G}_1(s)\boldsymbol{G}_2(s)]^{-1}\boldsymbol{G}_1(s).} \qquad (2.283)$$

Sind Σ_1 und Σ_2 Einfachsysteme, also $p_1 = p_2 = q_1 = q_2 = 1$, werden aus den Übertragungs*matrizen* Übertragungs*funktionen* und für das rückgekoppelte System erhält man die Übertragungsfunktion

$$\boxed{F(s) = \frac{G_1(s)}{1 + G_1(s)G_2(s)}.} \qquad (2.284)$$

Geht man dagegen von der Zustandsbeschreibung (2.268) bis (2.271) aus, erhält man für die Rückkopplungsschaltung in Bild 2.37 nach einigen elementaren Rechenschritten mit

$$\boldsymbol{x} \overset{\text{def}}{=} \begin{bmatrix} \boldsymbol{x}_1 \\ \boldsymbol{x}_2 \end{bmatrix} \quad \text{und} \quad \boldsymbol{D}^* \overset{\text{def}}{=} (\boldsymbol{I} + \boldsymbol{D}_2\boldsymbol{D}_1)^{-1}$$

die mathematische Beschreibung

$$\dot{\boldsymbol{x}} = \left[\begin{array}{c|c} \boldsymbol{A}_1 - \boldsymbol{B}_1\boldsymbol{D}^*\boldsymbol{C}_1 & -\boldsymbol{B}_1\boldsymbol{D}^*\boldsymbol{C}_2 \\ \boldsymbol{B}_2(\boldsymbol{I} - \boldsymbol{D}_1\boldsymbol{D}^*)\boldsymbol{C}_1 & \boldsymbol{A}_2 - \boldsymbol{B}_2\boldsymbol{D}_1\boldsymbol{D}^*\boldsymbol{C}_2 \end{array}\right]\boldsymbol{x} + \begin{bmatrix} \boldsymbol{B}_1\boldsymbol{D}^* \\ \boldsymbol{B}_2\boldsymbol{D}_1\boldsymbol{D}^* \end{bmatrix}\boldsymbol{u} \qquad (2.285)$$

$$\boldsymbol{y} = [\,(\boldsymbol{I} - \boldsymbol{D}_1\boldsymbol{D}^*)\boldsymbol{C}_1 \;\;|\;\; -\boldsymbol{D}_1\boldsymbol{D}^*\boldsymbol{C}_2\,]\boldsymbol{x} + \boldsymbol{D}_1\boldsymbol{D}^*\boldsymbol{u}. \qquad (2.286)$$

Ein Sonderfall ist in Bild 2.38 dargestellt. Dies ist eine der Grundschaltungen der Regelungstechnik. Σ_R soll der Regler und Σ_S die Regelstrecke, d.h. das zu regelnde

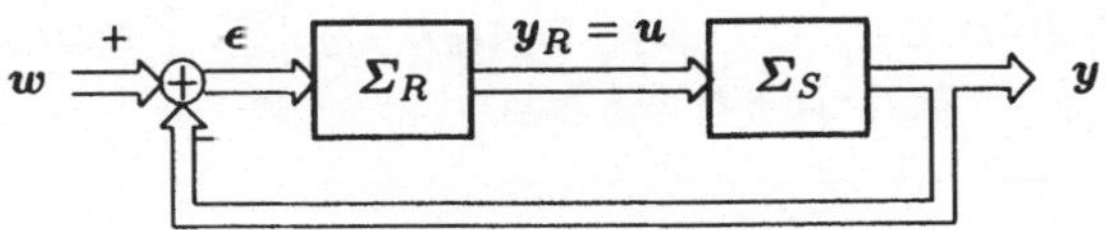

Bild 2.38: Grundschaltung der Regelungstechnik.

System, sein. Gehört zu dem Regler die Übertragungsmatrix $\boldsymbol{R}(s)$ und zu der Strecke die Übertragungsmatrix $\boldsymbol{G}(s)$, erhält man sofort aus (2.283) mit $\boldsymbol{G}_1(s) = \boldsymbol{G}(s)\boldsymbol{R}(s)$ und $\boldsymbol{G}_2(s) = \boldsymbol{I}$

$$\boldsymbol{F}(s) = [\boldsymbol{I} + \boldsymbol{G}(s)\boldsymbol{R}(s)]^{-1}\boldsymbol{G}(s)\boldsymbol{R}(s), \tag{2.287}$$

bzw. im Fall von Einfachsystemen

$$F(s) = \frac{G(s)R(s)}{1 + G(s)R(s)}. \tag{2.288}$$

Liegt dagegen die mathematische Beschreibung für den Regler Σ_R als Zustandsbeschreibung vor ($\boldsymbol{e} = \boldsymbol{w} - \boldsymbol{y}$ ist der Eingangsvektor für den Regler, siehe Bild 2.38)

$$\dot{\boldsymbol{x}}_R = \boldsymbol{A}_R\boldsymbol{x}_R + \boldsymbol{B}_R\boldsymbol{e}, \tag{2.289}$$

$$\boldsymbol{y}_R = \boldsymbol{C}_R\boldsymbol{x}_R + \boldsymbol{D}_R\boldsymbol{e}, \tag{2.290}$$

ebenfalls die der Regelstrecke Σ_S:

$$\dot{\boldsymbol{x}}_S = \boldsymbol{A}_S\boldsymbol{x}_S + \boldsymbol{B}_S\boldsymbol{u}, \tag{2.291}$$

$$\boldsymbol{y} = \boldsymbol{C}_S\boldsymbol{x}_S + \boldsymbol{D}_S\boldsymbol{u}, \tag{2.292}$$

dann erhält man nach einigen elementaren Umformungen unter Hinzuziehung der mathematischen Beschreibung (2.274)/(2.275) der Hintereinanderschaltung zweier dynamischer Systeme mit dem Zustandsvektor

$$\boldsymbol{x} \stackrel{\text{def}}{=} \begin{bmatrix} \boldsymbol{x}_R \\ \boldsymbol{x}_S \end{bmatrix} \quad \text{und} \quad \boldsymbol{D}^* \stackrel{\text{def}}{=} (\boldsymbol{I} + \boldsymbol{D}_S\boldsymbol{D}_R)^{-1}$$

diese mathematische Beschreibung des gemäß Bild 2.38 rückgekoppelten Gesamtsystems mit dem neuen Eingangsvektor $\boldsymbol{w}$ und der Ausgangsgröße $\boldsymbol{y}$,

$$\begin{aligned} \dot{\boldsymbol{x}} &= \left[\begin{array}{c|c} \boldsymbol{A}_R - \boldsymbol{B}_R\boldsymbol{D}^*\boldsymbol{D}_S\boldsymbol{C}_R & -\boldsymbol{B}_R\boldsymbol{D}^*\boldsymbol{C}_S \\ \boldsymbol{B}_S(\boldsymbol{I} - \boldsymbol{D}_R\boldsymbol{D}^*\boldsymbol{D}_S)\boldsymbol{C}_R & \boldsymbol{A}_S - \boldsymbol{B}_S\boldsymbol{D}_R\boldsymbol{D}^*\boldsymbol{C}_S \end{array}\right]\boldsymbol{x} + \left[\begin{array}{c} \boldsymbol{B}_R\boldsymbol{D}^* \\ \boldsymbol{B}_S\boldsymbol{D}_R\boldsymbol{D}^* \end{array}\right]\boldsymbol{w} \\ \boldsymbol{y} &= [\boldsymbol{D}^*\boldsymbol{D}_S\boldsymbol{C}_R \mid \boldsymbol{D}^*\boldsymbol{C}_S]\boldsymbol{x} + \boldsymbol{D}^*\boldsymbol{D}_S\boldsymbol{D}_R\boldsymbol{w}. \end{aligned} \tag{2.293}$$

Einen Sonderfall stellt ein Regelkreis mit einem PI-Regler wie in Bild 2.39 dar. Hier

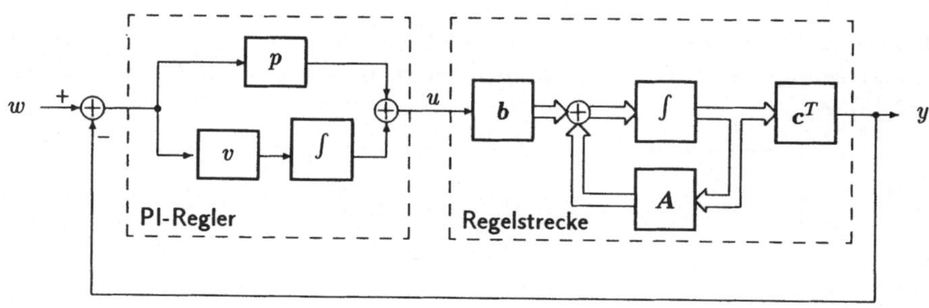

Bild 2.39: Regelkreis mit einem PI–Regler.

ist $\boldsymbol{A}_R = 0, \boldsymbol{B}_R = v, \boldsymbol{C}_R = 1, \boldsymbol{D}_R = p$ sowie $\boldsymbol{A}_S = \boldsymbol{A}, \boldsymbol{B}_S = \boldsymbol{b}, \boldsymbol{C}_S = \boldsymbol{c}^T$ und $\boldsymbol{D}_S = 0$. Hierfür erhält man mit

$$\boldsymbol{x} = \begin{bmatrix} \boldsymbol{x}_R \\ \boldsymbol{x}_S \end{bmatrix}$$

und $\boldsymbol{D}^* = 1$ aus (2.293) die mathematische Beschreibung für das gesamte rückgekoppelte System

$$\begin{aligned} \dot{\boldsymbol{x}} &= \begin{bmatrix} 0 & -v \cdot \boldsymbol{c}^T \\ \boldsymbol{b} & \boldsymbol{A} - p\boldsymbol{b}\boldsymbol{c}^T \end{bmatrix}\boldsymbol{x} + \begin{bmatrix} v \\ p\boldsymbol{b} \end{bmatrix} w = \boldsymbol{A}^*\boldsymbol{x} + \boldsymbol{b}^* w, \\ y &= \begin{bmatrix} 0 & \boldsymbol{c}^T \end{bmatrix}\boldsymbol{x} = \boldsymbol{c}^{*T}\boldsymbol{x}. \end{aligned} \tag{2.294}$$

Daraus erhält man als Übertragungsfunktion

$$F(s) = \boldsymbol{c}^{*T}(s\boldsymbol{I}_{n+1} - \boldsymbol{A}^*)^{-1}\boldsymbol{b}^*. \tag{2.295}$$

Die darin auftretende Matrix $(s\boldsymbol{I}_{n+1} - \boldsymbol{A}^*)$ hat die Form

$$s\boldsymbol{I}_{n+1} - \boldsymbol{A}^* = \begin{bmatrix} a_{11} & \boldsymbol{a}_{12}^T \\ \boldsymbol{a}_{21} & \boldsymbol{A}_{22} \end{bmatrix}.$$

Ihre Inverse sei $\boldsymbol{X}$. Dann muß gelten

$$\begin{bmatrix} a_{11} & \boldsymbol{a}_{12}^T \\ \boldsymbol{a}_{21} & \boldsymbol{A}_{22} \end{bmatrix} \begin{bmatrix} x_{11} & \boldsymbol{x}_{12}^T \\ \boldsymbol{x}_{21} & \boldsymbol{X}_{22} \end{bmatrix} = \begin{bmatrix} 1 & \boldsymbol{o}^T \\ \boldsymbol{o} & \boldsymbol{I}_n \end{bmatrix}.$$

Multipliziert man die beiden Matrizen auf der linken Seite und vergleicht das Ergebnis mit der Matrix auf der rechten Seite elementweise, erhält man die vier Beziehungen

$$a_{11}x_{11} + \boldsymbol{a}_{12}^T\boldsymbol{x}_{21} = 1, \tag{2.296}$$

$$a_{11}\boldsymbol{x}_{12}^T + \boldsymbol{a}_{12}^T\boldsymbol{X}_{22} = \boldsymbol{o}^T, \tag{2.297}$$

$$\boldsymbol{a}_{21}x_{11} + \boldsymbol{A}_{22}\boldsymbol{x}_{21} = \boldsymbol{o}, \tag{2.298}$$

$$\boldsymbol{a}_{21}\boldsymbol{x}_{12}^T + \boldsymbol{A}_{22}\boldsymbol{X}_{22} = \boldsymbol{I}_n. \tag{2.299}$$

Unter der Voraussetzung $a_{11} \neq 0$ erhält man aus (2.296)

$$x_{11} = \frac{1}{a_{11}}(1 - \boldsymbol{a}_{12}^T\boldsymbol{x}_{21}) \tag{2.300}$$

und nach Einsetzen in (2.298) und Auflösen nach $\boldsymbol{x}_{21}$

$$\boldsymbol{x}_{21} = -\left(\boldsymbol{A}_{22} - \frac{\boldsymbol{a}_{21}\boldsymbol{a}_{12}^T}{a_{11}}\right)^{-1}\frac{\boldsymbol{a}_{21}}{a_{11}}. \tag{2.301}$$

Entsprechend erhält man

$$\boldsymbol{X}_{22} = \left(\boldsymbol{A}_{22} - \frac{\boldsymbol{a}_{21}\boldsymbol{a}_{12}^T}{a_{11}}\right)^{-1} \tag{2.302}$$

und

$$\boldsymbol{x}_{12} = -\frac{\boldsymbol{a}_{12}^T}{a_{11}}\left(\boldsymbol{A}_{22} - \frac{\boldsymbol{a}_{21}\boldsymbol{a}_{12}^T}{a_{11}}\right)^{-1}. \tag{2.303}$$

Damit ergibt sich gemäß (2.295) für die Übertragungsfunktion

$$\begin{aligned} F(s) &= \boldsymbol{c}^{*T}\boldsymbol{X}\boldsymbol{b}^* \\ &= \begin{bmatrix} 0 \mid \boldsymbol{c}^T \end{bmatrix} \begin{bmatrix} x_{11} & \boldsymbol{x}_{12}^T \\ \boldsymbol{x}_{21} & \boldsymbol{X}_{22} \end{bmatrix} \begin{bmatrix} v \\ p\boldsymbol{b} \end{bmatrix} \\ &= v\boldsymbol{c}^T\boldsymbol{x}_{21} + p\boldsymbol{c}^T\boldsymbol{X}_{22}\boldsymbol{b} \end{aligned}$$

und nach Einsetzen von (2.301) und (2.302)

$$F(s) = \left(p + \frac{v}{s}\right)\boldsymbol{c}^T\left[s\boldsymbol{I} - \boldsymbol{A} + \left(p + \frac{v}{s}\right)\boldsymbol{b}\boldsymbol{c}^T\right]^{-1}\boldsymbol{b},$$

$$\boxed{F(s) = \frac{(sp + v)\boldsymbol{c}^T\operatorname{adj}[s\boldsymbol{I} - \boldsymbol{A} + (p + \frac{v}{s})\boldsymbol{b}\boldsymbol{c}^T]\boldsymbol{b}}{s\det[s\boldsymbol{I} - \boldsymbol{A} + (p + \frac{v}{s})\boldsymbol{b}\boldsymbol{c}^T]}.} \tag{2.304}$$

Geht man dagegen von der Formel (2.288)

$$F(s) = \frac{R(s)G(s)}{1 + R(s)G(s)}$$

aus, erhält man mit

$$R(s) = p + \frac{v}{s} = \frac{sp+v}{s}$$

und

$$G(s) = \frac{\boldsymbol{c}^T \mathrm{adj}(s\boldsymbol{I} - \boldsymbol{A})\boldsymbol{b}}{\det(s\boldsymbol{I} - \boldsymbol{A})}$$

als Übertragungsfunktion für das rückgekoppelte System

$$F(s) = \frac{(sp+v)\boldsymbol{c}^T \mathrm{adj}(s\boldsymbol{I} - \boldsymbol{A})\boldsymbol{b}}{s\det(s\boldsymbol{I} - \boldsymbol{A}) + (sp+v)\boldsymbol{c}^T \mathrm{adj}(s\boldsymbol{I} - \boldsymbol{A})\boldsymbol{b}}. \tag{2.305}$$

Die Identität der beiden Formeln (2.304) und (2.305) für die Übertragungsfunktion $F(s)$ kann am einfachsten mit Hilfe der in Abschnitt 6.1 angegebenen Regelungsnormalform für die Zustandsbeschreibung gezeigt werden.

2.9.5 Frequenzgang

In der Meßtechnik sind sinusförmige Eingangsgrößen als Testfunktionen üblich. Mit Hilfe solcher Testfunktionen können für lineare zeitinvariante Systeme mathematische Beschreibungen experimentell gefunden werden. Die Übertragungseigenschaften eines Systems für sinusförmige Eingangssignale haben deshalb allgemeine Bedeutung, weil Sinussignale Grundbausteine sind, aus denen nach dem FOURIER-Theorem allgemeine Signale aufgebaut bzw. in welche diese zerlegt werden können.

Außerdem ist es oft interessant, das Übertragungsverhalten eines Systems in Abhängigkeit von der Frequenz zu kennen, d.h. ein System wie in der Nachrichtentechnik als Filter zu betrachten, vor allem dann, wenn Störungen in Form von Rauschsignalen auftreten und von dem geregelten System dann gewisse Bandpaßeigenschaften verlangt werden.

Der Frequenzgang ist auch dann sehr nützlich, wenn die Übertragungsfunktion oder ein anderes mathematisches Modell unbekannt sind. Dann kann der Frequenzgang gemessen und eine Näherung für die Übertragungsfunktion aus der grafischen Darstellung des Frequenzganges ermittelt werden.

Für ein sinusförmiges Eingangssignal

$$u(t) = A\sin(\omega t) \tag{2.306}$$

erhält man mit Hilfe der Übertragungsfunktion $G(s)$ für das Ausgangssignal

$$y(s) = G(s)u(s),$$

also insbesondere für das sinusförmige Eingangssignal

$$u(s) = \frac{A\omega}{s^2 + \omega^2}$$

für die Ausgangsgröße

$$y(s) = G(s)\frac{A\omega}{s^2+\omega^2} = A\omega\frac{G(s)}{(s-j\omega)(s+j\omega)}. \tag{2.307}$$

Durch Partialbruchzerlegung wird aus (2.307)

$$y(s) = A\omega\left[\frac{K_1}{s-j\omega} + \frac{K_2}{s+j\omega} + \sum_{i=1}^{\nu}\left(\frac{K_{i1}}{s-p_i} + \frac{K_{i2}}{(s-p_i)^2} + \cdots + \frac{K_{ir_i}}{(s-p_i)^{r_i}}\right)\right], \tag{2.308}$$

wobei angenommen wurde, daß die Übertragungsfunktion ν verschiedene Pole p_i hat und die Vielfachheit eines Pols p_i gleich r_i ist. Für die Konstante K_1 erhält man

$$K_1 = \left[(s-j\omega)\frac{G(s)}{(s-j\omega)(s+j\omega)}\right]_{s=j\omega} = \frac{G(j\omega)}{2j\omega} \tag{2.309}$$

und für K_2

$$K_2 = \left[(s-j\omega)\frac{G(s)}{(s-j\omega)(s+j\omega)}\right]_{s=-j\omega} = -\frac{G(-j\omega)}{2j\omega}, \tag{2.310}$$

wobei $G(j\omega)$ und $G(-j\omega)$ komplexe Zahlen sind. (2.309) und (2.310) in (2.308) eingesetzt und die Summe in (2.308) als $r(s)$ abgekürzt, ergibt

$$y(s) = \frac{A}{2j}\left[G(j\omega)\frac{1}{s-j\omega} - G(-j\omega)\frac{1}{s+j\omega}\right] + A\omega r(s) \tag{2.311}$$

und nach Rücktransformation in den Zeitbereich

$$y(t) = \frac{A}{2j}\left[G(j\omega)e^{j\omega t} - G(-j\omega)e^{-j\omega t}\right] + A\omega r(t). \tag{2.312}$$

Da die Koeffizienten des Zähler- und des Nennerpolynoms der Übertragungsfunktion $G(s)$ reelle Zahlen sind, gilt allgemein für ein konjugiert komplexes $\bar{s}$

$$G(\bar{s}) = \overline{G}(s)$$

und insbesondere

$$G(\overline{j\omega}) = G(-j\omega) = \overline{G}(j\omega).$$

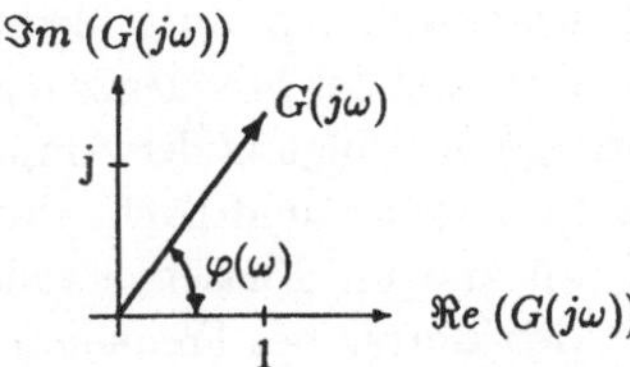

Bild 2.40: $G(j\omega)$ in der komplexen Ebene.

Mit

$$\varphi(\omega) = \arctan\left(\frac{\Im m(G(j\omega))}{\Re e(G(j\omega))}\right), \tag{2.313}$$

siehe Bild 2.40, kann auch geschrieben werden

$$G(j\omega) = |G(j\omega)|e^{j\varphi(\omega)}, \tag{2.314}$$

und es gilt auch

$$G(-j\omega) = |G(j\omega)|e^{-j\varphi(\omega)}. \tag{2.315}$$

(2.314) und (2.315) in (2.312) eingesetzt, ergibt

$$y(t) = A\,|G(j\omega)|\frac{e^{j[\omega t+\varphi(\omega)]} - e^{-j[\omega t+\varphi(\omega)]}}{2j} + A\omega r(t)$$

und mit dem Zusammenhang

$$\frac{e^{j\alpha} - e^{-j\alpha}}{2j} = \sin\alpha$$

schließlich

$$y(t) = A\,|G(j\omega)|\sin[\omega t + \varphi(\omega)] + A\omega r(t). \tag{2.316}$$

Die Ausgangsgröße setzt sich also aus zwei Anteilen zusammen, nämlich einer wieder sinusförmigen Schwingung mit der gleichen Frequenz ω wie die Eingangsgröße, aber mit der Amplitude $A \cdot |G(j\omega)|$ und der Phasenverschiebung $\varphi(\omega)$, sowie einer Zeitfunktion $A\omega r(t)$, deren Verhalten durch die Pole der Übertragungsfunktion $G(s)$ bestimmt wird. Der Verstärkungsfaktor $|G(j\omega)|$ und die Phasenverschiebung $\varphi(\omega)$ sind dabei von der gewählten Frequenz der Eingangsschwingung abhängig. Deshalb die

2.41 Definition: *Die Übertragungsfunktion eines linearen zeitinvarianten Einfachsystems auf der imaginären Achse, $G(j\omega)$, heißt* **Frequenzgang**.

Entsprechend definiert man für Mehrfachsysteme:

2.42 Definition: *Die Übertragungsmatrix eines linearen zeitinvarianten Mehrfachsystems auf der imaginären Achse $\mathbf{G}(j\omega)$ heißt* **Frequenzgangmatrix**.

Hat die Übertragungsfunktion $G(s)$ nur Pole mit negativem Realteil, treten in $r(t)$ nur Summanden mit Exponentialfunktionen auf, deren Exponenten sämtlich negativ sind, also mit wachsender Zeit t gegen null streben, so daß im *stationären Zustand* nur die sinusförmige Ausgangsschwingung übrig bleibt (Bild 2.41). Das Verhalten solcher Systeme zeigt einen Weg, wie der Frequenzgang experimentell ermittelt werden kann: Es wird eine sinusförmige Schwingung der Amplitude A und der Frequenz ω als Eingangsgröße auf das System gegeben und nach Abwarten des stationären Zustands die Amplitude $B = A|G(j\omega)|$ und die Phasenverschiebung $\varphi(\omega)$ der Ausgangsgröße gemessen. Man erhält dann den Betrag des Frequenzgangs aus

$$|G(j\omega)| = \frac{B}{A}.$$

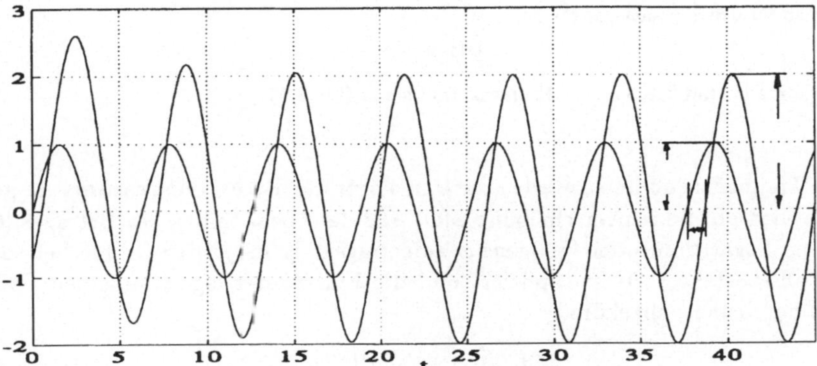

Bild 2.41: Ermittlung des Verstärkungsfaktors und der Phasenverschiebung aus Eingangs- und Ausgangsschwingung.

So verfährt man mit den Frequenzen des für die Anwendung interessierenden Frequenzbereichs.

Für $\omega = 0$ bis $\omega = \infty$ erhält man in der komplexen Zahlenebene eine graphische Darstellung des Frequenzgangs die **Ortskurve** (Bild 2.42). Eine zweite graphische

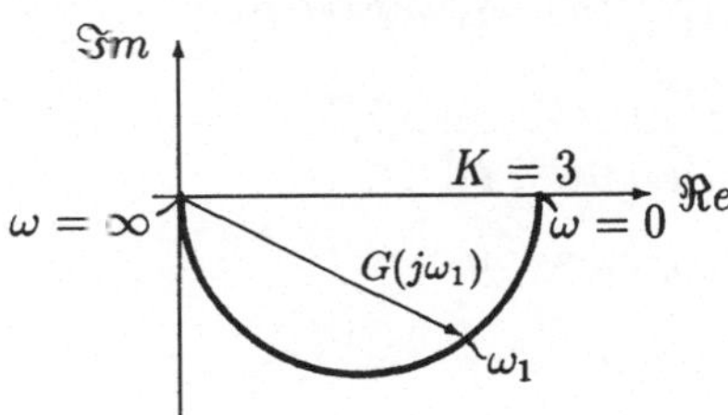

Bild 2.42: Ortskurve für den Frequenzgang $G(j\omega) = K/(1 + j\omega)$.

Darstellung erhält man durch das getrennte Auftragen des Betrages $|G(j\omega)|$ und der Phasenverschiebung $\varphi(\omega)$ über der Frequenz, das sind die **Betrags-** und die **Phasenkennlinie**, zusammen **Frequenzkennlinien** genannt (Bild 2.43).

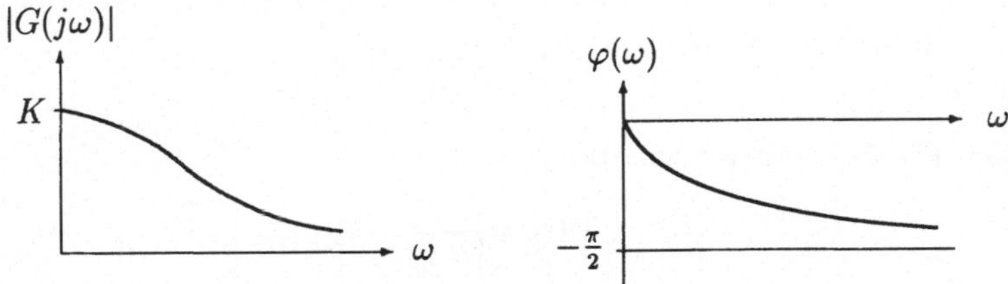

Bild 2.43: Frequenzkennlinien für den Frequenzgang $G(j\omega) = K/(1 + j\omega)$.

2.43 Beispiel: Für die Übertragungsfunktion

$$G(s) = \frac{3}{1+s}$$

erhält man für den Frequenzgang

$$G(j\omega) = \frac{3}{1+j\omega}$$

die Ortskurve in Bild 2.42 und die Frequenzkennlinie in Bild 2.43. □

Die Frequenzkennlinien werden auch in Form des BODE-**Diagramms** dargestellt. Hierbei wird die Phasenverschiebung $\varphi(\omega)$ und der Logarithmus des Betrages $|G(j\omega)|$ über dem Logarithmus der Frequenz ω aufgetragen. $\lg(|G(j\omega)|)$ wird hierbei noch mit dem Maßstabsfaktor 20 multipliziert und die Einheit der logarithmischen Größe als *Dezibel* bezeichnet, abgekürzt:

$$|G(j\omega)|_{dB} = 20\lg(|G(j\omega)|). \tag{2.317}$$

Für ein System mit der ganz allgemeinen Übertragungsfunktion

$$G(s) = K\frac{\prod_{i=1}^{m}(s-n_i)}{\prod_{i=1}^{n}(s-p_i)} \tag{2.318}$$

bzw. dem Frequenzgang

$$\begin{aligned} G(j\omega) &= K\frac{\prod_{i=1}^{m}|j\omega-n_i|e^{j\mathrm{arc}\{j\omega-n_i\}}}{\prod_{i=1}^{n}|j\omega-p_i|e^{j\mathrm{arc}\{j\omega-p_i\}}} \\ &= K\frac{\prod_{i=1}^{m}|j\omega-n_i|}{\prod_{i=1}^{n}|j\omega-p_i|}e^{j[\sum_{i=1}^{m}\mathrm{arc}\{j\omega-n_i\}-\sum_{i=1}^{n}\mathrm{arc}\{j\omega-p_i\}]} \\ &= |G(j\omega)|e^{j\mathrm{arc}\{G(j\omega)\}} \end{aligned}$$

erhält man dann als Betragskennlinie

$$|G(j\omega)|_{dB} = 20\lg K + \sum_{i=1}^{m}20\lg|j\omega-n_i| - \sum_{i=1}^{n}20\lg|j\omega-p_i| \tag{2.319}$$

und als Phasenkennlinie

$$\mathrm{arc}\{G(j\omega)\} = \mathrm{arc}\{K\} + \sum_{i=1}^{m}\mathrm{arc}\{j\omega-n_i\} - \sum_{i=1}^{n}\mathrm{arc}\{j\omega-p_i\}, \tag{2.320}$$

mit $\mathrm{arc}\{K\} = 0$ für $K > 0$ und gleich $-\pi$ für $K < 0$.

2.44 Beispiel: Für die Übertragungsfunktion

$$G(s) = \frac{K}{1+s}$$

erhält man die Betragskennlinie

$$|G(j\omega)|_{dB} = 20\lg(K) - 20\lg|1+j\omega|,$$

d.h., es gilt (Bild 2.44)

$$|G(j\omega)|_{dB} = \begin{cases} 0\lg(K) \text{ für } \omega \ll 1, \\ 20\lg(K) - 20\lg(\omega) \text{ für } \omega \gg 1. \end{cases}$$

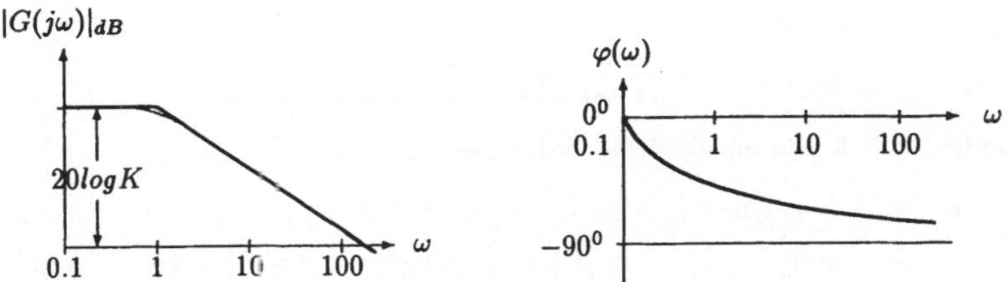

Bild 2.44: BODE-Diagramm für den Frequenzgang $G(j\omega) = K/(1+j\omega)$.

Für die Phasenkennlinie ergibt sich mit

$$G(j\omega) = \frac{K}{1+j\omega} \cdot \frac{1-j\omega}{1-j\omega} = \frac{K}{1+\omega^2} - j\frac{\omega K}{1+\omega^2}$$

der Verlauf

$$\varphi(\omega) = \arctan(-\omega).$$

□

Der wesentliche Vorteil des BODE-Diagramms besteht darin, daß sich die Frequenzkennlinie von hintereinandergeschalteten Systemen einfach durch Addition der einzelnen Kennlinien ergibt; denn für das Gesamtsystem $G(s) = G_1(s)G_2(s)$ erhält man

$$G(j\omega) = G_1(j\omega)G_2(j\omega) = |G_1(j\omega)|e^{j\varphi_1(\omega)}|G_2(j\omega)|e^{j\varphi_2(\omega)}$$

und daraus für die Betragskennlinie

$$|G(j\omega)| = |G_1(j\omega)| \cdot |G_2(j\omega)|,$$

bzw. durch Logarithmieren

$$20\lg|G(j\omega)| = 20\lg|G_1(j\omega)| + 20\lg|G_2(j\omega)|$$

oder

$$|G(j\omega)|_{dB} = |G_1(j\omega)|_{dB} + |G_2(j\omega)|_{dB} \tag{2.321}$$

und für die Phasenkennlinie

$$\varphi(\omega) = \varphi_1(\omega) + \varphi_2(\omega). \tag{2.322}$$

2.45 Beispiel: Gesucht ist die Betragskennlinie der Hintereinanderschaltung zweier Systeme mit den Übertragungsfunktionen

$$G_1(s) = \frac{1}{1+s} \quad \text{und} \quad G_2 = \frac{s+2}{100+14,14s+s^2}.$$

Das zweite System kann als Hintereinanderschaltung zweier Systeme mit den Übertragungsfunktionen

$$G_{21}(s) = s+2 = 2(1+\frac{s}{2})$$

und

$$G_{22}(s) = \frac{1}{100 + 14,14s + s^2} = \frac{1}{100} \cdot \frac{1}{1 + 1,414\frac{s}{10} + \left(\frac{s}{10}\right)^2}$$

aufgefaßt werden, so daß man für die Betragskennlinie insgesamt

$$\begin{aligned} |G(j\omega)|_{dB} &= |G_1(j\omega)|_{dB} + |G_{21}(j\omega)|_{dB} + |G_{22}(j\omega)|_{dB} \\ &= -20\lg|1 + j\omega| + 20\lg\left|1 + j\frac{\omega}{2}\right| - 20\lg\left|1 + 1,414j\frac{\omega}{10} - \left(\frac{\omega}{10}\right)^2\right| + 20\lg\frac{2}{100}, \end{aligned}$$

erhält, wie Bild 2.45 zeigt. Für das Gesamtsystem ergibt sich dann durch Addition der drei Betrags-

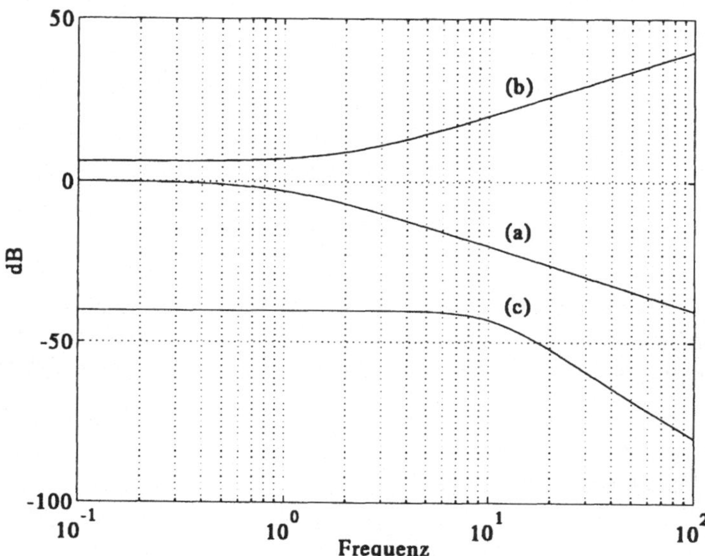

Bild 2.45: BODE-Diagramme für die hintereinandergeschalteten Übertragungsfunktionen des Systems aus Beispiel 2.45; (a) $G_1(s)$, (b) $G_{21}(s)$, (c) $G_{22}(s)$.

kennlinien in Bild 2.45 zuzüglich $20\lg(2/100) = -33,98$ dB die Betragskennlinie in Bild 2.46. □

2.9.6 Zusammenfassung

In Tabelle 2.4 sind für sechs Grundtypen von linearen Systemen die möglichen mathematischen Beschreibungen und in Tabelle 2.5 das Zeitverhalten, die Ortskurven und die Frequenzkennlinien zusammengefaßt.

Aus dieser Tabelle soll die Sprungantwort $h(t)$ des Verzögerungsgliedes 2. Ordnung (VZ_2-Glied oder PT_2-Glied) als Beispiel ausführlich hergeleitet werden.

2.46 Beispiel: *Berechnung der Sprungantwort des VZ_2-Gliedes.* Die Sprungantwort eines Systems mit der Übertragungsfunktion $G(s)$ ist definiert durch

$$h(t) = \mathcal{L}^{-1}\left\{\frac{1}{s}G(s)\right\} = \mathcal{L}^{-1}\{H(s)\}.$$

Tabelle 2.4: Mathematische Beschreibungen und Zeitverhalten einiger Grundtypen von linearen Systemen

Typ	**Zeitgleichung**	**Übertragungsfkt.** $G(s)$	**Sprungantwort** $h(t)$
P-Glied	$y(t) = K \cdot u(t)$	K	$K \cdot \sigma(t)$
D-Glied	$y(t) = K \cdot \dot{u}(t)$	$K \cdot s$	$K \cdot \delta(t)$
PD-Glied	$y(t) = K(u(t) + T\dot{u}(t))$	$K(1 + sT)$	$K(\sigma(t) + T\delta(t))$
I-Glied	$y(t) = K \int_0^t u(\tau)\mathrm{d}\tau$	$\frac{K}{s}$	$Kt\sigma(t)$
VZ_1-Glied	$T\dot{y}(t) + y(t) = Ku(t)$	$\frac{K}{1+Ts}$	$K(1 - \mathrm{e}^{-t/T})\sigma(t)$
VZ_2-Glied	$T^2\ddot{y}(t) + 2dT\dot{y}(t) + y(t)$ $= Ku(t)$	$\frac{K}{1 + 2dTs + T^2s^2}$	$y(t) = K\left[1 - \frac{\mathrm{e}^{-td/T}}{\sqrt{1-d^2}} \cdot \sin(t\frac{\sqrt{1-d^2}}{T} + \varphi)\right]\sigma(t)$ $\{d < 1,\ \varphi \stackrel{\mathrm{def}}{=} \arctan\frac{\sqrt{1-d^2}}{d}\}$

Tabelle 2.5: Zeitverhalten, Ortskurve und BODE–Diagramm einiger Grundtypen von linearen Systemen

Typ	Sprungantwort	Ortskurve	BODE-Diagramm
P-Glied	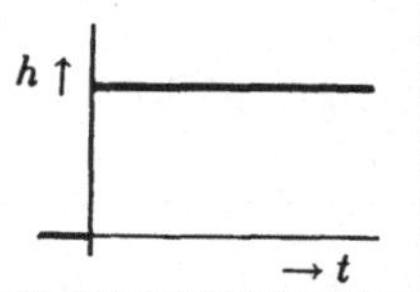	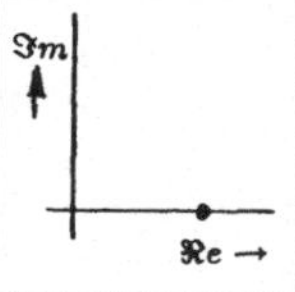	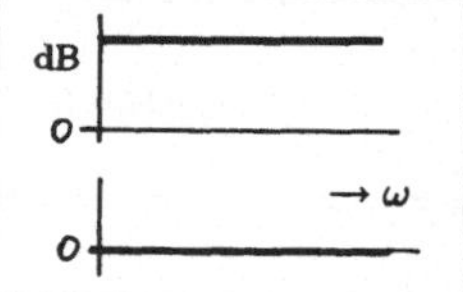
D-Glied		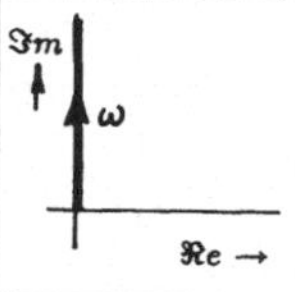	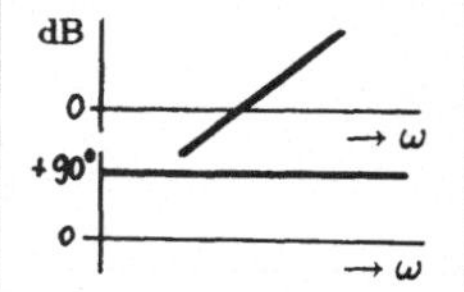
PD-Glied	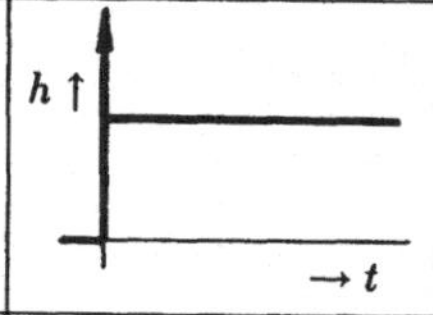	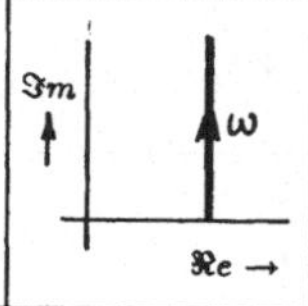	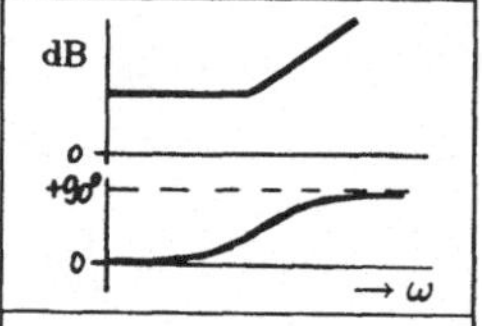
I-Glied	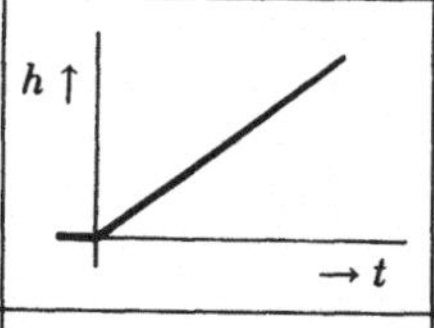	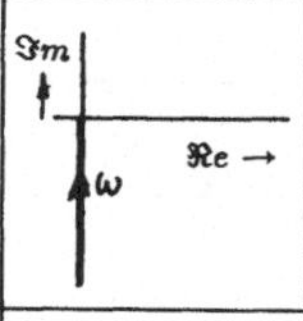	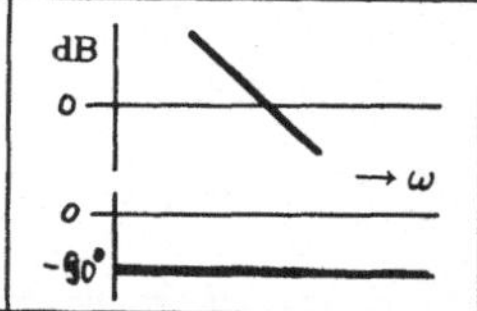
VZ_1-Glied	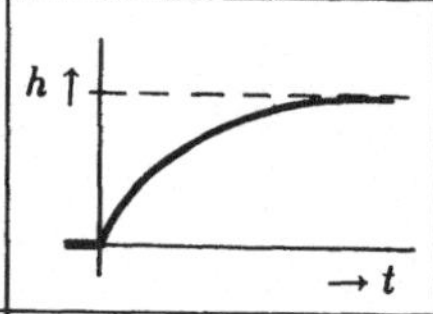	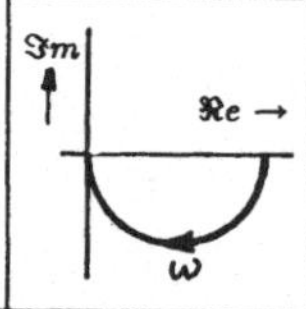	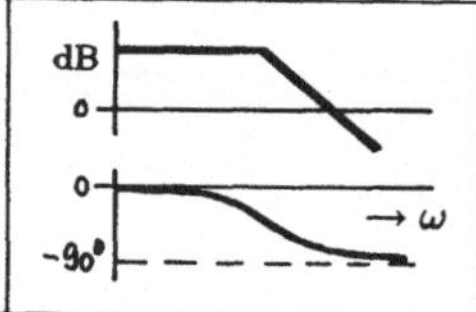
VZ_2-Glied	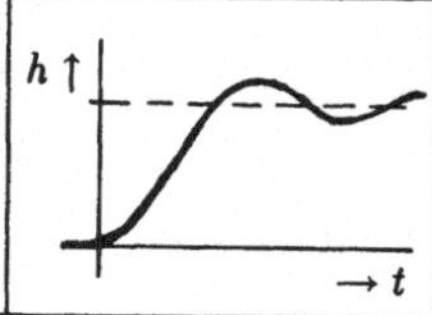	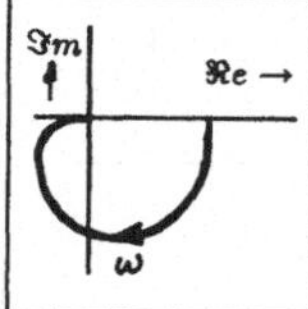	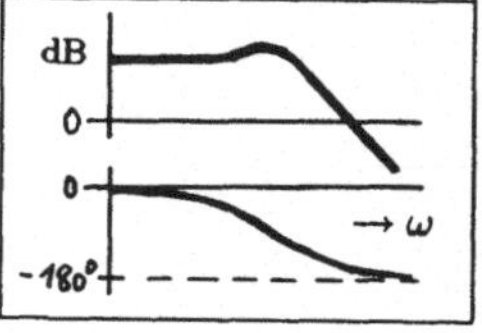

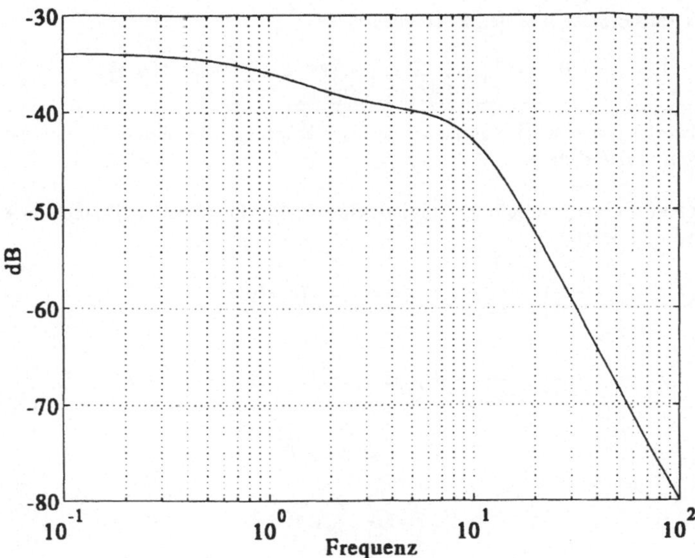

Bild 2.46: BODE-Diagramm für das Gesamtsystem in Beispiel 2.45.

Das Verzögerungsglied 2.Ordnung hat die Übertragungsfunktion

$$\frac{K}{1+2dTs+T^2s^2} = \frac{K\omega_0^2}{s^2+2d\omega_0 s+\omega_0^2},$$

wobei $T = 1/\omega_0$ Zeitkonstante, d Dämpfung und K Verstärkung heißen. Für die LAPLACE-Transformierte $H(s)$ der Sprungantwort wird die Partialbruchzerlegung

$$H(s) = \frac{K\omega_0^2}{(s^2+2d\omega_0 s+\omega_0^2)s} = K\omega_0^2\left(\frac{K_1}{s-p_1}+\frac{K_2}{s-p_2}+\frac{K_3}{s-p_3}\right) \tag{2.323}$$

gesucht. Die drei Pole p_1, p_2 und p_3 erhält man aus

$$(s^2+2d\omega_0 s+\omega_0^2)s = 0$$

zu

$$\begin{aligned} p_{1,2} &= -\omega_0(d \mp \sqrt{d^2-1}), \\ p_3 &= 0. \end{aligned}$$

Für die Koeffizienten K_1, K_2 und K_3 ergibt sich gemäß Anhang

$$K_1 = \lim_{s\to p_1} \frac{s-p_1}{(s-p_1)(s-p_2)s} = \frac{1}{(p_1-p_2)p_1},$$

$$K_2 = \lim_{s\to p_2} \frac{s-p_2}{(s-p_1)(s-p_2)s} = \frac{1}{(p_2-p_1)p_2}$$

und

$$K_3 = \lim_{s\to 0} \frac{s}{(s^2+2d\omega_0 s+\omega_0^2)s} = \frac{1}{\omega_0^2}.$$

Einsetzen dieser Koeffizienten in (2.323) liefert

$$H(s) = \frac{K}{s} + \frac{K\omega_0^2}{p_1-p_2}\left(\frac{1/p_1}{s-p_1} - \frac{1/p_2}{s-p_2}\right)$$

und nach Rücktransformation in den Zeitbereich

$$\underline{h(t) = K\left[1 + \frac{\omega_0^2}{p_1 - p_2}\left(\frac{1}{p_1}e^{p_1 t} - \frac{1}{p_2}e^{p_2 t}\right)\right]} \quad (t \geq 0). \tag{2.324}$$

Die Sprungantwort ist wesentlich abhängig von der Dämpfung d, so daß es sinnvoll ist, gewisse Fallunterscheidungen vorzunehmen.

$\boxed{\text{1.Fall: } d > 1}$ (Fall starker Dämpfung, aperiodischer Fall). In diesem Fall sind die beiden Pole p_1 und p_2 rein reell und es ist

$$-\frac{1}{p_1} = \frac{1}{\omega_0(d - \sqrt{d^2-1})} = T(d + \sqrt{d^2-1}) \stackrel{\text{def}}{=} T_1, \tag{2.325}$$

und

$$-\frac{1}{p_2} = \frac{1}{\omega_0(d + \sqrt{d^2-1})} = T(d - \sqrt{d^2-1}) \stackrel{\text{def}}{=} T_2, \tag{2.326}$$

sowie

$$p_1 - p_2 = 2\omega_0\sqrt{d^2-1}$$

und

$$T_1 - T_2 = \frac{2}{\omega_0}\sqrt{d^2-1},$$

also

$$p_1 - p_2 = \omega_0^2(T_1 - T_2). \tag{2.327}$$

(2.325) bis (2.327) in (2.324) eingesetzt, liefert schließlich für den 1. Fall die Sprungantwort

$$\underline{h(t) = K\left[1 - \frac{1}{T_1 - T_2}\left(T_1 e^{-t/T_1} - T_2 e^{-t/T_2}\right)\right]}. \tag{2.328}$$

In diesem Fall kann das Verzögerungsglied 2.Ordnung auch durch das Produkt aus zwei Verzögerungsgliedern 1.Ordnung dargestellt werden; denn aus der Gleichsetzung

$$\frac{K}{1 + 2dTs + T^2s^2} \stackrel{!}{=} \frac{K}{1 + T_1 s} \cdot \frac{1}{1 + T_2 s}$$

folgt für die Nenner auf den beiden Gleichungsseiten

$$1 + 2dTs + T^2s^2 = 1 + (T_1 + T_2)s + T_1T_2s^2.$$

Ein Koeffizientenvergleich der beiden Polynome liefert die beiden Gleichungen

$$2dT = T_1 + T_2$$

und

$$T^2 = T_1 \cdot T_2,$$

die, nach T_1 und T_2 aufgelöst, genau die oben angegebenen Beziehungen (2.325) und (2.326) ergeben, die für $d \geq 1$ reell und somit realisierbar sind.

$\boxed{\text{2.Fall: } d = 1}$ (Aperiodischer Grenzfall). Hierfür erhält man $T_1 = T_2 \stackrel{\text{def}}{=} T$. Die Sprungantwort dafür folgt aus (2.328) durch den Ansatz $T_1 = \epsilon T_2$ und den Grenzübergang $\epsilon \to 1$ unter Verwendung der L'HOSPITALschen Regel zu

$$\begin{aligned} h(t) &= K\left(1 - \lim_{\epsilon \to 1} \frac{\epsilon T_2 e^{-t/(\epsilon T_2)} - T_2 e^{-t/T_2}}{\epsilon T_2 - T_2}\right) \\ &= K\left(1 - \lim_{\epsilon \to 1} \frac{T_2 e^{-t/(\epsilon T_2)} + \epsilon T_2 \frac{tT_2}{\epsilon^2 T_2^2} e^{-t/T_2}}{T_2}\right), \end{aligned}$$

also

$$\underline{h(t) = K\left[1 - \left(1 + \frac{t}{T}\right)e^{-\frac{t}{T}}\right].} \tag{2.329}$$

3.Fall: $d < 1$ (Schwache Dämpfung, periodischer Fall). Dann erhält man ein konjugiert komplexes Polpaar

$$\begin{aligned} p_{1,2} &= -\omega_0(d \mp j\sqrt{1-d^2}) \\ &= \omega_0 e^{\pm j\varphi}, \end{aligned}$$

mit

$$\varphi = \arctan\frac{\sqrt{1-d^2}}{d}.$$

In diesem Fall erhält man für (2.324)

$$\begin{aligned} p_1 - p_2 &= -2j\omega_0\sqrt{1-d^2}, \\ \frac{1}{p_1} &= \frac{1}{\omega_0}e^{-j\varphi}, \\ \frac{1}{p_2} &= \frac{1}{\omega_0}e^{+j\varphi} \end{aligned}$$

und damit

$$\begin{aligned} \frac{1}{p_1}e^{p_1 t} &= \frac{1}{\omega_0}e^{-j\varphi}e^{-d\omega_0 t}e^{j\omega_0\sqrt{1-d^2}t} \\ &= \frac{1}{\omega_0}e^{-d\omega_0 t}e^{j(\omega_0\sqrt{1-d^2}t-\varphi)} \end{aligned}$$

sowie

$$\frac{1}{p_2}e^{p_2 t} = \frac{1}{\omega_0}e^{-d\omega_0 t}e^{-j(\omega_0\sqrt{1-d^2}t-\varphi)}.$$

Unter Berücksichtigung des Zusammenhangs

$$\frac{1}{2j}\left(e^{j\alpha} - e^{-j\alpha}\right) = \sin\alpha$$

erhält man dann schließlich die Sprungantwort ($90 < \varphi < 180$)

$$\underline{h(t) = K\left[1 - \frac{1}{\sqrt{1-d^2}}e^{-d\omega_0 t}\sin(\omega_0\sqrt{1-d^2}t + \varphi)\right].} \tag{2.330}$$

In Bild 2.47 sind für $K = \omega_0 = 1$ verschiedene Dämpfungsfälle dargestellt. □

2.10 Übungen zu Kapitel 2

Aufgabe 2.1: Bei dem Feder-Masse-System in Bild 2.48 sei die Reibkraft proportional der Geschwindigkeit $\dot{y}(t)$, $R \cdot \dot{y}(t)$, und die Federkraft proportional der Federstauchung oder -dehnung, $C \cdot y(t)$. Gesucht ist eine mathematische Beschreibung für das System in Zustandsform.

Lösung: Mit $x_1 = y$ und $x_2 = \dot{y}$ erhält man

$$\begin{aligned} \dot{\boldsymbol{x}} &= \begin{bmatrix} 0 & 1 \\ -\frac{C}{M} & -\frac{R}{M} \end{bmatrix}\boldsymbol{x}(t) + \begin{bmatrix} 0 \\ \frac{1}{M} \end{bmatrix}u(t) \\ y(t) &= \begin{bmatrix} 1 & 0 \end{bmatrix}\boldsymbol{x}(t). \end{aligned}$$

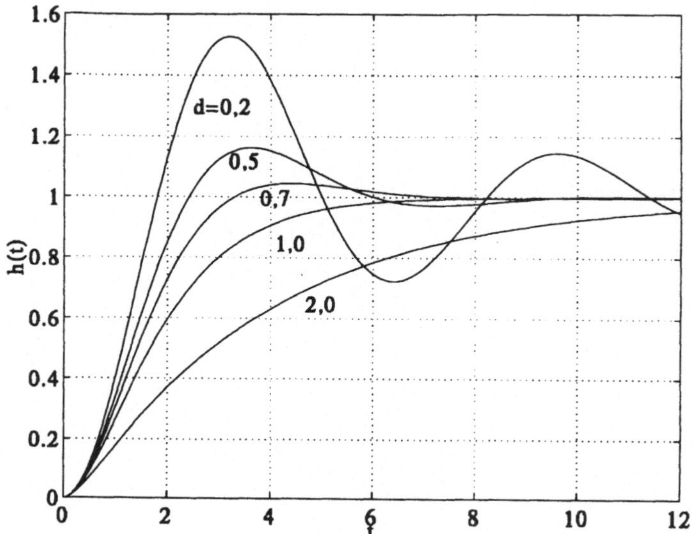

Bild 2.47: Sprungantwort des VZ_2–Gliedes.

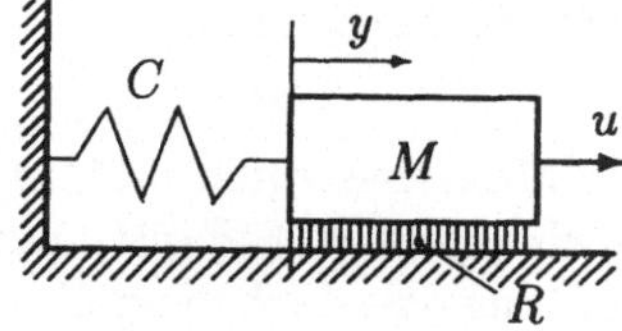

Bild 2.48: Mechanisches System der Aufgabe 2.1.

Aufgabe 2.2: Bei dem System in Bild 2.49 handelt es sich um ein Fahrzeug mit der Masse M, auf dem ein Stab balanciert wird, dessen Gesamtmasse m an der Spitze konzentriert sei. Das System ist ein brauchbares Modell z.B. für den Transport eines Raumfahrzeuges von der Montagehalle zur Abschußrampe oder auch für für den Start einer Rakete, bei der die Lage der Rakete durch drehen der Raketenmotoren beeinflußt wird. Gesucht ist die mathematische Beschreibung in Form von zwei gekoppelten nichtlinearen Differentialgleichungen zweiter Ordnung und als um den Punkt $\theta = \dot{\theta} = 0$ linearisierte Zustandsgleichung vierter Ordnung.

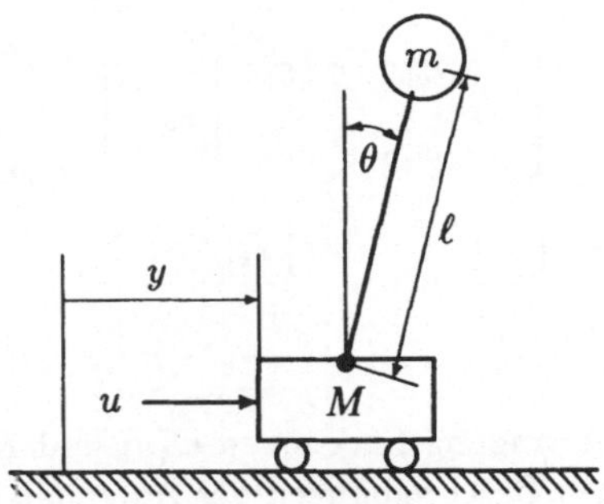

Bild 2.49: Balancierendes System aus Beispiel 2.2.

Lösung: Mit den Größen in Bild 2.49 und der Erdbeschleunigung g erhält man die beiden nichtlinearen Zustandsgleichungen

$$\begin{aligned} (M+m)\ddot{y}(t) + m\ell\ddot{\theta}(t)\cos(\theta(t)) - m\ell\dot{\theta}^2(t)\sin(\theta(t)) &= u(t), \\ m\ddot{y}(t)\cos(\theta(t)) + m\ell\ddot{\theta}(t) - mg\sin(\theta(t)) &= 0. \end{aligned}$$

Mit den Zustandsgrößen $x_1 = y$, $x_2 = \dot{y}$, $x_3 = \theta$ und $x_4 = \dot{\theta}$ erhält man die linearisierte mathematische Beschreibung

$$\begin{aligned} \dot{\boldsymbol{x}}(t) &= \begin{bmatrix} 0 & 1 & 0 & 0 \\ 0 & 0 & -\frac{mg}{M} & 0 \\ 0 & 0 & 0 & 1 \\ 0 & 0 & \frac{(M+m)g}{M\ell} & 0 \end{bmatrix} \boldsymbol{x}(t) + \begin{bmatrix} 0 \\ \frac{1}{M} \\ 0 \\ -\frac{1}{M\ell} \end{bmatrix} u(t), \\ y(t) &= \begin{bmatrix} 1 & 0 & 0 & 0 \end{bmatrix} \boldsymbol{x}(t). \end{aligned}$$

Aufgabe 2.3: Welche Transitionsmatrix $\boldsymbol{\Phi}$ gehört zu dem linearen System der Aufgabe 2.1 für $C = M = 1$ und $R = 2$?

Lösung: Es ist

$$\boldsymbol{\Phi}(s) = \begin{bmatrix} \dfrac{s+2}{(s+1)^2} & \dfrac{1}{(s+1)^2} \\ \dfrac{-1}{(s+1)^2} & \dfrac{s}{(s+1)^2} \end{bmatrix} \quad \text{und} \quad \boldsymbol{\Phi}(t) = \begin{bmatrix} (1+t)\mathrm{e}^{-t} & t\mathrm{e}^{-t} \\ -t\mathrm{e}^{-t} & (1-t)\mathrm{e}^{-t} \end{bmatrix}.$$

Aufgabe 2.4: Welche zeitdiskrete mathematische Beschreibung gehört zu dem mit einer Periodendauer von $T = 1$ abgetasteten linearen System des Beispiels 2.1?

Lösung:

$$\begin{aligned} \boldsymbol{x}_{k+1} &= \begin{bmatrix} 0,7358 & 0,3679 \\ -0,3678 & 0 \end{bmatrix} \boldsymbol{x}_k + \begin{bmatrix} 0,2642 \\ 0,3679 \end{bmatrix} u_k, \\ y_k &= \begin{bmatrix} 1 & 0 \end{bmatrix} \boldsymbol{x}_k. \end{aligned}$$

Aufgabe 2.5: Welche Übertragungsfunktionen $G(s)$ und $H(z)$ gehören zu den mathematischen Beschreibungen der Aufgaben 2.1/3 und 2.4?

Lösung:

$$G(s) = \frac{1}{(s+1)^2} \quad \text{und} \quad H(z) = \frac{0,2642z + 0,1353}{z^2 - 0,7358z + 0,1353}$$

Aufgabe 2.6: Für das System in Aufgabe 2.2 sei $m = 1kg$, $\ell = 1m$, $M = 10kg$ und die Erdbeschleunigung $g = 9,81m/s^2$. Welche Übertragungsfunktion $G(s)$ hat dann das linearisierte System? Welche zeitdiskrete Systembeschreibung gehört zu dem linearisierten System für die Abtastperiode $T = 1$ und welche Übertragungsfunktion $H(z)$?

Lösung:

$$G(s) = \frac{0,1s^2 - 0,9810}{s^2(s^2 - 10,7910)} \quad \text{und} \quad H(z) = \frac{0,0559z^3 - 1,1807z^2 - 1,1807z + 0,0559}{z^4 - 28,7455z^3 + 55,4910z^2 - 28,7455z + 1},$$

$$\begin{aligned} \boldsymbol{x}_{k+1} &= \begin{bmatrix} 1 & 1 & -1,1248 & -0,2781 \\ 0 & 1 & -3,9824 & -1,1248 \\ 0 & 0 & 13,3728 & 4,0595 \\ 0 & 0 & 43,8060 & 13,3728 \end{bmatrix} \boldsymbol{x}_k + \begin{bmatrix} 0,0559 \\ 0,1278 \\ -0,1147 \\ -0,4059 \end{bmatrix} u_k, \\ y_k &= \begin{bmatrix} 1 & 0 & 0 & 0 \end{bmatrix} \boldsymbol{x}_k. \end{aligned}$$

Aufgabe 2.7: Der Roboterarm in Bild 2.50 bewegt sich in einer horizontalen Ebene, so daß die Gravitaionskraft nicht berücksichtigt werden muß. Beide Arme haben gleiche Masse m und gleiche Länge ℓ. Der Roboterarm wird in den Gelenken durch zwei Motoren bewegt, die die Drehmomente u_1 und u_2 erzeugen. Gesucht ist eine mathematische Beschreibung.

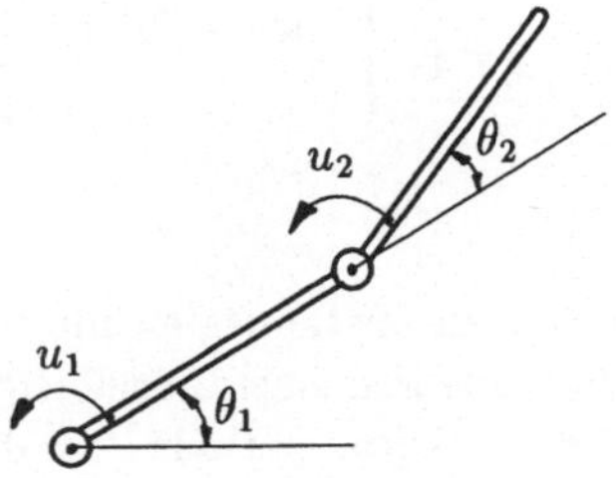

Bild 2.50: Zweigelenkiger Roboterarm aus Aufgabe 2.7.

Lösung: Man erhält für die in Bild 2.50 definierten Winkel θ_1 und θ_2 die beiden gekoppelten nichtlinearen Differentialgleichungen zweiter Ordnung

$$\begin{aligned} \left[\frac{1}{5}+\cos(\theta_2)\right]\ddot{\theta}_1(t)+\left[\frac{1}{3}+\frac{1}{2}\cos(\theta_2)\right]\ddot{\theta}_2(t)-\left[\dot{\theta}_1(t)+\frac{1}{2}\dot{\theta}_2\right]\dot{\theta}_2(t)\sin(\theta_2) &= \frac{1}{m\ell^2}u_1(t), \\ \left[\frac{1}{3}+\frac{1}{2}\cos(\theta_2)\right]\ddot{\theta}_1(t)+\frac{1}{3}\ddot{\theta}_2(t)+\frac{1}{2}\dot{\theta}_1^2\sin(\theta_2) &= \frac{1}{m\ell^2}u_2(t). \end{aligned}$$

Aufgabe 2.8: Das mathematische Modell des Roboterarms in Aufgabe 2.7 soll um den Arbeitspunkt $x_1 \stackrel{\text{def}}{=} \theta_1 = 0$, $x_2 \stackrel{\text{def}}{=} \dot{\theta}_1 = 0$, $x_3 \stackrel{\text{def}}{=} \theta_2 = 0$ und $x_4 \stackrel{\text{def}}{=} \dot{\theta}_2 = 0$ linearisiert werden. Welche Zustandsgleichung erhält man dann? Welches lineare Modell erhält man, wenn die Ruhelage für $\theta_2 = \pi/2$ ermittelt werden soll?

Lösung: Für die Ruhelage $x_1 = x_2 = x_3 = x_4 = 0$ erhält man die Zustandsgleichung

$$\dot{\boldsymbol{x}}(t) = \begin{bmatrix} 0 & 1 & 0 & 0 \\ 0 & 0 & 0 & 0 \\ 0 & 0 & 0 & 1 \\ 0 & 0 & 0 & 0 \end{bmatrix} \boldsymbol{x}(t) + \frac{1}{7m\ell^2} \begin{bmatrix} 0 & 0 \\ 12 & -30 \\ 0 & 0 \\ -30 & 96 \end{bmatrix} \boldsymbol{u}(t)$$

und für die Ruhelage $x_1 = x_2 = x_4 = 0$ und $x_3 = \pi/2$ diese

$$\dot{\boldsymbol{x}}(t) = \begin{bmatrix} 0 & 1 & 0 & 0 \\ 0 & 0 & 0 & 0 \\ 0 & 0 & 0 & 1 \\ 0 & 0 & 0 & 0 \end{bmatrix} \boldsymbol{x}(t) + \frac{3}{4m\ell^2} \begin{bmatrix} 0 & 0 \\ 1 & -1 \\ 0 & 0 \\ -1 & 5 \end{bmatrix} \boldsymbol{u}(t).$$

Aufgabe 2.9: Welche Übertragungsmatrizen gehören zu den beiden linearen Zustandsgleichungen in Aufgabe 2.8, wenn als Ausgangsgrößen $y_1 = x_1$ und $y_2 = x_3$ gewählt werden und $m = \ell = 1$ ist?

Lösung:

$$G_1(s) = \begin{bmatrix} \frac{1,7143}{s^2} & -\frac{4,2857}{s^2} \\ -\frac{4,2857}{s^2} & \frac{13,7143}{s^2} \end{bmatrix} \quad \text{und} \quad G_2(s) = \begin{bmatrix} \frac{0,75}{s^2} & -\frac{0,75}{s^2} \\ -\frac{0,75}{s^2} & \frac{3,75}{s^2} \end{bmatrix}.$$

Aufgabe 2.10: Welche zeitdiskreten Zustandsgleichungen gehören zu den beiden zeitkontinuierlichen linearen Zustandsgleichungen aus Aufgabe 2.8, wenn $m = \ell = 1$ und die Abtatsperiode $T = 0,1$ ist?

Lösung: Für die Ruhelage $\theta_3 = 0$ erhält man die zeitdiskrete Zustandsgleichung

$$\boldsymbol{x}_{k+1} = \begin{bmatrix} 1 & 0,1 & 0 & 0 \\ 0 & 1 & 0 & 0 \\ 0 & 0 & 1 & 0,1 \\ 0 & 0 & 0 & 1 \end{bmatrix} \boldsymbol{x}_k + \begin{bmatrix} 0,0086 & -0,0214 \\ 0,1714 & -0,4286 \\ -0,0214 & 0,0686 \\ -0,4286 & 1,3714 \end{bmatrix} \boldsymbol{u}_k,$$

und für die Ruhelage $\theta_3 = \pi/2$ diese

$$\boldsymbol{x}_{k+1} = \begin{bmatrix} 1 & 0,1 & 0 & 0 \\ 0 & 1 & 0 & 0 \\ 0 & 0 & 1 & 0,1 \\ 0 & 0 & 0 & 1 \end{bmatrix} \boldsymbol{x}_k + \begin{bmatrix} 0,0038 & -0,0038 \\ 0,0750 & -0,0750 \\ -0,0038 & 0,0188 \\ -0,0750 & 0,3750 \end{bmatrix} \boldsymbol{u}_k.$$

Aufgabe 2.11: Welches BODE-Diagramm gehört zu der Übertragungsfunktion $G(s)$ aus Aufgabe 2.6?

Lösung: Bild 2.51

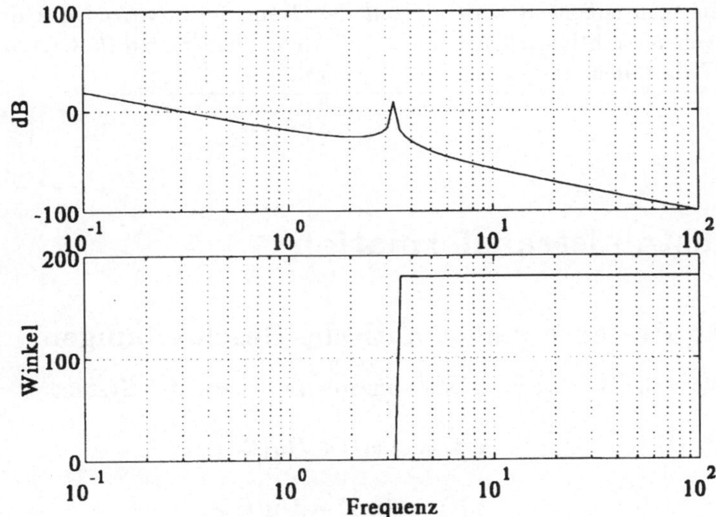

Bild 2.51: BODE-Diagramm für die Übertragungsfunktion $G(s)$ der Aufgabe 2.6.

3 Dynamisches Systemverhalten

In diesem Kapitel wird das dynamische Systemverhalten, insbesondere die Stabilität von dynamischen Systemen behandelt. Ausgehend von äquivalenten mathematischen Beschreibungen und den dazugehörenden Transformationen, wird ausführlich auf Eigenwerte und Eigenvektoren, sowie Diagonal- und JORDAN*-Form der Systemmatrix eingegangen. Anschließend wird anhand der Transitionsmatrizen das dynamische Verhalten von zeitkontinuierlichen und zeitdiskreten Systemen diskutiert und werden Stabilitätsdefinitionen und -kriterien hergeleitet.*

3.1 Zustandstransformation

3.1.1 Äquivalente mathematische Beschreibungen

Die mathematische Beschreibung eines linearen zeitinvarianten Systems

$$\dot{\boldsymbol{x}}(t) = \boldsymbol{A}\boldsymbol{x}(t) + \boldsymbol{B}\boldsymbol{u}(t), \tag{3.1}$$

$$\boldsymbol{y}(t) = \boldsymbol{C}\boldsymbol{x}(t) + \boldsymbol{D}\boldsymbol{u}(t) \tag{3.2}$$

ist nicht eindeutig; denn wenn $\boldsymbol{T}$ eine reguläre zeitinvariante Matrix ist und man einen neuen, *transformierten* Zustand

$$\hat{\boldsymbol{x}} = \boldsymbol{T}^{-1}\boldsymbol{x} \tag{3.3}$$

einführt, enthält dieser neue Zustandsvektor $\hat{\boldsymbol{x}}$ die gleiche Information über den Systemzustand wie der alte, da $\boldsymbol{x}$ aus

$$\boldsymbol{x} = \boldsymbol{T}\hat{\boldsymbol{x}} \tag{3.4}$$

eindeutig wiedergewonnen werden kann.

Zu einer neuen, *äquivalenten* mathematischen Beschreibung kommt man durch Differenzieren der Transformationsgleichung (3.3) und Einsetzen von (3.1) bzw. (3.4):

$$\dot{\hat{\boldsymbol{x}}}(t) = \boldsymbol{T}^{-1}\dot{\boldsymbol{x}}(t) = \boldsymbol{T}^{-1}\boldsymbol{A}\boldsymbol{x}(t) + \boldsymbol{T}^{-1}\boldsymbol{B}\boldsymbol{u}(t)$$

$$= \boldsymbol{T}^{-1}\boldsymbol{A}\boldsymbol{T}\hat{\boldsymbol{x}}(t) + \boldsymbol{T}^{-1}\boldsymbol{B}\boldsymbol{u}(t). \tag{3.5}$$

Setzt man (3.4) auch in die Ausgangsgleichung (3.2) ein, ergibt sich

$$\boldsymbol{y}(t) = \boldsymbol{C}\boldsymbol{T}\hat{\boldsymbol{x}}(t) + \boldsymbol{D}\boldsymbol{u}(t). \tag{3.6}$$

Zusammenfassend erhält man die

3.1 Definition: *Wenn* $\boldsymbol{T} \in \mathbb{C}^{n\times n}$ *eine reguläre Matrix ist und* $\hat{\boldsymbol{x}} = \boldsymbol{T}^{-1}\boldsymbol{x}$ *gilt, dann heißt die mathematische Beschreibung*

$$\dot{\hat{\boldsymbol{x}}}(t) = \hat{\boldsymbol{A}}\hat{\boldsymbol{x}}(t) + \hat{\boldsymbol{B}}\boldsymbol{u}(t), \tag{3.7}$$

$$\boldsymbol{y}(t) = \hat{\boldsymbol{C}}\hat{\boldsymbol{x}}(t) + \hat{\boldsymbol{D}}\boldsymbol{u}(t), \tag{3.8}$$

mit

$$\hat{\boldsymbol{A}} \stackrel{\text{def}}{=} \boldsymbol{T}^{-1}\boldsymbol{A}\boldsymbol{T} \in \mathbb{C}^{n\times n}, \tag{3.9}$$

$$\hat{\boldsymbol{B}} \stackrel{\text{def}}{=} \boldsymbol{T}^{-1}\boldsymbol{B} \in \mathbb{C}^{n\times p}, \tag{3.10}$$

$$\hat{\boldsymbol{C}} \stackrel{\text{def}}{=} \boldsymbol{C}\boldsymbol{T} \in \mathbb{C}^{q\times n}, \tag{3.11}$$

$$\hat{\boldsymbol{D}} \stackrel{\text{def}}{=} \boldsymbol{D} \in \mathbb{R}^{q\times p}, \tag{3.12}$$

äquivalent *zu der mathematischen Beschreibung* (3.1), (3.2).

Einen entsprechenden Zusammenhang erhält man für äquivalente mathematische Beschreibungen von *zeitdiskreten* linearen zeitinvarianten Systemen.

Da es unendlich viele reguläre Transformationsmatrizen $\boldsymbol{T}$ gibt, existieren zu einer gegebenen mathematischen Beschreibung auch unendlich viele äquivalente mathematische Beschreibungen. Diese Vielfalt kann dazu genutzt werden, eine Form anzustreben, bei der man gewisse Systemeigenschaften direkt aus der Struktur und (oder) den Matrixelementen ablesen kann. Von dieser Möglichkeit wird umfassend Gebrauch gemacht werden, indem bestimmte *Normalformen* erstellt werden.

Der Zusammenhang zwischen äquivalenten Matrizen über die Transformation $\boldsymbol{T}$ kann durch das kommutative Diagramm in Bild 3.1 dargestellt werden. Die Zusam-

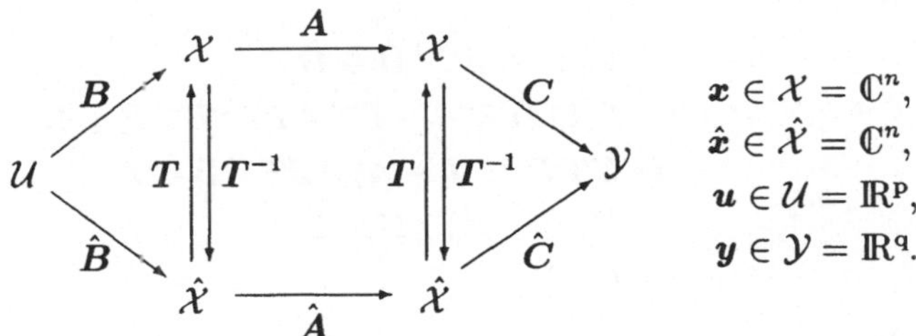

Bild 3.1: Kommutatives Diagramm äquivalenter Systemmatrizen.

menhänge (3.9) bis (3.11) erhält man aus dem Diagramm, indem man den Pfeilen von einem Punkt zu einem anderen auf verschiedenen Wegen in Pfeilrichtung folgt und die an den Pfeilen angeschriebenen Matrizen von rechts nach links aufschreibt.

Bemerkenswert bei der Definition der Zustandstransformation ist, daß als Transformationsmatrix $\boldsymbol{T}$ auch Matrizen mit komplexen Zahlen als Matrixelemente zugelassen sind ($\boldsymbol{T} \in \mathbb{C}^{n \times n}$). Das ist notwendig, da z.B. bei der weiter unten angegebenen Transformation einer Systemmatrix $\boldsymbol{A}$ auf Diagonalform oft komplexe Transformationsmatrizen benötigt werden.

Zwei wichtige Eigenschaften äquivalenter mathematischer Beschreibungen seien zunächst angeführt.

3.2 Satz: *Für äquivalente mathematische Beschreibungen gilt für die Transformationsmatrizen*

$$\hat{\boldsymbol{\Phi}}(t) = \boldsymbol{T}^{-1}\boldsymbol{\Phi}(t)\boldsymbol{T}. \tag{3.13}$$

Beweis: Multipliziert man $\boldsymbol{x}(t) = \boldsymbol{\Phi}(t)\boldsymbol{x}_0$ von links mit $\boldsymbol{T}^{-1}$ und berücksichtigt (3.4), erhält man

$$\hat{\boldsymbol{x}}(t) = \boldsymbol{T}^{-1}\boldsymbol{\Phi}(t)\boldsymbol{T}\hat{\boldsymbol{x}}_0 = \hat{\boldsymbol{\Phi}}(t)\boldsymbol{x}_0.$$

□

Umgekehrt folgt aus Satz 3.2 sofort

$$\boldsymbol{\Phi}(t) = \boldsymbol{T}\hat{\boldsymbol{\Phi}}(t)\boldsymbol{T}^{-1}. \tag{3.14}$$

Dieser Zusammenhang wird weiter unten für eine Berechnungsmethode der Transitionsmatrix einer gegebenen mathematischen Form aus der sofort hinzuschreibenden Transitionsmatrix einer besonderen mathematischen Beschreibung, z.B. einer mit der Systemmatrix in Diagonalform, verwendet.

3.1.2 Invarianz der Übertragungsmatrix

Das Systemverhalten zwischen Eingangs- und Ausgangsgrößen muß natürlich unabhängig davon sein, welche mathematische Beschreibung der inneren Dynamik vorliegt. Insbesondere muß die Übertragungsmatrix $\boldsymbol{G}(s)$ unabhängig von der gewählten Zustandsgleichung sein, sie muß *invariant* gegenüber einer Zustandstransformation sein. In der Tat erhält man

$$\begin{aligned}
\hat{\boldsymbol{G}}(s) &= \hat{\boldsymbol{C}}(s\boldsymbol{I} - \hat{\boldsymbol{A}})^{-1}\hat{\boldsymbol{B}} + \hat{\boldsymbol{D}} \\
&= \boldsymbol{C}\boldsymbol{T}(s\boldsymbol{T}^{-1}\boldsymbol{T} - \boldsymbol{T}^{-1}\boldsymbol{A}\boldsymbol{T})^{-1}\boldsymbol{T}^{-1}\boldsymbol{B} + \boldsymbol{D} \\
&= \boldsymbol{C}\boldsymbol{T}\boldsymbol{T}^{-1}(s\boldsymbol{I} - \boldsymbol{A})^{-1}\boldsymbol{T}\boldsymbol{T}^{-1}\boldsymbol{B} + \boldsymbol{D} \\
&= \boldsymbol{C}(s\boldsymbol{I} - \boldsymbol{A})^{-1}\boldsymbol{B} + \boldsymbol{D} \\
&= \boldsymbol{G}(s),
\end{aligned}$$

d.h., es gilt der

3.3 Satz: *Die Übertragungsmatrix $\boldsymbol{G}(s)$ ist invariant gegenüber Zustandstransformationen.*

3.2 Eigenwerte, Diagonal- und JORDAN-Form

3.2.1 Eigenwerte

Eine besonders einfache mathematische Systembeschreibung würde man erhalten, wenn die Systemmatrix nur in der Hauptdiagonalen von null verschiedene Koeffizienten hat, denn dann wären die n skalaren Zustandsdifferentialgleichungen vollkommen entkoppelt, d.h., keine Zustandsvariable würde eine andere beeinflussen:

$$\dot{\hat{\boldsymbol{x}}}(t) = \begin{bmatrix} \lambda_1 & 0 & \cdots & 0 \\ 0 & \lambda_2 & \ddots & \vdots \\ \vdots & \ddots & \ddots & 0 \\ 0 & \cdots & 0 & \lambda_n \end{bmatrix} \hat{\boldsymbol{x}}(t) + \hat{\boldsymbol{b}}u(t), \tag{3.15}$$

oder ausführlich geschrieben

$$\begin{aligned} \dot{\hat{x}}_1(t) &= \lambda_1\hat{x}_1(t) + \hat{b}_1u(t), \\ \dot{\hat{x}}_2(t) &= \lambda_2\hat{x}_2(t) + \hat{b}_2u(t), \\ &\vdots \\ \dot{\hat{x}}_n(t) &= \lambda_n\hat{x}_n(t) + \hat{b}_nu(t). \end{aligned}$$

Betrachtet man nur den homogenen Teil einer dieser n Differentialgleichungen

$$\dot{\hat{x}}_i = \lambda_i x_i(t),$$

kann man sofort die Lösung

$$\hat{x}_i(t) = \mathrm{e}^{\lambda_i t}x_i(0)$$

angeben. Also kann in diesem Fall die Transitionsmatrix sofort hingeschrieben werden:

$$\hat{\boldsymbol{\Phi}}(t) = \begin{bmatrix} \mathrm{e}^{\lambda_1 t} & 0 & \cdots & 0 \\ 0 & \mathrm{e}^{\lambda_2 t} & \ddots & \vdots \\ \vdots & \ddots & \ddots & \vdots \\ 0 & \cdots & 0 & \mathrm{e}^{\lambda_n t} \end{bmatrix}. \tag{3.16}$$

Schreibt man für die in (3.15) angegebene Diagonalmatrix $\boldsymbol{\Lambda}$, wird aus der Gleichung

$$\boxed{\dot{\hat{\boldsymbol{x}}}(t) = \boldsymbol{\Lambda}\hat{\boldsymbol{x}}(t) + \hat{\boldsymbol{b}}u(t).} \tag{3.17}$$

Mit der entsprechend transformierten Ausgangsgleichung

$$\boxed{y(t) = \hat{\boldsymbol{c}}^T\hat{\boldsymbol{x}}(t) + \hat{d}u(t)} \tag{3.18}$$

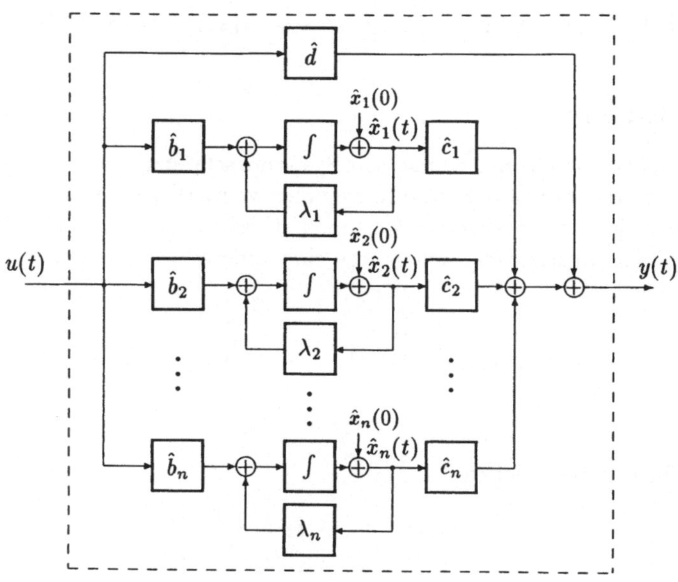

Bild 3.2: Stuktur einer Systembeschreibung mit der Systemmatrix in Diagonalform.

erhält man eine besondere mathematische Systembeschreibung, deren Struktur Bild 3.2 zeigt.

Als erstes soll jetzt folgende Frage beantwortet werden: Ist es möglich, jede Systemmatrix $\boldsymbol{A}$ mit Hilfe einer Ähnlichkeitstransformation auf Diagonalform zu bringen, d.h., gibt es eine Transformationsmatrix $\boldsymbol{T}$ so, daß

$$\boldsymbol{\Lambda} = \boldsymbol{T}^{-1}\boldsymbol{A}\boldsymbol{T} \tag{3.19}$$

ist? (3.19) von links mit der Matrix $\boldsymbol{T}$ multipliziert, ergibt

$$\boldsymbol{T}\boldsymbol{\Lambda} = \boldsymbol{A}\boldsymbol{T}. \tag{3.20}$$

Mit den Spalten $\boldsymbol{t}_1, \ldots, \boldsymbol{t}_n$ der Transformationsmatrix $\boldsymbol{T}$ lautet (3.20)

$$[\,\lambda_1\boldsymbol{t}_1 \quad \lambda_2\boldsymbol{t}_2 \quad \cdots \quad \lambda_n\boldsymbol{t}_n\,] = [\,\boldsymbol{A}\boldsymbol{t}_1 \quad \boldsymbol{A}\boldsymbol{t}_2 \quad \cdots \quad \boldsymbol{A}\boldsymbol{t}_n\,],$$

d.h., es muß gelten

$$\lambda_i\boldsymbol{t}_i = \boldsymbol{A}\boldsymbol{t}_i, \quad i = 1, 2, \ldots, n. \tag{3.21}$$

Das Grundproblem besteht darin, Zahlen λ und zugehörige Vektoren $\boldsymbol{x}$ so zu finden, daß die Gleichungen

$$\lambda\boldsymbol{x} = \boldsymbol{A}\boldsymbol{x}, \quad \boldsymbol{A} \in \mathrm{I\!R}^{\mathrm{n}\times\mathrm{n}} \tag{3.22}$$

bzw.

$$(\lambda\boldsymbol{I} - \boldsymbol{A})\boldsymbol{x} = \boldsymbol{o} \tag{3.23}$$

erfüllt sind. Soll das lineare Gleichungssystem (3.23) nicht nur die triviale Lösung $\boldsymbol{x} = \boldsymbol{o}$ haben, muß die Determinante der Matrix $(\lambda \boldsymbol{I} - \boldsymbol{A})$ gleich null sein. Die Determinante

$$\det(\lambda \boldsymbol{I} - \boldsymbol{A}) = \det \begin{bmatrix} (\lambda - a_{11}) & -a_{12} & \cdots & -a_{1n} \\ -a_{21} & (\lambda - a_{22}) & \ddots & \vdots \\ \vdots & \ddots & \ddots & -a_{n-1,n} \\ -a_{n1} & \cdots & -a_{n,n-1} & (\lambda - a_{nn}) \end{bmatrix} \tag{3.24}$$

ist ein Polynom n-ten Grades in λ und heißt **charakteristisches Polynom** $\Delta(\lambda)$ und die Gleichung

$$\det(\lambda \boldsymbol{I} - \boldsymbol{A}) = \Delta(\lambda) = \lambda^n + a_{n-1}\lambda^{n-1} + \cdots + a_1\lambda + a_0 = 0 \tag{3.25}$$

heißt **charakteristische Gleichung** der Matrix $\boldsymbol{A}$. Die n Wurzeln $\lambda_i \in \mathbb{C}$ der charakteristischen Gleichung heißen **Eigenwerte** und die zugehörigen, die Gleichung

$$\boldsymbol{A}\boldsymbol{x}_i = \lambda_i \boldsymbol{x}_i$$

erfüllenden Vektoren $\boldsymbol{x}_i (\neq \boldsymbol{o}) \in \mathbb{C}^n$ **Eigenvektoren** der Matrix $\boldsymbol{A}$.

3.4 Beispiel: Das charakteristische Polynom der Systemmatrix

$$\boldsymbol{A} = \begin{bmatrix} 1 & 2 \\ 1 & 0 \end{bmatrix}$$

lautet

$$\Delta(\lambda) = \det \begin{bmatrix} \lambda - 1 & -2 \\ -1 & \lambda \end{bmatrix} = \lambda^2 - \lambda - 2.$$

Als Wurzeln der charakteristischen Gleichung

$$\lambda^2 - \lambda - 2 = 0$$

erhält man die beiden Eigenwerte $\lambda_1 = 2$ und $\lambda_2 = -1$. Die Eigenvektoren $\boldsymbol{x}_1$ und $\boldsymbol{x}_2$ ergeben sich durch Einsetzen der Eigenwerte in (3.23):

$$\begin{bmatrix} \lambda_1 - 1 & -2 \\ -1 & \lambda_1 \end{bmatrix} \boldsymbol{x}_1 = \boldsymbol{o},$$

ausgeschrieben

$$\begin{aligned} x_{11} - 2x_{12} &= 0, \\ -x_{11} + 2x_{12} &= 0. \end{aligned}$$

Aus den letzten beiden Gleichungen folgt, daß jeder Vektor, für dessen beide von null verschiedenen Komponenten $x_{11} = 2x_{12}$ gilt, ein Eigenvektor zum Eigenwert $\lambda_1 = 2$ ist. Für den Eigenvektor $\boldsymbol{x}_2$ erhält man die beiden Bestimmungsgleichungen

$$\begin{aligned} -2x_{21} - 2x_{22} &= 0, \\ -x_{21} - x_{22} &= 0. \end{aligned}$$

Aus den beiden Gleichungen folgt, daß jeder Vektor, für dessen beide von null verschiedenen Komponenten $x_{21} = -x_{22}$ gilt, ein Eigenvektor zum Eigenwert $\lambda_2 = -1$ ist. Zusammenfassend erhält man für die beiden Eigenvektoren

$$\boldsymbol{x}_1 = \begin{bmatrix} 2k_1 \\ k_1 \end{bmatrix} \text{ und } \boldsymbol{x}_2 = \begin{bmatrix} k_2 \\ -k_2 \end{bmatrix} \text{ mit } k_1 \neq 0 \text{ und } k_2 \neq 0.$$

Faßt man diese zur Transformationsmatrix

$$T = \begin{bmatrix} 2k_1 & k_2 \\ k_1 & -k_2 \end{bmatrix}$$

zusammen, erhält man mit

$$T^{-1} = \frac{1}{3} \begin{bmatrix} 1/k_1 & 1/k_1 \\ 1/k_2 & -2/k_2 \end{bmatrix}$$

tatsächlich die Diagonalform

$$T^{-1}AT = \begin{bmatrix} 2 & 0 \\ 0 & -1 \end{bmatrix} = \Lambda.$$

Da k_1 und k_2 zwar verschieden von null sein müssen, aber sonst beliebig gewählt werden können, wird man sie i. allg. so wählen, daß die Transformationsmatrix T eine möglichst einfache Form erhält, z.B. mit $k_1 = k_2 = 1$:

$$T = \begin{bmatrix} 2 & 1 \\ 1 & -1 \end{bmatrix}.$$

□

Wie Beispiel 3.4 zeigt, sind zwar die Eigenwerte einer Matrix eindeutig gegeben, denn nach dem Fundamentalsatz der Algebra hat jede Polynomgleichung n–ten Grades genau n Wurzeln, jedoch sind für die Eigenvektoren nur die Generalrichtungen, aber nicht die Längen festgelegt. Dies folgt sofort aus (3.23), denn mit $x \neq o$ erfüllt für beliebiges $c \neq 0$ der Vektor cx diese Gleichung.

Bevor untersucht wird, ob alle quadratischen Matrizen mit einer Ähnlichkeitstransformationsform auf Diagonalform gebracht werden können, soll noch folgende Tatsache über die Eigenwerte angegeben werden:

3.5 Satz: *Die Systemmatrizen A und $\hat{A}$ zweier ähnlicher mathematischer Beschreibungen haben dieselben Eigenwerte.*

Beweis. Aus der Determinantentheorie ist bekannt, daß das Produkt der Determinanten zweier Matrizen gleich der Determinante des Matrizenprodukts ist, d.h., es gilt speziell

$$\det(T^{-1}T) = \det(I) = 1 = \det(T^{-1}) \cdot \det(T).$$

Damit erhält man

$$\begin{aligned} \det(\lambda I - \hat{A}) &= \det(\lambda T^{-1}T - T^{-1}AT) \\ &= \det\left[T^{-1}(\lambda I - A)T\right] \\ &= \det(T^{-1})\det(\lambda I - A)\det(T) \\ &= \det(\lambda I - A), \end{aligned}$$

d.h., die charakteristischen Polynome sind gleich und damit auch die Eigenwerte. □

Diese Invarianz der Eigenwerte einer Systemmatrix gilt aber *nicht* für die Eigenvektoren:

3.6 Satz: *Wenn x ein Eigenvektor von A ist, dann ist $T^{-1}x = \hat{x}$ ein Eigenvektor von $\hat{A} = T^{-1}AT$.*

Beweis. Wird die Gleichung $\boldsymbol{Ax} = \lambda\boldsymbol{x}$ von links mit $\boldsymbol{T}^{-1}$ multipliziert und mit $\boldsymbol{I} = \boldsymbol{TT}^{-1}$ erweitert, erhält man

$$\begin{aligned} \boldsymbol{T}^{-1}\boldsymbol{ATT}^{-1}\boldsymbol{x} &= \lambda\boldsymbol{T}^{-1}\boldsymbol{x}, \\ (\boldsymbol{T}^{-1}\boldsymbol{AT})(\boldsymbol{T}^{-1}\boldsymbol{x}) &= \lambda(\boldsymbol{T}^{-1}\boldsymbol{x}), \\ \hat{\boldsymbol{A}}(\boldsymbol{T}^{-1}\boldsymbol{x}) &= \lambda(\boldsymbol{T}^{-1}\boldsymbol{x}), \end{aligned}$$

und da nach Voraussetzung $\boldsymbol{x} \neq \boldsymbol{o}$ und $\boldsymbol{T}^{-1}$ regulär ist, ist auch $\boldsymbol{T}^{-1}\boldsymbol{x} \neq \boldsymbol{o}$, d.h. Eigenvektor von $\boldsymbol{A}$ zum Eigenwert λ. □

Eine Aussage darüber, welche Matrizen $\boldsymbol{A}$ auf Diagonalform gebracht werden können, liefert der

3.7 Satz: *Eine quadratische $(n \times n)$-Matrix $\boldsymbol{A}$ kann dann und nur dann durch eine Ähnlichkeitstransformation auf Diagonalform gebracht werden, wenn zu $\boldsymbol{A}$ n linear unabhängige Eigenvektoren gehören.*

Beweis. 1. Wenn die Matrix $\boldsymbol{A}$ n linear unabhängige Eigenvektoren $\boldsymbol{x}_i$ hat, folgt mit $\boldsymbol{T} = [\,\boldsymbol{x}_1\ \ \boldsymbol{x}_2\ \ \cdots\ \ \boldsymbol{x}_n\,]$ sofort

$$\begin{aligned} \boldsymbol{AT} &= [\,\boldsymbol{Ax}_1\ \ \boldsymbol{Ax}_2\ \ \cdots\ \ \boldsymbol{Ax}_n\,] \\ &= [\,\lambda_1\boldsymbol{x}_1\ \ \lambda_2\boldsymbol{x}_2\ \ \cdots\ \ \lambda_n\boldsymbol{x}_n\,] = \boldsymbol{T\Lambda}, \end{aligned}$$

wobei die Eigenwerte λ_i nicht sämtlich verschieden zu sein brauchen.
2. Wenn umgekehrt eine reguläre Transformationsmatrix $\boldsymbol{T}$ so existiert, daß

$$\boldsymbol{T}^{-1}\boldsymbol{AT} = \boldsymbol{\Lambda}$$

ist, ergibt Multiplikation von links mit $\boldsymbol{T}$

$$\boldsymbol{AT} = \boldsymbol{T\Lambda},$$

oder ausgeschrieben

$$[\,\boldsymbol{At}_1\ \ \boldsymbol{At}_2\ \ \cdots\ \ \boldsymbol{At}_n\,] = [\,\lambda_1\boldsymbol{t}_1\ \ \lambda_2\boldsymbol{t}_2\ \ \cdots\ \ \lambda_n\boldsymbol{t}_n\,].$$

Spaltenweise gilt $\boldsymbol{At}_i = \lambda_i\boldsymbol{t}_i$, d.h., sämtliche Spaltenvektoren sind Eigenvektoren und da $\boldsymbol{T}$ nach Voraussetzung regulär ist, sind sie auch linear unabhängig. □

Weitere Eigenschaften der Eigenvektoren sind zusammengefaßt in dem

3.8 Satz: *1. Eigenvektoren, die zu verschiedenen Eigenwerten gehören, sind linear unabhängig.*
2. Wenn die Matrix $\boldsymbol{A}$ n verschiedene Eigenwerte hat, dann existieren n linear unabhängige Eigenvektoren.

Beweis. 1. Der Beweis wird durch Widerspruch geführt. Angenommen, die zu den verschiedenen Eigenwerten λ_i und λ_k gehörenden Eigenvektoren $\boldsymbol{x}_i$ und $\boldsymbol{x}_k$ sind linear abhängig, dann existieren Zahlen c_i und c_k ungleich null so, daß

$$c_i\boldsymbol{x}_i + c_k\boldsymbol{x}_k = \boldsymbol{o} \tag{3.26}$$

ist. Diese Gleichung von links mit der Matrix $\boldsymbol{A}$ multipliziert und die Eigenwertgleichung (3.22) berücksichtigt, ergibt

$$c_i\lambda_i\boldsymbol{x}_i + c_k\lambda_k\boldsymbol{x}_k = \boldsymbol{o}. \tag{3.27}$$

Sei $\lambda_i \neq 0$ (ist das nicht der Fall, nimmt man statt dessen λ_k). Subtrahiert man die mit λ_i multiplizierte Gleichung (3.26) von (3.27), erhält man

$$c_k(\lambda_k - \lambda_i)\boldsymbol{x}_k = \boldsymbol{o}.$$

Da $c_k \neq 0$ und $\boldsymbol{x}_k \neq \boldsymbol{o}$, muß $\lambda_k = \lambda_i$ sein. Das ist aber ein Widerspruch zu der Voraussetzung über die Ungleichheit der Eigenwerte.

2. Dieser Teil folgt direkt aus Teil 1. □

Unmittelbar aus Satz 3.7 und Satz 3.8 folgt der

3.9 Satz: *Wenn die $(n \times n)$-Matrix $\boldsymbol{A}$ n verschiedene Eigenwerte hat, dann ist sie einer Diagonalmatrix ähnlich, deren Elemente in der Hauptdiagonalen die Eigenwerte sind.*

Interessant ist auch die Form der Übertragungsfunktion, die man erhält, wenn man von der mathematischen Beschreibung

$$\dot{\hat{\boldsymbol{x}}}(t) = \boldsymbol{\Lambda}\hat{\boldsymbol{x}}(t) + \hat{\boldsymbol{b}}u(t) \tag{3.28}$$

$$y(t) = \hat{\boldsymbol{c}}^T\hat{\boldsymbol{x}}(t) + \hat{d}u(t) \tag{3.29}$$

eines Einfachsystems ausgeht:

$$\begin{aligned} G(s) &= \hat{\boldsymbol{c}}^T(s\boldsymbol{I} - \boldsymbol{\Lambda})^{-1}\hat{\boldsymbol{b}} + d \\ &= \hat{\boldsymbol{c}}^T \begin{bmatrix} s-\lambda_1 & 0 & \cdots & 0 \\ 0 & s-\lambda_2 & \ddots & \vdots \\ \vdots & \ddots & \ddots & \vdots \\ 0 & \cdots & 0 & s-\lambda_n \end{bmatrix}^{-1} \hat{\boldsymbol{b}} + d \\ &= \hat{\boldsymbol{c}}^T \begin{bmatrix} \frac{\hat{b}_1}{s-\lambda_1} \\ \frac{\hat{b}_2}{s-\lambda_2} \\ \vdots \\ \frac{\hat{b}_n}{s-\lambda_n} \end{bmatrix} + d \end{aligned}$$

also

$$G(s) = \frac{\hat{c}_1\hat{b}_1}{s-\lambda_1} + \frac{\hat{c}_2\hat{b}_2}{s-\lambda_2} + \cdots + \frac{\hat{c}_n\hat{b}_n}{s-\lambda_n} + d. \tag{3.30}$$

Die Übertragungsfunktion $G(s)$ liegt in Form einer Partialbruchzerlegung vor. Geht man jetzt umgekehrt von einer Übertragungsfunktion der Form

$$G(s) = \frac{K_1}{s-\lambda_1} + \frac{K_2}{s-\lambda_2} + \cdots + \frac{K_n}{s-\lambda_n} + d \tag{3.31}$$

aus, kann man sofort die mathematische Beschreibung in Zustandsform (3.28),(3.29) hinschreiben mit der Systemmatrix als Diagonalmatrix und beliebigen $\hat{c}_i$ und $\hat{b}_i$ ($i = 1, 2, \ldots, n$), jedoch muß $\hat{c}_i\hat{b}_i = K_i$ gewahrt bleiben. Beispielsweise könnte man alle $\hat{b}_i = 1$ wählen, woraus dann $\hat{c}_i = K_i$ folgen würde.

3.2.2 Komplexe Eigenwerte

Es ist nicht gesagt, daß die charakteristische Gleichung

$$\Delta(s) = s^n + a_{n-1}s^{n-1} + \cdots + a_1 s + a_0 = 0 \tag{3.32}$$

stets nur reelle Wurzeln, d.h. die Matrix $\boldsymbol{A}$ stets nur reelle Eigenwerte hat, obwohl die Polynomkoeffizienten a_i alle reell sind. Die Koeffizienten des charakteristischen Polynoms von mathematischen Beschreibungen realer Systeme müssen immer reell sein, da bei der Aufstellung eines Modells nur reelle Größen wie z.B. Induktivitäten, Kapazitäten und ohmsche Widerstände bei elektrischen Systemen und Massen, Dämpfungen und Federkonstanten bei mechanischen Systemen usw. vorkommen. Die Systemmatrix $\boldsymbol{A}$ wird deshalb zunächst nur reelle Koeffizienten haben und das daraus folgende charakteristische Polynom ebenso. Trotzdem kann die charakteristische Gleichung auch komplexe Wurzeln haben.

3.10 Beispiel: Zu der reellen Systemmatrix

$$\boldsymbol{A} = \begin{bmatrix} 0 & -1 \\ 1 & -1 \end{bmatrix}$$

gehört die charakteristische Gleichung

$$\lambda^2 + \lambda + 1 = 0,$$

die die komplexen Wurzeln

$$\lambda_1 = -0,5 + j0,866 \text{ und } \lambda_2 = -0,5 - j0,866$$

hat. □

Es gilt aber der

3.11 Satz: *Hat eine Matrix $\boldsymbol{A}$ nur reelle Elemente, dann treten komplexe Eigenwerte immer nur als konjugiert komplexe Paare auf.*

Beweis: Mit $\bar{a}$ sei die zu a konjugiert komplexe Zahl bezeichnet. Dann gilt $\overline{a+b} = \bar{a} + \bar{b}$ und $\overline{a \cdot b} = \bar{a} \cdot \bar{b}$. Für einen komplexen Eigenwert $\lambda_i = \alpha_i + j\omega_i$ ist

$$\Delta(\lambda_i) = \lambda_i^n + a_{n-1}\lambda_i^{n-1} + \cdots + a_i\lambda_i + a_0 = 0, \quad a_i \in \mathbb{R}.$$

Betrachtet man die hierzu konjugiert komplexe charakteristische Gleichung, dann ist

$$\overline{\Delta(\lambda_i)} = \bar{\lambda}_i^n + a_{n-1}\bar{\lambda}_i^{n-1} + \cdots + a_1\bar{\lambda}_i + a_0 = 0 = \Delta(\bar{\lambda}_i),$$

d.h., auch die konjugiert komplexe Zahl $\bar{\lambda}_i = \alpha_i - j\omega_i$ ist ein Eigenwert der Matrix $\boldsymbol{A}$, da sie eine Wurzel der charakteristischen Gleichung ist. □

Für die zugehörigen Eigenvektoren gilt der

3.12 Satz: *Hat eine Matrix $\boldsymbol{A}$ ein konjugiert komplexes Eigenwertpaar, dann sind die zugehörigen Eigenvektoren ebenfalls konjugiert komplex.*

Beweis: Ist λ_i ein komplexer Eigenwert, gilt $\boldsymbol{A}\boldsymbol{x}_i = \lambda_i \boldsymbol{x}_i$. Die hierzu konjugiert komplexe Gleichung lautet $\overline{\boldsymbol{A}\boldsymbol{x}_i} = \overline{\lambda_i \boldsymbol{x}_i}$, bzw. mit $\overline{\boldsymbol{A}} = \boldsymbol{A}$: $\boldsymbol{A}\bar{\boldsymbol{x}}_i = \bar{\lambda}_i \cdot \bar{\boldsymbol{x}}_i$, d.h., $\bar{\boldsymbol{x}}_i$ ist Eigenvektor zu $\bar{\lambda}_i$. □

Treten komplexe Eigenwerte auf, dann treten nach Transformation der Systemmatrix auf Diagonalform in der mathematischen Beschreibung komplexe Zahlen auf. Auch einige Zustandsgrößen werden komplexe Größen, der Zustandsraum muß auf die komplexen Zahlen erweitert werden, d.h., es muß $\mathcal{X} = \mathbb{C}^n$ zugelassen werden.

Komplexe Zahlen erschweren die Computersimulation von mathematischen Beschreibungen. Es wäre deshalb vorteilhaft, wenn man zu einer diagonalisierbaren Systemmatrix $\boldsymbol{A}$ eine relle Matrix erhalten würde, die für jedes konjugiert komplexe Eigenwertpaar auf der Hauptdiagonalen eine reelle 2×2–Untermatrix hätte. Die das bewirkende Transformationsmatrix erhält man mit Hilfe von

3.13 Satz: *Wenn die $2r$ komplexen Vektoren $\boldsymbol{x}_1, \bar{\boldsymbol{x}}_1, \ldots, \boldsymbol{x}_r, \bar{\boldsymbol{x}}_r$ linear unabhängig sind, dann sind auch die $2r$ reellen Vektoren $\boldsymbol{x}_{1,\Re e}, \boldsymbol{x}_{1,\Im m}, \ldots, \boldsymbol{x}_{r,\Re e}, \boldsymbol{x}_{r,\Im m}$, wobei $\boldsymbol{x}_i = \boldsymbol{x}_{i,\Re e} + j \cdot \boldsymbol{x}_{i,\Im m}$ ist, linear unabhängig.*

Beweis: Multipliziert man die Matrix

$$\boldsymbol{X} \stackrel{\text{def}}{=} [\boldsymbol{x}_1 \quad \bar{\boldsymbol{x}}_1 \quad \cdots \quad \boldsymbol{x}_r \quad \bar{\boldsymbol{x}}_r], \tag{3.33}$$

die den Rang $2r$ hat, von rechts mit der regulären $(2r \times 2r)$-Block-Diagonalmatrix

$$\boldsymbol{V} \stackrel{\text{def}}{=} \frac{1}{2} \begin{bmatrix} 1 & -j & & & \\ 1 & j & & 0 & \\ & & \ddots & & \\ & & & 1 & -j \\ & 0 & & 1 & j \end{bmatrix},$$

hat die Produktmatrix

$$\begin{aligned} \boldsymbol{X} \cdot \boldsymbol{V} &= [\boldsymbol{x}_{1,\Re e} + j\boldsymbol{x}_{1,\Im m} | \boldsymbol{x}_{1,\Re e} - j\boldsymbol{x}_{1,\Im m} | \cdots | \boldsymbol{x}_{r,\Re e} + j\boldsymbol{x}_{r,\Im m} | \boldsymbol{x}_{r,\Re e} - j\boldsymbol{x}_{r,\Im m}] \cdot \boldsymbol{V} \\ &= [\boldsymbol{x}_{1,\Re e} | \boldsymbol{x}_{1,\Im m} | \cdots | \boldsymbol{x}_{r,\Re e} | \boldsymbol{x}_{r,\Im m}] \end{aligned}$$

auch wieder den Rang $2r$. □

Insgesamt erhält man den

3.14 Satz: *Sei $\boldsymbol{A}$ eine diagonalisierbare reelle Matrix mit den komplexen Eigenwerten $\alpha_i \pm j\omega_i$ $(i = 1, \dots, r)$ und den reellen Eigenwerten λ_i $(i = 2r+1, \dots, n)$. Dann existiert eine Transformationsmatrix $\boldsymbol{T}$ so, daß $\boldsymbol{A}$ auf die* reelle Block-Diagonalform

$$\boldsymbol{\Lambda}^* = \boldsymbol{T}^{-1}\boldsymbol{A}\boldsymbol{T} = \begin{bmatrix} \alpha_1 & \omega_1 & & & & & & & 0 \\ -\omega_1 & \alpha_1 & & & & & & & \\ & & \ddots & & & & & & \\ & & & \alpha_r & \omega_r & & & & \\ & & & -\omega_r & \alpha_r & & & & \\ & & & & & \lambda_{2r+1} & & & \\ & 0 & & & & & \ddots & & \\ & & & & & & & & \lambda_n \end{bmatrix} \tag{3.34}$$

transformiert werden kann.

Beweis: Sei $\boldsymbol{T}$ die Matrix, die aus den reellen und imaginären Teilvektoren jedes komplexen Eigenvektors und den reellen Eigenvektoren besteht:

$$\boldsymbol{T} \stackrel{\text{def}}{=} [\boldsymbol{x}_{1,\Re e}|\boldsymbol{x}_{1,\Im m}|\cdots|\boldsymbol{x}_{r,\Re e}|\boldsymbol{x}_{r,\Im m}|\boldsymbol{x}_{2r+1}|\cdots|\boldsymbol{x}_n].$$

Für das konjugiert komplexe Eigenwertpaar $\alpha_i \pm j\omega_i$ und die zugehörigen Eigenvektoren $\boldsymbol{x}_{i,\Re e} \pm j\boldsymbol{x}_{i,\Im m}$ gilt

$$\begin{aligned} \boldsymbol{A}(\boldsymbol{x}_{i,\Re e} \pm j\boldsymbol{x}_{i,\Im m}) &= (\alpha_i \pm j\omega_i)(\boldsymbol{x}_{i,\Re e} \pm j\boldsymbol{x}_{i,\Im m}) \\ \boldsymbol{A}\boldsymbol{x}_{i,\Re e} \pm j\boldsymbol{A}\boldsymbol{x}_{i,\Im m} &= \alpha_i\boldsymbol{x}_{i,\Re e} - \omega_i\boldsymbol{x}_{i,\Im m} \pm j(\alpha_i\boldsymbol{x}_{i,\Im m} + \omega_i\boldsymbol{x}_{i,\Re e}) \end{aligned}$$

oder getrennt für Real- und Imaginärteil

$$\begin{aligned} \boldsymbol{A}\boldsymbol{x}_{i,\Re e} &= \alpha_i\boldsymbol{x}_{i,\Re e} - \omega_i\boldsymbol{x}_{i,\Im m}, \\ \boldsymbol{A}\boldsymbol{x}_{i,\Im m} &= \alpha_i\boldsymbol{x}_{i,\Im m} + \omega_i\boldsymbol{x}_{i,\Re e}, \end{aligned}$$

welches der Struktur von $\boldsymbol{\Lambda}^*$ entspricht, da $\boldsymbol{x}_{i,\Re e}$ und $\boldsymbol{x}_{i,\Im m}$ Spalten der Transformationsmatrix $\boldsymbol{T}$ sind. □

3.15 Beispiel: Die Systemmatrix

$$\boldsymbol{A} = \begin{bmatrix} 1,01 & 0,84 & 0,66 & 1,70 & 0,28 \\ 1,00 & 0,92 & 0,70 & 1,93 & 0,30 \\ -0,99 & 0,80 & 0,66 & 1,70 & 0,20 \\ -0,83 & -0,70 & 0,53 & 0,19 & 0,43 \\ -0,45 & -0,30 & 0,30 & 0,29 & 0,87 \end{bmatrix}$$

hat zwei konjugiert komplexe Eigenwertpaare

$$\begin{aligned} \lambda_{1,2} &= 1,6729 \pm j1,6083, \\ \lambda_{3,4} &= -0,1484 \pm j0,1129 \end{aligned}$$

und den reellen Eigenwert

$$\lambda_5 = 0,6008$$

sowie die beiden konjugiert komplexen Eigenvektorpaare

$$x_{1,\Re e} \pm j x_{1,\Im m} = \begin{bmatrix} 0,9400 \\ 1,0000 \\ 0,3583 \\ -0,2280 \\ -0,0069 \end{bmatrix} \pm j \begin{bmatrix} -0,0422 \\ 0,0000 \\ 0,5471 \\ 0,5902 \\ 0,4273 \end{bmatrix}$$

und

$$x_{2,\Re e} \pm j x_{2,\Im m} = \begin{bmatrix} 0,0642 \\ 0,3851 \\ 1,0000 \\ 0,6281 \\ -0,0196 \end{bmatrix} \pm j \begin{bmatrix} -0,0538 \\ 0,1660 \\ 1,0000 \\ -0,0479 \\ 0,0410 \end{bmatrix}$$

und den reellen Eigenvektor

$$x_5 = \begin{bmatrix} 0,1435 \\ 0,1299 \\ -0,4760 \\ -0,0786 \\ 1,0000 \end{bmatrix}.$$

Mit der Transformationsmatrix

$$T = [x_{1,\Re e} | x_{1,\Im m} | x_{2,\Re e} | x_{2,\Im m} | x_5]$$

erhält man die reelle Block-Diagonalform

$$A^* = \begin{bmatrix} 1,6729 & 1,6083 & & & \\ -1,6083 & 1,6729 & & & \\ & & -0,1484 & 0,1129 & \\ & & -0,1129 & -0,1484 & \\ & & & & 0,6008 \end{bmatrix}.$$

□

3.2.3 JORDAN-Form

Nach Satz 3.7 kann eine $(n \times n)$-Matrix A auf Diagonalform transformiert werden, wenn n linear unabhängige Eigenvektoren vorhanden sind. Hat die Matrix A n verschiedene Eigenwerte, so gehören dazu nach Satz 3.8 auch n linear unabhängige Eigenvektoren. Es bleibt die Frage, ob beim Auftreten von mehrfachen Eigenwerten immer n linear unabhängige Eigenvektoren existieren.

3.16 Beispiel: Die drei Matrizen

$$A_1 = \begin{bmatrix} 2 & 0 & 0 \\ 0 & 2 & 0 \\ 0 & 0 & 2 \end{bmatrix}, \quad A_2 = \begin{bmatrix} 2 & 1 & 0 \\ 0 & 2 & 0 \\ 0 & 0 & 2 \end{bmatrix}, \quad A_3 = \begin{bmatrix} 2 & 1 & 0 \\ 0 & 2 & 1 \\ 0 & 0 & 2 \end{bmatrix}$$

haben das gleiche charakteristische Polynom

$$\Delta(\lambda) = (\lambda - 2)^3$$

und damit auch die gleichen Eigenwerte, nämlich den dreifachen Eigenwert $\lambda = 2$. Für die Matrix A_1 erhält man als Bestimmungsgleichung für die Eigenvektoren

$$O x = o,$$

d.h., jeder beliebige Vektor $\boldsymbol{x} \neq \boldsymbol{o}$ ist Eigenvektor, also können drei linear unabhängige Eigenvektoren angegeben werden. Für $\boldsymbol{A}_2$ erhält man die Bestimmungsgleichung für die Eigenvektoren

$$\begin{bmatrix} 0 & -1 & 0 \\ 0 & 0 & 0 \\ 0 & 0 & 0 \end{bmatrix} \boldsymbol{x} = \boldsymbol{o},$$

d.h., es muß die zweite Eigenvektorkomponente $x_2 = 0$ und die übrigen zwei Komponenten x_1 und x_3 können beliebig sein. Die Eigenvektoren haben die Form

$$\boldsymbol{x} = \begin{bmatrix} x_1 \\ 0 \\ x_3 \end{bmatrix}$$

und man kann zwei linear unabhängige Eigenvektoren, z.B.

$$\boldsymbol{x}_1 = \begin{bmatrix} k_1 \\ 0 \\ 0 \end{bmatrix} \quad \text{und} \quad \boldsymbol{x}_2 = \begin{bmatrix} 0 \\ 0 \\ k_2 \end{bmatrix}$$

angeben. Die Bestimmungsgleichung für $\boldsymbol{A}_3$ lautet dann

$$\begin{bmatrix} 0 & -1 & 0 \\ 0 & 0 & -1 \\ 0 & 0 & 0 \end{bmatrix} \boldsymbol{x} = \boldsymbol{o},$$

d.h., es ist $x_2 = x_3 = 0$ und x_1 beliebig. Damit erhält man den einzigen Eigenvektor $\boldsymbol{x} = \begin{bmatrix} k_1 \\ 0 \\ 0 \end{bmatrix}$. □

Das Beispiel 3.16 zeigt, daß beim Auftreten von mehrfachen Eigenwerten nicht immer r_i linear unabhängige Eigenvektoren zu einem r_i-fachen Eigenwert λ_i angegeben werden können. Aus der linearen Algebra ist bekannt, daß tatsächlich nicht jede quadratische Matrix $\boldsymbol{A}$ einer Diagonalmatrix ähnlich ist, d.h., in eine Diagonalmatrix transformiert werden kann. Es gibt jedoch eine Verallgemeinerung der Diagonalform, in die jede quadratische Matrix $\boldsymbol{A}$ transformiert werden kann, nämlich die **JORDAN-Form**. Wenn n linear unabhängige Eigenvektoren existieren, entsteht als Sonderfall der JORDAN-Form die Diagonalform. Der Beweis des folgenden Satzes ist in der umfangreichen Literatur über Matrizen und lineare Algebra zu finden, siehe z.B. [ZURMÜHL/FALK,GANTMACHER].

3.17 Satz: *Die $(n \times n)$-Matrix $\boldsymbol{A}$ habe ν verschiedene Eigenwerte $\lambda_1, \ldots, \lambda_\nu$. Die Vielfachheit jedes Eigenwertes λ_i sei r_i. Dann gibt es eine reguläre Transformationsmatrix $\boldsymbol{T}$ derart, daß*

$$\boldsymbol{T}^{-1}\boldsymbol{A}\boldsymbol{T} = \boldsymbol{J} \tag{3.35}$$

JORDAN-*Form hat, mit*

$$\boldsymbol{J} = \begin{bmatrix} \boldsymbol{J}_1 & \boldsymbol{O} & \cdots & \boldsymbol{O} \\ \boldsymbol{O} & \boldsymbol{J}_2 & \ddots & \vdots \\ \vdots & \ddots & \ddots & \boldsymbol{O} \\ \boldsymbol{O} & \cdots & \boldsymbol{O} & \boldsymbol{J}_\nu \end{bmatrix}. \tag{3.36}$$

Die Untermatrix $\boldsymbol{J}_i$ ist eine $(r_i \times r_i)$-Matrix, die wiederum aus Untermatrizen

$$\boldsymbol{J}_i = \begin{bmatrix} \boldsymbol{J}_{i1} & \boldsymbol{O} & \cdots & \boldsymbol{O} \\ \boldsymbol{O} & \boldsymbol{J}_{i2} & \ddots & \vdots \\ \vdots & \ddots & \ddots & \boldsymbol{O} \\ \boldsymbol{O} & \cdots & \boldsymbol{O} & \boldsymbol{J}_{ik_i} \end{bmatrix} \tag{3.37}$$

zusammengesetzt sein kann, wobei k_i die Zahl der zum Eigenwert λ_i vorhandenen linear unabhängigen Eigenvektoren ist und die Untermatrizen $\boldsymbol{J}_{ij}$, genannt JORDAN-**Blöcke**, *die Form*

$$\boldsymbol{J}_{ij} = \begin{bmatrix} \lambda_i & 1 & 0 & \cdots & 0 \\ 0 & \lambda_i & 1 & \ddots & \vdots \\ \vdots & \ddots & \ddots & \ddots & 0 \\ \vdots & & \ddots & \ddots & 1 \\ 0 & \cdots & \cdots & 0 & \lambda_i \end{bmatrix} \tag{3.38}$$

haben. Dabei ist die Reihenfolge der JORDAN-*Blöcke in der Hauptdiagonalen nicht eindeutig.*

In der Transformationsmatrix $\boldsymbol{T}$ treten neben den Eigenvektoren die sogenannten *Hauptvektoren* auf, näheres siehe z.B. [Zurmühl/Falk].

3.2.4 Numerische Ermittlung der Eigenwerte

Je größer die Ordnung n eines Systems ist, desto größer wird der Aufwand für die Berechnung der Polynomkoeffizienten aus den gegebenen Elementen der $(n \times n)$-Systemmatrix $\boldsymbol{A}$. Die berechneten Polynomkoeffizienten a_i sind mit Rundungsfehlern behaftet, die um so größer werden, je größer die Ordnung n des Systems ist. Das bekannteste dieser Verfahren ist der Algorithmus von LEVERRIER, SOURIAU und FADDEEV, siehe z.B.[GANTMACHER]. Die Nullstellen eines Polynoms können sich aber sehr stark ändern, wenn sich die Polynomkoeffizienten selbst nur sehr geringfügig ändern. Dies zeigt ein berühmtes Beispiel aus [WILKINSON]:

3.18 Beispiel: Das Polynom des Grades 20

$$\begin{aligned}\prod_{i=1}^{20}(\lambda - i) &= (\lambda-1)(\lambda-2)\cdots(\lambda-20) \\ &= \lambda^{20} - 210\lambda^{19} + - \cdots + \underbrace{20!}_{2{,}4329\ldots 10^{18}}\end{aligned}$$

hat natürlich die Nullstellen 1,2,3,...,20. Ändert man jetzt nur den Koeffizienten $a_{19} = -210$ des Polynoms in

$$a_{19} = -210 - 2^{-23} = -210 - 1{,}192\ldots 10^{-7},$$

werden zwar die kleineren Nullstellen kaum verändert, aber die größten Nullstellen reagieren sehr empfindlich. WILKINSON gibt folgende Nullstellen λ_i für das geänderte Polynom an:

$$\begin{aligned}
\lambda_1 &= 1{,}000\,000\,000\\
\lambda_2 &= 2{,}000\,000\,000\\
\lambda_3 &= 3{,}000\,000\,000\\
\lambda_4 &= 4{,}000\,000\,000\\
\lambda_5 &= 4{,}999\,999\,928\\
\lambda_6 &= 6{,}000\,006\,944\\
\lambda_7 &= 6{,}999\,697\,234\\
\lambda_8 &= 8{,}007\,267\,603\\
\lambda_9 &= 8{,}917\,250\,249\\
\lambda_{10}, \lambda_{11} &= 10{,}095\,266\,145 \pm j \cdot 0.643\,500\,904\\
\lambda_{12}, \lambda_{13} &= 11{,}793\,633\,881 \pm j \cdot 1.652\,329\,728\\
\lambda_{14}, \lambda_{15} &= 13{,}992\,358\,137 \pm j \cdot 2.518\,830\,070\\
\lambda_{16}, \lambda_{17} &= 16{,}730\,737\,466 \pm j \cdot 2.812\,624\,894\\
\lambda_{18}, \lambda_{19} &= 19{,}502\,439\,400 \pm j \cdot 1.940\,330\,347\\
\lambda_{20} &= 20{,}846\,908\,101.
\end{aligned}$$

Zehn Nullstellen sind komplex geworden! Die größte relative Änderung tritt bei der Nullstelle λ_{16} mit 18,16% auf. Vergleicht man die relative Änderung mit der des Polynomkoeffizienten a_{19} von

$$\frac{1{,}192\ldots 10^{-7}}{210} = 5{,}676\ldots 10^{-10},$$

erkennt man, wie empfindlich das Problem gegenüber Parameteränderungen ist! □

Für die numerische Berechnung der Eigenwerte der Systemmatrix $\boldsymbol{A}$ ist es deshalb oft günstiger, die Matrix $\boldsymbol{A}$ durch numerisch stabile Ähnlichkeitstransformationen so umzuformen, daß eine Dreiecksmatrix bzw. eine Blockdreiecksmatrix vorliegt, bei der man die Eigenwerte direkt auf der Hauptdiagonalen ablesen kann.

Das zuverlässigste Verfahren für die Eigenwertermittlung ist das iterativ arbeitende *QR-Verfahren* [LUDYK,1990], bei dem als Transformationsmatrizen HOUSEHOLDER-Matrizen $\boldsymbol{U}$ verwendet werden, die symmetrisch und orthogonal sind, d.h., für sie gilt $\boldsymbol{U}^T = \boldsymbol{U}$ und $\boldsymbol{U}^T\boldsymbol{U} = \boldsymbol{I}$, also insbesondere $\boldsymbol{U}^{-1} = \boldsymbol{U}^T$.

Der Rechenaufwand wird noch wesentlich verringert, wenn die Systemmatrix $\boldsymbol{A}$ zuvor durch eine Ähnlichkeitstransformation mittels HOUSEHOLDER-Matrizen auf HESSENBERG-Form [LUDYK,1990]

$$\begin{pmatrix} * & * & * & \cdots & * \\ * & * & * & \cdots & * \\ 0 & * & * & \cdots & * \\ 0 & 0 & * & \cdots & * \\ \vdots & \vdots & \ddots & \ddots & \vdots \\ 0 & 0 & \cdots & 0 & * \end{pmatrix}$$

transformiert wurde. Für die QR-Zerlegung einer solchen HESSENBERG-Matrix werden nicht HOUSEHOLDER-Matrizen, sondern viel einfacher aufgebaute orthogonale GIVENS-Matrizen $\boldsymbol{G}$ benötigt, für die auch wieder $\boldsymbol{G}^{-1} = \boldsymbol{G}^T$ gilt. Insgesamt kann man mit Hilfe von rein reellen orthogonalen Transformationsmatrizen folgendes erreichen:

3.19 Satz: *Sei $\boldsymbol{A} \in \mathbb{R}^{n \times n}$. Dann existiert eine reelle orthogonale $(n \times n)$-Matrix $\boldsymbol{Q}$ so, daß die ähnliche Matrix*

$$\boldsymbol{Q}^T \boldsymbol{A} \boldsymbol{Q} = \begin{bmatrix} \boldsymbol{R}_{11} & \boldsymbol{R}_{12} & \cdots & \boldsymbol{R}_{1m} \\ \boldsymbol{O} & \boldsymbol{R}_{22} & \cdots & \boldsymbol{R}_{2m} \\ \vdots & \ddots & \ddots & \vdots \\ \boldsymbol{O} & \cdots & \boldsymbol{O} & \boldsymbol{R}_{mm} \end{bmatrix} \tag{3.39}$$

eine reelle obere Blockdreiecksmatrix, genannt **reelle SCHUR-Form**, *ist. Hierbei sind die Untermatrizen $\boldsymbol{R}_{ii}$ in der Hauptdiagonalen entweder Skalare, wenn die entsprechenden Eigenwerte reell sind oder (2×2)-Matrizen, wenn konjugiert komplexe Eigenwerte auftreten.*

Beweis: Siehe z.B. [LUDYK,1990].

3.20 Beispiel: Für die Systemmatrix

$$\boldsymbol{A} = \begin{bmatrix} 1,01 & 0,84 & 0,66 & 1,70 & 0,28 \\ 1,00 & 0,92 & 0,70 & 1,93 & 0,30 \\ -0.99 & 0,80 & 0,66 & 1,70 & 0,20 \\ -0,83 & -0,70 & 0,53 & 0,19 & 0,43 \\ -0,45 & -0,30 & 0,30 & 0,29 & 0,87 \end{bmatrix}$$

aus Beispiel 3.15 erhält man über die HESSENBERG-Matrix

$$\boldsymbol{H} = \begin{bmatrix} 1,0100 & 0,7969 & -1,6461 & -0,4546 & -0,7472 \\ -1,6946 & 0,5893 & 0,1541 & 0,0533 & 0,3428 \\ 0 & -1,5737 & 1,9276 & 0,6056 & 0,5632 \\ 0 & 0 & -1,4835 & -0,4062 & -1,0685 \\ 0 & 0 & 0 & -0,1210 & 0,5293 \end{bmatrix}$$

die reelle SCHUR-Form

$$\begin{aligned} \boldsymbol{S} &= \begin{bmatrix} 1,4805 & 2,5094 & 1,6145 & -0,3520 & -1,0863 \\ -1,0455 & 1,8654 & -0,3202 & -0,6944 & -0,3817 \\ 0 & 0 & 0,0347 & 0,6832 & 0,5388 \\ 0 & 0 & -0,0677 & -0,3314 & -0,4842 \\ 0 & 0 & 0 & 0 & 0,6008 \end{bmatrix} \\ &= \begin{bmatrix} \boldsymbol{R}_{11} & * & * \\ \boldsymbol{O} & \boldsymbol{R}_{22} & * \\ \boldsymbol{O} & \boldsymbol{O} & r_{33} \end{bmatrix}, \end{aligned}$$

wobei zu der Untermatrix $\boldsymbol{R}_{11}$ das komplexe Eigenwertpaar

$$\lambda_{1,2} = 1,6729 \pm j1,6083$$

und zu der Untermatrix $\boldsymbol{R}_{22}$ das komplexe Eigenwertpaar

$$\lambda_{3,4} = -0,1484 \pm j0,1129$$

gehört und $r_{33} = 0,6008$ der reelle Eigenwert λ_5 ist. □

3.3 Transitionsmatrizen und Trajektorien

3.3.1 Transitionsmatrizen zeitkontinuierlicher Systeme

Das zeitinvariante lineare zeitkontinuierliche System

$$\dot{\boldsymbol{x}}(t) = \boldsymbol{A}\boldsymbol{x}(t) \tag{3.40}$$

hat für den Anfangszustand $\boldsymbol{x}(0) = \boldsymbol{x}_0$ die Lösung

$$\boldsymbol{x}(t) = \boldsymbol{\Phi}(t)\boldsymbol{x}_0, \tag{3.41}$$

wobei nach (2.125) für die Transitionsmatrix $\boldsymbol{\Phi}(t)$

$$\begin{aligned}\boldsymbol{\Phi}(t) &= \boldsymbol{I} + \boldsymbol{A}t + \boldsymbol{A}^2\frac{t^2}{2} + \boldsymbol{A}^3\frac{t^3}{3!} + \cdots \\ &= \sum_{i=0}^{\infty} \boldsymbol{A}^i\frac{t^i}{i!} \overset{\text{def}}{=} \mathrm{e}^{\boldsymbol{A}t}\end{aligned} \tag{3.42}$$

gilt. Nach (2.128) ist allgemein bei Transitionsmatrizen

$$\boldsymbol{\Phi}(t_a)\boldsymbol{\Phi}(t_b) = \boldsymbol{\Phi}(t_a + t_b),$$

oder in Exponentialform

$$\mathrm{e}^{\boldsymbol{A}t_a}\mathrm{e}^{\boldsymbol{A}t_b} = \mathrm{e}^{\boldsymbol{A}(t_a + t_b)}, \tag{3.43}$$

also wie im Skalarfall $\mathrm{e}^{\alpha t_a}\mathrm{e}^{\alpha t_b} = \mathrm{e}^{\alpha(t_a+t_b)}$. Im Skalarfall ist

$$\mathrm{e}^{\alpha t}\mathrm{e}^{\beta t} = \mathrm{e}^{(\alpha+\beta)t}.$$

Gilt das auch bei Matrizen,

$$\mathrm{e}^{\boldsymbol{A}t}\mathrm{e}^{\boldsymbol{B}t} \overset{?}{=} \mathrm{e}^{(\boldsymbol{A} + \boldsymbol{B})t}.$$

Es ist

$$\mathrm{e}^{(\boldsymbol{A} + \boldsymbol{B})t} = \boldsymbol{I} + (\boldsymbol{A} + \boldsymbol{B})t + (\boldsymbol{A} + \boldsymbol{B})^2\frac{t^2}{2} + (\boldsymbol{A} + \boldsymbol{B})^3\frac{t^3}{3!} + \cdots \tag{3.44}$$

und

$$\mathrm{e}^{\boldsymbol{A}t}\mathrm{e}^{\boldsymbol{B}t} = \left(\boldsymbol{I} + \boldsymbol{A}t + \boldsymbol{A}^2\frac{t^2}{2} + \cdots\right)\left(\boldsymbol{I} + \boldsymbol{B}t + \boldsymbol{B}^2\frac{t^2}{2} + \cdots\right)$$
$$= \boldsymbol{I} + (\boldsymbol{A} + \boldsymbol{B})t + \boldsymbol{A}^2\frac{t^2}{2} + \boldsymbol{A}\boldsymbol{B}t^2 + \boldsymbol{B}^2\frac{t^2}{2} + \cdots. \tag{3.45}$$

Subtrahiert man (3.45) von (3.44), erhält man

$$\mathrm{e}^{(\boldsymbol{A}+\boldsymbol{B})t} - \mathrm{e}^{\boldsymbol{A}t}\mathrm{e}^{\boldsymbol{B}t} = (\boldsymbol{BA} - \boldsymbol{AB})\frac{t^2}{2} +$$
$$[\boldsymbol{A}(\boldsymbol{BA} - \boldsymbol{AB}) + (\boldsymbol{BA} - \boldsymbol{AB})\boldsymbol{B} + (\boldsymbol{BAA} - \boldsymbol{AAB}) + (\boldsymbol{BBA} - \boldsymbol{ABB})]\frac{t^3}{3!} + \cdots. \tag{3.46}$$

Die rechte Seite dieser Gleichung ist nur dann gleich der Nullmatrix, wenn $\boldsymbol{BA} = \boldsymbol{AB}$, d.h., wenn die Matrizen $\boldsymbol{A}$ und $\boldsymbol{B}$ vertauschbar sind.

3.21 Satz: *Wenn die beiden Matrizen $\boldsymbol{A}$ und $\boldsymbol{B}$ vertauschbar sind, d.h., wenn $\boldsymbol{AB} = \boldsymbol{BA}$ ist, dann ist*

$$\mathrm{e}^{\boldsymbol{A}t}\mathrm{e}^{\boldsymbol{B}t} = \mathrm{e}^{(\boldsymbol{A}+\boldsymbol{B})t}. \tag{3.47}$$

Die Transitionsmatrix, die zu einer Systemmatrix $\boldsymbol{\Lambda}$ in Diagonalform gehört, wurde bereits in (3.16) angegeben, nämlich

$$\mathrm{e}^{\boldsymbol{\Lambda}t} = \begin{bmatrix} \mathrm{e}^{\lambda_1 t} & 0 & \cdots & 0 \\ 0 & \mathrm{e}^{\lambda_2 t} & \ddots & \vdots \\ \vdots & \ddots & \ddots & 0 \\ 0 & \cdots & 0 & \mathrm{e}^{\lambda_n t} \end{bmatrix}. \tag{3.48}$$

Für eine Blockdiagonalmatrix

$$\boldsymbol{A} = \begin{bmatrix} \boldsymbol{A}_1 & \boldsymbol{O} & \cdots & \boldsymbol{O} \\ \boldsymbol{O} & \boldsymbol{A}_2 & \ddots & \vdots \\ \vdots & \ddots & \ddots & \boldsymbol{O} \\ \boldsymbol{O} & \cdots & \boldsymbol{O} & \boldsymbol{A}_r \end{bmatrix} \tag{3.49}$$

erhält man die Transitionsmatrix

$$\mathrm{e}^{\boldsymbol{A}t} = \sum_{i=0}^{\infty} \boldsymbol{A}^i \frac{t^i}{i!}$$
$$= \boldsymbol{I} + \begin{bmatrix} \boldsymbol{A}_1 t & \boldsymbol{O} & \cdots & \boldsymbol{O} \\ \boldsymbol{O} & \boldsymbol{A}_2 t & \ddots & \vdots \\ \vdots & \ddots & \ddots & \boldsymbol{O} \\ \boldsymbol{O} & \cdots & \boldsymbol{O} & \boldsymbol{A}_r t \end{bmatrix} + \begin{bmatrix} \boldsymbol{A}_1^2\frac{t^2}{2} & \boldsymbol{O} & \cdots & \boldsymbol{O} \\ \boldsymbol{O} & \boldsymbol{A}_2^2\frac{t^2}{2} & \ddots & \vdots \\ \vdots & \ddots & \ddots & \boldsymbol{O} \\ \boldsymbol{O} & \cdots & \boldsymbol{O} & \boldsymbol{A}_r^2\frac{t^2}{2} \end{bmatrix} + \cdots$$

$$= \begin{bmatrix} e^{\boldsymbol{A}_1 t} & \boldsymbol{O} & \cdots & \boldsymbol{O} \\ \boldsymbol{O} & e^{\boldsymbol{A}_2 t} & \ddots & \vdots \\ \vdots & \ddots & \ddots & \boldsymbol{O} \\ \boldsymbol{O} & \cdots & \boldsymbol{O} & e^{\boldsymbol{A}_r t} \end{bmatrix} . \tag{3.50}$$

Die *nilpotente* Matrix[1]

$$\boldsymbol{N} = \begin{bmatrix} 0 & 1 & 0 & \cdots & 0 \\ 0 & 0 & 1 & \ddots & \vdots \\ \vdots & \ddots & \ddots & \ddots & 0 \\ \vdots & & \ddots & \ddots & 1 \\ 0 & \cdots & \cdots & 0 & 0 \end{bmatrix} \tag{3.51}$$

hat die Transitionsmatrix

$$\begin{aligned} e^{\boldsymbol{N}t} &= \boldsymbol{I} + \boldsymbol{N}t + \boldsymbol{N}^2\frac{t^2}{2} + \boldsymbol{N}^3\frac{t^3}{3!} + \cdots \\ &= \boldsymbol{I} + \boldsymbol{N}t + \begin{bmatrix} 0 & 0 & 1 & 0 & \cdots & 0 \\ 0 & 0 & 0 & 1 & \ddots & \vdots \\ \vdots & \ddots & \ddots & \ddots & \ddots & 0 \\ \vdots & & \ddots & \ddots & \ddots & 1 \\ \vdots & & & \ddots & \ddots & 0 \\ 0 & \cdots & \cdots & \cdots & 0 & 0 \end{bmatrix} \frac{t^2}{2} + \begin{bmatrix} 0 & 0 & 0 & 1 & 0 & \cdots & 0 \\ 0 & 0 & 0 & 0 & 1 & \ddots & \vdots \\ \vdots & \ddots & \ddots & \ddots & \ddots & \ddots & 0 \\ \vdots & & \ddots & \ddots & \ddots & \ddots & 1 \\ \vdots & & & \ddots & \ddots & \ddots & 0 \\ \vdots & & & & \ddots & \ddots & 0 \\ 0 & \cdots & \cdots & \cdots & \cdots & 0 & 0 \end{bmatrix} \frac{t^3}{3!} + \cdots \\ &= \begin{bmatrix} 1 & t & \frac{1}{2}t^2 & \cdots & \frac{1}{(n-1)!}t^{n-1} \\ 0 & 1 & t & \ddots & \vdots \\ \vdots & \ddots & \ddots & \ddots & \frac{1}{2}t^2 \\ \vdots & & \ddots & \ddots & t \\ 0 & \cdots & \cdots & 0 & 1 \end{bmatrix} . \end{aligned} \tag{3.52}$$

Mit der Transitionsmatrix (3.48) für die Diagonalmatrix $\boldsymbol{\Lambda}$, der Transitionsmatrix (3.52) für die nilpotente Matrix $\boldsymbol{N}$ und mit Hilfe von Satz 3.21 kann jetzt auch die Transitionsmatrix für einen JORDAN-Block

$$\boldsymbol{J} = \begin{bmatrix} \lambda & 1 & 0 & \cdots & 0 \\ 0 & \lambda & \ddots & \ddots & \vdots \\ \vdots & \ddots & \ddots & \ddots & 0 \\ \vdots & & \ddots & \ddots & 1 \\ 0 & \cdots & \cdots & \cdots & \lambda \end{bmatrix} \tag{3.53}$$

[1] Eine Matrix $\boldsymbol{M}$ heißt *nilpotent mit dem Index k*, wenn $\boldsymbol{M}^k = \boldsymbol{O}$ und $\boldsymbol{M}^i \neq \boldsymbol{O}$ für $i < k$ ist.

angegeben werden; denn der JORDAN-Block (3.53) kann auch so geschrieben werden

$$\boldsymbol{J} = \lambda \boldsymbol{I} + \boldsymbol{N}.$$

Da die beiden Matrizen $\lambda\boldsymbol{I}$ und $\boldsymbol{N}$ miteinander vertauschbar sind, gilt nach Satz 3.21

$$\begin{aligned} \mathrm{e}^{\boldsymbol{J}t} &= \mathrm{e}^{(\lambda\boldsymbol{I}+\boldsymbol{N})t} \\ &= \mathrm{e}^{\lambda\boldsymbol{I}t}\mathrm{e}^{\boldsymbol{N}t} \\ &= \mathrm{e}^{\lambda t}\boldsymbol{I}\mathrm{e}^{\boldsymbol{N}t} \end{aligned}$$

$$= \mathrm{e}^{\lambda t}\begin{bmatrix} 1 & t & \frac{1}{2}t^2 & \cdots & \frac{t^{n-1}}{(n-1)!} \\ 0 & 1 & t & \ddots & \vdots \\ \vdots & \ddots & \ddots & \ddots & \frac{1}{2}t^2 \\ \vdots & & \ddots & \ddots & t \\ 0 & \cdots & \cdots & 0 & 1 \end{bmatrix}. \tag{3.54}$$

Für die in der reellen Blockdiagonalform auftretende, zu einem konjugiert komplexen Eigenwertpaar gehörende Untermatrix

$$\boldsymbol{\Omega} = \begin{bmatrix} \alpha & \omega \\ -\omega & \alpha \end{bmatrix} \tag{3.55}$$

erhält man die Transitionsmatrix

$$\mathrm{e}^{\boldsymbol{\Omega}t} = \mathrm{e}^{\alpha t}\begin{bmatrix} \cos\omega t & \sin\omega t \\ -\sin\omega t & \cos\omega t \end{bmatrix}. \tag{3.56}$$

Dies ist der Fall, denn $\boldsymbol{\Omega}$ und $\mathrm{e}^{\boldsymbol{\Omega}t}$ erfüllen die zugehörige Differentialgleichung

$$\frac{\mathrm{d}}{\mathrm{d}t}\mathrm{e}^{\boldsymbol{\Omega}t} = \boldsymbol{\Omega}\mathrm{e}^{\boldsymbol{\Omega}t},$$

da sowohl

$$\frac{\mathrm{d}}{\mathrm{d}t}\mathrm{e}^{\boldsymbol{\Omega}t} = \alpha\mathrm{e}^{\alpha t}\begin{bmatrix} \cos\omega t & \sin\omega t \\ -\sin\omega t & \cos\omega t \end{bmatrix} + \omega\mathrm{e}^{\alpha t}\begin{bmatrix} -\sin\omega t & \cos\omega t \\ -\cos\omega t & -\sin\omega t \end{bmatrix}$$

als auch

$$\begin{aligned} \boldsymbol{\Omega}\mathrm{e}^{\boldsymbol{\Omega}t} &= \mathrm{e}^{\alpha t}\begin{bmatrix} \alpha & \omega \\ -\omega & \alpha \end{bmatrix}\begin{bmatrix} \cos\omega t & \sin\omega t \\ -\sin\omega t & \cos\omega t \end{bmatrix} \\ &= \mathrm{e}^{\alpha t}\begin{bmatrix} (\alpha\cos\omega t - \omega\sin\omega t) & (\alpha\sin\omega t + \omega\cos\omega t) \\ (-\omega\cos\omega t - \alpha\sin\omega t) & (-\omega\sin\omega t + \alpha\cos\omega t) \end{bmatrix} \end{aligned}$$

gleich sind.

Die zu den verschiedenen Grundtypen von Systemmatrizen gehörenden Transitionsmatrizen sind in Tabelle 3.1 zusammengefaßt.

Tabelle 3.1: Transitionsmatrizen zeitkontinuierlicher Systeme.

Systemmatrix	**Transitionsmatrix**
$\begin{bmatrix} \boldsymbol{A}_1 & \boldsymbol{O} & \cdots & \boldsymbol{O} \\ \boldsymbol{O} & \boldsymbol{A}_2 & \ddots & \vdots \\ \vdots & \ddots & \ddots & \boldsymbol{O} \\ \boldsymbol{O} & \cdots & \boldsymbol{O} & \boldsymbol{A}_r \end{bmatrix}$	$\begin{bmatrix} \mathrm{e}^{\boldsymbol{A}_1 t} & \boldsymbol{O} & \cdots & \boldsymbol{O} \\ \boldsymbol{O} & \mathrm{e}^{\boldsymbol{A}_2 t} & \ddots & \vdots \\ \vdots & \ddots & \ddots & \boldsymbol{O} \\ \boldsymbol{O} & \cdots & \boldsymbol{O} & \mathrm{e}^{\boldsymbol{A}_r t} \end{bmatrix}$
$\begin{bmatrix} \lambda_1 & 0 & \cdots & 0 \\ 0 & \lambda_2 & \ddots & \vdots \\ \vdots & \ddots & \ddots & 0 \\ 0 & \cdots & 0 & \lambda_n \end{bmatrix}$	$\begin{bmatrix} \mathrm{e}^{\lambda_1 t} & 0 & \cdots & 0 \\ 0 & \mathrm{e}^{\lambda_2 t} & \ddots & \vdots \\ \vdots & \ddots & \ddots & 0 \\ 0 & \cdots & 0 & \mathrm{e}^{\lambda_n t} \end{bmatrix}$
$\begin{bmatrix} \lambda & 1 & 0 & \cdots & 0 \\ 0 & \lambda & \ddots & \ddots & \vdots \\ \vdots & \ddots & \ddots & \ddots & 0 \\ \vdots & & \ddots & \ddots & 1 \\ 0 & \cdots & \cdots & 0 & \lambda \end{bmatrix}$	$\mathrm{e}^{\lambda t} \begin{bmatrix} 1 & t & \frac{1}{2}t^2 & \cdots & \frac{t^{n-1}}{(n-1)!} \\ 0 & 1 & t & \ddots & \vdots \\ \vdots & \ddots & \ddots & \ddots & \frac{1}{2}t^2 \\ \vdots & & \ddots & \ddots & t \\ 0 & \cdots & \cdots & 0 & 1 \end{bmatrix}$
$\begin{bmatrix} \alpha & \omega \\ -\omega & \alpha \end{bmatrix}$	$\mathrm{e}^{\alpha t} \begin{bmatrix} \cos\omega t & \sin\omega t \\ -\sin\omega t & \cos\omega t \end{bmatrix}$

3.3.2 Trajektorien zeitkontinuierlicher Systeme

Wenn $\boldsymbol{x}(t) = \boldsymbol{\Phi}(t)\boldsymbol{x}_0$ die Lösung von $\dot{\boldsymbol{x}}(t) = \boldsymbol{A}\boldsymbol{x}(t)$ für $\boldsymbol{x}(0) = \boldsymbol{x}_0$ und $t \geq 0$ ist, ist $\hat{\boldsymbol{x}}(t) = \boldsymbol{T}^{-1}\boldsymbol{x}(t)$ die Lösung von $\dot{\hat{\boldsymbol{x}}}(t) = \boldsymbol{T}^{-1}\boldsymbol{A}\boldsymbol{T}\hat{\boldsymbol{x}}(t) = \hat{\boldsymbol{A}}\hat{\boldsymbol{x}}(t)$. Hat die Systemmatrix $\boldsymbol{A}$ n verschiedene Eigenwerte und ist die Transformationsmatrix $\boldsymbol{T}$ aus den zugehörigen n linear unabhängigen Eigenvektoren aufgebaut, besteht der Zusammenhang

$$\boldsymbol{x}(t) = \boldsymbol{T}\hat{\boldsymbol{x}}(t) = \boldsymbol{T}\mathrm{e}^{\boldsymbol{\Lambda}t}\hat{\boldsymbol{x}}_0 = \sum_{i=1}^{n} \boldsymbol{t}_i \mathrm{e}^{\lambda_i t}\hat{x}_{i,0}, \tag{3.57}$$

der zeigt, daß die freie Bewegung eines Systems $\dot{\boldsymbol{x}}(t) = \boldsymbol{A}\boldsymbol{x}(t)$ mit n verschiedenen Eigenwerten als Linearkombination der Eigenvektoren dargestellt werden kann. Die einzelnen Summanden $\hat{x}_{i,0}\mathrm{e}^{\lambda_i t}\boldsymbol{t}_i$ heißen **Eigenbewegungen** (engl. *modes*). Aus (3.57) folgt weiter für ein freies System, daß ein Zustandsvektor $\boldsymbol{x}(t)$ für $t \geq 0$ nie eine Komponente in Richtung eines Eigenvektors haben wird, wenn der Anfangszustand $\boldsymbol{x}(0)$ keine Komponente in Richtung dieses Eigenvektors gehabt hat. Bei mehrfachen Eigenwerten treten Hauptvektoren dazu und bei konjugiert komplexen Eigenwerten treten bei der reellen Blockdiagonalform nach (3.34) an Stelle der komplexen Eigenvektoren die Real- und Imaginärteile der Eigenvektoren auf.

Diesen Schluß kann man auch direkt aus der homogenen Gleichung $\dot{\boldsymbol{x}}(t) = \boldsymbol{A}\boldsymbol{x}(t)$ ziehen, denn wenn $\boldsymbol{x}(t) = \sum_i \beta_i(t)\boldsymbol{t}_i$ ist, dann ist

$$\begin{aligned} \dot{\boldsymbol{x}}(t) &= \boldsymbol{A}\sum_i \beta_i(t)\boldsymbol{t}_i \\ &= \sum_i \beta_i(t)\boldsymbol{A}\boldsymbol{t}_i \\ &= \sum_i \beta_i(t)\lambda_i\boldsymbol{t}_i, \end{aligned}$$

also wird die Veränderung $\dot{\boldsymbol{x}}(t)$ auch wieder nur durch die von Anfang an vorhandenen Eigenvektoren aufgespannt, $\boldsymbol{x}(t)$ bleibt für alle $t \geq 0$ in dem schon durch $\boldsymbol{x}_0$ definierten Unterraum.

Treten mehrfache Eigenwerte auf, dann sind gemäß (3.54) auch Bewegungen mit dem Faktor $t^j\mathrm{e}^{\lambda_i t}$ vorhanden, wobei j höchstens gleich $r_i - 1$ ist, wenn der Eigenwert λ_i r_i-fach ist. Bei komplexen Eigenwerten $\lambda_i = \alpha_i + j\omega_i$ erhält man gemäß (3.56) Faktoren mit $\mathrm{e}^{\alpha_i t}\sin(\omega t + \varphi)$. Ganz allgemein erhält man also Lösungsanteile der Form

$$t^j\mathrm{e}^{\alpha_i t}\sin(\omega t + \varphi). \tag{3.58}$$

In Bild 3.3 ist das zu verschiedenen einfachen Eigenwerten gehörende Zeitverhalten skizziert und Bild 3.4 zeigt das Zeitverhalten, das zu zweifachen Eigenwerten gehört. In der Tabelle 3.2 sind verschiedene Trajektorien von Systemen zweiter Ordnung mit verschiedenen reellen Eigenwerten dargestellt. In Tabelle 3.3 ist das Systemverhalten von Systemen zweiter Ordnung mit einem konjugiert komplexen Eigenwertpaar dargestellt. Tabelle 3.4 zeigt schließlich das typische Systemverhalten von Systemen dritter Ordnung mit einem konjugiert komplexen Eigenwertpaar. Das Entstehen des ersten Trajektorienbildes in dieser Tabelle soll kurz beschrieben werden.

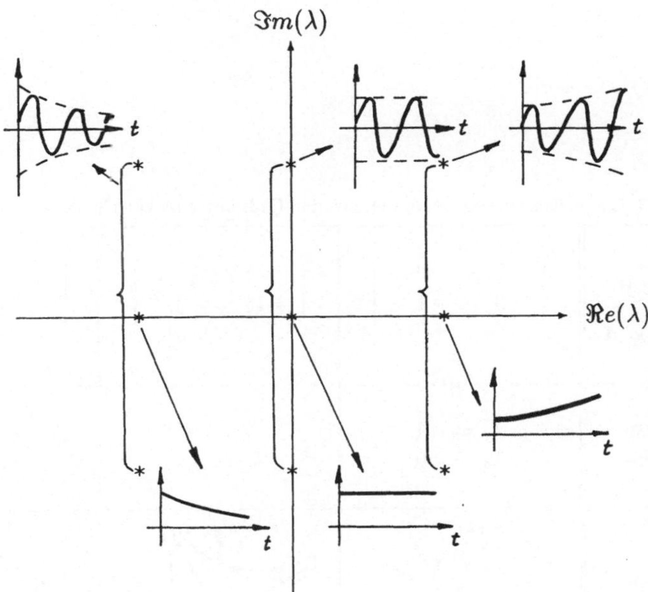

Bild 3.3: Zeitverhalten bei einfachen Eigenwerten.

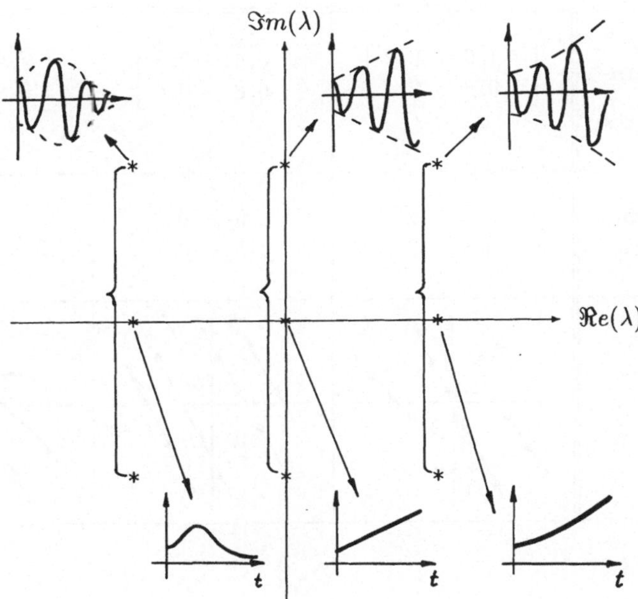

Bild 3.4: Zeitverhalten bei zweifachen Eigenwerten.

Tabelle 3.2: Trajektorien von Systemen zweiter Ordnung mit verschiedenen reellen Eigenwerten

System-matrix *A*	$\begin{bmatrix} -1{,}8 & 0{,}4 \\ 0{,}4 & -1{,}2 \end{bmatrix}$	$\begin{bmatrix} 1{,}4 & -1{,}2 \\ -1{,}2 & -0{,}4 \end{bmatrix}$	$\begin{bmatrix} 1{,}8 & -0{,}4 \\ -0{,}4 & 1{,}2 \end{bmatrix}$
Eigen-werte	$\lambda_1 = -1$ $\lambda_2 = -2$	$\lambda_1 = -1$ $\lambda_2 = +2$	$\lambda_1 = +1$ $\lambda_2 = +2$
Trajek-torien	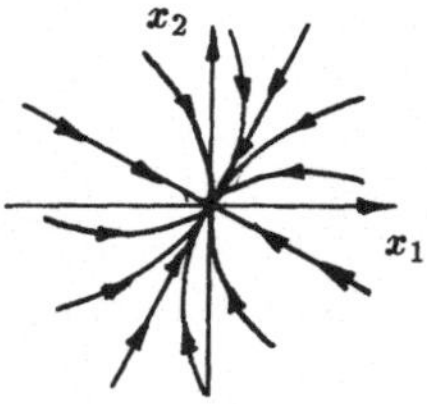 x_2, x_1	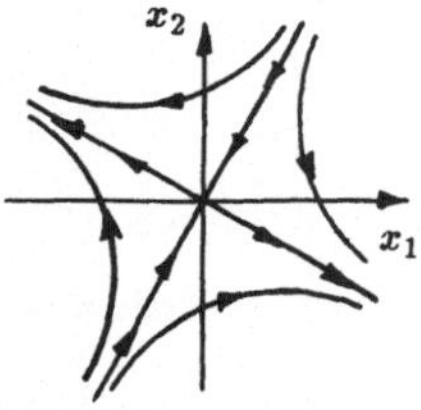 x_2, x_1	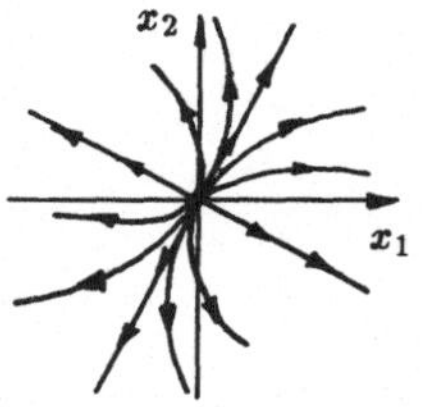 x_2, x_1
System-matrix *A*	$\begin{bmatrix} -1{,}6 & -0{,}2 \\ 0{,}8 & -2{,}4 \end{bmatrix}$	$\begin{bmatrix} 0{,}4 & -0{,}2 \\ 0{,}8 & -0{,}4 \end{bmatrix}$	$\begin{bmatrix} 2{,}4 & -0{,}2 \\ 0{,}8 & 1{,}6 \end{bmatrix}$
Eigen-werte	$\lambda_1 = -2$ $\lambda_2 = -2$	$\lambda_1 = 0$ $\lambda_2 = 0$	$\lambda_1 = +2$ $\lambda_2 = +2$
Trajek-torien	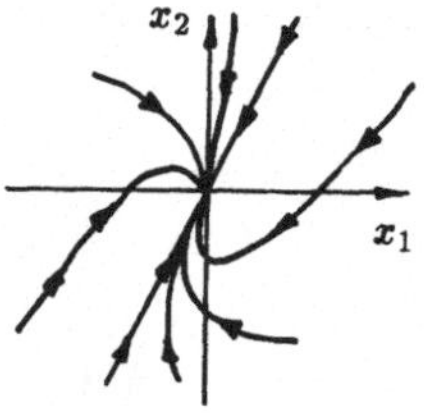 x_2, x_1	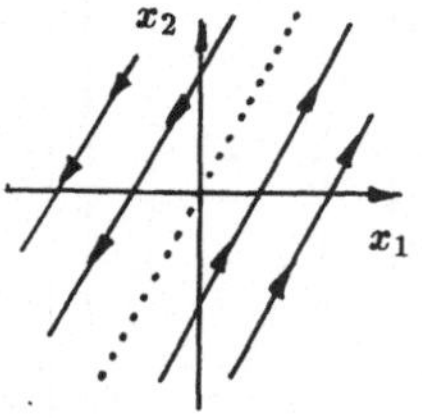 x_2, x_1	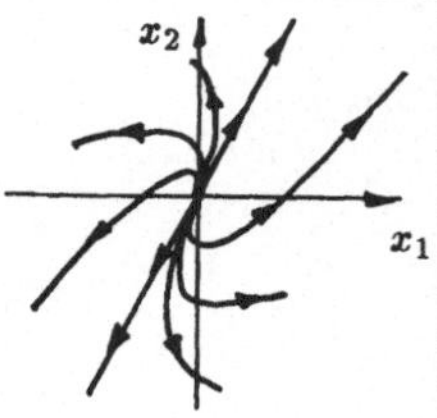 x_2, x_1

Tabelle 3.3: Trajektorien von Systemen zweiter Ordnung mit einem konjugiert komplexen Eigenwertpaar

Systemmatrix $\boldsymbol{A}$	$\begin{bmatrix} -5 & 10 \\ -2 & 3 \end{bmatrix}$	$\begin{bmatrix} -4 & 10 \\ -2 & 4 \end{bmatrix}$	$\begin{bmatrix} -3 & 10 \\ -2 & 5 \end{bmatrix}$
Eigenwerte	$\lambda_{1,2} = -1 \pm j2$	$\lambda_{1,2} = \pm j2$	$\lambda_{1,2} = +1 \pm j2$
Trajektorien	x_2, x_1	x_2, x_1	x_2, x_1

Die Systemmatrix

$$\boldsymbol{A} = \begin{bmatrix} -4,5 & 1,5 & 4 \\ -4,0 & 1,0 & 4 \\ -1,5 & -0,5 & 1 \end{bmatrix}$$

hat als Eigenwerte das konjugiert komplexe Eigenwertpaar $\lambda_{1,2} = -1 \pm j2$ und den reellen Eigenwert $\lambda_3 = -0,5$. Hierzu gehören die Eigenvektoren

$$\boldsymbol{x}_{1,2} = \begin{bmatrix} -0,1267 \\ -0,1267 \\ -0,3732 \end{bmatrix} \pm j \cdot \begin{bmatrix} 0,6196 \\ 0,6196 \\ 0,2464 \end{bmatrix} \quad \text{und } \boldsymbol{x}_3 = \begin{bmatrix} 1 \\ 0 \\ 1 \end{bmatrix}.$$

Mit der Transformationsmatrix

$$\boldsymbol{T} = [\boldsymbol{x}_{1,\Re e} | \boldsymbol{x}_{1,\Im m} | \boldsymbol{x}_3]$$

erhält man die Blockdiagonalform

$$\hat{\boldsymbol{A}} = \boldsymbol{T}^{-1}\boldsymbol{A}\boldsymbol{T} = \begin{bmatrix} -1 & 2 & 0 \\ -2 & -1 & 0 \\ 0 & 0 & -0,5 \end{bmatrix},$$

wozu die Transitionsmatrix

$$\hat{\boldsymbol{\Phi}}(t) = \begin{bmatrix} \mathrm{e}^{-t} \begin{bmatrix} \cos 2t & \sin 2t \\ -\sin 2t & \cos 2t \end{bmatrix} & \boldsymbol{o} \\ \boldsymbol{o}^T & \mathrm{e}^{-t/2} \end{bmatrix}$$

und die Zustandstrajektorie $\hat{\boldsymbol{x}}(t) = \hat{\boldsymbol{\Phi}}(t)\hat{\boldsymbol{x}}(0)$ gehören. Die Trajektorie $\boldsymbol{x}(t)$ im ursprünglichen Koordinatensystem erhält man aus

$$\boldsymbol{x}(t) = \boldsymbol{T}\hat{\boldsymbol{x}}(t)$$

$$\begin{aligned}
&= \boldsymbol{T}\hat{\boldsymbol{\Phi}}(t)\hat{\boldsymbol{x}}(0) \\
&= \boldsymbol{T}\begin{bmatrix} e^{-t}\begin{bmatrix} \cos 2t & \sin 2t \\ -\sin 2t & \cos 2t \end{bmatrix}\begin{bmatrix} \hat{x}_1(0) \\ \hat{x}_2(0) \end{bmatrix} \\ e^{-t/2}\hat{x}_3(0) \end{bmatrix} \\
&= e^{-t}[\boldsymbol{x}_{1,\Re e}|\boldsymbol{x}_{1,\Im m}]\begin{bmatrix} \cos 2t & \sin 2t \\ -\sin 2t & \cos 2t \end{bmatrix}\begin{bmatrix} \hat{x}_1(0) \\ \hat{x}_2(0) \end{bmatrix} + \boldsymbol{x}_3 e^{-t/2}\hat{x}_3(0).
\end{aligned}$$

Aus der letzten Darstellung für den Zustand $\boldsymbol{x}(t)$ geht hervor: Wenn der Anfangszustand $\boldsymbol{x}_0$ sich als Linearkombination der beiden Vektoren $\boldsymbol{x}_{1,\Re e}$ und $\boldsymbol{x}_{1,\Im m}$ darstellen läßt,

$$\boldsymbol{x}_0 = c_1\boldsymbol{x}_{1,\Re e} + c_2\boldsymbol{x}_{1,\Im m},$$

bewegt sich der Zustand spiralförmig in der durch die beiden Vektoren $\boldsymbol{x}_{1,\Re e}$ und $\boldsymbol{x}_{1,\Im m}$ aufgespannten Ebene auf den Koordinatenursprung $\boldsymbol{o}$ zu. Liegt der Anfangszustand außerhalb dieser Ebene, kommt eine Komponente $c_3\boldsymbol{x}_3 e^{-t/2}$ hinzu, die allerdings auch für $t \to \infty$ gegen den Nullvektor strebt.

Die Systemmatrix

$$\boldsymbol{A} = \begin{bmatrix} -6 & 4 & 4 \\ -4 & 2 & 4 \\ -4 & 2 & 2 \end{bmatrix}$$

hat das rein imaginäre Eigenwertpaar $\lambda_{1,2} = \pm 2j$ und den reellen Eigenwert $\lambda_3 = -2$, zu denen die Eigenvektoren

$$\boldsymbol{x}_{1,2} = \begin{bmatrix} -0,1135 \mp 0,6222j \\ -0,1135 \mp 0,6222j \\ +0,2544 \mp 0,3778j \end{bmatrix} \quad \text{und} \quad \boldsymbol{x}_3 = \begin{bmatrix} 0,7071 \\ 0 \\ 0,7071 \end{bmatrix}$$

gehören. Mit der Transformationsmatrix

$$\boldsymbol{T} = [\boldsymbol{x}_{1,\Re e}|\boldsymbol{x}_{1,\Im m}|\boldsymbol{x}_3]$$

kommt man in diesem Fall zu der Darstellung

$$\boldsymbol{x}(t) = [\boldsymbol{x}_{1,\Re e}|\boldsymbol{x}_{1,\Im m}]\begin{bmatrix} \cos 2t & \sin 2t \\ -\sin 2t & \cos 2t \end{bmatrix}\begin{bmatrix} \hat{x}_1(0) \\ \hat{x}_2(0) \end{bmatrix} + \boldsymbol{x}_3 e^{-2t}\hat{x}_3(0),$$

d.h., in diesem Fall würde ein Anfangszustand in der durch die beiden Vektoren $\boldsymbol{x}_{1,\Re e}$ und $\boldsymbol{x}_{1,\Im m}$ aufgespannten Ebene zu einer ungedämpften Bewegung in dieser Ebene um den Ursprung führen.

3.3.3 Transitionsmatrizen zeitdiskreter Systeme

Zu dem zeitinvarianten zeitdiskreten linearen System

$$\boldsymbol{x}_{k+1} = \boldsymbol{A}_d\boldsymbol{x}_k \tag{3.59}$$

gehört nach (2.160) die Transitionsmatrix

$$\boldsymbol{\Phi}(k) = \boldsymbol{A}_d^k. \tag{3.60}$$

Für eine Systemmatrix in Blockdiagonalform erhält man als Transitionsmatrix

$$\begin{bmatrix} \boldsymbol{A}_1 & \boldsymbol{O} & \cdots & \boldsymbol{O} \\ \boldsymbol{O} & \boldsymbol{A}_2 & \ddots & \vdots \\ \vdots & \ddots & \ddots & \boldsymbol{O} \\ \boldsymbol{O} & \cdots & \boldsymbol{O} & \boldsymbol{A}_r \end{bmatrix}^k = \begin{bmatrix} \boldsymbol{A}_1^k & \boldsymbol{O} & \cdots & \boldsymbol{O} \\ \boldsymbol{O} & \boldsymbol{A}_2^k & \ddots & \vdots \\ \vdots & \ddots & \ddots & \boldsymbol{O} \\ \boldsymbol{O} & \cdots & \boldsymbol{O} & \boldsymbol{A}_r^k \end{bmatrix} \tag{3.61}$$

und insbesondere für eine Diagonalform

$$\boldsymbol{A}^k = \begin{bmatrix} \lambda_1^k & 0 & \cdots & 0 \\ 0 & \lambda_2^k & \ddots & \vdots \\ \vdots & \ddots & \ddots & 0 \\ 0 & \cdots & 0 & \lambda_n^k \end{bmatrix}, \tag{3.62}$$

was leicht durch vollständige Induktion bewiesen werden kann.

Die Transitionsmatrix, die zu einem $(r \times r)$-JORDAN-Block gehört, hat die Form

$$\begin{bmatrix} \lambda & 1 & 0 & \cdots & 0 \\ 0 & \ddots & \ddots & \ddots & \vdots \\ \vdots & \ddots & \ddots & \ddots & 0 \\ \vdots & & \ddots & \ddots & 1 \\ 0 & \cdots & \cdots & 0 & \lambda \end{bmatrix}^k = \begin{bmatrix} \lambda^k & \binom{k}{1}\lambda^{k-1} & \cdots & \binom{k}{r-1}\lambda^{k-r+1} \\ 0 & \lambda^k & \ddots & \vdots \\ \vdots & \ddots & \ddots & \binom{k}{1}\lambda^{k-1} \\ 0 & \cdots & 0 & \lambda^k \end{bmatrix}. \tag{3.63}$$

Beweis von (3.63): Der Beweis wird durch vollständige Induktion geführt: Da definitionsgemäß für $a < b$ der Binomialkoeffizient $\binom{a}{b} = 0$ ist, ist die Formel (3.63) für $k = 1$ richtig. Angenommen, die Formel ist für k richtig, dann folgt daraus für $k + 1$:

$$\begin{bmatrix} \lambda & 1 & 0 & \cdots & 0 \\ 0 & \ddots & \ddots & \ddots & \vdots \\ \vdots & \ddots & \ddots & \ddots & 0 \\ \vdots & & \ddots & \ddots & 1 \\ 0 & \cdots & \cdots & 0 & \lambda \end{bmatrix} \begin{bmatrix} \lambda^k & \binom{k}{1}\lambda^{k-1} & \cdots & \binom{k}{r-1}\lambda^{k-r+1} \\ 0 & \lambda^k & \ddots & \vdots \\ \vdots & \ddots & \ddots & \binom{k}{1}\lambda^{k-1} \\ 0 & \cdots & 0 & \lambda^k \end{bmatrix} =$$

$$= \begin{bmatrix} \lambda^{k+1} & \binom{k}{1}\lambda^k + \lambda^k & \cdots & \binom{k}{r-1}\lambda^{k-r+2} + \binom{k}{r-2}\lambda^{k-r+2} \\ 0 & \lambda^{k+1} & \ddots & \vdots \\ \vdots & \ddots & \ddots & \binom{k}{1}\lambda^k + \lambda^k \\ 0 & \cdots & 0 & \lambda^{k+1} \end{bmatrix}$$

$$= \begin{bmatrix} \lambda^{k+1} & \binom{k+1}{1}\lambda^k & \cdots & \binom{k+1}{r-1}\lambda^{(k+1)-r+1} \\ 0 & \lambda^{k+1} & \ddots & \vdots \\ \vdots & \ddots & \ddots & \binom{k+1}{1}\lambda^k \\ 0 & \cdots & 0 & \lambda^{k+1} \end{bmatrix},$$

also die Formel (3.63) mit $k+1$ statt k. □

Zu einem konjugiert komplexen Eigenwertpaar $\alpha \pm j\omega$ gehört der Diagonalblock

$$\boldsymbol{\Lambda} = \begin{bmatrix} \alpha + j\omega & 0 \\ 0 & \alpha - j\omega \end{bmatrix} = \begin{bmatrix} (\alpha^2+\omega^2)^{1/2} e^{j\varphi} & 0 \\ 0 & (\alpha^2+\omega^2)^{1/2} e^{-j\varphi} \end{bmatrix}, \tag{3.64}$$

wobei $\varphi \overset{\text{def}}{=} \arctan(\omega/\alpha)$ ist, also die Transitionsmatrix

$$\boldsymbol{\Lambda}^k = \begin{bmatrix} (\alpha + j\omega)^k & 0 \\ 0 & (\alpha - j\omega)^k \end{bmatrix} = \begin{bmatrix} (\alpha^2+\omega^2)^{k/2} e^{jk\varphi} & 0 \\ 0 & (\alpha^2+\omega^2)^{k/2} e^{-jk\varphi} \end{bmatrix}. \tag{3.65}$$

Mit Hilfe der MOIVREschen Formel erhält man dafür

$$\boldsymbol{\Lambda}^k = (\alpha^2+\omega^2)^{k/2} \begin{bmatrix} \cos k\varphi + j \sin k\varphi & 0 \\ 0 & \cos k\varphi - j \sin k\varphi \end{bmatrix}. \tag{3.66}$$

Führt man für die Diagonalmatrix (3.64) mit der Transformationsmatrix

$$\boldsymbol{T} = \begin{bmatrix} 1 & -j \\ 1 & j \end{bmatrix}$$

eine Ähnlichkeitstransformation durch, erhält man die reelle Form

$$\boldsymbol{T}^{-1}\boldsymbol{\Lambda}\boldsymbol{T} = \begin{bmatrix} \alpha & \omega \\ -\omega & \alpha \end{bmatrix} \tag{3.67}$$

und gemäß Lemma 3.2 die dazugehörige Transitionsmatrix

$$\begin{bmatrix} \alpha & \omega \\ -\omega & \alpha \end{bmatrix}^k = \boldsymbol{T}^{-1}\boldsymbol{\Lambda}^k\boldsymbol{T} = (\alpha^2+\omega^2)^{k/2} \begin{bmatrix} \cos k\varphi & \sin k\varphi \\ -\sin k\varphi & \cos k\varphi \end{bmatrix}. \tag{3.68}$$

In Tabelle 3.5 sind die zu den verschiedenen Grundtypen gehörenden Transitionsmatrizen für lineare zeitdiskrete Systeme zusammengefaßt.

3.3.4 Trajektorien zeitdiskreter Systeme

Ist $\boldsymbol{x}^k = \boldsymbol{A}_d^k \boldsymbol{x}_0$ die Lösung von $\boldsymbol{x}_{k+1} = \boldsymbol{A}_d \boldsymbol{x}_k$ für den Anfangszustand $\boldsymbol{x}_0$, dann ist $\hat{\boldsymbol{x}}_k = \boldsymbol{T}^{-1}\boldsymbol{x}_k$ die Lösung von $\hat{\boldsymbol{x}}_{k+1} = \boldsymbol{T}^{-1}\boldsymbol{A}_d\boldsymbol{T}\hat{\boldsymbol{x}}_k = \hat{\boldsymbol{A}}_d\hat{\boldsymbol{x}}_k$. Hat insbesondere die Systemmatrix $\boldsymbol{A}_d$ n linear unabhängige Eigenvektoren, so besteht der Zusammenhang

$$\boldsymbol{x}_k = \boldsymbol{T}\hat{\boldsymbol{x}}_k = \boldsymbol{T}\boldsymbol{\Lambda}^k\hat{\boldsymbol{x}}_0 = \sum_{i=1}^{n} \boldsymbol{t}_i \lambda_i^k \hat{x}_{i,0}, \tag{3.69}$$

der zeigt, daß sich wie bei den zeitkontinuierlichen Systemen auch hier die freie Bewegung des Systems $\boldsymbol{x}_{k+1} = \boldsymbol{A}_d\boldsymbol{x}_k$ als Linearkombination der n Eigenvektoren darstellen läßt. Bei mehrfachen bzw. komplexen Eigenwerten treten an die Stelle der Eigenvektoren die Hauptvektoren bzw. die Real- und Imaginärteile der Eigenvektoren.

Tabelle 3.5: Transitionsmatrizen zeitdiskreter Systeme

Systemmatrix	Transitionsmatrix
$\begin{bmatrix} \boldsymbol{A}_1 & \boldsymbol{O} & \cdots & \boldsymbol{O} \\ \boldsymbol{O} & \boldsymbol{A}_2 & \ddots & \vdots \\ \vdots & \ddots & \ddots & \boldsymbol{O} \\ \boldsymbol{O} & \cdots & \boldsymbol{O} & \boldsymbol{A}_r \end{bmatrix}$	$\begin{bmatrix} {\boldsymbol{A}_1}^k & \boldsymbol{O} & \cdots & \boldsymbol{O} \\ \boldsymbol{O} & {\boldsymbol{A}_2}^k & \ddots & \vdots \\ \vdots & \ddots & \ddots & \boldsymbol{O} \\ \boldsymbol{O} & \cdots & \boldsymbol{O} & {\boldsymbol{A}_r}^k \end{bmatrix}$
$\begin{bmatrix} \lambda_1 & 0 & \cdots & 0 \\ 0 & \lambda_2 & \ddots & \vdots \\ \vdots & \ddots & \ddots & 0 \\ 0 & \cdots & 0 & \lambda_n \end{bmatrix}$	$\begin{bmatrix} {\lambda_1}^k & 0 & \cdots & 0 \\ 0 & {\lambda_2}^k & \ddots & \vdots \\ \vdots & \ddots & \ddots & 0 \\ 0 & \cdots & 0 & {\lambda_n}^k \end{bmatrix}$
$\begin{bmatrix} \lambda & 1 & 0 & \cdots & 0 \\ 0 & \lambda & \ddots & \ddots & \vdots \\ \vdots & \ddots & \ddots & \ddots & 0 \\ \vdots & & \ddots & \ddots & 1 \\ 0 & \cdots & \cdots & 0 & \lambda \end{bmatrix}$	$\begin{bmatrix} \lambda^k & \binom{k}{1}\lambda^{k-1} & \cdots & \binom{k}{r-1}\lambda^{k-r+1} \\ 0 & \ddots & \ddots & \vdots \\ \vdots & \ddots & \ddots & 0 \\ \vdots & \ddots & \ddots & \binom{k}{1}\lambda^{k-1} \\ 0 & \cdots & \cdots & \lambda^k \end{bmatrix}$
$\begin{bmatrix} \alpha & \omega \\ -\omega & \alpha \end{bmatrix}$	$(\alpha^2+\omega^2)^{k/2} \begin{bmatrix} \cos k\omega & \sin k\omega \\ -\sin k\omega & \cos k\omega \end{bmatrix}$

Allgemein hat die Lösung die Form

$$\boldsymbol{x}_k = \sum_j \beta_j(k)\boldsymbol{t}_j,$$

wobei sich die Summe nur über die Indizes j erstreckt, für die die Anfangswerte $\hat{x}_{j,0} \neq 0$ sind. Dieser Schluß kann auch direkt aus der Zustandsgleichung $\boldsymbol{x}_{k+1} = \boldsymbol{A}_d\boldsymbol{x}_k$ gezogen werden, denn der nachfolgende Zustand $\boldsymbol{x}_{k+1}$ hat dann die Form

$$\boldsymbol{x}_{k+1} = \boldsymbol{A}_d\boldsymbol{x}_k = \sum_j \beta_j(k)\boldsymbol{A}_d\boldsymbol{t}_j = \sum_j \beta_j(k)\lambda_j\boldsymbol{t}_j,$$

d.h., die folgenden Zustände bleiben in dem schon durch den Anfangszustand vorgegebenen Unterraum.

Sind mehrfache Eigenwerte vorhanden, dann treten gemäß (3.63) auch Bewegungen mit dem Faktor $k^j\lambda_i^k$ auf, wobei j höchstens gleich $r_i - 1$ ist, wenn r_i die Vielfachheit des Eigenwertes λ_i ist. Bei komplexen Eigenwerten $\lambda_i = \alpha_i + j\omega_i$ erhält man gemäß (3.68) Faktoren mit $(\alpha_i^2 + \omega_i^2)^{k/2}\sin(k\varphi)$. Allgemein erhält man also Lösungsanteile der Form

$$k^j|\lambda|^k\sin(k\varphi). \tag{3.70}$$

In Bild 3.5 sind die zu verschiedenen *einfachen reellen* Eigenwerten und in Bild 3.6 die

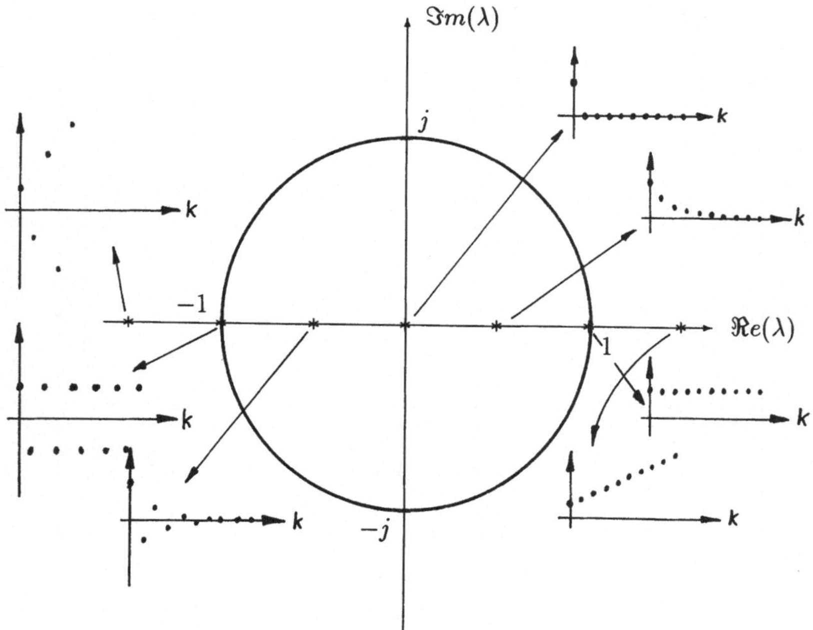

Bild 3.5: Zeitverhalten zeitdiskreter Systeme, bei einfachen reellen Eigenwerten.

zu verschiedenen *einfachen konjugiert komplexen* Eigenwertpaaren gehörenden Bewegungen skizziert.

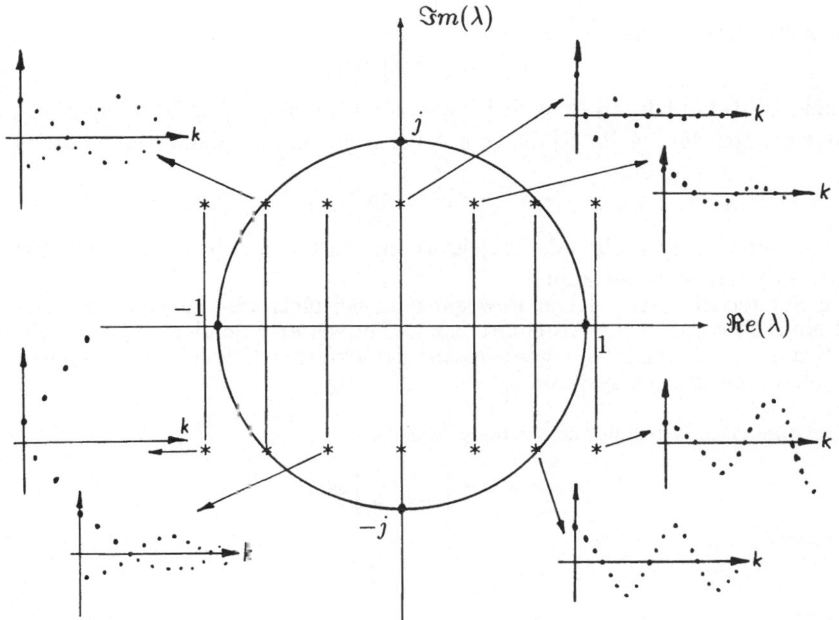

Bild 3.6: Zeitverhalten zeitdiskreter Systeme, das zu einfachen konjugiert komplexen Eigenwertpaaren gehört.

3.4 Stabilität

3.4.1 Einleitung

Welchen Einfluß haben Änderungen der Anfangsbedingungen oder der Eingangsfunktionen auf den zeitlichen Verlauf der Zustands- und Ausgangsgrößen eines gegebenen Systems? Ganz grob gesprochen nennt man ein System **stabil**, wenn der Einfluß gering ist, dagegen instabil, wenn die Auswirkung groß ist.

Stabilität ist eine Systemeigenschaft, die beim Entwurf von Regelungssystemen unbedingt beachtet werden muß! Das entworfene Regelungssystem muß unempfindlich gegenüber Störungen sein, die entweder durch Änderungen der Eingangsgrößen, der Anfangsbedingungen oder der Systemparameter hervorgerufen werden.

Die Zustands- und Ausgangsgrößen eines dynamischen Systems hängen sowohl von dem Anfangszustand, als auch der Eingangsfunktion und den Systemparametern ab. Es ist sinnvoll, die Auswirkungen von Änderungen der drei Einflußgrößen getrennt zu untersuchen.

Die Untersuchung der Auswirkungen von Änderungen des Anfangszustands auf das Systemverhalten führt zu dem Begriff der **LJAPUNOW-Stabilität**, dagegen führt die Untersuchung der Wirkung von Eingangsgrößenänderungen zur **Eingangs-Ausgangs-Stabilität**.

Der Untersuchung eines Systems auf LJAPUNOW-Stabilität liegt i. allg. die nichtlineare Zustandsgleichung

$$\dot{\boldsymbol{x}}(t) = \boldsymbol{f}(\boldsymbol{x}(t), \boldsymbol{u}(t), t) \tag{3.71}$$

zugrunde. Wirkt auf das System die Eingangsfunktion $\boldsymbol{u}_{[t_0,t_1]}$, erhält man unter gewissen Voraussetzungen für $t \in [t_0, t_1]$ die vom Anfangszustand $\boldsymbol{x}_0$ abhängende Lösung

$$\boldsymbol{x}(t) = \boldsymbol{x}(t; t_0, \boldsymbol{x}_0, \boldsymbol{u}_{[t_0,t_1]}). \tag{3.72}$$

Die zu dieser Lösung gehörende Trajektorie im Zustandsraum wird in der Stabilitätstheorie auch *Bewegung* genannt.

Ein Sonderfall einer solchen Bewegung ist beispielsweise auch die Ruhelage $\bar{\boldsymbol{x}} = const$ eines Systems, siehe Abschnitt 2.5.2. Ein weiterer Sonderfall ist die Bewegung eines Systems, die eine in sich geschlossene Trajektorie ist. Solche Systeme nennt man auch *schwingungsfähige* Systeme.

3.22 Beispiel: Das System mit der Zustandsgleichung

$$\dot{\boldsymbol{x}}(t) = \begin{bmatrix} 0 & 1 \\ -1 & 0 \end{bmatrix} \boldsymbol{x}(t)$$

hat die Lösung

$$\boldsymbol{x}(t) = \begin{bmatrix} \cos t & \sin t \\ -\sin t & \cos t \end{bmatrix} \boldsymbol{x}_0.$$

Für die Länge des Zustandsvektors gilt

$$\|\boldsymbol{x}(t)\| = \left[(x_{0,1}\cos t + x_{0,2}\sin t)^2 + (-x_{0.1}\sin t + x_{0,2}\cos t)^2\right]^{\frac{1}{2}} = \sqrt{x_{0,1}^2 + x_{0,2}^2},$$

d.h., der Abstand der Trajektorie vom Koordinatenursprung der Zustandsebene hängt nur vom Anfangszustand ab und bleibt für alle $t \geq 0$ konstant. Bild 3.7 zeigt eine in sich geschlossene Trajektorie, hier einen Kreis. □

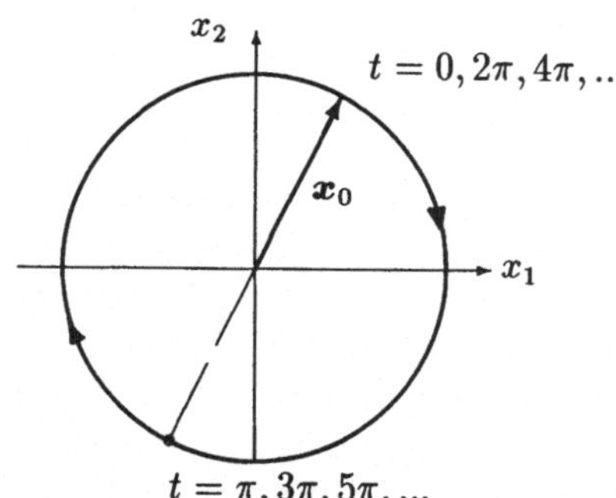

Bild 3.7: In sich geschlossene Trajektorie eines schwingungsfähigen Systems.

Bei nichtlinearen Systemen können ebenfalls in sich geschlossene Trajektorien auftreten.

3.23 Beispiel: Ein bekanntes Beispiel für ein nichtlineares System mit einer in sich geschlossenen Trajektorie ist der VAN-DER-POL-Oszillator. Dieser Oszillator zur Schwingungserzeugung hat die Zustandsbeschreibung

$$\begin{aligned} \dot{x}_1(t) &= x_2(t), \\ \dot{x}_2(t) &= -x_1(t) - V(x_2^2(t) - 1)x_2(t) \end{aligned}$$

und die Eigenschaft, daß, unabhängig vom Anfangszustand, jede Trajektorie einer in sich geschlossenen Trajektorie zustrebt, wie Bild 3.8 für zwei verschiedene Anfangszustände zeigt. □

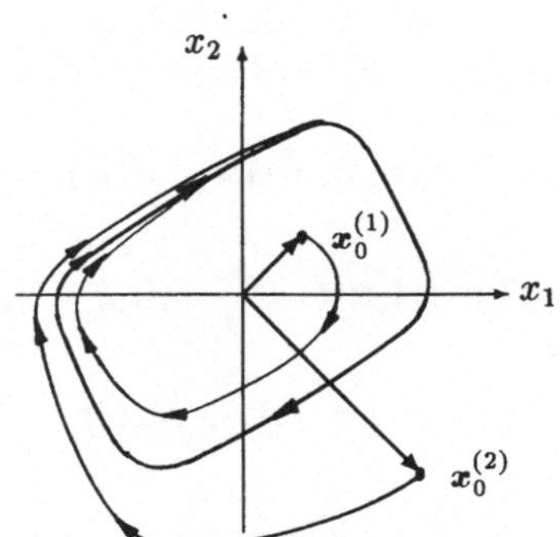

Bild 3.8: Verschiedene Trajektorien eines VAN-DER-POL-Oszillators.

Eine solche in sich geschlossene Trajektorie heißt *Grenzzyklus.*

Wird ein dynamisches System auf LJAPUNOW-Stabilität untersucht, wird das Systemverhalten nach einer Anfangszustandsänderung betrachtet. Soll die LJAPUNOW-Stabilität einer Bewegung $\boldsymbol{x}(t) = \boldsymbol{x}(t; t_0, \boldsymbol{x}_0, \boldsymbol{u}_{[t_0,t_1]})$ untersucht werden, interessiert, ob bei einer Änderung des Anfangszustands $\boldsymbol{x}_0$ um $\Delta\boldsymbol{x}_0$ die neue Bewegung

$$\boldsymbol{x}_\Delta(t) = \boldsymbol{x}(t; t_0, \boldsymbol{x}_0 + \Delta\boldsymbol{x}_0, \boldsymbol{u}_{[t_0,t_1]}) \tag{3.73}$$

in der Nähe der Lösung

$$\boldsymbol{x}_\Delta(t) = \boldsymbol{x}(t; t_0, \boldsymbol{x}_0, \boldsymbol{u}_{[t_0,t_1]}) \tag{3.74}$$

wie in Bild 3.9 bleibt.

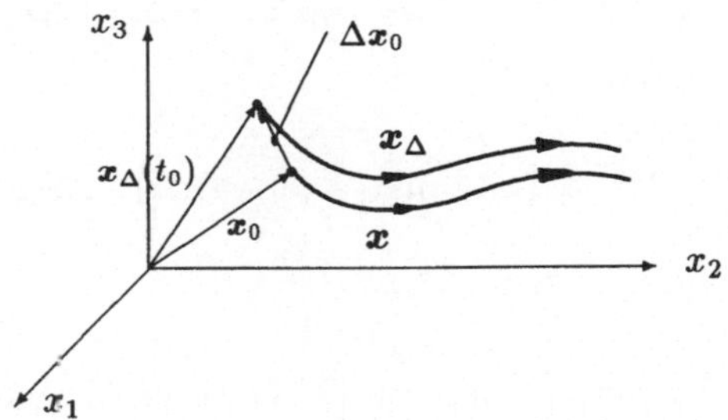

Bild 3.9: Zur LJAPUNOW-Stabilität einer Bewegung $\boldsymbol{x}(t)$.

Wird die LJAPUNOW-Stabilität einer Ruhelage $\bar{\boldsymbol{x}} = const$ untersucht, so interessiert, ob bei einer Änderung des Anfangszustands $\bar{\boldsymbol{x}} = \boldsymbol{x}_0$ um $\Delta\boldsymbol{x}_0$ die neue Trajektorie

$$\boldsymbol{x}_\Delta(t) = \boldsymbol{x}(t; t_0, \bar{\boldsymbol{x}} + \Delta\boldsymbol{x}_0, \boldsymbol{u} = const) \tag{3.75}$$

in der Nähe der Ruhelage $\bar{\boldsymbol{x}}$ bleibt.

Interessiert die LJAPUNOW-Stabilität eines Grenzzyklus oder einer anderen, festgelegten, d.h. gewünschten Bewegung, wird untersucht, ob für einen Anfangszustand $\boldsymbol{x}_0 + \Delta\boldsymbol{x}_0$ die Bewegung des Systems wieder dem Grenzzyklus zustrebt, so wie es in Bild 3.8 für den VAN-DER-POL-Oszillator der Fall ist.

Die Lösungen $\boldsymbol{x}(t)$ und $\boldsymbol{x}_\Delta(t)$ gemäß (3.73) und (3.74) erfüllen die Zustandsgleichung (3.71), d.h., es gilt

$$\dot{\boldsymbol{x}}(t) = \boldsymbol{f}(\boldsymbol{x}(t), u(t), t), \quad \boldsymbol{x}(t_0) = \boldsymbol{x}_0 \tag{3.76}$$

und

$$\dot{\boldsymbol{x}}_\Delta(t) = \boldsymbol{f}(\boldsymbol{x}_\Delta(t), \boldsymbol{u}(t), t), \quad \boldsymbol{x}_\Delta(t_0) = \boldsymbol{x}_0 + \Delta\boldsymbol{x}_0. \tag{3.77}$$

Für

$$\boldsymbol{x}_\Delta(t) = \boldsymbol{x}(t) + \Delta\boldsymbol{x}(t) \tag{3.78}$$

erhält man

$$\dot{\boldsymbol{x}}_\Delta(t) = \dot{\boldsymbol{x}}(t) + \dot{\Delta\boldsymbol{x}}(t) = \boldsymbol{f}(\boldsymbol{x}(t) + \Delta\boldsymbol{x}(t), \boldsymbol{u}(t), t) = \boldsymbol{f}(\boldsymbol{x}(t), \boldsymbol{u}(t), t) + \boldsymbol{f}_\Delta(\Delta\boldsymbol{x}(t), t). \tag{3.79}$$

Die letzte Zerlegung wird dabei so vorgenommen, daß wieder $\boldsymbol{f}(\boldsymbol{x}(t), \boldsymbol{u}(t), t)$ entsteht und der Rest in $\boldsymbol{f}_\Delta(\Delta\boldsymbol{x}(t), t)$ zusammengefaßt ist. In $\boldsymbol{f}_\Delta$ können zwar auch noch Komponenten von $\boldsymbol{x}$ und $\boldsymbol{u}$ vorhanden sein, diese sind aber für eine gegebene Eingangsfunktion $\boldsymbol{u}$ als Lösung von (3.71) bekannte Zeitfunktionen wie auch die Eingangsfunktion $\boldsymbol{u}$ selbst.

3.24 Beispiel: Für das nichtlineare System zweiter Ordnung mit den Zustandsgleichungen

$$\begin{aligned} \dot{x}_1 &= x_2, \\ \dot{x}_2 &= x_1 x_2 + x_2 + x_1 u \end{aligned}$$

erhält man für die Zerlegung gemäß (3.79):

$$\begin{aligned} \dot{x}_{\Delta 1} &= x_2 + \Delta x_2, \\ \dot{x}_{\Delta 2} &= (x_1 + \Delta x_1)(x_2 + \Delta x_2) + (x_2 + \Delta x_2) + (x_1 + \Delta x_1)u \\ &= x_1 x_2 + x_2 + x_1 u + \Delta x_2 + x_1 \Delta x_2 + x_2 \Delta x_1 + \Delta x_1 \Delta x_2 + u \Delta x_1, \end{aligned}$$

d.h., für dieses System erhält man

$$\boldsymbol{f}_\Delta(\Delta\boldsymbol{x}, t) = \begin{bmatrix} \Delta x_2 \\ (x_2 + u)\Delta x_1 + (x_1 + 1)\Delta x_2 + \Delta x_1 \Delta x_2 \end{bmatrix}.$$

□

Wird beachtet, daß $\boldsymbol{x}$ eine Lösung von (3.71) ist, erhält man aus (3.79)

$$\dot{\Delta\boldsymbol{x}}(t) = \boldsymbol{f}_\Delta(\Delta\boldsymbol{x}, t). \tag{3.80}$$

Dies ist die Zustandsgleichung eines freien Systems mit der Ruhelage

$$\overline{\Delta\boldsymbol{x}} = \boldsymbol{o};$$

denn für $\Delta\boldsymbol{x}(t_0) = \boldsymbol{o}$ ist $\boldsymbol{x}_\Delta = \boldsymbol{x}$ und damit $\Delta\boldsymbol{x}(t) = \boldsymbol{o}$ für alle $t \geq t_0$, d.h., es ist

$$\boldsymbol{f}_\Delta(\boldsymbol{o}, t) = \boldsymbol{o}.$$

(3.80) wird auch *Gleichung der gestörten Bewegung* genannt. Wenn also

$$\boldsymbol{x}_\Delta(t) = \boldsymbol{x}(t; t_0, \boldsymbol{x}_0 + \Delta\boldsymbol{x}_0, \boldsymbol{u}_{[t_0,t]})$$

eine Lösung von (3.71) ist, dann ist genau $\Delta\boldsymbol{x} = \boldsymbol{x}_\Delta - \boldsymbol{x}$ eine Lösung von (3.80) für den Anfangswert $\Delta\boldsymbol{x}_0 = \boldsymbol{x}_{\Delta,0} - \boldsymbol{x}_0$. Die gestörte Bewegung $\boldsymbol{x}_\Delta$ bleibt also in der Nähe der Bewegung $\boldsymbol{x}$ bzw. strebt ihr zu, wenn $\|\Delta\boldsymbol{x}(t)\|$ für alle $t \geq t_0$ in der Nähe der Größenordnung von $\|\Delta\boldsymbol{x}_0\|$ bleibt bzw. gegen null strebt.

Jedes der drei zu untersuchenden Probleme: LJAPUNOW-Stabilität einer Bewegung, einer Ruhelage oder eines Grenzzyklus kann auf die Untersuchung der Ruhelage $\boldsymbol{o}$ des freien dynamischen Systems (3.80) zurückgeführt werden. Es bedeutet keine Einschränkung der Allgemeinheit, wenn im folgenden nur noch die Stabilität der Ruhelage $\boldsymbol{o}$ eines freien Systems definiert und untersucht wird.

3.4.2 Definitionen der LJAPUNOW-Stabilität

Bei der Untersuchung eines Systems auf LJAPUNOW-Stabilität wird danach gefragt, ob bei einer kleinen Änderung des Anfangszustands die neue Bewegung in der Nähe der alten, ungestörten Bewegung bleibt.

3.25 Definition: *Die Ruhelage $\bar{\boldsymbol{x}}$ eines freien dynamischen Systems mit der Zustandsgleichung*

$$\dot{\boldsymbol{x}}(t) = \boldsymbol{f}(\boldsymbol{x}(t), t) \tag{3.81}$$

heißt LJAPUNOW-**stabil**, *wenn zu jedem $\epsilon > 0$ ein $\delta > 0$ so existiert, daß für jeden Anfangszustand $\boldsymbol{x}_0 = \boldsymbol{x}(t_0)$, für den $\|\boldsymbol{x}_0\| < \delta$ ist, für alle $t \geq t_0$ gilt*

$$\|\boldsymbol{x}(t)\| < \epsilon. \tag{3.82}$$

Bild 3.10 soll die Definition 3.25 an Hand der Trajektorie eines Systems zweiter Ordnung in der Zustandsebene verdeutlichen. In diesem Fall sind ϵ und δ die Radien

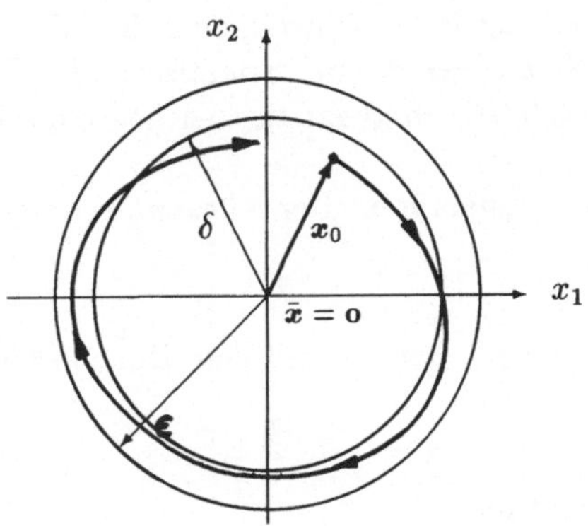

Bild 3.10: Zur Definition der LJAPUNOW-Stabilität.

zweier Kreise. Die Ruhelage $\bar{\boldsymbol{x}} = \boldsymbol{o}$ wird dann LJAPUNOW-stabil genannt, wenn es zu *jedem* ϵ, d.h. für jede Kreisscheibe mit einem Radius ϵ, wie klein auch immer er ist, eine Kreisscheibe mit dem Radius δ derart gibt, daß die Trajektorie für alle $t \geq t_0$ in der ϵ-Scheibe bleibt. Es ist unbedingt zu beachten, daß die Definition 3.25 für beliebig kleines $\epsilon > 0$ erfüllt sein muß. So ist z.B. die Ruhelage $\bar{\boldsymbol{x}} = \boldsymbol{o}$ des VAN-DER-POL-Oszillators aus Beispiel 3.23 instabil, denn dieser Oszillator hat die Eigenschaft, daß, unabhängig vom Anfangszustand, jede Trajektorie einem Grenzzyklus zustrebt. Die Ausgangsgröße $y = x_1$ ist also nach einem gewissen Übergangsverhalten immer eine periodische Schwingung bestimmter Form und Frequenz, unabhängig vom Anfangszustand des Oszillators. Jedoch ist $\bar{\boldsymbol{x}} = \boldsymbol{o}$ eine theoretische Ruhelage, die instabil ist, denn man kann in Bild 3.11 zwar für ϵ_1 ein δ_1 finden, so daß die Bedingungen für die LJAPUNOW-Stabilität erfüllt sind, aber für ϵ_2, d.h., eine Kreisscheibe innerhalb des

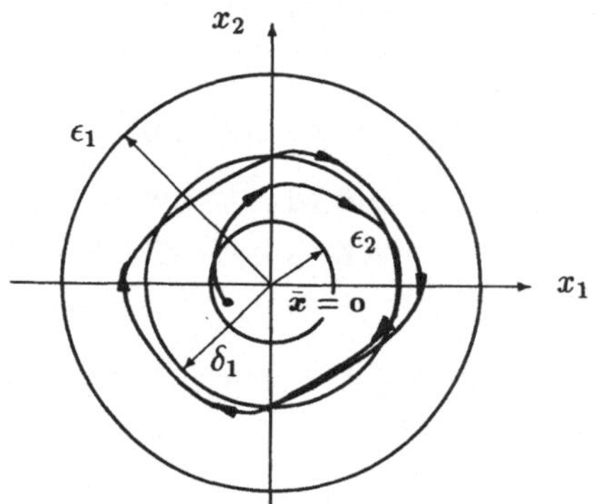

Bild 3.11: Untersuchung der LJAPUNOW-Stabilität der Ruhelage $\bar{\boldsymbol{x}} = \boldsymbol{o}$ eines VAN-DER-POL-Oszillators.

Grenzzyklus, ist kein δ_2 derart zu finden, daß jede Trajektorie, die in einer solchen δ_2-Kreisscheibe startet, in der ϵ_2-Kreisscheibe bleibt, da alle Bewegungen dem Grenzzyklus zustreben.

Für die Herleitung der Definition der **Instabilität** einer Ruhelage aus der Definition der LJAPUNOW-Stabilität ist es sinnvoll, zunächst die Definition der LJAPUNOW-Stabilität mit Hilfe der *Quantoren* der mathematischen Logik zu formulieren und dann daraus mit Hilfe der Regeln der mathematischen Logik die Definition der Instabilität herzuleiten.

Es gibt zwei Arten von Quantoren. Der *Allquantor*, dargestellt durch

$$\forall,$$

bedeutet „für alle"; der *Existenzquantor* mit dem Kurzzeichen

$$\exists$$

bedeutet „es gibt ein", und mit

$$\Leftrightarrow$$

wird in der Aussagenlogik die logische *Äquivalenz* „dann und nur dann, wenn" gekennzeichnet, d.h., das, was links von dem Symbol $\Leftrightarrow$ steht, kann durch das, was rechts steht, ersetzt werden und umgekehrt. Mit diesen Symbolen kann Definition 3.25 in die Form

$$(\forall\epsilon > 0)(\exists\delta > 0)(\forall\|\boldsymbol{x}_0\| < \delta)(\forall t \geq t_0)\|\boldsymbol{x}(t)\| < \epsilon \Leftrightarrow (\bar{\boldsymbol{x}} = \boldsymbol{o} \text{ ist LJAPUNOW-stabil}) \tag{3.83}$$

gebracht werden. (3.83) ist von links nach rechts so zu lesen: Wenn für alle $\epsilon > 0$ ein $\delta > 0$ existiert, so daß für alle $\|\boldsymbol{x}_0\| < \delta$ und für alle $t \geq t_0$, $\|\boldsymbol{x}(t)\| < \epsilon$ ist, dann und nur dann ist $\bar{\boldsymbol{x}} = \boldsymbol{o}$ LJAPUNOW-stabil.

Mit $\neg A$ wird die Negation der Aussage A bezeichnet, in Worten „nicht A“. Es gelten die Regeln von DE MORGAN

$$\neg((\forall x)A \Leftrightarrow (\exists x)(\neg A) \tag{3.84}$$

und

$$\neg((\exists x)A) \Leftrightarrow (\forall x)(\neg A). \tag{3.85}$$

Die Instabilität ist die Umkehrung der LJAPUNOW-Stabilität: Wenn die Ruhelage nicht LJAPUNOW-stabil ist, heißt sie instabil. Mit (3.83) heißt das

$$\neg((\forall\epsilon > 0)(\exists\delta > 0)(\forall\|\boldsymbol{x}_0| < \delta)(\forall t \geq t_0)\|\boldsymbol{x}(t)\| < \epsilon) \Leftrightarrow (\bar{\boldsymbol{x}} = \boldsymbol{o} \text{ ist instabil}). \tag{3.86}$$

Für die linke Seite von (3.86) erhält man schrittweise mit Hilfe der Verneinungsregeln (3.84) und (3.85)

$$\begin{aligned}
& \neg((\forall\epsilon > 0)(\exists\delta > 0)(\forall\|\boldsymbol{x}_0\| < \delta)(\forall t \geq t_0)\|\boldsymbol{x}(t)\| < \epsilon) \\
\Leftrightarrow\ & (\exists\epsilon > 0)\neg((\exists\delta > 0)(\forall\|\boldsymbol{x}_0\| < \delta)(\forall t \geq t_0)\|\boldsymbol{x}(t)\| < \epsilon) \\
\Leftrightarrow\ & (\exists\epsilon > 0)(\forall\delta > 0)\neg((\forall\|\boldsymbol{x}_0\| < \delta)(\forall t \geq t_0)\|\boldsymbol{x}(t)\| < \epsilon) \\
\Leftrightarrow\ & (\exists\epsilon > 0)(\forall\delta > 0)(\exists\|\boldsymbol{x}_0\| < \delta)\neg((\forall t \geq t_0)\|\boldsymbol{x}(t)\| < \epsilon) \\
\Leftrightarrow\ & (\exists\epsilon > 0)(\forall\delta > 0)(\exists\|\boldsymbol{x}_0\| < \delta)(\exists t \geq t_0)\neg(\|\boldsymbol{x}(t)\| < \epsilon) \\
\Leftrightarrow\ & (\exists\epsilon > 0)(\forall\delta > 0)(\exists\|\boldsymbol{x}_0\| < \delta)(\exists t \geq t_0)(\|\boldsymbol{x}(t)\| \geq \epsilon).
\end{aligned}$$

Damit wird aus (3.86):

$$((\exists\epsilon > 0)(\forall\delta > 0)(\exists\|\boldsymbol{x}_0\| < \delta)(\exists t \geq t_0)\|\boldsymbol{x}(t)\| \geq \epsilon) \Leftrightarrow (\bar{\boldsymbol{x}} = \boldsymbol{o} \text{ ist instabil}).. \tag{3.87}$$

In Worten lautet (3.87):

3.26 Definition: *Die Ruhelage $\bar{\boldsymbol{x}} = \boldsymbol{o}$ heißt* **instabil**, *wenn es ein $\epsilon > 0$ so gibt, daß es für alle $\delta > 0$ einen Anfangszustand $\boldsymbol{x}_0 = \boldsymbol{x}(t_0)$ mit $\|\boldsymbol{x}_0\| < \delta$ und ein $t \geq t_0$ so gibt, daß $\|\boldsymbol{x}(t)\| \geq \epsilon$ wird.*

Geometrisch bedeutet das, daß es für jede Bewegung, wie nahe sie auch beim Ursprung startet, einen Zeitpunkt $t \geq t_0$ gibt, in dem die Umgebung mit dem Radius ϵ erreicht oder verlassen wird. Für den VAN-DER-POL-Oszillator ist z.B. $\epsilon_2 > 0$ in Bild 3.11 derart, daß alle Trajektorien den durch ϵ_2 definierten Kreis verlassen, d.h. die Ruhelage $\bar{\boldsymbol{x}} = \boldsymbol{o}$ instabil ist.

In der Regelungstechnik kann man nicht damit zufrieden sein, wenn die gestörte Bewegung nur in der Nähe der Ruhelage, einem gewünschten Sollzustand, bleibt. Man ist vielmehr bestrebt, daß nach einer Störung diese Ruhelage möglichst schnell wieder angenommen wird. Daher wird gefordert, daß die Ruhelage eine stärkere Stabilitätsbedingung erfüllt:

3.27 Definition: *Die Ruhelage $\bar{\boldsymbol{x}} = \boldsymbol{o}$ eines freien dynamischen Systems mit der Zustandsgleichung*

$$\dot{\boldsymbol{x}}(t) = \boldsymbol{A}(t)\boldsymbol{x}(t)$$

heißt **asymptotisch stabil**, *wenn sie* LJAPUNOW-*stabil ist und zusätzlich*

$$\lim_{t\to\infty} \|\boldsymbol{x}(t)\| = 0 \tag{3.88}$$

gilt.

3.4.3 LJAPUNOW-Stabilität linearer zeitveränderlicher Systeme

Die Zustandsgleichung eines linearen zeitkontinuierlichen Systems

$$\dot{\boldsymbol{x}}(t) = \boldsymbol{A}(t)\boldsymbol{x}(t) \tag{3.89}$$

hat für den Anfangszustand $\boldsymbol{x}_0 = \boldsymbol{x}(t_0)$ die Lösung

$$\boldsymbol{x}(t) = \boldsymbol{\Phi}(t, t_0)\boldsymbol{x}_0. \tag{3.90}$$

Über die LJAPUNOW-Stabilität der Ruhelage $\bar{\boldsymbol{x}}_0 = \boldsymbol{o}$ kann an Hand der Transitionsmatrix die Aussage gemacht werden:

3.28 Satz: *Die Ruhelage $\bar{\boldsymbol{x}} = \boldsymbol{o}$ des freien linearen Systems mit der Zustandsgleichung* (3.89) *ist dann und nur dann* LJAPUNOW-*stabil, wenn es eine endliche Schranke $M < \infty$ so gibt, daß für alle $t \geq t_0$*

$$\|\boldsymbol{\Phi}(t, t_0)\| < M \tag{3.91}$$

gilt.

Beweis: 1. Zunächst ist zu beweisen: Wenn es ein $M < \infty$ so gibt, daß $\|\boldsymbol{\Phi}(t, t_0)\| < M$ für alle $t \geq t_0$ ist, dann ist die Ruhelage LJAPUNOW-stabil. Aus (3.90) folgt mit (3.91) die Schätzung für $t \geq t_0$:

$$\|\boldsymbol{x}(t)\| = \|\boldsymbol{\Phi}(t, t_0)\boldsymbol{x}_0\| \leq \|\boldsymbol{\Phi}(t, t_0)\| \cdot \|\boldsymbol{x}_0\| < M\|\boldsymbol{x}_0\|. \tag{3.92}$$

Wird $\delta = \epsilon/M$ gewählt, folgt für $\|\boldsymbol{x}_0\| < \delta$ aus (3.92)

$$\|\boldsymbol{x}(t)\| < M\frac{\epsilon}{M} = \epsilon,$$

d.h. nach Definition 3.25 die LJAPUNOW-Stabilität der Ruhelage.

2. Jetzt ist noch zu beweisen: Wenn die Ruhelage LJAPUNOW-stabil ist, gibt es ein endliches M so, daß $\|\boldsymbol{\Phi}(t, t_0)\| < M$ für alle $t \geq t_0$ ist. Der Beweis wird durch Herbeiführen eines Widerspruchs erbracht. Widerspruchsannahme: Die Ruhelage ist LJAPUNOW-stabil, aber es gibt ein endliches M so, daß (3.91) gilt. Dann gibt es ein $t_1 \geq t_0$ so, daß wenigstens ein Element $\varphi_{ij}(t_1, t_0)$ der Transitionsmatrix $\boldsymbol{\Phi}(t_1, t_0)$

unbeschränkt ist. Wird als Anfangszustand der Vektor $\boldsymbol{x}_0$ so gewählt, daß dessen Komponenten bis auf die j-te Komponente alle null sind, gilt die Abschätzung

$$\|\boldsymbol{x}(t)\| \geq |\varphi(t, t_0)| \cdot |x_{0,j}|. \tag{3.93}$$

Da für t_1 das Element φ_{ij} unendlich groß wird, wird auch $\|\boldsymbol{x}(t)\|$ unendlich groß, wie klein $|x_{0,j}|$ auch gewählt wird, d.h., die Ruhelage ist instabil. Das ist ein Widerspruch zur Widerspruchsannahme. □

Ein Kriterium für die asymptotische Stabilität der Ruhelage von linearen Systemen liefert der

3.29 Satz: *Die Ruhelage $\bar{\boldsymbol{x}} = \boldsymbol{o}$ des freien linearen Systems mit der Zustandsgleichung*

$$\dot{\boldsymbol{x}}(t) = \boldsymbol{A}(t)\boldsymbol{x}(t)$$

ist dann und nur dann asymptotisch stabil, wenn die Bedingung des Satzes 3.28 erfüllt und

$$\lim_{t\to\infty} \|\boldsymbol{\Phi}(t, t_0)\| = 0 \tag{3.94}$$

ist.

Beweis: 1. Zunächst ist zu zeigen: Wenn (3.94) gilt, ist die Ruhelage asymptotisch stabil. Sei $\|\boldsymbol{x}_0\| < \delta$, dann gilt die Abschätzung

$$\|\boldsymbol{x}(t)\| \leq \|\boldsymbol{\Phi}(t, t_0)\| \cdot \|\boldsymbol{x}_0\| = \|\boldsymbol{\Phi}(t, t_0)\|\delta$$

und wenn (3.94) gilt, ist $\lim_{t\to\infty} = 0$.
2. Weiter ist zu zeigen: Wenn die Ruhelage asymptotisch stabil ist, gilt (3.94). Statt dessen kann auch gezeigt werden: Wenn nicht (3.94) gilt, ist die Ruhelage nicht asymptotisch stabil. Strebt die Norm der Transitionsmatrix nicht gegen null, gibt es wenigstens einen Zeitpunkt t_0, für den mindestens ein Element der Transitionsmatrix nicht gegen null strebt. Wie beim Beweis des Satzes 3.28 kann dann wieder ein besonderer Anfangszustand $\boldsymbol{x}_0$ so gewählt werden, daß der Zustand nicht gegen die Ruhelage $\bar{\boldsymbol{x}} = \boldsymbol{o}$ strebt. □

3.4.4 LJAPUNOW-Stabilität linearer zeitinvarianter Systeme

Für zeitinvariante Systeme tritt bei der Stabilitätsuntersuchung eine wesentliche Vereinfachung ein, denn für diese kann bereits an Hand der Systemmatrix $\boldsymbol{A}$ eine allgemeine Aussage über die Stabilität der Ruhelage gemacht werden.

3.30 Satz: *Die Ruhelage $\bar{\boldsymbol{x}} = \boldsymbol{o}$ des freien linearen zeitinvarianten Systems mit der Zustandsgleichung*

$$\dot{\boldsymbol{x}}(t) = \boldsymbol{A}\boldsymbol{x}(t) \tag{3.95}$$

ist dann und nur dann LJAPUNOW*-stabil, wenn sämtliche Realteile der Eigenwerte der Systemmatrix $\boldsymbol{A}$ nicht positiv sind und wenn zu den Eigenwerten mit verschwindendem Realteil nach Ähnlichkeitstransformation auf* JORDAN*-Form nur* (1 × 1)-JORDAN*-Blöcke gehören.*

Beweis: Die Lösung von (3.95) ist

$$\boldsymbol{x}(t) = \mathrm{e}^{\boldsymbol{A}t}\boldsymbol{x}_0.$$

Damit das System stabil ist, muß nach Satz 3.28 $\|\mathrm{e}^{\boldsymbol{A}t}\| < M < \infty$ für $t \geq 0$ sein. Sei $\boldsymbol{T}$ die Transformationsmatrix, mit deren Hilfe die Systemmatrix $\boldsymbol{A}$ auf JORDAN-Form $\boldsymbol{J}$ transformiert werden kann, dann gilt für die Transitionsmatrix

$$\mathrm{e}^{\boldsymbol{J}t} = \boldsymbol{T}^{-1}\mathrm{e}^{\boldsymbol{A}t}\boldsymbol{T}. \tag{3.96}$$

Aus der Schätzung $\|\mathrm{e}^{\boldsymbol{J}t}\| \leq \|\boldsymbol{T}^{-1}\| \cdot \|\mathrm{e}^{\boldsymbol{A}t}\| \cdot \|\boldsymbol{T}\|$ folgt: Wenn $\|\mathrm{e}^{\boldsymbol{A}t}\|$ beschränkt ist, ist auch $\|\mathrm{e}^{\boldsymbol{J}t}\|$ beschränkt. Wird andererseits (3.96) nach $\mathrm{e}^{\boldsymbol{A}t}$ aufgelöst, erhält man die Schätzung $\|\mathrm{e}^{\boldsymbol{A}t}\| \leq \|\boldsymbol{T}\| \cdot \|\mathrm{e}^{\boldsymbol{J}t}\| \cdot \|\boldsymbol{T}^{-1}\|$. Wenn also $\|\mathrm{e}^{\boldsymbol{J}t}\|$ beschränkt ist, ist auch $\|\mathrm{e}^{\boldsymbol{A}t}\|$ beschränkt. Das freie lineare System mit der Zustandsgleichung (3.95) ist dann und nur dann LJAPUNOW-stabil, wenn $\|\mathrm{e}^{\boldsymbol{J}t}\|$ für $t \geq 0$ beschränkt ist. Satz 3.30 kann allein durch Untersuchung der JORDAN-Matrix $\boldsymbol{J}$ bewiesen werden. $\|\mathrm{e}^{\boldsymbol{J}t}\|$ ist dann und nur dann beschränkt, wenn jedes Element der Transitionsmatrix $\mathrm{e}^{\boldsymbol{J}t}$ beschränkt ist. Diese Elemente haben die Form

$$\frac{t^k}{k!}\mathrm{e}^{\lambda_i t}, \quad k \geq 0. \tag{3.97}$$

Wenn der Eigenwert λ_i reell und negativ ist, ist (3.97) für alle $t \geq 0$ beschränkt, denn den Zeitpunkt des Maximalwertes von

$$\left|\frac{t^k}{k!}\mathrm{e}^{\lambda_i t}\right| = \frac{t^k}{k!}\mathrm{e}^{\lambda_i t} \tag{3.98}$$

erhält man aus (3.98) durch Differenzieren nach t und Nullsetzen aus

$$k\frac{t^{k-1}}{k!}\mathrm{e}^{\lambda_i t} + \lambda_i\frac{t^k}{k!}\mathrm{e}^{\lambda_i t} = \frac{t^{k-1}}{k!}\mathrm{e}^{\lambda_i t}(k + t\lambda_i) = 0$$

zu

$$t = -\frac{k}{\lambda_i}.$$

Diesen Wert in (3.98) eingesetzt, ergibt die Schätzung

$$\left|\frac{t^k}{k!}\mathrm{e}^{\lambda_i t}\right| \leq \frac{1}{k!}\left(-\frac{k}{\lambda_i}\right)^k \mathrm{e}^{-k} = M < \infty.$$

Ist der Eigenwert $\lambda_i = \alpha_i + j\omega_i$ komplex, so ist

$$\frac{t^k}{k!}\mathrm{e}^{\lambda_i t} = \frac{t^k}{k!}\mathrm{e}^{\alpha_i t}\mathrm{e}^{j\omega_i t}. \tag{3.99}$$

Da stets $\left|\mathrm{e}^{j\omega_i t}\right| = 1$ ist, ist (3.99) auch für negatives α_i beschränkt. Ist dagegen der Realteil des Eigenwerts λ_i gleich null, erhält man für (3.99) $t^k k!$ bzw. $t^k\mathrm{e}^{j\omega_i t}/k!$. Diese Ausdrücke sind jedoch nur für $k = 0$ beschränkt, d.h. aber, daß der zugehörige JORDAN-Block $\boldsymbol{J}_{ii}$ eine (1×1)-Matrix sein muß. Die umgekehrte Richtung des Satzes folgt sofort aus dem soeben geführten Beweis. □

Für die asymptotische Stabilität linearer Systeme folgt der sehr wichtige

3.31 Satz: *Die Ruhelage $\bar{\boldsymbol{x}} = \boldsymbol{o}$ des freien linearen zeitinvarianten Systems mit der Zustandsgleichung $\dot{\boldsymbol{x}} = \boldsymbol{A}\boldsymbol{x}(t)$ ist dann und nur dann asymptotisch stabil, wenn sämtliche Eigenwerte der Systemmatrix $\boldsymbol{A}$ einen negativen Realteil haben.*

Beweis: Zusätzlich zur Beschränktheit von $\mathrm{e}^{\boldsymbol{A}t}$ muß noch

$$\lim_{t\to\infty} \boldsymbol{x}(t) = \lim_{t\to\infty} \mathrm{e}^{\boldsymbol{A}t}\boldsymbol{x}_0 = \lim_{t\to\infty} \boldsymbol{T}\mathrm{e}^{\boldsymbol{J}t}\boldsymbol{T}^{-1}\boldsymbol{x}_0 = \boldsymbol{o}$$

sein. Das ist aber genau dann der Fall, wenn die Realteile sämtlicher Eigenwerte negativ sind. □

Wenn eine Ruhelage $\bar{\boldsymbol{x}} = \boldsymbol{o}$ eines linearen zeitinvarianten Systems asymptotisch stabil ist, sind nach Satz 3.31 sämtliche Eigenwerte der Systemmatrix $\boldsymbol{A}$ ungleich null, d.h., die Systemmatrix $\boldsymbol{A}$ ist regulär. In diesem Fall hat die Bestimmungsgleichung für eine Ruhelage $\boldsymbol{o} = \boldsymbol{A}\bar{\boldsymbol{x}}$ nur die eindeutige Lösung $\bar{\boldsymbol{x}} = \boldsymbol{o}$ und es ist deshalb sinnvoll, von einem asymptotisch stabilen System zu sprechen:

3.32 Definition: *Wenn sämtliche Eigenwerte der Systemmatrix $\boldsymbol{A}$ eines linearen zeitkontinuierlichen Systems negative Realteile haben, dann heißt das* **System asymptotisch stabil**.

Die Aussage des Satzes 3.31 darf aber nicht auf *zeitvariante* lineare Systeme übertragen werden, indem die Eigenwerte der zeitvarianten Systemmatrix $\boldsymbol{A}(t)$ untersucht werden.

3.33 Beispiel: Die Systemmatrix

$$\boldsymbol{A}(t) = \begin{bmatrix} -1 + \frac{3}{2}\cos^2 t & 1 - \frac{3}{2}\sin t \cos t \\ -1 - \frac{3}{2}\sin t \cos t & -1 + \frac{3}{2}\sin^2 t \end{bmatrix}$$

hat die charakteristische Gleichung

$$\lambda^2 + \frac{1}{2}\lambda + \frac{1}{2} = 0$$

und den doppelten Eigenwert $\lambda_{1,2} = -\frac{1}{2}$, wäre also nach Satz 3.32 scheinbar asymptotisch stabil. Jedoch erhält man für $\boldsymbol{x}(0) = \begin{bmatrix} 1 \\ 0 \end{bmatrix}$ als Lösung für die homogene Differentialgleichung $\dot{\boldsymbol{x}}(t) = \boldsymbol{A}(t)\boldsymbol{x}(t)$

$$\boldsymbol{x}(t) = \mathrm{e}^{t/2} \begin{bmatrix} \cos t \\ -\sin t \end{bmatrix},$$

wie man leicht durch Einsetzen der Lösung in die Differentialgleichung zeigen kann. Diese Lösung wächst aber offensichtlich für $t \to \infty$ über alle Grenzen, ist also instabil! □

Um eine Aussage über die Stabilität der Ruhelage eines Systems auf Grund der obengenannten Sätze machen zu können, müssen die Eigenwerte der Systemmatrix $\boldsymbol{A}$ bekannt sein. Ein Verfahren für die Überprüfung der asymptotischen Stabilität eines linearen zeitinvarianten Systems ohne Kenntnis der Eigenwerte liefert die *direkte Methode von* LJAPUNOW. Sie wurde eigentlich von LJAPUNOW entwickelt, um die Stabilität von *nichtlinearen* dynamischen Systemen zu untersuchen. Dies geschieht mit Hilfe von sogenannten LJAPUNOW-*Funktionen.* Das Finden solcher Funktionen für ein zu untersuchendes nichtlineares System ist im allgemeinen ein schwieriges Problem. Für *lineare* Systeme ist der Weg jedoch sehr einfach.

Man setzt als LJAPUNOW-Funktion die quadratische Form

$$V(\boldsymbol{x}) \stackrel{\text{def}}{=} \boldsymbol{x}^T \boldsymbol{P} \boldsymbol{x} \tag{3.100}$$

an, wobei die Matrix $\boldsymbol{P}$ symmetrisch und positiv definit ist, d.h., es ist $\boldsymbol{x}^T\boldsymbol{P}\boldsymbol{x} > 0$ für alle $\boldsymbol{x} \neq \boldsymbol{o}$, dann stellt V ein Maß für den Abstand des Zustands $\boldsymbol{x}$ von der Ruhelage $\bar{\boldsymbol{x}} = \boldsymbol{o}$ dar. Nimmt dieser Abstand mit der Zeit ab und strebt schließlich gegen null, ist die Ruhelage anscheinend asymptotisch stabil. Für dle zeitliche Ableitung von (3.100) erhält man mit $\dot{\boldsymbol{x}} = \boldsymbol{A}\boldsymbol{x}$

$$\begin{aligned} \dot{V}(\boldsymbol{x}) &= \dot{\boldsymbol{x}}^T \boldsymbol{P}\boldsymbol{x} + \boldsymbol{x}^T \boldsymbol{P}\dot{\boldsymbol{x}} \\ &= \boldsymbol{x}^T \boldsymbol{A}^T \boldsymbol{P}\boldsymbol{x} + \boldsymbol{x}^T \boldsymbol{P}\boldsymbol{A}\boldsymbol{x}, \end{aligned}$$

also

$$\dot{V}(\boldsymbol{x}) = \boldsymbol{x}^T(\boldsymbol{A}^T\boldsymbol{P} + \boldsymbol{P}\boldsymbol{A})\boldsymbol{x}. \tag{3.101}$$

Wenn die in Klammern stehende Matrix negativ definit ist, d.h., wenn $\dot{V} < 0$ für alle $\boldsymbol{x} \neq \boldsymbol{o}$ ist oder wenn für eine beliebige zeitinvariante positiv definite Matrix $\boldsymbol{Q}$

$$\boldsymbol{A}^T\boldsymbol{P} + \boldsymbol{P}\boldsymbol{A} = -\boldsymbol{Q}$$

gilt, ist (3.100) eine LJAPUNOW-Funktion, denn es ist

$$\dot{V}(\boldsymbol{x}) = -\boldsymbol{x}^T\boldsymbol{Q}\boldsymbol{x} < 0$$

für alle $\boldsymbol{x} \neq \boldsymbol{o}$.

3.34 Satz: *Das System mit der Zustandsgleichung $\dot{\boldsymbol{x}}(t) = \boldsymbol{A}\boldsymbol{x}(t)$ ist dann und nur dann asymptotisch stabil, wenn zu jeder zeitinvarianten symmetrischen positiv definiten Matrix $\boldsymbol{Q}$ eindeutig eine ebenfalls zeitinvariante symmetrische positiv definite Matrix $\boldsymbol{P}$ so gehört, daß die* LJAPUNOW-**Gleichung**

$$\boxed{\boldsymbol{A}^T\boldsymbol{P} + \boldsymbol{P}\boldsymbol{A} = -\boldsymbol{Q}} \tag{3.102}$$

erfüllt ist.

Beweis: 1. Zunächst ist zu beweisen: Wenn eine Matrix $\boldsymbol{P} = \boldsymbol{P}^T > 0$ so existiert[2], daß (3.102) gilt, ist die Ruhelage asymptotisch stabil. Dies wurde aber bereits bei der Herleitung von (3.102) gezeigt.
2. Jetzt ist zu zeigen: Wenn die Ruhelage asymptotisch stabil ist, gibt es eine Matrix $\boldsymbol{P} = \boldsymbol{P}^T > 0$ so, daß (3.102) gilt. Hierzu wird die Matrizendifferentialgleichung

$$\dot{\boldsymbol{X}}(t) = \boldsymbol{A}^T\boldsymbol{X}(t) + \boldsymbol{X}(t)\boldsymbol{A} \quad \text{mit} \quad \boldsymbol{X}(0) = \boldsymbol{Q} \tag{3.103}$$

betrachtet. Die Lösung dieser Gleichung ist

$$\boldsymbol{X}(t) = \mathrm{e}^{\boldsymbol{A}^T t}\boldsymbol{Q}\mathrm{e}^{\boldsymbol{A}t}, \tag{3.104}$$

wie man durch Einsetzen von (3.104) in (3.103) sieht. Integration beider Seiten von (3.103) liefert

$$\boldsymbol{X}(\infty) - \boldsymbol{X}(0) = \int_0^\infty \boldsymbol{A}^T\boldsymbol{X}(t)\mathrm{d}t + \int_0^\infty \boldsymbol{X}(t)\boldsymbol{A}\mathrm{d}t = \boldsymbol{A}^T\int_0^\infty \boldsymbol{X}(t)\mathrm{d}t + \int_0^\infty \boldsymbol{X}(t)\mathrm{d}t\boldsymbol{A}. \tag{3.105}$$

[2] $\boldsymbol{P} > 0$ bedeutet, daß die Matrix $\boldsymbol{P}$ positiv definit ist

Da nach Voraussetzung das System asymptotisch stabil ist, sind die Realteile sämtlicher Eigenwerte der Systemmatrix $\boldsymbol{A}$ negativ, d.h., es ist nach (3.104)

$$\boldsymbol{X}(\infty) = \boldsymbol{O}$$

und außerdem

$$\boldsymbol{X}(0) = \boldsymbol{Q}.$$

Damit erhält man aus (3.105)

$$-\boldsymbol{Q} = \boldsymbol{A}^T \int_0^\infty \boldsymbol{X}(t)\mathrm{d}t + \int_0^\infty \boldsymbol{X}(t)\mathrm{d}t\boldsymbol{A}. \tag{3.106}$$

Ein Vergleich von (3.106) mit der LJAPUNOW-Gleichung (3.102) ergibt für die vorgegebene Matrix $\boldsymbol{Q}$ mit (3.104) die Konstruktionsvorschrift für die Matrix $\boldsymbol{P}$:

$$\boldsymbol{P} = \int_0^\infty \boldsymbol{X}(t)\mathrm{d}t = \int_0^\infty \mathrm{e}^{\boldsymbol{A}^T t}\boldsymbol{Q}\mathrm{e}^{\boldsymbol{A}t}\mathrm{d}t. \tag{3.107}$$

Da die Matrix $\boldsymbol{Q} = \boldsymbol{Q}^T$ als symmetrisch vorausgesetzt wurde, ergibt Transponieren von (3.107)

$$\boldsymbol{P}^T = \int_0^\infty \left(\mathrm{e}^{\boldsymbol{A}t}\right)^T \boldsymbol{Q}^T \left(\mathrm{e}^{\boldsymbol{A}^T t}\right)^T \mathrm{d}t = \int_0^\infty \mathrm{e}^{\boldsymbol{A}^T t}\boldsymbol{Q}\mathrm{e}^{\boldsymbol{A}t}\mathrm{d}t = \boldsymbol{P},$$

d.h., die Matrix $\boldsymbol{P}$ ist symmetrisch.
Um zu zeigen, daß $\boldsymbol{P}$ positiv definit ist, wird die quadratische Form $\boldsymbol{x}^T\boldsymbol{P}\boldsymbol{x}$ untersucht:

$$\boldsymbol{x}^T\boldsymbol{P}\boldsymbol{x} = \boldsymbol{x}^T \int_0^\infty \mathrm{e}^{\boldsymbol{A}^T t}\boldsymbol{Q}\mathrm{e}^{\boldsymbol{A}t}\mathrm{d}t\boldsymbol{x} = \int_0^\infty \left(\mathrm{e}^{\boldsymbol{A}t}\boldsymbol{x}\right)^T \boldsymbol{Q}^T \left(\mathrm{e}^{\boldsymbol{A}^T t}\boldsymbol{x}\right)^T \mathrm{d}t. \tag{3.108}$$

Da die Transitionsmatrix $\mathrm{e}^{\boldsymbol{A}t}$ stets regulär und $\boldsymbol{Q}$ positiv definit ist, ist für $\boldsymbol{x} \neq \boldsymbol{o}$ das letzte Integral in (3.108) größer als null, d.h., die Matrix $\boldsymbol{P}$ ist positiv definit.
Abschließend ist noch die Eindeutigkeit von $\boldsymbol{P}$ zu zeigen. Angenommen, es gäbe eine zweite Lösung $\boldsymbol{P}_1$ der LJAPUNOW-Gleichung, so daß $\boldsymbol{A}^T\boldsymbol{P}_1 + \boldsymbol{P}_1\boldsymbol{A} = -\boldsymbol{Q}$ ist. Wird diese Gleichung in (3.107) eingesetzt, erhält man

$$\boldsymbol{P} = -\int_0^\infty \mathrm{e}^{\boldsymbol{A}^T t}(\boldsymbol{A}^T\boldsymbol{P}_1 + \boldsymbol{P}_1\boldsymbol{A})\mathrm{e}^{\boldsymbol{A}t}\mathrm{d}t. \tag{3.109}$$

Da

$$\frac{\mathrm{d}}{\mathrm{d}t}\left(\mathrm{e}^{\boldsymbol{A}^T t}\boldsymbol{P}_1\mathrm{e}^{\boldsymbol{A}t}\right) = \mathrm{e}^{\boldsymbol{A}^T t}(\boldsymbol{A}^T\boldsymbol{P}_1 + \boldsymbol{P}_1\boldsymbol{A})\mathrm{e}^{\boldsymbol{A}t}$$

ist, wird aus (3.109)

$$\boldsymbol{P} = -\int_0^\infty \frac{\mathrm{d}}{\mathrm{d}t}\left(\mathrm{e}^{\boldsymbol{A}^T t}\boldsymbol{P}_1\mathrm{e}^{\boldsymbol{A}t}\right)\mathrm{d}t = -\left[\mathrm{e}^{\boldsymbol{A}^T t}\boldsymbol{P}_1\mathrm{e}^{\boldsymbol{A}t}\right]_0^\infty = \boldsymbol{P}_1,$$

d.h., die Lösungsmatrix $\boldsymbol{P}$ ist eindeutig. □

Eine numerische Lösung der LJAPUNOW-Gleichung $\boldsymbol{A}^T\boldsymbol{P} + \boldsymbol{P}\boldsymbol{A} = -\boldsymbol{Q}$ geht von der spaltenweisen Betrachtung der Matrizengleichung aus. Für die i-ten Spalten erhält man

$$\boldsymbol{A}^T\boldsymbol{p}_i + \boldsymbol{P}\boldsymbol{a}_i = -\boldsymbol{q}_i, \quad i = 1, 2, \ldots, n, \tag{3.110}$$

wobei $\boldsymbol{p}_i, \boldsymbol{a}_i$ bzw. $\boldsymbol{q}_i$ die i-ten Spalten von $\boldsymbol{P}, \boldsymbol{A}$ bzw. $\boldsymbol{Q}$ sind. Gleichung (3.110) kann noch weiter aufgelöst werden in

$$\boldsymbol{A}^T\boldsymbol{p}_i + \boldsymbol{p}_1 a_{1i} + \boldsymbol{p}_2 a_{2i} + \cdots + \boldsymbol{p}_n a_{ni} = -\boldsymbol{q}_i$$

oder

$$\left[a_{1i}\boldsymbol{I}|\cdots|a_{i-1,i}\boldsymbol{I}|\boldsymbol{A}^T + a_{ii}\boldsymbol{I}|a_{i+1,i}\boldsymbol{I}|\cdots|a_{ni}\boldsymbol{I}\right]\begin{bmatrix}\boldsymbol{p}_1\\ \boldsymbol{p}_2\\ \vdots\\ \boldsymbol{p}_n\end{bmatrix} = -\boldsymbol{q}_i.$$

Diese n Gleichungen können zu einem linearen Gleichungssystem für die Berechnung der Spalten $\boldsymbol{p}_1, \ldots, \boldsymbol{p}_n$ der gesuchten Matrix $\boldsymbol{P}$ so zusammengefaßt werden:

$$\begin{bmatrix}(\boldsymbol{A}^T + a_{11}\boldsymbol{I}) & a_{21}I & \cdots & a_{n1}\boldsymbol{I}\\ a_{12}\boldsymbol{I} & (\boldsymbol{A}^T + a_{22}\boldsymbol{I}) & \cdots & a_{n2}\boldsymbol{I}\\ \vdots & \vdots & \ddots & \vdots\\ a_{1n} & a_{2n}\boldsymbol{I} & \cdots & (\boldsymbol{A}^T + a_{nn}\boldsymbol{I})\end{bmatrix}\underbrace{\begin{bmatrix}\boldsymbol{p}_1\\ \boldsymbol{p}_2\\ \vdots\\ \boldsymbol{p}_n\end{bmatrix}}_{\underline{\boldsymbol{p}}} = -\underbrace{\begin{bmatrix}\boldsymbol{q}_1\\ \boldsymbol{q}_2\\ \vdots\\ \boldsymbol{q}_n\end{bmatrix}}_{\underline{\boldsymbol{q}}}. \quad (3.111)$$

Das ist ein Gleichungssystem für die n^2 unbekannten Elemente $p_{11}, \ldots, p_{nn}$ der Matrix $\boldsymbol{P}$.

Das Gleichungssystem (3.111) kann mit Hilfe des KRONECKER-Produkts in einer sehr kompakten Form geschrieben werden. Das KRONECKER-Produkt zweier Matrizen $\boldsymbol{A} \in \mathbb{R}^{\mathrm{m}\times\mathrm{n}}$ und $\boldsymbol{B} \in \mathbb{R}^{\nu\times\mu}$ ist so definiert

$$\boldsymbol{A} \otimes \boldsymbol{B} = \boldsymbol{C} \in \mathbb{R}^{(\nu\cdot\mathrm{m})\times(\mu\cdot\mathrm{n})}$$

mit

$$\boldsymbol{C}_{ij} \overset{\text{def}}{=} a_{ij}\boldsymbol{B};\ \ i = 1, \ldots, m;\ \ j = 1, \ldots, n.$$

Beispielsweise erhält man für

$$\boldsymbol{A} = \begin{bmatrix} a & b & c\\ d & e & f\end{bmatrix}$$

das KRONECKER-Produkt

$$\boldsymbol{A} \otimes \boldsymbol{B} = \begin{bmatrix} a\boldsymbol{B} & b\boldsymbol{B} & c\boldsymbol{B}\\ d\boldsymbol{B} & e\boldsymbol{B} & f\boldsymbol{B}\end{bmatrix}.$$

Damit kann man für das lineare Gleichungssystem (3.111) auch schreiben

$$\boxed{(\boldsymbol{A}^T \otimes \boldsymbol{I} + \boldsymbol{I} \otimes \boldsymbol{A}^T)\underline{\boldsymbol{p}} = -\underline{\boldsymbol{q}}.} \quad (3.112)$$

Da $\boldsymbol{P}$ eine symmetrische Matrix ist, ist $p_{ij} = p_{ji}$ und es sind eigentlich nicht n^2 sondern nur $n(n+1)/2$ Matrixelemente zu berechnen. Einen Algorithmus für die Berechnung der Matrix dieses reduzierten Gleichungssystems für die $n(n+1)/2$ Unbekannten ist in [LUDYK,1990] angegeben.

Notwendige und hinreichende Bedingungen dafür, daß die dann berechnete Matrix $\boldsymbol{P}$ positiv definit ist, sind

$$p_{11} > 0, \ \det\begin{bmatrix} p_{11} & p_{12} \\ p_{21} & p_{22} \end{bmatrix} > 0, \ \det\begin{bmatrix} p_{11} & p_{12} & p_{13} \\ p_{21} & p_{22} & p_{23} \\ p_{31} & p_{32} & p_{33} \end{bmatrix} > 0, \ \ldots, \ \det(\boldsymbol{P}) > 0. \quad (3.113)$$

3.4.5 Eingangs-Ausgangs-Stabilität

Die Stabilitätstheorie nach LJAPUNOW betrachtet das Verhalten des aus der Ruhelage ausgelenkten Systemzustands. Bei einer anderen Art der Betrachtung wird die Auswirkung der Eingangsgrößen auf das Verhalten des Systemzustands und der Ausgangsgrößen untersucht. Unter welchen, an das System zu stellenden Bedingungen hat die Zustandsänderung $\boldsymbol{x}$ bzw. die Ausgangsfunktion $\boldsymbol{y}$ die gleichen Eigenschaften wie die Eingangsfunktion $\boldsymbol{u}$? Ist die Eingangsfunktion z.B. eine Störfunktion mit beschränkter Amplitude, interessiert, ob für die Zustandsgrößen bzw. die Ausgangsgrößen ebenfalls Amplitudenschranken existieren oder ob sie über alle Grenzen wachsen. Allgemein gefragt: Wenn $\|\boldsymbol{u}(t)\| \leq c_1$ für $t \geq t_0$ ist, ist dann auch $\|\boldsymbol{x}(t)\| \leq c_2$ bzw. $\|\boldsymbol{y}(t)\| \leq c_3$ für $t \geq t_0$?

3.35 Definition: *Die Ruhelage $\bar{\boldsymbol{x}}$ des dynamischen Systems mit der Zustandsgleichung*

$$\dot{\boldsymbol{x}}(t) = \boldsymbol{f}(\boldsymbol{x}(t), \boldsymbol{u}(t), t) \quad (3.114)$$

heißt **BIBS-stabil**, *wenn jede beschränkte Eingangsfunktion (Bounded Input), eine beschränkte Zustandsfunktion (Bounded State) erzeugt, d.h., wenn es ein endliches c_1 gibt, so daß $\|\boldsymbol{u}(t)\| < c_1$ für $t \geq t_0$ ist, und wenn es ein endliches c_2 so gibt, daß für $t \geq t_0$*

$$\|\boldsymbol{x}(t; t_0, \bar{\boldsymbol{x}}, \boldsymbol{u}_{[t_0,t]})\| < c_2 \quad (3.115)$$

ist.

Allgemeingültige Kriterien über die BIBS-Stabilität sind vor allem für lineare Systeme bekannt.

3.36 Satz: *Das lineare System mit der Zustandsgleichung*

$$\dot{\boldsymbol{x}}(t) = \boldsymbol{A}(t)\boldsymbol{x}(t) + \boldsymbol{B}(t)\boldsymbol{u}(t) \tag{3.116}$$

ist dann und nur dann BIBS-stabil, wenn es eine endliche Zahl c so gibt, daß

$$\int_{t_0}^{t} \|\boldsymbol{\Phi}(t,\tau)\boldsymbol{B}(\tau)\| \mathrm{d}\tau < c \tag{3.117}$$

für alle $t \geq t_0$ ist.

Beweis: 1. Zunächst wird bewiesen: Wenn (3.117) gilt, ist das System BIBS-stabil. BIBS-Stabilität geht von beschränkter Eingangsgröße aus, d.h., es gilt $\|\boldsymbol{u}(t)\| < c_1 < \infty$ für $t \geq t_0$. Man erhält die Schätzung:

$$\begin{aligned} \|\boldsymbol{x}(t)\| &= \left\| \int_{t_0}^{t} \boldsymbol{\Phi}(t,\tau)\boldsymbol{B}(\tau)\boldsymbol{u}(\tau)\mathrm{d}\tau \right\| \\ &\leq \int_{t_0}^{t} \|\boldsymbol{\Phi}(t,\tau)\boldsymbol{B}(\tau)\| \cdot \|\boldsymbol{u}\| \mathrm{d}\tau \\ &\leq c \cdot c_1 \end{aligned}$$

für alle $t \geq t_0$. Mit $c \cdot c_1 \stackrel{\text{def}}{=} c_2$ gilt dann aber auch (3.115).

2. Jetzt ist zu zeigen: Wenn das System BIBS-stabil ist, gilt (3.117). Widerspruchsannahme: Das System ist BIBS-stabil, aber für jede positive Zahl c', wie groß sie auch gewählt wird, gibt es einen Zeitpunkt $t' \geq t_0$ so, daß

$$\int_{t_0}^{t'} \|\boldsymbol{\Phi}(t',\tau)\boldsymbol{B}(\tau)\| \mathrm{d}\tau > c' \tag{3.118}$$

ist, d.h. (3.117) nicht gilt. Sei $\boldsymbol{M}(t',\tau) \stackrel{\text{def}}{=} \boldsymbol{\Phi}(t',\tau)\boldsymbol{B}(\tau)$. Dann muß das Integral

$$\int_{t_0}^{t'} |m_{ij}(t',\tau)| \mathrm{d}\tau$$

unbeschränkt für wenigstens ein Indexpaar (i,j) sein, wenn (3.118) gilt. Denn es ist in der Tat

$$\begin{aligned} \int_{t_0}^{t'} \|\boldsymbol{M}(t',\tau)\| \mathrm{d}\tau &\leq \int_{t_0}^{t'} \sum_{\nu=1}^{n} \sum_{\mu=1}^{p} |m_{\nu\mu}(t',\tau)| \mathrm{d}\tau \\ &= \sum_{\nu=1}^{n} \sum_{\mu=1}^{p} \int_{t_0}^{t'} |m_{\nu,\mu}(t',\tau)| \mathrm{d}\tau \\ &\leq n \cdot p \cdot \sup_{\nu,\mu} \left(\int_{t_0}^{t'} |m_{\nu\mu}(t',\tau)| \mathrm{d}\tau \right). \end{aligned}$$

Sei jetzt eine Eingangsfunktion $\boldsymbol{u}(t)$ so gewählt, daß

$$u_j(t) = c \cdot \mathrm{sgn}(m_{ij}(t',t))$$

und $u_i(t) \equiv 0$ für $i \neq j$ ist. Da für eine solche Eingangsfunktion die i-te Zustandsgröße

$$x_i(t') = \int_{t_0}^{t'} m_{ij}(t',\tau)u_j(\tau)\mathrm{d}\tau = c\int_{t_0}^{t'} |m_{ij}(t',\tau)|\mathrm{d}\tau$$

unbeschränkt ist, ist das System nicht BIBS-stabil. Das ist ein Widerspruch zur Widerspruchsannahme. □

Wird das Verhalten der *Ausgangsfunktion* $\boldsymbol{y}(t)$ betrachtet, kommt man zu der

3.37 Definition: *Die Ruhelage $\bar{\boldsymbol{x}}$ des dynamischen Systems mit der mathematischen Beschreibung $\dot{\boldsymbol{x}}(t) = \boldsymbol{f}(\boldsymbol{x}(t),\boldsymbol{u}(t),t)$, $\boldsymbol{y}(t) = \boldsymbol{g}(\boldsymbol{x}(t),\boldsymbol{u}(t),t)$ heißt* **BIBO-stabil**, *wenn jede beschränkte Eingangsfunktion (Bounded Input) eine beschränkte Ausgangsfunktion (Bounded Output) erzeugt, d.h., wenn es für jedes endliche c_1, mit $\|\boldsymbol{u}(t)\| < c_1$ für alle $t \geq t_0$, ein endliches c_2 so gibt, daß für alle $t \geq t_0$ gilt*

$$\|\boldsymbol{g}(\boldsymbol{x}(t;t_0,\bar{\boldsymbol{x}},\boldsymbol{u}_{[t_0,t]}),\boldsymbol{u}(t),t)\| \leq c_2.$$

Auch im Fall der BIBO-Stabilität erhält man für lineare Systeme ein allgemeingültiges Kriterium:

3.38 Satz: *Das lineare System mit der mathematischen Beschreibung*

$$\begin{aligned}\dot{\boldsymbol{x}}(t) &= \boldsymbol{A}(t)\boldsymbol{x}(t) + \boldsymbol{B}(t)\boldsymbol{u}(t),\\ \boldsymbol{y}(t) &= \boldsymbol{C}(t)\boldsymbol{x}(t) + \boldsymbol{D}(t)\boldsymbol{u}(t),\end{aligned}$$

wobei die Elemente der Matrizen $\boldsymbol{A}(t),\boldsymbol{B}(t),\boldsymbol{C}(t)$ und $\boldsymbol{D}(t)$ beschränkt sind, ist dann und nur dann BIBO-stabil, wenn es eine endliche Zahl c so gibt, daß

$$\int_{t_0}^{t} \|\boldsymbol{C}(t)\boldsymbol{\Phi}(t,\tau)\boldsymbol{B}(\tau)\|\,\mathrm{d}\tau = \int_{t_0}^{t} \|\boldsymbol{G}(t,\tau)\|\mathrm{d}\tau < c$$

für alle $t \geq t_0$ ist.

Beweis: Da die Matrixelemente von $\boldsymbol{D}(t)$ als beschränkt angenommen wurden, ist der Term $\boldsymbol{D}(t)\boldsymbol{u}(t)$ bei beschränkter Eingangsfunktion ebenfalls stets beschränkt und braucht nicht weiter betrachtet zu werden. Der verbleibende Beweis für den Term $\boldsymbol{C}(t)\boldsymbol{x}(t)$ folgt bei beschränkter Matrix $\boldsymbol{C}(t)$ dann aber direkt aus dem Beweis für den Satz 3.37. □

Lineare *zeitinvariante* Systeme werden oft durch die Impulsfunktion bzw. -matrix oder die Übertragungsfunktion bzw -matrix beschrieben; deshalb ist es sinnvoll, auch Stabilitätskriterien an Hand dieser Beschreibungen zu formulieren. Direkt aus Satz 3.38

folgt der

3.39 Satz: *Ein lineares zeitinvariantes System ist dann und nur dann BIBO-stabil, wenn die Impulsfunktion bzw. -matrix absolut integrabel ist, d.h., wenn*

$$\int_0^\infty |g(t)|\mathrm{d}t \leq c < \infty$$

bzw.

$$\int_0^\infty \|\boldsymbol{G}(t)\|\mathrm{d}t \leq c < \infty$$

ist.

Bezüglich der LJAPUNOW-Stabilität von linearen zeitinvarianten Systemen wurden in den vorhergehenden Abschnitten Kriterien an Hand der Eigenwerte der Systemmatrix $\boldsymbol{A}$ angegeben. Die Pole einer Übertragungsfunktion $G(s)$ bzw. einer Übertragungsmatrix $\boldsymbol{G}(s)$ sind immer gleichzeitig auch Eigenwerte der Systemmatrix $\boldsymbol{A}$. Der folgende Satz stellt bezüglich der BIBO-Stabilität eines linearen zeitinvarianten Systems einen Zusammenhang mit den Polen her.

3.40 Satz: *Ein lineares zeitinvariantes System ist dann und nur dann BIBO-stabil, wenn die Übertragungsfunktion $G(s)$ bzw. die Übertragungsmatrix $\boldsymbol{G}(s)$ nur Pole mit negativem Realteil hat.*

Beweis: Die Übertragungsfunktion $G(s)$ kann mittels Partialbruchzerlegung in eine endliche Zahl von Summanden der Form

$$\frac{\alpha}{(s-\lambda_i)^m}$$

zerlegt werden, wobei λ_i ein Pol von $G(s)$ ist, d.h., die Gewichtsfunktion $g(t)$ ist die Summe von endlich vielen Summanden $t^{m-1}\mathrm{e}^{\lambda_i t}$. Diese Terme sind aber genau dann absolut integrabel, wenn λ_i einen negativen Realteil hat. Diese Betrachtung kann entsprechend für jedes Element $g_{ij}(s)$ einer Übertragungsmatrix $\boldsymbol{G}(s)$ durchgeführt werden. □

Die BIBO-Stabilität hängt also von den Polen der Übertragungsmatrix

$$\boldsymbol{G}(s) = \boldsymbol{C}(s\boldsymbol{I}-\boldsymbol{A})^{-1}\boldsymbol{B} = \frac{\boldsymbol{C}\mathrm{adj}(s\boldsymbol{I}-\boldsymbol{A})\boldsymbol{B}}{\det(s\boldsymbol{I}-\boldsymbol{A})}$$

ab. Jeder Pol ist auch ein Eigenwert von $\boldsymbol{A}$. Wenn sich aber Pole gegen Nullstellen herauskürzen, dann sind nicht alle Eigenwerte der Systemmatrix $\boldsymbol{A}$ auch Pole der Übertragungsmatrix $\boldsymbol{G}(s)$. Deshalb folgt aus den Sätzen über die BIBO-Stabilität und die asymptotische Stabilität im Sinne von LJAPUNOW für zeitinvariante Systeme sofort der

3.41 Satz: *Wenn ein lineares zeitinvariantes System asymptotisch stabil ist, dann ist es auch BIBO-stabil, aber ein BIBO-stabiles System ist nicht notwendigerweise asymptotisch stabil.*

Für diese Kriterien müssen die Wurzeln der charakteristischen Gleichung

$$\Delta(s) = a_0 + a_1 s + \cdots + a_{n-1}s^{n-1} + s^n = 0 \tag{3.119}$$

bzw. die Nullstellen des Nennerpolynoms der Übertragungsfunktion bekannt sein, die für Systeme höherer Ordnung nur noch mit Hilfe von Computern berechnet werden können. Weiterhin sind oft einige oder alle Koeffizienten des charakteristischen Polynoms nur ungenau bekannt oder es soll umgekehrt, z.B. bei der Auslegung von Reglern festgestellt werden, für welchen Koeffizientenbereich die charakteristische Gleichung nur Wurzeln mit negativem Realteil hat, d.h. das dazugehörige System stabil ist. Deshalb sind Kriterien wünschenswert, die allein an Hand der Koeffizienten a_i Entscheidungen darüber liefern, ob ein gegebenes Polynom ein sogenanntes HURWITZ-Polynom ist.

3.42 Definition: *Ein Polynom heißt* HURWITZ-**Polynom**, *wenn alle Wurzeln negative Realteile haben.*

Eine notwendige Bedingung für ein HURWITZ-Polynom enthält der

3.43 Satz: *Bei einem* HURWITZ-*Polynom sind alle Polynomkoeffizienten positiv:* $a_i > 0, \quad i = 0, 1, \ldots, n-1.$

Beweis: Das Polynom $\Delta(s)$ kann mit Hilfe der Wurzeln auch in Produktform geschrieben werden. Wenn das Polynom z.B. m konjugiert komplexe Wurzelpaare hat, ist

$$\Delta(s) = [s-(\alpha_1 + j\omega_1)][s-(\alpha_1 - j\omega_1)]\cdots[s-(\alpha_m + j\omega_m)][s-(\alpha_m - j\omega_m)](s-\lambda_{2m+1})\cdots(s-\lambda_n)$$

$$= [(s-\alpha_1)^2 + \omega_1^2]\cdots[(s-\alpha_m)^2 + \omega_m^2](s-\lambda_{2m+1})\cdots(s-\lambda_n). \tag{3.120}$$

Wenn $\Delta(s)$ ein HURWITZ-Polynom ist, ist $\alpha_i < 0$ $(i = 1, 2, \ldots, m)$ und $\lambda_i < 0$ $(i = 2m+1, \ldots, n)$, folglich müssen alle in (3.120) auftretenden Konstanten wie $-\alpha_i, -\lambda_i$ und ω_i^2 positiv sein. Multipliziert man (3.120) aus, um (3.119) zu erhalten, sind alle Koeffizienten a_i positiv. □

Mit diesem Kriterium kann stets ein erster einfacher Stabilitätstest durchgeführt werden: Ist einer der Koeffizienten des charakteristischen Polynoms negativ oder gleich Null, ist das Polynom *kein* HURWITZ-Polynom. Wenn dagegen alle Koeffizienten positiv sind, ist das noch keine Garantie dafür, daß das Polynom ein HURWITZ-Polynom ist.

3.44 Beispiel: Bei dem Polynom $\Delta(s) = s^3 + s^2 + s + 1$ sind alle Koeffizienten positiv, aber die drei Wurzeln $\lambda_{1,2} = \pm j$ und $\lambda_3 = -1$ haben nicht alle einen negativen Realteil. □

Eine notwendige und hinreichende Bedingung liefert dagegen das HURWITZ-**Kriterium**:

3.45 Satz: *Das Polynom $a_0 + a_1 s + \cdots + a_{n-1}s^{n-1} + s^n$ ist dann und nur dann ein* HURWITZ-*Polynom, wenn alle* HURWITZ-**Determinanten**

$$
\begin{aligned}
H_1 &\stackrel{\text{def}}{=} a_{n-1}, \\
H_2 &\stackrel{\text{def}}{=} \det\begin{bmatrix} a_{n-1} & a_{n-3} \\ 1 & a_{n-2} \end{bmatrix}, \\
H_3 &\stackrel{\text{def}}{=} \det\begin{bmatrix} a_{n-1} & a_{n-3} & a_{n-5} \\ 1 & a_{n-2} & a_{n-4} \\ 0 & a_{n-1} & a_{n-3} \end{bmatrix} \\
&\vdots \\
H_n &\stackrel{\text{def}}{=} \det\begin{bmatrix} a_{n-1} & a_{n-3} & a_{n-5} & \cdots & 0 & 0 \\ 1 & a_{n-2} & a_{n-4} & \cdots & 0 & 0 \\ 0 & a_{n-1} & a_{n-3} & \cdots & 0 & 0 \\ 0 & 1 & a_{n-2} & \cdots & 0 & 0 \\ 0 & 0 & a_{n-1} & \cdots & 0 & 0 \\ \vdots & \vdots & \vdots & & \vdots & \vdots \\ 0 & 0 & 0 & \cdots & a_0 & 0 \\ 0 & 0 & 0 & \cdots & a_1 & 0 \\ 0 & 0 & 0 & \cdots & a_2 & a_0 \end{bmatrix}
\end{aligned}
$$

positiv sind.

Beweis: Siehe z.B. [GANTMACHER]. □

Eine Vereinfachung des HURWITZ-Kriteriums, das LIÉNARD-CHIPART-**Kriterium** erhält man, wenn die Kriterien der beiden Sätze 3.43 und 3.45 miteinander verbunden werden:

3.46 Satz: *Das Polynom $\Delta(s) = a_0 + a_1 s + \cdots + a_{n-1}s^{n-1} + s^n$ ist dann und nur dann ein* HURWITZ-*Polynom, wenn für die Polynomkoeffizienten bzw.* HURWITZ-*Determinanten gilt:*

$$a_0 > 0, \quad H_{n-1} > 0, \quad a_2 > 0, \quad H_{n-3}, \ldots, \quad H_1 = a_{n-1} > 0.$$

Beweis: Siehe [LIÉNARD-CHIPART]. □

Auf Grund dieses Kriteriums braucht man im allgemeinen nur halb soviel HURWITZ-Determinanten zu berechnen wie beim HURWITZ-Kriterium. Für Polynome bis zum Grade $n = 5$ erhält man damit die folgenden notwendigen und hinreichenden Bedingungen:

Für $n = 2:\quad a_0 > 0,\ a_1 > 0;$
" $n = 3:\quad a_0 > 0,\ a_2 > 0,\ H_2 > 0;$
" $n = 4:\quad a_0 > 0,\ a_2 > 0,\ a_3 > 0,\ H_3 > 0;$
" $n = 5:\quad a_0 > 0,\ a_2 > 0,\ a_4 > 0,\ H_2 > 0,\ H_4 > 0.$

In [GANTMACHER] ist die daraus folgende Form des LIÉNARD-CHIPART-Kriteriums angegeben:

3.47 Satz: *Seien alle Koeffizienten des Polynoms $\Delta(s)$ positiv. Unter dieser Voraussetzung ist dann und nur dann $\Delta(s)$ ein HURWITZ-Polynom, wenn für ungerade n die HURWITZ-Determinanten $H_2, H_4, H_6, \ldots, H_{n-1}$ und für gerade n die HURWITZ-Determinanten $H_3, H_5, H_7, \ldots, H_{n-1}$ positiv sind.*

3.48 Beispiel: Für welche Parameter p und v des PI-Reglers

$$R(s) = p + \frac{v}{s} = \frac{v + ps}{s}$$

ist der Regelkreis gemäß Bild 3.12 mit der Regelstrecke

$$G(s) = \frac{1}{s^2 + 4s + 1}$$

stabil? Als Übertragungsfunktion $F(s)$ für das rückgekoppelte System erhält man

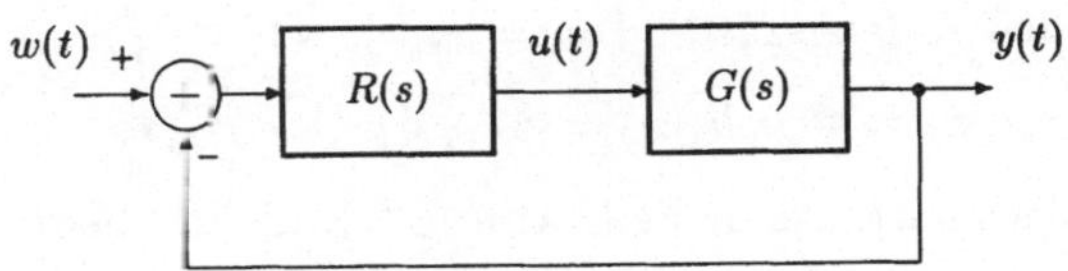

Bild 3.12: Regelkreis des Beispiels 3.48.

$$F(s) = \frac{R(s)G(s)}{1 + R(s)G(s)} = \frac{v + ps}{s^3 + 4s^2 + (1+p)s + v},$$

d.h., es ist die charakteristische Gleichung

$$s^3 + 4s^2 + (1+p)s + v = 0$$

zu untersuchen. Satz 3.47 liefert die Bedingungen

(1) $p > -1$,
(2) $v > 0$,
(3) $H_2 = \det \begin{bmatrix} 4 & v \\ 1 & 1+p \end{bmatrix} = 4 + 4p - v > 0 \quad \rightarrow \quad v < 4 + 4p.$

Die Bedingungen 1, 2 und 3 und das daraus folgende, schraffierte zulässige Parametergebiet ist in Bild 3.13 dargestellt. □

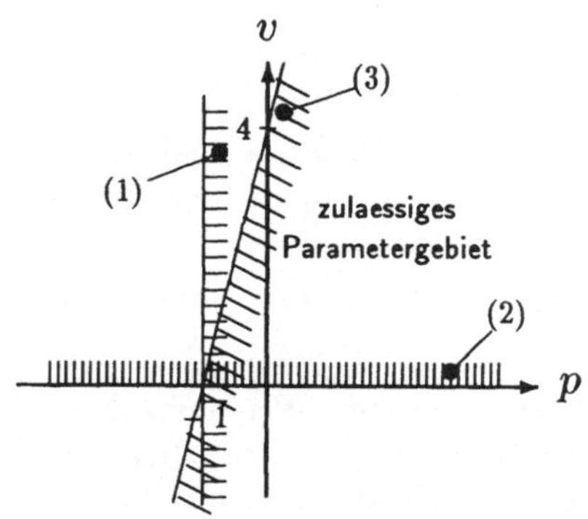

Bild 3.13: Zulässiges Parametergebiet für den PI-Regler im Beispiel 3.48.

3.4.6 Stabilität zeitdiskreter Systeme

Stabilität linearer zeitdiskreter Systeme

Sämtliche bisher angegebenen Stabilitätsdefinitionen für zeitkontinuierliche Systeme können einfach dadurch für zeitdiskrete Systeme übernommen werden, daß die kontinuierliche Zeitvariable t durch die diskrete Zeitvariable k ersetzt wird. Das gleiche gilt für fast alle angegebenen Sätze.

Die Zustandsgleichung eines linearen zeitdiskreten Systems

$$\boldsymbol{x}_{k+1} = \boldsymbol{A}_k \boldsymbol{x}_k$$

hat die Lösung für den Anfangszustand $\boldsymbol{x}_0 = \boldsymbol{x}_{k_0}$

$$\boldsymbol{x}_k = \boldsymbol{\Phi}(k, k_0)\boldsymbol{x}_0 = \boldsymbol{A}_{k-1}\boldsymbol{A}_{k-2}\cdots \boldsymbol{A}_{k_0}\boldsymbol{x}_0.$$

Anhand der Transitionsmatrix kann die LJAPUNOW-Stabilität beurteilt werden mit dem

3.49 Satz: *Das System mit der Zustandsgleichung $\boldsymbol{x}_{k+1} = \boldsymbol{A}_k \boldsymbol{x}_k$ ist dann und nur dann* LJAPUNOW-*stabil, wenn es eine endliche Schranke $M < \infty$ so gibt, daß für alle $k \geq k_0$ gilt*

$$\|\boldsymbol{\Phi}(k, k_0)\| < M.$$

Beweis: Der Beweis dieses Satzes ist analog zum Beweis des Satzes 3.28 zu führen. □

Aufgrund der einfachen Form der Transitionsmatrix im zeitdiskreten Fall als Produkt der Systemmatrizen erhält man weiterhin die notwendige Bedingung in Satz 3.50 und die hinreichende Bedingung in Satz 3.51:

3.50 Satz: *Wenn das System mit der Zustandsgleichung $\boldsymbol{x}_{k+1} = \boldsymbol{A}_k \boldsymbol{x}_k$* LJAPUNOW-*stabil ist, dann gilt*

$$\lim_{i\to\infty} \prod_{i=k_0}^{\infty} \sigma_{min}(\boldsymbol{A}_i) < \infty,$$

wobei $\sigma_{min}(\boldsymbol{A}_i)$ der kleinste Singulärwert der Systemmatrix $\boldsymbol{A}_i$ ist.

3.51 Satz: *Wenn für alle $k \geq k_0$ gilt*

$$\prod_{i=k_0}^{k-1} \sigma_{max}(\boldsymbol{A}_i) < \infty,$$

dann ist das System mit der Zustandsgleichung $\boldsymbol{x}_{k+1} = \boldsymbol{A}_k \boldsymbol{x}_k$ LJAPUNOW*-stabil.*

Beweis: Für die Abschätzung der Transitionsmatrix gilt

$$\|\boldsymbol{\Phi}(k, k_0)\| \leq \|\boldsymbol{A}_{k-1}\| \cdot \|\boldsymbol{A}_{k-2}\| \cdots \|\boldsymbol{A}_{k_0}\|.$$

Als Matrixnorm wird die EUKLIDsche Norm der Matrix $\boldsymbol{A}_i$ gewählt, die als Wurzel aus dem größten Eigenwert der Produktmatrix $\boldsymbol{A}_i^T \boldsymbol{A}_i$, also gleich dem größten Singulärwert $\sigma_{max}(\boldsymbol{A}_i)$ der Matrix $\boldsymbol{A}_i$, definiert ist:

$$\|\boldsymbol{A}_i\|_2 \stackrel{\text{def}}{=} \sqrt{\lambda_{max}(\boldsymbol{A}_i^T \boldsymbol{A}_i)} = \sigma_{max}(\boldsymbol{A}_i).$$

Aus der Zustandsgleichung erhält man für das Skalarprodukt

$$\boldsymbol{x}_{i+1}^T \boldsymbol{x}_{i+1} = \boldsymbol{x}_i^T \boldsymbol{A}_i^T \boldsymbol{A}_i \boldsymbol{x}_i. \tag{3.121}$$

Andererseits gilt [ZURMÜHL/FALK]:

$$\lambda_{min}(\boldsymbol{A}_i^T \boldsymbol{A}_i) = \min_{\boldsymbol{x}_i^T \boldsymbol{x}_i > 0} \frac{\boldsymbol{x}_i^T \boldsymbol{A}_i^T \boldsymbol{A}_i \boldsymbol{x}_i}{\boldsymbol{x}_i^T \boldsymbol{x}_i} \stackrel{\text{def}}{=} \sigma_{min}(\boldsymbol{A}_i)$$

und

$$\lambda_{max}(\boldsymbol{A}_i^T \boldsymbol{A}_i) = \max_{\boldsymbol{x}_i^T \boldsymbol{x}_i > 0} \frac{\boldsymbol{x}_i^T \boldsymbol{A}_i^T \boldsymbol{A}_i \boldsymbol{x}_i}{\boldsymbol{x}_i^T \boldsymbol{x}_i} \stackrel{\text{def}}{=} \sigma_{max}(\boldsymbol{A}_i),$$

also

$$\sigma_{min}(\boldsymbol{A}_i) \boldsymbol{x}_i^T \boldsymbol{x}_i \leq \boldsymbol{x}_i^T \boldsymbol{A}_i^T \boldsymbol{A}_i \boldsymbol{x}_i \leq \sigma_{max}(\boldsymbol{A}_i) \boldsymbol{x}_i^T \boldsymbol{x}_i. \tag{3.122}$$

(3.121) in (3.122) eingesetzt, liefert

$$\sigma_{min}(\boldsymbol{A}_i) \boldsymbol{x}_i^T \boldsymbol{x}_i \leq \boldsymbol{x}_{i+1}^T \boldsymbol{x}_{i+1} \leq \sigma_{max}(\boldsymbol{A}_i) \boldsymbol{x}_i^T \boldsymbol{x}_i.$$

Insbesondere erhält man für $i = k_0$:

$$\sigma_{min}(\boldsymbol{A}_{k_0}) \boldsymbol{x}_{k_0}^T \boldsymbol{x}_{k_0} \leq \boldsymbol{x}_{k_0+1}^T \boldsymbol{x}_{k_0+1} \leq \sigma_{max}(\boldsymbol{A}_{k_0}) \boldsymbol{x}_{k_0}^T \boldsymbol{x}_{k_0} \tag{3.123}$$

und für $i = k_0 + 1$

$$\sigma_{min}(\boldsymbol{A}_{k_0+1}) \boldsymbol{x}_{k_0+1}^T \boldsymbol{x}_{k_0+1} \leq \boldsymbol{x}_{k_0+2}^T \boldsymbol{x}_{k_0+2} \leq \sigma_{max}(\boldsymbol{A}_{k_0+1}) \boldsymbol{x}_{k_0+1}^T \boldsymbol{x}_{k_0+1}. \tag{3.124}$$

Mit (3.123) erhält man aus (3.124)

$$\sigma_{min}(\boldsymbol{A}_{k_0}) \sigma_{min}(\boldsymbol{A}_{k_0+1}) \boldsymbol{x}_{k_0}^T \boldsymbol{x}_{k_0} \leq \boldsymbol{x}_{k_0+2}^T \boldsymbol{x}_{k_0+2} \leq \sigma_{max}(\boldsymbol{A}_{k_0}) \sigma_{max}(\boldsymbol{A}_{k_0+1}) \boldsymbol{x}_{k_0}^T \boldsymbol{x}_{k_0}.$$

Allgemein erhält man

$$\prod_{i=k_0}^{k-1} \sigma_{min}(\boldsymbol{A}_i) \boldsymbol{x}_{k_0}^T \boldsymbol{x}_{k_0} \leq \boldsymbol{x}_k^T \boldsymbol{x}_k \leq \prod_{i=k_0}^{k-1} \sigma_{max}(\boldsymbol{A}_i) \boldsymbol{x}_{k_0}^T \boldsymbol{x}_{k_0}$$

und daraus mit $\boldsymbol{x}_k = \boldsymbol{\Phi}(k, k_0) \boldsymbol{x}_{k_0}$ die interessante Abschätzung für die Transitionsmatrix

$$\prod_{i=k_0}^{k-1} \sigma_{min}(\boldsymbol{A}_i) \le \|\boldsymbol{\Phi}(k,k_0)\| \le \prod_{i=k_0}^{k-1} \sigma_{max}(\boldsymbol{A}_i). \tag{3.125}$$

Aus dieser Abschätzung und Satz 3.49 folgen dann unmittelbar Lemma 3.50 und 3.51. □

Ein Kriterium für die asymptotische Stabilität liefert der folgende Satz, der entsprechend dem Satz 3.29 für zeitkontinuierliche Systeme bewiesen werden kann:

3.53 Satz: *Das zeitdiskrete System mit der Zustandsgleichung $\boldsymbol{x}_{k+1} = \boldsymbol{A}_k\boldsymbol{x}_k$ ist dann und nur dann asymptotisch stabil, wenn es* LJAPUNOW*-stabil ist und wenn*

$$\lim_{k\to\infty} \boldsymbol{\Phi}(k,k_0) = \boldsymbol{O}$$

ist.

Eine Fülle weiterer Stabilitätsdefinitionen und Stabilitätskriterien über zeitvariante lineare zeitdiskrete Systeme enthält [LUDYK,1985].

Wenn die Systemmatrix $\boldsymbol{A}_d$ eines linearen zeitdiskreten Systems *zeitinvariant* ist, kann über die Stabilität des Systems wieder an Hand der Eigenwerte und der zugehörigen Eigenvektoren eine Aussage gemacht werden:

3.53 Satz: *Ein zeitinvariantes zeitdiskretes System mit der Zustandsgleichung $\boldsymbol{x}_{k+1} = \boldsymbol{A}_d\boldsymbol{x}_k$ ist dann und nur dann* LJAPUNOW*-stabil, wenn*

1. *für alle Eigenwerte λ_i von $\boldsymbol{A}_d$ gilt:*

$$|\lambda_i| \le 1$$

und

2. *zu jedem Eigenwert λ_i, dessen Betrag gleich Eins ist und der die Vielfachheit m hat, genau m linear unabhängige Eigenvektoren gehören.*

Beweis: Jede Matrix $\boldsymbol{A}_d$ kann mittels einer Ähnlichkeitstransformation auf JORDAN-Form transformiert werden. Für einen JORDAN-Block

$$\boldsymbol{J}_{ij} = \begin{bmatrix} \lambda_i & 1 & 0 & \cdots & 0 \\ 0 & \lambda_i & 1 & \ddots & \vdots \\ \vdots & \ddots & \ddots & \ddots & 0 \\ \vdots & & \ddots & \ddots & 1 \\ 0 & \cdots & \cdots & 0 & \lambda_i \end{bmatrix} \in \mathbb{C}^{r\times r}$$

erhält man gemäß (3.63)

$$J_{ij}^k = \begin{bmatrix} \lambda_i^k & \binom{k}{1}\lambda_i^{k-1} & \cdots & \binom{k}{r-1}\lambda_i^{k-r+1} \\ 0 & \lambda_i^k & \ddots & \vdots \\ \vdots & \ddots & \ddots & \binom{k}{1}\lambda_i^{k-1} \\ 0 & \cdots & 0 & \lambda_i^k \end{bmatrix}.$$

Die Elemente der Matrix J_{ij}^k streben für $|\lambda_i| < 1$ gegen Null und sind offenbar für $|\lambda_i| = 1$ und $k \to \infty$ nur dann beschränkt, wenn J_{ij} eine (1×1)-Matrix ist. Die J_{ij} sind andererseits aber genau dann (1×1)-Matrizen, wenn zu dem m-fachen Eigenwert λ_i genau m linear unabhängige Eigenvektoren gehören. □

Die Bedingung 2. des Satzes 3.53 ist natürlich immer erfüllt, wenn A_d genau n verschiedene Eigenwerte hat. Aus der Beweisführung zum Satz 3.53 folgt unmittelbar der

3.54 Satz: *Das zeitdiskrete System mit der Zustandsgleichung $x_{k+1} = A_d x_k$ ist dann und nur dann asymptotisch stabil, wenn für alle Eigenwerte λ_i gilt:*

$$|\lambda_i| < 1.$$

An die Stelle der linken Halbebene der komplexen Ebene als Stabilitätsgebiet der Eigenwerte bei *zeitkontinuierlichen* Systemen ist also bei *zeitdiskreten* Systemen das Innere des Einheitskreises und an die Stelle der imaginären Achse als Stabilitätsgrenze ist der Einheitskreis getreten. (Bild 3.14)

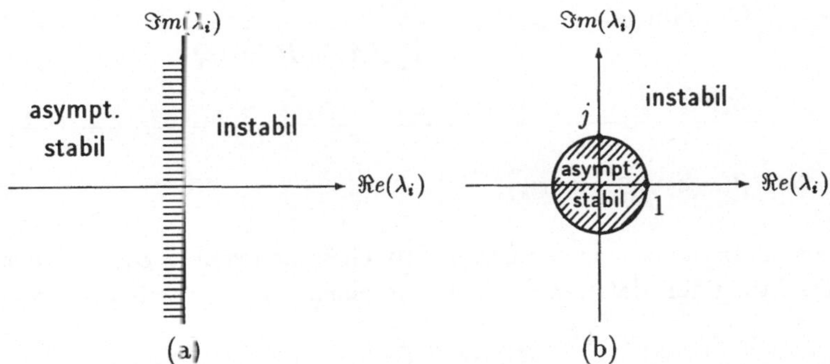

Bild 3.14: Stabilitätsgebiet für (a) zeitkontinuierliche und (b) zeitdiskrete lineare zeitinvariante Systeme.

LJAPUNOWs Methode für zeitdiskrete Systeme

Die von LJAPUNOW für zeitkontinuierliche Systeme entwickelte Methode kann auch für zeitdiskrete Systeme formuliert werden.

3.55 Definition: *Für das zeitdiskrete System*

$$\boldsymbol{x}_{k+1} = \boldsymbol{f}(\boldsymbol{x}_k) \tag{3.126}$$

heißt $v(\boldsymbol{x})$ LJAPUNOW-**Funktion**, *wenn*

1. $v(\boldsymbol{x})$ *stetig in* $\boldsymbol{x}$ *und* $v(\boldsymbol{o}) = 0$,
2. $v(\boldsymbol{x})$ *positiv definit für* $\boldsymbol{x} \neq \boldsymbol{o}$ *und*
3. $\Delta v(\boldsymbol{x}) \overset{\text{def}}{=} v(\boldsymbol{x}_{k+1}) - v(\boldsymbol{x}_k)$ *negativ definit ist.*

Auch für zeitdiskrete lineare Systeme wird als LJAPUNOW-Funktion eine quadratische Form angesetzt:

$$v(\boldsymbol{x}) = \boldsymbol{x}^T \boldsymbol{P} \boldsymbol{x}. \tag{3.127}$$

Für die Abnahme der Funktion erhält man dann

$$\begin{aligned} \Delta v(\boldsymbol{x}) &= v(\boldsymbol{x}_{k+1}) - v(\boldsymbol{x}_k) \\ &= \boldsymbol{x}_k^T \boldsymbol{A}_d^T \boldsymbol{P} \boldsymbol{A}_d \boldsymbol{x}_k - \boldsymbol{x}_k^T \boldsymbol{P} \boldsymbol{x}_k, \end{aligned}$$

also

$$\Delta v(\boldsymbol{x}) = \boldsymbol{x}_k^T (\boldsymbol{A}_d^T \boldsymbol{P} \boldsymbol{A}_d - \boldsymbol{P}) \boldsymbol{x}_k. \tag{3.128}$$

Wenn die in Klammern stehende Matrizendifferenz negativ definit ist, bzw. wenn für eine beliebige positiv definite Matrix $\boldsymbol{Q}$

$$\boldsymbol{A}_d^T \boldsymbol{P} \boldsymbol{A}_d - \boldsymbol{P} = -\boldsymbol{Q}$$

ist, dann ist (3.127) eine LJAPUNOW-Funktion.

3.56 Satz: *Das zeitdiskrete System mit der Zustandsgleichung* $\boldsymbol{x}_{k+1} = \boldsymbol{A}_d \boldsymbol{x}_k$ *ist dann und nur dann asymptotisch stabil, wenn zu jeder zeitinvarianten symmetrischen positiv definiten Matrix* $\boldsymbol{Q}$ *eindeutig eine ebenfalls zeitinvariante symmetrische positiv definite Matrix* $\boldsymbol{P}$ *so gehört, daß die* LJAPUNOW-**Gleichung**

$$\boldsymbol{A}_d^T \boldsymbol{P} \boldsymbol{A}_d - \boldsymbol{P} = -\boldsymbol{Q} \tag{3.129}$$

erfüllt ist.

Beweis: Siehe [KALMAN/BERTRAM].

Eine numerische Lösung der LJAPUNOW-Gleichung kann wieder von der spaltenweisen Betrachtung der Matrizengleichung ausgehen. Für die i-te Spalte erhält man

$$\boldsymbol{A}^T \boldsymbol{P} \boldsymbol{a}_i - \boldsymbol{p}_i = -\boldsymbol{q}_i; \quad i = 1, 2, \ldots, n, \tag{3.130}$$

wobei $\boldsymbol{a}_i, \boldsymbol{p}_i$ bzw. $\boldsymbol{q}_i$ die i-ten Spalten von $\boldsymbol{A}, \boldsymbol{P}$ bzw. $\boldsymbol{Q}$ sind. Die Gleichung (3.130) kann noch weiter aufgelöst werden

$$\boldsymbol{A}^T (\boldsymbol{p}_1 a_{1,i} + \cdots + \boldsymbol{p}_n a_{n,i}) - \boldsymbol{p}_i = -\boldsymbol{q}_i$$

und dann auch wie folgt geschrieben werden

$$[a_{1,i}\boldsymbol{A}^T|\cdots|a_{i-1,i}\boldsymbol{A}^T|a_{i,i}\boldsymbol{A}^T-\boldsymbol{I}|a_{i+1,i}\boldsymbol{A}^T|\cdots|a_{n,i}\boldsymbol{A}^T]\begin{bmatrix}\boldsymbol{p}_1\\ \vdots\\ \boldsymbol{p}_n\end{bmatrix}=-\boldsymbol{q}_i. \tag{3.131}$$

Diese n Gleichungssysteme für $i=1$ bis n können zu einem linearen Gleichungssystem für die Berechnung der n Spalten $\boldsymbol{p}_1$ bis $\boldsymbol{p}_n$ der gesuchten Matrix $\boldsymbol{P}$ so zusammengefaßt werden

$$\begin{bmatrix}(a_{11}\boldsymbol{A}^T-\boldsymbol{I}) & a_{21}\boldsymbol{A}^T & \cdots & a_{n1}\boldsymbol{A}^T\\ a_{12}\boldsymbol{A}^T & (a_{22}\boldsymbol{A}^T-\boldsymbol{I}) & \cdots & a_{n2}\boldsymbol{A}^T\\ \vdots & \vdots & \ddots & \vdots\\ a_{1n}\boldsymbol{A}^T & a_{2n}\boldsymbol{A}^T & \cdots & (a_{nn}\boldsymbol{A}^T-\boldsymbol{I})\end{bmatrix}\underbrace{\begin{bmatrix}\boldsymbol{p}_1\\ \boldsymbol{p}_2\\ \vdots\\ \boldsymbol{p}_n\end{bmatrix}}_{\underline{\boldsymbol{p}}}=-\underbrace{\begin{bmatrix}\boldsymbol{q}_1\\ \boldsymbol{q}_2\\ \vdots\\ \boldsymbol{q}_n\end{bmatrix}}_{\underline{\boldsymbol{q}}}. \tag{3.132}$$

Das ist ein lineares Gleichungssystem für die n^2 unbekannten Elemente $p_{11},\ldots,p_{nn}$ der Matrix $\boldsymbol{P}$. Mit Hilfe des KRONECKER-Produkts (siehe Abschnitt 3.4.4) kann dieses lineare Gleichungssystem auch in der folgenden kompakten Form geschrieben werden:

$$(\boldsymbol{A}^T\otimes\boldsymbol{A}^T-\boldsymbol{I}\otimes\boldsymbol{I})\underline{\boldsymbol{p}}=-\underline{\boldsymbol{q}}. \tag{3.133}$$

Da $\boldsymbol{P}$ eine symmetrische Matrix ist, ist $p_{ij}=p_{ji}$, und es sind eigentlich nur $n(n+1)/2$ Matrixelemente von $\boldsymbol{P}$ zu bestimmen. Ein Algorithmus für die Berechnung der Matrix des reduzierten linearen Gleichungssystems für $n(n+1)/2$ Unbekannte ist in [LUDYK,1990] angegeben.

BIBS- und BIBO-Stabilität zeitdiskreter Systeme

Bezüglich der BIBS-Stabilität erhält man für lineare zeitdiskrete Systeme den

3.57 Satz: *Das lineare zeitdiskrete System mit der Zustandsgleichung*

$$\boldsymbol{x}_{k+1}=\boldsymbol{A}_k\boldsymbol{x}_k+\boldsymbol{B}_k\boldsymbol{u}_k$$

ist dann und nur dann BIBS-stabil, wenn es eine endliche Zahl $c<\infty$ so gibt, daß

$$\sum_{i=k_0}^{k-1}\|\boldsymbol{\Phi}(k,i+1)\boldsymbol{B}_i\|<c$$

für alle $k\geq k_0$ ist.

Dieser Satz und der folgende können analog zu den Sätzen für zeitkontinuierliche Systeme bewiesen werden. Direkte Beweise sind in [LUDYK,1985] zu finden.

3.58 Satz: *Das lineare zeitdiskrete System mit der mathematischen Beschreibung*

$$\begin{aligned}\boldsymbol{x}_{k+1} &= \boldsymbol{A}_k\boldsymbol{x}_k + \boldsymbol{B}_k\boldsymbol{u}_k,\\ \boldsymbol{y}_k &= \boldsymbol{C}\boldsymbol{x}_k + \boldsymbol{D}_k\boldsymbol{u}_k,\end{aligned}$$

wobei die Elemente der Matrizen $\boldsymbol{A}_k, \boldsymbol{B}_k, \boldsymbol{C}_k$ und $\boldsymbol{D}_k$ beschränkt sind, ist dann und nur dann BIBO-stabil, wenn es eine endliche Zahl c so gibt, daß

$$\sum_{i=k_0}^{k-1} \|\boldsymbol{C}_k\boldsymbol{\Phi}(k,i+1)\boldsymbol{B}_i\| = \sum_{i=k_0}^{k-1} \|\boldsymbol{G}(k,i)\| < c$$

für alle $k \geq k_0$ ist.

Das Verhalten von linearen zeitdiskreten *zeitinvarianten* Systemen kann auch mit Hilfe der Gewichtsfunktion g_k bzw. der Gewichtsmatrix $\boldsymbol{G}_k$ so dargestellt werden (siehe Abschnitt 2.9.2)

$$y_k = \sum_{i=0}^{k-1} g_{k-i}u_i$$

bzw.

$$\boldsymbol{y}_k = \sum_{i=0}^{k-1} \boldsymbol{G}_{k-i}\boldsymbol{u}_i.$$

Für diese Art der Systembeschreibung folgt direkt aus Satz 3.58 der

3.59 Satz: *Ein lineares zeitinvariantes zeitdiskretes System ist dann und nur dann BIBO-stabil, wenn für die Gewichtsfunktion bzw. die Gewichtsmatrix gilt*

$$\sum_{i=0}^{\infty} |g_i| \leq c < \infty$$

bzw.

$$\sum_{i=0}^{\infty} \|\boldsymbol{G}_i\| \leq c < \infty.$$

Auch dieses Kriterium ist für die Stabilitätsprüfung eines gegebenen Systems wenig geeignet. Man muß zunächst die Gewichtsfolge ausrechnen und dann die absolute Konvergenz der unendlichen Reihe prüfen. Einfachere Kriterien erhält man, wenn zu der Übertragungsfunktion $H(z)$ bzw. der Übertragungsmatrix $\boldsymbol{H}(z)$ übergegangen wird, deren Pole immer gleichzeitig auch Eigenwerte der Systemmatrix $\boldsymbol{A}_d$ sind. Der folgende Satz stellt bezüglich der BIBO-Stabilität eines linearen zeitinvarianten zeitdiskreten Systems einen Zusammenhang mit den Polen her.

3.60 Satz: *Ein lineares zeitinvariantes zeitdiskretes System ist dann und nur dann BIBO-stabil, wenn die Übertragungsfunktion $H(z)$ bzw. die Übertragungsmatrix $\boldsymbol{H}(z)$ nur Pole hat, deren Betrag kleiner als eins ist.*

Beweis: Die Übertragungsfunktion $H(z)$ kann durch Partialbruchzerlegung in eine endliche Zahl von Summanden der Form $\alpha z/(z-\lambda_i)^m$ zerlegt werden, wobei λ_i ein Pol von $H(z)$ ist, d.h., die Gewichtsfolge g_k ist die Summe von endlich vielen Summanden $\binom{k}{m-1}\lambda_i^{k-m+1}$, siehe Anhang. Der Term ist aber genau dann absolut konvergent, wenn $|\lambda_i| < 1$ ist. Diese Betrachtung kann man entsprechend für jedes Element $h_{ij}(z)$ einer Übertragungsmatrix $\boldsymbol{H}(z)$ durchführen. □

Da die Pole einer Übertragungsfunktion $H(z)$ bzw. $\boldsymbol{H}(z)$ gleichzeitig auch Eigenwerte der Systemmatrix $\boldsymbol{A}_d$ sind, gilt auch hier die im vorigen Abschnitt angestellte Betrachtung über Kürzungsmöglichkeiten bei zeitkontinuierlichen Systemen und demzufoge auch der Satz 3.41 wortwörtlich für lineare zeitinvariante zeitdiskrete Systeme. Für die Anwendung der Kriterien müssen die Nullstellen des Nennerpolynoms

$$q(z) = z^n + a_{n-1}z^{n-1} + \cdots + a_1 z + a_0$$

der Übertragungsfunktion $H(z) = P(z)/Q(z)$ bekannt sein. Besser geeignet sind aber Kriterien, die allein an Hand der Polynomkoeffizienten a_0 bis a_{n-1} eine Stabilitätsaussage liefern. Solche Kriterien enthält der

3.61 Satz: *Wenn alle Nullstellen des Polynoms*

$$q(z) = z^n + a_{n-1}z^{n-1} + \cdots + a_1 z + a_0$$

betragsmäßig kleiner als eins sind, dann gilt

1. $Q(1) = 1 + a_{n-1} + \cdots + a_1 + a_0 > 0$,
2. $Q(-1) = (-1)^n + (-1)^{n-1}a_{n-1} + \cdots + a_1 + a_0 > 0$ *für n gerade,*
3. $Q(-1) = (-1)^n + (-1)^{n-1}a_{n-1} + \cdots + a_1 + a_0 < 0$ *für n ungerade,*
4. $|a_0| < 1$.

Beweis: 1. Für sehr große positive reelle z überwiegt in $Q(z)$ der Term z^n, d.h., $Q(z)$ ist dann auch positiv. Da nach Voraussetzung $Q(z)$ für $z \geq 1$ keine Nullstelle hat, bleibt bei dem Übergang zu $z = 1$ das Vorzeichen von $Q(z)$ erhalten, also $Q(1)$ auch positiv. 2. und 3.:Entsprechend überwiegt für betragsmäßig großes negatives reelles z ebenfalls z^n, d.h., $Q(z)$ ist für gerades n positiv und für ungerades n negativ, woraus auf Grund der Voraussetzung die Behauptungen 2. und 3. folgen.
4. Nach dem VIETAschen Wurzelsatz ist $\lambda_1 \cdot \lambda_2 \cdots \lambda_n = (-1)^n a_0$, woraus 4. direkt folgt. □

Die im Satz 3.61 angegebenen Kriterien sind nur *notwendig*, d.h., wenn sie *nicht* erfüllt sind, ist man sicher, daß das System nicht stabil ist. Umgekehrt ist das System aber nicht unbedingt stabil, wenn sie erfüllt sind, wie das folgende Beispiel zeigt:

3.62 Beispiel: Für das Polynom

$$Q(z) = z^3 + 0,21z^2 + 4z + 0.84$$

sind alle Kriterien erfüllt, aber von den drei Nullstellen

$$\lambda_1 = -0,21; \quad \lambda_{2,3} = \pm 2j$$

liegen zwei außerhalb des Einheitskreises. □

3.5 Übungen zu Kapitel 3

Aufgabe 3.1: Gegeben sei die mathematische Beschreibung

$$\begin{aligned}\dot{x}(t) &= \begin{bmatrix} 1 & 2 \\ 3 & 4 \end{bmatrix} \boldsymbol{x}(t) + \begin{bmatrix} 1 \\ 2 \end{bmatrix} u(t), \\ y(t) &= \begin{bmatrix} 3 & 4 \end{bmatrix} \boldsymbol{x}(t).\end{aligned}$$

Gesucht ist eine mathematische Beschreibung mit der Systemmatrix in Diagonalform.

Lösung: Mit der aus den Eigenvektoren bestehenden Transformationsmatrix

$$\boldsymbol{T} = \begin{bmatrix} -0,8246 & -0,4160 \\ 0,5658 & -0,9094 \end{bmatrix}$$

erhält man die mathematische Beschreibung

$$\begin{aligned}\dot{\hat{\boldsymbol{x}}}(t) &= \begin{bmatrix} -0,3723 & 0 \\ 0 & 5,3723 \end{bmatrix} \hat{\boldsymbol{x}}(t) + \begin{bmatrix} -0,0786 \\ -2,2482 \end{bmatrix} u(t), \\ y(t) &= \begin{bmatrix} -0,2106 & -4,8854 \end{bmatrix} \hat{x}(t).\end{aligned}$$

Aufgabe 3.2: Gesucht ist statt der mathematische Beschreibung

$$\begin{aligned}\dot{x}(t) &= \begin{bmatrix} -9 & 1 & 0 \\ -23 & 0 & 1 \\ -15 & 0 & 0 \end{bmatrix} \boldsymbol{x}(t) + \begin{bmatrix} 1 \\ 3 \\ 1 \end{bmatrix} u(t), \\ y(t) &= \begin{bmatrix} 1 & 0 & 0 \end{bmatrix} \boldsymbol{x}(t)\end{aligned}$$

eine mit der Systemmatrix in Diagonalform.

Lösung: Mit der aus den Eigenvektoren bestehenden Transformationsmatrix

$$\boldsymbol{T} = \begin{bmatrix} 1 & 1 & 1 \\ 4 & 6 & 8 \\ 3 & 5 & 15 \end{bmatrix}$$

erhält man die mathematische Beschreibung

$$\begin{aligned}\dot{\hat{\boldsymbol{x}}}(t) &= \begin{bmatrix} -5 & 0 & 0 \\ 0 & -3 & 0 \\ 0 & 0 & -1 \end{bmatrix} \hat{\boldsymbol{x}}(t) + \begin{bmatrix} 1,3750 \\ -0,2500 \\ -0,1250 \end{bmatrix} u(t), \\ y(t) &= \begin{bmatrix} 1 & 1 & 1 \end{bmatrix} \hat{x}(t).\end{aligned}$$

Aufgabe 3.3: Wie lauten die Transitionsmatrizen für die beiden mathematischen Beschreibungen der Aufgabe 3.1?

Lösung: Für die Diagonalform ist

$$\hat{\boldsymbol{\Phi}}(t) = \begin{bmatrix} e^{-0,3723t} & 0 \\ 0 & e^{5,3723t} \end{bmatrix}$$

und für die ursprüngliche mathematische Beschreibung ist

$$\boldsymbol{\Phi}(t) = \begin{bmatrix} 0,7611e^{-0,3723t} + 0,2389e^{5,3723t} & -0,3482e^{-0,3723t} + 0,3482e^{5,3723t} \\ -0,5222e^{-0,3723t} + 0,5222e^{5,3723t} & 0,2389e^{-0,3723t} + 0,7611e^{5,3723t} \end{bmatrix}.$$

Aufgabe 3.4: Welches sind die Transitionsmatrizen für die beiden mathematischen Beschreibungen der Aufgabe 3.2?

Lösung: Für die Diagonalform ist

$$\hat{\boldsymbol{\Phi}}(t) = \begin{bmatrix} e^{-5t} & 0 & 0 \\ 0 & e^{-3t} & 0 \\ 0 & 0 & e^{-t} \end{bmatrix}$$

und für die ursprüngliche mathematische Beschreibung

$$\boldsymbol{\Phi}(t) = e^{-5t}\begin{bmatrix} \frac{25}{8} & \frac{9}{16} & \frac{1}{8} \\ \frac{25}{2} & \frac{5}{2} & \frac{1}{2} \\ \frac{75}{8} & \frac{15}{8} & \frac{3}{8} \end{bmatrix} + e^{-3t}\begin{bmatrix} \frac{9}{4} & \frac{3}{4} & \frac{1}{4} \\ \frac{27}{2} & \frac{9}{2} & \frac{3}{2} \\ \frac{45}{4} & \frac{15}{4} & \frac{5}{4} \end{bmatrix} + e^{-t}\begin{bmatrix} \frac{1}{8} & 1 & \frac{15}{8} \\ \frac{1}{8} & 1 & \frac{15}{8} \\ \frac{1}{8} & 1 & \frac{15}{8} \end{bmatrix}$$

Aufgabe 3.5: Gegeben ist das lineare System 3. Ordnung mit der mathematischen Beschreibung

$$\begin{aligned} \dot{\boldsymbol{x}}(t) &= \begin{bmatrix} 1,75 & -1,75 & -3 \\ 0,75 & -1,75 & -2 \\ 4 & -3 & -4 \end{bmatrix} \boldsymbol{x}(t) + \begin{bmatrix} 2 \\ 2 \\ 1 \end{bmatrix} u(t), \\ y(t) &= \begin{bmatrix} 1 & 0 & 0 \end{bmatrix} \boldsymbol{x}(t). \end{aligned}$$

Welche Diagonalform gehört zu diesem System?

Lösung: Die Systemmatrix $\boldsymbol{A}$ hat die Eigenwerte

$$\begin{aligned} \lambda_1 &= -3, \\ \lambda_{2,3} &= -0,5 \pm j. \end{aligned}$$

Mit der Transformationsmatrix

$$T = \begin{bmatrix} -0,5774 & 0,5171 & 0,2996 \\ -0,5774 & 0,0706 & 0,5934 \\ -0,5774 & 0,4465 & -0,2939 \end{bmatrix}$$

erhält man für die mathematische Beschreibung durch eine Ähnlichkeitstransformation mit der Transformationsmatrix T die reelle Blockdiagonalform

$$\begin{aligned} \dot{\hat{\boldsymbol{x}}}(t) &= \begin{bmatrix} -3 & 0 & 0 \\ 0 & -0,5 & 1 \\ 0 & -1 & -0,5 \end{bmatrix} \hat{\boldsymbol{x}}(t) + \begin{bmatrix} -1,7321 \\ 1,0286 \\ 1,5627 \end{bmatrix} u(t), \\ y(t) &= \begin{bmatrix} -0,5774 & 0,5171 & 0,2996 \end{bmatrix} \hat{\boldsymbol{x}}(t). \end{aligned}$$

Aufgabe 3.6: Welche Transitionsmatrizen gehören zu den beiden mathematischen Beschreibungen der Aufgabe 3.5?

Lösung: Zu der Blockdiagonalform gehört die Transitionsmatrix

$$\boldsymbol{\Phi}(t) = \begin{bmatrix} e^{-3t} & 0 & 0 \\ 0 & e^{-0,5t}\cos(t) & e^{-0,5t}\sin(t) \\ 0 & -e^{-0,5t}\sin(t) & e^{-0,5t}\cos(t) \end{bmatrix}$$

und zu der ursprünglichen die Transitionsmatrix

$$\boldsymbol{\Phi}(t) = e^{-3t} \begin{bmatrix} -1 & 1 & 1 \\ -1 & 1 & 1 \\ -1 & 1 & 1 \end{bmatrix} + e^{-5t}\cos(t) \begin{bmatrix} 1 & -1 & -1 \\ 1 & 0 & -1 \\ 1 & -1 & 0 \end{bmatrix} + e^{-5t}\sin(t) \begin{bmatrix} -\frac{1}{4} & \frac{3}{2} & -\frac{1}{2} \\ -\frac{7}{4} & \frac{5}{2} & \frac{1}{2} \\ \frac{3}{2} & -\frac{1}{2} & -1 \end{bmatrix}.$$

Aufgabe 3.7: Welche Diagonalform und welche Transitionsmatrizen gehören zu dem zeitdiskreten System aus Aufgabe 2.4?

Lösung: Die Systemmatrix des zeitdiskreten Systems hat den zweifachen Eigenwert $\lambda_{1,2} = e^{-1}$. Mit der Transformationsmatrix

$$T = \begin{bmatrix} e^{-1} & 1 \\ -e^{-1} & 0 \end{bmatrix}$$

erhält man die mathematische Beschreibung mit der Systemmatrix in JORDAN-Form

$$\begin{aligned} \hat{\boldsymbol{x}}_{k+1} &= \begin{bmatrix} e^{-1} & 1 \\ 0 & e^{-1} \end{bmatrix} \hat{\boldsymbol{x}}_k + \begin{bmatrix} -1 \\ 1 - e^{-1} \end{bmatrix} u_k, \\ y_k &= \begin{bmatrix} e^{-1} & 1 \end{bmatrix} \boldsymbol{x}_k. \end{aligned}$$

Zu der JORDAN-Matrix gehört die Transitionsmatrix

$$\boldsymbol{J}_d^k = e^{-k} \begin{bmatrix} 1 & k \cdot e \\ 0 & 1 \end{bmatrix}$$

und zu der ursprünglichen Beschreibung die Transitionsmatrix

$$\boldsymbol{A}_d^k = e^{-k} \begin{bmatrix} k+1 & k \\ -k & 1-k \end{bmatrix}.$$

Aufgabe 3.8: Welches der Systeme in den Aufgaben 2.1, 2.2, 2.4, 2.6, 2.8, 2.10, 3.1, 3.2 bzw. 3.5 ist asymptotisch stabil, LJAPUNOW-stabil bzw instabil?

Lösung: Die Systeme in
2.1 (für $R > 0$), 2.4, 3.2 und 3.5 sind asymptotisch stabil,
2.1 (für $R = 0$) ist LJAPUNOW–stabil,
2.2, 2.6, 2.8, 2.10, 3.1 und 3.3 sind instabil.

Aufgabe 3.9: Für welche Werte der Verstärkung K ist der Regelkreis mit der Gesamtübertragungsfunktion

$$F(s) = \frac{K}{s^3 + 3s^2 + 2s + K}$$

asymptotisch stabil?

Lösung: Mit Hilfe des HURWITZ–Kriteriums erhält man, daß das System für $0 < K < 6$ asymptotisch stabil ist.

4 Reglersynthese im Frequenzbereich

4.1 Deterministische Modelle für Führungs- und Störgrößen

Das Auftreten von *Störungen* ist einer der Hauptgründe, weshalb überhaupt geregelt werden muß, denn ein Regelkreis hat unter anderem die Aufgabe, die Auswirkung von Störungen auf die Regelgröße so weit wie möglich zu unterdrücken. Für die Auslegung des Regelkreises werden mathematische Modelle für die Störungen benötigt.

Eine weitere wichtige Aufgabe eines Regelkreises besteht oft darin, die *Regelgröße* einer zeitveränderlichen *Führungsgröße* anzugleichen. Diese kann z.B. die in Bild 4.1

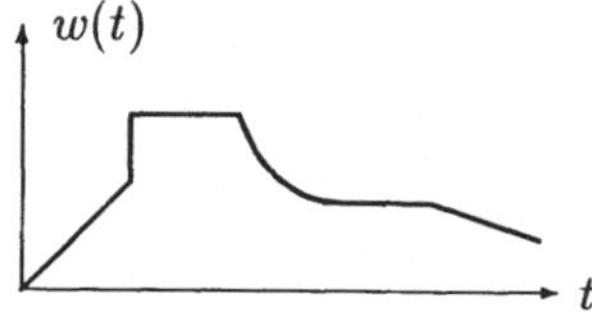

Bild 4.1: Beispiel für eine Führungsgröße.

dargestellte nicht reguläre Form haben. Eine nähere Untersuchung zeigt aber, daß sie aus drei Grundfunktionen zusammengesetzt ist, nämlich aus Sprung-, Rampen- und parabelförmigen Funktionen. Untersucht man das Verhalten eines linearen Systems für die Grundfunktionen, erhält man durch Superposition auch das Systemverhalten, wenn kompliziertere Funktionen auf das System wirken. Auch für diese Aufgabe wird ein mathematisches Modell für die Führungsgröße benötigt. Vier häufig betrachtete Grundfunktionen der Störgrößen sind

- Impulsfunktion
- Sprungfunktion
- Rampenfunktion
- Parabelfunktion und
- sinusförmige Funktionen,

wovon Sprung- und Rampenfunktion auch oft Führungsgrößen darstellen. Hierbei ist die *Impulsfunktion* oder DIRACsche *Deltafunktion* $\delta(t)$ wichtig, weil das Verhalten eines linearen zeitkontinuierlichen Systems vollständig durch seine Impulsantwort beschrieben ist. Die *Sprungfunktion* $\sigma(t)$ ist ein typisches Modell für eine sprunghafte Belastungs- oder Führungsgrößenänderung. Die *Rampenfunktion* $t \cdot \sigma(t)$ ist dagegen ein gutes Modell für eine stetig ansteigende Führungs- oder Störgröße. Die *Parabelfunktion* $t^2 \cdot \sigma(t)$ wird vor allem zur näherungsweisen Modellierung von stückweise stetigen Führungsgrößen benötigt. Die *sinusförmige Funktion* ist das typische Modell für eine periodische Störung.

Die Führungs- und Störgrößen können durch dynamische Systeme erzeugt gedacht werden, z.B. als Impulsantwort eines dynamischen Systems oder als Ausgangsgrößen eines eingangsfreien dynamischen Systems mit von Null verschiedenen Anfangszuständen. In beiden Fällen werden die Haupteigenschaften der Signale durch das sie erzeugende dynamische System beschrieben. So kann die Sprungfunktion durch einen Integrator mit einer DIRACschen Deltafunktion als Eingangsfunktion erzeugt werden, die Rampenfunktion durch zwei und die Parabelfunktion durch drei hintereinander geschaltete Integratoren. Eine Sinusfunktion $\sin(\omega t + \varphi)$ kann durch zwei rückgekoppelte Integratoren erzeugt werden, wobei der Phasenwinkel φ aus den Anfangswerten folgt (Bild 4.2). Viele komplexere Funktionen können aus der Überlagerung der verschiedensten – even-

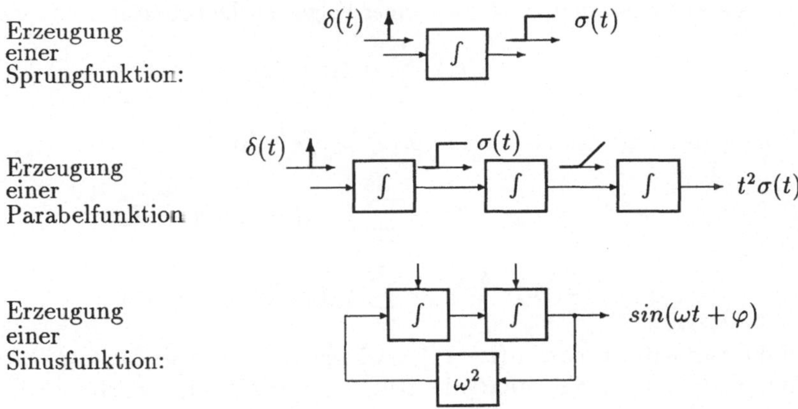

Bild 4.2: Erzeugung verschiedener Funktionen durch dynamische Systeme.

tuell zeitverschobenen – Grundfunktionen zusammengesetzt werden.

4.1 Beispiel: Das in Bild 4.3a dargestellte dynamische System erzeugt mit der in Bild 4.3b angegebenen Impulsfolge $i(t)$ als Eingangssignal das ebenfalls in Bild 4.3b dargestellte Zwischensignal $\xi(t)$ und das Ausgangssignal $w(t)$. □

Eine Führungs- oder Störgröße kann also erzeugt gedacht werden durch ein dynamisches System als Modell

$$\dot{\boldsymbol{\xi}}(t) = \boldsymbol{A}_\sigma \boldsymbol{\xi}(t) + \boldsymbol{b}_\sigma i(t), \quad w(t) = \boldsymbol{c}_\sigma^T \boldsymbol{\xi}(t). \tag{4.1}$$

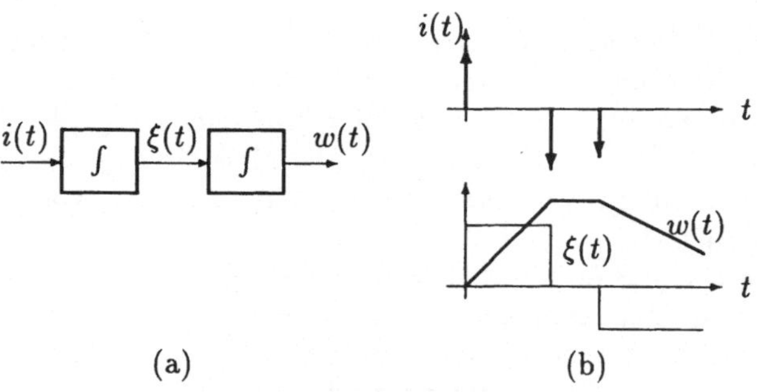

Bild 4.3: a) Dynamisches System, mit dem die Funktion $w(t)$ in b) erzeugt wird.

Das Modell erzeugt die Ausgangsfunktion

$$w(t) = \boldsymbol{c}_\sigma^T \left[\mathrm{e}^{\boldsymbol{A}_\sigma t}\boldsymbol{\xi}_0 + \int_0^t \mathrm{e}^{\boldsymbol{A}_\sigma (t-\tau)} \boldsymbol{b}_\sigma i(\tau) \mathrm{d}\tau \right]. \tag{4.2}$$

Besteht die Eingangsfunktion $i(t)$ aus einer Folge von DIRACschen Deltafunktionen

$$i(t) = \sum_{\nu=0}^{m} u_\nu \delta(t - T_\nu), \tag{4.3}$$

erhält man als Ausgangsfunktion mit $g_\sigma(t) \stackrel{\text{def}}{=} \boldsymbol{c}_\sigma^T \mathrm{e}^{\boldsymbol{A}_\sigma t} \boldsymbol{b}_\sigma$:

$$\begin{aligned} w(t) &= \boldsymbol{c}_\sigma^T \mathrm{e}^{\boldsymbol{A}_\sigma t}\boldsymbol{\xi}_0 + \sum_{\nu=0}^{m} \int_0^t g_\sigma(t-\tau) u_\nu \delta(\tau - T_\nu) \mathrm{d}\tau \\ &= \boldsymbol{c}_\sigma^T \mathrm{e}^{\boldsymbol{A}_\sigma t}\boldsymbol{\xi}_0 + \sum_{\nu=0}^{m} g_\sigma(t - T_\nu) u_\nu \sigma(\tau - T_\nu), \end{aligned} \tag{4.4}$$

wobei die Sprungfunktionen $\sigma(t - T_\nu)$ bewirken, daß der Anteil $u_\nu g_\sigma(t - T_\nu)$, der erst im Zeitpunkt T_ν durch die DIRACsche Deltafunktion $\delta(t - T_\nu)$ erzeugt wird, vor diesem Zeitpunkt Null ist. (4.4) zeigt deutlich, daß man sich das Signal $w(t)$ zum einen durch den Anfangszustand $\boldsymbol{\xi}_0$ und zum anderen durch die Impulsfolge $i(t)$ erzeugt denken kann. Man erhält also als Darstellungsmöglichkeit sowohl

$$w_1(t) = \boldsymbol{c}_\sigma^T \mathrm{e}^{\boldsymbol{A}_\sigma t}\boldsymbol{\xi}_0 \tag{4.5}$$

als auch

$$w_2(t) = \sum_{\nu=0}^{m} u_\nu g_\sigma(t - T_\nu) \sigma(t - T_\nu). \tag{4.6}$$

Für die Analyse und Synthese von Regelungssystemen im Frequenzbereich werden die LAPLACE-transformierten Signale $w(s) = \mathcal{L}\{w(t)\}$ benötigt. Man erhält

$$\begin{aligned} w_1(s) &= \boldsymbol{c}_\sigma^T (s\boldsymbol{I} - \boldsymbol{A}_\sigma)^{-1} \boldsymbol{\xi}_0 \\ &= \frac{\boldsymbol{c}_\sigma^T \operatorname{adj}(s\boldsymbol{I} - \boldsymbol{A}_\sigma)\boldsymbol{\xi}_0}{\det(s\boldsymbol{I} - \boldsymbol{A}_\sigma)} \\ &= \frac{Z_{\sigma 0}(s)}{N_\sigma(s)}, \end{aligned} \tag{4.7}$$

bzw.

$$\begin{aligned} w_2(s) &= \boldsymbol{c}_\sigma^T(s\boldsymbol{I}-\boldsymbol{A}_\sigma)^{-1}\boldsymbol{b}_\sigma i(s) \\ &= \frac{\boldsymbol{c}_\sigma^T \mathrm{adj}(s\boldsymbol{I}-\boldsymbol{A}_\sigma)\boldsymbol{b}_\sigma}{\det(s\boldsymbol{I}-\boldsymbol{A}_\sigma)} i(s) \\ &= \frac{Z_\sigma(s)}{N_\sigma(s)} i(s). \end{aligned} \tag{4.8}$$

4.2 Stochastische Störgrößen

In der Praxis treten Störsignale häufig in Form von stochastischen Signalen auf, die vom Zufall abhängen und deshalb nicht genau, allenfalls durch Mittelwerte beschrieben werden können.

Im folgenden sei x eine Zufallsvariable, die bei einem Experiment die Werte x_i annehmen kann. Diese Signale seien durch ein System erzeugt, das **stochastischer Prozeß** genannt wird. Die Amplituden der Signale seien unvorhersagbar, können aber sehr gut durch stochastische Mittelwerte charakterisiert werden.

Das einfachste Maß für ein stochastisches Signal ist der **Mittelwert**, auch **Erwartungswert** genannt. Dies ist der übliche arithmetische Mittelwert aller Proben des Signals (Abtastwerte) dividiert durch die Zahl der Proben. Wenn sich die statistischen Daten eines stochastischen Prozesses mit der Zeit nicht ändern, nennt man diesen stochastischen Prozeß **stationär**. Für ein zeitdiskretes Signal x_k ist der Mittelwert $\bar{x}$ so

$$\bar{x} = \lim_{N\to\infty} \frac{1}{N} \sum_{i=1}^{N} x_i \stackrel{\text{def}}{=} E\{x\} \tag{4.9}$$

und analog dazu für ein zeitkontinuierliches Signal $x(t)$ so

$$\bar{x} = \lim_{T\to\infty} \frac{1}{2T} \int_{-T}^{T} x(t)\mathrm{d}t \stackrel{\text{def}}{=} E\{x\} \tag{4.10}$$

definiert.

Die **Varianz** ist ein weiteres wichtiges Maß für die Charakterisierung eines stochastischen Signals. Sie ist ein Maß dafür, wie stark die Schwankungen des Signals sind. Die Varianz ist der Mittelwert über die quadrierten Abweichungen vom Mittelwert $\bar{x}$, also für zeitdiskrete Signale

$$\overline{(x-\bar{x})^2} = \lim_{N\to\infty} \frac{1}{N} \sum_{i=1}^{N} (x_i - \bar{x})^2 \stackrel{\text{def}}{=} \sigma_x^2 \tag{4.11}$$

und für zeitkontinuierliche Signale

$$\overline{(x-\bar{x})^2} = \lim_{T\to\infty} \frac{1}{2T} \int_{-T}^{T} (x(t)-\bar{x})^2\mathrm{d}t \stackrel{\text{def}}{=} \sigma_x^2. \tag{4.12}$$

Streuen die Werte x_k bzw. $x(t)$ sehr stark um den Erwartungswert, ist die Varianz groß, bleiben sie dagegen in der Nähe von $E\{x\} = \bar{x}$, ist die Varianz klein. Statt (4.11) und (4.12) kann man auch schreiben

$$\sigma_x^2 = E\{(x - E\{x\})^2\}. \tag{4.13}$$

Wird N bzw. T hinreichend groß gewählt, sind der Erwartungswert und die Varianz auch leicht zu messen und zu berechnen.

Der Erwartungswert und die Varianz liefern schon eine große Information über ein stochastisches Signal. Es sind aber nur zwei Zahlen, die ein Signal beschreiben, das eine sehr verwickelte Amplitudenverteilung haben kann. Wie groß ist z.B. die Wahrscheinlichkeit für das Auftreten des Amplitudenwertes x_1? Für ein zeitkontinuierliches Signal $x(t)$ erhält man die **Wahrscheinlichkeitsdichtefunktion** $p(x_1)$ durch[1]

$$p(x_1) = \lim_{\Delta x \to 0} \frac{1}{\Delta x} P[(x_1 - \frac{1}{2}\Delta x) \leq x < (x_1 + \frac{1}{2}\Delta x)]. \tag{4.14}$$

$p(x_1)$ ist die Wahrscheinlichkeit dafür, daß $x(t)$ einen Wert in dem Bereich Δx um x_1 herum hat. Aufgrund der Meßungenauigkeit ist die Größe von Δx direkt vorgegeben, der Grenzübergang $\Delta x \to 0$ ist also nur von theoretischem Wert. Einen Sonderfall der Wahrscheinlichkeitsdichtefunktion ist die **GAUẞsche Verteilung** oder **Normalverteilung**, die auch auf den Zehnmarkscheinen der Deutschen Bundesbank dargestellte Glockenkurve Bild 4.4 (für $\bar{x} = 3$ und $\sigma_x = 1$):

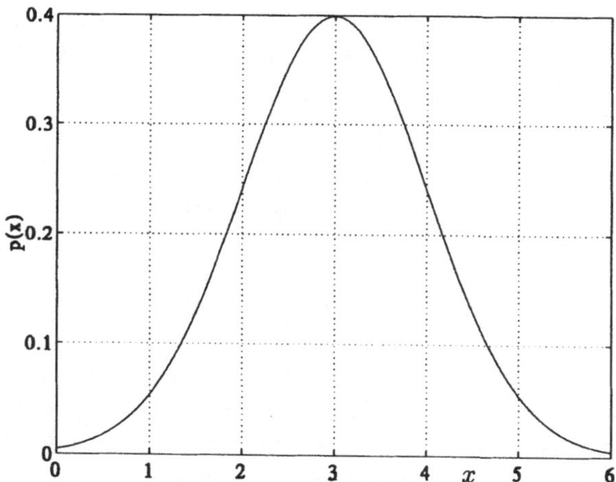

Bild 4.4: GAUẞsche Verteilung (Normalverteilung).

$$p(x) = \frac{1}{\sigma_x \sqrt{2\pi}} e^{-(x-\bar{x})^2/2\sigma_x^2}. \tag{4.15}$$

Ein Signal mit Normalverteilung als Eingangssignal eines linearen Systems erzeugt ein Ausgangssignal, das wieder eine Normalverteilung hat! Weitaus interessanter ist aber

[1] $P[\alpha]$ bezeichnet die Wahrscheinlichkeit, daß das Ereignis α eintritt.

die Eigenschaft, daß die Wahrscheinlichkeitsdichtefunktion des Ausgangssignals eines linearen Systems viel mehr einer Normalverteilung ähnelt als die des Eingangssignals.

Die **Verteilungsfunktion** $F(x_1)$ hängt sehr eng mit der Wahrscheinlichkeitsdichtefunktion zusammen. Sie ist die Wahrscheinlichkeit dafür, daß $x(t)$ kleiner als x_1 ist:

$$F(x_1) = P[x(t) < x_1] = \int_{-\infty}^{x_1} p(x)\mathrm{d}x. \tag{4.16}$$

Natürlich ist

$$\int_{-\infty}^{+\infty} p(x)\mathrm{d}x = 1. \tag{4.17}$$

Mit Hilfe der Verteilungsdichtefunktion $p(x)$ lassen sich übrigens auch der Erwartungswert und die Varianz ausdrücken. Sortiert man nämlich in (4.9) die Signalamplituden in z.B. k Größenklassen und tritt x_i im Laufe des Experiments N_i-mal auf, erhält man für den arithmetischen Mittelwert

$$\bar{x} = \sum_{i=1}^{k} x_i \frac{N_i}{N} \tag{4.18}$$

und mit der relativen Häufigkeit $h_i \stackrel{\mathrm{def}}{=} N_i/N$ auch

$$\bar{x} = \sum_{i=1}^{k} x_i h_i. \tag{4.19}$$

Für sehr großes N stimmt die relative Häufigkeit h_i sehr gut mit der Wahrscheinlichkeit

$$P_i = P[(x_i - \frac{1}{2}\Delta x) \leq x < (x_i + \frac{1}{2}\Delta x)],$$

daß das Ereignis x_i eintritt, überein, so daß man statt (4.9) auch schreiben kann

$$\bar{x} = \sum_{i=1}^{k} x_i P_i, \tag{4.20}$$

oder mit (4.14)

$$\bar{x} = \sum_{i=1}^{k} x_i p(x_i)\Delta x, \tag{4.21}$$

woraus durch Grenzübergang

$$E\{x\} = \int_{-\infty}^{+\infty} x p(x)\mathrm{d}x \tag{4.22}$$

wird. Entsprechend erhält man

$$\sigma_x^2 = \int_{-\infty}^{+\infty} (x - E\{x\})^2 p(x)\mathrm{d}x. \tag{4.23}$$

Im allgemeinen sind die momentanen Werte eines stochastischen Signals nicht vollständig unabhängig von dem vorhergehenden zeitlichen Verlauf dieses Signals. Die sogenannte **Autokorrelationsfunktion** stellt ein Maß für diese Abhängigkeit dar. Die Autokorrelationsfunktion liefert außerdem eine Information darüber, wie schnell sich das Signal ändert und ob ein deterministisches Signal, z. B. ein periodisches Signal, in dem sonst stochastischen Signal enthalten ist. Um herauszufinden, welche Korrelation (welcher Zusammenhang) zwischen zwei Daten im Abstand von z. B. τ Sekunden besteht, bildet man das Produkt $x(t) \cdot x(t+\tau)$. Besteht keine Korrelation, wird der Mittelwert über solche Produkte gleich null sein. Ist dagegen eine Korrelation vorhanden, also ein innerer Zusammenhang, so kann sie positiv oder negativ sein. Die Autokorrelationsfunktion ist definiert als

$$\Phi_{xx}(\tau) \stackrel{\text{def}}{=} E\{x(t)x(t+\tau)\} = \lim_{T\to\infty} \frac{1}{2T} \int_{-T}^{T} x(t)x(t+\tau)\mathrm{d}t. \tag{4.24}$$

Sie ist eine Funktion des Zeitintervalls τ. Ein typisches Beispiel für eine Autokorrelationsfunktion zeigt Bild 4.5. Je schneller sie abfällt, desto kleiner ist der Zusammenhang.

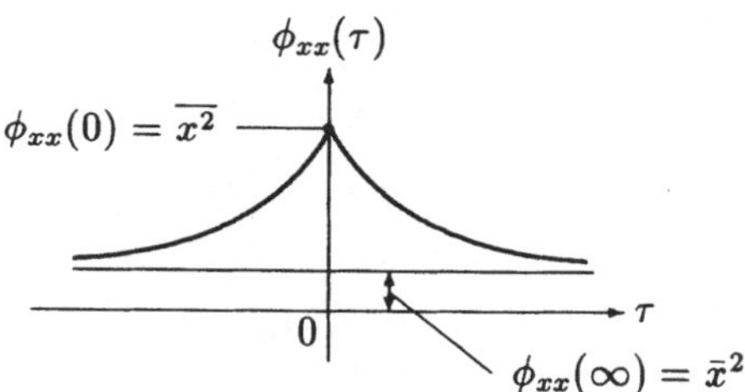

Bild 4.5: Beispiel für eine Autokorrelationsfunktion.

Einen Sonderfall stellt ein sinusförmiges Signal dar. In diesem Fall haben $x(t)$ und $x(t+\tau)$ das gleiche Vorzeichen, wenn τ ein ganzzahliges Vielfaches der Periodendauer ist. Der Mittelwert über dem Produkt wird immer positiv sein. Ist τ gleich der halben Periodendauer, haben $x(t)$ und $x(t+\tau)$ stets entgegengesetzte Vorzeichen, das Produkt und der Mittelwert sind stets negativ. Die Funktion $\Phi_{xx}(\tau)$ weist also den gleichen Verlauf wie das sinusförmige Signal auf, die Periodendauer kann direkt abgelesen werden (Bild 4.6).

Ist die Eingangsfunktion $u(t)$ eines Systems ein stochastisches Signal, interessiert vor allem, wie das dadurch erzeugte Ausgangssignal $y(t)$ mit dem Eingangssignal zusammenhängt. Ein Maß dafür bildet die **Kreuzkorrelationsfunktion**

$$\begin{aligned} \Phi_{uy}(\tau) &\stackrel{\text{def}}{=} E\{u(t), y(t+\tau)\} \\ &= \lim_{T\to\infty} \frac{1}{2T} \int_{-T}^{T} u(t)y(t+\tau)\mathrm{d}t = \lim_{T\to\infty} \frac{1}{2T} \int_{-T}^{T} u(t-\tau)y(t)\mathrm{d}t. \end{aligned} \tag{4.25}$$

Ist das System ein lineares dynamisches System mit der Gewichtsfunktion $g(t)$, besteht zwischen Eingangs- und Ausgangssignal der Zusammenhang

$$y(t) = \int_{-\infty}^{+\infty} u(t-\vartheta)g(\vartheta)\mathrm{d}\vartheta. \tag{4.26}$$

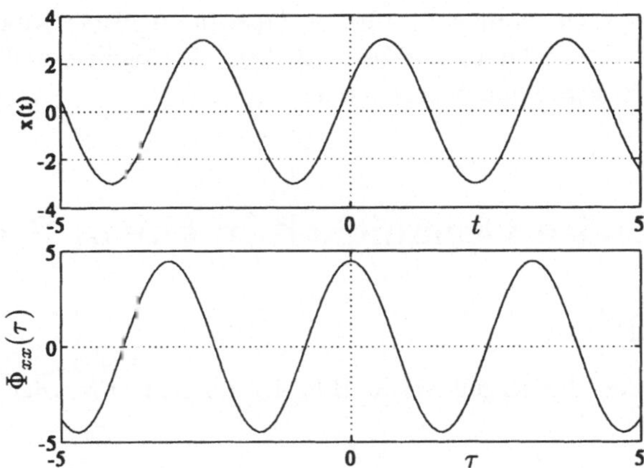

Bild 4.6: Sinusförmiges Signal und zugehörige Autokorrelationsfunktion $\Phi_{xx}(\tau)$.

Setzt man diesen Zusammenhang in die oben genannte Definitionsgleichung für $\Phi_{uy}(\tau)$ ein, erhält man

$$\Phi_{uy}(\tau) = \int_{-\infty}^{+\infty} g(\vartheta) \left[\lim_{T\to\infty} \frac{1}{2T} \int_{-T}^{T} u(t-\vartheta)u(t-\tau)\mathrm{d}t \right] \mathrm{d}\vartheta \tag{4.27}$$

und mit (4.24)

$$\Phi_{uy}(\tau) = \int_{-\infty}^{+\infty} \Phi_{uu}(\tau-\vartheta)g(\vartheta)\mathrm{d}\vartheta. \tag{4.28}$$

Formal hat (4.28) die gleiche Form wie das Faltungsintegral (4.26). Theoretisch erhält man als Ausgangsfunktion $y(t)$ eines linearen Systems die Gewichtsfunktion $g(t)$, wenn die Eingangsfunktion $u(t)$ gleich der DIRACschen Deltafunktion ist. Würde man auf ein lineares System ein stochastisches Signal als Eingangsfunktion $u(t)$ mit einer Autokorrelationsfunktion $\Phi_{uu}(\tau)$ in Form einer Deltafunktion schalten, könnte man die Gewichtsfunktion $g(t)$ durch Ermittlung der Kreuzkorrelationsfunktion $\Phi_{uy}(\tau)$ bestimmen. Welches stochastische Signal aber hat eine Autokorrelationsfunktion in Form einer Deltafunktion? Es würde bedeuten, daß die Autokorrelationsfunktion für $\tau \neq 0$ null ist, daß also keinerlei Zusammenhang zwischen beliebig kurz aufeinanderfolgenden Signalwerten besteht. Ein solches Signal kann man sich theoretisch als eng aufeinanderfolgende Deltafunktionen vorstellen. Ein stochastisches Signal $x(t)$ mit der Autokorrelationsfunktion

$$\Phi_{xx}(\tau) = \delta(\tau) \tag{4.29}$$

heißt **weißes Rauschen**. Das weiße Rauschen spielt in der Theorie stochastischer Systeme die gleiche Rolle wie die DIRACsche Deltafunktion in der Theorie linearer deterministischer Systeme. Es ist natürlich unmöglich, weißes Rauschen praktisch zu erzeugen, sondern es können nur Näherungen dafür in Form von farbigem Rauschen erzeugt werden. Betrachtet man solche Signale im Frequenzbereich, so hat weißes Rauschen ein konstantes Spektrum bis zu unendlich hohen Frequenzen [BRAMMER/SIFFLING]. Daher kommt auch die Bezeichnung „weißes Rauschen", analog dem weißen Licht, das alle Frequenzen des sichtbaren Spektrums enthält.

4.3 Stationäre Genauigkeit in einem Regelkreis

4.3.1 Grundlagen

Es soll im folgenden der Regelkreis in Bild 4.7 untersucht werden, wobei $w(t)$ die

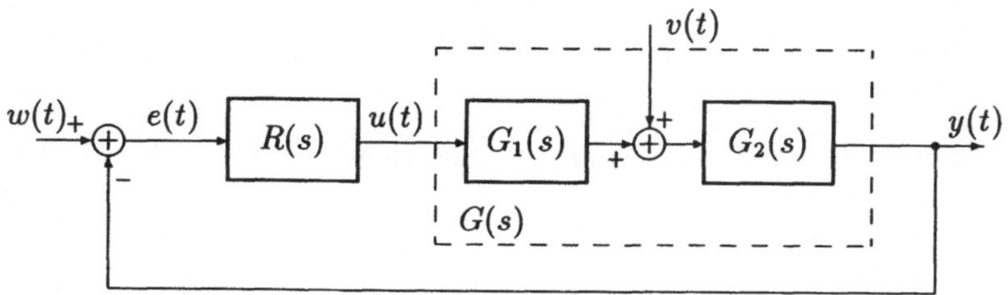

Bild 4.7: Regelkreis mit Regler $R(s)$ und Strecke $G(s)$.

Führungsgröße, $y(t)$ die *Regelgröße*, $u(t)$ die *Stellgröße*, $v(t)$ eine *Störgröße* und $e(t)$ der *Regelfehler* in Form der Soll-Istwert-Differenz

$$e(t) = w(t) - y(t) \tag{4.30}$$

ist. Das zu regelnde System habe die Übertragungsfunktion $G(s) = G_1(s) \cdot G_2(s)$ und der Regler die Übertragungsfunktion $R(s)$. Die Störgröße $v(t)$ greift im Innern des Systems zwischen $G_1(s)$ und $G_2(s)$ an. Für $G_1(s) = 1$ erhält man den Sonderfall der Eingangsstörung und für $G_2(s) = 1$ den der Ausgangsstörung.

Für die LAPLACE-transformierten Funktionen ergibt sich dann der Zusammenhang zwischen Führungs-, Stör- und Ausgangsstörungen:

$$\boxed{y(s) = \frac{R(s)G(s)}{1 + R(s)G(s)} w(s) + \frac{G_2(s)}{1 + R(s)G(s)} v(s).} \tag{4.31}$$

Der Regelkreis wäre ideal ausgelegt, wenn folgende Forderungen erfüllt wären:

$$\frac{R(s)G(s)}{1 + R(s)G(s)} \stackrel{!}{=} 1 \tag{4.32}$$

und

$$\frac{G_2(s)}{1 + R(s)G(s)} \stackrel{!}{=} 0, \tag{4.33}$$

so daß die Regelgröße $y(s)$ gleich der Führungsgröße $w(s)$ ist und die Auswirkung der Störgröße $v(s)$ auf die Regelgröße $y(s)$ gleich null wäre. Dies ist nur näherungsweise in einem bestimmten Frequenzbereich bzw. im Zeitbereich nur für $t \to \infty$ möglich, nie aber exakt.

Betrachtet man die Auswirkungen der Eingangsgrößen $w(t)$ und $v(t)$ auf den Fehler $e(t)$, erhält man

$$e(s) = \frac{1}{1+R(s)G(s)} w(s) - \frac{G_2(s)}{1+R(s)G(s)} v(s). \tag{4.34}$$

Für den Fall $G_2(s) = 1$, d.h., wenn die Störgröße direkt auf die Ausgangsgröße wirkt, ist der Zusammenhang zwischen Stör- und Ausgangsgröße der gleiche wie der zwischen Führungsgröße und Fehler.

Ein Regelkreis wird zuerst so ausgelegt, daß der Fehler $e(t)$ für $t \to \infty$ zu null wird:

$$\lim_{t\to\infty} e(t) \stackrel{!}{=} 0. \tag{4.35}$$

Führungs- und Regelgröße stimmen dann wenigstens nach einer gewissen Zeit nach Eingreifen der Regelung überein. Es wird angenommen, daß der Regelkreis stabil ist und deshalb der Grenzwertsatz der LAPLACE-Transformation angewendet werden kann, so daß man mit

$$\lim_{t\to\infty} e(t) = \lim_{s\to 0} s e(s) \stackrel{\text{def}}{=} e_\infty \tag{4.36}$$

die weiteren Betrachtungen auch im Frequenzbereich anstellen kann.

Hierzu wird zunächst die Übertragungsfunktion $R(s)G(s)$ der Hintereinanderschaltung von Regler und Strecke so umgeformt:

$$\begin{aligned} R(s)G(s) &= \frac{b_m s^m + b_{m-1}s^{m-1} + \cdots + b_1 s + b_0}{s^n + a_{n-1}s^{n-1} + \cdots + a_\rho s^\rho} \\ &= \frac{b_0/a_\rho}{s^\rho} \cdot \frac{\beta_m s^m + \beta_{m-1}s^{m-1} + \cdots + \beta_1 s + 1}{\alpha_{n-\rho}s^{n-\rho} + \alpha_{n-\rho-1}s^{n-\rho-1} + \cdots + \alpha_1 s + 1}, \end{aligned}$$

also

$$R(s)G(s) = \frac{K}{s^\rho} \cdot \frac{Z(s)}{N(s)}, \tag{4.37}$$

wobei $\rho \in \mathbb{N}$ die Zahl der in der Hintereinanderschaltung von Regler und Strecke enthaltenen Integratoren, $K \stackrel{\text{def}}{=} b_0/a_\rho$ und $Z(0) = N(0) = 1$ ist.

4.3.2 Stationäre Genauigkeit bezüglich der Führungsgröße

Zunächst wird nur die Auswirkung der Führungsgröße auf den Fehler betrachtet, also die Störung $v(t)$ gleich null gesetzt. Man erhält für die bleibende Regelabweichung mit (4.37) aus (4.34)

$$e_\infty = \lim_{s\to 0} \frac{s^{\rho+1} N(s) w(s)}{s^\rho N(s) + K Z(s)} = \lim_{s\to 0} \frac{s^{\rho+1}}{s^\rho + K} w(s). \tag{4.38}$$

Jetzt soll für drei verschiedene Grundfunktionen als Führungsgrößen, aus denen sich die häufigsten, auch komplizierten Führungsgrößen zusammensetzen lassen, die bleibende Regelabweichung e_∞ berechnet werden.

Fall 1: $w(t) = w_0\sigma(t)$, Sprungfunktion, $w(s) = w_0/s$.
In diesem Fall ist

$$e_\infty = \lim_{s\to 0} \frac{s^\rho w_0}{s^\rho + K} = \begin{cases} \frac{w_0}{1+K} & \text{für} \quad \rho = 0, \\ 0 & \text{für} \quad \rho \geq 1. \end{cases} \tag{4.39}$$

Enthalten also weder Strecke noch Regler einen Integrator ($\rho = 0$), verschwindet die bleibende Regelabweichung nur für einen unendlich großen Verstärkungsfaktor K. In diesem Fall ist es sinnvoll, den Regler mit einem Integralanteil zu versehen, da dann $\rho = 1$ und die bleibende Regelabweichung zu null wird. Ist dagegen bereits in der Strecke ein Integralanteil vorhanden, wird für eine sprungförmige Führungsgröße die Regelabweichung $e_\infty = 0$, siehe Bild 4.8.

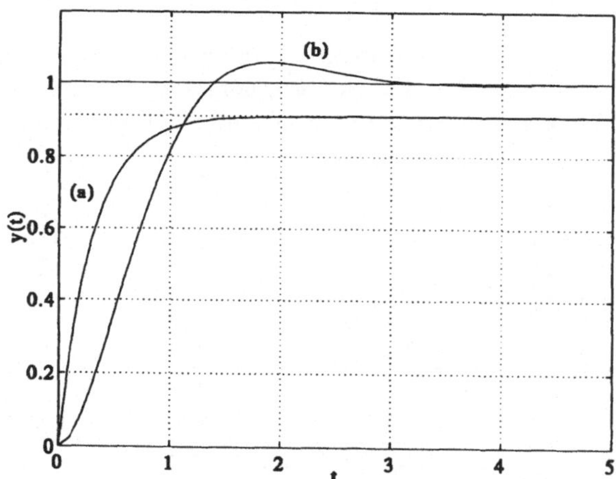

Bild 4.8: Bleibende Regelabweichung bei sprungförmiger Führungsgröße;(a) $\rho = 0$, (b) $\rho = 1$.

Fall 2: $w(t) = w_0 t\sigma(t)$, Rampenfunktion, $w(s) = w_0/s^2$.
Jetzt ist

$$e_\infty = \lim_{s\to 0} \frac{s^{\rho-1} w_0}{s^\rho + K} = \begin{cases} \infty & \text{für} \quad \rho = 0, \\ \frac{w_0}{K} & \text{für} \quad \rho = 1, \\ 0 & \text{für} \quad \rho \geq 2. \end{cases} \tag{4.40}$$

In diesem Fall müssen Strecke und Regler zusammen mindestens zwei Integratoren enthalten, damit die bleibende Regelabweichung e_∞ zu null wird (siehe Bild 4.9).

Fall 3: $w(t) = w_0 t^2\sigma(t)/2$, Parabelfunktion, $w(s) = w_0/s^3$.

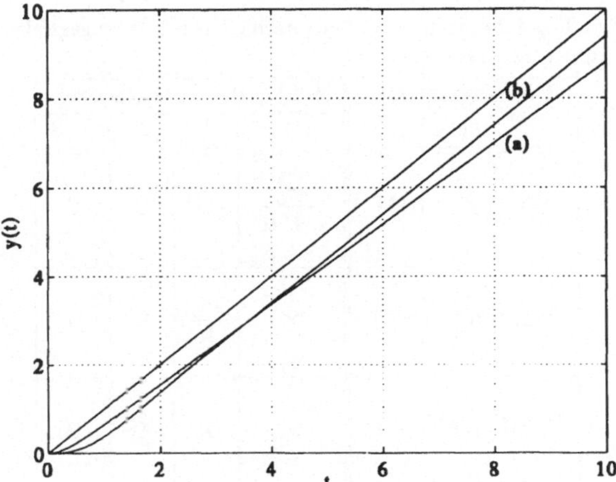

Bild 4.9: Bleibende Regelabweichung bei rampenförmiger Führungsgröße; (a) $\rho = 0$, (b) $\rho = 1$.

Für diesen Fall erhält man

$$e_\infty = \lim_{s\to 0} \frac{s^{\rho-2} w_0}{s^\rho + K} = \begin{cases} \infty & \text{für} \quad \rho \le 1, \\ \frac{w_0}{K} & \text{für} \quad \rho = 2, \\ 0 & \text{für} \quad \rho \ge 3. \end{cases} \tag{4.41}$$

Allgemeiner Fall: $w(t) = w_0 t^m \sigma(t)/m!$, d. h. , $w(s) = w_0/s^{m+1}$.
Im allgemeinen Fall ist

$$e_\infty = \lim_{s\to 0} \frac{s^{\rho-m} w_0}{s^\rho + K} = \begin{cases} \infty & \text{für} \quad \rho < m, \\ \frac{w_0}{K} & \text{für} \quad \rho = m, \\ 0 & \text{für} \quad \rho > m. \end{cases} \tag{4.42}$$

Zusammenfassend erhält man für $m \le 2$ die in Tabelle 4.1 dargestellte Abhängigkeit der bleibenden Regelabweichung e_∞ von der Zahl ρ der Integratoren in der Reihenschaltung von $R(s)$ und $G(s)$ und der Art der Führungsgröße $w(t)$.

Als erste Synthesevorschrift wird notiert:

4.2 Satz: *Läßt sich die Führungsgröße $w(t)$ als Polynom*

$$w(t) = (w_0 + w_1 t + w_2 t^2 + \cdots + w_m t^m)\sigma(t)$$

darstellen und ist $v(t) \equiv 0$, so muß die Reihenschaltung von Regler $R(s)$ und Regelstrecke $G(s)$ mindestens $m+1$ Integratoren enthalten, damit die bleibende Regelabweichung e_∞ zu null wird. Wenn die Regelstrecke $G(s)$ nicht selbst die benötigte Zahl von Integratoren enthält, muß der Regler $R(s)$ diese Integratoren enthalten!

Tabelle 4.1: Bleibende Regelabweichung e_∞ bei verschiedenen Führungsgrößen in Abhängigkeit von der Zahl ρ der Integratoren im Regelkreis

Führungsgröße $w(t)$	Zahl ρ der Integratoren 0	1	2	≥ 3
Sprung $w_0\sigma(t)$	$\frac{w_0}{1+K}$	0	0	0
Rampe $w_0 t\sigma(t)$	∞	$\frac{w_0}{K}$	0	0
Parabel $\frac{w_0}{2}t^2\sigma(t)$	∞	∞	$\frac{w_0}{K}$	0

4.3.3 Stationäre Genauigkeit bezüglich Störungen

Jetzt wird nur die Auswirkung der Störgröße $v(t)$ auf den Fehler $e(t)$ betrachtet und hierzu die Führungsgröße $w(t)$ gleich null gesetzt. Für die bleibende Regelabweichung gilt in diesem Fall gemäß (4.34)

$$\lim_{t\to\infty} e(t) = \lim_{s\to 0} se(s) = -\lim_{s\to 0} \frac{sG_2(s)v(s)}{1+R(s)G(s)}. \tag{4.43}$$

Bringt man die Teilübertragungsfunktion $G_2(s)$ der Regelstrecke in eine ähnliche Form wie (4.37), nämlich in

$$G_2(s) = \frac{K_2}{s^{\rho_2}} \cdot \frac{Z_2(s)}{N_2(s)}, \tag{4.44}$$

wobei $Z_2(0) = N_2(0) = 1$ ist und ρ_2 die Zahl der in $G_2(s)$ enthaltenen Integratoren, so erhält man mit (4.37) und (4.44) aus (4.43)

$$\begin{aligned}\lim_{t\to\infty} e(t) &= \lim_{s\to 0} \frac{-sK_2Z_2(s)s^\rho N(s)v(s)}{s^{\rho_2}N_2(s)s^\rho N(s) + KZ(s)s^{\rho_2}N_2(s)}\\ &= \lim_{s\to 0} \frac{-s^{\rho+1}K_2v(s)}{s^{\rho_2}(s^\rho + K)}\\ &= \lim_{s\to 0} \frac{-s^{\rho_1+1}K_2v(s)}{s^\rho + K} \stackrel{\text{def}}{=} e_\infty.\end{aligned}$$

Hierbei ist

$$\rho_1 \stackrel{\text{def}}{=} \rho - \rho_2,$$

also die Zahl der Integratoren, die in der Reihenschaltung von $R(s)$ und $G_1(s)$ vorhanden ist. Betrachtet man wieder die verschiedenen Möglichkeiten von Störfunktionen wie im vorhergehenden Abschnitt 4.3.2 als Fallunterscheidungen, bekommt man als Ergebnis allgemein für eine Störgröße $v(t) = v_0 t^m \sigma(t)/m!$, d.h. $v(s) = v_0 s^{m+1}$, die bleibende

Regelabweichung

$$e_\infty = \begin{cases} \infty & \text{für} \quad \rho_1 < m, \\[1ex] \dfrac{-K_2 v_0}{1+K} & \text{für} \quad \rho_1 = m = \rho_2 = 0, \\[1ex] \dfrac{-K_2 v_0}{K} & \text{für} \quad \rho_1 = m = 0, \rho_2 \geq 1, \\[1ex] \dfrac{-K_2 v_0}{K} & \text{für} \quad \rho_1 = m+1, \\[1ex] 0 & \text{für} \quad \rho_1 > m+1, \end{cases} \tag{4.45}$$

und zusammenfassend für $m \leq 2$ schließlich die Tabelle 4.2 für die Abhängigkeit der bleibenden Regelabweichung e_∞ von der Zahl ρ_1 der Integratoren in der Reihenschaltung von $R(s)$ und $G_1(s)$, der Zahl ρ_2 von Integratoren in $G_2(s)$ und der Art der Störgröße $v(t)$.

Tabelle 4.2: Bleibende Regelabweichung e_∞ bei verschiedenen Störgrößen in Abhängigkeit von der Zahl ρ_1 der Integratoren in $R(s)G_1(s)$ und der Zahl ρ_2 der Integratoren in $G_2(s)$

Störgröße $v(t)$	Zahl ρ_1 der Integratoren von $R(s)G_1(s)$				
	0		1	2	≥ 3
	Zahl ρ_2 der Integratoren von $G_2(s)$				
	0	≥ 1	≥ 0	≥ 0	≥ 0
Sprung $v_0\sigma(t)$	$\dfrac{-K_2 v_0}{1+K}$	$\dfrac{-K_2 v_0}{K}$	0	0	0
Rampe $v_0 t\sigma(t)$	$-\infty$		$\dfrac{-K_2 v_0}{K}$	0	0
Parabel $v_0\frac{t^2}{2}\sigma(t)$	$-\infty$		$-\infty$	$\dfrac{-K_2 v_0}{K}$	0

Im Fall der bleibenden Störungen gilt der

4.3 Satz: *Sei die Führungsgröße $w(t) = 0$ und die Störgröße $v(t)$ als Polynom*

$$v(t) = (v_0 + v_1 t + v_2 t^2 + \cdots + v_m t^m)\sigma(t)$$

darstellbar, dann muß die Reihenschaltung von Regler $R(s)$ und Teilregelstrecke $G_1(s)$ gemäß Bild 4.7 mindestens $m+1$ Integratoren enthalten, damit die bleibende Regelabweichung e_∞ zu null wird.

Bemerkenswert ist, daß die bleibende Regelabweichung nicht von der im Regelkreis insgesamt vorhandenen Zahl an Integratoren abhängt, sondern nur von der Zahl der Integratoren, die zwischen dem Soll-Istwert-Vergleich und dem Angriffspunkt der Störung liegen. Insgesamt folgt allgemein aus diesen Betrachtungen, daß ein gutes Verhalten hinsichtlich der bleibenden Regelabweichung in einem Regelkreis Integratoren erfordert!

4.3.4 Auswirkung sinusförmiger Störgrößen

Treten sinusförmige Störgrößen auf, so treten diese, eventuell zeitverschoben wieder als Ausgangsgrößen und Fehler auf; es ergeben sich also keine konstanten Größen, so daß die Grenzwertsätze der LAPLACE-Transformation keine Anwendung finden können. Ist das Gesamtsystem stabil, kann man die Auswirkungen sinusförmiger Störungen wie folgt berechnen: Unter der Annahme, daß die Führungsgröße $w(t)$ gleich null ist, erhält man aus (4.34) für den Fehler

$$e(s) = -\frac{G_2(s)}{1+R(s)G(s)}v(s) = -\frac{Z_2(s)N_1(s)}{N(s)+Z(s)}v(s) \stackrel{\text{def}}{=} S'(s)v(s), \tag{4.46}$$

wenn

$$R(s)G(s) = \frac{Z(s)}{N(s)} = \frac{Z_1(s)Z_2(s)}{N_1(s)N_2(s)}$$

und

$$G_2(s) = \frac{Z_2(s)}{N_2(s)}$$

ist. Für die Störgröße

$$v(t) = v_0 \sin(\omega_0 t), \tag{4.47}$$

d.h.

$$v(s) = v_0 \frac{\omega_0}{s^2+\omega_0^2}, \tag{4.48}$$

erhält man für den Regelfehler

$$e(s) = S'(s)\frac{v_0\omega_0}{s^2+\omega_0^2} \tag{4.49}$$

oder nach Partialbruchzerlegung

$$e(s) = \frac{v_0 S'(j\omega_0)}{2j(s-j\omega)} - \frac{v_0 S'(-j\omega_0)}{2j(s+j\omega_0)} + \text{Summanden der Form} \frac{K_i}{(s-p_i)^m}. \tag{4.50}$$

Da von einem stabilen Gesamtsystem ausgegangen wird, haben alle Pole p_i von $S'(s)$ negativen Realteil, d.h., das dazugehörige Zeitverhalten $K_i t^{m-1} e^{p_i t}/(m-1)!$ strebt für $t \to \infty$ gegen Null. Im eingeschwungenen Zustand des Systems erhält man für den Fehler $e_\infty(t)$

$$\begin{aligned} e_\infty(t) &= \mathcal{L}^{-1}\left\{\frac{v_0 S'(j\omega_0)}{2j(s-j\omega_0)} - \frac{v_0 S'(-j\omega_0)}{2j(s+j\omega_0)}\right\} \\ &= v_0|S'(j\omega_0)|\frac{e^{j(\omega_0 t+\varphi)} - e^{-j(\omega_0 t+\varphi)}}{2j} \\ &= v_0|S'(j\omega_0)|\sin(\omega_0 t+\varphi) \end{aligned} \tag{4.51}$$

mit

$$\varphi = \arctan \frac{\Im m(S'(j\omega_0))}{\Re e(S'(j\omega_0))}. \tag{4.52}$$

Aus dem Störsignal $v(t) = v_0 \sin(\omega_0 t)$ ist also wieder ein sinusförmiges Fehlersignal, aber mit der Amplitude $v_0|S'(j\omega_0)|$ und der Phasenverschiebung φ geworden.

Wenn sinusförmige Störungen mit der Frequenz ω_0 auftreten, muß das Bestreben bei der Reglerauslegung sein, daß der Betrag von $S'(j\omega_0)$ möglichst klein ist:

$$\boxed{|S'(j\omega_0)| \overset{!}{\ll} 1.} \tag{4.53}$$

4.3.5 Berücksichtigung von Meßgerätedynamik und Meßstörungen

Bisher wurden der Einfluß des Meßgerätes für die Messung der Regelgröße $y(t)$ und der Einfluß von Meßstörungen auf die stationäre Genauigkeit vernachlässigt. Das ist im allgemeinen auch erlaubt, da oft das Meßgerät weitaus schneller reagiert als die Strecke und die auftretenden Meßstörungen vernachlässigbar klein sind.

Wenn das nicht der Fall ist, kommt man zu einer Struktur gemäß Bild 4.10. Bisher

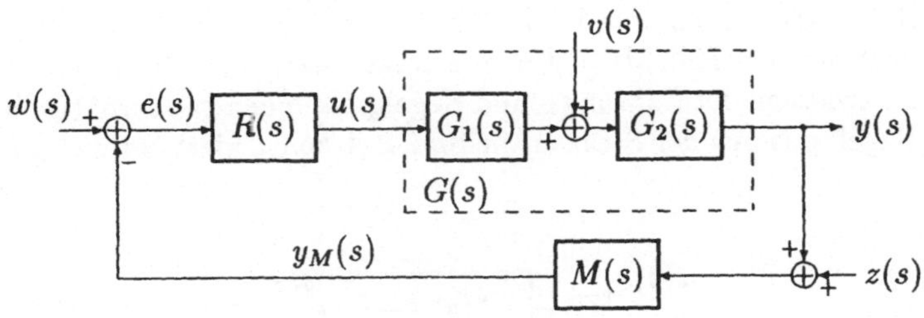

Bild 4.10: Regelkreis mit Meßgerät $M(s)$ und Meßstörung $z(s)$.

wurde angenommen, daß $M(s) = 1$ und $z(s) = 0$ ist. Jetzt erhält man als Zusammenhang zwischen den drei Eingangsgrößen Führungsgröße $w(s)$, Störung $v(s)$ sowie Meßstörung $z(s)$ und den beiden Ausgangsgrößen Regelgröße $y(s)$ sowie Regelfehler $e(s)$ den leicht zu berechnenden Zusammenhang:

$$\begin{bmatrix} y(s) \\ e(s) \end{bmatrix} = \begin{bmatrix} F(s) & G_2(s)S(s) & -M(s)F(s) \\ S(s) & -G_2(s)S(s) & -M(s)S(s) \end{bmatrix} \begin{bmatrix} w(s) \\ v(s) \\ z(s) \end{bmatrix} \tag{4.54}$$

mit

$$F(s) \overset{\text{def}}{=} \frac{R(s)G(s)}{1 + M(s)R(s)G(s)} \tag{4.55}$$

und

$$S(s) \stackrel{\text{def}}{=} \frac{1}{1 + M(s)R(s)G(s)}. \tag{4.56}$$

Jetzt ist $e(s)$ nicht mehr die Differenz zwischen Führungsgröße $w(s)$ und Regelgröße $y(s)$, also der Regelfehler, sondern die Differenz zwischen Führungsgröße $w(s)$ und gemessener Regelgröße $y_M(s)$! Aus (4.54) ist abzulesen, daß sich eine Meßstörung $z(s)$ in der Regelgröße $y(s)$ mit dem Anteil $-M(s)F(s)z(s)$ bemerkbar macht. In einem ideal ausgelegten Regelkreis wäre $F(s) = M(s) = 1$, d.h., eine Meßstörung würde betragsmäßig vollkommen in der Regelgröße wieder erscheinen und nicht ausgeregelt werden! Dies ist eine wichtige Tatsache in der Regelungstechnik, die auch plausibel ist:

4.4 Satz: *Es kann nur so genau geregelt werden wie gemessen wird.*

Aus diesem Grund ist es auch oft nicht erforderlich, Integratoren im Regler einzuführen, um unbedingt die bleibende Regelabweichung zu null zu bringen. Beträgt z. B. die Meßgenauigkeit 1%, wird man sich mit einer theoretischen stationären Genauigkeit von 0,1% beim Auslegen des Regelkreises bestimmt zufrieden geben, da ja die eigentliche Genauigkeit durch die Meßgenauigkeit bestimmt wird. Ist der dann erforderliche Verstärkungsfaktor K allerdings so groß, daß er entweder unerzeugbar große Stellgrößen u erfordern würde oder zu Stabilitätsproblemen führt, so muß man doch zu Integratoren greifen, die allerdings auch wieder Stabilitätsprobleme hervorrufen können.

Die Betrachtung der stationären Regelabweichung in den vorhergehenden Abschnitten können leicht auf den Fall $M(s) \not\equiv 1$ übertragen werden, wenn man z. B. für den Zusammenhang zwischen der Führungs- und Regelgröße einen zur Struktur in Bild 4.10 äquivalenten Regelkreis mit der Struktur in Bild 4.11 konstruiert. In diesem Fall muß

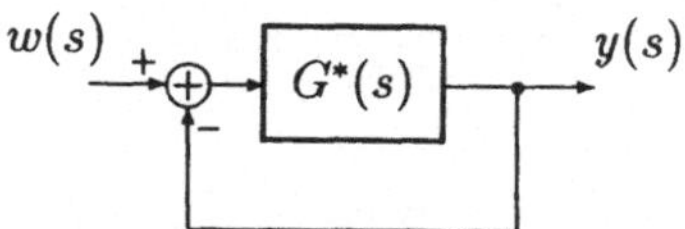

Bild 4.11: Regelkreis

$$F(s) = \frac{Z_F(s)}{N_F(s)} = \frac{R(s)G(s)}{1 + M(s)R(s)G(s)} \stackrel{!}{=} \frac{G^*(s)}{1 + G^*(s)}$$

sein. Daraus folgt für $G^*(s)$

$$G^*(s) = \frac{Z_F(s)}{N_F(s) - Z_F(s)} = \frac{Z_R(s)Z_G(s)N_M(s)}{N_M(s)N_R(s)N_G(s) + Z_R(s)Z_G(s)[Z_M(s) - N_M(s)]}. \tag{4.57}$$

4.4 Wahl der Führungsübertragungsfunktion

4.4.1 Polüberschuß und realisierbarer Regler

Für den Regelkreis gemäß Bild 4.7 besteht zwischen der Führungs- und Regelgröße der Zusammenhang

$$y(s) = \frac{R(s)G(s)}{1 + R(s)G(s)} w(s). \tag{4.58}$$

Schreibt man das Übertragungsverhalten durch F(s) vor,

$$\frac{R(s)G(s)}{1 + R(s)G(s)} \stackrel{!}{=} F(s) = \frac{Z_F(s)}{N_F(s)}, \tag{4.59}$$

erhält man für den dafür notwendigen Regler

$$R(s) = \frac{F(s)}{G(s)[1 - F(s)]} = \frac{Z_F(s)N_G(s)}{Z_G(s)[N_F(s) - Z_F(s)]} = \frac{Z_R(s)}{N_R(s)}, \tag{4.60}$$

wobei $G(s) = Z_G(s)/N_G(s)$ ist.

Soll der Regler durch ein lineares dynamisches System realisiert werden, so darf der Grad des Zählerpolynoms $Z_R(s)$ höchstens gleich dem Grad des Nennerpolynoms $N_R(s)$ sein:

$$\text{Grad}\{N_R(s)\} \geq \text{Grad}\{Z_R(s)\}. \tag{4.61}$$

Da das Gesamtsystem natürlich ein reales System ist, muß auch für die Polynome von $F(s)$ gelten:

$$\text{Grad}\{N_F(s)\} \geq \text{Grad}\{Z_F(s)\}. \tag{4.62}$$

Aus (4.60) folgt dann mit (4.61) und (4.62)

$$\text{Grad}\{Z_G(s)N_F(s)\} \geq \text{Grad}\{Z_F(s)N_G(s)\}, \tag{4.63}$$

bzw., da der Grad des Produkts zweier Polynome gleich der Summe der beiden Polynomgrade ist,

$$\text{Grad}\{Z_G(s)\} + \text{Grad}\{N_F(s)\} \geq \text{Grad}\{Z_F(s)\} + \text{Grad}\{N_G(s)\}. \tag{4.64}$$

Durch Umstellung dieser Ungleichung erhält man den

4.5 Satz: *Der Polüberschuß von $F(s)$, d.h. $\text{Grad}\{N_F(s)\} - \text{Grad}\{Z_F(s)\}$, muß, damit sich eine realisierbare Übertragungsfunktion $R(s)$ für den Regler ergibt, mindestens so groß wie der Polüberschuß der Strecke $\text{Grad}\{N_G(s)\} - \text{Grad}\{Z_G(s)\}$ sein:*

$$\text{Grad}\{N_F(s)\} - \text{Grad}\{Z_F(s)\} \geq \text{Grad}\{N_G(s)\} - \text{Grad}\{Z_G(s)\}. \tag{4.65}$$

Welchen Einfluß hat die Zahl der Polüberschüsse auf den Verlauf der Stellgröße $u(t)$? Wenn nur die Führungsgröße $w(t)$ verschieden von null ist, gilt für die Stellgröße

$$\begin{aligned} u(s) &= R(s)e(s) = R(s)S(s)w(s) \\ &= \frac{R(s)}{1+R(s)G(s)}w(s) = \frac{F(s)}{G(s)}w(s) \\ &= \frac{Z_F(s)N_G(s)}{N_F(s)Z_G(s)}w(s) = \frac{\beta_0+\beta_1 s+\cdots+\beta_\mu s^\mu}{\alpha_0+\alpha_1 s+\cdots+\alpha_\nu s^\nu}w(s). \end{aligned}$$

Für eine sprungförmige Führungsgröße $w(t) = \sigma(t)$ erhält man für die Stellgröße

$$\lim_{t\to 0_+} u(t) = \lim_{s\to\infty} su(s) = \lim_{s\to\infty} \frac{\beta_0+\beta_1 s+\cdots+\beta_\mu s^\mu}{\alpha_0+\alpha_1 s+\cdots+\alpha_\nu s^\nu}.$$

Wenn der Polüberschuß von $F(s)$ gleich dem Polüberschuß von $G(s)$ ist, dann ist $\mu = \nu$. In diesem Fall erhält man

$$\lim_{t\to 0_+} u(t) = \frac{\beta_\mu}{\alpha_\nu} \neq 0,$$

d.h., die Stellgröße springt im Zeitpunkt $t = 0$ auf den Wert β_μ/α_ν. Will man ein solches Springen der Stellgröße verhindern, muß $\nu > \mu$, also der Polüberschuß von $F(s)$ größer als der Polüberschuß von $G(s)$ sein.

4.4.2 Verzögerungsglied 2.Ordnung als Führungsübertragungsfunktion

Eine erste oft verwendete Möglichkeit, das Gesamtverhalten eines Regelungssystems vorzugeben, besteht darin, $F(s)$ als Verzögerungsglied 2.Ordnung vorzugeben:

$$F(s) = \frac{\omega_0^2}{s^2+2d\omega_0 s+\omega_0^2}. \tag{4.66}$$

Die Pole der Übertragungsfunktion liegen für $0 < d < 1$ bei

$$s_{1,2} = -d\omega_0 \pm j\omega_0\sqrt{1-d^2}. \tag{4.67}$$

Ihre Lage in der komplexen Ebene ist in Bild 4.12 dargestellt. Zu (4.66) gehört nach Kapitel 2, wenn $0 < d < 1$ ist, für $t \geq 0$ die Sprungantwort

$$y(t) = 1 + \frac{e^{-d\omega_0 t}}{\sqrt{1-d^2}}\sin(\omega_0\sqrt{1-d^2}t-\varphi), \tag{4.68}$$

wobei

$$\varphi \stackrel{\text{def}}{=} \arctan(-\sqrt{1-d^2}/d). \tag{4.69}$$

In Bild 4.13 ist für verschiedene Dämpfungen d der Zeitverlauf der Sprungantwort dargestellt. Diese Sprungantworten oszillieren um den Endwert Eins und die Höhe des

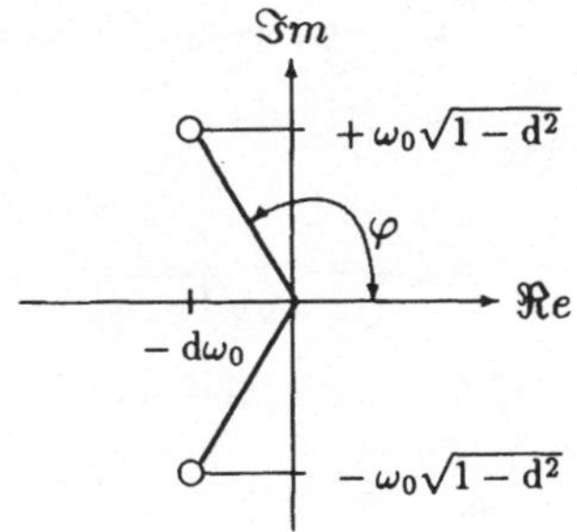

Bild 4.12 Lage der Pole des Verzögerungsglieds 2.Ordnung.

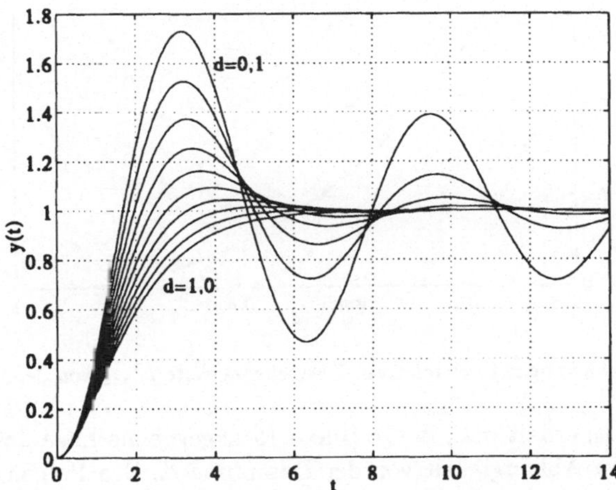

Bild 4.13 Sprungantwort des Verzögerungsglieds 2.Ordnung.

ersten Maximums, die Überschwinghöhe, ist von der Dämpfung d abhängig. Der Zeitpunkt t_{max}, bei dem das Maximum auftritt, kann durch Differenzieren und Nullsetzen der Sprungantwort ermittelt werden:

$$\frac{\mathrm{d}y(t)}{\mathrm{d}t} = -\frac{d\omega_0 \mathrm{e}^{-d\omega_0 t}}{\sqrt{1-d^2}} \sin(\omega_0\sqrt{1-d^2}t - \varphi) + \omega_0 \mathrm{e}^{-d\omega_0 t} \cos(\omega_0\sqrt{1-d^2}t - \varphi) = 0. \quad (4.70)$$

Das Maximum von $y(t)$ tritt bei

$$t_{max} = \frac{\pi}{\omega_0\sqrt{1-d^2}} \quad (4.71)$$

auf. Setzt man diesen Wert in (4.68) ein, erhält man

$$y_{max} = 1 + \mathrm{e}^{-d\pi/\sqrt{1-d^2}} \quad (4.72)$$

und die relative Überschwingweite

$$\Delta_{max} \overset{\mathrm{def}}{=} \frac{y_{max} - y_\infty}{y_\infty} = \mathrm{e}^{-d\pi/\sqrt{1-d^2}}, \quad (4.73)$$

deren Abhängigkeit von der Dämpfung d in Bild 4.14 skizziert ist.

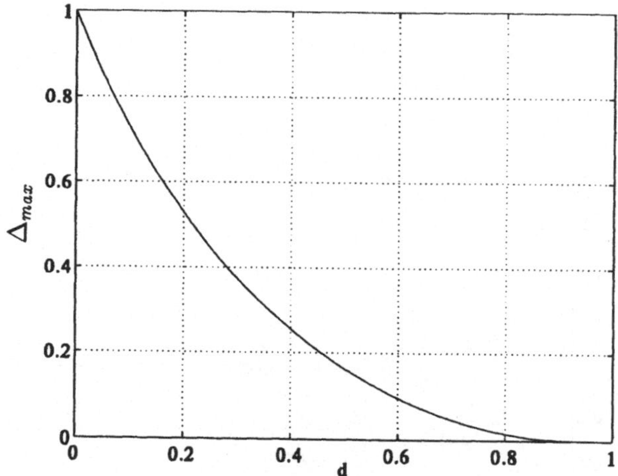

Bild 4.14: Abhängigkeit der relativen Überschwingweite Δ_{max} von der Dämpfung d.

Für ein festes ω_0 erhält man die in Bild 4.15 angegebene Lage des konjugiert komplexen Polpaares in Abhängigkeit von der Dämpfung d. Das Polpaar bewegt sich mit d auf einem Kreisbogen mit dem Radius ω_0, denn es ist

$$|s_{1,2}|^2 = (d\omega_0)^2 + \omega_0^2(1-d^2) = \omega_0^2.$$

Wenn die relative Überschwingweite kleiner als 5% sein soll, muß die Dämpfung $d > 0{,}6901$ sein. Es ist üblich, für die Grenze $d = \sqrt{2}/2 = 0{,}7071$ zu wählen, da hierfür der Winkel θ in Bild ?? gerade 45° beträgt. Zu $d = 0{,}7071$ gehört eine relative

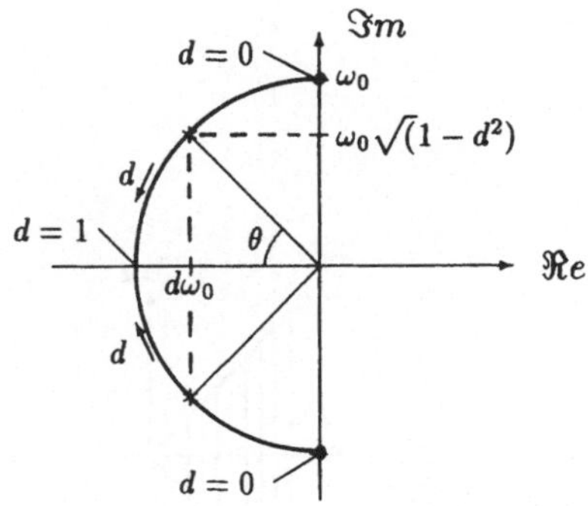

Bild 4.15: Abhängigkeit des konjugiert komplexen Polpaares von der Dämpfung d.

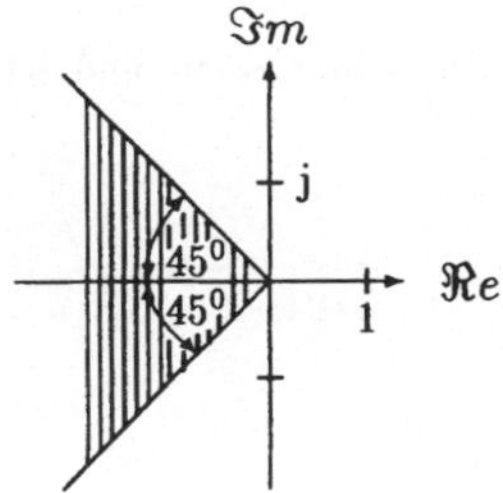

Bild 4.16: Bezüglich Überschwingweite günstiges Polgebiet.

Überschwingweite von 4,32%. Das Gebiet der komplexen Zahlenebene, in dem die Pole von $F(s)$ liegen müssen, damit die relative Überschwingweite kleiner als 4,32% ist, ist in Bild 4.16 schraffiert.

Der Zeitpunkt t_{max}, bei dem der Maximalwert von $y(t)$ auftritt, stellt ein Maß für die Schnelligkeit des Übergangsverhaltens dar. Hat man die Dämpfung d festgelegt und t_{max} vorgeschrieben, erhält man aus (4.71), wenn t_{max} ein Höchstwert sein soll, für ω_0 die Bedingung

$$\omega_0 \geq \frac{\pi}{t_{max}\sqrt{1-d^2}}, \tag{4.74}$$

also für z.B. $d = 0,7071$

$$\omega_0 \geq \frac{4,4429}{t_{max}}. \tag{4.75}$$

Die Bedingungen hinsichtlich der Schnelligkeit des Übergangsverhaltens sind offensichtlich genau dann erfüllt, wenn das Polpaar links von der senkrechten Geraden durch $-d\omega_0(= -\pi/t_{max}$ für $d = 0,7071)$ in Bild 4.17 liegt. Zusammenfassend erhält man als zulässiges Gebiet in der komplexen Zahlenebene für das Polpaar das in Bild 4.17 schraffierte Gebiet, wenn $d > 0,7071$ und $\omega_0 > 4,4429/t_{max}$ sein soll.

Der Polüberschuß beträgt beim Verzögerungsglied 2.Ordnung zwei. Ist er bei der Regelstrecke größer als zwei, wird die Polüberschußbedingung (4.65) in Satz 4.5 verletzt. Dies kann man beispielsweise dadurch beheben, daß links von dem Polpaar – in hinreichend großem Abstand – weitere Pole plaziert werden, die das Übergangsverhalten nur unwesentlich beeinflussen. In Bild 4.18 ist der Einfluß eines zusätzlichen Pols links

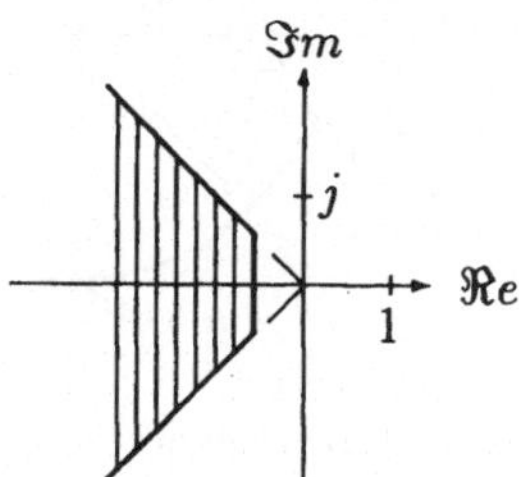

Bild 4.17: Bezüglich Überschwingweite und Schnelligkeit günstiges Polgebiet.

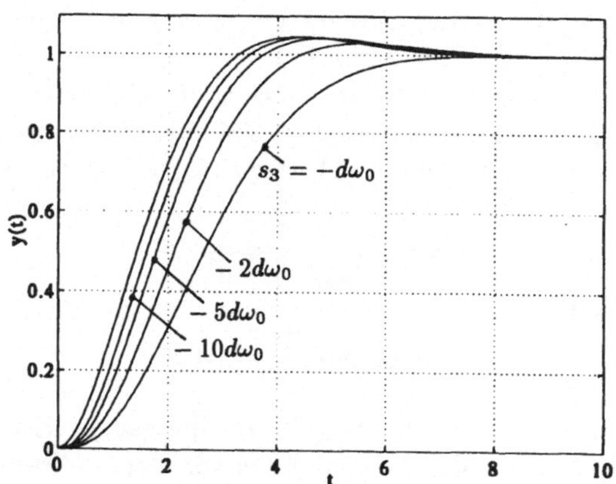

Bild 4.18: Übergangsverhalten eines Verzögerungsgliedes 2.Ordnung mit einem zusätzlichen Pol bei s_3.

von dem dominierenden Polpaar dargestellt. Für zusätzliche Pole bei $s_3 = -10 \cdot d\omega_0$ kann deren Einfluß auf den Verlauf der Sprungantwort praktisch vernachlässigt werden.

Ist k der Polüberschuß der Strecke, müssen also $k-2$ zusätzliche Pole in $F(s)$ vorhanden sein, wird

$$\boxed{F(s) = \frac{\omega_0^k 10^{k-2} d^{k-2}}{(s^2 + 2d\omega_0 s + \omega_0^2)(s + 10d\omega_0)^{k-2}}} \tag{4.76}$$

gewählt. Der Zähler der Übertragungsfunktion ergibt sich wie folgt: Für eine sprungförmige Eingangsgröße $w(t) = \sigma(t)$, d.h., $w(s) = 1/s$, wird erwartet, daß für $t \to \infty$ auch $\lim_{t\to\infty} y(t) = 1$ wird, also

$$\begin{aligned}
\lim_{t\to\infty} y(t) &= \lim_{s\to 0} s y(s) = \lim_{s\to 0} s F(s) w(s) \\
&= \lim_{s\to 0} s F(s) \frac{1}{s} \\
&= \lim_{s\to 0} F(s) \stackrel{!}{=} 1.
\end{aligned}$$

Setzt man in (4.76) $s = 0$, so ist in der Tat $F(0) = 1$. Als weitere wichtige Forderung an die Gesamtübertragungsfunktion $F(s)$ notieren wir also

$$\boxed{F(0) \stackrel{!}{=} 1.} \tag{4.77}$$

4.4.3 Gesamtübertragungsfunktion und integrale Gütekriterien

Im vorhergehenden Abschnitt wurde die Gesamtübertragungsfunktion $F(s)$ im wesentlichen durch zwei Parameter vorgegeben, nämlich durch die relative Überschwingweite Δ_{max} und den Maximalwertzeitpunkt t_{max} der gewünschten Sprungantwort des Gesamtsystems. Im Gegensatz dazu wird in der Theorie optimaler Regler von *Gütekriterien* ausgegangen, die minimiert werden müssen. Der große Problemkreis der optimalen Regelung für die verschiedensten Kriterien wie minimale Ausregelzeit, minimaler Energieverbrauch usw. mit und ohne Beschränkung der Stellgröße wird ausführlich in den Kapiteln 9 und 10 behandelt. Hier soll jetzt von Gütekriterien ausgegangen werden, die die Fehlerfläche bewerten, wobei unter der Fehlerfläche das Zeitintegral über dem Regelfehler $e(t)$ bei sprungförmiger Führungsgröße verstanden wird. Die Gesamtübertragungsfunktion $F(s)$ wird dann so gewählt, daß das Gütekriterium minimal wird.

Das einfachste Kriterium wäre das Zeitintegral über den Regelfehler (I*ntegral of* E*rror*)

$$\mathrm{IE} = \int_0^\infty e(t)\mathrm{d}t. \tag{4.78}$$

Bei diesem Kriterium würden sich aber positive und negative Fehler gegeneinander aufheben können, so daß man für IE ein Minimum für ein zwischen positiven und negativen Werten oszillierenden Verlauf von $e(t)$ erhalten würde, was natürlich unbrauchbar ist.

Ein besseres Kriterium ist das Integral über dem quadrierten Regelfehler (I*ntegral of* S*quared* E*rror*)

$$\mathrm{ISE} = \int_0^\infty e^2(t)\mathrm{d}t, \tag{4.79}$$

da bei ihm positive und negative Fehler das Integral anwachsen lassen. Für ein System zweiter Ordnung mit der Gesamtübertragungsfunktion

$$F(s) = \frac{\omega_0^2}{s^2 + 2d\omega_0 s + \omega_0^2} \tag{4.80}$$

soll als Beispiel für ein vorgegebenes ω_0 der Dämpfungswert d so bestimmt werden, daß das ISE-Kriterium (4.79) minimal wird.

Führt man die dimensionslose Zeitvariable $\tau \overset{\text{def}}{=} \omega_o t$ ein, wird aus (4.80)

$$F(s) = \frac{1}{s^2 + 2ds + 1} = \frac{y(s)}{w(s)}. \tag{4.81}$$

Für den Regelfehler erhält man dann

$$e(s) = w(s) - y(s) = \frac{s^2 + 2ds}{s^2 + 2ds + 1} w(s), \tag{4.82}$$

also für eine sprungförmige Eingangsgröße $w(s) = 1/s$

$$e(s) = \frac{s^2 + 2ds}{(s^2 + 2ds + 1)s} = \frac{s}{s^2 + 2ds + 1} + \frac{2d}{s^2 + 2ds + 1}. \tag{4.83}$$

Durch Rücktransformation in den Zeitbereich wird daraus für $t \geq 0$

$$e(t) = \mathrm{e}^{-dt}\left[\cos(\sqrt{1-d^2}t) + \frac{d}{\sqrt{1-d^2}}\sin(\sqrt{1-d^2}t)\right],$$

also

$$e^2(t) = \mathrm{e}^{-2dt}\left[\frac{1}{2(1-d^2)} + \frac{1-2d^2}{2(1-d^2)}\cos(2\sqrt{1-d^2}t) + \frac{d}{\sqrt{1-d^2}}\sin(2\sqrt{1-d^2}t)\right].$$

Dies wiederum LAPLACE-transformiert, ergibt

$$\mathcal{L}\{e^2(t)\} = \frac{1}{2(1-d^2)(s+2d)} + \frac{1-2d^2}{2(1-d^2)} \cdot \frac{s+2d}{(s+2d)^2 + 4(1-d^2)}$$

$$+\frac{d}{\sqrt{1-d^2}}\cdot\frac{2\sqrt{1-d^2}}{(s+2d)^2+4(1-d^2)}. \tag{4.84}$$

Für die LAPLACE-transformierte des Integrals gilt allgemein

$$\mathcal{L}\left\{\int_0^t e^2(\tau)\mathrm{d}\tau\right\} = \frac{1}{s}\mathcal{L}\{e^2(t)\}$$

und aufgrund des Grenzwertsatzes insbesondere

$$\begin{aligned}\int_0^\infty e^2(t)\mathrm{d}t &= \lim_{t\to\infty}\int_0^t e^2(\tau)\mathrm{d}\tau\\ &= \lim_{s\to 0} s\frac{1}{s}\mathcal{L}\{e^2(t)\}\\ &= \lim_{s\to 0}\mathcal{L}\{e^2(t)\}.\end{aligned} \tag{4.85}$$

Damit erhält man für diesen Fall aus (4.84) für $s \to 0$ das Gütekriterium

$$\mathrm{ISE} = \int_0^\infty e^2(t)\mathrm{d}t = \frac{1}{2(1-d^2)2d} + \frac{(1-2d^2)d}{2(1-d^2)2} + \frac{d}{2} = d + \frac{1}{4d}. \tag{4.86}$$

Man erhält den optimalen Wert d_{opt} durch Differentiation von ISE nach d und Nullsetzen, d.h. aus

$$1 - \frac{1}{4d^2} = 0$$

zu

$$d_{opt} = \frac{1}{2}.$$

Dies ergibt eine relative Überschwingweite gemäß (4.73) von $\Delta_{max} = 0,163$, also ein maximales Überschwingen von 16,3% und damit ein relativ langsames Abklingen der Schwingungen der Regelgröße (Bild 4.13), was oft nicht akzeptabel ist.

Deshalb wurden weitere Gütekriterien formuliert und untersucht. Mathematisch einfach analysieren läßt sich z.B. noch das Gütekriterium (I*ntegral of* T*ime multiplied by* S*quared* E*rror*)

$$\mathrm{ITSE} = \int_0^\infty te^2(t)\mathrm{d}t, \tag{4.87}$$

das Anfangsfehler nur schwach gewichtet, während später auftretende Fehler stark gewichtet werden. Berechnet man das Gütekriterium für das System zweiter Ordnung in (4.80), dann erhält man, wieder z.B. mit Hilfe der LAPLACE-Transformation

$$\mathrm{ITSE} = d^2 + \frac{1}{8d^2}$$

und daraus den optimalen Wert zu

$$d_{opt} = \frac{1}{\sqrt[4]{8}} = 0,5946.$$

Hierzu gehört ein relatives Überschwingen gemäß (4.73) von $\Delta_{max} = 0,0979$, also von $9,79\%$.

Als Gütekriterium wird häufig das ITAE-Kriterium (*I*ntegral *of* T*ime multiplied by the* A*bsolute value of* E*rror*)

$$\text{ITAE} = \int_0^\infty t|e(t)|dt \tag{4.88}$$

verwendet. Für ein System zweiter Ordnung gemäß (4.80) liefert $d_{opt} = 0,7$ ein Minimum für das ITAE-Kriterium, also den gleichen Wert, der für ein gutes Verhalten bereits im vorhergehenden Abschnitt ausgewählt wurde. Allgemein erhält man durch umfangreiche Computersimulationen für optimale Übertragungsfunktionen für Systeme n-ter Ordnung

$$F(s) = \frac{\omega_0^n}{N_F(s)} \tag{4.89}$$

mit den Nennerpolynomen $N_F(s)$ für $n = 1$ bis 5 in Tabelle 4.3 [ZHUANG/ATHERTON], die die in Bild 4.19 skizzierten Sprungantworten liefern.

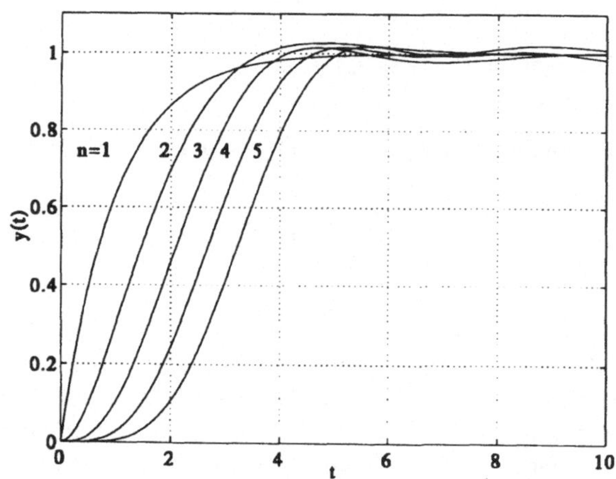

Bild 4.19: Sprungantwort für ITAE-Übertragungsfunktionen gemäß (4.89) und Tabelle 4.3.

Tabelle 4.3: Nennerpolynome $N_F(s)$ der ITAE-Übertragungsfunktionen gemäß (4.89)

n	Nennerpolynom $N_F(s)$ der *ITAE*-Übertragungsfunktion gemäß (4.89)
1	$s + \omega_0$
2	$s^2 + 1,51\omega_0 s + \omega_0^2$
3	$s^3 + 1,77\omega_0 s^2 + 2,17\omega_0^2 s + \omega_0^3$
4	$s^4 + 1,91\omega_0 s^3 + 3,32\omega_0^2 s^2 + 2,63\omega_0^3 s + \omega_0^4$
5	$s^5 + 1,95\omega_0 s^4 + 4,40\omega_0^2 s^3 + 4,53\omega_0^3 s^2 + 3,22\omega^4 s + \omega_0^5$

4.4.4 Reglersynthese

Für eine gegebene Regelstrecke mit der Übertragungsfunktion $G(s)$ und eine gewünschte Gesamtübertragungsfunktion $F(s)$ erhält man gemäß (4.60) die Reglerübertragungsfunktion

$$R(s) = \frac{Z_R(s)}{N_R(s)} = \frac{Z_F(s)N_G(s)}{Z_G(s)[N_F(s) - Z_F(s)]}. \tag{4.90}$$

Bemerkenswert hieran ist zunächst, daß das Nennerpolynom $N_R(s)$ aufgrund von (4.77) eine Nullstelle bei $s = 0$ hat, denn aus $N_F(0)/Z_F(0) = 1$ folgt $N_F(0) = Z_F(0)$, also $N_F(0) - Z_F(0) = 0$. Der Regler enthält einen Integrator, der die Aufgabe hat, die bleibende Regelabweichung zu null zu machen. Enthält allerdings die Regelstrecke selbst bereits einen Integrator, so ist im Regler nach den Überlegungen in Abschnitt 4.2 kein Integrator mehr erforderlich und in der Tat enthält dann $N_G(s)$ eine Nullstelle bei $s = 0$, die sich dann gegen die Nullstelle in $N_R(s)$ herauskürzt.

Noch klarer wird das Wirken des Reglers durch Betrachtung der Reihenschaltung von Regler und Regelstrecke:

$$R(s)G(s) = \frac{Z_F(s)N_G(s)}{Z_G(s)[N_F(s) - Z_F(s)]} \cdot \frac{Z_G(s)}{N_G(s)} = \frac{Z_F(s)}{N_F(s) - Z_F(s)}. \tag{4.91}$$

Der Regler wird also so ausgelegt, daß Zähler- und Nennerpolynom der Regelstrecke in ihm enthalten sind und sich in der Reihenschaltung herauskürzen! Zwei kritische Fälle sind hierbei zu betrachten.

Wenn *erstens* die Regelstrecke *Nullstellen in der rechten Halbebene* der komplexen Zahlenebene hat, müßte der Regler diese Nullstellen als instabile Pole in seiner Übertragungsfunktion haben, d.h. der Regler müßte ein instabiles System sein! Länger anstehende Regelfehler $e(t)$ würden schnell zur Sättigung der Stellgröße führen und damit den Regelkreis nicht mehr einwandfrei arbeiten lassen. Das muß unbedingt vermieden und kann dadurch verhindert werden, daß in der gewünschten Übertragungsfunktion $F(s)$ diese Nullstellen beibehalten werden („mit den Nullstellen in der rechten Halbebene muß man leben"). Dann sind sie sowohl im Zähler der Reglerübertragungsfunktion, nämlich in $Z_F(s)$, als auch im Nenner in $Z_G(s)$ vorhanden, kürzen sich heraus und können nicht mehr zu Schwierigkeiten bezüglich der Stellgröße $u(t)$ führen.

Aber auch aus einem anderen Grund ist eine Kompensation von Nullstellen in der rechten Halbebene nicht ratsam, denn sie sind in der Praxis nie exakt bekannt und können deshalb nur näherungsweise kompensiert werden. Es treten in der Gesamtübertragungsfunktion neben den gewünschten stabilen Polen zusätzlich eventuell instabile Pole auf. Dies kann wie folgt gezeigt werden: Angenommen, die Regelstrecke hat die wahre Übertragungsfunktion

$$G_0(s) = \frac{Z_0^+(s)Z_0^-(s)}{N_0(s)}, \tag{4.92}$$

wobei das Teilpolynom $Z_0^+(s)$ die Nullstellen mit positivem Realteil und das Teilpolynom $Z_0^-(s)$ die übrigen Nullstellen enthält. Angenommen, $Z_0^-(s)$ und $N_0(s)$ seien exakt, aber $Z_0^+(s)$ nur näherungsweise als $Z^+(s) = Z_0^+(s) + \Delta Z^+(s)$ bekannt. Dann hat der berechnete Regler die Übertragungsfunktion

$$R(s) = \frac{F(s)}{1-F(s)} \cdot \frac{N_0(s)}{Z_0^-(s)Z^+(s)}, \tag{4.93}$$

also gilt für die Reihenschaltung von Regler und wahrer Regelstrecke

$$R(s)G_0(s) = \frac{F(s)}{1-F(s)} \cdot \frac{Z_0^+(s)}{Z^+(s)} \tag{4.94}$$

und für die wahre Gesamtübertragungsfunktion $F^*(s)$, wenn $F(s)$ die gewünschte Gesamtübertragungsfunktion ist,

$$\begin{aligned} \underline{\underline{F^*(s)}} &= \frac{R(s)G_0(s)}{1+R(s)G_0(s)} \\ &= \frac{F(s)Z_0^+(s)}{[1-F(s)]Z^+(s)+F(s)Z_0^+(s)} \\ &= \frac{Z_F(s)Z_0^+(s)}{[N_F(s)-Z_F(s)]Z^+(s)+Z_F(s)Z_0^+(s)} \\ &= \underline{\underline{\frac{Z_F(s)Z_0^+(s)}{N_F(s)[Z_0^+(s)+\Delta Z^+(s)]-Z_F(s)\Delta Z^+(s)}}}. \end{aligned} \tag{4.95}$$

4.6 Beispiel: Das gegebene System habe eine wahre Nullstelle in der rechten Halbebene bei $n_0 = 0,51$. Angenommen wird aber, daß es eine Nullstelle bei $n = 0,5$ hat, also ist $\Delta n = -0,01$. Gewünscht wird $F(s) = 1/(s^2+1,4s+1)$. Die wahre Übertragungsfunktion ist dann

$$\begin{aligned} F^*(s) &= \frac{s-0,51}{(s^2+1,4s+1)(s-0,5)+0,01} \\ &= \frac{s-0,51}{s^3+0,9s^2+0,3s-0,49}. \end{aligned}$$

Die gewünschte Übertragungsfunktion $F(s)$ hat Pole bei $p_{1,2} = -0,7 \pm j0,7$, dagegen hat die wahre Übertragungsfunktion zwei Pole bei $p_{1,2} = -0,6974 \pm j0,7098$ und einen zusätzlichen, aufgrund der mangelhaften Kürzung entstandenen Pol bei $p_3 = +0,4948$. Dies führt bei der Partialbruchzerlegung von $y(s) = F(s)\frac{1}{s}$ zu dem Term $-0,0159/(s-0,4948)$, der im Zeitbereich die Form $-0,0159e^{+0,4948t}$ hat. Für $t = 5$ ergibt dieser Term $-0,1888$, für $t = 6$ bereits $-0,3097$ und für $t = 10$ schließlich $-2,2424$. In Bild 4.20 sind die Sprungantwort $h_F(t)$ des gewünschten Verhaltens und die Sprungantwort $h_{F^*}(t)$ des tatsächlichen Verhaltens dargestellt. □

Der *zweite* kritische Fall tritt auf, wenn die Regelstrecke *Pole in der rechten Halbebene* hat, also instabil ist. In diesem Fall muß der Regler diese Pole als Nullstellen in seiner Übertragungsfunktion enthalten. Diese Nullstellen haben die Aufgabe, die entsprechenden Streckenpole zu kompensieren. Auch diese sind aber in der Praxis nie exakt bekannt; die instabilen Pole werden also nur näherungsweise kompensiert. Angenommen, der Prozeß hat die wahre Übertragungsfunktion

$$G_0(s) = \frac{Z_0(s)}{N_0^+(s)N_0^-(s)},$$

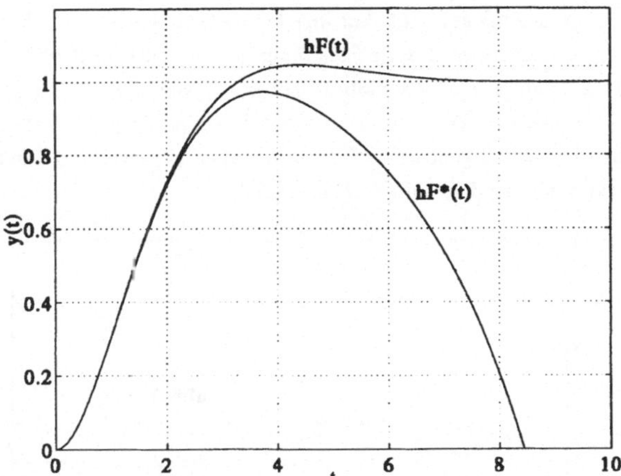

Bild 4.20: Gewünschte Sprungantwort $h_F(t)$ und wahre Sprungantwort $h_{F^*}(t)$ in Beispiel 4.6.

wobei das Teilpolynom $N_0^+(s)$ die Pole mit positivem Realteil und das Teilpolynom $N_0^-(s)$ die übrigen Pole enthält. Es sei weiter angenommen, daß $Z_0(s)$ und $N_0^-(s)$ exakt, aber $N_0^+(s)$ nur näherungsweise als $N^+(s) = N_0^+(s) + \Delta N^+(s)$ bekannt sind. Dann hat der gewählte Regler die Übertragungsfunktion

$$R(s) = \frac{F(s)}{1 - F(s)} \cdot \frac{N_0^-(s) N^+(s)}{Z_0(s)}, \tag{4.96}$$

d.h., für die Reihenschaltung von Regler und wahrer Regelstrecke gilt

$$R(s) G_0(s) = \frac{F(s)}{1 - F(s)} \cdot \frac{N^+(s)}{N_0^+(s)} \tag{4.97}$$

und für die wahre Gesamtübertragungsfunktion gilt

$$\begin{aligned} \underline{\underline{F^*(s)}} &= \frac{R(s)G_0(s)}{1 + R(s)G_0(s)} \\ &= \frac{F(s)N^+(s)}{[1 - F(s)]N_0^+(s) + F(s)N^+(s)} \\ &= \underline{\underline{\frac{Z_F(s)[N_0^+(s) + \Delta N^+(s)]}{N_0^+(s)N_F(s) + \Delta N^+(s) Z_F(s)}}}. \end{aligned} \tag{4.98}$$

4.7 Beispiel: Gegeben sei ein System mit einem ungenau bekannten, instabilen Pol, dessen wahrer Wert $p_0 = 0,51$ und dessen angenommener Wert $p = 0,50$ sei. Die restlichen Pole und die Nullstellen der Regelstrecke seien exakt bekannt. Die gewünschte Übertragungsfunktion sei

$$F(s) = \frac{1}{s^2 + s + 1}.$$

Dann erhält man für die wahre Übertragungsfunktion

$$F^*(s) = \frac{s - 0,50}{s^3 + 0,49s^2 + 0,49s - 0,50}.$$

Die gewünschte Übertragungsfunktion $F(s)$ hat ihre beiden Pole bei $p_{1,2} = -0,5 \pm j0,8666$, dagegen die wahre Übertragungsfunktion zwei stabile Pole bei $p_{1,2} = -0,4972 \pm j0,8627$ und einen instabilen Pol bei $p_3 = 0,5043$. Hier führt eine Partialbruchzerlegung von $y(s) = F^*(s)/s$ zu dem instabilen Term $0,011/(s-0,51)$, zu dem im Zeitbereich $0,011e^{0,51t}$ gehört. Für $t \geq 6$ ist dieser Term größer als $0,234$, also nicht mehr vernachlässigbar und wächst dann über alle Grenzen. Die Sprungantworten für beide Übertragungsfunktionen sind in Bild 4.21 dargestellt. □

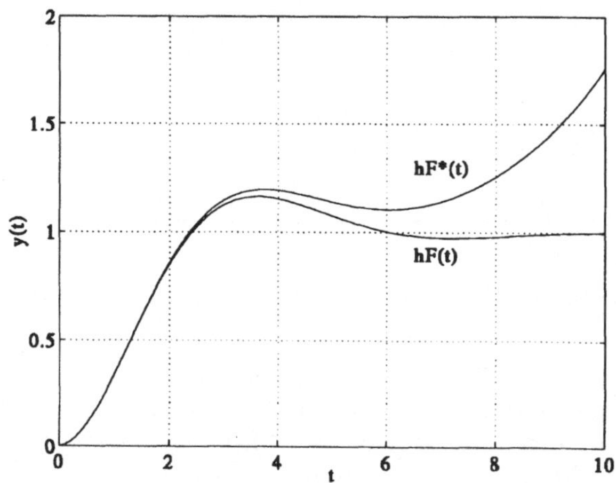

Bild 4.21: Gewünschte Sprungantwort $h_F(t)$ und wahre Sprungantwort $h_{F^*}(t)$ des Systems in Beispiel 4.7.

Zusammenfassend erhält man die Aussage:

4.8 Satz: *Das vorgestellte Kompensationsverfahren zur Reglersynthese ist nur für Regelstrecken geeignet, die weder Pole noch Nullstellen in der rechten Halbebene der komplexen Zahlenebene haben.*

Das gesamte Vorgehen bei der Reglersynthese soll jetzt an einem Beispiel vorgeführt werden.

4.9 Beispiel: Lageregelung mit Hilfe eines Gleichstrommotors.
Das dynamische Verhalten des Gleichstrommotors zwischen der Verstärkerspannung $u(t)$ als Eingangsgröße und der Achsenwinkelgeschwindigkeit $\dot{\alpha}(t)$ als Ausgangsgröße sei beschreibbar durch die Übertragungsfunktion

$$G_{Motor}(s) = \frac{4}{(s+1)(s+5)}.$$

Durch Integration der Winkelgeschwindigkeit erhält man den Lagewinkel $\alpha(t)$, so daß man insgesamt folgende Übertragungsfunktion der Regelstrecke erhält:

$$G(s) = \frac{Z_G(s)}{N_G(s)} = \frac{4}{s(s+1)(s+5)}. \tag{4.99}$$

Der Polüberschuß bei der gewünschten Führungsübertragungsfunktion $F(s)$ muß aus Realisierbarkeitsgründen für den Regler betragen

$$\text{Grad}\{N_F(s)\} - \text{Grad}\{Z_F(s)\} \geq \text{Grad}\{N_G(s)\} - \text{Grad}\{Z_G(s)\} = 3.$$

Gewünscht wird ein maximales Überschwingen von 5% und ein Auftreten des ersten Maximums der Sprungantwort bei höchstens $t_{max} = 5$ Sekunden. Die 5% werden bei einem Verzögerungsglied 2.Ordnung mit einer Dämpfung von $\underline{\underline{d = 0,707}}$ gewiß eingehalten. Daraus und aus dem gewünschten t_{max} folgt $\omega_0 \geq 4,443/5 = 0,89$, gewählt wird $\underline{\underline{\omega_0 = 1}}$. Damit erhält man für $F(s)$ zunächst das Nennerpolynom

$$s^2 + 2d\omega_0 s + \omega_0^2 = s^2 + 1,414s + 1.$$

Um die Polüberschußbedingung zu erfüllen, wird noch ein zusätzlicher Pol vorgegeben. Die bisher gewählten Pole sind $p_{1,2} = -0,707 \pm j0,707$. Der zusätzliche Pol wird soweit nach links in die komplexe Zahlenebene gelegt, daß er das durch das Verzögerungsglied 2.Ordnung vorgegebene Gesamtübertragungsverhalten nur noch unwesentlich beeinflußt, nämlich nach $p_3 \approx 10 \cdot \Re e\{p_{1,2}\}$, also $p_3 = -7$. Damit erhält man unter Beachtung von $F(0) \stackrel{!}{=} 1$,

$$\underline{\underline{F(s)}} = \frac{Z_F(s)}{N_F(s)} = \underline{\underline{\frac{7}{(s^2 + 1,414s + 1)(s + 7)}}} \tag{4.100}$$

und für den Regler $R(s)$ gemäß (4.90)

$$\begin{aligned} R(s) &= \frac{Z_F(s)N_G(s)}{Z_G(s)[N_F(s) - Z_F(s)]} \\ &= \frac{7s(s+1)(s+5)}{4[(s^2 + 1,414s + 1)(s+7) - 7]} \\ &= \frac{7s(s+1)(s+5)}{4s(s + 1,5992)(s + 6,8148)}, \end{aligned}$$

also

$$\underline{\underline{R(s) = \frac{1,75s^2 + 10,5s + 8,75}{s^2 + 8,414s + 10,898}}}.$$

Der Regler hat eine Übertragungsfunktion, bei der der Zählergrad gleich dem Nennergrad ist, d.h., er ist realisierbar durch ein lineares dynamisches System mit dem Durchgriff $d \neq 0$. Dividiert man das Zählerpolynom durch das Nennerpolynom, erhält man

$$R(s) = 1,75 - \frac{4,2245s + 10,3215}{s^2 + 8,414s + 10,898},$$

d.h. es ist $d = 1,75$. Der Regler hat also die Zustandsbeschreibung für die Eingangsgröße $e(t)$ und die Ausgangsgröße $u(t)$:

$$\begin{aligned} \dot{\boldsymbol{x}}(t) &= \begin{bmatrix} 0 & 1 \\ -10,898 & -8,414 \end{bmatrix} \boldsymbol{x}(t) + \begin{bmatrix} 0 \\ 1 \end{bmatrix} e(t), \\ u(t) &= \begin{bmatrix} -10,3215 & -4,2245 \end{bmatrix} \boldsymbol{x}(t) + 1,75e(t), \end{aligned}$$

d.h. die in Bild 4.22 skizzierte Struktur. Bild 4.23 zeigt das Übergangsverhalten des gesamten Regelkreises bei einer Sprungfunktion als Führungsgröße. □

Bisher blieb der Einfluß von Störungen vollkommen unbeachtet. Ein Hauptgrund für den Einsatz von Regelkreisen ist aber schließlich die Unterdrückung von Störungseinflüssen. Wie reagiert ein nach dem Kompensationsverfahren entworfener Regelkreis auf Störungen?

Nach (4.31) erhält man für die Regelgröße $y(s)$, wenn $w(t) \equiv 0$ ist,

$$y(s) = \frac{G_2(s)}{1 + R(s)G(s)} v(s). \tag{4.101}$$

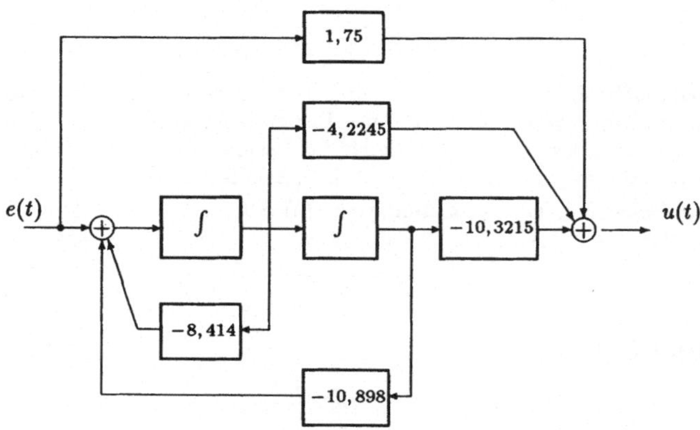

Bild 4.22: Struktur des Reglers in Beispiel 4.9.

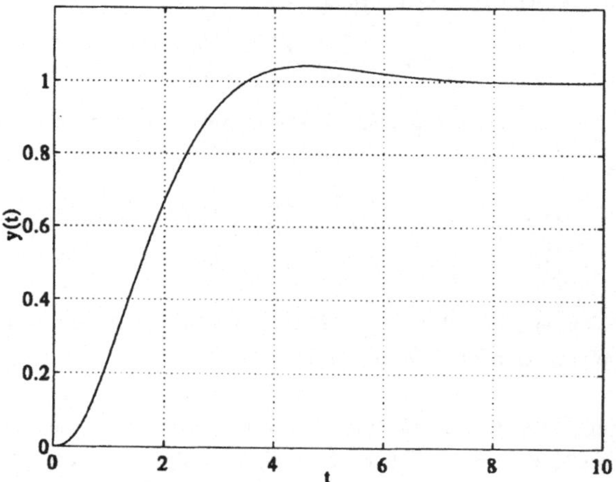

Bild 4.23: Sprungantwort des Regelkreises in Beispiel 4.9.

Mit

$$1 - F(s) = \frac{1}{1 + R(s)G(s)}$$

kann (4.101) wie folgt geschrieben werden:

$$y(s) = G_2(s)[1 - F(s)]v(s), \tag{4.102}$$

d.h. die Störübertragungsfunktion hat in diesem Fall die Form

$$S(s) = G_2(s)[1 - F(s)]. \tag{4.103}$$

Sie ist durch die Vorgabe der Gesamtübertragungsfunktion $F(s)$ festgelegt und kann weder verändert noch frei vorgegeben werden.

4.10 Beispiel: Bei dem System in Beispiel 4.9 wird ein sprungförmiges Lastmoment $M_L = \sigma(t)$, also $v(s) = 1/s$ als Störung angenommen. In diesem Fall greift die Störung, wie in Bild 4.24 angegeben, in

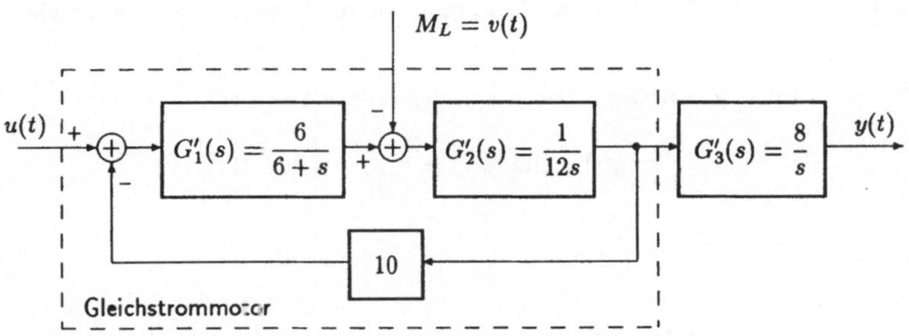

Bild 4.24: Struktur der Regelstrecke $G(s)$ in Beispiel 4.10.

die Regelstrecke ein. Es gilt für die Ausgangsgröße

$$y(s) = \frac{G_1'(s)G_2'(s)G_3'(s)}{1 + 10G_1'(s)G_2'(s)}u(s) - \frac{G_2'(s)G_3'(s)}{1 + 10G_1'(s)G_2'(s)}v(s) = G(s)w(s) - G_2v(s), \tag{4.104}$$

woraus man

$$G(s) = \frac{4}{s(s+1)(s+5)} \tag{4.105}$$

und

$$G_2(s) = \frac{\frac{3}{4}(s+6)}{s(s+1)(s+5)} \tag{4.106}$$

erhält. Außerdem erhält man $G_1(s)$ aus $G(s) = G_1(s)G_2(s)$ zu

$$G_1(s) = \frac{G(s)}{G_2(s)} = \frac{16/3}{s+6}. \tag{4.107}$$

Als Regelgröße $y(s)$ ergibt sich dann nach (4.102) mit (4.100) und (4.106)

$$\begin{aligned} y(s) &= G_2(s)[1 - F(s)]v(s) \\ &= \frac{\frac{3}{4}(s+6)}{s(s+1)(s+5)} \cdot \frac{s(s^2 + 8,414s + 10,898)}{(s^2 + 1,414s + 1)(s+7)} \cdot \frac{1}{s} \\ &= \frac{0,75s^3 + 10,8105s^2 + 46,0365s + 49,0410}{s^5 + 14,414s^4 + 66,882s^3 + 114,458s^2 + 96,49s + 35} \cdot \frac{1}{s} \end{aligned}$$

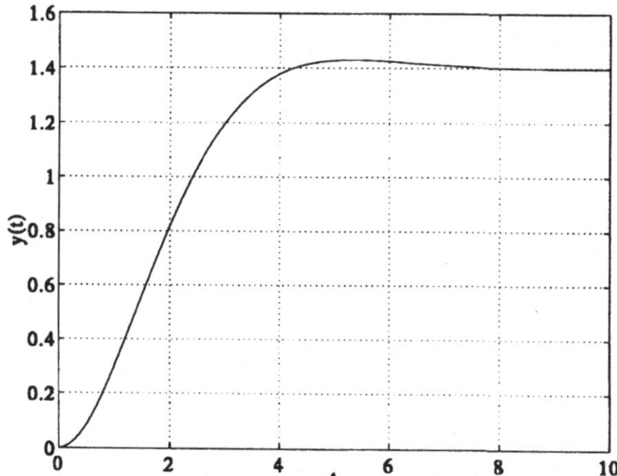

Bild 4.25: Auswirkung eines Störgrößensprungs auf die Regelgröße $y(t)$ in Beispiel 4.10.

und für $y(t)$ der in Bild 4.25 skizzierte Zeitverlauf, der auf den Endwert

$$\lim_{t\to\infty} y(t) = \lim_{s\to 0} sy(s) = \frac{49,041}{35} = 1,4012$$

einläuft. □.

Ein solches Störverhalten ist unannehmbar! Um Führungsübertragungsfunktion $F(s)$ und Störübertragungsfunktion $S(s)$ getrennt vorgeben zu können, muß in dem Gesamtregelungssystem ein weiterer Freiheitsgrad vorhanden sein. Zwei Möglichkeiten hierfür werden in den nächsten beiden Abschnitten behandelt.

4.5 Reglersynthese für Führungs- und Störverhalten

Einen weiteren Freiheitsgrad zur Beeinflussung des Störverhaltens erhält man beispielsweise dadurch, daß zusätzlich ein Vorfilter $R_V(s)$ wie in Bild 4.26 verwendet wird. In der Störübertragungsfunktion

$$S(s) = \frac{G_2(s)}{1 + R(s)G(s)} \tag{4.108}$$

kommt nur $R(s)$ vor. Dagegen kommt in der neuen Führungsübertragungsfunktion

$$F(s) = \frac{R_V(s)R(s)G(s)}{1 + R(s)G(s)} \tag{4.109}$$

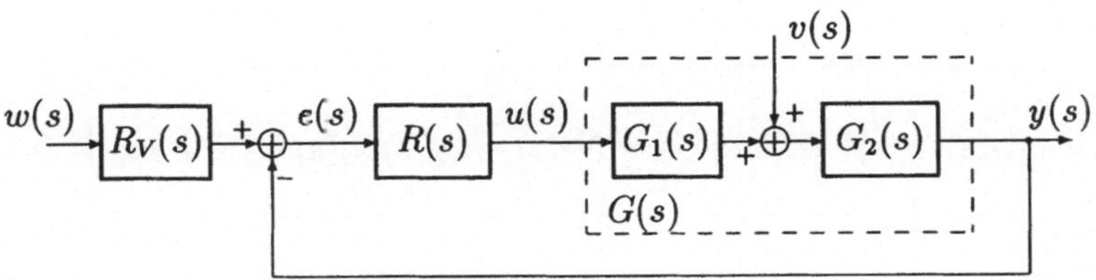

Bild 4.26: Regelkreis mit zusätzlichem Vorfilter.

sowohl $R(s)$ als auch $R_V(s)$ vor. Es ist deshalb sinnvoll, zunächst die Störübertragungsfunktion $S(s)$ – und damit die Reglerübertragungsfunktion $R(s)$ – und dann die Führungsübertragungsfunktion $F(s)$, d.h. das Vorfilter $R_V(s)$, vorzugeben.

4.5.1 Störübertragungsfunktion und Regler

Ideal wäre eine Störübertragungsfunktion $S(s) = 0$, was natürlich nicht zu erreichen ist, aber für $t \to \infty$ kann durchaus

$$\lim_{t\to\infty} y(t) = \lim_{s\to 0} sy(s) = \lim_{s\to 0} sS(s)v(s) = 0,$$

also für eine sprungförmige Störgröße $v(t) = v_0\sigma(t)$

$$\lim_{s\to 0} sS(s)v_0/s = S(0)v_0 = 0$$

erreicht werden. Da $v_0 \neq 0$ ist, muß $S(s) = 0$ sein, was bedeutet, daß $S(s)$ eine Nullstelle bei $s = 0$ haben muß.

Die Störübertragungsfunktion $S(s)$ ist gegeben durch (4.108), also ist $R(s)$ gegeben durch

$$R(s) = \frac{G_2(s) - S(s)}{S(s)G(s)}, \tag{4.110}$$

oder mit $G_2(s) = Z_2(s)/N_2(s)$, $S(s) = Z_S(s)/N_S(s)$ und $G(s) = Z_G(s)/N_G(s)$ durch

$$\boxed{R(s) = \frac{[Z_2(s)N_S(s) - Z_S(s)N_2(s)]N_G(s)}{N_2(s)Z_S(s)Z_G(s)}.} \tag{4.111}$$

Pole und Nullstellen von $G(s)$ dürfen auch hier – aus den gleichen Gründen wie in Abschnitt 4.4.3 – nicht in der rechten Halbebene der komplexen Zahlenebene liegen.

Damit ein solcher Regler realisierbar ist, darf der Zählergrad höchstens gleich dem Nennergrad sein:

$$\text{Grad}\{N_2(s)Z_S(s)Z_G(s)\} \geq \text{Grad}\{[Z_2(s)N_S(s) - Z_S(s)N_2(s)]N_G(s)\}. \tag{4.112}$$

Hieraus folgt

$$\text{Grad}\{Z_G(s)\} + \text{Grad}\{N_2(s)Z_S(s)\} \geq \text{Grad}\{N_G(s)\} + \text{Grad}\{Z_2(s)N_S(s) - Z_S(s)N_2(s)\},$$

bzw.

$$\text{Grad}\{Z_S(s)N_2(s)\} - \text{Grad}\{Z_2(s)N_S(s) - Z_S(s)N_2(s)\} \geq n - m, \tag{4.113}$$

wenn $n \stackrel{\text{def}}{=} \text{Grad}\{N_G(s)\}$ und $m \stackrel{\text{def}}{=} \text{Grad}\{Z_G(s)\}$. Für den Grad des zusammengesetzten Polynoms $Z_2(s)N_S(s) - Z_S(s)N_2(s)$ gibt es drei Möglichkeiten:

1. $\underline{\text{Grad}\{Z_S(s)N_2(s)\} > \text{Grad}\{Z_2(s)N_S(s)\}}$; dann ist in (4.113): $0 \geq n - m$, was nur für den unrealistischen Fall $n = m$ und $\text{Grad}\{N_2(s)\} = 0$ erfüllbar wäre.
2. $\underline{\text{Grad}\{Z_S(s)N_2(s)\} < \text{Grad}\{Z_2(s)N_S(s)\}}$; dann wäre in der Ungleichung (4.113) die linke Seite negativ. Da für die rechte Seite stets $n - m \geq 0$ gilt, erhält man auch für diesen Fall keine Lösung.
3. $\underline{\text{Grad}\{Z_S(s)N_2(s)\} = \text{Grad}\{Z_2(s)N_S(s)\}}$; dann kann durch Vorgabe der Polynome $Z_S(s)$ und $N_S(s)$ dafür gesorgt werden, daß in dem Polynom $Z_2(s)N_S(s) - Z_S(s)N_2(s)$ die höchsten Potenzen von s herausfallen und damit die Polüberschußbedingung (4.113) erfüllt wird. Allerdings sind dann $Z_S(s)$ und $N_S(s)$, also die Störübertragungsfunktion, nicht mehr vollkommen frei vorgebbar, sie hängt teilweise von $G_2(s)$ ab.

Aus der dritten Möglichkeit folgt die **1.Synthesevorschrift**

$$\text{Grad}\{N_S(s)\} - \text{Grad}\{Z_S(s)\} = \text{Grad}\{N_2(s)\} - \text{Grad}\{Z_2(s)\} \tag{4.114}$$

und die **2.Synthesevorschrift**

4.11 Satz: *$Z_S(s)$ und $N_S(s)$ sind so zu wählen, daß sich die $n-m$ höchsten Potenzen in dem Polynom $Z_2(s)N_S(s) - Z_S(s)N_2(s)$ herausheben.*

In dem Polynom $Z_2(s)N_S(s) - Z_S(s)N_2(s)$ sind die Parameter der beiden Polynome $Z_S(s)$ und $N_S(s)$ der Störübertragungsfunktion noch frei wählbar. Da die Dynamik des Störverhaltens im wesentlichen durch das Nennerpolynom $N_S(s)$ vorgegeben werden kann und soll, wird man die in Satz 4.11 formulierte Bedingung durch das Zählerpolynom $Z_S(s)$ erfüllen, wozu es mindestens die Ordnung $n - m$ haben muß, deshalb wird

$$\text{Grad}\{Z_S(s)\} = n - m \tag{4.115}$$

gewählt, woraus dann mit (4.114) für den Grad des Nennerpolynoms

$$\mathrm{Grad}\{N_S(s)\} = n - m + \mathrm{Grad}\{N_2(s)\} - \mathrm{Grad}\{Z_2(s)\} \tag{4.116}$$

folgt.

Daraus folgt für die beiden Sonderfälle, daß

- die Störung am Eingang der Regelstrecke angreift, wenn also Grad $\{N_2(s)\} = n$ und Grad $\{Z_2(s)\} = m$ ist:

$$\mathrm{Grad}\{N_S(s)\} = 2(n - m) = 2 \cdot \mathrm{Grad}\{Z_S(s)\} \tag{4.117}$$

und

- die Störung am Ausgang der Regelstrecke angreift, wenn also Grad $\{N_2(s)\} =$ Grad $\{Z_2(s)\} = 0$ ist:

$$\mathrm{Grad}\{N_S(s)\} = n - m = \mathrm{Grad}\{Z_S(s)\}. \tag{4.118}$$

Eine einfache Form für die Störübertragungsfunktion $S(s)$ ist

$$S(s) = \frac{s\omega_0^2}{s^2 + 2d\omega_0 s + \omega_0^2}, \tag{4.119}$$

deren Sprungantwort

$$h_S(t) = \frac{\omega_0}{\sqrt{1-d^2}} \mathrm{e}^{-d\omega_0 t} \sin(\omega_0 \sqrt{1-d^2}\, t)$$

für verschiedene Dämpfungswerte d in Bild 4.27 skizziert ist. Aus $\dot{h}_S(t) = 0$ erhält man den Zeitpunkt

$$t_{max} = \frac{\arccos d}{\omega_0 \sqrt{1-d^2}}$$

für den größten Wert

$$h_S(t_{max}) = \omega_0 \mathrm{e}^{-\frac{d \arccos d}{\sqrt{1-d^2}}}$$

der Amplitude von $h_S(t)$.

Ist der benötigte Grad von $N_S(s)$ größer als zwei, wird man zusätzliche Pole, ähnlich wie in (4.76), z.B. bei $s = -5d\omega_0$ plazieren, d.h., insgesamt beispielsweise

$$N_S(s) = (s^2 + 2d\omega_0 s + \omega_0^2)(s + 5d\omega_0)^{\mathrm{Grad}\{N_S(s)\}-2}. \tag{4.120}$$

Die Störübertragungsfunktion $S(s)$ mit $N_S \stackrel{\mathrm{def}}{=} \mathrm{Grad}\{N_S(s)\}$ und $m_v = \mathrm{Grad}\{Z_S(s)\}$ hat die Form

$$S(s) = \frac{\beta_{m_v} s^{m_v} + \beta_{m_v - 1} s^{m_v - 1} + \cdots + \beta_1 s}{s^{N_S} + \alpha_{N_S - 1} s^{N_S - 1} + \cdots + \alpha_1 s + \alpha_0}, \tag{4.121}$$

wobei $\beta_0 = 0$ wegen der Nullstelle bei $s = 0$ sein muß.

4.12 Beispiel: In dem System in Beispiel 4.9 ist $m = 0$ und $n = 3$ sowie

$$G_2(s) = \frac{\frac{3}{4}(s+6)}{s(s+1)(s+5)},$$

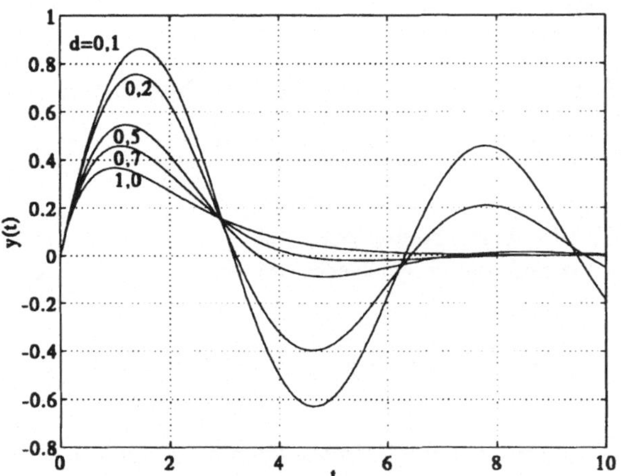

Bild 4.27: Sprungantwort von $S(s)$ gemäß (4.119).

d.h., es ist $\text{Grad}\{N_2(s)\} = 3$ und $\text{Grad}\{Z_2(s)\} = 1$. Es ist anzusetzen

$$m_v = n - m = 3 - 0 = 3$$

und

$$N_S = n - m + \text{Grad}\{N_2(s)\} - \text{Grad}\{Z_2(s)\} = 3 + 3 - 1 = 5,$$

also

$$S(s) = \frac{\beta_3 s^3 + \beta_2 s^2 + \beta_1 s}{s^5 + \alpha_4 s^4 + \alpha_3 s^3 + \alpha_2 s^2 + \alpha_1 s + \alpha_0}.$$

Die β_i sind jetzt so zu ermitteln, daß in dem Polynom

$$Z_2(s)N_S(s) - Z_S(s)N_2(s) =$$

$$= \frac{3}{4}(s+6)(s^5 + \alpha_4 s^4 + \alpha_3 s^3 + \alpha_2 s^2 + \alpha_1 s + \alpha_0) - (\beta_3 s^3 + \beta_2 s^2 + \beta_1 s)s(s+1)(s+5)$$

$$= (\frac{3}{4} - \beta_3)s^6 + [\frac{3}{4}(6 + \alpha_4) - (6\beta_3 + \beta_2)]s^5 + [\frac{3}{4}(6\alpha_4 + \alpha_3) - (5\beta_3 + 6\beta_2 + \beta_1)]s^4 +$$

$$+[\frac{3}{4}(6\alpha_3 + \alpha_2) - (5\beta_2 + 6\beta_1)]s^3 + [\frac{3}{4}(6\alpha_2 + \alpha_1) - 5\beta_1]s^2 + \frac{3}{4}(6\alpha_1 + \alpha_0)s + \frac{9}{2}\alpha_0$$

die $n - m = 3$ höchsten Potenzen in s verschwinden, was zu

$$\begin{aligned} \beta_3 &= \frac{3}{4}, \\ \beta_2 &= \frac{3}{4}\alpha_4, \\ \beta_1 &= \frac{3}{4}\alpha_3 - \frac{15}{4} \end{aligned}$$

führt. Der dazugehörige Regler hat dann die Übertragungsfunktion

$$\begin{aligned} R(s) &= \frac{[Z_2(s)N_S(s) - Z_S(s)N_2(s)]N_G(s)}{N_2(s)Z_S(s)Z_G(s)} \\ &= \frac{[(\frac{3}{4}\alpha_2 - \frac{15}{4}\alpha_4 + \frac{45}{2})s^3 + (\frac{3}{4}\alpha_1 + \frac{9}{2}\alpha_2 - \frac{15}{4}\alpha_3 + \frac{75}{4})s^2 + (\frac{9}{2}\alpha_1 + \frac{3}{4}\alpha_0)s + \frac{9}{2}\alpha_0]s(s+1)(s+5)}{s(s+1)(s+5)[\frac{3}{4}s^2 + \frac{3}{4}\alpha_4 s^2 + (\frac{3}{4}\alpha_3 - \frac{15}{4})s]4}. \end{aligned}$$

Wird $N_S(s)$ für $n = 5$, $d = 0,707$ und $\omega_0 = 1$ so ausgewählt

$$\begin{aligned} N_S(s) &= (s^2 + 2d\omega_0 s + \omega_0^2)(s + 5d\omega_0)^3 \\ &= s^5 + 12,019s^4 + 53,4841s^3 + 107,7881s^2 + 99,9509s + 44,1742, \end{aligned}$$

erhält man $\beta_3 = \frac{3}{4}$, $\beta_2 = 9,0142$ und $\beta_1 = 36,3631$, also

$$Z_S(s) = 0,75s^3 + 9,01425s^2 + 36,3631s.$$

Als Reaktion $y(t)$ am Ausgang auf eine sprungförmige Störgröße $v(s) = 1/s$ erhält man den in Bild 4.28 skizzierten Verlauf.

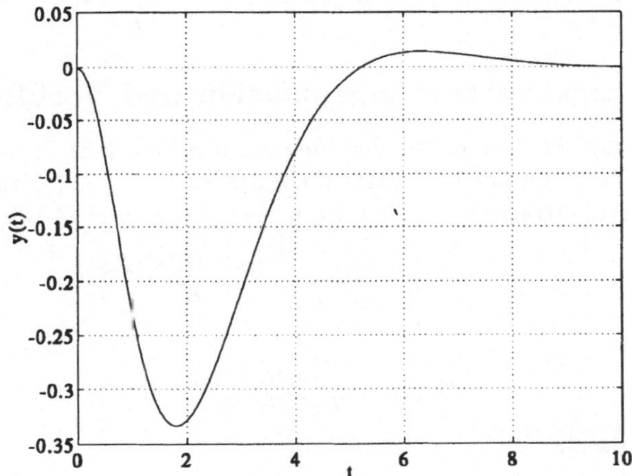

Bild 4.28: Reaktion des Systems aus Beispiel 4.12 auf einen Störgrößensprung.

Der dazugehörige Regler hat die Übertragungsfunktion

$$R(s) = \frac{58,27s^3 + 378,2s^2 + 482,9s + 198,8}{(3s^2 + 36,06s + 145,5)s}.$$

In dem Regler ist ein Integrator enthalten, der gemäß Abschnitt 4.3.3 für die stationäre Genauigkeit bezüglich der Störgrößen sorgt.

Mit dem so entworfenen Regler $R(s)$ erhält man als Führungsübertragungsfunktion

$$\begin{aligned} F(s) &= \frac{R(s)G(s)}{1 + R(s)G(s)} \\ &= \frac{233,1s^3 + 1513s^2 + 1932s + 795,1}{3s^6 + 54,1s^5 + 376,8s^4 + 1286s^3 + 2240s^2 + 1932s + 795,1} \end{aligned}$$

und die in Bild 4.29 skizzierte Regelgröße $y(t)$ bei einer sprungförmigen Führungsgröße $w(t)$. Dieser Verlauf ist mit einem Überschwingen von ca. 32% allerdings unbefriedigend. □

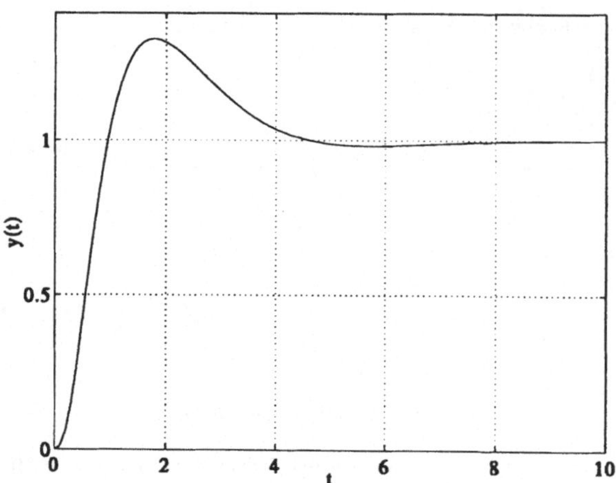

Bild 4.29: Verlauf der Regelgröße $y(t)$ bei sprungförmiger Führungsgröße $w(t)$ des Regelkreises aus Beispiel 4.12.

4.5.2 Führungsübertragungsfunktion und Vorfilter

Nachdem der Regler $R(s)$ aufgrund der Vorgabe der Störübertragungsfunktion $S(s)$ festgelegt wurde, verbleibt noch die Ermittlung des Vorfilters $R_V(s)$ aufgrund der Vorgabe der Führungsübertragungsfunktion F(s). Aus (4.108) und (4.109) folgt

$$1 + R(s)G(s) = \frac{G_2(s)}{S(s)} = \frac{R_V(s)R(s)G(s)}{F(s)}, \tag{4.122}$$

also

$$R_V(s) = \frac{G_2(s)F(s)}{R(s)G(s)S(s)}. \tag{4.123}$$

Mit (4.111) wird daraus

$$R_V(s) = \frac{Z_F(s)Z_2(s)}{Z_2(s)N_S(s) - Z_S(s)N_2(s)}, \tag{4.124}$$

wenn $N_F(s) = N_S(s)$, d.h. die Nennerpolynome von Stör- und Führungsübertragungsfunktion gleich gewählt werden.

Für den Grad des Nennerpolynoms $N_V(s)$ des Vorfilters $R_V(s)$ gilt unter Berücksichtigung von (4.115)

$$\begin{aligned} \text{Grad}\{N_V(s)\} &= \text{Grad}\{Z_V(s)N_2(s)\} - (n-m) \\ &= (n-m) + n_2 - (n-m) \\ &= n_2. \end{aligned}$$

Damit das Vorfilter realisierbar ist, muß

$$\text{Grad}\{Z_V(s)\} = \text{Grad}\{Z_F(s)\} + \text{Grad}\{Z_2(s)\} \leq \text{Grad}\{N_V(s)\} = n_2$$

sein, also

$$\boxed{\text{Grad}\{Z_F(s)\} \leq n_2 - m_2.} \tag{4.125}$$

Weiterhin muß $F(0) = Z_F(0)/N_F(0) = 1$ sein, also $Z_F(s)$ so gewählt werden, daß

$$Z_F(0) = N_F(0) \tag{4.126}$$

ist.

4.13 Beispiel: (Fortsetzung von Beispiel 4.12.) Nach (4.125) muß das Zählerpolynom $Z_F(s)$ den Grad $n_2 - m_2 = 3 - 1 = 2$ haben. Da $N_F(s) = N_V(s)$ sein soll, wird $Z_F(s)$ so gewählt, daß sich unwesentliche Pole in $N_V(s)$ herauskürzen. Das sind z.B. die drei zusätzlichen Pole bei $-5d\omega_0$, von denen zwei in $Z_F(s)$ zusammengefaßt werden, so daß man unter Berücksichtigung von (4.126) erhält

$$\begin{aligned} Z_F(s) &= (s + 5d\omega_0)^2 N_F(s)/(5d\omega_0)^2 \\ &= (s + 5 \cdot 0,707)^2 44,17/3,536^2 \\ &= 3,533s^2 + 24,976s + 44,145. \end{aligned}$$

Damit ergibt sich als Vorfilter gemäß (??)

$$R_v(s) = \frac{2,6513s^3 + 34,652s^2 + 145,6s + 198,8}{58,27s^3 + 378,2s^2 + 482,9s + 198,8}$$

und für die Ausgangsgröße $y(t)$ bei einer sprungförmigen Führungsgröße $w(t) = \sigma(t)$ der in Bild 4.30

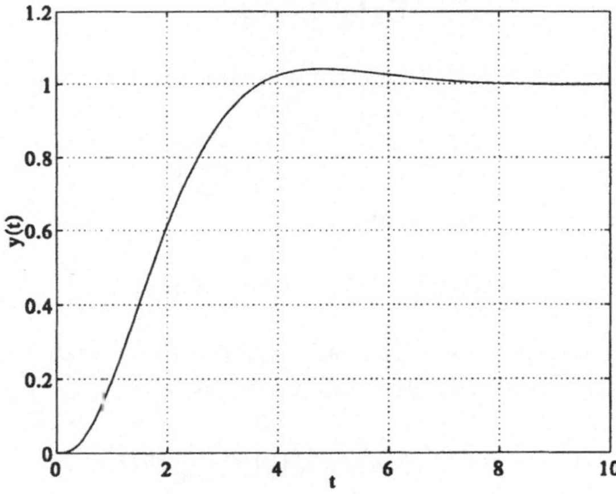

Bild 4.30: Sprungantwort des Regelkreises in Beispiel 4.13.

skizzierte Verlauf. Dieser weist nur noch ein Überschwingen von ca. 4% auf, also ein weitaus günstigeres Verhalten als das in Bild 4.29, das zu dem Regelkreis ohne Vorfilter gehörte. □

4.6 Störgrößenaufschaltung

Neben der Unterdrückung der Störgrößen durch den Regler $R(s)$ kann dies auch noch zusätzlich durch eine **Störgrößenaufschaltung** über ein System mit der Übertragungsfunktion $G_S(s)$, wie in Bild 4.31, geschehen, wenn die Störgröße $v(t)$ entweder

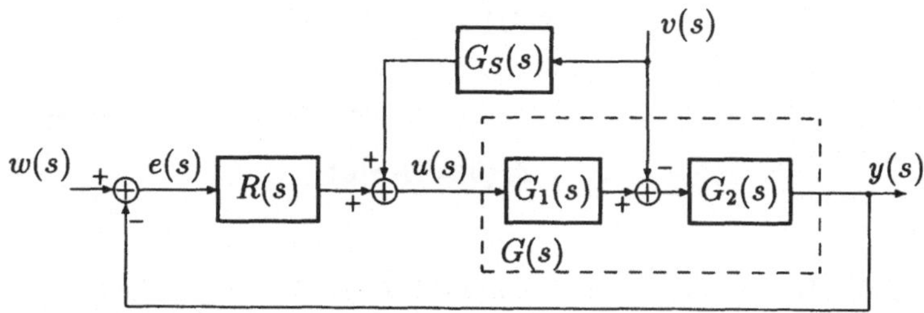

Bild 4.31: Störgrößenaufschaltung.

direkt meßbar oder durch einen Störgrößenbeobachter (siehe Kapitel 7) ermittelbar ist. Die Störgrößenaufschaltung muß stets an einer zugänglichen Stelle, z.B. am Eingang der Regelstrecke, angreifen. Eine solche Störgrößenaufschaltung hat den Vorteil, daß das Störsignal nicht erst durch den Rest der Regelstrecke, nämlich durch $G_2(s)$ verzögert, den Regler erreicht, sondern sofort beim Auftreten der Störungen Gegenmaßnahmen ergriffen werden.

Ideal wäre eine Übertragungsfunktion $G_S(s)$ so, daß

$$G_S(s)G_1(s) \overset{!}{=} 1 \tag{4.127}$$

ist, da dann der Störgrößeneinfluß vollkommen eliminiert werden würde. Dann müßte aber

$$G_S(s) = \frac{1}{G_1(s)} = \frac{N_1(s)}{Z_1(s)} \tag{4.128}$$

sein, was nur zu realisieren wäre, wenn

$$\mathrm{Grad}\{N_1(s)\} = \mathrm{Grad}\{Z_1(s)\}. \tag{4.129}$$

Da das im allgemeinen aber nicht der Fall ist, beschränkt man sich entweder darauf, daß (4.127) wenigstens im stationären Fall erfüllt ist, also

$$\lim_{s\to 0} sG_S(s)G_1(s)v(s) \overset{!}{=} \lim_{s\to 0} sv(s) \tag{4.130}$$

gilt oder daß die bei $\mathrm{Grad}\{N_1(s)\} > \mathrm{Grad}\{Z_1(s)\}$ notwendigen Differenzierglieder nur näherungsweise realisiert werden, z.B. die ideale Übertragungsfunktion $G_S(s) = b_0 + b_1 s$ durch die realisierbare Übertragungsfunktion

$$G_S(s) = \frac{b_0 + b_1 s}{1 + Ts} = b_0 \frac{1 + \frac{b_1}{b_0} s}{1 + Ts} \tag{4.131}$$

mit einer kleinen Zeitkonstante $T \ll \frac{b_1}{b_0}$ angenähert wird.

4.14 Beispiel: Bei dem in Beispiel 4.10 entworfenen Regelkreis ist

$$G_1(s) = \frac{16/3}{s+6},$$

also wäre bei idealer Störgrößenaufschaltung

$$G_S(s) = \frac{s+6}{16/3} = 1,125(1+0,1666s).$$

Begnügt man sich mit der Lösung für den stationären Zustand, erhält man für eine sprungartige Störung $v(s) = 1/s$ aus (4.130)

$$\lim_{s\to 0} G_S(s)G_1(s) \stackrel{!}{=} 1,$$

also

$$G_S(0) = \frac{1}{G_1(0)} = 1,125.$$

Für den Zusammenhang zwischen Stör- und Regelgröße ergibt sich dann

$$y(s) = \frac{G(s)G_S(s) - G_2(s)}{1 + R(s)G(s)} v(s),$$

was für die statische Störgrößenaufschaltung über $G_S(s) = 1,125$ bei sprungförmiger Störgröße $v(t) = \sigma(t)$ den in Bild 4.32(a) skizzierten Verlauf der Regelgröße $y(t)$ ergibt. Dagegen erhält man mit der

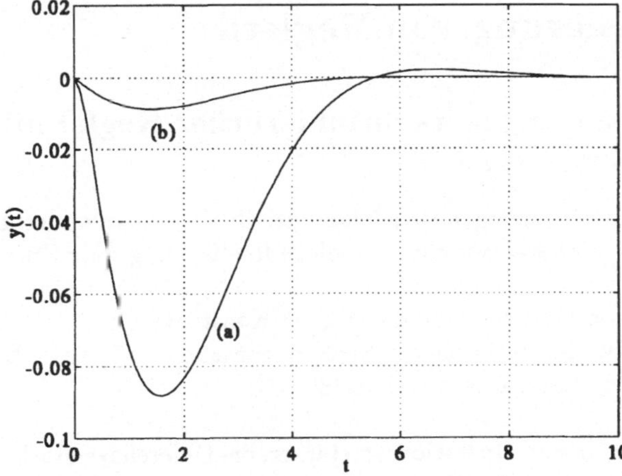

Bild 4.32: Verlauf der Regelgröße $y(t)$ mit (a) statischer und (b) dynamischer Störgrößenaufschaltung in Beispiel 4.14.

dynamischen Störgrößenaufschaltung über

$$G_S(s) = 1,125 \frac{1+0,1666s}{1+0,0166s} \tag{4.132}$$

den noch weitaus günstigeren Verlauf der Regelgröße in Bild 4.31(b). Dieser günstigere Verlauf wird aber durch eine ungünstiger verlaufende Stellgröße $u(t)$ erzeugt. In Bild 4.33(a) ist der Verlauf der Stellgröße für die statische Störgrößenaufschaltung über $G_S(s) = 1,125$ und in Bild 4.33(b) der für die dynamische Störgrößenaufschaltung über (4.132) skizziert. □

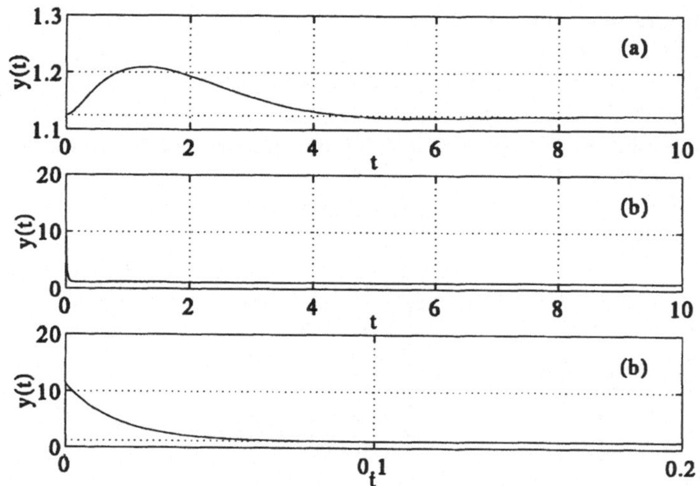

Bild 4.33: Verlauf der Stellgröße $u(t)$, erzeugt durch die (a) statische und (b) dynamische Störgrößenaufschaltung in Beispiel 4.14.

4.7 Realisierung von Reglern

4.7.1 Realisierung zeitkontinuierlicher Regler mittels Operationsverstärker

Regler können mittels analoger Bausteine oder durch programmierbare Mikrorechner realisiert werden. Für die elektronische analoge Realisierung einer Übertragungsfunktion $R(s)$ werden

- die Multiplikation einer Spannung mit einer Konstanten,
- die Addition bzw. Subtraktion von Spannungen und
- die zeitliche Integration von Spannungen

benötigt.

Grundlage hierfür sind Operationsverstärker, die Differenzverstärker mit einer hohen Verstärkung ($V \approx 10^6$) sind. Die Ausgangsspannung u_a in Bild 4.34 ist im Arbeitsbe-

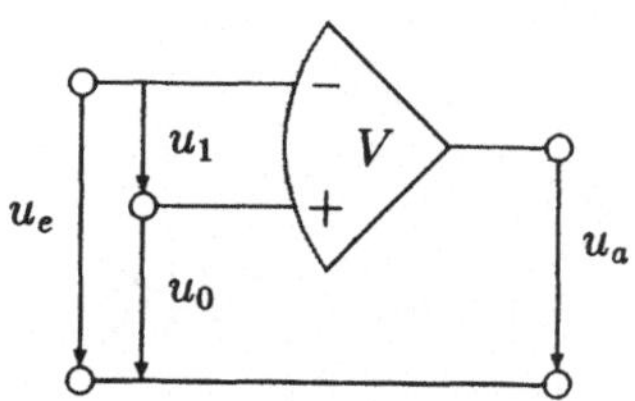

Bild 4.34: Differenzverstärker.

reich des Verstärkers wie folgt abhängig von der Eingangsspannung u_e:

$$u_a(t) = -Vu_1(t) = V(u_0 - u_e(t)).$$

Für die Verstärkerschaltung in Bild 4.35 erhält man die Gleichungen

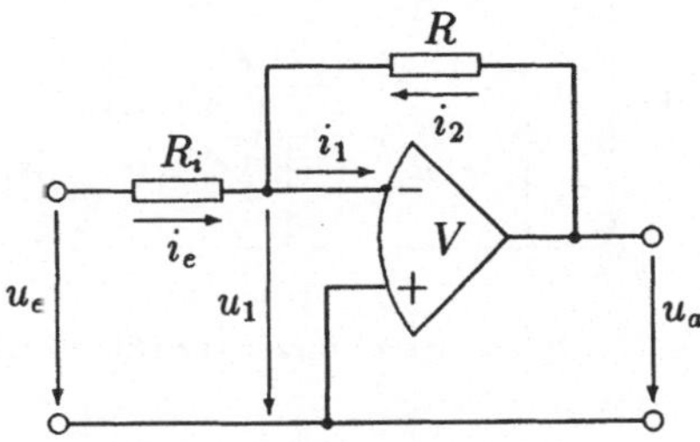

Bild 4.35: Verstärkerschaltung.

$$\begin{aligned} u_a(t) &= -Vu_1(t), \\ u_a(t) - u_1(t) &= Ri_2(t), \\ u_e(t) - u_1(t) &= R_i i_e(t), \\ i_e(t) + i_2(t) &= i_1(t). \end{aligned}$$

Operationsverstärker haben sehr große Eingangswiderstände, so daß $i_1 \approx 0$ angenommen werden kann, wodurch man aus den oben angegebenen Gleichungen folgenden Zusammenhang zwischen Eingangs- und Ausgangsspannung $u_e(t)$ und $u_a(t)$ erhält:

$$u_a(t) = \frac{-R/R_i}{1 + (1 + R/R_i)/V} u_e(t). \tag{4.133}$$

Wegen der großen Verstärkung ist $(1 + R/R_i)/V \ll 1$ und deshalb mit guter Näherung

$$u_a(t) = -\frac{R}{R_i} u_e(t). \tag{4.134}$$

Sind mehrere Eingänge wie in Bild 4.36 vorhanden, erhält man als Ausgangsspannung

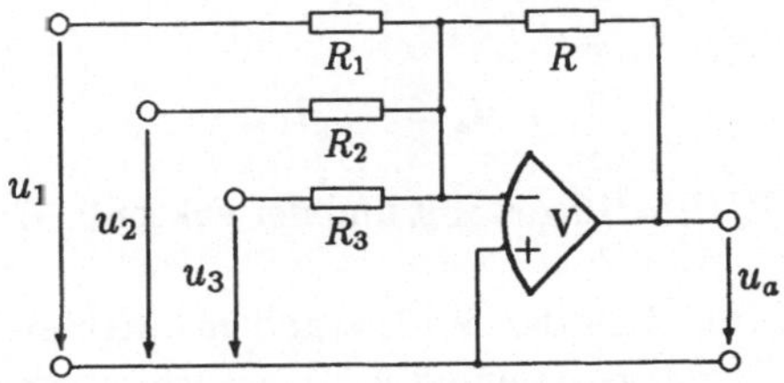

Bild 4.36: Operationsverstärker mit drei Eingängen.

für z.B. drei Eingänge

$$u_a(t) = -\left(\frac{R}{R_1} u_1(t) + \frac{R}{R_2} u_2(t) + \frac{R}{R_3} u_3(t) \right). \tag{4.135}$$

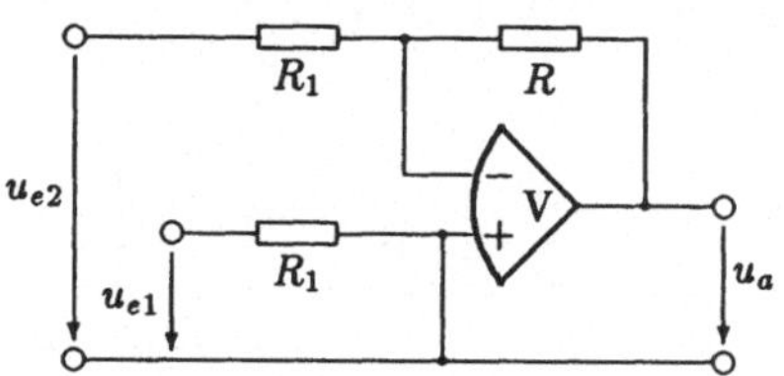

Bild 4.37: Operationsverstärker zur Differenzbildung.

Üblich sind für R/R_i die Faktoren $0,1; 1,0$ und 10, wobei die entsprechenden Widerstände bereits in die Operationsverstärker integriert sind.

Bild 4.37 zeigt die Schaltung eines Operationsverstärkers für die Differenzbildung, wie er bei dem Soll-Istwert-Vergleich benötigt wird. Hier ist

$$u_a(t) = \frac{R}{R_1}[u_{e_1}(t) - u_{e_2}(t)],$$

also für $R = R_1$:

$$u_a(t) = u_{e_1}(t) - u_{e_2}(t).$$

Wird die Multiplikation der Eingangsspannung mit einem durch die eingebauten Widerstände nicht realisierbaren Faktor benötigt, wird ein einstellbares Potentiometer wie in Bild 4.38 verwendet. Soll beispielsweise

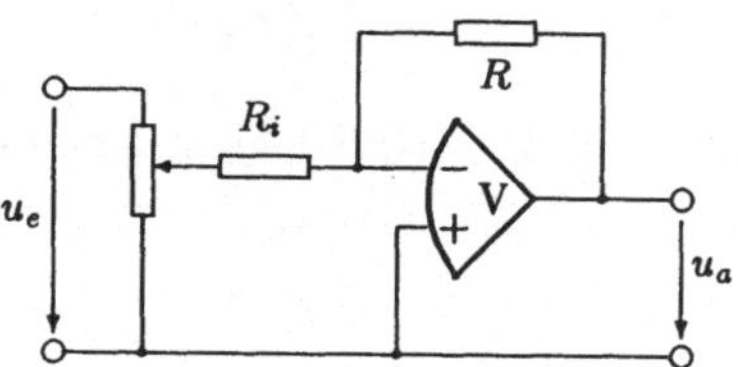

Bild 4.38: Operationsverstärker zur Multiplikation mit einer am Potentiometer einstellbaren Konstanten.

$$u_a = -3,7 u_e$$

realisiert werden, wird $R/R_i = 10$ gewählt und der Faktor $0,37$ durch das Potentiometer eingestellt.

Ersetzt man wie in Bild 4.39 den Widerstand R durch einen Kondensator mit der Kapazität C, wird die Eingangsspannung $u_e(t)$ zeitlich integriert, denn es ist

$$u_a(t) = -V u_1(t),$$

$$u_a(t) - u_1(t) = u_a(t) - u_1(t_0) + \frac{1}{C}\int_{t_0}^{t} i_2(\tau)\mathrm{d}\tau,$$

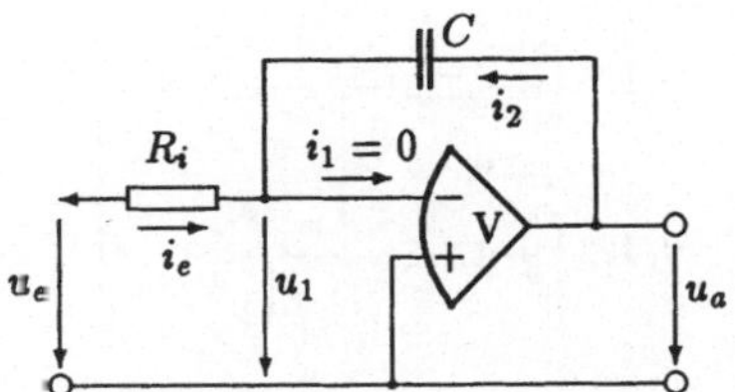

Bild 4.39: Operationsverstärker als Integrator.

$$u_e(t) - u_1(t) = R_i i_e(t),$$

$$i_e(t) + i_2(t) = i_1(t) \approx 0.$$

Durch Elimination von u_1, i_e und i_2 erhält man aus diesen Gleichungen den Zusammenhang

$$(1 + 1/V)u_a(t) = (1 + 1/V)u_a(t_0) - \frac{1}{R_i C}\int_{t_0}^{t}\left[u_e(\tau) - \frac{u_a(t)}{V}\right] \mathrm{d}\tau. \tag{4.136}$$

Wegen der großen Verstärkung $V \gg 1$ vereinfacht sich (4.136) zu

$$u_a(t) = u_a(t_0) - \frac{1}{R_i C}\int_{t_0}^{t} u_e(\tau)\mathrm{d}\tau. \tag{4.137}$$

Besitzt der Integrator wie in Bild 4.40 mehrere Eingänge, erhält man

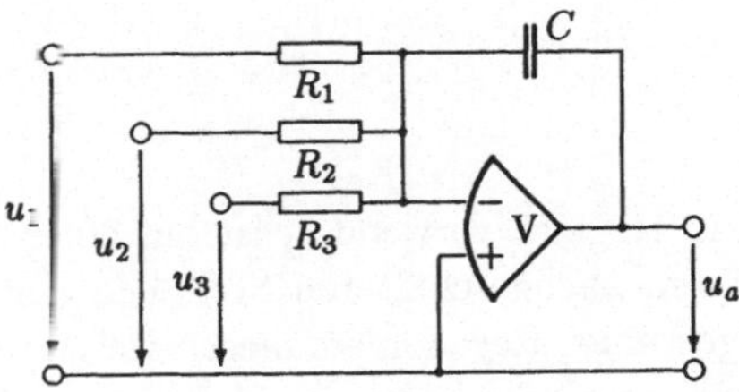

Bild 4.40: Integrator mit drei Eingängen.

$$u_a(t) = u_a(t_0) - \int_{t_0}^{t}\left[\frac{1}{R_1 C}u_1(\tau) + \frac{1}{R_2 C}u_2(\tau) + \frac{1}{R_3 C}u_3(\tau)\right] \mathrm{d}\tau. \tag{4.138}$$

4.15 Beispiel: Der Regler mit der Übertragungsfunktion

$$R(s) = 1{,}75 - \frac{4{,}22s + 10{,}32}{s^2 + 8{,}41s + 10{,}9}$$

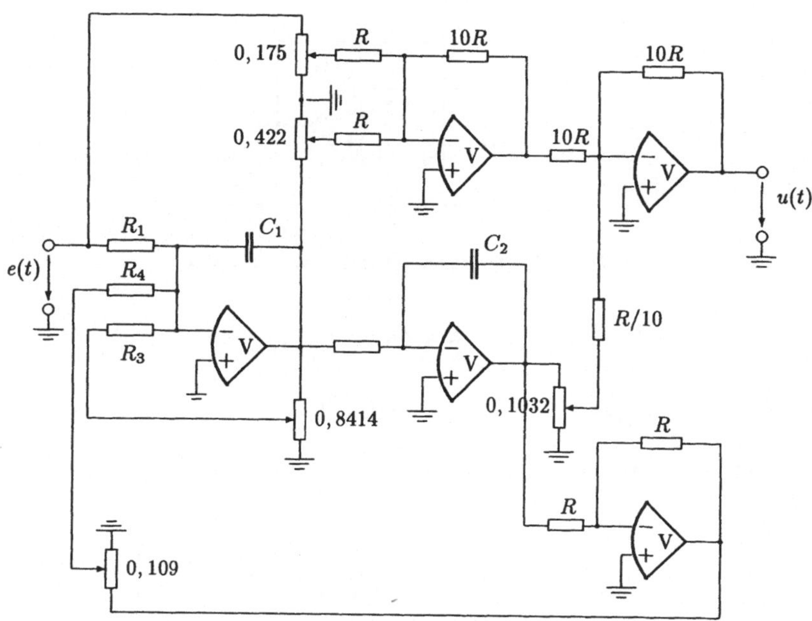

Bild 4.41: Realisierung des Reglers aus Beispiel 4.9 durch Operationsverstärker.

aus Beispiel 4.9 mit der Struktur in Bild 4.22 kann durch die in Bild 4.41 skizzierte Schaltung mit fünf Operationsverstärkern realisiert werden. □

Werden Integratoren in Reglern verwendet, ist auf einen Effekt besonders zu achten. Tritt nämlich in einem nachgeschalteten Stellglied eine Begrenzung auf, würde ein Integrator bei Vorliegen eines Regelfehlers diesen weiter aufintegrieren, obwohl das Stellglied darauf nicht mehr reagieren kann. Bei einer Vorzeichenumkehrung des Regelfehlers müßte der Integrator erst so lange herunter integrieren, bis das Stellglied aus der Begrenzung herauskommt. Erst dann macht sich die Vorzeichenumkehr im Regelkreis bemerkbar. Es tritt also eine Totzeit auf, die fast immer zu einem schlechteren Verhalten des Regelkreises führt. Abhilfe erreicht man dadurch, daß man beim Erreichen einer Sättigung im Stellglied den Integrationsvorgang unterbricht (antireset windup).

Regler werden auch aus nichtelektronischen Bauelementen, wie z.B. pneumatischen Gliedern, zusammengesetzt. Dies ist aber kein Thema für die *Theoretische Regelungstechnik* sondern für die *Praktische Regelungstechnik* bzw. die *Automatisierungstechnik*.

4.7.2 Realisierung zeitkontinuierlicher Regler durch Mikrorechner

Mit Hilfe von Mikrorechnern, d.h. Digitalrechnern und Analog-Digital-Wandlern bzw. Digital-Analog-Wandlern kann leicht ein äquivalenter digitaler Regler für einen analogen Regler realisiert werden. In dem in Bild 4.42 dargestellten äquivalenten digitalen

Bild 4.42: Digitaler Regler.

Regler wird das zeitkontinuierliche Eingangssignal $e(t)$ in ein digitales Signal verwandelt, welches dann im Digitalrechner verarbeitet wird. Als Digitalrechner kann ein Mikroprozessor oder ein schnellerer digitaler Signalprozessor zur Anwendung kommen. Der Ausgang des Digitalrechners wird dann in ein zeitkontinuierliches Signal umgeformt. Der Rechner wird so programmiert, daß das gesamte dynamische Verhalten des digitalen Reglers äquivalent zu dem Verhalten eines analogen Reglers ist.

Es gibt viele Verfahren der Umsetzung einer zeitkontinuierlichen Übertragungsfunktion $R(s)$ in eine diskrete Übertragungsfunktion $D(z)$. Die gängigste Methode in der Regelungstechnik ist die Methode der *Sprunginvarianz.* Hierbei stimmt die Sprungantwort, die man für den digitalen Regler mit der Übertragungsfunktion $D(z)$ erhält, in den Abtastzeitpunkten mit der Sprungantwort des kontinuierlichen Reglers $R(s)$ überein, d.h., es soll sein:

$$\mathcal{Z}^{-1}\left\{D(z)\frac{1}{1-z^{-1}}\right\} \stackrel{!}{=} \mathcal{L}^{-1}\left\{R(s)\frac{1}{s}\right\}\Bigg|_{t=kT}.$$

Die Gleichung $\mathcal{Z}$-transformiert, liefert

$$D(z)\frac{1}{1-z^{-1}} = \mathcal{Z}\left\{\mathcal{L}^{-1}\left\{\frac{R(s)}{s}\right\}\Bigg|_{t=kT}\right\}$$

oder

$$D(z) = (1-z^{-1})\mathrm{Z}\left\{\frac{R(s)}{s}\right\}, \tag{4.139}$$

wobei

$$\mathrm{Z}\left\{\frac{R(s)}{s}\right\} \stackrel{\text{def}}{=} \mathcal{Z}\left\{\mathcal{L}^{-1}\left\{\frac{R(s)}{s}\right\}\Bigg|_{t=kT}\right\}.$$

4.16 Beispiel: Für den kontinuierlichen Regler $R(s)$ aus Beispiel 4.9 erhält man

$$\begin{aligned}
D(z) &= (1-z^{-1})\mathrm{Z}\left\{\frac{R(s)}{s}\right\} \\
&= (1-z^{-1})\mathrm{Z}\left\{\frac{0,8029}{s} + \frac{0,4274}{s+1,6} + \frac{0,5196}{s+6,815}\right\} \\
&= (1-z^{-1})\left[0,8029\frac{1}{1-z^{-1}} + 0,4247\frac{1}{1-e^{-1,6T}z^{-1}} + 0,5196\frac{1}{1-e^{-6,815T}z^{-1}}\right].
\end{aligned}$$

Wählt man als Abtastperiode $T = 1$, wird

$$D(z) = 1,75 + \frac{-0,8601 + 0,1052z^{-1}}{1 - 0,2032z^{-1} + 0,0002z^{-2}}.$$

Der damit ausgeführte Regelkreis liefert die in Bild 4.43(a) skizzierte ungenügende Sprungantwort.

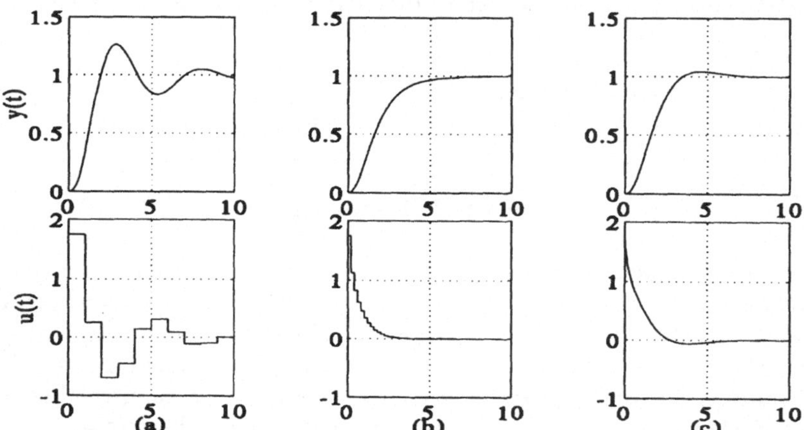

Bild 4.43: Sprungantworten und Stellgößenverläufe des Regelkreises aus Beispiel 4.9 mit dem digitalen Regler für (a) $T = 1$ und (b) $T = 0,2$ aus Beispiel 4.16 sowie (c) dem kontinuierlichen Regler aus Beispiel 4.9.

Verkleinert man die Abtastperiode auf $T = 0,2$, erhält man

$$D(z) = 1,75 + \frac{-0,5036 + 0,3107z^{-1}}{1 - 0,9822z^{-1} + 0,1859z^{-2}}$$

und die in Bild 4.43(b) skizzierte Sprungantwort, die der in Bild 4.43(c) angegebenen Sprungantwort für den Regelkreis mit einem zeitkontinuierlichen Regler $R(s)$ sehr nahe kommt. □

Im folgenden Abschnitt wird gezeigt, wie man ohne den Umweg über einen zeitkontinuierlichen Regler $R(s)$ direkt den zeitdiskreten Regler $D(z)$ entwerfen kann und dann auch für relativ große Abtastperioden ein gutes Regelverhalten erhält.

4.8 Direkter Entwurf digitaler Regler (Abtastregler)

4.8.1 Struktur des Regelkreises

In Bild 4.44 ist ein Regelkreis mit einem Digitalrechner als Regler dargestellt. Eine solche Regelung wird auch als *Abtastregelung* bezeichnet, da das zeitliche Verhalten nur in den diskreten Abtastzeitpunkten $t = kT$, wobei T die *Abtastperiode* ist, betrachtet

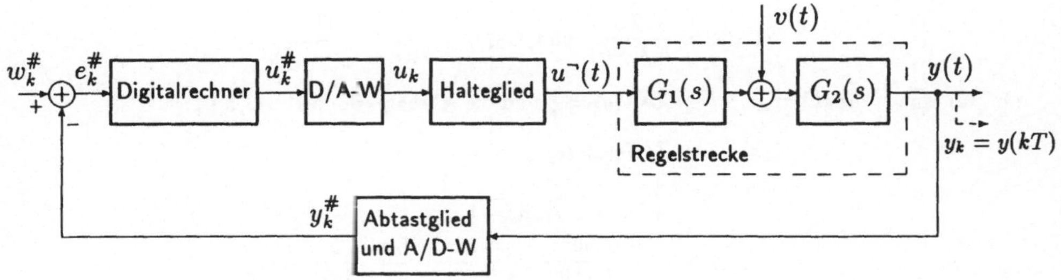

Bild 4.44: Regelkreis mit einem Digitalrechner als Regler.

wird[1]. Hierbei soll das Symbol „#" einen digitalen Zahlenwert andeuten und $u^\neg(t)$ ist die zwischen den Abtastzeitpunkten konstante Eingangsgröße der zeitkontinuierlichen Regelstrecke.

Betrachtet man die Regelgröße $y(t)$ nur in den Abtastzeitpunkten kT, also $y_k \stackrel{\text{def}}{=} y(kT)$, erhält man nach $\mathcal{Z}$-Transformation den Zusammenhang

$$y(z) = H(z)u(z) + \bar{v}(z), \tag{4.140}$$

wobei

$$H(z) \stackrel{\text{def}}{=} (1 - z^{-1})\mathsf{Z}\left\{\frac{G_1(s)G_2(s)}{s}\right\} \tag{4.141}$$

und

$$\bar{v}(z) \stackrel{\text{def}}{=} \mathsf{Z}\{G_2(s)v(s)\} \tag{4.142}$$

ist. Da im allgemeinen der Algorithmus des Digitalrechners so arbeitet, daß er momentane und zurückliegende Eingangs- und Ausgangsdaten, e und u, verarbeitet, kann auch er im $\mathcal{Z}$-Bereich durch eine $\mathcal{Z}$-Übertragungsfunktion beschrieben werden:

$$u(z) = D(z)e(z).$$

Insgesamt erhält man eine Struktur gemäß Bild 4.45.

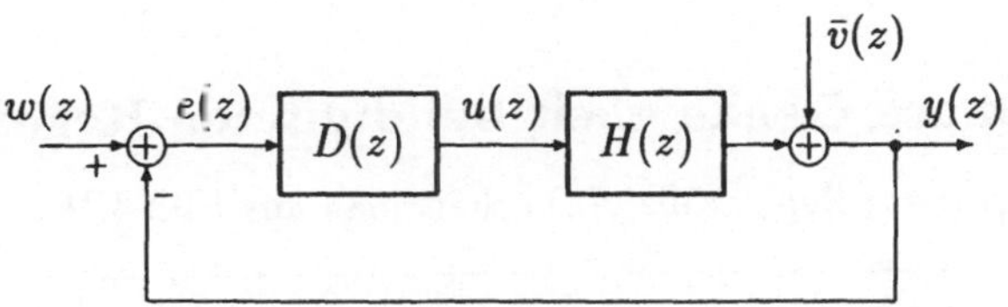

Bild 4.45: Digitaler Regelkreis mit Digitalregler $D(z)$ und Regelstrecke $H(z)$.

[1] Historisch gesehen arbeiteten die ersten Abtastregler in der Tat durch Abtasten der Regelgröße, z.B. in Form eines sogenannten Fallbügelreglers.

4.17 Beispiel: Bei dem System aus den Beispielen 4.9 bis 4.16 ist

$$G_1(s) = \frac{16}{3(s+6)} \text{ und } G_2(s) = \frac{3(s+6)}{4s(s+1)(s+5)},$$

d.h., für eine sprungförmige Störgröße $v(s) = \frac{1}{s}$ und die Abtastperiode $T = 0,5$ ist

$$\begin{aligned} \bar{v}(z) &= \mathrm{Z}\{G_2(s)v(s)\} \\ &= \frac{3}{4}\mathrm{Z}\left\{\frac{s+6}{s^2(s+1)(s+5)}\right\} \\ &= \frac{0,0880z^2 + 0,0782z - 0,0037}{z^3 - 1,6886z^2 + 0,7384z - 0,0498} \cdot \frac{z}{z-1} \\ &\stackrel{\text{def}}{=} H_2(z)v(z) \end{aligned}$$

und

$$\begin{aligned} H(z) &= (1 - z^{-1})\mathrm{Z}\left\{\frac{G(s)}{s}\right\} \\ &= (1 - z^{-1})\mathrm{Z}\left\{\frac{4}{s^2(s+1)(s+5)}\right\} \\ &= \frac{0,0432z^2 + 0,0913z + 0,0099}{z^3 - 1,6886z^2 + 0,7384z - 0,0498}. \end{aligned}$$

Führt man außerdem die Übertragungsfunktion

$$H_1(z) \stackrel{\text{def}}{=} \frac{H(z)}{H_2(z)} = \frac{0,0432z^2 + 0,0913z + 0,0099}{0,0880z^2 + 0,0782z - 0,0037}$$

ein, kann die Struktur in Bild 4.45 auch durch die Struktur in Bild 4.46 dargestellt werden. □

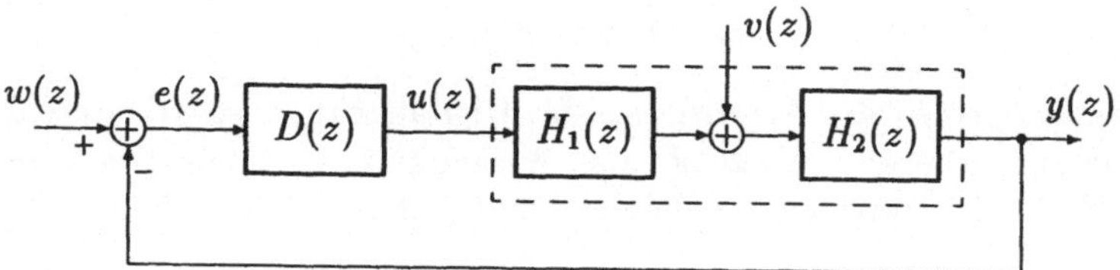

Bild 4.46: Digitaler Rgelkreis mit Störgröße $v(z)$.

4.8.2 Stationäre Genauigkeit bei digitalen Regelkreisen

Für die $\mathcal{Z}$-transformierte Regelgröße $y(z)$ erhält man aus Bild 4.46

$$y(z) = \frac{D(z)H(z)}{1 + D(z)H(z)}w(z) + \frac{H_2(z)}{1 + D(z)H(z)}v(z) \tag{4.143}$$

und für den Fehler

$$e(z) = \frac{1}{1 + D(z)H(z)} w(z) - \frac{H_2(z)}{1 + D(z)H(z)} v(z). \tag{4.144}$$

Diese beiden Gleichungen entsprechen vollständig den beiden Gleichungen (4.31) und (4.34) für die LAPLACE-Transformierten der Regelgröße $y(s)$ und des Regelfehlers $e(s)$.

Geht man von einem stabilen Regelkreis aus, können die Grenzwertsätze der $\mathcal{Z}$-Transformation angewendet werden und man erhält die bleibende Regelabweichung e_∞ aus

$$e_\infty \stackrel{\text{def}}{=} \lim_{k \to \infty} e_k = \lim_{z \to 1} (1 - z^{-1}) e(z) \tag{4.145}$$

und insbesondere, wenn keine Störung berücksichtigt wird,

$$e_\infty = \lim_{z \to 1} (1 - z^{-1}) \frac{1}{1 + D(z)H(z)} w(z). \tag{4.146}$$

Wie bei den zeitkontinuierlichen betrachten wir auch hier bei den zeitdiskreten Regelkreisen drei verschiedene Führungsgrößen, nämlich Sprung–, Rampen– und Parabelfunktion.

Fall 1: Für eine sprungförmige Führungsgröße $w(t) = w_0 \sigma(t)$ ist $w(z) = \frac{w_0 z}{z-1}$, also

$$e_\infty = \lim_{z \to 1} \frac{1 - z^{-1}}{1 + D(z)H(z)} \frac{w_0}{1 - z^{-1}} = \frac{w_0}{1 + \lim_{z \to 1}[D(z)H(z)]},$$

d.h.,

$$\underline{\underline{e_\infty = \frac{w_0}{1 + K_1},}} \tag{4.147}$$

mit $K_1 \stackrel{\text{def}}{=} \lim_{z \to 1}[D(z)H(z)]$. Je größer K_1 ist, desto kleiner wird die bleibende Regelabweichung. Hat die Hintereinanderschaltung von Regler und Strecke $D(z)H(z)$ einen Pol bei $z = 1$, d.h., enthält der Nenner $D(z)H(z)$ den Faktor $z - 1$, wird die bleibende Regelabweichung zu null: $e_\infty = 0$.

Fall 2: Ist die Führungsgröße eine Rampenfunktion $w(t) = w_0 t \sigma(t)$, dann ist

$$w(z) = \frac{w_0 T z}{(z - 1)^2} \tag{4.148}$$

und damit

$$\begin{aligned} e_\infty &= \lim_{z \to 1} \frac{1 - z^{-1}}{1 + D(z)H(z)} \frac{w_0 T}{(z - 1)(1 - z^{-1})} \\ &= \frac{w_0 T}{\lim_{z \to 1}[(z - 1)(1 + D(z)H(z))]} \\ &= \frac{w_0 T}{\lim_{z \to 1}[(z - 1)(D(z)H(z))]}. \end{aligned}$$

Es ist also

$$\underline{\underline{e_\infty = \frac{w_0}{K_2}}} \tag{4.149}$$

mit

$$K_2 \stackrel{\text{def}}{=} \frac{1}{T} \lim_{z \to 1} [(z-1)D(z)H(z)]. \tag{4.150}$$

Auch hier ist die bleibende Regelabweichung um so kleiner, je größer K_2 ist. Weist $D(z)H(z)$ bei $z = 1$ einen Doppelpol auf, wird $e_\infty = 0$.

Fall 3: Für die parabelförmige Führungsgröße $w(t) = w_0 \frac{t^2}{2} \sigma(t)$ ist

$$w(z) = \frac{w_0 T^2 z(z+1)}{2(z-1)^3} \tag{4.151}$$

und deshalb

$$e_\infty = \lim_{z \to 1} \frac{w_0 T^2}{(z-1)^2 D(z)H(z)} = \frac{w_0}{K_3} \tag{4.152}$$

mit

$$K_3 \stackrel{\text{def}}{=} \lim_{z \to 1} \frac{1}{T^2} (z-1)^2 D(z)H(z). \tag{4.153}$$

Hier wird die bleibende Regelabweichung nur dann zu null, wenn $D(z)H(z)$ einen dreifachen Pol bei $z = 1$ enthält!

Zusammenfassend erhält man wieder die Tabelle 4.1, wenn ρ die Zahl der Pole von $D(z)H(z)$ bei $z = 1$ ist.

Bei einer Abtastregelung geht $H(z)$ aus der Übertragungsfunktion $G(s)$ so hervor:

$$H(z) = (1 - z^{-1}) \mathsf{Z} \left\{ \frac{G(s)}{s} \right\}. \tag{4.154}$$

Wenn die Regelstrecke $G(s)$ ρ Pole bei $s = 0$, also ρ Integratoren enthält, kann sie auch wie folgt zerlegt werden

$$G(s) = \frac{K_0}{s^\rho} \frac{Z(s)}{N(s)}, \tag{4.155}$$

wobei K_0 so herausgezogen wurde, daß $Z(0) = N(0) = 1$ ist. (4.155) in (4.154) eingesetzt, liefert

$$H(z) = (1 - z^{-1}) \mathsf{Z} \left\{ \frac{K_0}{s^{\rho+1}} \frac{Z(s)}{N(s)} \right\}. \tag{4.156}$$

Partialbruchentwicklung der Funktion innerhalb der geschweiften Klammern von (4.156) ergibt

$$\begin{aligned} H(z) &= (1 - z^{-1}) \mathsf{Z} \left\{ \frac{K_0}{s^{\rho+1}} + \frac{K'}{s^\rho} + \cdots + \frac{K^*}{s} + \cdots \right\} \\ &= (1 - z^{-1}) \left[\frac{K_0 T^\rho z (z^{\rho-1} + \cdots)}{\rho! (z-1)^{\rho+1}} + \cdots \right] \end{aligned}$$

$$= \frac{K_0 T^\rho (z^{\rho-1} + \cdots)}{\rho!(z-1)^\rho} + \cdots$$

$$= \frac{\cdots}{(z-1)^\rho(\cdots)},$$

d.h., $H(z)$ hat genau so viele Pole bei $z = 1$ wie $G(s)$ Pole bei $s = 0$ hat. Als Synthesevorschrift erhält man zusammenfassend den

4.18 Satz: *Läßt sich die Führungsgröße $w(t)$ als Polynom*

$$w(t) = (w_0 + w_1 t + w_2 t^2 + \cdots + w_m t^m)\sigma(t)$$

darstellen und wird eine Störung $v(t)$ nicht berücksichtigt, so muß die Reihenschaltung von Digitalregler $D(z)$ und Regelstrecke $H(z)$ mindestens $m+1$ Pole bei $z = 1$ enthalten, damit die bleibende Regelabweichung e_∞ zu null wird. Wenn die Regelstrecke $G(s)$ selbst nicht $m+1$ Integratoren enthält, muß der Digitalregler $D(z)$ die fehlende Zahl von Polen bei $z = 1$ haben.

Ein Pol bei $z = 1$ entspricht dem diskreten Analogon zu einem Integrator, denn wenn beispielsweise $D(z) = z/(z-1)$ ist, erhält man für die Ausgangsfunktion $u(z)$

$$u(z) = D(z)e(z) = \frac{z}{z-1}e(z) = \frac{1}{1-z^{-1}}e(z),$$

also

$$u(z) = z^{-1}u(z) + e(z),$$

oder zurück in den diskreten Zeitbereich transformiert

$$u_k = u_{k-1} + e_k,$$

d.h., die neu eintreffenden Eingangswerte e_k werden zu den alten Ausgangswerten u_{k-1} addiert: ein System mit einem Pol bei $z = 1$ ist also ein Summierer.

Abschließend wird die Auswirkung einer Störung $v(t)$ auf die stationäre Genauigkeit untersucht und dazu die Eingangsgröße $w(t) \equiv 0$ gesetzt. Dann folgt für den Fehler $e(z)$ aus (4.144)

$$e(z) = -\frac{H_2(z)}{1 + D(z)H(z)}v(z). \tag{4.157}$$

Zerlegt man die Übertragungsfunktionen so

$$\begin{aligned} H_2(z) &= \frac{K_2}{(z-1)^\rho} \cdot \frac{P_2(z)}{Q_2(z)}; \quad P_2(1) = Q_2(1) = 1; \\ D(z)H(z) &= \frac{K}{(z-1)^\rho} \cdot \frac{P(z)}{Q(z)}; \quad P(1) = Q(1) = 1, \end{aligned}$$

erhält man für den stationären Fehler unter der Voraussetzung, daß der Regelkreis stabil ist und der Grenzwertsatz der $\mathcal{Z}$-Transformation anwendbar ist,

$$\begin{aligned} e_\infty &\stackrel{\text{def}}{=} \lim_{k\to\infty} e_k = \lim_{z\to 1}(z-1)e(z) \\ &= -\lim_{z\to 1} \frac{(z-1)H_2(z)}{1+D(z)H(z)} v(z), \end{aligned}$$

also mit $\rho_1 \stackrel{\text{def}}{=} \rho - \rho_2$

$$\boxed{e_\infty = \lim_{z\to 1} \frac{(z-1)^{\rho_1+1} K_2}{(z-1)^\rho + K} v(z).} \tag{4.158}$$

Für die drei Testfunktionen

- Sprungfunktion: $v(z) = \frac{v_0 z}{z-1}$,
- Rampenfunktion: $v(z) = \frac{v_0 z T}{(z-1)^2}$,
- Parabelfunktion: $v(z) = \frac{v_0 z(z+1)T^2}{2(z-1)^3}$,

erhält man dann speziell

$$e_\infty = -\lim_{z\to 1} \frac{(z-1)^{\rho_1+1} K_2 v_0 T^m}{[(z-1)^\rho + K](z-1)^{m+1}}, \tag{4.159}$$

was zusammenfassend die in Tabelle 4.4 angegebenen bleibenden Regelabweichungen und den Satz 4.19 ergibt.

Tabelle 4.4: Bleibende Regelabweichung e_∞ bei verschiedenen Störgrößen in Abhängigkeit von der Zahl ρ_1 der Pole bei $z=1$ in $D(z)H_1(s)$ und der Zahl ρ_2 der Pole bei $z=1$ in $H_2(z)$

Störgröße v(t)	Zahl ρ_1 der Pole bei $z=1$ in $D(z)H_1(z)$				
	0		1	2	≥ 3
	Zahl ρ_2 der Pole bei $z=1$ in $H_2(z)$				
	0	≥ 1	≥ 0	≥ 0	≥ 0
Sprung $v_0\sigma(t)$	$\frac{-K_2 v_0}{1+K}$	$\frac{-K_2 v_0}{K}$	0	0	0
Rampe $v_0 t\sigma(t)$	$-\infty$		$\frac{-K_2 T v_0}{K}$	0	0
Parabel $v_0\frac{t^2}{2}\sigma(t)$	$-\infty$		$-\infty$	$\frac{-K_2 T^2 v_0}{K}$	0

Wie bei den zeitkontinuierlichen Regelkreisen ist auch hier für ein Verschwinden der bleibenden Regelabweichung die Zahl der Summierer bzw. Integratoren, die zwischen dem Soll-Istwert-Vergleich und dem Angriffspunkt der Störung liegen, maßgebend!

4.8.3 Wahl der Führungsübertragungsfunktion

Polüberschuß der Führungsübertragungsfunktion

Für den Digitalrechner gilt der Zusammenhang

$$u(z) = D(z)e(z),$$

d.h., es ist

$$\begin{aligned} \frac{u(z)}{e(z)} &= D(z) \\ &= \frac{b_n z^n + b_{n-1}z^{n-1} + \cdots + b_1 z + b_0}{z^n + a_{n-1}z^{n-1} + \cdots + a_1 z + a_0} \\ &= \frac{b_n + b_{n-1}z^{-1} + \cdots + b_1 z^{-n+1} + b_0 z^{-n}}{1 + a_{n-1}z^{-1} + \cdots + a_1 z^{-n+1} + a_0 z^{-n}} \stackrel{\text{def}}{=} \frac{P_D(z)}{Q_D(z)}. \end{aligned}$$

Transformiert man die Beziehung $Q_D(z)u(z) = P_D(z)e(z)$ zurück in den diskreten Zeitbereich und löst nach u_k auf, erhält man

$$u_k = b_n e_k + b_{n-1}e_{k-1} + \cdots + b_0 e_{k-n} - a_{n-1}u_{k-1} - \cdots - a_0 u_{k-n}. \tag{4.160}$$

Ist $b_n = 0$, so würde die momentane Regelabweichung e_k *nicht sofort* im Abtastzeitpunkt $t = kT$ in der neuen Stellgröße u_k berücksichtigt werden. Um diese Totzeit von einer Abtastperiode zu vermeiden, ist es sinnvoll, b_n immer ungleich null zu wählen, d.h., den Grad des Zählerpolynoms $P_D(z)$ von $D(z)$ *gleich* dem Grad des Nennerpolynoms $Q_D(z)$ zu wählen:

4.20 Satz: *Um bei einem Digitalregler den momentanen Regelfehler e_k sofort in der Stellgröße u_k zu berücksichtigen, muß*

$$\text{Grad}\{P_D(z)\} = \text{Grad}\{Q_D(z)\} \tag{4.161}$$

sein.

Für die Regelgröße gilt bei nicht vorhandener Störung im Regelkreis

$$y(z) = \frac{D(z)H(z)}{1 + D(z)H(z)} w(z).$$

Schreibt man das Übertragungsverhalten vor,

$$F(z) = \frac{P_F(z)}{Q_F(z)} \stackrel{!}{=} \frac{D(z)H(z)}{1 + D(z)H(z)}, \tag{4.162}$$

erhält man für den digitalen Regler die Übertragungsfunktion

$$D(z) = \frac{F(z)}{H(z)[1 - F(z)]},$$

d.h.,

$$\boxed{D(z) = \frac{P_F(z) Q_H(z)}{P_H(z)[Q_F(z) - P_F(z)]}.} \tag{4.163}$$

Für ein reales System ist stets

$$\mathrm{Grad}\{P_H(z)\} \leq \mathrm{Grad}\{Q_H(z)\}. \tag{4.164}$$

Aus (4.162) folgt sowohl

$$\mathrm{Grad}\{P_F(z)\} = \mathrm{Grad}\{P_D(z)\} + \mathrm{Grad}\{P_H(z)\}, \tag{4.165}$$

als auch

$$\mathrm{Grad}\{Q_F(z)\} = \mathrm{Grad}\{Q_D(z)\} + \mathrm{Grad}\{Q_H(z)\} \tag{4.166}$$

und daraus unter Beachtung von (4.161)

$$\mathrm{Grad}\{Q_F(z)\} - \mathrm{Grad}\{P_F(z)\} = \mathrm{Grad}\{Q_H(z)\} - \mathrm{Grad}\{P_H(z)\}. \tag{4.167}$$

Zusammenfassend erhält man den

4.21 Satz: *Der Polüberschuß von $F(z)$ muß genau so groß wie der Polüberschuß von $H(z)$ sein, damit die Übertragungsfunktion $D(z)$ im Digitalrechner realisierbar ist und momentane Regelabweichungen e_k sofort in der Stellgröße u_k berücksichtigt werden.*

Gewünschte Pollage

Für einen *zeitkontinuierlichen* Regelkreis wurde ein günstiges Übergangsverhalten erzielt, wenn z.B. die folgende Gesamtübertragungsfunktion vorgegeben wurde:

$$F(s) = \frac{\omega_0^2}{s^2 + 2d\omega_0 s + \omega_0^2}, \tag{4.168}$$

deren Pole bei

$$s_{1,2} = -d\omega_0 \pm j\omega_0\sqrt{1 - d^2} \stackrel{\mathrm{def}}{=} -\alpha \pm j\omega \tag{4.169}$$

liegen. Soll die Sprungantwort eines *digitalen, zeitdiskreten* Regelkreises in den Abtastzeitpunkten mit der Sprungantwort des zeitkontinuierlichen Regelkreises übereinstimmen, muß gemäß (4.139) für die Gesamtübertragungsfunktion gelten

$$F(z) = (1 - z^{-1}) \mathrm{Z}\left\{\frac{F(s)}{s}\right\}. \tag{4.170}$$

Für $F(s)/s$ erhält man zunächst die Partialbruchzerlegung

$$\frac{F(s)}{s} = \frac{K_1}{s-(-\alpha+j\omega)} + \frac{K_2}{s-(-a-j\omega)} + \frac{K_3}{s}, \tag{4.171}$$

wobei

$$\begin{aligned} K_1 &= \lim_{s\to(-\alpha+j\omega)} \frac{[s-(-\alpha+j\omega)]F(s)}{s} \\ &= -\frac{1}{2} + j\frac{\alpha}{2\omega} = -\frac{1}{2} + j\frac{d}{2\sqrt{1-d^2}}, \\ K_2 &= \lim_{s\to(-\alpha-j\omega)} \frac{[s-(-\alpha-j\omega)]F(s)}{s} \\ &= -\frac{1}{2} - j\frac{\alpha}{2\omega} = -\frac{1}{2} - j\frac{d}{2\sqrt{1-d^2}}, \end{aligned}$$

und

$$K_3 = \lim_{s\to 0} \frac{sF(s)}{s} = 1$$

ist. Nach einigen elementaren Zwischenrechnungen erhält man für

$$\begin{aligned} F(z) &= (1-z^{-1})\mathsf{Z}\left\{\frac{F(s)}{s}\right\} \\ &= \frac{K_1(z-1)}{z-\mathrm{e}^{-\alpha T+j\omega T}} + \frac{K_2(z-1)}{z-\mathrm{e}^{-\alpha T-j\omega T}} + 1. \end{aligned}$$

Mit

$$\beta_1 \stackrel{\text{def}}{=} 1-\mathrm{e}^{-\alpha T}\left[\frac{\alpha}{\omega}\sin(\omega T)+\cos(\omega T)\right], \tag{4.172}$$

$$\beta_0 \stackrel{\text{def}}{=} \mathrm{e}^{-\alpha T}\left[\mathrm{e}^{-\alpha T}+\frac{\alpha}{\omega}\sin(\omega T)-\cos(\omega T)\right], \tag{4.173}$$

$$\alpha_1 \stackrel{\text{def}}{=} -2\mathrm{e}^{-\alpha T}\cos(\omega T) \tag{4.174}$$

und

$$\alpha_0 \stackrel{\text{def}}{=} \mathrm{e}^{-2\alpha T} \tag{4.175}$$

erhält man schließlich

$$\boxed{F(z) = \frac{\beta_1 z + \beta_0}{z^2+\alpha_1 z+\alpha_0}.} \tag{4.176}$$

Für die Übertragungsfunktion $F(z)$ muß $F(1) = 1$ gelten, denn bei einer sprungförmigen Eingangsgröße $w(t) = \sigma(t)$ muß $\lim_{k\to\infty} y_k = 1$ sein, d.h., es muß

$$\begin{aligned} \lim_{z\to 1} \frac{z-1}{z} y(z) &= \lim_{z\to 1} \frac{z-1}{z} F(z) \frac{z}{z-1} \\ &= \lim_{z\to 1} F(z) = F(1) \stackrel{!}{=} 1 \end{aligned}$$

sein.

Die Gesamtübertragungsfunktion $F(z)$ hat eine Nullstelle bei

$$n = -\frac{\beta_0}{\beta_1} = \frac{-\frac{\alpha}{\omega}\sin(\omega T) + \cos(\omega T) - e^{-\alpha T}}{-\frac{\alpha}{\omega}\sin(\omega T) - \cos(\omega T) + e^{+\alpha T}} \tag{4.177}$$

und ein konjugiert komplexes Polpaar bei

$$z_{1,2} = -\frac{\alpha_1}{2} \pm \sqrt{\frac{\alpha_1^2}{4} - \alpha_0} = e^{-\alpha T}\cos(\omega T) \pm j e^{-\alpha T}\sin(\omega T). \tag{4.178}$$

Die Werte der reellen Nullstelle und der Real- und Imaginärteile des konjugiert komplexen Polpaares von $F(z)$ sind in Bild 4.47, Bild 4.48 und Bild 4.49 für verschiedene Dämpfungswerte d in Abhängigkeit von $\omega_0 T$ dargestellt.

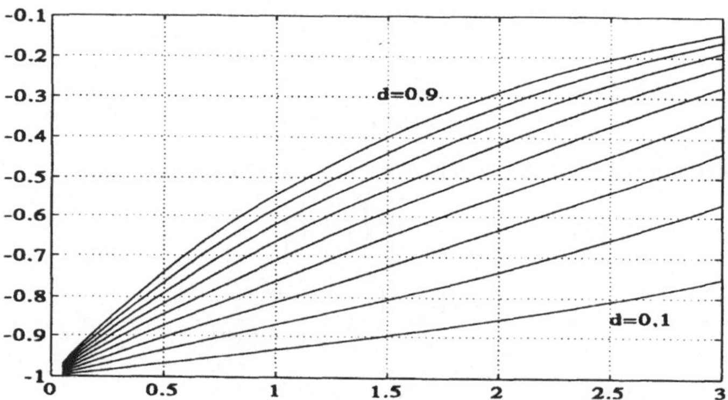

Bild 4.47: Nullstellen von $F(z)$ gemäß (4.177).

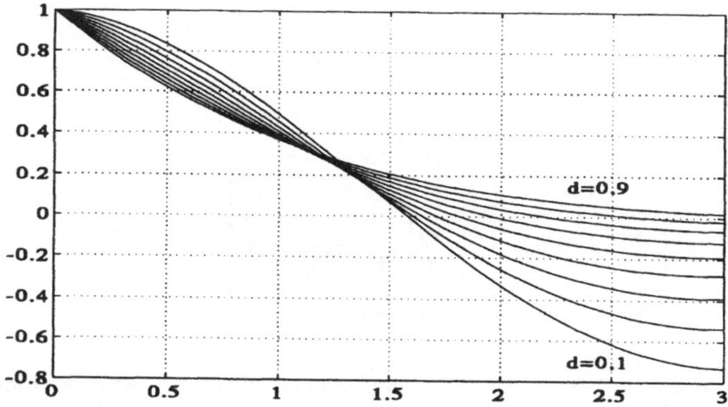

Bild 4.48: Realteil des konjugiert komplexen Polpaares von $F(z)$ gemäß (4.178).

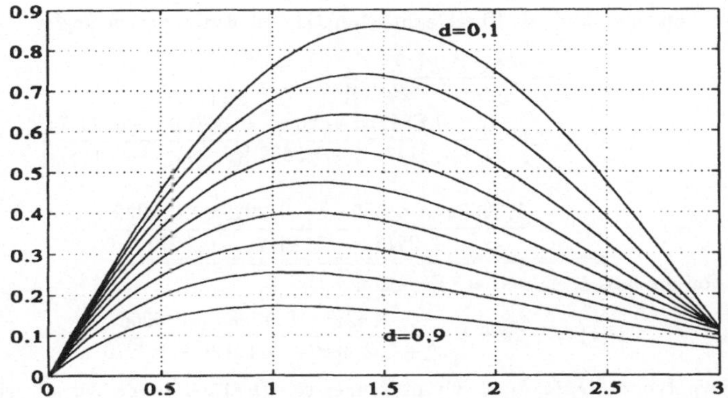

Bild 4.49: Imaginärteil des konjugiert komplexen Polpaares von $F(z)$ gemäß (4.178).

Synthesebeispiel

4.22 Beispiel: Für die Regelstrecke

$$G(s) = \frac{4}{s(s+1)(s+5)} \tag{4.179}$$

aus den Beispielen 4.9 bis 4.17 soll ein digitaler Regler so entworfen werden, daß die Überschwingweite wie in Beispiel 4.9 höchstens 5% beträgt, woraus eine Dämpfung von mindestens $\underline{d = 0,7}$ folgt und das erste Maximum bei höchstens $\underline{t_{max} = 5}$ auftritt. Dieses Maximum soll nach 5 Abtastperioden auftreten, also wird $\underline{T = 1}$ gewählt. Weiterhin ist

$$\omega_0 = \frac{4,443}{t_{max}} = 0,8886$$

und damit

$$\alpha = d\omega_0 = 0,6282 \text{ und } \omega = \omega_0\sqrt{1-d^2} = 0,6282.$$

Für die einzelnen Konstanten erhält man daraus

$$\begin{aligned}\beta_1 &= 0,2547,\\ \beta_0 &= 0,1666,\\ \alpha_1 &= -0,8633,\\ \alpha_0 &= 0,2847,\end{aligned}$$

also lautet die vorgeschriebene zeitdiskrete Gesamtübertragungsfunktion für den digitalen Regelkreis

$$\underline{\underline{F(z) = \frac{0,2547z - 0,1666}{z^2 - 0,8633z + 0,2847}}}. \tag{4.180}$$

Die Regelstrecke hat für $T = 1$ die Übertragungsfunktion

$$\begin{aligned}H(z) &= (1 - z^{-1})\mathrm{Z}\left\{\frac{G(s)}{s}\right\}\\ &= 0,2076\frac{(z+1,3147)(z+0,0452)}{(z-1)(z-0,3679)(z-0,0067)}\end{aligned}$$

oder

$$\underline{\underline{H(z) = \frac{0,2076z^2 + 0,2823z + 0,0123}{z^3 - 1,3746z^2 + 0,3771z - 0,0025}}}. \tag{4.181}$$

Gemäß (4.163) erhält man dann als Übertragungsfunktion für den digitalen Regler

$$\begin{aligned} D(z) &= \frac{P_F(z)Q_H(z)}{P_H(z)[Q_F(z) - P_F(z)]} \\ &= 1,2269\frac{(z+0,6541)(z-1)(z-0,3679)(z-0,0067)}{(z+1,3147)(z+0,0452)[(z-1)(z-0,1181)]}, \end{aligned}$$

also

$$D(z) = \frac{1,2269z^3 + 0,3594z^2 - 0,2929z - 0,0020}{z^3 + 1,2418z^2 - 0,1012z - 0,0070} \tag{4.182}$$

oder nach Division die besser realsierbare Funktion

$$D(z) = 1,2269 + \frac{-1,1642z^2 - 0,1688z + 0,0066}{z^3 + 1,2418z^2 - 0,1012z - 0,0070}.$$

Das Differenzpolynom $[Q_F(z) - P_F(z)]$ im Nenner von $D(z)$ hatte eine Wurzel bei $z = 1$. Das ist kein Zufall, sondern eine Folge der Wahl von $F(z)$ so, daß $F(1) = P_F(1)/Q_F(1) = 1$ ist, denn dann ist $Q_F(1) = P_F(1)$, also $Q_F(1) - P_F(1) = 0$!

Eine Simulation des digitalen Regelkreises für eine sprungförmige Führungsgröße ergibt den in Bild 4.50 dargestellten, stark oszillierenden Verlauf der Regelgröße $y(t)$. Das gewünschte Übergangsverhalten tritt zwar in den Abtastzeitpunkten auf, dazwischen schwingt die Regelgröße aber sehr stark: es treten „versteckte Schwingungen" (hidden oscillations) auf!

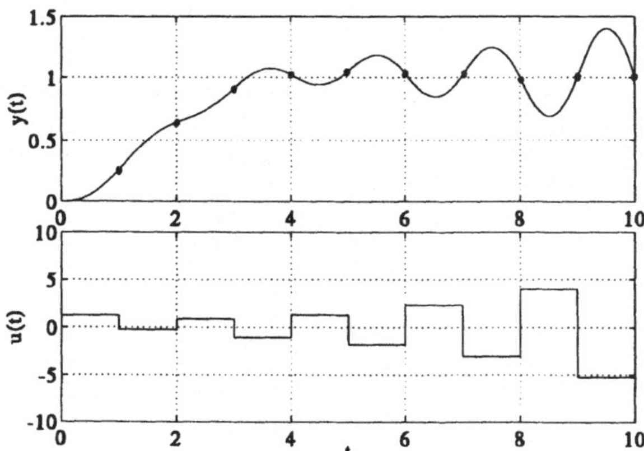

Bild 4.50: Auftreten von versteckten Schwingungen im digitalen Regelkreis aus Beispiel 4.22 mit dem digitalen Regler gemäß (4.182).

Die Ursache hierfür ist anscheinend der stark oszillierende Verlauf der Stellgröße $u(t)$! Was ist die Ursache dafür, daß die Stellgröße $u(t)$ so stark zwischen positiven und negativen Werten schwankt? Um diese Frage beantworten zu können, wird zunächst die $\mathcal{Z}$–Transformierte $u(z)$ der Stellgröße ermittelt. Aus

$$y(z) = F(z)w(z) = H(z)u(z)$$

folgt

$$u(z) = \frac{F(z)}{H(z)}w(z) = 1,2269\frac{(z+0,6541)(z-0,3679)(z-0,0067)z}{(z^2-0,8633z+0,2847)\underline{\underline{(z+1,3147)}}(z+0,0457)}. \tag{4.183}$$

Das starke Oszillieren der Stellgröße wird durch den Faktor $(z + 1,3147)$ im Nenner hervorgerufen! Partialbruchzerlegung von $u(z)$ ergibt nämlich

$$u(z) = 1,2269\left[\cdots + \frac{0,3677z}{z+1,3147} + \cdots\right]$$

und nach Rücktransformation in den diskreten Zeitbereich

$$u_k = 1,2269[\cdots + 0,3677(-1,3147)^k + \cdots] = [\cdots + 0,4511(-1,3147)^k + \cdots].$$

Der Anteil $0,4511(-1,3147)^k$ schwankt zwischen positiven und negativen, ständig größer werdenden Werten. Nach 10 Abtastperioden hat die Stellgröße bereits den Wert $0,4511(-1,3147)^{10} = 6,9585$.

Dieses Verhalten der Stellgröße u_k beruht auf der Kompensation der Nullstelle bei $-1,3147$ außerhalb des Einheitskreises der Übertragungsfunktion $H(z)$ der Regelstrecke, denn (4.183) ausführlich geschrieben, heißt

$$u(z) = \frac{P_F(z)Q_H(z)}{Q_F(z)P_H(z)}w(z), \tag{4.184}$$

d.h., aus den Nullstellen von $H(z)$ werden in (4.184) Pole. Würde das Zählerpolynom $P_F(z)$ der gewünschten Gesamtübertragungsfunktion ebenfalls $(z+1,3147)$ als Faktor enthalten, würde sich dieser gegen den gleichen Faktor im Polynom $P_H(z)$ herauskürzen. Es wäre also vermutlich besser gewesen, diese Nullstelle überhaupt nicht zu kompensieren! Es wird deshalb ein neues $F(z)$ so gewählt:

$$F(z) = \frac{0,1821(z+1,3147)}{z^2 - 0,8633z + 0,2847}, \tag{4.185}$$

wobei der Faktor $0,1821$ wegen $F(1) \stackrel{!}{=} 1$ notwendig ist. Als Übertragungsfunktion $D(z)$ für den digitalen Regler erhält man jetzt gemäß (4.163)

$$\begin{aligned} D(z) &= \frac{0,1821(z+1,3147)(z-1)(z-0,3679)(z-0,0067)}{0,2076(z+1,3147)(z+0,0452)(z-1)(z-0,0453)} \\ &= \frac{0,8772z^2 - 0,3286z + 0,0022}{z^2 - 0,0020} \end{aligned}$$

und daraus als Algorithmus für den Prozeßrechner bei einer Abtastperiode von $T = 1$:

$$\begin{aligned} u(z) &= \frac{P_D(z)}{Q_D(z)}e(z), \\ Q_D(z)u(z) &= P_D(z)e(z), \\ u(z) - 0,0020z^{-2}u(z) &= 0,8772e(z) - 0,3286z^{-1}e(z) + 0,0022z^{-2}e(z) \end{aligned}$$

und nach Rücktransformation in den diskreten Zeitbereich

$$\underline{\underline{u_k = 0,0020u_{k-2} + 0,8772e_k - 0,3286e_{k-1} + 0,0022e_{k-2}}}. \tag{4.186}$$

Das Übergangsverhalten des modifizierten digitalen Regelkreises zeigt Bild 4.51. Die versteckten Schwingungen sind verschwunden und die vorgegebenen Spezifikationen hinsichtlich Überschwingweite und Schnelligkeit sind erfüllt.

Zu beachten ist weiterhin, daß jetzt bei der direkten Synthese des digitalen Reglers auch für die relativ große Abtastperiode $T = 1$ ein gutes Ergebnis erzielt wurde, was bei der Umsetzung des zeitkontinuierlichen Reglers in einen zeitdiskreten Regler in Beispiel 4.16 für die Abtastperiode $T = 1$ nicht möglich war. □

4.8.4 Allgemeine Synthese

Aus dem Synthesebeispiel 4.22 folgt, daß eine Nullstelle der Übertragungsfunktion $H(z)$ der Regelstrecke, die außerhalb des Einheitskreises in der komplexen Zahlenebene liegt, zu starken Schwankungen der Stellgröße u und damit zu versteckten Schwingungen in

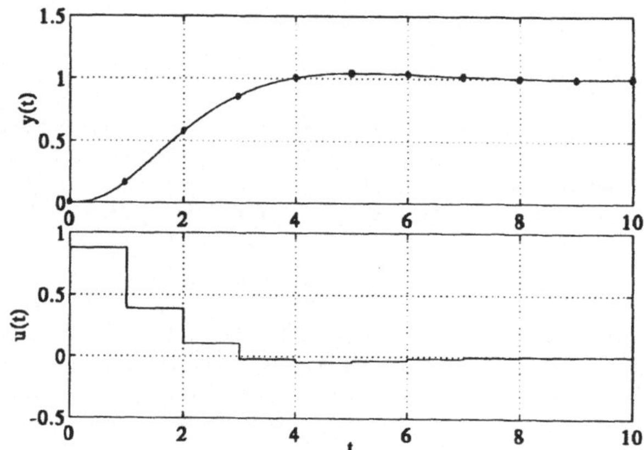

Bild 4.51: Modifizierter digitaler Regelkreis aus Beispiel 4.22 mit dem digitalen Regler gemäß (4.186).

der Regelgröße y führt. Für Nullstellen von $H(z)$ im Inneren des Einheitskreises, die in der Nähe des Einheitskreises liegen, gilt das aber auch, denn eine Nullstelle bei z.B. $z = -0,86$ würde auch noch zu starken Schwankungen der Stellgröße u führen: Im zehnten Abtastzeitpunkt hat u_{10} immer noch den Wert $(-0,86)^{10} = 0,2213$. Auch solche Nullstellen von $H(z)$ sollten als Nullstellen in die Gesamtübertragungsfunktion $F(z)$ übernommen werden, denn dann kürzen sie sich in der Übertragungsfunktion $D(z)$ gemäß

$$D(z) = \frac{P_F(z)Q_F(z)}{P_H(z)[Q_F(z) - P_F(z)]}$$

heraus. Deshalb die Synthesevorschrift

4.23 Satz: *Seien in dem Polynom $P'_H(z)$ die Nullstellen von $H(z)$ zusammengefaßt, die nicht kompensiert werden dürfen. Dann wähle*

$$F(z) = \frac{P_F(z)}{Q_F(z)} = \frac{P'_H(z)P'_F(z)}{Q_F(z)}. \tag{4.187}$$

Die Pole von $F(z)$, also die Wurzeln von $Q_F(z)$, legt man aus Stabilitätsgründen selbstverständlich in den Einheitskreis. In Abschnitt 4.4.2 wurde für zeitkontinuierliche Systeme die Lage günstiger Pole der Gesamtübertragungsfunktion $F(s)$ in der komplexen Zahlenebene diskutiert. Es ergab sich das in Bild 4.17 schraffierte günstige Polgebiet. Dieses Gebiet kann jetzt mittels $z = \mathrm{e}^{Ts}$ aus der s-Ebene in die z-Ebene abgebildet werden.

Bei dieser Abbildung wird aus einer Linie konstanter Dämpfung $-\alpha$ parallel zur Imaginärachse in der s-Ebene ein Kreis um den Koordinatenursprung mit dem Radius $\mathrm{e}^{-\alpha T}$ in der z-Ebene, siehe Bild 4.52. Horizontale Linien konstanter Frequenz $\omega = \omega_0$ in der s-Ebene gehen über in im Koordinatenursprung beginnende Geraden unter dem Winkel $\omega_0 T$, siehe Bild 4.53. Der in Bild 4.54 dargestellte, nach links offene schraffierte Streifen in der s-Ebene geht in den schraffierten Kreissektor in der z-Ebene über. Für

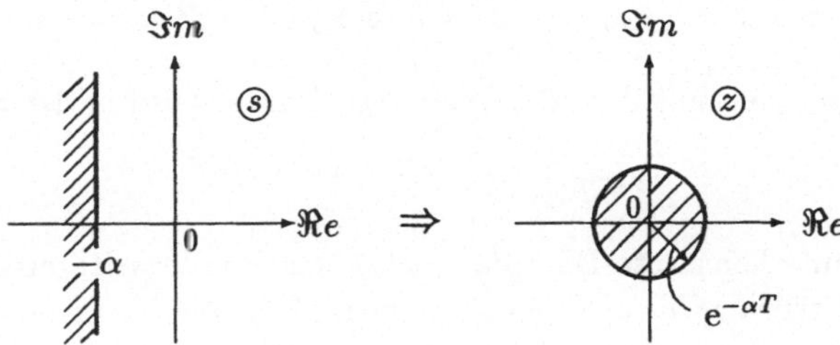

Bild 4.52: Abbildung einer Geraden in der s-Ebene in einen Kreis in der z-Ebene.

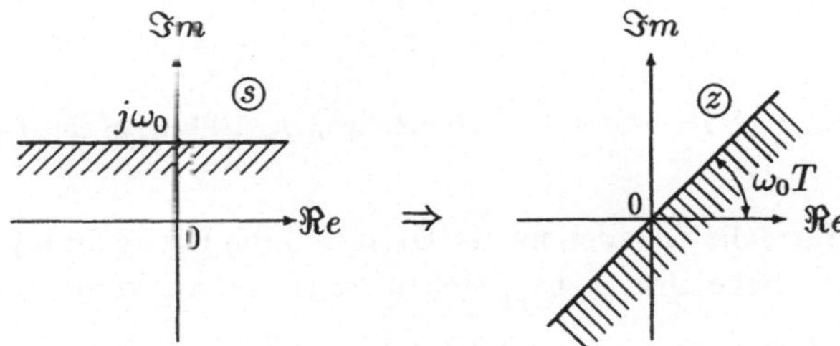

Bild 4.53: Abbildung einer horizontalen Geraden in der s-Ebene in eine Gerade durch den Ursprung in der z-Ebene.

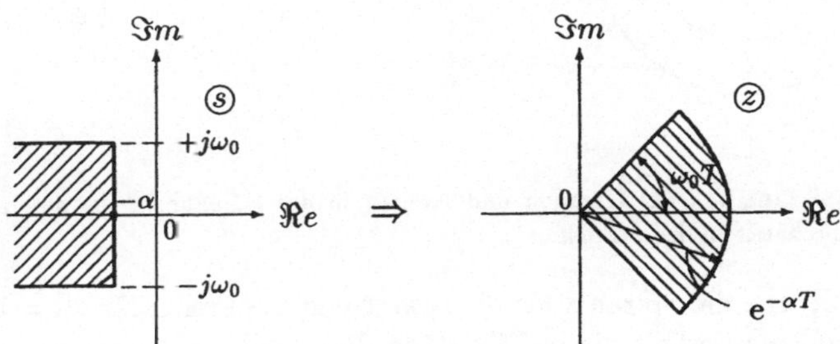

Bild 4.54: Abbildung eines Streifens der s-Ebene in einen Kreissektor der z-Ebene.

d =const erhält man für das konjugiert komplexe Polpaar

$$s_{1,2} = -d\omega_0 \pm j\omega_0\sqrt{1-d^2} = (-d \pm j\sqrt{1-d^2})\omega_0 = -\alpha \pm j\omega$$

in der s-Ebene Geraden mit dem Parameter ω_0. Daraus wird in der z-Ebene

$$z = \mathrm{e}^{sT} = \mathrm{e}^{-d\omega_0 T} \cdot \mathrm{e}^{\pm j\omega_0 T\sqrt{1-d^2}}.$$

Für eine bestimmte konstante Dämpfung d ist das eine logarithmische Spirale in der z-Ebene, deren Ursprung für $\omega_0 T$ bei $z = 1$ liegt (Bild 4.55).

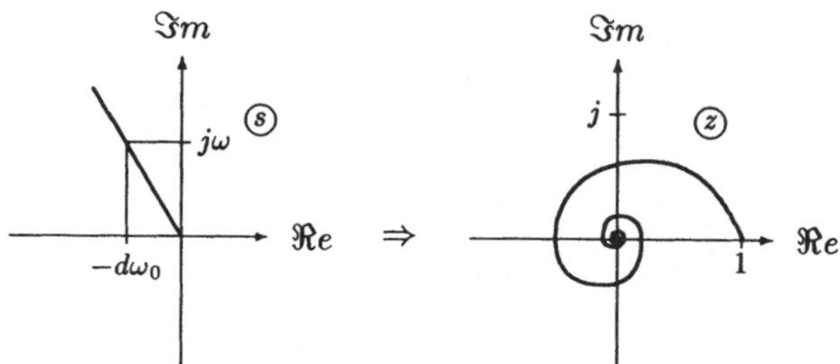

Bild 4.55: Abbildung einer Linie konstanter Dämpfung in der s-Ebene in eine logarithmische Spirale in der z-Ebene.

Da in der s-Ebene die Geraden für d =const und die Kreise für ω_0 =const senkrecht aufeinanderstehen (siehe Bild 4.56a), stehen durch die konforme Abbildung $z = \mathrm{e}^{sT}$

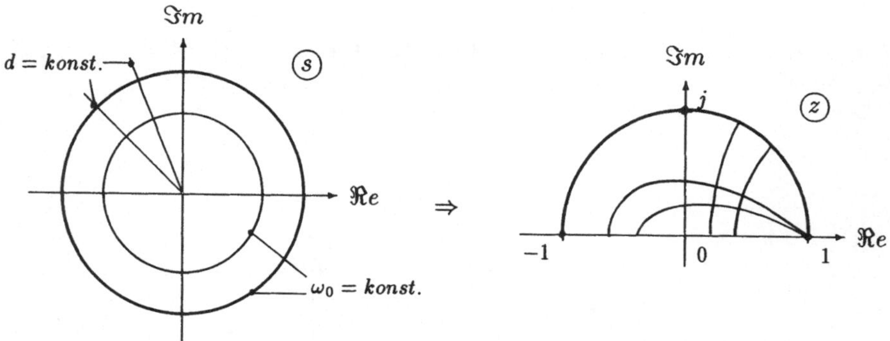

Bild 4.56: Abbildung von (a) Geraden und Kreisen in der s-Ebene in (b) aufeinander senkrecht stehende Kurvenscharen in der z-Ebene.

auch in der z-Ebene die Spiralen für $d = konst$ und die Linien für ω_0 =const senkrecht aufeinander und man erhält die in Bild 4.56b dargestellte Kurvenschar.

Zusammenfassend kann man sagen, daß für ein asymptotisch stabiles Abtastregelungssystem alle Pole im Innern des Einheitskreises in der komplexen z-Ebene liegen müssen. Wenn das zeitkontinuierliche Gesamtsystem im wesentlichen durch ein Verzögerungsglied 2.Ordnung wie in Abschnitt 4.4.2 vorgegeben wird, ist das größte

Überschwingen proportional zur Dämpfung d. Das Auftreten dieses Maximums bei t_{max}, also sozusagen die Ausregelzeit, ist bei vorgegebener Dämpfung d proportional zu ω_0. Insgesamt erhält man in der s-Ebene als gewünschtes Gebiet für das dominierende Polpaar z.B. das in Bild 4.57a schraffierte Gebiet, das nach den oben beschriebenen

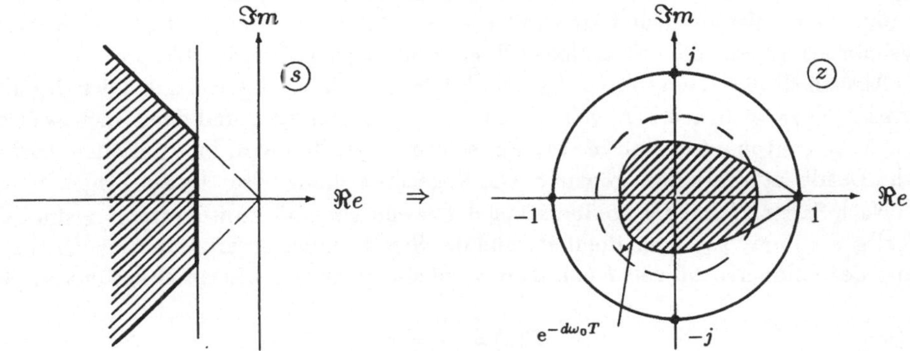

Bild 4.57: (a) Günstiges, schraffiertes Gebiet für Pole in der s-Ebene und (b) entsprechendes Gebiet in der z-Ebene.

Regeln in das herzförmige, schraffierte Gebiet in der z-Ebene abgebildet wird.

Um eine ökonomische Aufteilung der zwischen den Abtastzeitpunkten zur Verfügung stehenden Rechenzeit für die Berechnung der Stellgröße u_k zu erhalten ist es sinnvoll, Berechnungen, die nicht auf der Kenntnis der im Abtastzeitpunkt kT eintreffenden Meßgrößen y_k beruhen, bereits vor dem Abtastzeitpunkt kT durchzuführen. Liegt z.B. eine Übertragungsfunktion

$$D(z) = \frac{b_n z^n + b_{n-1} z^{n-1} + \cdots + b_1 z + b_0}{z^n + a_{n-1} z^{n-1} + \cdots + a_1 z + a_0} = \frac{P_D(z)}{Q_D(z)} \tag{4.188}$$

für den Regler vor, bedeutet das für die Stellgröße

$$u(z) = \frac{P_D(z)}{Q_D(z)} e(z) \tag{4.189}$$

oder ausführlich geschrieben

$$u(z) = -a_{n-1} z^{-1} u(z) - \cdots - a_0 z^{-n} u(z) + b_n e(z) + b_{n-1} z^{-1} e(z) + \cdots + b_0 z^{-n} e(z) \tag{4.190}$$

und nach Rücktransformation in den Zeitbereich

$$u_k = b_n e_k + \underbrace{(-a_{n-1} u_{k-1} - \cdots - a_0 k_{k-n} + b_{n-1} e_{k-1} + \cdots + b_0 e_{k-n})}_{r_k}. \tag{4.191}$$

Hierbei ist r_k nur von früheren Daten abhängig und kann bereits vor dem Eintreffen von y_k berechnet werden. Für die Berechnung von u_k werden dann gemäß

$$u_k = b_n \cdot (w_k - y_k) + r_k \tag{4.192}$$

nur noch je eine Subtraktion, Addition und Multiplikation benötigt. Beansprucht diese Berechnung die Zeit τ, so steht die restliche Zeit $T-\tau$ bis zum nächsten Abtastzeitpunkt $(k+1)T$ für die Berechnung von r_{k+1} zur Verfügung.

4.8.5 Endliche Einstellzeit (Deadbeat-Regler)

Zeitkontinuierliche analoge Regler sind in ihrer Arbeitsweise wegen ihrer technischen Grenzen beschränkt. Bei zeitdiskreten digitalen Reglern ist das nicht der Fall, da die gewünschten Eigenschaften des Reglers durch einen Rechenalgorithmus repräsentiert werden. Aus diesem Grund sind mit digitalen Reglern Eigenschaften des geregelten Systems erreichbar, die mit analogen Reglern nicht erzielt werden können.

Abschließend soll ein solcher digitaler Regler so entworfen werden, daß der Regelfehler nach einer *endlichen* Zahl von Abtastperioden zu null wird und dann auch zwischen den Abtastzeitpunkten Null bleibt. Ein solches Verhalten wird international anschaulich „Deadbeat"-Verhalten genannt: Die Regelabweichung wird „totgeschlagen"!

Nach Satz 4.21 soll der Polüberschuß der gewünschten Gesamtübertragungsfunktion $F(z)$ genauso groß wie der Polüberschuß der Streckenübertragungsfunktion $H(z)$ sein. Sei ρ der Polüberschuß von $H(z)$, dann wäre eine denkbare Übertragungsfunktion für

$$F(z) = \frac{1}{z^\rho} = z^{-\rho}.$$

Bei einer solchen Übertragungsfunktion wäre in der Tat nach ρ Abtastperioden, also nach der endlichen Zeit ρT, in den Abtastzeitpunkten die Ausgangsgröße gleich der Eingangsgröße.

4.24 Beispiel: Bei der Regelstrecke

$$H(z) = 0,2076\frac{(z+1,3147)(z+0,0452)}{(z-1)(z-0,3679)(z-0,0067)}$$

aus Beispiel 4.22 ist der Polüberschuß $\rho = 1$, also würde theoretisch $F(z) = z^{-1}$ das günstigste Deadbeat-Verhalten ergeben. In diesem Fall müßte der Regler die Übertragungsfunktion

$$\begin{aligned} D(z) &= \frac{P_F(z)Q_H(z)}{P_H(z)[Q_F(z) - P_F(z)]} \\ &= 4,817\frac{(z-0,3679)(z-0,0067)}{(z+1,3147)(z+0,0452)} \end{aligned}$$

haben, d.h., es müßte eine Nullstelle von $H(z)$, die außerhalb des Einheitskreises liegt, gekürzt werden, was natürlich zu starken versteckten Schwingungen führt (Bild 4.58). □

Wie das Beispiel 4.24 zeigt, muß sich die gewählte Übertragungsfunktion $F(z)$ auch nach der vorliegenden Strecke, insbesondere den Nullstellen richten. Wenn also wie in Satz 4.23 in dem Polynom $P'_H(z)$ die Nullstellen von $H(z)$ zusammengefaßt werden, die nicht kompensiert werden dürfen, und hat dieses Polynom den Grad ν, dann ist

$$F(z) = \frac{P'_H(z)}{z^{\rho+\nu}}$$

zu wählen.

4.25 Beispiel: Schreibt man für die Regelstrecke aus Beispiel 4.24 die gewünschte Übertragungsfunktion

$$F(z) = 0,432\frac{z+1,3147}{z^2}$$

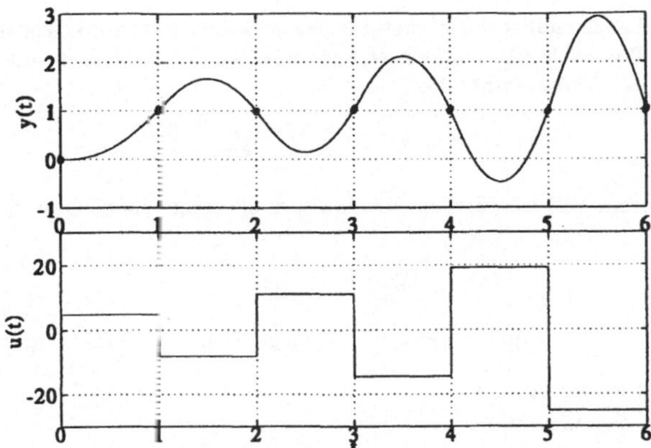

Bild 4.58: Ungeeignetes „Deadbeat"–Verhalten zwischen den Abtastzeitpunkten des Regelkreises aus Beispiel 4.24.

vor, erhält man mit dem Regler

$$D(z) = 2,081\frac{(z - 0,3679)(z - 0,0067)}{(z + 0,0452)(z + 0,5680)}$$

die in Bild 4.59 dargestellte Sprungantwort des so geregelten Systems. Nach zwei Abtastperioden ist

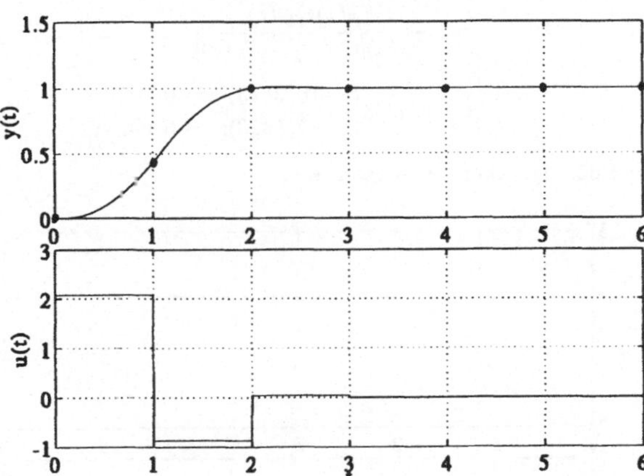

Bild 4.59: Sprungantwort des Systems mit dem Deadbeat-Regler aus Beispiel 4.25.

$y(2T) = 1$, bleibt aber nach drei Abtastperioden nur annähernd gleich eins, denn nach drei Abtastperioden ist die Stellgröße zwar sehr klein, aber nicht gleich null. Tatsächlich ist nach (4.184)

$$\begin{aligned} u(z) &= \frac{P_F(z)Q_H(z)}{Q_F(z)P_H(z)}w(z) \\ &= 2,081\frac{(z - 0,3679)(z - 0,0067)}{z(z + 0,0452)} \\ &= 2,081 - 0,874z^{-1} + 0,045z^{-2} - 0,00202z^{-3} + 0,00006z^{-4} + - \cdots . \end{aligned}$$

Die Stellgröße u_k wird nach endlicher Zeit erst dann exakt zu null, wenn im Nenner von $u(z)$ eine reine Potenz von z steht. Das kann z.B. dadurch erreicht werden, daß im Zähler von $F(z)$ auch noch die zweite Nullstelle von $H(z)$ vorkommt, also

$$F(z) = 0,4133\frac{(z+1,3147)(z+0,0452)}{z^3}$$

gewählt wird. In diesem Fall ist nämlich für eine sprungförmige Eingangsgröße $w(t) = \sigma(t)$, d.h., $w(z) = z/(z-1)$,

$$\begin{aligned} u(z) &= 1,9908\frac{(z-0,3679)(z-0,0067)}{z^2} \\ &= 1,9908 - 0,7458z^{-1} + 0,0049z^{-2} + 0\cdot(z^{-3}+z^{-4}+\cdots), \end{aligned}$$

also in der Tat $u_k = 0$ für $k \geq 3$.
Im eingeschwungenen Zustand soll

$$y(s) = G(s)u(s) \stackrel{!}{=} w(s)$$

sein. Daraus folgt für eine sprungförmige Führungsgröße $w(s) = \frac{1}{s}$ die Stellgröße

$$u_\infty \stackrel{\text{def}}{=} \lim_{t\to\infty} u(t) = \lim_{s\to 0} su(s) = \lim_{s\to 0}\frac{sw(s)}{G(s)} = \frac{1}{\lim_{s\to 0} G(s)}.$$

In diesem Beispiel ist

$$u_\infty = \lim_{s\to 0}\frac{s(s+1)(s+5)}{4} = 0,$$

d.h., es ist auch $y(t) = 1$ für $t \geq 3T$, da $u(t) = 0$ für $t \geq 3T$ ist. Mit dem digitalen Regler

$$\begin{aligned} D(z) &= \frac{P_F(z)Q_H(z)}{P_H(z)[Q_F(z)-P_F(z)]} \\ &= 1,9908\frac{(z-0,3679)(z-0,0067)}{(z+0,5413)(z+0,0454)} \end{aligned}$$

erhält man die in Bild 4.60 angegebene Sprungantwort. □

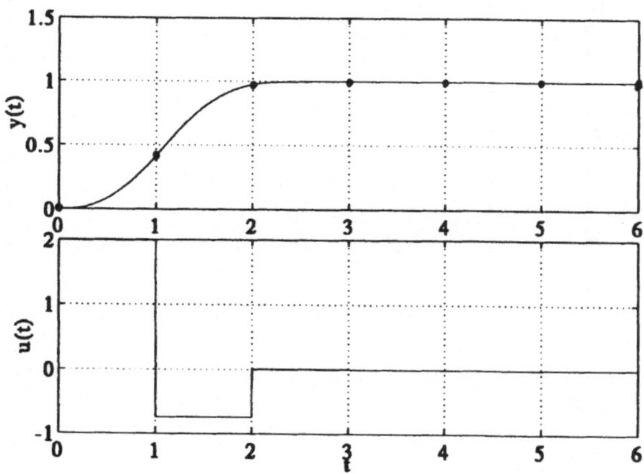

Bild 4.60: Sprungantwort des Regelkreises mit dem endgültigen Deadbeat-Regler aus Beispiel 4.25.

Allgemein erhält man für eine Regelstrecke mit der Übertragungsfunktion

$$H(z) = \frac{P_H(z)}{Q_H(z)}$$

als Gesamtübertragungsfunktion für Deadbeat-Verhalten

$$F(z) = \frac{K P_H(z)}{z^{\rho+m}} = \frac{K P_H(z)}{z^n}, \tag{4.193}$$

denn aus $m = \mathrm{Grad}\{P_H(z)\}$ und $\rho = \mathrm{Grad}\{Q_H(z)\} - \mathrm{Grad}\{P_H(z)\} = n - m$ folgt $\rho + m = n$. K ist gleich $1/P_H(1)$, damit $F(1) = 1$ ist. Der hierzu gehörige Deadbeat-Regler hat dann die Übertragungsfunktion

$$D(z) = \frac{P_F(z) Q_H(z)}{P_H(z)[Q_F(z) - P_F(z)]} = \frac{K Q_H(z)}{z^n - K P_H(z)},$$

also

$$D(z) = \frac{Q_H(z)}{z^n P_H(1) - P_H(z)}. \tag{4.194}$$

Da es sich hierbei um einen Kompensationsregler handelt – das Zählerpolynom des Reglers wird gegen das Nennerpolynom der Strecke gekürzt – ist ein solcher Regler nur anwendbar, wenn keine Streckenpole außerhalb des Einheitskreises liegen!

Deadbeat-Regler können auch für Systeme mit Totzeit entworfen werden. Für ein Totzeitglied mit der Totzeit T_t gilt

$$y(t) = u(t - T_t). \tag{4.195}$$

Ist die Totzeit T_t ein ganzzahliges Vielfaches der Abtastperiode, also $T_t = \kappa T, \kappa \in \mathbb{N}$, kann man anstelle von (4.195) auch schreiben

$$y(kT) = u(kT - \kappa T)$$

oder für die $\mathcal{Z}$-transformierten Größen mit Hilfe des Verschiebungssatzes

$$y(z) = z^{-\kappa} u(z).$$

Ist einem Übertragungsglied $H'(z)$ eine Totzeit vor- oder nachgeschaltet, so ist

$$\frac{y(z)}{u(z)} = H'(z) z^{-\kappa}.$$

Allgemein hat eine Regelstrecke mit einer Totzeit $T_t = \kappa T$ die Übertragungsfunktion

$$H(z) = \frac{b_0 + b_1 z + \cdots + b_m z^m}{z^{n+\kappa} + a_{n-1} z^{n+\kappa-1} + \cdots + a_1 z^{\kappa+1} + a_0 z^\kappa} = \frac{P_H(z)}{z^\kappa Q'_H(z)}.$$

Der Polüberschuß beträgt $\rho = n + \kappa - m$ und als gewünschte Übertragungsfunktion für Deadbeat-Verhalten bei sprungförmiger Führungsgröße ist vorzuschreiben

$$F(z) = \frac{K P_H(z)}{z^{n+\kappa}},$$

mit $K = P_H^{-1}(1) = (\sum_{i=0}^m b_i)^{-1}$, woraus als Übertragungsfunktion für den digitalen Regler

$$D(z) = \frac{K Q'_H(z) z^\kappa}{z^{n+\kappa} - K P_H(z)}$$

folgt.

4.9 Übungen zu Kapitel 4

Aufgabe 4.1: Gegeben ist der Regelkreis in Bild 4.61 mit der Übertragungsfunktion

$$R(s)G(s) = \frac{1.06}{s(s+1)(s+2)}$$

des offenen Regelkreises. Welche bleibende Regelabweichung e_∞ ergibt sich für die Sprungfunktion $\sigma(t)$ bzw. die Rampenfunktion $t\sigma(t)$ als Führungsgröße $w(t)$?

Lösung: Für $w(t) = \sigma(t)$ ist $e_\infty = 0$ und für $w(t) = t\sigma(t)$ ist $e_\infty = 1,8868$.

Aufgabe 4.2: Gegeben ist der Regelkreis aus Aufgabe 4.1 mit einem Störgrößeneingriff gemäß Bild 4.61. Welche bleibende Regelabweichung e_∞ erhält man für eine Sprungfunktion $0,1\sigma(t)$ bzw. eine Rampenfunktion $0,1t\sigma(t)$ als Störgröße $v(t)$?

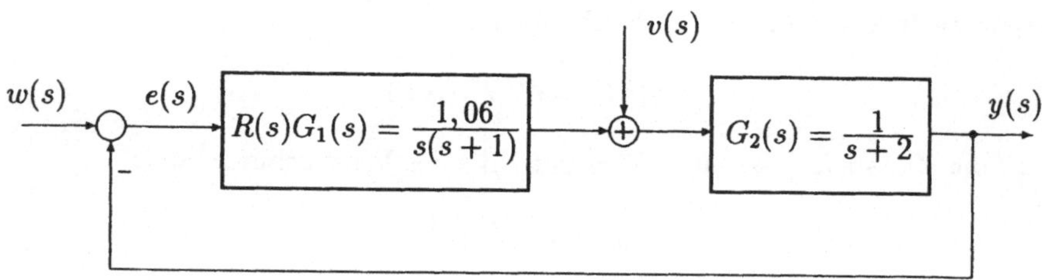

Bild 4.61: Regelkreis der Aufgaben 4.1 und 4.2.

Lösung: Für $v(t) = 0,1\sigma(t)$ ist $e_\infty = 0$ und für $v(t) = 0,1t\sigma(t)$ ist $e_\infty = -0,1887$.

Aufgabe 4.3: Für die Regelstrecke mit der Übertragungsfunktion

$$G(s) = \frac{2}{s(s+3)}$$

und einem Störgrößeneingriff am Ende der Regelstrecke soll ein Kompensationsregler entworfen werden, so daß das rückgekoppelte Gesamtsystem sich wie ein Verögerungsglied zweiter Ordnung mit dem Nennerpolynom

$$N_F(s) = s^2 + 1,41s + 1$$

verhält.

Lösung: Der gesuchte Kompensationsregler hat die Übertragungsfunktion

$$R(s) = \frac{0,5(s+3)}{s+1,41}.$$

Aufgabe 4.4: Für die gleiche Regelstrecke wie in Aufgabe 4.3, aber mit einem Störgrößeneingriff vor dem Systemintegrator – es ist $G_2(s) = \frac{1}{s}$ – soll ein Kompensationsregler entworfen werden, der die gleiche Gesamtübertragungsfunktion $F(s)$ liefert wie in Aufgabe 4.3.

Lösung: Das Ziel wird erreicht mit dem Kompensationsregler $R(s)$ und dem Vorfilter $R_v(s)$ mit den Übertragungsfunktionen

$$R(s) = \frac{2,9922(s+0,5907)(s+3)}{s(s+4,945)} \quad \text{und} \quad R_v(s) = \frac{0,16718(s+3,535)}{s+0,5907}.$$

Aufgabe 4.5: Welche sprunginvariante zeitdiskrete Realisierung erhält man für den Kompensationsregler aus Aufgabe 4.3, wenn die Abtastperiode $T = 1$ beträgt?

Lösung: Es ist

$$D(z) = \frac{0,5(z+0,6082)}{z-0,2441}.$$

Aufgabe 4.6: Welche sprunginvariante zeitdiskrete Realisierung erhält man für den Kompensationsregler und das Vorfilter bei einer Abtastpeiode von $T = 0,1$ aus Aufgabe 4.4?

Lösung: Man erhält

$$D(z) = \frac{2,9922z^2 - 5,1141z + 2,1638}{(z-1)(z-0,6099)} \quad \text{und} \quad D_v(z) = \frac{1,671(z-0,6567)}{z-0,9426}.$$

Aufgabe 4.7: Für das System aus Aufgabe 4.3 soll direkt ein digitaler Regler mit einer Abtastperiode $T = 1$ entworfen werden. Das geregelte System soll sich in den Abtastzeitpunkten wie ein Verzögerungsglied zweiter Ordnung mit einer Dämpfung von $d = 0,707$ und einem $t_{max} = 5$ verhalten.

Lösung: Es ist

$$H(z) = \frac{0,4555z + 0,1780}{z^2 - 1,0498z + 0,0498} \quad \text{und} \quad F(z) = \frac{0,2548z + 0,1666}{z^2 - 0,8633z + 0,2847}.$$

Daraus erhält man für den digitalen Regler die Übertragungsfunktion

$$D(z) = \frac{0,5594z^3 - 0,2215z^2 - 0,3561z + 0,0182}{z^3 - 0,7274z^2 - 0,3187z + 0,0461}.$$

5 Steuerbarkeit und Erreichbarkeit

Die in Kapitel 4 beschriebenen Kompensationsverfahren im Frequenzbereich können nur dann angewendet werden, wenn die Übertragungsfunktion der Regelstrecke keine Pole im instabilen Gebiet hat. Sollen instabile Systeme geregelt werden, müssen andere Regelungskonzepte wie die im nächsten Kapitel behandelten Zustandsregler zu Hilfe genommen werden. Voraussetzung für die Anwendbarkeit der Verfahren sind die in diesem Kapitel einzuführenden Eigenschaften Steuerbarkeit bzw. Erreichbarkeit.

5.1 Grundlagen und Definitionen

Ein dynamisches System hat allgemein eine mathematische Beschreibung, die aus einer Zustandsgleichung und einer Ausgangsgleichung besteht:

$$\dot{\boldsymbol{x}}(t) = \boldsymbol{f}(\boldsymbol{x}, \boldsymbol{u}, t), \tag{5.1}$$

$$\boldsymbol{y}(t) = \boldsymbol{g}(\boldsymbol{x}, \boldsymbol{u}, t). \tag{5.2}$$

Die Zustandsgleichung beschreibt den Zusammenhang zwischen den Eingangs- und Zustandsgrößen und die Ausgangsgleichung den Zusammenhang zwischen den Zustands-, Eingangs- und Ausgangsgrößen. Eine der Hauptaufgaben der Regelungstheorie ist die Analyse der Wechselwirkung zwischen Eingangs- und Zustandsgrößen sowie zwischen Zustands- und Ausgangsgrößen.

Hierbei steht die Frage nach der *Existenz* einer Eingangsfunktion $\boldsymbol{u}_{[t_0,t_1]}$ für die Überführung eines Systems aus einem Anfangszustand $\boldsymbol{x}_0 = \boldsymbol{x}(t_0)$ in einen Endzustand $\boldsymbol{x}_1 = \boldsymbol{x}(t_1)$ im Vordergrund. Im besonderen wird danach gefragt, ob der Anfangszustand $\boldsymbol{x}_0$ in den Endzustand $\boldsymbol{x}_1 = \boldsymbol{o}$ *gesteuert* oder ob der Endzustand $\boldsymbol{x}_1$ von dem Anfangszustand $\boldsymbol{x}_0 = \boldsymbol{o}$ aus *erreicht* werden kann, wobei die Steuerfunktion $\boldsymbol{u}_{[t_0,t_1]}$ einer gegebenen zulässigen Menge $\mathcal{U}$ angehört. Allgemein wird deshalb definiert:

5.1 Definition: *Die Menge*

$$\mathcal{R}_{err}(t_0, t_1, \boldsymbol{x}_0) \stackrel{\text{def}}{=} \{\boldsymbol{x}_1 : \boldsymbol{x}_1 = \boldsymbol{x}(t_1; t_0, \boldsymbol{x}_0, \boldsymbol{u}_{[t_0,t_1]}), \boldsymbol{u}_{[t_0,t_1]} \in \mathcal{U}\} \tag{5.3}$$

***heißt* vom Zustand $\boldsymbol{x}_0 = \boldsymbol{x}(t_0)$ aus im Zeitpunkt t_1 erreichbare Menge.**
Die Menge

$$\mathcal{R}_{steu}(t_0, t_1, \boldsymbol{x}_1) \stackrel{\text{def}}{=} \{\boldsymbol{x}_0 : \boldsymbol{x}_1 = \boldsymbol{x}(t_1; t_0, \boldsymbol{x}_0, \boldsymbol{u}_{[t_0,t_1]}), \boldsymbol{u}_{[t_0,t_1]} \in \mathcal{U}\} \tag{5.4}$$

***heißt* in den Zustand $\boldsymbol{x}_1 = \boldsymbol{x}(t_1)$ vom Zeitpunkt t_0 aus steuerbare Menge.**

5.2 Beispiel: Für das System mit der Zustandsgleichung

$$\dot{\boldsymbol{x}}(t) = \begin{bmatrix} 1 & 6 \\ -1 & -4 \end{bmatrix} \boldsymbol{x}(t) + \begin{bmatrix} 3 \\ -1 \end{bmatrix} u(t)$$

sei die Eingangsfunktion auf den Amplitudenbereich $[-1, +1]$ beschränkt, $u(t) \in [-1, +1]$. Damit ist das Gesamtsystem nichtlinear, denn bei linearen Systemen wird für $u(t)$ das Intervall $(-\infty, +\infty)$ vorausgesetzt. Die Lösung der Zustandsgleichung ist

$$\begin{aligned} \boldsymbol{x}(t) &= \boldsymbol{\Phi}(t)\boldsymbol{x}_0 + \int_{t_0=0}^{t} \boldsymbol{\Phi}(t-\tau)\boldsymbol{b}u(\tau)\mathrm{d}\tau \\ &= \begin{bmatrix} (3\mathrm{e}^{-t} - 2\mathrm{e}^{-2t}) & 6(\mathrm{e}^{-t} - \mathrm{e}^{-2t}) \\ (\mathrm{e}^{-2t} - \mathrm{e}^{-t}) & (3\mathrm{e}^{-2t} - 2\mathrm{e}^{-t}) \end{bmatrix} \boldsymbol{x}_0 + \begin{bmatrix} 3 \\ -1 \end{bmatrix} \mathrm{e}^{-t} \int_0^t \mathrm{e}^{\tau} u(\tau)\mathrm{d}\tau \end{aligned}$$

und insbesondere z.B. für den Anfangszustand $\boldsymbol{x}_0 = \begin{bmatrix} 1 \\ 1 \end{bmatrix}$:

$$\boldsymbol{x}(t) = \begin{bmatrix} 9\mathrm{e}^{-t} - 8\mathrm{e}^{-2t} + 3\mathrm{e}^{-t}\int_0^t \mathrm{e}^{\tau} u(\tau)\mathrm{d}\tau \\ 4\mathrm{e}^{-2t} - 3\mathrm{e}^{-t} - \mathrm{e}^{-t}\int_0^t \mathrm{e}^{\tau} u(\tau)\mathrm{d}\tau \end{bmatrix}.$$

Hierbei ist

$$\mathrm{e}^{-t}\int_0^t \mathrm{e}^{\tau} u(\tau)\mathrm{d}\tau = \begin{cases} 1 - \mathrm{e}^{-t} & \text{für} \quad u \equiv +1, \\ \mathrm{e}^{-t} - 1 & \text{für} \quad u \equiv -1. \end{cases}$$

Damit erhält man die in Bild 5.5 dargestellte vom Anfangszustand $\boldsymbol{x}_0 = [\, 1 \quad 1 \,]^T$ aus im Zeitpunkt $t_1 = 1$ *erreichbare* Menge $\mathcal{R}_{err}(0, 1, \boldsymbol{x}_0)$. Schraffiert ist die Menge aller im Zeitintervall $[0, 1]$ erreichbaren Zustände, also die Menge

$$\bigcup_{t_1=0}^{1} \mathcal{R}_{err}(0, t_1, \boldsymbol{x}_0).$$

Die z.B. in den Zustand $\boldsymbol{x}_1 = [\, 1 \quad 1 \,]^T$ *steuerbare* Menge erhält man durch Auflösung der Lösungsgleichung nach

$$\boldsymbol{x}_0 = \boldsymbol{\Phi}^{-1}(t)\boldsymbol{x}_1 - \boldsymbol{\Phi}^{-1}(t)\int_0^t \boldsymbol{\Phi}(t-\tau)\boldsymbol{b}u(\tau)\mathrm{d}\tau$$

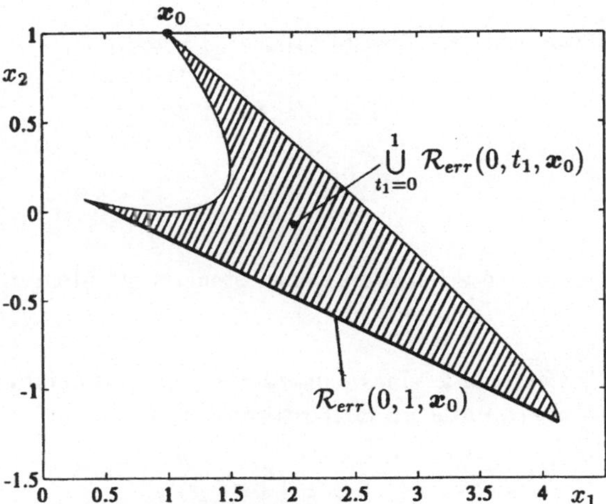

Bild 5.1: Erreichbare Menge in Beispiel 5.2.

$$= \begin{bmatrix} 9e^t - 8e^{2t} \\ 4e^{2t} - 3e^t \end{bmatrix} - \begin{bmatrix} 3 \\ -1 \end{bmatrix} \int_0^t e^\tau u(\tau) d\tau,$$

wobei jetzt das Integral in dem Bereich liegt

$$\int_0^t e^\tau u(\tau) d\tau = \begin{cases} e^t - 1 & \text{für} \quad u \equiv +1, \\ 1 - e^t & \text{für} \quad u \equiv -1. \end{cases}$$

Bild 5.2 zeigt die vom Zeitpunkt $t_0 = 0$ aus im Zeitpunkt $t_1 = 1$ in den Zustand $x_1 = \begin{bmatrix} 1 & 1 \end{bmatrix}^T$ steu-

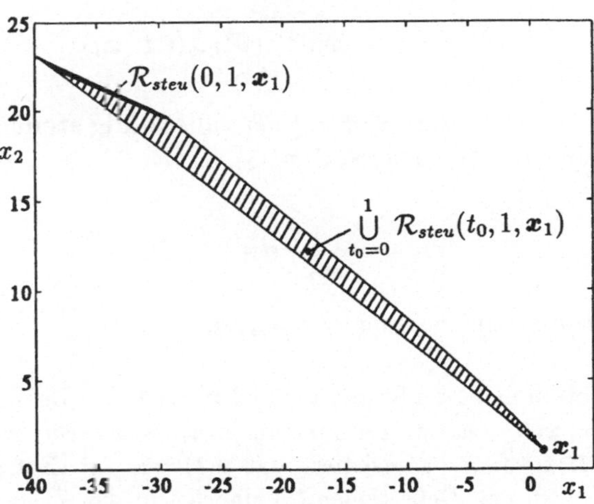

Bild 5.2: Steuerbare Menge in Beispiel 5.2

erbare Menge $\mathcal{R}_{steu}(0, 1, x_1)$. Schraffiert ist die Menge aller im Zeitintervall $[0, 1]$ nach x_1 steuerbaren

Zustände, nämlich die Vereinigung aller Mengen $\mathcal{R}_{steu}$ für $t_0 \in [0;1]$

$$\bigcup_{t_0=0}^{1} \mathcal{R}_{steu}(t_0, 1, \boldsymbol{x}_1).$$

□

Mit den oben definierten erreichbaren bzw. steuerbaren Mengen kann jetzt weiter definiert werden:

5.3 Definition: *Der Zustand* $\boldsymbol{x}$ *eines dynamischen Systems heißt* **erreichbar von** $\boldsymbol{x}_0 = \boldsymbol{x}(t_0)$ **aus im Zeitintervall** $[t_0; t_1]$, *wenn*

$$\boldsymbol{x} \in \bigcup_{t=t_0}^{t_1} \mathcal{R}_{err}(t_0, t, \boldsymbol{x}_0). \tag{5.5}$$

Ein dynamisches System heißt **vollständig erreichbar von** $\boldsymbol{x}_0 = \boldsymbol{x}(t_0)$ **aus im Zeitinterwall** $[t_0; t_1]$, *wenn*

$$\bigcup_{t=t_0}^{t_1} \mathcal{R}_{err}(t_0, t, \boldsymbol{x}_0) = \mathcal{X}, \tag{5.6}$$

dem gesamten Zustandsraum, ist.

5.4 Definition: *Der Zustand* $\boldsymbol{x}$ *eines dynamischen Systems heißt* **steuerbar nach** $\boldsymbol{x}_1 = \boldsymbol{x}(t_1)$ **im Zeitintervall** $[t_0, t_1]$, *wenn*

$$\boldsymbol{x} \in \bigcup_{t=t_0}^{t_1} \mathcal{R}_{steu}(t, t_1, \boldsymbol{x}_1). \tag{5.7}$$

Ein dynamisches System heißt **vollständig steuerbar nach** $\boldsymbol{x}_1 = \boldsymbol{x}(t_1)$ **im Zeitinterwall** $[t_0, t_1]$, *wenn*

$$\bigcup_{t=t_0}^{t_1} \mathcal{R}_{steu}(t, t_1, \boldsymbol{x}_1) = \mathcal{X}, \tag{5.8}$$

dem gesamten Zustandsraum, ist.

Mit anderen Worten heißt ein Systemzustand $\boldsymbol{x}_1$ nach den Definitionen 5.1 und 5.3 vom Zustand $\boldsymbol{x}_0 = \boldsymbol{x}(t_0)$ aus im Zeitintervall $[t_0, t_1]$ *erreichbar*, wenn eine zulässige Steuerung $\boldsymbol{u}_{[t_0,t]} \in \mathcal{U}, t \in [t_0, t_1]$ so existiert, daß $\boldsymbol{x}(t) = \boldsymbol{x}_1$ ist. Entsprechend heißt ein Systemzustand $\boldsymbol{x}_0$ nach den Definitionen 5.1 und 5.4 in den Zustand $\boldsymbol{x}_1 = \boldsymbol{x}(t_1)$ im Zeitintervall $[t_0, t_1]$ *steuerbar*, wenn eine zulässige Steuerung $\boldsymbol{u}_{[t,t_1]} \in \mathcal{U},\ t \in [t_0; t_1]$ so existiert, daß $\boldsymbol{x}(t) = \boldsymbol{x}_0$ ist.

Bei *zeitinvarianten* Systemen kommt es bei der Untersuchung der Erreichbarkeit nicht auf den Anfangszeitpunkt t_0 an; er kann ohne Einschränkung der Allgemeinheit zu $t_0 = 0$ festgelegt werden. Damit hängen aber Erreichbarkeit und Steuerbarkeit nicht mehr von dem speziellen Zeitintervall $[t_0, t_1]$, sondern nur noch von der Zeitdifferenz $t_1 - t_0$ ab. Deshalb definiert man allgemein:

5.5 Definition: *Ein* zeitinvariantes *dynamisches System heißt* **vollständig steuerbar**, *wenn man jeden Anfangszustand $\boldsymbol{x}_0 \in \mathcal{X}$ in jeden Endzustand $\boldsymbol{x}_1 \in \mathcal{X}$ in endlicher Zeit überführen kann.*

Unter der Menge $\mathcal{U}$ der *zulässigen* Steuerfunktionen kann man z.B. die Menge aller stückweise stetigen Funktionen mit endlichen Amplituden und endlich vielen Unstetigkeitsstellen verstehen.

Bei einem System mit linearer Zustandsgleichung erhält man beispielsweise als Lösung der Zustandsgleichung

$$\boldsymbol{x}(t_1) = \boldsymbol{\Phi}(t_1, t_0)\boldsymbol{x}_0 + \int_{t_0}^{t_1} \boldsymbol{\Phi}(t_1, \tau)\boldsymbol{B}(\tau)\boldsymbol{u}(\tau)\mathrm{d}\tau, \tag{5.9}$$

d.h., für beschränkte Transitionsmatrizen $\boldsymbol{\Phi}(t_1, t)$ und Eingabematrizen $\boldsymbol{B}(t)$ sowie amplitudenbeschränkten Eingangsfunktionen $\boldsymbol{u}(t)$, z.B. $u_i(t) \in [-1, +1]$ erhält man für alle möglichen Integrale in (5.9) eine abgeschlossene Menge, die zusammen mit dem Vektor $\boldsymbol{\Phi}(t_1, t_0)\boldsymbol{x}_0$ der freien Bewegung die Menge $\mathcal{R}_{err}(t_0, t_1, \boldsymbol{x}_0)$ in Bild 5.3 ergibt. Natürlich enthält die Menge $\mathcal{R}_{err}(t_0, t_1, \boldsymbol{x}_0)$ auch den Zustand $\boldsymbol{\Phi}(t_1, t_0)\boldsymbol{x}_0$ im Zeitpunkt t_1 für die Eingangsfunktion $\boldsymbol{u}_{[t_0,t_1]} = \boldsymbol{o}_{[t_0,t_1]}$. Entsprechend ist in Bild 5.4 die Menge $\mathcal{R}_{steu}(t_0, t_1, \boldsymbol{x}_1)$ dargestellt, die insbesondere auch den Zustand $\boldsymbol{\Phi}^{-1}(t_1, t_0)\boldsymbol{x}_1$ als Anfangszustand der freien Bewegung enthält.

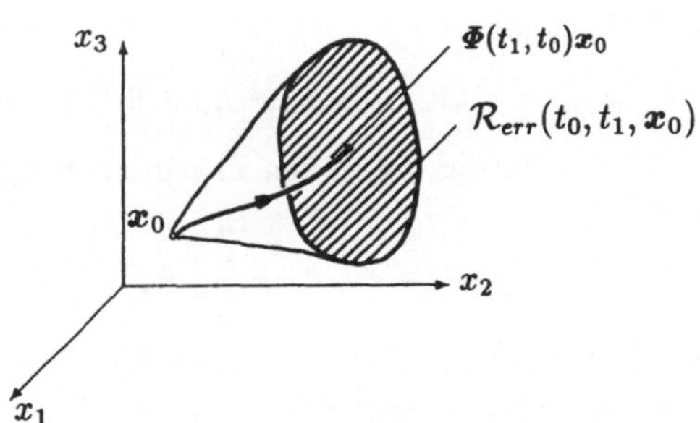

Bild 5.3: Die Menge $\mathcal{R}_{err}(t_0, t_1, \boldsymbol{x}_0)$ der vom Zustand $\boldsymbol{x}_0$ aus im Zeitpunkt t_1 erreichbaren Zustände.

In den folgenden Abschnitten werden Kriterien für die Erreichbarkeit und Steuerbarkeit von linearen Systemen hergeleitet. Die Erreichbarkeit *nichtlinearer* Systeme wird in Kapitel 11 näher untersucht.

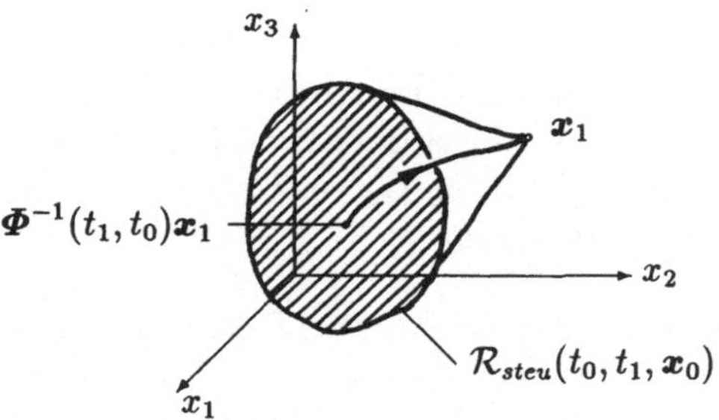

Bild 5.4: Menge $\mathcal{R}_{steu}(t_0, t_1, x_0)$ der im Anfangszeitpunkt t_0 nach x_1 steuerbaren Anfangszustände.

5.2 Steuerbarkeit linearer Systeme

5.2.1 Kriterien für die Steuerbarkeit linearer zeitinvarianter zeitdiskreter Systeme

Als Einführung in den Problemkreis werden zunächst einfache Kriterien für die Steuerbarkeit linearer zeitinvarianter zeitdiskreter Systeme hergeleitet.

Bei zeitdiskreten Systemen sind die in den Definitionen 5.1 und 5.4 auftretenden Eingangsfunktionen $u_{[t_0,t_1]}$ Eingangsfolgen

$$u_{[k_0,k_1)} = \{u_{k_0}, u_{k_0+1}, \ldots, u_{k_1-1}\},$$

d.h., insbesondere bei zeitinvarianten Systemen, bei denen man ohne Einschränkung der Allgemeinheit $k_0 = 0$ wählen kann

$$u_{[0,N)} = \{u_0, u_1, \ldots, u_{N-1}\}.$$

Aus der Zustandsgleichung

$$x_{k+1} = A_d x_k + B_d u_k, \quad A_d \in \mathrm{IR}^{n\times n}, \quad B_d \in \mathrm{IR}^{n\times p}, \tag{5.10}$$

erhält man gemäß (2.159) den folgenden Zusammenhang zwischen dem Anfangs- und dem Endzustand

$$x_N = A_d^N x_0 + \sum_{i=0}^{N-1} A_d^{N-1-i} B_d u_i. \tag{5.11}$$

Bringt man den Vektor $A_d^N x_0$ auf die linke Seite der Gleichung und schreibt die Summe als Produkt einer Matrix und eines Vektors, so wird

$$x_N - A_d^N x_0 = \begin{bmatrix} B_d & A_d B_d & \cdots & A_d^{N-1} B_d \end{bmatrix} \begin{bmatrix} u_{N-1} \\ u_{N-2} \\ \vdots \\ u_0 \end{bmatrix}. \tag{5.12}$$

Sollen die Zustände x_N und x_0 auf der linken Seite von Gleichung (5.12) beliebige Vektoren des Zustandsraums $\mathcal{X} = \mathrm{IR}^n$ sein, muß jeder beliebige Vektor

$$x^* \stackrel{\text{def}}{=} x_N - A_d^N x_0 \in \mathcal{X} = \mathrm{IR}^n \tag{5.13}$$

durch die rechte Seite der Gleichung (5.12) darstellbar sein. Das ist aber nur dann der Fall, wenn die Spaltenvektoren der Matrix $\begin{bmatrix} \boldsymbol{B}_d & \boldsymbol{A}_d\boldsymbol{B}_d & \cdots & \boldsymbol{A}_d^{N-1}\boldsymbol{B}_d \end{bmatrix}$ den gesamten n-dimensionalen Zustandsraum aufspannen,

$$\text{Bild}\left(\begin{bmatrix} \boldsymbol{B}_d & \boldsymbol{A}_d\boldsymbol{B}_d & \cdots & \boldsymbol{A}_d^{N-1}\boldsymbol{B}_d \end{bmatrix}\right) = \mathbb{R}^n, \tag{5.14}$$

d.h., wenn die Matrix den vollen Rang n hat. Allgemein gilt der

5.6 Satz: *Das lineare zeitinvariante zeitdiskrete System mit der Zustandsgleichung*

$$\boldsymbol{x}_{k+1} = \boldsymbol{A}_d\boldsymbol{x}_k + \boldsymbol{B}_d\boldsymbol{u}_k$$

($\boldsymbol{A}_d \in \mathbb{R}^{n\times n}$, $\boldsymbol{B}_d \in \mathbb{R}^{n\times p}$) ist dann und nur dann vollständig steuerbar, wenn die **Steuerbarkeitsmatrix**

$$\boldsymbol{S} \stackrel{\text{def}}{=} \begin{bmatrix} \boldsymbol{B}_d & \boldsymbol{A}_d\boldsymbol{B}_d & \cdots & \boldsymbol{A}_d^{n-1}\boldsymbol{B}_d \end{bmatrix} \tag{5.15}$$

den Rang n hat.

Für den Beweis dieses fundamentalen Satzes wird der folgende Satz benötigt:

5.7 Satz: *Sei $\boldsymbol{A}_d \in \mathbb{R}^{n\times n}$ und*

$$\boldsymbol{S}_i \stackrel{\text{def}}{=} \begin{bmatrix} \boldsymbol{B}_d & \boldsymbol{A}_d\boldsymbol{B}_d & \cdots & \boldsymbol{A}_d^{i-1}\boldsymbol{B}_d \end{bmatrix}. \tag{5.16}$$

Dann ist

$$\text{Rang}(\boldsymbol{S}_N) = \text{Rang}(\boldsymbol{S}_n) \tag{5.17}$$

für jedes $N \geq n$.

Beweis: Angenommen, es ist $\text{Rang}(\boldsymbol{S}_{i+1}) = \text{Rang}(\boldsymbol{S}_i)$. Dann sind die p Spalten von $\boldsymbol{A}_d^i\boldsymbol{B}_d$, das sind die Spalten, die $\boldsymbol{S}_{i+1}$ mehr hat als $\boldsymbol{S}_i$, linear abhängig von den Spalten von $\boldsymbol{S}_i$, müssen also Linearkombinationen der Spalten von $\boldsymbol{B}_d$, $\boldsymbol{A}_d\boldsymbol{B}_d \ldots$ und $\boldsymbol{A}_d^{i-1}\boldsymbol{B}_d$ sein. Es muß also $(p \times p)$-Diagonalmatrizen $\boldsymbol{D}_j$, $j = 0, 1, \ldots, i$, so geben, daß gilt

$$\boldsymbol{A}_d^i\boldsymbol{B}_d = \begin{bmatrix} \boldsymbol{B}_d & \boldsymbol{A}_d\boldsymbol{B}_d & \cdots & \boldsymbol{A}_d^{i-1}\boldsymbol{B}_d \end{bmatrix} \begin{bmatrix} \boldsymbol{D}_0 \\ \boldsymbol{D}_1 \\ \vdots \\ \boldsymbol{D}_{i-1} \end{bmatrix} = \boldsymbol{S}_i\boldsymbol{D} \tag{5.18}$$

und nicht sämtliche Elemente der Matrix $\boldsymbol{D}$ gleich Null sind. Multiplikation dieser Gleichung von links mit der Systemmatrix $\boldsymbol{A}_d$ ergibt

$$\boldsymbol{A}_d^{i+1}\boldsymbol{B}_d = \begin{bmatrix} \boldsymbol{A}_d\boldsymbol{B}_d & \boldsymbol{A}_d^2\boldsymbol{B}_d & \cdots & \boldsymbol{A}_d^i\boldsymbol{B}_d \end{bmatrix}\boldsymbol{D}, \tag{5.19}$$

d.h., die Spalten von $\boldsymbol{A}_d^{i+1}\boldsymbol{B}_d$ sind linear abhängig von den Spalten der Matrix $\boldsymbol{S}_{i+1}$, also ist $\text{Rang}(\boldsymbol{S}_{i+2}) = \text{Rang}(\boldsymbol{S}_{i+1})$. So fortfahrend, erhält man für alle $j > i$, daß $\text{Rang}(\boldsymbol{S}_j) = \text{Rang}(\boldsymbol{S}_i)$ ist. Andererseits nimmt der Rang der Matrix $\boldsymbol{S}_i$ wenigstens um Eins mit zunehmendem i so lange zu, bis der maximale Rang erreicht ist. Da alle Matrizen $\boldsymbol{S}_i$ aus n Zeilen bestehen, kann der maximale Rang höchstens gleich n sein; er ist also spätestens bei $i = n$ erreicht. □

Mit Hilfe des Satzes 5.7 wird der Beweis des Satzes 5.6 sehr kurz:

Beweis des Satzes 5.6: Aus der Darstellung (5.12) folgt, daß ein lineares zeitinvariantes zeitdiskretes System genau dann steuerbar ist, wenn der Rang der Matrix $\boldsymbol{S}_N$ gleich n ist. Aufgrund des Satzes 5.7 ist aber $\mathrm{Rang}(\boldsymbol{S}_N) = \mathrm{Rang}(\boldsymbol{S}_n) = \mathrm{Rang}(\boldsymbol{S})$. □

Die Steuerbarkeitsuntersuchung läuft auf die Rangbestimmung der Steuerbarkeitsmatrix $\boldsymbol{S}$ hinaus. Für *Einfachsysteme*, also Systeme mit nur einem Eingang ($p = 1$) erhält man als Steuerbarkeitsmatrix die quadratische ($n \times n$)-Matrix

$$\boldsymbol{S} = \begin{bmatrix} \boldsymbol{b}_d & \boldsymbol{A}_d\boldsymbol{b}_d & \cdots & \boldsymbol{A}_d^{n-1}\boldsymbol{b}_d \end{bmatrix} \tag{5.20}$$

und aus Satz 5.6 als Steuerbarkeitskriterium den

5.8 Satz: *Das lineare zeitinvariante zeitdiskrete Einfachsystem mit der Zustandsgleichung*

$$\boldsymbol{x}_{k+1} = \boldsymbol{A}_d\boldsymbol{x}_k + \boldsymbol{b}_d u_k \tag{5.21}$$

($\boldsymbol{A}_d \in \mathbb{R}^{n\times n}$, $\boldsymbol{b}_d \in \mathbb{R}^n$) ist dann und nur dann steuerbar, wenn die ($n \times n$)-Steuerbarkeitsmatrix

$$\boldsymbol{S} = \begin{bmatrix} \boldsymbol{b}_d & \boldsymbol{A}_d\boldsymbol{b}_d & \cdots & \boldsymbol{A}_d^{n-1}\boldsymbol{b}_d \end{bmatrix}$$

den Rang n hat.

Soweit der einführende Abschnitt über Steuerbarkeitskriterien. Die weitere, allgemeinere Steuerbarkeitsuntersuchung von linearen, auch zeitvarianten zeitdiskreten Systemen erfolgt in Abschnitt 5.2.7.

5.2.2 Steuerbarkeit linearer zeitvarianter zeitkontinuierlicher Systeme

Lineare zeitkontinuierliche Systeme haben die Zustandsgleichung

$$\dot{\boldsymbol{x}}(t) = \boldsymbol{A}(t)\boldsymbol{x}(t) + \boldsymbol{B}(t)\boldsymbol{u}(t) \tag{5.22}$$

in ihrer mathematischen Beschreibung. Die Lösung dieser Zustandsgleichung lautet

$$\boldsymbol{x}(t) = \boldsymbol{\Phi}(t,t_0)\boldsymbol{x}_0 + \int_{t_0}^{t} \boldsymbol{\Phi}(t,\tau)\boldsymbol{B}(\tau)\boldsymbol{u}(\tau)\mathrm{d}\tau, \tag{5.23}$$

und es gilt der

5.9 Satz: *Bei linearen zeitkontinuierlichen Systemen sind die vom Nullzustand aus erreichbare Menge $\mathcal{R}_{err}(t_0, t_1, \boldsymbol{x}_0 = \boldsymbol{o})$ und die in den Nullzustand steuerbare Menge $\mathcal{R}_{steu}(t_0, t_1, \boldsymbol{x}_1 = \boldsymbol{o})$ lineare Unterräume des Zustandsraums $\mathcal{X}$ und es gilt*

$$\mathcal{R}_{steu}(t_0, t_1, \boldsymbol{x}_1 = \boldsymbol{o}) = \boldsymbol{\Phi}^{-1}(t_1, t_0) \cdot \mathcal{R}_{err}(t_0, t_1, \boldsymbol{x}_0 = \boldsymbol{o}).$$

Beweis: Bei linearen zeitkontinuierlichen Systemen ist gemäß (5.23) für $\boldsymbol{x}_0 = \boldsymbol{o}$

$$\boldsymbol{x}_1 = \boldsymbol{x}(t_1) = \int_{t_0}^{t_1} \boldsymbol{\Phi}(t_1, \tau)\boldsymbol{B}(\tau)\boldsymbol{u}(\tau)\mathrm{d}\tau.$$

Seien $\boldsymbol{x}'(t_1)$ und $\boldsymbol{x}''(t_1) \in \mathcal{R}_{err}(t_0, t_1, \boldsymbol{x}_0 = \boldsymbol{o})$, dann existieren Eingangsfunktionen $\boldsymbol{u}'_{[t_0,t_1]}$ und $\boldsymbol{u}''_{[t_0,t_1]}$ so, daß

$$\int_{t_0}^{t_1} \boldsymbol{\Phi}(t_1, t)\boldsymbol{B}(t)\boldsymbol{u}'(t)\mathrm{d}t = \boldsymbol{x}'(t_1)$$

und

$$\int_{t_0}^{t_1} \boldsymbol{\Phi}(t_1, t)\boldsymbol{B}(t)\boldsymbol{u}''(t)\mathrm{d}t = \boldsymbol{x}''(t_1).$$

Dann ist aber auch für beliebiges α' und α''

$$\int_{t_0}^{t_1} \boldsymbol{\Phi}(t_1, t)\boldsymbol{B}(t)(\alpha'\boldsymbol{u}'(t) + \alpha''\boldsymbol{u}''(t))\mathrm{d}t = \alpha'\boldsymbol{x}'(t_1) + \alpha''\boldsymbol{x}''(t_1),$$

d.h., es ist auch

$$\alpha'\boldsymbol{x}'(t_1) + \alpha''\boldsymbol{x}''(t_1) \in \mathcal{R}_{err}(t_0, t_1, \boldsymbol{x}_0 = \boldsymbol{o}),$$

womit gezeigt ist, daß $\mathcal{R}_{err}(t_0, t_1, \boldsymbol{x}_0 = \boldsymbol{o})$ ein linearer Raum ist. Andererseits gilt für die in den Endzustand $\boldsymbol{x}_1 = \boldsymbol{o}$ steuerbaren Zustände $\boldsymbol{x}_0$

$$\boldsymbol{o} = \boldsymbol{\Phi}(t_1, t_0)\boldsymbol{x}_0 + \int_{t_0}^{t_1} \boldsymbol{\Phi}(t_1, t)\boldsymbol{B}(t)\boldsymbol{u}(t)\mathrm{d}t,$$

also

$$\boldsymbol{x}_0 = -\boldsymbol{\Phi}^{-1}(t_1, t_0) \int_{t_0}^{t_1} \boldsymbol{\Phi}(t_1, t)\boldsymbol{B}(t)\boldsymbol{u}(t)\mathrm{d}t,$$

d.h., es ist

$$\mathcal{R}_{steu}(t_0, t_1, \boldsymbol{x}_1 = \boldsymbol{o}) = \boldsymbol{\Phi}^{-1}(t_1, t_0) \cdot \mathcal{R}_{err}(t_0, t_1, \boldsymbol{x}_0 = \boldsymbol{o}),$$

womit auch $\mathcal{R}_{steu}(t_0, t_1, \boldsymbol{x}_1 = \boldsymbol{o})$ ein linearer Raum ist. □

Weiterhin gilt der

5.10 Satz: *Bei linearen zeitkontinuierlichen Systemen ist die vom Anfangszustand $\boldsymbol{x}_0$ aus erreichbare Menge $\mathcal{R}_{err}(t_0, t_1, \boldsymbol{x}_0)$ eine lineare Mannigfaltigkeit (das ist ein um einen Vektor $\boldsymbol{x} \neq \boldsymbol{o}$ verschobener linearer Raum), bestehend aus der Summe des linearen Raums $\mathcal{R}_{err}(t_0, t_1, \boldsymbol{x}_0 = \boldsymbol{o})$ und jedem von $\boldsymbol{x}_0$ in $[t_0, t_1]$ durch die freie Bewegung $\boldsymbol{\Phi}(t_1, t_0)\boldsymbol{x}_0$ erreichbaren Zustand. Ebenso ist die in den Endzustand $\boldsymbol{x}_1$ steuerbare Menge $\mathcal{R}_{steu}(t_0, t_1, \boldsymbol{x}_1)$ eine lineare Mannigfaltigkeit, bestehend aus der Summe des linearen Raums $\mathcal{R}_{steu}(t_0, t_1, \boldsymbol{x}_1 = \boldsymbol{o})$ und jedem in $[t_0, t_1]$ in freier Bewegung $\boldsymbol{\Phi}^{-1}(t_1, t_0)\boldsymbol{x}_1$ nach $\boldsymbol{x}_1$ steuerbaren Zustand.*

Beweis: Der Satz 5.10 folgt direkt aus (5.23) und Satz 5.9. □

5.11 Beispiel: Für das lineare System mit der Zustandsgleichung

$$\dot{\boldsymbol{x}}(t) = \begin{bmatrix} 1 & 6 \\ -1 & -4 \end{bmatrix} \boldsymbol{x}(t) + \begin{bmatrix} 3 \\ -1 \end{bmatrix} \boldsymbol{u}(t)$$

aus Beispiel 5.2 und jetzt unbeschränktem Amplitudenbereich $(-\infty, +\infty)$ für $u(t)$ ist für $\boldsymbol{x}_0 = \boldsymbol{o}$

$$\boldsymbol{x}(t_1) = \begin{bmatrix} 3 \\ -1 \end{bmatrix} \mathrm{e}^{-t_1} \int_0^{t_1} \mathrm{e}^{\tau} u(\tau) \mathrm{d}\tau,$$

d.h., es ist

$$\mathcal{R}_{err}(0, t_1, \boldsymbol{x}_0 = \boldsymbol{o}) = \{\boldsymbol{x} : \boldsymbol{x} = \alpha \begin{bmatrix} 3 \\ -1 \end{bmatrix}, \alpha \in (-\infty, +\infty)\}.$$

Für $\boldsymbol{x}(t_1) = \boldsymbol{o}$ erhält man

$$\begin{aligned} \boldsymbol{x}_0 &= -\boldsymbol{\Phi}^{-1}(t) \begin{bmatrix} 3 \\ -1 \end{bmatrix} \mathrm{e}^{-t_1} \int_0^{t_1} \mathrm{e}^{\tau} u(\tau) \mathrm{d}\tau \\ &= -\begin{bmatrix} 3 \\ -1 \end{bmatrix} \int_0^{t_1} \mathrm{e}^{\tau} u(\tau) \mathrm{d}\tau, \end{aligned}$$

d.h., es ist

$$\mathcal{R}_{steu}(0, t_1, \boldsymbol{x}_1 = \boldsymbol{o}) = \{\boldsymbol{x} : \boldsymbol{x} = \alpha \begin{bmatrix} 3 \\ -1 \end{bmatrix}, \alpha \in (-\infty, +\infty)\},$$

also gleich $\mathcal{R}_{err}(0, t_1, \boldsymbol{x}_0 = \boldsymbol{o})$. Diese Mengen sind in Bild 5.5 dargestellt. □

Kommt es auf einen besonderen Anfangszustand $\boldsymbol{x}_0$ und ein spezielles Zeitintervall $[t_0, t_1]$ nicht an, ist ein lineares zeitkontinuierliches System nach Definition 5.3 erreichbar, wenn für jeden beliebigen Anfangszustand $\boldsymbol{x}_0$ ein endlicher Zeitpunkt $t_1 > t_0$ und eine Eingangsfunktion $\boldsymbol{u}_{[t_0, t_1]} \in \mathcal{U}$ so existieren, daß jeder beliebige Endzustand $\boldsymbol{x}_1 = \boldsymbol{x}(t_1)$ erreicht werden kann. Für $t = t_1$ erhält man aus (5.23)

$$\boldsymbol{x}^* = \boldsymbol{x}_1 - \boldsymbol{\Phi}(t, t_0)\boldsymbol{x}_0 = \int_{t_0}^{t_1} \boldsymbol{\Phi}(t, \tau)\boldsymbol{B}(\tau)\boldsymbol{u}(\tau) \mathrm{d}\tau. \tag{5.24}$$

Um zu untersuchen, ob ein Zustand $\boldsymbol{x}_0$ in einen Zustand $\boldsymbol{x}_1$ überführt werden kann, wird man damit beginnen, festzustellen, ob $\boldsymbol{x}^*$ wie in (5.24) darstellbar ist. Wenn das

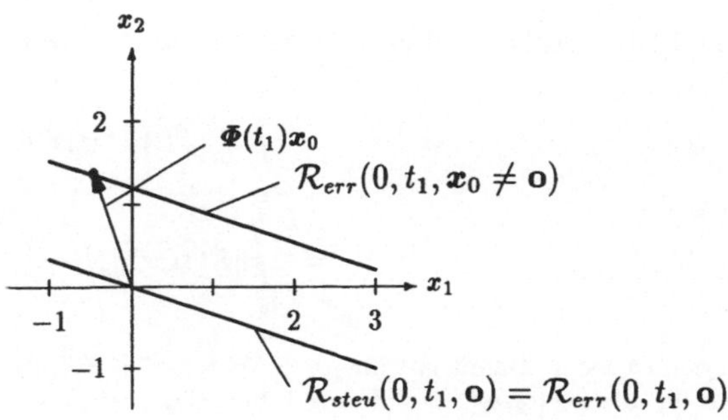

Bild 5.5: Erreichbare und steuerbare Menge aus Beispiel 5.11.

der Fall ist, ergibt Multiplikation der Gleichung von links mit dem Zeilenvektor x^{*T} das Skalarprodukt

$$x^{*T}x^* = \int_{t_0}^{t_1} x^{*T}\Phi(t_1, t)B(t)u(t)\mathrm{d}t. \tag{5.25}$$

Da sinnvollerweise $x^* \neq o$ angenommen wird, gilt auch für das Skalarprodukt $x^{*T}x^* \neq 0$. Soll das Integral auf der rechten Seite von (5.25) nicht Null ergeben, ist es notwendig, daß $x^{*T}\Phi(t_1, t)B(t)$ nicht für alle t, $t_0 < t < t_1$ gleich dem Nullzeilenvektor o^T wird, da sonst – unabhängig davon, wie die Eingangsfunktion $u_{[t_0,t_1]}$ gewählt wird – das Integral null ergibt. Mit

$$F(t) \stackrel{\text{def}}{=} \Phi(t_1, t)B(t) \tag{5.26}$$

kann diese Bedingung auch so geschrieben werden

$$F^T(t)x^* \not\equiv o. \tag{5.27}$$

Der folgende Satz ist grundlegend für alle späteren Aussagen.

5.12 Satz: *Sei $F(t)$ eine $(n \times p)$-Matrix mit stückweise stetigen Funktionen als Matrixelemente. $x^* \in \mathbb{R}^n$ läßt sich dann und nur dann in der Form*

$$x^* = \int_{t_0}^{t_1} F(t)u(t)\mathrm{d}t \tag{5.28}$$

darstellen, wenn

$$x^* \in \mathrm{Bild}(W), \tag{5.29}$$

wobei die symmetrische $(n \times n)$-Matrix W – die GRAM*sche Matrix – so definiert ist*

$$W \stackrel{\text{def}}{=} \int_{t_0}^{t_1} F(t)F^T(t)\mathrm{d}t. \tag{5.30}$$

Beweis: Die Matrix W ist symmetrisch, da der Integrand $F(t)F^T(t)$ eine symmetrische Matrix ist. Weiterhin ist $\boldsymbol{W}$ positiv semidefinit, da die quadratische Form

$$\begin{aligned} \boldsymbol{x}^{*T}\boldsymbol{x}^* &= \int_{t_0}^{t_1} \boldsymbol{x}^{*T}\boldsymbol{F}(t)\boldsymbol{F}^T(t)\boldsymbol{x}^*\mathrm{d}t \\ &= \int_{t_0}^{t_1} \|\boldsymbol{F}^T(t)\boldsymbol{x}^*\|_2^2\mathrm{d}t \end{aligned}$$

nie negativ werden kann. Damit gilt für jeden Vektor $\boldsymbol{x}^* \in \mathbb{R}^n$, für den $\boldsymbol{x}^{*T}\boldsymbol{W}\boldsymbol{x}^* = 0$ ist, auch, daß $\boldsymbol{F}^T(t)\boldsymbol{x}^* = \boldsymbol{o}$ für alle $t \in [t_0, t_1]$ ist und umgekehrt. Dann ist also

$$\boldsymbol{x}^* \in \text{Kern}\left(\boldsymbol{F}^T(t)\right)$$

für alle $t \in [t_0, t_1]$. Da die Eigenwerte einer positiv semidefiniten Matrix alle nichtnegativ und reell sind, kann die symmetrische Matrix $\boldsymbol{W}$ so zerlegt werden

$$\boldsymbol{W} = \boldsymbol{U}\boldsymbol{\Lambda}\boldsymbol{U}^T,$$

wobei $\boldsymbol{\Lambda}$ eine Diagonalmatrix mit nicht negativen reellen Zahlen ist. Mit der positiv semidefiniten symmetrischen Matrix

$$\boldsymbol{Q} \stackrel{\text{def}}{=} \boldsymbol{U}\boldsymbol{\Lambda}^{1/2}\boldsymbol{U}^T$$

kann die Matrix $\boldsymbol{W}$ so zerlegt werden: $\boldsymbol{W} = \boldsymbol{Q}\boldsymbol{Q}$, so daß

$$\text{Bild}(\boldsymbol{Q}) = \text{Bild}(\boldsymbol{Q}\boldsymbol{Q}) = \text{Bild}(\boldsymbol{W})$$

ist. Also ist auch $\text{Kern}(\boldsymbol{Q}) = \text{Kern}(\boldsymbol{W})$. Damit ist $\boldsymbol{x}^{*T}\boldsymbol{W}\boldsymbol{x}^* = 0$ gleichbedeutend mit $(\boldsymbol{Q}\boldsymbol{x}^*)^T(\boldsymbol{Q}\boldsymbol{x}^*) = 0$, woraus $\boldsymbol{x}^* \in \text{Kern}(\boldsymbol{Q})$ bzw. $\boldsymbol{x}^* \in \text{Kern}(\boldsymbol{W})$ folgt. Also läßt sich $\boldsymbol{x}^*$ nur in der Form (5.65) darstellen, wenn (5.29) gilt. □

Aus dem Satz 5.12 folgt für $\boldsymbol{F}(t) = \boldsymbol{\Phi}(t_1, t)\boldsymbol{B}(t)$ der für lineare Systeme wichtige

5.13 Satz: *Ein lineares System mit der Zustandsgleichung*

$$\dot{\boldsymbol{x}}(t) = \boldsymbol{A}(t)\boldsymbol{x}(t) + \boldsymbol{B}(t)\boldsymbol{u}(t) \tag{5.31}$$

hat die im Zeitintervall $[t_0, t_1]$ erreichbare Menge

$$\mathcal{R}_{err}(t_0, t_1, \boldsymbol{o}) = \text{Bild}(\boldsymbol{W}(t_0, t_1)) \tag{5.32}$$

bzw. steuerbare Menge

$$\mathcal{R}_{steu}(t_0, t_1, \boldsymbol{o}) = \boldsymbol{\Phi}^{-1}(t_1, t_0)\text{Bild}(\boldsymbol{W}(t_0, t_1)), \tag{5.33}$$

wobei

$$\boldsymbol{W}(t_0, t_1) \stackrel{\text{def}}{=} \int_{t_0}^{t_1} \boldsymbol{\Phi}(t_1, t)\boldsymbol{B}(t)\boldsymbol{B}^T(t)\boldsymbol{\Phi}^T(t_1, t)\mathrm{d}t \tag{5.34}$$

ist.

Beweis: Für $\boldsymbol{x}_1 \in \mathcal{R}_{err}(t_0, t_1, \boldsymbol{o})$, $\boldsymbol{x}_1 \neq \boldsymbol{o}$, existiert eine Eingangsfunktion $\boldsymbol{u}_{[t_0,t_1]}$ so, daß

$$\boldsymbol{x}_1 = \int_{t_0}^{t_1} \boldsymbol{\Phi}(t_1, t)\boldsymbol{B}(t)\boldsymbol{u}(t)\mathrm{d}t. \tag{5.35}$$

Sei zunächst $\boldsymbol{x}_1 \in \mathrm{Kern}(\boldsymbol{W}(t_0, t_1))$. Dann ist $\boldsymbol{x}_1 \notin \mathrm{Bild}(\boldsymbol{W}(t_0, t_1))$ und $\boldsymbol{x}_1$ ist nach Satz 5.12 nicht wie in (5.35) darstellbar. Ist dagegen $\boldsymbol{x}_1 \in \mathrm{Bild}(\boldsymbol{W}(t_0, t_1))$, dann läßt sich $\boldsymbol{x}_1$ nach Satz 5.12 wie in (5.35) darstellen und ist deshalb erreichbar. Damit ist (5.32) gezeigt. Andererseits existiert für einen steuerbaren Anfangszustand $\boldsymbol{x}_0 \in \mathcal{R}_{steu}(t_0, t_1, \boldsymbol{o})$ eine Eingangsfunktion $\boldsymbol{u}_{[t_0,t_1]}$ so, daß

$$\boldsymbol{o} = \boldsymbol{\Phi}(t_1, t_0)\boldsymbol{x}_0 + \int_{t_0}^{t_1} \boldsymbol{\Phi}(t_1, t)\boldsymbol{B}(t)\boldsymbol{u}(t)\mathrm{d}t$$

ist, d.h., es ist $-\boldsymbol{\Phi}(t_1, t_0)\boldsymbol{x}_0 \in \mathcal{R}(t_0, t_1, \boldsymbol{o})$ und $\boldsymbol{x}_0 \in \boldsymbol{\Phi}^{-1}(t_1, t_0)\mathcal{R}_{err}(t_0, t_1, \boldsymbol{o})$, womit (5.33) gezeigt wurde. □

Wenn die Matrix $\boldsymbol{W}(t_0, t_1)$ regulär ist, ist $\mathrm{Bild}(\boldsymbol{W}(t_0, t_1)) = \mathcal{X} = \mathbb{R}^n$, also nach (5.32) und (5.33)

$$\mathcal{R}_{err}(t_0, t_1, \boldsymbol{o}) = \mathcal{R}_{steu}(t_0, t_1, \boldsymbol{o}) = \mathcal{X}.$$

Da $\mathcal{R}_{err}(t_0, t_1, \boldsymbol{x})$ eine lineare Mannigfaltigkeit von $\mathcal{R}_{err}(t_0, t_1, \boldsymbol{o})$ und $\mathcal{R}_{steu}(t_0, t_1, \boldsymbol{x})$ eine lineare Mannigfaltigkeit von $\mathcal{R}_{steu}(t_0, t_1, \mathbf{o})$ ist, gilt auch

$$\mathcal{R}_{steu}(t_0, t_1, \boldsymbol{x}) = \mathcal{R}_{err}(t_0, t_1, \boldsymbol{x}) = \mathcal{X}$$

und zusammenfassend der

5.14 Satz: *Das lineare System mit der Zustandsgleichung*

$$\dot{\boldsymbol{x}}(t) = \boldsymbol{A}(t)\boldsymbol{x}(t) + \boldsymbol{B}(t)\boldsymbol{u}(t)$$

ist dann und nur dann vollständig erreichbar und vollständig steuerbar, wenn $\mathrm{Rang}(\boldsymbol{W}(t_0, t_1)) = n$ *ist.*

Ist die Bedingung des Satzes 5.14 erfüllt, kann jeder Anfangszustand $\boldsymbol{x}_0 \in \mathcal{X}$ in jeden Endzustand $\boldsymbol{x}_1 \in \mathcal{X}$ überführt werden. Wenn dagegen der $\mathrm{Rang}(\boldsymbol{W}(t_0, t_1)) < n$ ist, gilt der

5.15 Satz: *Der Anfangszustand $\boldsymbol{x}_0$ des Systems mit der Zustandsgleichung*

$$\dot{\boldsymbol{x}}(t) = \boldsymbol{A}(t)\boldsymbol{x}(t) + \boldsymbol{B}(t)\boldsymbol{u}(t) \tag{5.36}$$

ist dann und nur dann in den Endzustand $\boldsymbol{x}_1 = \boldsymbol{x}(t_1)$ überführbar, wenn

$$\boldsymbol{x}^* \in \text{Bild}(\boldsymbol{W}(t_0, t_1)) \tag{5.37}$$

ist, wobei

$$\boldsymbol{x}^* \stackrel{\text{def}}{=} \boldsymbol{x}_1 - \boldsymbol{\Phi}(t_1, t_0)\boldsymbol{x}_0 \tag{5.38}$$

und

$$\boldsymbol{W}(t_0, t_1) \stackrel{\text{def}}{=} \int_{t_0}^{t_1} \boldsymbol{\Phi}(t_1, t)\boldsymbol{B}(t)\boldsymbol{B}^T(t)\boldsymbol{\Phi}^T(t_1, t)\mathrm{d}t \tag{5.39}$$

ist.

Beweis: Zunächst sei $\boldsymbol{x}^* \neq \boldsymbol{o}$, $\boldsymbol{x}^* \notin \text{Bild}(\boldsymbol{W}(t_0, t_1))$, also $\boldsymbol{x}^* \in \text{Kern}(\boldsymbol{W}(t_0, t_1))$ und trotzdem sei $\boldsymbol{x}_0$ nach $\boldsymbol{x}_1$ steuerbar. Dann muß eine Eingangsfunktion $\boldsymbol{u}_{[t_0,t_1]}$ so existieren, daß

$$\boldsymbol{x}^* = \int_{t_0}^{t_1} \boldsymbol{\Phi}(t_1, t)\boldsymbol{B}(t)\boldsymbol{u}(t)\mathrm{d}t \tag{5.40}$$

ist. Da aber $\boldsymbol{x}^* \notin \text{Bild}(\boldsymbol{W}(t_0, t_1))$ ist, existiert nach Satz 5.12 kein $\boldsymbol{u}_{[t_0,t_1]}$ wie gefordert; das ist ein Widerspruch zur Annahme im ersten Satz dieses Beweises. Ist dagegen $\boldsymbol{x}^* \in \text{Bild}(\boldsymbol{W}(t_0, t_1))$, existiert ein Vektor $\boldsymbol{z}$ so, daß

$$\boldsymbol{x}^* = \boldsymbol{W}(t_0, t_1)\boldsymbol{X}\boldsymbol{z} \tag{5.41}$$

ist, wobei die Matrix $\boldsymbol{X} \in \mathbb{R}^{n \times r}$ aus r Basisvektoren für $\text{Bild}(\boldsymbol{W}(t_0, t_1))$ besteht und

$$r \stackrel{\text{def}}{=} \text{Rang}(\boldsymbol{W}(t_0, t_1)) \leq n$$

ist. Multipliziert man (5.41) von links mit $\boldsymbol{X}^T\boldsymbol{W}^T(t_0, t_1)$, ist in

$$\boldsymbol{X}^T\boldsymbol{W}^T(t_0, t_1)\boldsymbol{x}^* = \boldsymbol{X}^T\boldsymbol{W}^T(t_0, t_1)\boldsymbol{W}(t_0, t_1)\boldsymbol{X}\boldsymbol{z} \tag{5.42}$$

die $(r \times r)$-Matrix $\boldsymbol{X}^T\boldsymbol{W}^T(t_0, t_1)\boldsymbol{W}(t_0, t_1)\boldsymbol{X}$ regulär und (5.42) kann nach $\boldsymbol{z}$ aufgelöst werden

$$\boldsymbol{z} = [\boldsymbol{X}^T\boldsymbol{W}^T(t_0, t_1)\boldsymbol{W}(t_0, t_1)\boldsymbol{X}]^{-1}\boldsymbol{X}^T\boldsymbol{W}^T(t_0, t_1)\boldsymbol{x}^*. \tag{5.43}$$

Wird die Gleichung von links mit $\boldsymbol{W}(t_0, t_1)\boldsymbol{X}$ multipliziert, erhält man mit (5.41)

$$\begin{aligned}
\boldsymbol{x}^* &= \boldsymbol{W}(t_0, t_1)\underbrace{\boldsymbol{X}[\boldsymbol{X}^T\boldsymbol{W}^T(t_0, t_1)\boldsymbol{W}(t_0, t_1)\boldsymbol{X}]^{-1}\boldsymbol{X}^T\boldsymbol{W}^T(t_0, t_1)}_{\stackrel{\text{def}}{=}\boldsymbol{W}^+}\boldsymbol{x}^* \\
&= \boldsymbol{W}(t_0, t_1)\boldsymbol{W}^+\boldsymbol{x}^* \\
&= \int_{t_0}^{t_1} \boldsymbol{\Phi}(t_1, t)\boldsymbol{B}(t)\boldsymbol{B}^T(t)\boldsymbol{\Phi}^T(t_1, t)\boldsymbol{W}^+\boldsymbol{x}^*\mathrm{d}t,
\end{aligned}$$

d.h., die Stellgröße

$$\underline{\underline{\boldsymbol{u}(t) = \boldsymbol{B}^T(t)\boldsymbol{\Phi}^T(t_1, t)\boldsymbol{W}^+\boldsymbol{x}^*}}$$

steuert den Anfangszustand $\boldsymbol{x}_0$ in den Endzustand $\boldsymbol{x}(t_1) = \boldsymbol{x}_1$. □

Der Satz 5.15 zeigt, daß ein gegebener Anfangszustand $\boldsymbol{x}_0 = \boldsymbol{x}(t_0)$ in den Zustand $\boldsymbol{x}(t_1) = \boldsymbol{o}$ genau dann überführt werden kann, wenn er in $\text{Bild}(\boldsymbol{W}(t_0, t_1)) \subseteq \mathcal{X}$ liegt. Deshalb heißt dieser lineare Unterraum auch **Unterraum der im Intervall $[t_0, t_1]$ steuerbaren Zustände** des Systems $\{\boldsymbol{A}(t), \boldsymbol{B}(t)\}$. Das orthogonale Komplement dieses Unterraums ist, da $\boldsymbol{W}(t_0, t_1)$ eine symmetrische Matrix ist,

$$[\text{Bild}(\boldsymbol{W}(t_0, t_1))]^{\perp} = \text{Kern}(\boldsymbol{W}(t_0, t_1));$$

dieser lineare Unterraum des Zustandsraums $\mathcal{X}$ heißt **Unterraum der im Intervall $[t_0, t_1]$ unsteuerbaren Zustände.**

Die Zerlegung des Zustandsraums in

$$\mathcal{X} = \text{Bild}(\boldsymbol{W}(t_0, t_1)) \oplus \text{Kern}(\boldsymbol{W}(t_0, t_1)) \tag{5.44}$$

bedeutet, daß jeder Zustand $\boldsymbol{x}$ eindeutig wie folgt zerlegt werden kann:

$$\boldsymbol{x} = \boldsymbol{x}_{steuerbar} + \boldsymbol{x}_{unsteuerbar}, \tag{5.45}$$

wobei der im Intervall $[t_0, t_1]$ steuerbare Vektor

$$\boldsymbol{x}_{steuerbar} \in \text{Bild}(\boldsymbol{W}(t_0, t_1)) \tag{5.46}$$

und der im Intervall $[t_0, t_1]$ unsteuerbare Vektor

$$\boldsymbol{x}_{unsteuerbar} \in \text{Kern}(\boldsymbol{W}(t_0, t_1)) \tag{5.47}$$

zueinander orthogonal sind.

Sollen die Steuerbarkeitskriterien, die die symmetrische Matrix $\boldsymbol{W}(t_0, t_1)$ verwenden, eingesetzt werden, muß die Transitionsmatrix $\boldsymbol{\Phi}(t_1, t_0)$ bekannt sein. Günstiger wäre es, wenn die GRAMsche Matrix $\boldsymbol{W}(t_0, t_1)$ allein mit Hilfe der beiden Matrizen $\boldsymbol{A}(t)$ und $\boldsymbol{B}(t)$ berechnet werden könnte. Das ist tatsächlich der Fall, denn betrachtet man den aus der Infinitesimalrechnung bekannten Zusammenhang

$$\frac{\mathrm{d}}{\mathrm{d}t}\int_{t_0}^{t} f(t,\tau)\mathrm{d}\tau = [f(\tau,\tau)]_{\tau=t} + \int_{t_0}^{t}\frac{\partial}{\partial t} f(t,\tau)\mathrm{d}\tau,$$

der für Matrizenfunktionen lautet

$$\frac{\mathrm{d}}{\mathrm{d}t}\int_{t_0}^{t} \boldsymbol{F}(t,\tau)\mathrm{d}\tau = [\boldsymbol{F}(\tau,\tau)]_{\tau=t} + \int_{t_0}^{t}\frac{\partial}{\partial t} \boldsymbol{F}(t,\tau)\mathrm{d}\tau,$$

erhält man für die partielle Ableitung der GRAMschen Matrix $\boldsymbol{W}(t_0, t_1)$ nach t_0

$$\frac{\partial}{\partial t_0}\boldsymbol{W}(t_0,t_1) = -\boldsymbol{\Phi}(t_0,t_0)\boldsymbol{B}(t_0)\boldsymbol{B}^T(t_0)\boldsymbol{\Phi}^T(t_0,t_0) + \int_{t_0}^{t_1}\frac{\partial\boldsymbol{\Phi}(t_0,\tau)}{\partial t_0}\boldsymbol{B}(\tau)\boldsymbol{B}^T(\tau)\boldsymbol{\Phi}^T(t_0,\tau)\mathrm{d}\tau$$

$$+ \int_{t_0}^{t_1} \boldsymbol{\Phi}(t_0, \tau)\boldsymbol{B}(\tau)\boldsymbol{B}^T(\tau)\frac{\partial \boldsymbol{\Phi}^T(t_0, \tau)}{\partial t_0}\mathrm{d}\tau. \tag{5.48}$$

Für die Transitionsmatrix $\boldsymbol{\Phi}(t, \tau)$ gilt nach (2.101) die Differentialgleichung

$$\frac{\partial}{\partial t}\boldsymbol{\Phi}(t, \tau) = \boldsymbol{A}(t)\boldsymbol{\Phi}(t, \tau).$$

Dies in (5.48) unter Beachtung von $\boldsymbol{\Phi}(t_0, t_0) = \boldsymbol{I}$ eingesetzt, liefert

$$\frac{\partial}{\partial t_0}\boldsymbol{W}(t_0, t_1) = -\boldsymbol{B}(t_0)\boldsymbol{B}^T(t_0) + \boldsymbol{A}(t_0)\int_{t_0}^{t_1} \boldsymbol{\Phi}(t_0, t)\boldsymbol{B}(t)\boldsymbol{B}^T(t)\boldsymbol{\Phi}^T(t_0, t)\mathrm{d}t$$

$$+ \int_{t_0}^{t_1} \boldsymbol{\Phi}(t_0, t)\boldsymbol{B}(t)\boldsymbol{B}^T(t)\boldsymbol{\Phi}^T(t_0, t)\mathrm{d}\tau\boldsymbol{A}^T(t_0)$$

und schließlich

$$\boxed{\frac{\partial}{\partial t_0}\boldsymbol{W}(t_0, t_1) = -\boldsymbol{B}(t_0)\boldsymbol{B}^T(t_0) + \boldsymbol{A}(t_0)\boldsymbol{W}(t_0, t_1) + \boldsymbol{W}(t_0, t_1)\boldsymbol{A}^T(t_0).} \tag{5.49}$$

Mit dem „Anfangswert" $\boldsymbol{W}(t_1, t_1) = \boldsymbol{O}$ ist $\boldsymbol{W}(t_0, t_1)$ eindeutig für alle $t_0 < t_1$ als Lösung der gewöhnlichen Matrixdifferentialgleichung (5.49) bestimmt und man braucht nicht den Umweg über die Ermittlung der Transitionsmatrix $\boldsymbol{\Phi}(t, t_0)$ und anschließende Integration gemäß (5.39) zu gehen.

In Satz 5.6 konnte eine Steuerbarkeitsaussage über zeitdiskrete Systeme allein anhand der beiden Systemmatrizen $\boldsymbol{A}_d$ und $\boldsymbol{B}_d$ gemacht werden. Ist das auch hier allein anhand der beiden Matrizen $\boldsymbol{A}(t)$ und $\boldsymbol{B}(t)$ für zeitvariante zeitkontinuierliche Systeme möglich? Das ist in der Tat der Fall, denn es gilt der

5.16 Satz: *Wenn der Rang der Matrix*

$$\boxed{\boldsymbol{S}(t_1) \stackrel{\text{def}}{=} \left[\ \boldsymbol{B}(t_1) \quad \mathcal{A}(t_1)\boldsymbol{B}(t_1) \quad \cdots \quad \mathcal{A}^{n-1}(t_1)\boldsymbol{B}(t_1)\ \right]} \tag{5.50}$$

für ein endliches $t_1 > t_0$ gleich n ist, dann ist das lineare System $\{\boldsymbol{A}(t), \boldsymbol{B}(t)\}$ vollständig erreichbar im Zeitpunkt t_1. Hierbei ist der Operator $\mathcal{A}^i(t_1)$ wie folgt definiert:

$$\mathcal{A}^i(t_1)\boldsymbol{B}(t_1) \stackrel{\text{def}}{=} -\boldsymbol{A}(t_1)[\mathcal{A}^{i-1}(t_1)\boldsymbol{B}(t_1)] + \frac{\mathrm{d}}{\mathrm{d}t_1}[\mathcal{A}^{i-1}(t_1)\boldsymbol{B}(t_1)] \tag{5.51}$$

für $i = 1, 2, \ldots, n-1$ und

$$\mathcal{A}^0(t_1)\boldsymbol{B}(t_1) \stackrel{\text{def}}{=} \boldsymbol{B}(t_1).$$

Beweis: Der Beweis wird indirekt geführt. Die Matrix $\boldsymbol{S}(t_1)$ habe den Rang n, aber das System sei für dieses $t_1 > t_0$ nicht erreichbar. Dann gibt es nach (5.27) einen Vektor $\boldsymbol{z} \neq \boldsymbol{o}$ so, daß

$$\boldsymbol{B}^T(t)\boldsymbol{\Phi}^T(t_0,t)\boldsymbol{z} = \boldsymbol{o} \tag{5.52}$$

für alle $t > t_0$ ist. Es gilt außerdem

$$\frac{\partial}{\partial t}\boldsymbol{\Phi}(t_0,t) = -\boldsymbol{\Phi}(t_0,t)\boldsymbol{A}(t), \tag{5.53}$$

denn aus

$$\begin{aligned}
\frac{\partial}{\partial t}[\boldsymbol{\Phi}(t,t_0)\boldsymbol{\Phi}^{-1}(t,t_0)] &= \frac{\partial \boldsymbol{I}}{\partial t} = \boldsymbol{O} = \\
&= \frac{\partial \boldsymbol{\Phi}(t,t_0)}{\partial t}\boldsymbol{\Phi}^{-1}(t,t_0) + \boldsymbol{\Phi}(t,t_0)\frac{\partial \boldsymbol{\Phi}^{-1}(t,t_0)}{\partial t} \\
&= \boldsymbol{A}(t)\boldsymbol{\Phi}(t,t_0)\boldsymbol{\Phi}^{-1}(t,t_0) + \boldsymbol{\Phi}(t,t_0)\frac{\partial \boldsymbol{\Phi}^{-1}(t,t_0)}{\partial t} \\
&= \boldsymbol{A}(t) + \boldsymbol{\Phi}(t,t_0)\frac{\partial \boldsymbol{\Phi}^{-1}(t,t_0)}{\partial t}
\end{aligned}$$

folgt (5.53). Gleichung (5.52) transponiert und nach t differenziert, liefert mit (5.53) und (5.51) dür $i = 1$

$$\begin{aligned}
\boldsymbol{z}^T\frac{\partial \boldsymbol{\Phi}(t_0,t)}{\partial t}\boldsymbol{B}(t) + \boldsymbol{z}^T\boldsymbol{\Phi}(t_0,t)\dot{\boldsymbol{B}}(t) &= \boldsymbol{z}^T\left[-\boldsymbol{\Phi}(t_0,t)\boldsymbol{A}(t)\boldsymbol{B}(t) + \boldsymbol{\Phi}(t_0,t)\dot{\boldsymbol{B}}(t)\right] \\
&= \boldsymbol{z}^T\boldsymbol{\Phi}(t_0,t)\mathcal{A}(t)\boldsymbol{B}(t) = \boldsymbol{o}^T
\end{aligned} \tag{5.54}$$

für alle $t > t_0$. Entsprechend erhält man durch Differenzieren von (5.54)

$$\boldsymbol{z}^T\boldsymbol{\Phi}(t_0,t)\mathcal{A}^2(t)\boldsymbol{B}(t) = \boldsymbol{o}^T \tag{5.55}$$

für alle $t > t_0$ und allgemein

$$\boldsymbol{z}^T\boldsymbol{\Phi}(t_0,t)\mathcal{A}^i(t)\boldsymbol{B}(t) = \boldsymbol{o}^T \tag{5.56}$$

für $i = 1, 2, \ldots, n-1$ und alle $t > t_0$. Damit gibt es einen Vektor $\boldsymbol{z}^T\boldsymbol{\Phi}(t_0,t_1) \neq \boldsymbol{o}^T$, der orthogonal zu sämtlichen Spalten der Matrix $\boldsymbol{S}(t)$ ist, weshalb die Matrix $\boldsymbol{S}(t)$ nicht den Rang n haben kann. Das ist aber ein Widerspruch zu der oben getroffenen Annahme, also ist das System im Zeitpunkt t_0 nicht erreichbar. □

5.17 Beispiel: Das lineare zeitvariante zeitkontinuierliche System mit der Zustandsgleichung

$$\dot{\boldsymbol{x}}(t) = \begin{bmatrix} t & 1 & 0 \\ 0 & t & 0 \\ 0 & 0 & t \end{bmatrix}\boldsymbol{x}(t) + \begin{bmatrix} 0 & 0 \\ 1 & 0 \\ 0 & 1 \end{bmatrix}\boldsymbol{u}(t)$$

soll auf Erreichbarkeit untersucht werden. Hierfür ist

$$\begin{aligned}
\mathcal{A}(t)\boldsymbol{B}(t) &= -\boldsymbol{A}(t)\boldsymbol{B}(t) + \frac{\mathrm{d}}{\mathrm{d}t}\boldsymbol{B}(t) = -\begin{bmatrix} 1 & 0 \\ t & 0 \\ 0 & t \end{bmatrix}, \\
\mathcal{A}^2(t)\boldsymbol{B}(t) &= -\boldsymbol{A}(t)[\mathcal{A}(t)\boldsymbol{B}(t)] + \frac{\mathrm{d}}{\mathrm{d}t}[\mathcal{A}(t)\boldsymbol{B}(t)] = \begin{bmatrix} 2t & 0 \\ t^2-1 & 0 \\ 0 & t^2-1 \end{bmatrix}
\end{aligned}$$

und damit

$$\boldsymbol{S}(t) = \begin{bmatrix} 0 & 0 & -1 & 0 & 2t & 0 \\ 1 & 0 & -t & 0 & (t^2-1) & 0 \\ 0 & 1 & 0 & -1 & 0 & (t^2-1) \end{bmatrix}.$$

Da die drei ersten Spalten dieser Matrix für alle t linear unabhängig sind, ist das System nach Lemma 5.16 erreichbar. □

5.2.3 Steuerbarkeit linearer zeitinvarianter zeitkontinuierlicher Systeme

Grundlegend für die Steuerbarkeit zeitinvarianter Systeme gemäß Definition 5.5 ist der

5.18 Satz: *Sei*

$$\boldsymbol{S} \stackrel{\text{def}}{=} \begin{bmatrix} \boldsymbol{B} & \boldsymbol{AB} & \cdots & \boldsymbol{A}^{n-1}\boldsymbol{B} \end{bmatrix} \tag{5.57}$$

die **Steuerbarkeitsmatrix** *des linearen zeitinvarianten Systems mit der Zustandsgleichung*

$$\dot{\boldsymbol{x}}(t) = \boldsymbol{A}\boldsymbol{x}(t) + \boldsymbol{B}\boldsymbol{u}(t).$$

Dann ist der lineare Unterraum der steuerbaren Zustände gleich

$$\text{Bild}(\boldsymbol{S}) = \text{Bild}(\boldsymbol{W}(0,t)) \tag{5.58}$$

und der lineare Unterraum der unsteuerbaren Zustände gleich

$$\text{Kern}(\boldsymbol{S}^T) = \text{Kern}(\boldsymbol{W}(0,t)) \tag{5.59}$$

für jedes $t > 0$.

Beweis: Aufgrund des Satzes 5.13 muß gezeigt werden, daß

$$\text{Bild}(\boldsymbol{W}(0,t)) = \text{Bild}(\boldsymbol{S}) \tag{5.60}$$

ist. Statt der Gleichheit dieser beiden Unterräume wird die Gleichheit der hierzu orthogonalen Unterräume gezeigt:

$$[\text{Bild}(\boldsymbol{W}(0,t))]^{\perp} = [\text{Bild}(\boldsymbol{S})]^{\perp}. \tag{5.61}$$

Da für eine reelle Matrix $\boldsymbol{M}$ stets $\text{Kern}(\boldsymbol{M}^T) = [\text{Bild}(\boldsymbol{M})]^{\perp}$ ist, kann statt (5.61) auch

$$\text{Kern}(\boldsymbol{W}^T(0,t)) = \text{Kern}(\boldsymbol{S}^T) \tag{5.62}$$

gezeigt werden. Aus dem Beweis des Satzes 5.12 folgt, daß

$$\boldsymbol{x} \in \text{Kern}(\boldsymbol{W}^T(0,t)) \tag{5.63}$$

gleichbedeutend mit

$$\boldsymbol{B}^T\boldsymbol{\Phi}^T(t,\tau)\boldsymbol{x} = \boldsymbol{o} \tag{5.64}$$

für alle $\tau \in [0,t]$ ist, d.h., die Funktion auf der linken Seite der Gleichung ist in dem Intervall $[0,t]$ identisch gleich Null, also gilt das auch für sämtliche Ableitungen nach der Zeit. Daraus folgt für $\tau = 0$

$$\boldsymbol{B}^T(\boldsymbol{A}^T)^i\boldsymbol{x} = \boldsymbol{o} \tag{5.65}$$

für $i = 0,1,2,\ldots$. Der Fall $i > n-1$ braucht nicht betrachtet zu werden, da aufgrund des Satzes von Cayley-Hamilton

$$\boldsymbol{A}^n = -(a_{n-1}\boldsymbol{A}^{n-1} + a_{n-2}\boldsymbol{A}^{n-2} + \cdots + a_0\boldsymbol{I})$$

ist, also auch

$$\boldsymbol{A}^n\boldsymbol{B} = -(a_{n-1}\boldsymbol{A}^{n-1}\boldsymbol{B} + a_{n-2}\boldsymbol{A}^{n-2}\boldsymbol{B} + \cdots + a_0\boldsymbol{B})$$

und

$$\boldsymbol{B}^T(\boldsymbol{A}^T)^n\boldsymbol{x} = -(a_{n-1}\boldsymbol{B}^T(\boldsymbol{A}^T)^{n-1}\boldsymbol{x} + \cdots + a_0\boldsymbol{B}^T\boldsymbol{x}),$$

so daß (5.65) für alle $i \geq n$ gilt, wenn es für $i = 0,1,\ldots,n-1$ gilt. Aufgrund der Reihendarstellung der Transitionsmatrix nach (2.125) für zeitinvariante Systeme ist die Bedingung (5.65) für $i = 0,1,\ldots,n-1$

nicht nur notwendig, sondern auch hinreichend für die Gültigkeit der Identität (5.64); außerdem ist sie äquivalent zu $\boldsymbol{x} \in \mathrm{Kern}(\boldsymbol{S}^T)$. Da (5.64) dann und nur dann gilt, wenn (5.63) gilt, ist (5.62) und damit auch (5.60) bewiesen. □

Aus Satz 5.15 oder 5.16 folgt unmittelbar der bekannteste Satz über die Steuerbarkeit linearer zeitinvarianter Systeme:

5.19 Satz: *Das lineare zeitinvariante zeitkontinuierliche System $\{\boldsymbol{A}, \boldsymbol{B}\}$ n-ter Ordnung ist dann und nur dann vollständig steuerbar, wenn der Rang der Steuerbarkeitsmatrix*

$$\boldsymbol{S} = \left[\begin{array}{cccc} \boldsymbol{B} & \boldsymbol{AB} & \cdots & \boldsymbol{A}^{n-1}\boldsymbol{B} \end{array}\right]$$

gleich n ist.

Wenn ein zeitinvariantes lineares System vollständig steuerbar ist, muß es laut Definition 5.5 für jeden beliebigen Anfangszustand $\boldsymbol{x}_0$ und jeden beliebigen Endzustand $\boldsymbol{x}_1$ eine Eingangsfunktion $\boldsymbol{u}_{[0,t_1]}$ so geben, daß $\boldsymbol{x}_0$ nach $\boldsymbol{x}_1$ überführt wird. Eine solche Eingangsfunktion kann sofort angegeben werden, denn wenn das System $\{\boldsymbol{A}, \boldsymbol{B}\}$ vollständig steuerbar ist, dann ist nach Satz 5.14 auch die Matrix

$$\boldsymbol{W}(0, t_1) = \int_0^{t_1} \mathrm{e}^{-\boldsymbol{A}t}\boldsymbol{B}\boldsymbol{B}^T\left(\mathrm{e}^{-\boldsymbol{A}t}\right)^T \mathrm{d}t \tag{5.66}$$

regulär. Wählt man als Eingangsfunktion für ein beliebiges $t_1 > 0$

$$\boldsymbol{u}(t) = \boldsymbol{B}^T\left(\mathrm{e}^{-\boldsymbol{A}t}\right)^T \boldsymbol{W}^{-1}(0, t_1)\mathrm{e}^{-\boldsymbol{A}t_1}(\boldsymbol{x}_1 - \mathrm{e}^{-\boldsymbol{A}t_1}\boldsymbol{x}_0), \tag{5.67}$$

dann ist

$$\begin{aligned} \boldsymbol{x}(t_1) &= \mathrm{e}^{-\boldsymbol{A}t_1}\boldsymbol{x}_0 + \int_0^{t_1} \mathrm{e}^{\boldsymbol{A}(t_1 - t)}\boldsymbol{B}\boldsymbol{B}^T\left(\mathrm{e}^{-\boldsymbol{A}t}\right)^T \boldsymbol{W}^{-1}(0, t_1)\mathrm{e}^{-\boldsymbol{A}t_1}\left(\boldsymbol{x}_1 - \mathrm{e}^{-\boldsymbol{A}t_1}\boldsymbol{x}_0\right) \mathrm{d}t \\ &= \mathrm{e}^{-\boldsymbol{A}t_1}\boldsymbol{x}_0 + \mathrm{e}^{\boldsymbol{A}t_1}\boldsymbol{W}(0, t_1)\boldsymbol{W}^{-1}(0, t_1)\mathrm{e}^{-\boldsymbol{A}t_1}\left(\boldsymbol{x}_1 - \mathrm{e}^{-\boldsymbol{A}t_1}\boldsymbol{x}_0\right) \\ &= \boldsymbol{x}_1, \end{aligned}$$

d.h., die Eingangsfunktion gemäß (5.67) überführt in der Tat den beliebigen Anfangszustand $\boldsymbol{x}_0$ in den beliebigen Endzustand $\boldsymbol{x}_1$. Hierbei ist sogar die Überführungsdauer t_1 beliebig, also kann sie theoretisch auch *beliebig klein* sein! Je kleiner jedoch t_1 wird, desto kleiner werden die Elemente der Matrix $\boldsymbol{W}(0, t_1)$ und desto größer werden die Elemente der inversen Matrix $\boldsymbol{W}^{-1}(0, t_1)$ in (5.67), d.h., desto größer werden die Amplituden der Eingangsfunktion $\boldsymbol{u}(t)$, die aber in der Praxis immer Beschränkungen unterliegen.

5.2.4 Weitere Steuerbarkeitskriterien

Wie die beiden Sätze 5.6 und 5.15 über die Steuerbarkeit linearer zeitinvarianter Systeme zeigen, ist die Steuerbarkeit von dem Rang der Steuerbarkeitsmatrix $\boldsymbol{S}$ abhängig. Da aber die Steuerbarkeit eine Eigenschaft des Systems ist, müssen sämtliche Informationen darüber bereits in der Systemmatrix $\boldsymbol{A}$ und der Eingabematrix $\boldsymbol{B}$ enthalten sein. Die Frage ist also: Kann man diese Matrizen mit Hilfe einer Ähnlichkeitstransformation so umformen, daß man den Matrizen sofort die Steuerbarkeit ansieht? Das ist in der Tat z.B. für die Diagonalform der Fall:

5.20 Satz: *Das lineare zeitinvariante Einfachsystem mit der Zustandsgleichung*

$$\dot{\boldsymbol{x}}(t) = \boldsymbol{\Lambda x}(t) + \hat{\boldsymbol{b}}u(t) \tag{5.68}$$

ist dann und nur dann steuerbar, wenn alle Eigenwerte verschieden und alle Koeffizienten von $\hat{\boldsymbol{b}}$ verschieden von null sind.

Beweis: Die Steuerbarkeitsmatrix hat in dem Fall die Form

$$\boldsymbol{S} = \begin{bmatrix} \hat{b}_1 & \lambda_1\hat{b}_1 & \lambda_1^2\hat{b}_1 & \cdots\lambda_1^{n-1}\hat{b}_1 \\ \hat{b}_2 & \lambda_2\hat{b}_2 & \lambda_2^2\hat{b}_2 & \cdots\lambda_2^{n-1}\hat{b}_2 \\ \vdots & \vdots & \vdots & \vdots \\ \hat{b}_n & \lambda_n\hat{b}_n & \lambda_n^2\hat{b}_n & \cdots\lambda_n^{n-1}\hat{b}_n \end{bmatrix}. \tag{5.69}$$

Sind zwei Eigenwerte gleich, entstehen in der Steuerbarkeitsmatrix $\boldsymbol{S}$ zwei gleiche Zeilen, der Rang ist kleiner als n. Ist eins der $\hat{b}_i$ gleich null, entsteht eine Nullzeile und der Rang ist ebenfalls kleiner als n. □

Anhand der in Bild 5.6 dargestellten Struktur eines Systems mit der Zustandsgleichung (5.68) sind die Bedingungen des Lemmas 5.20 sofort einsehbar: Ist ein $\hat{b}_i = 0$, so kann das zugehörige nachfolgende Untersystem nicht von der Eingangsgröße u beeinflußt werden. Ist andererseits z.B. $\lambda_1 = \lambda_2$ und $x_1(0) = x_2(0) = 0$, ist

$$x_1(t) = \int_0^t \mathrm{e}^{\lambda_1(t-\tau)}u(\tau)\mathrm{d}\tau\hat{b}_1$$

und

$$x_2(t) = \int_0^t \mathrm{e}^{\lambda_2(t-\tau)}u(\tau)\mathrm{d}\tau\hat{b}_2,$$

also

$$\frac{x_1(t)}{x_2(t)} = \frac{\hat{b}_1}{\hat{b}_2},$$

d.h., es ist

$$x_1(t) = \frac{\hat{b}_1}{\hat{b}_2}x_2(t)$$

und folglich $x_1(t)$ für alle t proportional zu $x_2(t)$. Die beiden Zustände $x_1(t_1)$ und $x_2(t_1)$ können nicht unabhängig voneinander gewählt und angesteuert werden!

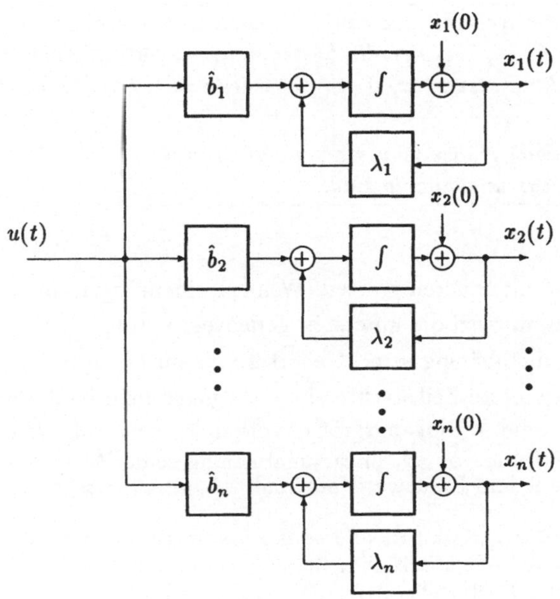

Bild 5.6: Struktur eines Einfachsystems mit einer Systemmatrix in Diagonalform.

Liegt die Systemmatrix in JORDAN-Form vor, kann allein an Hand der zugehörigen Eingangsmatrix $\hat{\boldsymbol{B}}$ und der Struktur der Systemmatrix $\boldsymbol{J}$ auf die Steuerbarkeit des Systems geschlossen werden. Jedes lineare zeitinvariante System kann gemäß Satz 3.17 durch die mathematische Beschreibung

$$\dot{\boldsymbol{x}}(t) = \boldsymbol{J}\boldsymbol{x}(t) + \hat{\boldsymbol{B}}\boldsymbol{u}(t) \tag{5.70}$$

beschrieben werden, wobei die Matrizen $\boldsymbol{J}$ und $\hat{\boldsymbol{B}}$ die Formen haben:

$$\boldsymbol{J} = \begin{bmatrix} \boldsymbol{J}_1 & & 0 \\ & \ddots & \\ 0 & & \boldsymbol{J}_\nu \end{bmatrix}; \quad \hat{\boldsymbol{B}} = \begin{bmatrix} \hat{\boldsymbol{B}}_1 \\ \vdots \\ \hat{\boldsymbol{B}}_\nu \end{bmatrix}, \tag{5.71}$$

$$\boldsymbol{J}_i = \begin{bmatrix} \boldsymbol{J}_{i1} & & 0 \\ & \ddots & \\ 0 & & \boldsymbol{J}_{ik_i} \end{bmatrix}; \quad \hat{\boldsymbol{B}}_i = \begin{bmatrix} \hat{\boldsymbol{B}}_{i1} \\ \vdots \\ \hat{\boldsymbol{B}}_{ik_i} \end{bmatrix}, \tag{5.72}$$

$$\boldsymbol{J}_{ij} = \begin{bmatrix} \lambda_i & 1 & & 0 \\ & \lambda_i & \ddots & \\ & & \ddots & 1 \\ 0 & & & \lambda_i \end{bmatrix}; \quad \hat{\boldsymbol{B}}_{ij} = \begin{bmatrix} \hat{\boldsymbol{b}}_{ij1}^T \\ \vdots \\ \hat{\boldsymbol{b}}_{ijm_{ij}}^T \end{bmatrix}. \tag{5.73}$$

Für diese mathematische Beschreibung lautet das Steuerbarkeitskriterium:

5.21 Satz: *Ein lineares zeitinvariantes System mit der mathematischen Beschreibung (5.70), bei der die Systemmatrix* JORDAN*-Form hat, ist dann und nur dann steuerbar, wenn für jedes $i = 1, 2, \ldots, \nu$ die k_i Zeilenvektoren $\hat{\boldsymbol{b}}^T_{ijm_{ij}}$*
1. keinen Nullzeilenvektor enthalten und
2. linear unabhängig sind.

Dieser Satz sagt mit anderen Worten: Wenn zu einem Eigenwert λ_i mehrere JORDAN-Blöcke $\boldsymbol{J}_{ij}$ gehören, müssen die untersten Zeilenvektoren $\hat{\boldsymbol{b}}^T_{ijm_{ij}}$ der zugehörigen Untermatrix $\hat{\boldsymbol{B}}_{ij}$ linear unabhängig sein. Gehört zu einem Eigenwert λ_i nur ein JORDAN-Block $\boldsymbol{J}_{i1}$, muß der letzte Zeilenvektor $\hat{\boldsymbol{b}}^T_{i1m_1}$ ungleich dem Nullzeilenvektor sein. Andererseits können, wenn p Eingangsgrößen vorhanden sind, d.h. $\hat{\boldsymbol{B}}$ eine $(n \times p)$-Matrix ist, nur p Zeilenvektoren von $\hat{\boldsymbol{B}}_i$ linear unabhängig sein. Wenn das System steuerbar sein soll, dürfen zu jedem Eigenwert maximal p JORDAN-Blöcke gehören.

Beweis des Satzes 5.21: Nach Satz 5.13 ist das System $\{\boldsymbol{J}, \hat{\boldsymbol{B}}\}$ genau dann vollständig steuerbar, wenn die Zeilen der $n \times p$-Matrix $e^{\boldsymbol{J}t}\hat{\boldsymbol{B}}$ linear unabhängig für jedes endliche Zeitintervall sind. Damit ist die Bedingung 1 notwendig. Aus (5.71) bis (5.73) folgt

$$e^{\boldsymbol{J}t}\hat{\boldsymbol{B}} = \begin{bmatrix} e^{\boldsymbol{J}_1 t}\hat{\boldsymbol{B}}_1 \\ \vdots \\ e^{\boldsymbol{J}_\nu t}\hat{\boldsymbol{B}}_\nu \end{bmatrix} = \begin{bmatrix} e^{\boldsymbol{J}_{11} t}\hat{\boldsymbol{B}}_{11} \\ \vdots \\ e^{\boldsymbol{J}_{1k_1} t}\hat{\boldsymbol{B}}_{1k_1} \\ e^{\boldsymbol{J}_{21} t}\hat{\boldsymbol{B}}_{21} \\ \vdots \\ e^{\boldsymbol{J}_{\nu k_\nu} t}\hat{\boldsymbol{B}}_{\nu k_\nu} \end{bmatrix}, \tag{5.74}$$

wobei nach (3.54) für die einzelnen Untermatrizen der Transitionsmatrix gilt:

$$e^{\boldsymbol{J}_{ij}t} = e^{\lambda_i t} \begin{bmatrix} 1 & t & \frac{t^2}{2} & \cdots & \frac{t^{m_{ij}-1}}{(m_{ij}-1)!} \\ 0 & 1 & t & \ddots & \vdots \\ \vdots & \ddots & \ddots & \ddots & \frac{t^2}{2} \\ \vdots & & \ddots & \ddots & t \\ 0 & \cdots & \cdots & 0 & 1 \end{bmatrix}. \tag{5.75}$$

Zunächst ist zu zeigen: Wenn das System vollständig steuerbar ist, sind für alle $i = 1, \ldots, \nu$ die k_i Zeilenvektoren $\hat{\boldsymbol{b}}^T_{i1m_{i1}}, \ldots, \hat{\boldsymbol{b}}^T_{ik_im_{ik_i}}$ linear unabhängig. Der Beweis wird indirekt geführt mit der Widerspruchsannahme: Das System ist steuerbar, trotzdem sind für irgend ein i diese Zeilenvektoren linear abhängig. Aus (5.74) und (5.75) folgt, daß die letzte Zeile von $e^{\boldsymbol{J}_{ij}t}\hat{\boldsymbol{B}}_{ij}$ der Zeilenvektor $e^{\lambda_i t}\hat{\boldsymbol{b}}^T_{ijm_{ij}}$ ist, d.h., die Zeilen $e^{\lambda_i t}\hat{\boldsymbol{b}}^T_{ijm_{ij}}$, $j = 1, 2, \ldots, k_i$, sind linear abhängig, da der gemeinsame Faktor $e^{\lambda_i t}$ nichts an der linearen Abhängigkeit ändert. Damit sind aber nicht alle Zeilen von $e^{\boldsymbol{J}t}\hat{\boldsymbol{B}}$ über einem endlichen Zeitintervall linear unabhängig und das System folglich nicht vollständig steuerbar, was ein Widerspruch zu der Widerspruchsannahme ist.

Jetzt ist zu beweisen: Wenn für alle $i = 1, 2, \ldots, \nu$ die k_i Zeilenvektoren $\hat{\boldsymbol{b}}^T_{i1m_{i1}}, \ldots, \hat{\boldsymbol{b}}^T_{ik_im_{ik_i}}$ linear unabhängig sind, dann ist das System vollständig steuerbar. Zunächst wird gezeigt, daß die lineare Unabhängigkeit der Zeilenvektoren zur Folge hat, daß für alle i die Zeilen von $e^{\boldsymbol{J}t}\hat{\boldsymbol{B}}_i$ linear unabhängig sind. Man erhält für die Untermatrix

$$e^{J_{ij}t}\hat{B}_{ij} = e^{\lambda_i t}\begin{bmatrix} \hat{b}_{ij1}^T + t\hat{b}_{ij2}^T + \frac{t^2}{2}\hat{b}_{ij3}^T + \cdots + \frac{t^{m_{ij}-1}}{(m_{ij}-1)!}\hat{b}_{ijm_{ij}}^T \\ \vdots \\ \hat{b}_{ij(m_{ij}-1)}^T + t\hat{b}_{ijm_{ij}}^T \\ \hat{b}_{ijm_{ij}}^T \end{bmatrix}. \tag{5.76}$$

Für $\alpha \neq \beta$ sind die beiden Zeilenvektoren $t^\alpha\hat{b}_{ijm_{ij}}^T$ und $t^\beta\hat{b}_{ijm_{ij}}^T$ über einem endlichen Zeitintervall linear unabhängig. Daran ändert sich auch nichts, wenn zu einem oder beiden Zeilenvektoren andere Zeilenvektoren $t^\gamma\hat{b}_{ij\gamma}^T$ addiert werden, wobei $\gamma < \alpha$ bei einer Addition zu $t^\alpha\hat{b}_{ijm_{ij}}^T$ und $\gamma < \beta$ bei einer Addition zu $t^\beta\hat{b}_{ijm_{ij}}^T$ ist. Die Zeilen in (5.76) sind also linear unabhängig. Da für ein $k \neq j$ die beiden Zeilenvektoren $\hat{b}_{ikm_{ik}}^T$ und $\hat{b}_{ijm_{ij}}^T$ linear unabhängig sind, sind sämtliche Zeilen von $e^{J_i t}\hat{B}_i$ über einem endlichen Zeitintervall linear unabhängig.
Schließlich muß noch gezeigt werden, daß für $\lambda_i \neq \lambda_k$ sämtliche Zeilen von $e^{J_i t}\hat{B}_i$ und $e^{J_k t}\hat{B}_k$ für ein endliches Zeitintervall linear unabhängig sind. Das folgt aus der linearen Unabhängigkeit von Vektorfunktionen der Art $p_i^T(t)e^{\lambda_i t}$ und $p_k^T(t)e^{\lambda_k t}$ über jedem Zeitintervall, wenn $\lambda_i \neq \lambda_k$ und die aus Polynomen über t bestehenden Zeilenvektoren $p_i^T(t)$ und $p_k^T(t)$ nicht identisch verschwinden. □

5.22 Beispiel: Ist das lineare System mit der Zustandsgleichung

$$\dot{x}(t) = \left[\begin{array}{ccc|cc|cc|c} -2 & 1 & 0 & 0 & 0 & 0 & 0 & 0 \\ 0 & -2 & 1 & 0 & 0 & 0 & 0 & 0 \\ 0 & 0 & -2 & 0 & 0 & 0 & 0 & 0 \\ \hline 0 & 0 & 0 & -2 & 1 & 0 & 0 & 0 \\ 0 & 0 & 0 & 0 & -2 & 0 & 0 & 0 \\ \hline 0 & 0 & 0 & 0 & 0 & -4 & 1 & 0 \\ 0 & 0 & 0 & 0 & 0 & 0 & -4 & 0 \\ \hline 0 & 0 & 0 & 0 & 0 & 0 & 0 & -3 \end{array}\right] x(t) + \left[\begin{array}{ccc} 0 & 0 & 2 \\ 0 & 1 & 0 \\ 0 & 2 & 3 \\ \hline 0 & 0 & 1 \\ 2 & 1 & 0 \\ \hline 2 & 0 & 0 \\ 0 & 0 & 1 \\ \hline 0 & 4 & 1 \end{array}\right] u(t)$$

vollständig steuerbar? Es sind $\nu = 3$ verschiedene Eigenwerte $\lambda_1 = -2, \lambda_2 = -4$ und $\lambda_3 = -3$ vorhanden. Zu $\lambda_1 = -2$ gehören $k_1 = 2$ JORDAN-Blöcke und zu λ_2 und λ_3 je ein JORDAN-Block, wobei der JORDAN-Block J_3 zu einer (1×1)-Matrix entartet. Nach Satz 5.21 müssen die Zeilenvektoren $\hat{b}_3^T, \hat{b}_5^T, \hat{b}_7^T$ und $\hat{b}_8^T$ verschieden vom Nullzeilenvektor und außerdem die beiden Zeilenvektoren $\hat{b}_3^T$ und $\hat{b}_5^T$ voneinander linear unabhängig sein, wenn das System vollständig steuerbar sein soll. Da das der Fall ist, ist das System vollständig steuerbar. □

Da die Steuerbarkeit eine Systemeigenschaft ist, kann sie nicht von der gewählten mathematischen Beschreibung abhängen. Dies geht auch ganz klar aus den Steuerbarkeitsmatrizen S und $\hat{S}$, die zu ähnlichen Zustandsgleichungen gehören, hervor, denn es ist

$$\begin{aligned} \hat{S} &= \left[\, \hat{B} \;\; \hat{A}\hat{B} \;\; \cdots \;\; \hat{A}^{n-1}\hat{B} \,\right] \\ &= \left[\, T^{-1}B \,|\, T^{-1}ATT^{-1}B \,|\, \cdots \,\right] \\ &= T^{-1}\left[\, B \;\; AB \;\; \cdots \;\; A^{n-1}B \,\right] \\ &= T^{-1}S. \end{aligned}$$

Da die Transformationsmatrix T stets regulär ist, haben die beiden Steuerbarkeitsmatrizen $\hat{S}$ und S den gleichen Rang.

Der folgende Satz liefert ein weiteres Steuerbarkeitskriterium an Hand einer besonderen Form der Zustandsgleichung:

5.23 Satz: *Das lineare System* $\{\boldsymbol{A}, \boldsymbol{B}\}$ *ist dann und nur dann vollständig steuerbar, wenn es keine Transformationsmatrix* $\boldsymbol{T}$ *so gibt, daß die transformierten Matrizen* $\hat{\boldsymbol{A}} = \boldsymbol{T}^{-1}\boldsymbol{A}\boldsymbol{T}$ *und* $\hat{\boldsymbol{B}} = \boldsymbol{T}^{-1}\boldsymbol{B}$ *die Form haben:*

$$\hat{\boldsymbol{A}} = \begin{bmatrix} \hat{\boldsymbol{A}}_{11} & \hat{\boldsymbol{A}}_{21} \\ \boldsymbol{O} & \hat{\boldsymbol{A}}_{22} \end{bmatrix} \quad \text{und} \quad \hat{\boldsymbol{B}} = \begin{bmatrix} \hat{\boldsymbol{B}}_1 \\ \boldsymbol{O} \end{bmatrix}, \tag{5.77}$$

mit $\hat{\boldsymbol{A}}_{11} \in \mathbb{R}^{r \times r}, \hat{\boldsymbol{B}}_1 \in \mathbb{R}^{r \times p}, r < n.$

Beweis: Für die Systembeschreibung $\{\hat{\boldsymbol{A}}, \hat{\boldsymbol{B}}\}$ erhält man die Steuerbarkeitsmatrix

$$\hat{\boldsymbol{S}} = \begin{bmatrix} \hat{\boldsymbol{B}}_1 & \hat{\boldsymbol{A}}_{11}\hat{\boldsymbol{B}}_1 & \cdots & \hat{\boldsymbol{A}}_{11}^{n-1}\hat{\boldsymbol{B}}_1 \\ \boldsymbol{O} & \boldsymbol{O} & \cdots & \boldsymbol{O} \end{bmatrix},$$

deren Rang offensichtlich höchstens gleich $r < n$ ist. □

Eine für die *numerische* Steuerbarkeitsuntersuchung von Einfachsystemen sehr gut geeignete Aussage enthält der

5.24 Satz: *Das lineare Einfachsystem* $\{\boldsymbol{A}, \boldsymbol{b}\}$ *ist dann und nur dann vollständig steuerbar, wenn die Systemmatrix* $\boldsymbol{A}$ *und der Eingabevektor* $\boldsymbol{b}$ *in die ähnliche Form*

$$\hat{\boldsymbol{A}} = \begin{bmatrix} * & \cdots & \cdots & \cdots & * \\ \diamond & * & & & \vdots \\ 0 & \diamond & \ddots & & \vdots \\ \vdots & \ddots & \ddots & \ddots & \vdots \\ 0 & \cdots & 0 & \diamond & * \end{bmatrix}, \quad \hat{\boldsymbol{b}} = \begin{bmatrix} \diamond \\ 0 \\ \vdots \\ o \end{bmatrix} \tag{5.78}$$

transformiert werden können, wobei die mit $\diamond$ *gekennzeichneten Elemente ungleich null sind.*

Beweis: Ist z.B. das Subdiagonalelement $\diamond$ in der i-ten Zeile der Matrix $\hat{\boldsymbol{A}}$ gleich null, kann man $\hat{\boldsymbol{A}}$

und $\hat{b}$ so zerlegen

$$\hat{A} = \left[\begin{array}{ccccc|ccccc} * & \cdots & \cdots & \cdots & * & & & & & \\ \diamond & \ddots & & & \vdots & & & & & \\ 0 & \ddots & \ddots & & \vdots & & & * & & \\ \vdots & \ddots & \ddots & \ddots & \vdots & & & & & \\ 0 & \cdots & 0 & \diamond & * & & & & & \\ \hline & & & & & * & \cdots & \cdots & \cdots & * \\ & & & & & \diamond & \ddots & & & \vdots \\ & & O & & & 0 & \ddots & \ddots & & \vdots \\ & & & & & \vdots & \ddots & \ddots & \ddots & \vdots \\ & & & & & 0 & \cdots & 0 & \diamond & * \end{array}\right], \quad \hat{b} = \left[\begin{array}{c} \diamond \\ 0 \\ \vdots \\ 0 \\ \hline 0 \\ \vdots \\ 0 \end{array}\right], \tag{5.79}$$

also in eine Form der Gestalt (5.78) bringen, die nicht vollständig steuerbar ist. □

Die Systembeschreibung gemäß (5.78) heißt HESSENBERG-Form. Man kann sie durch eine Ähnlichkeitstransformation mit numerisch stabilen, unitären HOUSEHOLDER-Matrizen erhalten [LUDYK.1990].

5.2.5 Erreichbare Unterräume

Hat ein System mehrere Eingänge, stellt sich die Frage, welcher Eingang welche Zustandsmenge beeinflußt. Ist ein System nicht vollständig steuerbar, interessiert, welche Menge von Zuständen mit Hilfe der zur Verfügung stehenden Eingänge steuerbar ist. Zur Beantwortung dieser Fragen wird auf die in Abschnitt 5.1 eingeführte erreichbare Menge $\mathcal{R}_{err}$ bzw. die steuerbare Menge $\mathcal{R}_{steu}$ zurückgegriffen.

Bei linearen Systemen $\{\boldsymbol{A}, \boldsymbol{B}\}$ setzt sich die Bewegung des Zustands aus der freien und der erzwungenen Bewegung wie folgt zusammen:

$$\begin{aligned} \boldsymbol{x}(t) &= \boldsymbol{x}(t; t_0, \boldsymbol{x}_0, \boldsymbol{u}_{[t_0,t]}) \\ &= \boldsymbol{\Phi}(t, t_0)\boldsymbol{x}_0 + \int_{t_0}^{t} \boldsymbol{\Phi}(t,\tau)\boldsymbol{B}(\tau)\boldsymbol{u}(\tau)\mathrm{d}\tau \\ &= \underbrace{\boldsymbol{x}(t; t_0, \boldsymbol{x}_0, \boldsymbol{o}_{[t_0,t]})}_{\text{freie Bewegung}} + \underbrace{\boldsymbol{x}(t; t_0, \boldsymbol{o}, \boldsymbol{u}_{[t_0,t]})}_{\text{erzwungene Bewegung}} , \end{aligned} \tag{5.80}$$

d.h., die Eingangsgrößen haben nur einen Einfluß auf die erzwungene Bewegung. Aus der Herleitung und den Beweisen der Sätze über die Steuerbarkeit linearer zeitinvarianter Systeme in den vorhergehenden Abschnitten geht hervor, daß die Menge der durch die erzwungene Bewegung vom Nullzustand aus erreichbaren Zustände durch die Spalten der zum System $\{\boldsymbol{A}, \boldsymbol{B}\}$ gehörenden Steuerbarkeitsmatrix

$$\boldsymbol{S} = \left[\begin{array}{cccc} \boldsymbol{B} & \boldsymbol{AB} & \cdots & \boldsymbol{A}^{n-1}\boldsymbol{B} \end{array}\right]$$

aufgespannt wird. Ist der Rang der Steuerbarkeitsmatrix $\boldsymbol{S}$ kleiner als n, ist es sinnvoll, den durch die Spaltenvektoren von $\boldsymbol{S}$ aufgespannten linearen Unterraum des n-dimensionalen Zustandsraum als erreichbaren Unterraum zu bezeichnen.

5.25 Definition: *Der von den Spalten der Steuerbarkeitsmatrix $\boldsymbol{S}$ aufgespannte lineare Unterraum $\mathcal{R}$ des Zustandsraums $\mathcal{X} = \mathbb{R}^n$ heißt* **erreichbarer Unterraum** *des linearen Systems $\{\boldsymbol{A}, \boldsymbol{B}\}$:*

$$\mathcal{R} \stackrel{\text{def}}{=} \text{Bild}(\boldsymbol{S}). \tag{5.81}$$

Für die freie Bewegung von Zuständen, die im erreichbaren Unterraum $\mathcal{R}$ starten ($\boldsymbol{x}_0 \in \mathcal{R}$), gilt der

5.26 Satz: *Wenn der Anfangszustand $\boldsymbol{x}_0 \in \mathcal{R}$ ist und keine Eingangsgröße auf das System wirkt ($\boldsymbol{u}_{[t_0,t]} = \boldsymbol{o}_{[t_0,t]}$), dann verbleibt der Zustand $\boldsymbol{x}(t)$ für alle $t > 0$ in $\mathcal{R}$.*

Beweis: Wenn $\boldsymbol{x}_0 \in \mathcal{R}$, dann gibt es einen Vektor $\boldsymbol{\xi}$ so, daß $\boldsymbol{x}_0$ als Linearkombination der Spaltenvektoren der Steuerbarkeitsmatrix $\boldsymbol{S}$ dargestellt werden kann:

$$\boldsymbol{x}_0 = \boldsymbol{S\xi}. \tag{5.82}$$

Für $t > 0$ ist

$$\begin{aligned} \boldsymbol{x}(t) &= \mathrm{e}^{\boldsymbol{A}t}\boldsymbol{x}_0 = \mathrm{e}^{\boldsymbol{A}t}\boldsymbol{S\xi} \\ &= (\boldsymbol{I} + \boldsymbol{A}t + \boldsymbol{A}^2\frac{t^2}{2} + \boldsymbol{A}^3\frac{t^3}{3!} + \cdots)\boldsymbol{S\xi} \\ &= \boldsymbol{S\xi} + t\boldsymbol{AS\xi} + \frac{t^2}{2}\boldsymbol{A}^2\boldsymbol{S\xi} + \frac{t^3}{3!}\boldsymbol{A}^3\boldsymbol{S\xi} + \cdots \end{aligned} \tag{5.83}$$

und nach Satz 5.10

$$\text{Bild}\left(\boldsymbol{A}^i\boldsymbol{S}_n\right) \subseteq \text{Bild}\left(\boldsymbol{S}_{n+i}\right) = \text{Bild}\left(\boldsymbol{S}_n\right) = \text{Bild}(\boldsymbol{S}) \tag{5.84}$$

für alle $i \geq 0$, d.h., die einzelnen Vektoren der Summe (5.83) sind alle in dem linearen Unterraum Bild($\boldsymbol{S}$) enthalten. □

Allgemein sagt man in diesem Zusammenhang, daß der Raum $\mathcal{R} = \text{Bild}(\boldsymbol{S})$ **invariant** gegenüber $\boldsymbol{A}$ ist:

$$\boxed{\boldsymbol{A}\mathcal{R} \subseteq \mathcal{R}.} \tag{5.85}$$

Andererseits geht aus der Herleitung der Sätze 5.6 und 5.15 über die Steuerbarkeit linearer zeitinvarianter Systeme direkt hervor der

5.27 Satz: *Jeder Anfangszustand $\boldsymbol{x}_0 \in \mathcal{R}$ ist in jeden Endzustand $\boldsymbol{x} \in \mathcal{R}$ steuerbar.*

Gibt es außerhalb von $\mathcal{R}$ auch noch Zustände, die in andere Zustände gesteuert werden können und wenn ja, welche? Ausgehend von $\boldsymbol{x}_0$ erreicht im Zeitpunkt t ein Systemzustand aufgrund der freien Bewegung den Zustand $\boldsymbol{\Phi}(t)\boldsymbol{x}_0$. Wirkt gleichzeitig während des Übergangs die Eingangsfunktion $\boldsymbol{u}_{[0,t]}$, so kommt die erzwungene Bewegung

$$\int_0^t \boldsymbol{\Phi}(t-\tau)\boldsymbol{B}\boldsymbol{u}(\tau)\mathrm{d}\tau \in \mathcal{R} = \mathrm{Bild}(\boldsymbol{S}) \tag{5.86}$$

hinzu. Insgesamt ist vom Zustand $\boldsymbol{x}_0$ aus im Zeitpunkt t die Menge

$$\mathcal{R}_{err}(0,t,\boldsymbol{x}_0) = \boldsymbol{\Phi}(t)\boldsymbol{x}_0 + \mathcal{R} \tag{5.87}$$

erreichbar. Die Menge (5.87) stellt eine *lineare Mannigfaltigkeit* dar, wie schon in Satz 5.7 zum Ausdruck gebracht wurde. Diese erhält man, indem man den linearen Unterraum $\mathcal{R}$ um den Vektor $\boldsymbol{\Phi}(t)\boldsymbol{x}_0$ „verschiebt", d.h., die Menge (5.87) ist die Menge aller Vektoren $\boldsymbol{\Phi}(t)\boldsymbol{x}_0 + \boldsymbol{r}$ mit $\boldsymbol{r} \in \mathcal{R}$ (Bild 5.7).

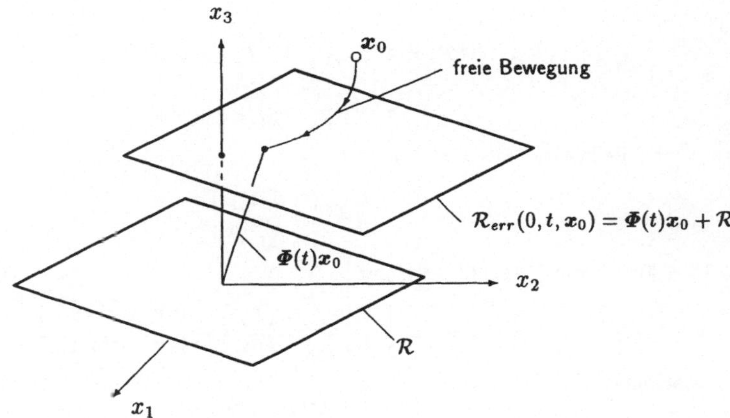

Bild 5.7: Die vom Anfangszustand $\boldsymbol{x}_0$ aus erreichbaren Zustände $\mathcal{R}_{err}(0,t,\boldsymbol{x}_0)$.

Wir kommen jetzt auf die besondere mathematische Beschreibung (5.77) in dem Satz 5.23 zurück. Mit Hilfe dieser mathematischen Beschreibung ist es leicht möglich, den erreichbaren Unterraum eines nicht vollständig steuerbaren Systems anzugeben. Die für die Transformation benötigte reguläre Transformationsmatrix $\boldsymbol{T}$ ändert nichts an dem Rang der Matrizen $\boldsymbol{S}$ und $\hat{\boldsymbol{S}}$, d.h., es ist

$$\mathrm{Rang}(\boldsymbol{S}) \stackrel{\mathrm{def}}{=} n_s = \dim(\mathcal{R}) = \mathrm{Rang}(\hat{\boldsymbol{S}}).$$

5.28 Satz: *Wenn ein System nicht vollständig steuerbar ist, also* $n_s = \mathrm{Rang}(\boldsymbol{S}) < n$ *ist, dann existiert eine Transformationsmatrix* $\boldsymbol{T} = \begin{bmatrix} \boldsymbol{T}_1 & \boldsymbol{T}_2 \end{bmatrix}$ *so, daß* $\mathrm{Bild}(\boldsymbol{T}_1) = \mathcal{R}$,

$$\hat{\boldsymbol{A}} = \boldsymbol{T}^{-1}\boldsymbol{A}\boldsymbol{T} = \begin{bmatrix} \hat{\boldsymbol{A}}_{11} & \hat{\boldsymbol{A}}_{12} \\ \boldsymbol{O} & \hat{\boldsymbol{A}}_{22} \end{bmatrix} \tag{5.88}$$

und

$$\hat{\boldsymbol{B}} = \boldsymbol{T}^{-1}\boldsymbol{B} = \begin{bmatrix} \hat{\boldsymbol{B}}_1 \\ \boldsymbol{O} \end{bmatrix} \tag{5.89}$$

ist, mit $\hat{\boldsymbol{A}}_{11} \in \mathrm{IR}^{n_s \times n_s}$ *und* $\hat{\boldsymbol{B}}_1 \in \mathrm{IR}^{n_s \times p}$.

Beweis: Der Beweis wird konstruktiv durchgeführt, d.h., er liefert gleichzeitig eine Anleitung zur Konstruktion der Transformationsmatrix $\boldsymbol{T}$. Zunächst werden n_s linear unabhängige Vektoren $\boldsymbol{t}_1, \ldots, \boldsymbol{t}_{n_s}$ aus $\mathcal{R}$ gewählt, z.B. Spalten der Matrix $\boldsymbol{S}$. Zusätzlich werden noch $n - n_s$ linear unabhängige Vektoren $\boldsymbol{t}_{n_s+1}, \ldots, \boldsymbol{t}_n$ so gewählt, daß alle n Vektoren $\boldsymbol{t}_1, \ldots, \boldsymbol{t}_n$ linear unabhängig sind, also eine Basis des Zustandsraums $\mathcal{X}$ Bilden. Mit

$$\boldsymbol{T}_1 \stackrel{\text{def}}{=} \begin{bmatrix} \boldsymbol{t}_1 & \cdots & \boldsymbol{t}_{n_s} \end{bmatrix} \in \mathrm{IR}^{n \times n_s}$$

und

$$\boldsymbol{T}_2 \stackrel{\text{def}}{=} \begin{bmatrix} \boldsymbol{t}_{n_s+1} & \cdots & \boldsymbol{t}_n \end{bmatrix} \in \mathrm{IR}^{n \times (n-n_s)}$$

sei

$$\boldsymbol{T} = \begin{bmatrix} \boldsymbol{T}_1 & \boldsymbol{T}_2 \end{bmatrix} \in \mathrm{IR}^{n \times n}.$$

Zerlegt man die inverse Matrix $\boldsymbol{T}^{-1}$ in

$$\boldsymbol{T}^{-1} = \begin{bmatrix} \boldsymbol{V}_1 \\ \boldsymbol{V}_2 \end{bmatrix},$$

mit $\boldsymbol{V}_1 \in \mathrm{IR}^{n_s \times n}$ und $\boldsymbol{V}_2 \in \mathrm{IR}^{(n-n_s) \times n}$, ist

$$\boldsymbol{T}^{-1}\boldsymbol{T} = \boldsymbol{I} = \begin{bmatrix} \boldsymbol{V}_1\boldsymbol{T}_1 & \boldsymbol{V}_1\boldsymbol{T}_2 \\ \boldsymbol{V}_2\boldsymbol{T}_1 & \boldsymbol{V}_2\boldsymbol{T}_2 \end{bmatrix} = \begin{bmatrix} \boldsymbol{I}_{n_s} & \boldsymbol{O} \\ \boldsymbol{O} & \boldsymbol{I}_{n-n_s} \end{bmatrix},$$

also insbesondere

$$\boldsymbol{V}_2\boldsymbol{T}_1 = \boldsymbol{O}.$$

Da $\boldsymbol{T}_1$ aus Vektoren zusammengesetzt ist, die eine Basis des erreichbaren Unterraums Bilden, gilt für jeden Zustandsvektor $\boldsymbol{x} \in \mathcal{R}$:

$$\boldsymbol{V}_2\boldsymbol{x} = \boldsymbol{o}.$$

Da $\boldsymbol{B}$ zur Steuerbarkeitsmatrix $\boldsymbol{S}$ gehört, also die Spalten von $\boldsymbol{B}$ ebenfalls Elemente des erreichbaren Unterraums sind, gilt auch

$$\boldsymbol{V}_2\boldsymbol{B} = \boldsymbol{O}$$

und als Folge der Invarianz $\boldsymbol{A}\mathcal{R} = \mathcal{R}$ des erreichbaren Unterraums $\mathcal{R}$ gilt auch

$$\boldsymbol{V}_2\boldsymbol{A}\boldsymbol{T}_1 = \boldsymbol{O}.$$

Damit erhält man für die transformierten Matrizen

$$\hat{\boldsymbol{A}} = \boldsymbol{T}^{-1}\boldsymbol{A}\boldsymbol{T} = \begin{bmatrix} \boldsymbol{V}_1\boldsymbol{A}\boldsymbol{T}_1 & \boldsymbol{V}_1\boldsymbol{A}\boldsymbol{T}_2 \\ \boldsymbol{V}_2\boldsymbol{A}\boldsymbol{T}_1 & \boldsymbol{V}_2\boldsymbol{A}\boldsymbol{T}_2 \end{bmatrix} = \begin{bmatrix} \hat{\boldsymbol{A}}_{11} & \hat{\boldsymbol{A}}_{12} \\ \boldsymbol{O} & \hat{\boldsymbol{A}}_{22} \end{bmatrix} \tag{5.90}$$

und

$$\hat{\boldsymbol{B}} = \boldsymbol{T}^{-1}\boldsymbol{B} = \begin{bmatrix} \boldsymbol{V}_1\boldsymbol{B} \\ \boldsymbol{V}_2\boldsymbol{B} \end{bmatrix} = \begin{bmatrix} \hat{\boldsymbol{B}}_1 \\ \boldsymbol{O} \end{bmatrix}. \tag{5.91}$$

□

Die neue mathematische Beschreibung hat mit $\boldsymbol{x} = \boldsymbol{T}\hat{\boldsymbol{x}}$ die Form

$$\dot{\hat{\boldsymbol{x}}}(t) = \begin{bmatrix} \hat{\boldsymbol{A}}_{11} & \hat{\boldsymbol{A}}_{12} \\ \boldsymbol{O} & \hat{\boldsymbol{A}}_{22} \end{bmatrix} \hat{\boldsymbol{x}}(t) + \begin{bmatrix} \hat{\boldsymbol{B}}_1 \\ \boldsymbol{O} \end{bmatrix} \boldsymbol{u}(t), \tag{5.92}$$

$$\boldsymbol{y}(t) = \begin{bmatrix} \hat{\boldsymbol{C}}_1 & \hat{\boldsymbol{C}}_2 \end{bmatrix} \hat{\boldsymbol{x}}(t) + \boldsymbol{D}\boldsymbol{u}(t). \tag{5.93}$$

Wird der n-dimensionale Zustandsvektor $\hat{\boldsymbol{x}}$ zerlegt in

$$\hat{\boldsymbol{x}} = \begin{bmatrix} \hat{\boldsymbol{x}}_1 \\ \hat{\boldsymbol{x}}_2 \end{bmatrix}, \tag{5.94}$$

wobei $\hat{\boldsymbol{x}}_1$ aus den ersten n_s Komponenten des Vektors $\hat{\boldsymbol{x}}$ besteht, erhält man aus (5.92) die beiden nur in einer Richtung gekoppelten Zustandsgleichungen

$$\dot{\hat{\boldsymbol{x}}}_1(t) = \hat{\boldsymbol{A}}_{11}\hat{\boldsymbol{x}}_1(t) + \hat{\boldsymbol{A}}_{12}\hat{\boldsymbol{x}}_2(t) + \hat{\boldsymbol{B}}_1\boldsymbol{u}(t), \tag{5.95}$$

$$\dot{\hat{\boldsymbol{x}}}_2(t) = \hat{\boldsymbol{A}}_{22}\hat{\boldsymbol{x}}_2(t). \tag{5.96}$$

Bild 5.8 zeigt die zu der mathematischen Beschreibung (5.95), (5.96) und (5.93) gehörende Struktur. Die Zustandsgrößen in $\hat{\boldsymbol{x}}_2$ werden weder von den Eingangsgrößen $\boldsymbol{u}$

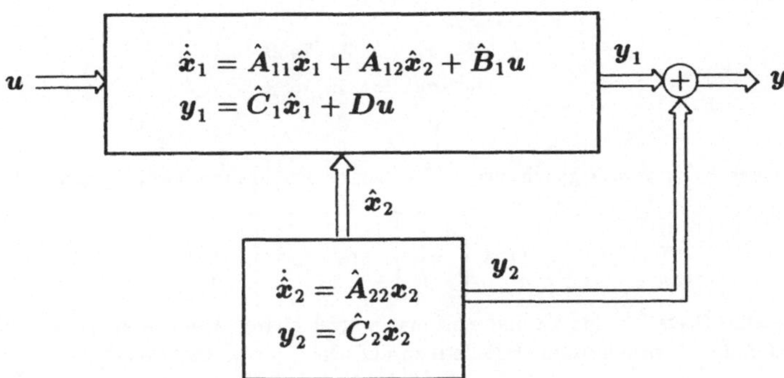

Bild 5.8: Struktur eines nicht vollständig steuerbaren Systems.

noch von den Zustandsgrößen in $\hat{\boldsymbol{x}}_1$, dagegen werden die Zustandsgrößen in $\hat{\boldsymbol{x}}_1$ sowohl von den Eingangsgrößen $\boldsymbol{u}$ als auch von den Zustandsgrößen in $\hat{\boldsymbol{x}}_2$ beeinflußt. Für das Untersystem mit der Systemmatrix $\hat{\boldsymbol{A}}_{11}$ und der Eingabematrix $\hat{\boldsymbol{B}}_1$ gilt der

5.29 Satz: *Das Untersystem mit der Zustandsgleichung* (5.95) *ist steuerbar.*

Beweis: Mit (5.90) und (5.91) erhält man für die Steuerbarkeitsmatrix des Gesamtsystem (5.92)

$$\hat{\boldsymbol{S}} = \begin{bmatrix} \hat{\boldsymbol{B}} & \hat{\boldsymbol{A}}\hat{\boldsymbol{B}} & \cdots & \hat{\boldsymbol{A}}^{n-1}\hat{\boldsymbol{B}} \end{bmatrix}$$

$$= \begin{bmatrix} \hat{\boldsymbol{B}}_1 & \hat{\boldsymbol{A}}_{11}\hat{\boldsymbol{B}}_1 & \cdots & \hat{\boldsymbol{A}}_{11}^{n-1}\hat{\boldsymbol{B}}_1 \\ \boldsymbol{O} & \boldsymbol{O} & \cdots & \boldsymbol{O} \end{bmatrix}. \tag{5.97}$$

Nach Voraussetzung ist Rang$(\hat{\boldsymbol{S}}) = n_s$, d.h., die aus den ersten n_s Zeilen von (5.97) gebildete Matrix muß den Rang n_s haben, da die restlichen Zeilen nur aus Nullen bestehen. Nach dem Satz von CAYLEY-HAMILTON muß dann aber auch die $(n_s \times n_s p)$-Matrix $\begin{bmatrix} \hat{\boldsymbol{B}}_1 & \hat{\boldsymbol{A}}_{11}\hat{\boldsymbol{B}}_1 & \cdots & \hat{\boldsymbol{A}}_{11}^{n_s-1}\hat{\boldsymbol{B}}_1 \end{bmatrix}$ den Rang n_s haben, also muß das Untersystem mit der Zustandsgleichung (5.95) steuerbar sein. □

Die Zerlegung eines nicht vollständig steuerbaren Systems in ein steuerbares und ein nicht steuerbares Untersystem soll anhand eines Beispiels veranschaulicht werden.

5.30 Beispiel: Das System mit der Zustandsgleichung

$$\dot{\boldsymbol{x}}(t) = \begin{bmatrix} -3 & -1 & 3 \\ 0 & -4 & 0 \\ -1 & 1 & -7 \end{bmatrix} \boldsymbol{x}(t) + \begin{bmatrix} 1 & 1 \\ -1 & 0 \\ 0 & -1 \end{bmatrix} \boldsymbol{u}(t)$$

ist nicht steuerbar, da der Rang der Steuerbarkeitsmatrix

$$\boldsymbol{S} = \begin{bmatrix} 1 & 1 & -2 & -6 & -4 & 36 \\ -1 & 0 & 4 & 0 & -16 & 0 \\ 0 & -1 & -2 & 6 & 20 & -36 \end{bmatrix}$$

gleich $n_s = 2$ ist, denn addiert man zu der ersten Zeile der Steuerbarkeitsmatrix $\boldsymbol{S}$ die zweite und die dritte Zeile, so entsteht eine Nullzeile. Da andererseits die beiden ersten Spalten von $\boldsymbol{S}$ linear unabhängig sind, ist Rang$(\boldsymbol{S}) = 2$. Ohne diese „Methode des scharfen Ansehens" hätte man das Ergebnis auch durch Berechnung der Singulärwerte der Steuerbarkeitsmatrix erhalten: Da einer der drei Singulärwerte

$$\begin{aligned} \sigma_1 &= 54{,}7450 \\ \sigma_2 &= 19{,}1568 \\ \sigma_3 &= 0 \end{aligned}$$

null ist, ist der Rang von $\boldsymbol{S}$ gleich zwei. Mit den beiden linear unabhängigen ersten beiden Spalten von $\boldsymbol{S}$

$$\boldsymbol{t}_1 = \begin{bmatrix} 1 \\ -1 \\ 0 \end{bmatrix} \quad \text{und } \boldsymbol{t}_2 = \begin{bmatrix} 1 \\ 0 \\ -1 \end{bmatrix}$$

erhält man eine Basis für den zweidimensionalen erreichbaren Unterraum $\mathcal{R}$, also für eine Ebene im dreidimensionalen Zustandsraum. Mit dem zusätzlichen, linear unabhängigen Vektor

$$\boldsymbol{t}_3 = \begin{bmatrix} 1 \\ 0 \\ 0 \end{bmatrix}$$

erhält man die Transformationsmatrix

$$\boldsymbol{T} = \begin{bmatrix} \boldsymbol{t}_1 & \boldsymbol{t}_2 & \boldsymbol{t}_3 \end{bmatrix} = \begin{bmatrix} 1 & 1 & 1 \\ -1 & 0 & 0 \\ 0 & -1 & 0 \end{bmatrix}$$

und damit die neuen Systemmatrizen

$$\hat{\boldsymbol{A}} = \boldsymbol{T}^{-1}\boldsymbol{A}\boldsymbol{T} = \left[\begin{array}{cc|c} -4 & 0 & 0 \\ 2 & -6 & 1 \\ \hline 0 & 0 & -4 \end{array}\right]$$

und

$$\hat{B} = T^{-1}B = \left[\begin{array}{cc} 1 & 0 \\ 0 & 1 \\ \hline 0 & 0 \end{array}\right].$$

Das zugehörige Strukturdiagramm in Bild 5.9 zeigt, daß die Zustandsgröße $\hat{x}_3$ weder durch die Eingangsgröße u_1 noch durch die Eingangsgröße u_2 beeinflußt werden kann. □

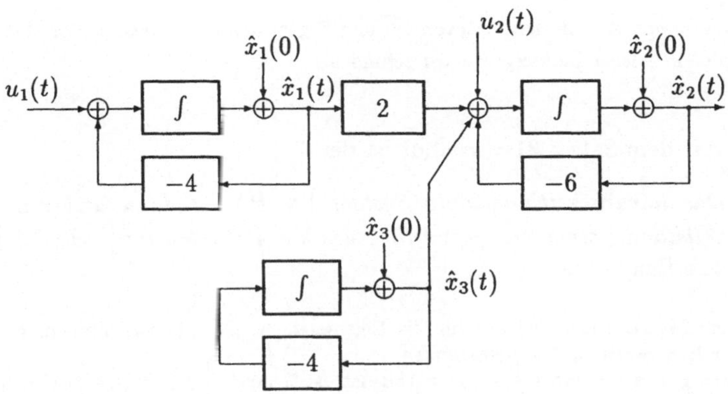

Bild 5.9: Struktur des Systems in Beispiel 5.30.

Ein interessantes Steuerbarkeitskriterium stammt von HAUTUS [HAUTUS]:

5.31 Satz: *Das lineare System $\{A, B\}$ ist dann und nur dann vollständig steuerbar, wenn für jeden Linkseigenvektor w^T der Systemmatrix A*

$$w^T B \neq o^T \tag{5.98}$$

gilt.

Beweis: „Notwendig": Wenn u ein Linkseigenvektor zum Eigenwert λ von A ist, gilt

$$w^T A = \lambda w^T.$$

Multipliziert man die Gleichung $w^T B = o^T$ von links mit λ, erhält man

$$\lambda w^T B = w^T AB = o^T.$$

Weitere Multiplikation dieser Gleichung mit λ liefert für alle i:

$$w^T A^i B = o^T,$$

also auch

$$w^T S = o^T,$$

weshalb die Steuerbarkeitsmatrix S nicht den vollen Rang n haben kann; das System ist nicht vollständig steuerbar.
„Hinreichend": Es soll gezeigt werden, daß die Nichtsteuerbarkeit des Systems $\{A, B\}$ die Existenz

eines Linkseigenvektors zur Folge hat, so daß $\boldsymbol{w}^T\boldsymbol{B} = \boldsymbol{o}^T$ ist. Als nicht steuerbares System müssen die Matrizen $\boldsymbol{A}$ und $\boldsymbol{B}$ gemäß Satz 5.28 auf die Form

$$\hat{\boldsymbol{A}} = \begin{bmatrix} \hat{\boldsymbol{A}}_{11} & \hat{\boldsymbol{A}}_{12} \\ \boldsymbol{O} & \hat{\boldsymbol{A}}_{22} \end{bmatrix}, \quad \hat{\boldsymbol{B}} = \begin{bmatrix} \hat{\boldsymbol{B}}_1 \\ \boldsymbol{O} \end{bmatrix}$$

transformiert werden können, wobei $\hat{\boldsymbol{A}}_{11} \in \mathbb{R}^{n_s \times n_s}$ und $n_s = \mathrm{Rang}(\boldsymbol{S}) < n$ ist. Sei $\hat{\boldsymbol{w}}$ ein Linkseigenvektor von $\hat{\boldsymbol{A}}_{22}$, dann ist

$$\boldsymbol{w}^T \stackrel{\text{def}}{=} [\ \boldsymbol{o}^T \quad \hat{\boldsymbol{w}}^T\ ]$$

ein Linkseigenvektor von $\hat{\boldsymbol{A}}$. Aus der Form von $\hat{\boldsymbol{w}}^T$ und $\hat{\boldsymbol{B}}$ geht dann aber auch hervor, daß $\boldsymbol{w}^T\hat{\boldsymbol{B}} = \boldsymbol{o}^T$ ist. Damit wurde ein solcher Linkseigenvektor gefunden. □

Sehr eng mit dem Satz 5.31 verwandt ist der

5.32 Satz: *Das lineare zeitinvariante System $\{\boldsymbol{A}, \boldsymbol{B}\}$ ist dann und nur dann vollständig steuerbar, wenn für jedes $\lambda \in \mathbb{C}$ die Matrix $[\ \lambda\boldsymbol{I} - \boldsymbol{A} \mid \boldsymbol{B}\ ]$ den Rang n hat.*

Beweis: Da die Matrix $(\lambda\boldsymbol{I} - \boldsymbol{A})$ nur für die Eigenwerte λ_i singulär ist, kann man sich auf die Betrachtung der Eigenwerte $\lambda_i \in \mathbb{C}$ beschränken.
1. Zunächst wird gezeigt: Wenn $\{\boldsymbol{A}, \boldsymbol{B}\}$ steuerbar ist, ist $\mathrm{Rang}([\ \lambda_i\boldsymbol{I} - \boldsymbol{A} \mid \boldsymbol{B}\ ]) = n$ für jeden Eigenwert λ_i von $\boldsymbol{A}$. Ist das nicht der Fall, existiert ein Eigenwert λ_i und ein Vektor $\boldsymbol{w} \neq \boldsymbol{o}$ so, daß eine Linearkombination der Zeilen den Nullvektor ergibt:

$$\boldsymbol{w}^T [\ \lambda_i\boldsymbol{I} - \boldsymbol{A} \mid \boldsymbol{B}\ ] = \boldsymbol{o}^T, \tag{5.99}$$

woraus

$$\boldsymbol{w}^T\lambda_i = \boldsymbol{w}^T\boldsymbol{A} \tag{5.100}$$

und

$$\boldsymbol{w}^T\boldsymbol{B} = \boldsymbol{o}^T \tag{5.101}$$

folgt. Aus (5.100) erhält man direkt

$$\boldsymbol{w}^T\boldsymbol{A}^j = \lambda_i^j\boldsymbol{w}^T, \quad j = 1, 2, \ldots. \tag{5.102}$$

Multipliziert man (5.102) von rechts mit $\boldsymbol{B}$ und berücksichtigt (5.101), ergibt sich

$$\boldsymbol{w}^T\boldsymbol{S} = \boldsymbol{w}^T [\ \boldsymbol{B} \quad \boldsymbol{AB} \quad \cdots \quad \boldsymbol{A}^{n-1}\boldsymbol{B}\ ] = [\ \boldsymbol{w}^T\boldsymbol{B} \quad \boldsymbol{w}^T\boldsymbol{AB} \quad \cdots \quad \boldsymbol{w}^T\boldsymbol{A}^{n-1}\boldsymbol{B}\ ] = \boldsymbol{O}. \tag{5.103}$$

$\boldsymbol{S}$ kann nicht den Rang n haben, also ist $\{\boldsymbol{A}, \boldsymbol{B}\}$ nicht vollständig steuerbar.
2. Jetzt wird gezeigt: Wenn das System $\{\boldsymbol{A}, \boldsymbol{B}\}$ nicht vollständig steuerbar ist, ist $\mathrm{Rang}[\ \lambda_i\boldsymbol{I} - \boldsymbol{A} \mid \boldsymbol{B}\ ] < n$. Aus der angenommenen Nichtsteuerbarkeit folgt, daß die Matrizen $\boldsymbol{A}$ und $\boldsymbol{B}$ durch eine Ähnlichkeitstransformation mit der existierenden Transformationsmatrix $\boldsymbol{T}$ auf die Form

$$\hat{\boldsymbol{A}} = \begin{bmatrix} \hat{\boldsymbol{A}}_{11} & \hat{\boldsymbol{A}}_{12} \\ \boldsymbol{O} & \hat{\boldsymbol{A}}_{22} \end{bmatrix}, \quad \hat{\boldsymbol{B}} = \begin{bmatrix} \hat{\boldsymbol{B}}_1 \\ \boldsymbol{O} \end{bmatrix} \tag{5.104}$$

transformiert werden können. Sei λ_i ein Eigenwert von $\hat{\boldsymbol{A}}_{22}$. Sei $\bar{\boldsymbol{w}} \neq \boldsymbol{o}$ ein Linkseigenvektor so, daß $\bar{\boldsymbol{w}}^T\hat{\boldsymbol{A}}_{22} = \lambda_i\bar{\boldsymbol{w}}^T$ ist. Für den ergänzten Vektor $\hat{\boldsymbol{w}}^T \stackrel{\text{def}}{=} [\ \boldsymbol{o}^T \mid \bar{\boldsymbol{w}}^T\ ] \in \mathbb{C}^n$ wird

$$\hat{\boldsymbol{w}}^T [\ \lambda_i\boldsymbol{I} - \hat{\boldsymbol{A}} \mid \hat{\boldsymbol{B}}\ ] = [\ \boldsymbol{o}^T \quad \bar{\boldsymbol{w}}^T\ ] \begin{bmatrix} \lambda_i\boldsymbol{I} - \hat{\boldsymbol{A}}_{11} & -\hat{\boldsymbol{A}}_{12} & \hat{\boldsymbol{B}}_1 \\ \boldsymbol{O} & \lambda_i\boldsymbol{I} - \hat{\boldsymbol{A}}_{22} & \boldsymbol{O} \end{bmatrix} = \boldsymbol{O}, \tag{5.105}$$

woraus

$$\hat{\boldsymbol{w}}^T [\ \boldsymbol{T}(\lambda_i\boldsymbol{I} - \boldsymbol{A})\boldsymbol{T}^{-1} \mid \boldsymbol{TB}\ ] = \hat{\boldsymbol{w}}^T\boldsymbol{T} [\ (\lambda_i\boldsymbol{I} - \boldsymbol{A})\boldsymbol{T}^{-1} \mid \boldsymbol{B}\ ] = \boldsymbol{O} \tag{5.106}$$

folgt. Da $\hat{\boldsymbol{w}} \neq \boldsymbol{o}$ ist, ist auch $\boldsymbol{w}^T = \hat{\boldsymbol{w}}^T \boldsymbol{T} \neq \boldsymbol{o}^T$. Aus $\boldsymbol{w}^T(\lambda_i \boldsymbol{I} - \boldsymbol{A})\boldsymbol{T}^{-1} = \boldsymbol{o}^T$ folgt wegen der Regularität der Transformationsmatrix $\boldsymbol{T}$

$$\boldsymbol{w}^T(\lambda_i \boldsymbol{I} - \boldsymbol{A}) = \boldsymbol{o}^T,$$

also ist

$$\boldsymbol{w}^T \left[\ \lambda_i \boldsymbol{I} - \boldsymbol{A} \mid \boldsymbol{B}\ \right] = \boldsymbol{o}^T, \tag{5.107}$$

d.h., $\text{Rang}\left[\ \lambda_i \boldsymbol{I} - \boldsymbol{A} \mid \boldsymbol{B}\ \right] < n$. □

5.2.6 Steuerbarkeit linearer zeitdiskreter zeitinvarianter Systeme

Die Kriterien über die Steuerbarkeit linearer zeitinvarianter *zeitkontinuierlicher* Systeme in den vorhergehenden Abschnitten beruhten im wesentlichen auf der Aussage des Satzes 5.19 über den Rang der Steuerbarkeitsmatrix $\boldsymbol{S}$. Vergleicht man den Inhalt des Satzes 5.19 mit dem des Satzes 5.6 in Abschnitt 5.2.1 über die Steuerbarkeit von linearen zeitinvarianten *zeitdiskreten* Systemen, erkennt man, daß sämtliche auf dem Rang der Steuerbarkeitsmatrix beruhenden Kriterien über zeitkontinuierliche Systeme auch für zeitdiskrete Systeme gelten!

Liegt andererseits ein vollständig steuerbares lineares *zeitkontinuierliches* System mit der Zustandsgleichung

$$\dot{\boldsymbol{x}}(t) = \boldsymbol{A}\boldsymbol{x}(t) + \boldsymbol{B}\boldsymbol{u}(t) \tag{5.108}$$

vor und entsteht daraus durch *Abtastung* das zeitdiskrete System mit der Zustandsgleichung

$$\boldsymbol{x}_{k+1} = \boldsymbol{A}_d \boldsymbol{x}_k + \boldsymbol{B}_d \boldsymbol{u}_k, \tag{5.109}$$

wobei

$$\boldsymbol{A}_d \stackrel{\text{def}}{=} \mathrm{e}^{\boldsymbol{A}T} \tag{5.110}$$

und

$$\boldsymbol{B}_d \stackrel{\text{def}}{=} \int_0^T \mathrm{e}^{\boldsymbol{A}t} \mathrm{d}t \boldsymbol{B} \tag{5.111}$$

ist, ist dieses zeitdiskrete System dann ebenfalls vollständig steuerbar?

5.33 Beispiel: Zu der Zustandsgleichung

$$\dot{\boldsymbol{x}}(t) = \begin{bmatrix} 0 & 1 \\ -1 & 0 \end{bmatrix} \boldsymbol{x}(t) + \begin{bmatrix} 0 \\ 1 \end{bmatrix} u(t)$$

gehört die reguläre Steuerbarkeitsmatrix

$$\boldsymbol{S} = \begin{bmatrix} 0 & 1 \\ 1 & 0 \end{bmatrix},$$

(das System ist vollständig steuerbar) und die Transitionsmatrix

$$\mathrm{e}^{\boldsymbol{A}t} = \begin{bmatrix} \cos t & \sin t \\ -\sin t & \cos t \end{bmatrix}.$$

Für die Abtastperiode $T = \pi$ ist

$$\begin{aligned} \boldsymbol{A}_d &= \mathrm{e}^{\boldsymbol{A}T} = \begin{bmatrix} -1 & 0 \\ 0 & -1 \end{bmatrix} \quad \text{und} \\ \boldsymbol{b}_d &= \boldsymbol{A}^{-1}(\boldsymbol{A}_d - \boldsymbol{I})\,\boldsymbol{b} = \begin{bmatrix} 2 \\ 0 \end{bmatrix}. \end{aligned}$$

Als Steuerbarkeitsmatrix gemäß (5.15) für das zeitdiskrete System erhält man

$$\boldsymbol{S} = \begin{bmatrix} \boldsymbol{b}_d & \boldsymbol{A}_d\boldsymbol{b}_d \end{bmatrix} = \begin{bmatrix} 2 & -2 \\ 0 & 0 \end{bmatrix}.$$

Da der Rang dieser Matrix gleich eins ist, ist das abgetastete System nicht mehr vollständig steuerbar!
□

Das Beispiel zeigt, daß durch Abtastung die Eigenschaft „Steuerbarkeit“ verlorengehen kann. Eine hinreichende Bedingung für den Erhalt der Steuerbarkeit enthält der

5.34 Satz: *Sei $\{\boldsymbol{A}, \boldsymbol{B}\}$ ein vollständig steuerbares zeitkontinuierliches System und seien $\lambda_i = \alpha_i + j\omega_i$ die verschiedenen Eigenwerte der Systemmatrix $\boldsymbol{A}$. Wenn die Abtastperiode T so ist, daß für zwei verschiedene Eigenwerte $\lambda_i \neq \lambda_j$ mit gleichem Realteil ($\alpha_i = \alpha_j$)*

$$\omega_i - \omega_j \neq \frac{2k\pi}{T}, \quad k = \pm 1, \pm 2, \ldots \tag{5.112}$$

gilt, dann ist das zeitdiskrete Abtastsystem $\{\boldsymbol{A}_d, \boldsymbol{B}_d\}$ ebenfalls vollständig steuerbar.

Beweis: Geht man von der Systemmatrix des zeitkontinuierlichen Systems in JORDAN-Form aus, hat $\boldsymbol{A}_d$ die Form $\mathrm{e}^{\boldsymbol{J}T}$, z.B.

$$\mathrm{e}^{\boldsymbol{J}T} = \left[\begin{array}{ccc|cc} \mathrm{e}^{\lambda_1 T} & T\mathrm{e}^{\lambda_1 T} & \frac{T^2}{2}\mathrm{e}^{\lambda_1 T} & 0 & 0 \\ 0 & \mathrm{e}^{\lambda_1 T} & T\mathrm{e}^{\lambda_1 T} & 0 & 0 \\ 0 & 0 & \mathrm{e}^{\lambda_1 T} & 0 & 0 \\ \hline 0 & 0 & 0 & \mathrm{e}^{\lambda_2 T} & T\mathrm{e}^{\lambda_2 T} \\ 0 & 0 & 0 & 0 & \mathrm{e}^{\lambda_2 T} \end{array}\right].$$

Wenn (5.112) nicht gelten würde, sondern

$$\omega_1 - \omega_2 = \frac{2k\pi}{T},$$

also $\omega_1 T = \omega_2 T + 2k\pi$, d.h.

$$\lambda_1 = \alpha T + j\omega_1 T = \alpha T + j(\omega_2 T + 2k\pi),$$

dann wäre

$$\begin{aligned} \mathrm{e}^{\lambda_1 T} &= \mathrm{e}^{\alpha T}\mathrm{e}^{j(\omega_2 T + 2k\pi)} \\ &= \mathrm{e}^{\alpha T}\mathrm{e}^{j\omega_2 T} \quad (\text{da } \mathrm{e}^{j2k\pi} = 1) \\ &= \mathrm{e}^{\lambda_2 T}, \end{aligned}$$

d.h., alle Eigenwerte von e^{JT} wären gleich, aber die Matrix e^{JT} nicht in JORDAN-Form, sondern nur in Blockdiagonalform, wobei die Blöcke selbst obere Dreiecksform haben. Wie man leicht zeigen kann, ist jeder dieser Blöcke in die JORDAN-Form mittels einer Transformationsmatrix transformierbar, wobei die Transformationsmatrix ebenfalls obere Dreiecksform hat und in der Hauptdiagonalen nur Einsen stehen. Eine solche Transformationsmatrix verändert aber nicht die letzte Zeile in dem entsprechenden Block in der Eingabematrix $\boldsymbol{B}$. Wären in der ursprünglichen Beschreibung des steuerbaren zeitkontinuierlichen Systems die zu den JORDAN-Blöcken mit λ_1 und λ_2 ($\lambda_1 \neq \lambda_2$) gehörenden letzten Zeilenvektoren von $\boldsymbol{B}$ linear abhängig, was nicht gegen die Steuerbarkeit des zeitkontinuierlichen Systems spricht, so würden sie jetzt bei dem zeitdiskreten System linear abhängig bleiben, aber zu gleichen Eigenwerten gehören, was der Steuerbarkeit widerspricht. □

Bei realen Systemen treten komplexe Eigenwerte nur in Form von konjugiert komplexen Eigenwertpaaren auf, so daß man für die Bedingung (5.112)

$$\omega_i - \omega_j \neq \frac{2k\pi}{T}$$

mit $\omega_j = -\omega_i$ für ein konjugiert komplexes Eigenwertpaar sofort

$$\frac{2\omega_i}{2k\pi} \neq \frac{1}{T} \tag{5.113}$$

erhält. Geht man von der Kreisfrequenz ω_i zu der natürlichen Frequenz $f_i = \omega_i/(2\pi)$ über, wird aus (5.113)

$$\frac{2f_i}{k} \neq \frac{1}{T}. \tag{5.114}$$

Diese Ungleichung wird aber für ein gegebenes System bestimmt eingehalten, wenn man die größte natürliche Frequenz f_{max} und den kleinsten Wert für k, nämlich 1 einsetzt und statt (5.114)

$$\boxed{\frac{1}{T} > 2f_{max}} \tag{5.115}$$

schreibt. Wählt man also die Abtastfrequenz $1/T$ hinreichend groß, bleibt die Steuerbarkeit bei dem Abtastsystem erhalten. Die Beziehung (5.115) ist auch als Abtasttheorem von SHANNON in der Nachrichtentechnik bekannt.[1]

5.2.7 Steuerbarkeit und Erreichbarkeit linearer zeitvarianter zeitdiskreter Systeme

Zur Einführung wurden bereits in Abschnitt 5.2.1 Kriterien über die Steuerbarkeit linearer *zeitinvarianter* zeitdiskreter Systeme hergeleitet. Dies soll jetzt in Anlehnung

[1] Das SHANNONsche Abtasttheorem besagt: Wenn die größte in einem Signal vorhandene Frequenz f_{max} ist, dann kann das vollständige Signal aus den Abtastwerten zurückgewonnen werden, wenn (5.115) für die Abtastfrequenz $1/T$ gilt.

an die Herleitung solcher Kriterien für *zeitkontinuierliche* Systeme in Abschnitt 5.2.2 für *zeitdiskrete zeitvariante* Systeme geschehen, die die mathematische Beschreibung

$$\boldsymbol{x}_{k+1} = \boldsymbol{A}_k\boldsymbol{x}_k + \boldsymbol{B}_k\boldsymbol{u}_k, \tag{5.116}$$

$$\boldsymbol{y}_k = \boldsymbol{C}_k\boldsymbol{x}_k + \boldsymbol{D}_k\boldsymbol{u}_k \tag{5.117}$$

haben.

Die Definitionen 5.1 bis 5.5 über die Steuerbarkeit und Erreichbarkeit von dynamischen Systemen können direkt für zeitdiskrete Systeme übernommen werden, wenn entsprechend ersetzt wird:

$$\begin{aligned} t &\rightarrow k \\ t_0 &\rightarrow k_0 \\ t_1 &\rightarrow k_1 \\ \boldsymbol{u}_{[t_0,t]} &\rightarrow \boldsymbol{u}_{[k_0,k)} = \{\boldsymbol{u}_{k_0}, \boldsymbol{u}_{k_0+1}, \ldots, \boldsymbol{u}_{k-1}\}. \end{aligned}$$

Zu der Eingangsfolge $\boldsymbol{u}_{[k_0,k)}$ gehört nicht mehr $\boldsymbol{u}_k$, da gemäß (5.116) nur noch $\boldsymbol{u}_{k-1}$ einen Einfluß auf den Zustand $\boldsymbol{x}_k$ hat.

Vergleicht man die Lösung (2.156)

$$\boldsymbol{x}_k = \boldsymbol{\Phi}_d(k,k_0)\boldsymbol{x}_0 + \sum_{i=k_0}^{k-1}\boldsymbol{\Phi}_d(k,i+1)\boldsymbol{B}_i\boldsymbol{u}_i \tag{5.118}$$

der zeitdiskreten Zustandsgleichung (5.116) mit der Lösung

$$\boldsymbol{x}(t) = \boldsymbol{\Phi}(t,t_0)\boldsymbol{x}_0 + \int_{t_0}^{t}\boldsymbol{\Phi}(t,\tau)\boldsymbol{B}(\tau)\boldsymbol{u}(\tau)\mathrm{d}\tau \tag{5.119}$$

der zeitkontinuierlichen Zustandsgleichung (5.22), so ist klar, daß viele Steuerbarkeitskriterien direkt übernommen werden können. Ein wesentlicher Unterschied besteht allerdings: Die Transitionsmatrix $\boldsymbol{\Phi}(t,t_0)$ für zeitkontinuierliche Systeme ist stets regulär, was von der Transitionsmatrix $\boldsymbol{\Phi}_d(k,k_0)$ für zeitdiskrete Systeme *nicht* behauptet werden kann. So sind z.B. bei einem lineren zeitinvarianten zeitdiskreten System mit einer Zustandsregelung, die Deadbeat-Verhalten erzeugt, siehe Kapitel 9, sämtliche Eigenwerte der Systemmatrix des rückgekoppelten Systems, also auch von der Transitionsmatrix dieses Systems gleich null!

Es gilt der dem Satz 5.9 entsprechende

5.35 Satz: *Bei linearen zeitdiskreten Systemen sind die vom Nullzustand aus erreichbare Menge $\mathcal{R}_{err}(k_0,k_1,\boldsymbol{x}_0=\boldsymbol{o})$ und die in den Nullzustand steuerbare Menge $\mathcal{R}_{steu}(k_0,k_1,\boldsymbol{x}_1=\boldsymbol{o})$ lineare Unterräume des Zustandsraums $\mathcal{X}$ und es gilt*

$$\boldsymbol{\Phi}_d(k_1,k_0)\mathcal{R}_{steu}(k_0,k_1,\boldsymbol{x}_1=\boldsymbol{o}) \subseteq \mathcal{R}_{err}(k_0,k_1,\boldsymbol{x}_0=\boldsymbol{o}). \tag{5.120}$$

Beweis: Die Linearität der beiden Unterräume kann analog zum Beweis von Satz 5.9 geführt werden.

Die Beziehung (5.120) erhält man wie folgt. Vom Anfangszustand $\boldsymbol{x}_0 = \boldsymbol{o}$ aus sind alle die Zustände erreichbar, die sich so darstellen lassen:

$$\boldsymbol{x}_1 = \boldsymbol{x}_{k_1} = \sum_{i=k_0}^{k_1-1} \boldsymbol{\Phi}_d(k_1, i+1)\boldsymbol{B}_i\boldsymbol{u}_i, \tag{5.121}$$

und nach $\boldsymbol{x}_1 = \boldsymbol{o}$ sind alle Zustände $\boldsymbol{x}_0$ steuerbar, für die

$$\boldsymbol{o} = \boldsymbol{\Phi}_d(k_1, k_0)\boldsymbol{x}_0 + \sum_{i=k_0}^{k_1-1} \boldsymbol{\Phi}_d(k_1, i+1)\boldsymbol{B}_i\boldsymbol{u}_i \tag{5.122}$$

oder

$$\boldsymbol{\Phi}_d(k_1, k_0)\boldsymbol{x}_0 = -\sum_{i=k_0}^{k_1-1} \boldsymbol{\Phi}_d(k_1, i+1)\boldsymbol{B}_i\boldsymbol{u}_i \tag{5.123}$$

gilt. Ein Vergleich von (5.121) mit (5.123) liefert dann sofort (5.120). □

5.36 Beispiel: Für das zeitdiskrete System mit der Zustandsgleichung

$$x_{k+1} = \begin{bmatrix} 0 & 1 \\ 0 & 0 \end{bmatrix} \boldsymbol{x}_k + \begin{bmatrix} 1 \\ 0 \end{bmatrix} u_k$$

erhält man als Lösung für $\boldsymbol{x}_0 = \boldsymbol{o}$

$$\begin{aligned} \boldsymbol{x}_k &= \boldsymbol{A}_d^k \boldsymbol{x}_0 + \sum_{i=0}^{k-1} \boldsymbol{A}_d^{k-1-i} \boldsymbol{b}_d u_i \\ &= \boldsymbol{b}_d u_{k-1} + \boldsymbol{A}_d \boldsymbol{b}_d u_{k-2} = \begin{bmatrix} 1 \\ 0 \end{bmatrix} u_{k-1} + \boldsymbol{o} u_{k-2} = \begin{bmatrix} 1 \\ 0 \end{bmatrix} u_{k-1}, \end{aligned}$$

da $\boldsymbol{A}_d^i = \boldsymbol{O}$ für $i > 1$ ist. Vom Nullzustand aus erreichbar ist also jeder Zustand in

$$\mathcal{R}_{err}(0, i, \boldsymbol{o}) = \{\boldsymbol{x} : \alpha \begin{bmatrix} 1 \\ 0 \end{bmatrix}, \alpha \in (-\infty, +\infty)\}, \quad \text{für alle } i \geq 1.$$

Dagegen ist jeder Anfangszustand $\boldsymbol{x}_0 \in \mathcal{X}$ in zwei Abtastperioden in den Nullzustand mit der Steuerfolge $u_{[0,2)} = \{0, 0\}$ steuerbar, da $\boldsymbol{A}_d^2 = \boldsymbol{O}$ ist, d.h. es ist

$$\mathcal{R}_{steu}(0, i, \boldsymbol{o}) = \mathcal{X} \quad \text{für alle } \ i \geq 2.$$

Die Menge $\mathcal{R}_{steu}(0, 1, \boldsymbol{o})$ ist ebenfalls gleich dem gesamten Zustandsraum $\mathcal{X}$, da

$$\boldsymbol{x}_1 = \boldsymbol{A}_d \boldsymbol{x}_0 + \begin{bmatrix} 1 \\ 0 \end{bmatrix} u_0 = \begin{bmatrix} x_{2,0} \\ 0 \end{bmatrix} + \begin{bmatrix} u_0 \\ 0 \end{bmatrix}$$

ist, d.h., mit der Eingangsgröße $u_0 = -x_{2,0}$ wird $\boldsymbol{x}_1 = \boldsymbol{o}$ für beliebiges $\boldsymbol{x}_0 \in \mathcal{X}$. Für dieses Beispielsystem ist

$$\boldsymbol{A}_d \mathcal{X} = \{\boldsymbol{x} : \boldsymbol{x} = \begin{bmatrix} \alpha \\ 0 \end{bmatrix}, -\infty < \alpha < +\infty\} = \boldsymbol{\Phi}(0, 1)\mathcal{R}_{steu}(0, 1, \boldsymbol{o}) = \mathcal{R}_{err}(0, 1, \boldsymbol{o}).$$

□

Ein dem Satz 5.13 entsprechender Satz für zeitdiskrete Systeme ist der

5.37 Satz: *Ein lineares zeitdiskretes System mit der Zustandsgleichung*

$$\boldsymbol{x}_{k+1} = \boldsymbol{A}_k\boldsymbol{x}_k + \boldsymbol{B}_k\boldsymbol{u}_k \tag{5.124}$$

hat die erreichbare Menge

$$\mathcal{R}_{err}(k_0, k_1, \boldsymbol{o}) = \text{Bild}(\boldsymbol{W}(k_0, k_1)) \tag{5.125}$$

und für die steuerbare Menge gilt

$$\boldsymbol{\Phi}_d(k_1, k_0)\mathcal{R}_{steu} \subseteq \text{Bild}(\boldsymbol{W}(k_0, k_1)), \tag{5.126}$$

wobei

$$\boldsymbol{W}(k_0, k_1) \stackrel{\text{def}}{=} \sum_{i=k_0}^{k_1-1} \boldsymbol{\Phi}_d(k_1, i+1)\boldsymbol{B}_i\boldsymbol{B}_i^T\boldsymbol{\Phi}_d^T(k_1, i+1) \tag{5.127}$$

ist.

Daraus folgt auch, daß $\boldsymbol{x}_0 = \boldsymbol{x}_{k_0}$ nach $\boldsymbol{x}_1 = \boldsymbol{x}_{k_1}$ genau dann überführt werden kann, wenn $\boldsymbol{x}_1 - \boldsymbol{\Phi}_d(k_1, k_0)\boldsymbol{x}_0 \in \text{Bild}(\boldsymbol{W}(k_0, k_1))$ ist. Die Überführung erreicht man mit der Eingangsfunktion $\boldsymbol{u}_k = \boldsymbol{B}_k^T\boldsymbol{\Phi}_d(k_1, i+1)\boldsymbol{W}^+(k_0, k_1)[\boldsymbol{x}_1 - \boldsymbol{\Phi}_d(k_1, k_0)\boldsymbol{x}_0]$, worin die Pseudoinverse $\boldsymbol{W}^+(k_0, k_1)$ wie im Beweis von Satz 5.12 definiert ist.

Bei der Untersuchung eines Systems mit Hilfe des Satzes 5.37 muß die Matrix $\boldsymbol{W}(k_0, k_1)$, d.h., die Transitionsmatrix $\boldsymbol{\Phi}_d$ bekannt sein. Da die Transitionsmatrix nur die Systemmatrizen $\boldsymbol{A}_k$ enthält und zusätzlich in $\boldsymbol{W}(k_0, k_1)$ noch die Eingabematrix $\boldsymbol{B}_k$ eine Rolle spielt, ist zu erwarten, daß die Erreichbarkeit und die Steuerbarkeit auch nur allein anhand der beiden Matrizen $\boldsymbol{A}_k$ und $\boldsymbol{B}_k$ untersucht werden kann. Das ist in der Tat möglich, denn es gilt der

5.38 Satz: *Ein lineares zeitdiskretes zeitinvariantes System mit der Zustandsgleichung*

$$\boldsymbol{x}_{k+1} = \boldsymbol{A}_k\boldsymbol{x}_k + \boldsymbol{B}_k\boldsymbol{u}_k$$

hat die erreichbare Menge

$$\mathcal{R}_{err}(k_0, k_1, \boldsymbol{o}) = \text{Bild}(\boldsymbol{S}(k_0, k_1)) \tag{5.128}$$

und für die steuerbare Menge gilt

$$\boldsymbol{\Phi}_d(k_1, k_0)\mathcal{R}_{steu} \subseteq \text{Bild}(\boldsymbol{S}(k_0, k_1)), \tag{5.129}$$

wobei die Steuerbarkeitsmatrix $\boldsymbol{S}(k_0, k_1)$ so definiert ist

$$\boldsymbol{S}(k_0, k_1) \stackrel{\text{def}}{=} \left[\ \boldsymbol{B}_{k_1} \mid \boldsymbol{A}_{k_1}\boldsymbol{B}_{k_1-1} \mid \boldsymbol{A}_{k_1}\boldsymbol{A}_{k_1-1}\boldsymbol{B}_{k_1-2} \mid \cdots \mid \boldsymbol{A}_{k_1}\cdots\boldsymbol{A}_{k_0+1}\boldsymbol{B}_{k_0}\ \right]. \tag{5.130}$$

Beweis: Siehe [LUDYK,1981]. □

Aus Satz 5.38 folgt der

5.39 Satz: *Das lineare zeitdiskrete zeitvariante System mit der Zustandsgleichung*

$$\boldsymbol{x}_{k+1} = \boldsymbol{A}_k \boldsymbol{x}_k + \boldsymbol{B}_k \boldsymbol{u}_k$$

ist dann und nur dann

- *vollständig von $\boldsymbol{o}$ aus im Zeitpunkt k_1 erreichbar, wenn für ein endliches $k_0 < k_1$ gilt*

$$\mathrm{Rang}(\boldsymbol{S}(k_0, k_1)) = n, \tag{5.131}$$

- *vollständig nach $\boldsymbol{o}$ im Zeitpunkt k_0 steuerbar, wenn für ein endliches $k_1 > k_0$ gilt*

$$\mathrm{Bild}(\boldsymbol{\Phi}_d(k_1, k_0)) \subseteq \mathrm{Bild}(\boldsymbol{S}(k_0, k_1)). \tag{5.132}$$

Beweis: Siehe [LUDYK,1976]. □

Liegt ein Abtastsystem vor, geht die Systemmatrix $\boldsymbol{A}_k$ aus der stets regulären Transitionsmatrix des zeitkontinuierlichen Systems gemäß $\boldsymbol{A}_k = \boldsymbol{\Phi}((k+1)T, kT)$ hervor, d.h., sie ist regulär und damit auch die Transitionsmatrix $\boldsymbol{\Phi}_d$ des zeitdiskreten Systems. In diesem Fall ist aber stets $\mathrm{Bild}(\boldsymbol{\Phi}_d(k_1, k_0)) = \mathcal{X}$ und damit ein Abtastsystem genau dann vollständig steuerbar, wenn für ein endliches $k_1 > k_0$ gilt

$$\mathrm{Rang}(\boldsymbol{S}(k_0, k_1)) = n.$$

Ein anderer Sonderfall liegt vor, wenn die Systemmatrix $\boldsymbol{A}_d$ nilpotent ist, so daß $\boldsymbol{\Phi}_d(k_1, k_0) = \boldsymbol{O}$ für ein endliches $k_1 > k_0$ ist. Dann ist $\mathrm{Bild}(\boldsymbol{\Phi}_d(k_1, k_0)) = \{\boldsymbol{o}\}$ und damit die Bedingung (5.132) stets erfüllt, unabhängig davon, welche Form die Eingabematrix $\boldsymbol{B}_k$ hat. Das liegt daran, daß in diesem Fall jeder Anfangszustand selbständig in endlicher Zeit in den Nullzustand läuft, ohne daß eine Eingangsgröße erforderlich ist.

5.3 Übungen zu Kapitel 5

Aufgabe 5.1: Sind die Systeme in den Aufgaben 2.1, 2.2, 2.8, 2.10, 3.1 und 3.2 steuerbar?

Lösung: Ja.

Aufgabe 5.2: Für welche Werte der Abtastperiode T wäre das abgetastete System aus Aufgabe 3.5 nicht steuerbar?

Lösung: $T = k\pi, \quad k \in \mathbb{N}$.

Aufgabe 5.3: Ist das zeitvariante lineare System mit der Zustandsgleichung

$$\boldsymbol{x}_{k+1} = \begin{bmatrix} 1 & a_k & 0 \\ 0 & 1 & 1 \\ 0 & -12 & -4 \end{bmatrix} \boldsymbol{x}_k + \begin{bmatrix} 0 & 0 \\ 1 & 2 \\ 12 & 0 \end{bmatrix} \boldsymbol{u}_k$$

für alle $a_k \neq 0$ vollständig erreichbar?

Lösung: Da die ersten drei Spalten der Steuerbarkeitsmatrix

$$\boldsymbol{S}(k_0, k_1) = \begin{bmatrix} 0 & 0 & a_k & \\ 1 & 2 & 13 & \cdots \\ 12 & 0 & -60 & \end{bmatrix}$$

linear unabhängig sind, ist das System vollständig erreichbar.

Aufgabe 5.4: Für $t < 0$ sei $a(t) = 0$ und für $t \geq 0$ sei $a(t) \neq 0$ in der Zustandsgleichung

$$\dot{\boldsymbol{x}}(t) = \begin{bmatrix} 1 & 2 \\ a(t) & 1 \end{bmatrix} \boldsymbol{x}(t) + \begin{bmatrix} 1 \\ 0 \end{bmatrix} u(t)$$

eines zeitvarianten linearen Systems. Ist das System für alle t vollständig erreichbar?

Lösung: Für $t < 0$ ist $\dot{x}_2(t) = x_2(t)$, also ist x_2 weder direkt noch indirekt von $u(t)$ beeinflußbar. Es sind z.B. alle Endzustände mit $x_2(t_1) \neq 0$, $(t_1 < 0)$ von $\boldsymbol{x}(t_0) = \mathbf{o}$ aus nicht erreichbar.

6 Zustandsrückführung bei linearen Einfachsystemen

Das Kapitel 6 befaßt sich mit der Zustandsrückführung bei zeitkontinuierlichen bzw. zeitdiskreten linearen Einfachsystemen. Über die Regelungsnormalform der mathematischen Beschreibung eines Systems werden allgemeine Formeln für die Synthese von Zustandsrückführungen hergeleitet, so daß das zustandsrückgekoppelte System das vorgegebene Verhalten aufweist. Die Betrachtung von Parameterunsicherheiten führt schließlich zum PI-Zustandsregler.

6.1 Zustandsrückführung zeitkontinuierlicher Einfachsysteme

6.1.1 Einleitung

In Kapitel 4 wurde bei der Synthese von Reglern im Frequenzbereich einschränkend angenommen, daß für die Dynamikänderung in einem Regelkreis nur die gemessene Regelgröße $y(t)$ zur Verfügung steht. Eine weitere wesentliche Einschränkung für die beschriebenen Kompensationsverfahren für analoge und digitale Regler war die Voraussetzung, daß das zu regelnde System keine Eigenwerte im instabilen Gebiet der komplexen Zahlenebene haben durfte.

Mit Hilfe einer proportionalen Ausgangsrückführung

$$u(t) = w(t) - ky(t) \tag{6.1}$$

gemäß Bild 6.1 kann bei einem linearen System mit der Übertragungsfunktion

$$G(s) = \frac{b_{n-1}s^{n-1} + \cdots + b_1 s + b_0}{s^n + a_{n-1}s^{n-1} + \cdots + a_1 s + a_0} = \frac{Z(s)}{N(s)} \tag{6.2}$$

die neue Übertragungsfunktion

$$F(s) = \frac{G(s)}{1 + kG(s)} = \frac{Z(s)}{N(s) + kZ(s)} \tag{6.3}$$

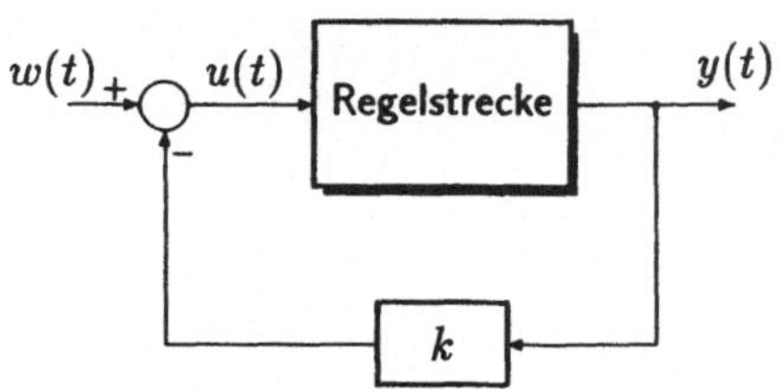

Bild 6.1: Proportionale Ausgangsrückführung.

mit dem charakteristischen Polynom

$$N(s) + kZ(s) = s^n + (a_{n-1} + kb_{n-1})s^{n-1} + \cdots + (a_1 + kb_1)s + (a_0 + kb_0) \tag{6.4}$$

erzeugt werden. Nach Satz 2.40 kann das zu regelnde System auch durch die mathematische Beschreibung in Zustandsform

$$\dot{\boldsymbol{x}}_R(t) = \boldsymbol{A}_R\boldsymbol{x}_R(t) + \boldsymbol{b}_R u(t), \tag{6.5}$$

$$y(t) = \boldsymbol{c}_R^T\boldsymbol{x}_R(t) \tag{6.6}$$

mit

$$\boldsymbol{A}_R = \left[\begin{array}{c|c} \boldsymbol{o}_{n-1} & \boldsymbol{I}_{n-1} \\ \hline \multicolumn{2}{c}{-\boldsymbol{a}^T} \end{array}\right], \tag{6.7}$$

$$\boldsymbol{b}_R = \begin{bmatrix} 0 \\ \vdots \\ 0 \\ 1 \end{bmatrix} = \boldsymbol{i}_n \tag{6.8}$$

und

$$\boldsymbol{a}^T \stackrel{\text{def}}{=} \begin{bmatrix} a_0 & a_1 & \cdots & a_{n-1} \end{bmatrix} \tag{6.9}$$

beschrieben werden. Der Index R soll auf die besondere Form der Systemmatrix $\boldsymbol{A}_R$ und des Eingabevektors $\boldsymbol{b}_R$ hinweisen; eine solche Zustandsbeschreibung wird allgemein **Regelungsnormalform** genannt.

Für das rückgekoppelte System erhält man dann mit $u(t) = w(t) - ky(t)$ gemäß Bild 6.1 die Zustandsgleichung

$$\begin{aligned} \dot{\boldsymbol{x}}_R(t) &= \boldsymbol{A}_R\boldsymbol{x}_R(t) - \boldsymbol{b}_R ky(t) + \boldsymbol{b}_R w(t) \\ &= \boldsymbol{A}_R\boldsymbol{x}_R(t) - k\boldsymbol{b}_R\boldsymbol{c}_R^T\boldsymbol{x}_R(t) + \boldsymbol{b}_R w(t) \\ &= (\boldsymbol{A}_R - k\boldsymbol{b}_R\boldsymbol{c}_R^T)\boldsymbol{x}_R(t) + \boldsymbol{b}_R w(t) \end{aligned} \tag{6.10}$$

und nach LAPLACE-Transformation

$$s\boldsymbol{x}_R(s) - \boldsymbol{x}_{R,0} = (\boldsymbol{A}_R - k\boldsymbol{b}_R\boldsymbol{c}_R^T)\boldsymbol{x}_R(s) + \boldsymbol{b}_R w(s)$$

und Auflösung nach $\boldsymbol{x}_R(s)$ für $\boldsymbol{x}_{R,0} = \boldsymbol{o}$

$$\boldsymbol{x}_R(s) = [s\boldsymbol{I} - (\boldsymbol{A}_R - k\boldsymbol{b}_R\boldsymbol{c}_R^T)]^{-1}\boldsymbol{b}_R w(s), \tag{6.11}$$

also mit den besonderen Formen in (6.7) bis (6.10)

$$\begin{aligned}
\boldsymbol{x}_R(s) &= \left[s\boldsymbol{I} - \left[\left[\frac{\boldsymbol{o}_{n-1} | \boldsymbol{I}_{n-1}}{-\boldsymbol{a}^T}\right] - \left[\frac{\boldsymbol{O}}{k\boldsymbol{c}_R^T}\right]\right]\right]^{-1} \boldsymbol{i}_n w(s) \\
&= \left[s\boldsymbol{I} - \left[\frac{\boldsymbol{o}_{n-1} | \boldsymbol{I}_{n-1}}{-(\boldsymbol{a}^T + k\boldsymbol{c}_R^T)}\right]\right]^{-1} \boldsymbol{i}_n w(s) \\
&= \frac{\operatorname{adj}(\cdots)\boldsymbol{i}_n}{\det(\cdots)} w(s) \\
&= \frac{[*|\boldsymbol{s}]\boldsymbol{i}_n}{(\boldsymbol{a}^T + k\boldsymbol{c}_R^T)\boldsymbol{s} + s^n} w(s) \\
&= \frac{\boldsymbol{s}}{(\boldsymbol{a}^T + k\boldsymbol{c}_R^T)\boldsymbol{s} + s^n} w(s),
\end{aligned} \tag{6.12}$$

mit

$$\boldsymbol{s} \stackrel{\text{def}}{=} \begin{bmatrix} 1 & s & s^2 & \cdots & s^{n-1} \end{bmatrix}^T. \tag{6.13}$$

(6.12) in die LAPLACE-transformierte Ausgangsgleichung eingesetzt liefert schließlich

$$\boxed{y(s) = \frac{\boldsymbol{c}_R^T \boldsymbol{s}}{(\boldsymbol{a}^T + k\boldsymbol{c}_R^T)\boldsymbol{s} + s^n} w(s).} \tag{6.14}$$

Wie weit kann das charakteristische Polynom $(\boldsymbol{a}^T + k\boldsymbol{c}^T)\boldsymbol{s} + s^n$ des ausgangsrückgekoppelten Gesamtsystems vorgeschrieben werden? Es soll z.B. sein

$$(\boldsymbol{a}^T + k\boldsymbol{c}_R^T)\boldsymbol{s} + s^n \stackrel{!}{=} \boldsymbol{\alpha}^T \boldsymbol{s} + s^n, \tag{6.15}$$

also

$$\boldsymbol{a} + k\boldsymbol{c}_R \stackrel{!}{=} \boldsymbol{\alpha}, \tag{6.16}$$

wobei der Parametervektor

$$\boldsymbol{\alpha} \stackrel{\text{def}}{=} \begin{bmatrix} \alpha_0 & \alpha_1 & \cdots & \alpha_{n-1} \end{bmatrix}^T \tag{6.17}$$

die Koeffizienten des gewünschten charakteristischen Polynoms enthält. (6.16) hat allerdings nur dann eine Lösung, wenn

$$k\boldsymbol{c}_R = \boldsymbol{\alpha} - \boldsymbol{a} \tag{6.18}$$

ist, also der Vektor $\boldsymbol{c}_R$ die gleiche Generalrichtung wie der Differenzvektor $\boldsymbol{\alpha} - \boldsymbol{a}$ hat. Aus (6.18) erhält man nach Linksmultiplikation mit $\boldsymbol{c}_R^T$ und Auflösung nach k:

$$k = (\boldsymbol{c}_R^T \boldsymbol{c}_R)^{-1} \boldsymbol{c}_R^T (\boldsymbol{\alpha} - \boldsymbol{a}). \tag{6.19}$$

Auch wenn (6.18) mit keinem k exakt erfüllbar ist, liefert (6.19) eine Lösung, für die k gerade so groß ist, daß der Vektor $\boldsymbol{a} + k\boldsymbol{c}_R$ im Parameterraum den kleinstmöglichen Abstand vom gewünschten Parametervektor $\boldsymbol{\alpha}$ hat. Mathematisch gesehen ist $(\boldsymbol{c}_R^T \boldsymbol{c}_R)^{-1} \boldsymbol{c}_R$ die *Pseudoinverse* des Vektors $\boldsymbol{c}_R$.

Steht jede Zustandsvariable x_i für die Rückkopplung zur Verfügung, kann jede mit k_i verschieden gewichtet und eine Linearkombination davon rückgekoppelt werden, so daß man statt (6.1) mit $\boldsymbol{k}^T \stackrel{\text{def}}{=} \begin{bmatrix} k_1 & \cdots & k_n \end{bmatrix}$

$$\boxed{u(t) = w(t) - \boldsymbol{k}^T \boldsymbol{x}(t)} \tag{6.20}$$

erhält. (6.20) heißt **Zustandsrückführung** (Bild 6.2). Liegt die mathematische Be-

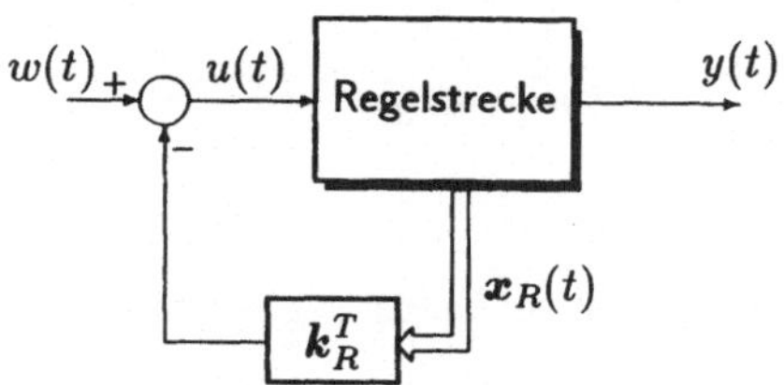

Bild 6.2: Zustandsrückführung.

schreibung in Regelungsnormalform vor und verwendet man als Eingangsgröße

$$u(t) = w(t) - \boldsymbol{k}_R^T \boldsymbol{x}_R(t), \tag{6.21}$$

erhält man für das zustandsrückgekoppelte System die Zustandsgleichung

$$\dot{\boldsymbol{x}}_R(t) = (\boldsymbol{A}_R - \boldsymbol{b}_R \boldsymbol{k}_R^T)\boldsymbol{x}_R(t) + \boldsymbol{b}_R w(t) \tag{6.22}$$

und für $\boldsymbol{x}_R(0) = \boldsymbol{o}$ nach LAPLACE-Transformation

$$\boldsymbol{x}_R(s) = \frac{\boldsymbol{s}}{(\boldsymbol{a}^T + \boldsymbol{k}_R^T)\boldsymbol{s} + s^n} w(s). \tag{6.23}$$

Diese Gleichung wieder in die LAPLACE-transformierte Ausgangsgleichung $y(s) = \boldsymbol{c}^T \boldsymbol{x}_R(s)$ eingesetzt, liefert

$$\boxed{y(s) = \frac{\boldsymbol{c}_R^T \boldsymbol{s}}{(\boldsymbol{a}^T + \boldsymbol{k}_R^T)\boldsymbol{s} + s^n} w(s),} \tag{6.24}$$

oder ausgeschrieben

$$y(s) = \frac{c_{R1} + c_{R2}s + \cdots + c_{Rn}s^{n-1}}{(a_0 + k_{R1}) + (a_1 + k_{R2})s + \cdots + (a_{n-1} + k_{Rn})s^{n-1} + s^n} w(s). \tag{6.25}$$

Besonders die Form (6.25) läßt klar erkennen, daß mit Hilfe der Rückkopplungskoeffizienten k_{R1} bis k_{Rn} das charakteristische Polynom des zustandsrückgekoppelten Systems beliebig verändert werden kann. Schreibt man das charakteristische Polynom $\boldsymbol{\alpha}^T \boldsymbol{s} + s^n$ vor, erhält man aus $\boldsymbol{a} + \boldsymbol{k}_R \stackrel{!}{=} \boldsymbol{\alpha}$ die **Synthesevorschrift**

$$\boxed{\boldsymbol{k}_R = \boldsymbol{\alpha} - \boldsymbol{a}.} \tag{6.26}$$

Die Herleitung dieser Synthesevorschrift hat gezeigt, wie vorteilhaft die Regelungsnormalform ist. Deshalb wird im nächsten Abschnitt näher auf die Ähnlichkeitstransformation einer beliebigen Zustandsbeschreibung $\{\boldsymbol{A}, \boldsymbol{b}, \boldsymbol{c}\}$ in die Regelungsnormalform $\{\boldsymbol{A}_R, \boldsymbol{b}_R, \boldsymbol{c}_R\}$ eingegangen.

6.1.2 Regelungsnormalform für Einfachsysteme

Bei der theoretischen Untersuchung von Zustandsrückkopplungen spielt die *Regelungsnormalform* eine herausragende Rolle. In der Regelungsnormalform sind fast alle Elemente der Systemmatrix $\boldsymbol{A}_R$ gleich Null, nur die obere Nebendiagonale besteht aus Einsen und die letzte Zeile enthält die negativen Koeffizienten des charakteristischen Polynoms der Systemmatrix:

$$\boldsymbol{A}_R = \begin{bmatrix} 0 & 1 & 0 & \cdots & 0 \\ 0 & 0 & 1 & \ddots & \vdots \\ \vdots & \vdots & \ddots & \ddots & 0 \\ 0 & 0 & \cdots & 0 & 1 \\ -a_0 & -a_1 & \cdots & \cdots & -a_{n-1} \end{bmatrix} = \left[\begin{array}{c|c} \boldsymbol{o}_{n-1} & \boldsymbol{I}_{n-1} \\ \hline \multicolumn{2}{c}{-\boldsymbol{a}^T} \end{array} \right]. \tag{6.27}$$

Außerdem wird für den Eingabevektor $\boldsymbol{b}_R$ vorgeschrieben

$$\boldsymbol{b}_R = \begin{bmatrix} 0 \\ \vdots \\ 0 \\ 1 \end{bmatrix} = \boldsymbol{i}_n, \tag{6.28}$$

wobei $\boldsymbol{i}_n$ die n-te Spalte der Einheitsmatrix $\boldsymbol{I} \in \mathbb{R}^{n \times n}$ ist. Für den Ausgabevektor $\boldsymbol{c}_R$ kann und wird keine besondere Struktur vorgeschrieben.

Gesucht wird jetzt die Transformationsmatrix $\boldsymbol{T}_R$ und die Bedingung, unter der die mathematische Beschreibung eines linearen Systems

$$\dot{\boldsymbol{x}}(t) = \boldsymbol{A}\boldsymbol{x}(t) + \boldsymbol{b}u(t), \tag{6.29}$$

$$y(t) = \boldsymbol{c}^T \boldsymbol{x}(t) \tag{6.30}$$

auf Regelungsnormalform

$$\dot{\boldsymbol{x}}_R(t) = \boldsymbol{A}_R \boldsymbol{x}_R(t) + \boldsymbol{b}_R u(t), \tag{6.31}$$

$$y(t) = \boldsymbol{c}_R^T \boldsymbol{x}_R(t) \tag{6.32}$$

transformiert werden kann.

Geht man von der Zustandstransformation

$$\boldsymbol{x}_R = \boldsymbol{T}_R \boldsymbol{x} \tag{6.33}$$

aus, erhält man nach Definition 3.1 die Ähnlichkeitstransformation

$$\boldsymbol{A}_R = \boldsymbol{T}_R \boldsymbol{A} \boldsymbol{T}_R^{-1}, \tag{6.34}$$

$$\boldsymbol{b}_R = \boldsymbol{T}_R \boldsymbol{b}, \tag{6.35}$$

$$\boldsymbol{c}_R^T = \boldsymbol{c}^T \boldsymbol{T}_R^{-1}. \tag{6.36}$$

Gleichung (6.34), von rechts mit der Transformationsmatrix $\boldsymbol{T}_R$ multipliziert, liefert

$$\boldsymbol{A}_R \boldsymbol{T}_R = \boldsymbol{T}_R \boldsymbol{A}. \tag{6.37}$$

Sei $\boldsymbol{t}_i^T$ die i-te Zeile der Transformationsmatrix $\boldsymbol{T}_R$, dann folgt aus der ersten Zeile der Gleichung (6.37) wegen der besonderen Form der Systemmatrix $\boldsymbol{A}_R$

$$\begin{bmatrix} 0 & 1 & 0 & \cdots & 0 \end{bmatrix} \boldsymbol{T}_R = \boldsymbol{t}_1^T \boldsymbol{A},$$

d.h.

$$\boldsymbol{t}_2^T = \boldsymbol{t}_1^T \boldsymbol{A}. \tag{6.38}$$

Die zweite Zeile von (6.37) liefert

$$\begin{bmatrix} 0 & 0 & 1 & 0 & \cdots & 0 \end{bmatrix} \boldsymbol{T}_R = \boldsymbol{t}_2^T \boldsymbol{A},$$

also mit (6.38)

$$\boldsymbol{t}_3^T = \boldsymbol{t}_2^T \boldsymbol{A} = \boldsymbol{t}_1^T \boldsymbol{A}^2. \tag{6.39}$$

Allgemein erhält man für $i = 1$ bis $n-1$

$$\boldsymbol{t}_i^T = \boldsymbol{t}_{i-1}^T \boldsymbol{A} = \boldsymbol{t}_1 \boldsymbol{A}^{i-1}, \tag{6.40}$$

womit die Transformationsmatrix $\boldsymbol{T}_R$ die Struktur

$$\boldsymbol{T}_R = \begin{bmatrix} \boldsymbol{t}_1^T \\ \boldsymbol{t}_1^T \boldsymbol{A} \\ \boldsymbol{t}_1^T \boldsymbol{A}^2 \\ \vdots \\ \boldsymbol{t}_1^T \boldsymbol{A}^{n-1} \end{bmatrix} \tag{6.41}$$

haben muß.

Es fehlt noch der erste Zeilenvektor $\boldsymbol{t}_1^T$. Für seine Ermittlung wird die Vorschrift (6.28) herangezogen, die mit der Transformationsgleichung (6.35) lautet:

$$\boldsymbol{i}_n = \boldsymbol{T}_R \boldsymbol{b} = \begin{bmatrix} \boldsymbol{t}_1^T \boldsymbol{b} \\ \boldsymbol{t}_1^T \boldsymbol{A} \boldsymbol{b} \\ \boldsymbol{t}_1^T \boldsymbol{A}^2 \boldsymbol{b} \\ \vdots \\ \boldsymbol{t}_1^T \boldsymbol{A}^{n-1} \boldsymbol{b} \end{bmatrix}. \tag{6.42}$$

Die Gleichung (6.42) transponiert, liefert

$$i_n^T = \left[\, t_1^T b \quad t_1^T A b \quad \cdots \quad t_1^T A^{n-1} b \,\right] = t_1^T S, \tag{6.43}$$

wobei S die Steuerbarkeitsmatrix ist. Wenn das System mit der mathematischen Beschreibung (6.29),(6.30) steuerbar ist, ist die Steuerbarkeitsmatrix S regulär und die Gleichung (6.43) kann nach dem gesuchten Zeilenvektor t_1^T aufgelöst werden:

$$t_1^T = i_n^T S^{-1} \stackrel{\text{def}}{=} q^T. \tag{6.44}$$

Der Zeilenvektor t_1^T ist also gleich der letzten Zeile der invertierten Steuerbarkeitsmatrix S^{-1}. Die gesuchte Transformationsmatrix hat die endgültige Form

$$T_R = \begin{bmatrix} q^T \\ q^T A \\ \vdots \\ q^T A^{n-1} \end{bmatrix}. \tag{6.45}$$

Aus der Herleitung der Transformationsmatrix T_R folgt unmittelbar der

6.1 Satz: *Die Systembeschreibung $\{A, b, c\}$ eines linearen Einfachsystems kann dann und nur dann mittels einer Ähnlichkeitstransformation gemäß (6.34) bis (6.36) auf die Regelungsnormalform $\{A_R, b_R, c_R\}$ mit A_R bzw. b_R gemäß (6.27) bzw. (6.28) transformiert werden, wenn das System steuerbar ist.*

6.2 Beispiel: Der Gleichstrommotor aus Beispiel 4.10 drehe einen steifen Roboterarm, der wie-

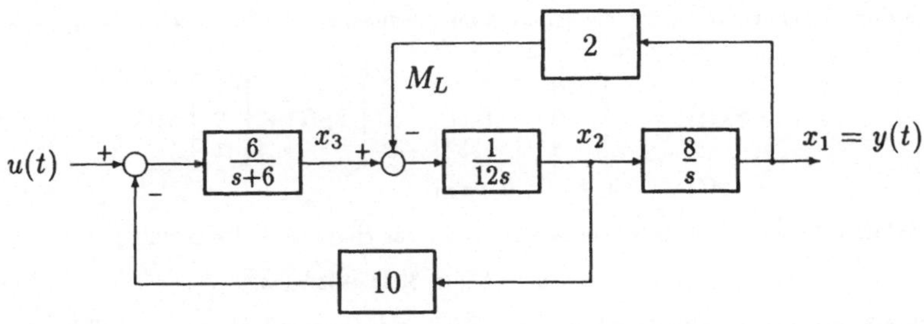

Bild 6.3: Regelstrecke aus Beispiel 6.2.

derum gegen ein federndes Hindernis drückt. Dadurch wird ein dem Drehwinkel $\varphi = x_1$ proportionales Gegenmoment $M_L = 2x_1$ erzeugt, so daß insgesamt die in Bild 6.3 angegebene Regelstrecke entsteht. Aus dem Bild können folgende Zusammenhänge zwischen den angegebenen Zustandsgrößen x_1, x_2 und

x_3 und der Eingangsgröße u entnommen werden:

$$\begin{aligned} x_1(s) &= \frac{8}{s}x_2(s), \\ x_2(s) &= \frac{1}{12s}[x_3(s) - 2x_1(s)], \\ x_3(s) &= \frac{6}{s+6}[u(s) - 10x_2(s)]. \end{aligned}$$

In den Zeitbereich transformiert, erhält man daraus die drei Zustandsgleichungen

$$\begin{aligned} \dot{x}_1(t) &= 8x_2(t), \\ \dot{x}_2(t) &= -\frac{1}{6}x_1(t) + \frac{1}{12}x_3(t), \\ \dot{x}_3(t) &= -6x_3(t) - 60x_2(t) + 6u(t), \end{aligned}$$

oder in kompakter Form

$$\begin{aligned} \dot{\boldsymbol{x}}(t) &= \begin{bmatrix} 0 & 8 & 0 \\ -1/6 & 0 & 1/12 \\ 0 & -60 & -6 \end{bmatrix} \boldsymbol{x}(t) + \begin{bmatrix} 0 \\ 0 \\ 6 \end{bmatrix} u(t), \\ y(t) &= \begin{bmatrix} 1 & 0 & 0 \end{bmatrix} \boldsymbol{x}(t). \end{aligned}$$

Für diese mathematische Beschreibung wird die Regelungsnormalform gesucht. Die Steuerbarkeitsmatrix $\boldsymbol{S}$ hat hier die Form

$$\begin{aligned} \boldsymbol{S} &= \begin{bmatrix} \boldsymbol{b} & \boldsymbol{A}\boldsymbol{b} & \boldsymbol{A}^2\boldsymbol{b} \end{bmatrix} \\ &= \begin{bmatrix} 0 & 0 & 4 \\ 0 & 1/2 & -3 \\ 6 & -36 & 186 \end{bmatrix} \end{aligned}$$

und den vollen Rang $n = 3$, d.h., das System ist steuerbar und die Regelungsnormalform existiert. Die Inverse von $\boldsymbol{S}$ ist

$$\boldsymbol{S}^{-1} = \begin{bmatrix} 1,25 & 12 & 1/6 \\ 1,50 & 2 & 0 \\ 0,25 & 0 & 0 \end{bmatrix}.$$

Die letzte Zeile dieser Matrix liefert

$$\boldsymbol{q}^T = \begin{bmatrix} 0,25 & 0 & 0 \end{bmatrix}$$

und damit die Transformationsmatrix

$$\boldsymbol{T_R} = \begin{bmatrix} \boldsymbol{q}^T \\ \boldsymbol{q}^T\boldsymbol{A} \\ \boldsymbol{q}^T\boldsymbol{A}^2 \end{bmatrix} = \begin{bmatrix} 1/4 & 0 & 0 \\ 0 & 2 & 0 \\ -1/3 & 0 & 1/6 \end{bmatrix}.$$

Mit Hilfe der Transformationsmatrix erhält man die mathematische Beschreibung in Regelungsnormalform

$$\begin{aligned} \dot{\boldsymbol{x}}_R(t) &= \begin{bmatrix} 0 & 1 & 0 \\ 0 & 0 & 1 \\ -8 & -6,333 & -6 \end{bmatrix} \boldsymbol{x}_R(t) + \begin{bmatrix} 0 \\ 0 \\ 1 \end{bmatrix} u(t), \\ y(t) &= \begin{bmatrix} 4 & 0 & 0 \end{bmatrix} \boldsymbol{x}_R(t). \end{aligned}$$

Aus der letzten Zeile der neuen Systemmatrix kann das charakteristische Polynom

$$\boldsymbol{a}^T\boldsymbol{s} + s^3 = 8 + 6,333s + 6s^2 + s^3$$

abgelesen werden, dessen Wurzeln bei $s_1 = -5,0609$ und $s_{2,3} = -0,4695 \pm j1,1663$ liegen. Das System hat die Übertragungsfunktion

$$G(s) = \frac{\boldsymbol{c}_R^T\boldsymbol{s}}{\boldsymbol{a}^T\boldsymbol{s} + s^3} = \frac{4}{8 + 6,333s + 6s^2 + s^3}.$$

□

6.1.3 Allgemeine Zustandsrückführung

Die Synthesevorschrift (6.26) und der Inhalt des Satzes 6.1 können in dem folgenden Satz zusammengefaßt werden:

6.3 Satz: *Gegeben sei das lineare System $\{\boldsymbol{A}, \boldsymbol{b}\}$. Unter der Voraussetzung, daß komplexe Eigenwerte stets als konjugiert komplexes Eigenwertpaar auftreten, können mit einer Zustandsrückführung die Eigenwerte des rückgekoppelten Systems $\{(\boldsymbol{A} - \boldsymbol{b}\boldsymbol{k}^T), \boldsymbol{b}\}$ dann und nur dann beliebig vorgegeben werden, wenn das System $\{\boldsymbol{A}, \boldsymbol{b}\}$ vollständig steuerbar ist.*

Beweis: Die Notwendigkeit folgt aus Satz 5.28, denn wenn das System nicht vollständig steuerbar ist, kann das unsteuerbare Untersystem nicht beeinflußt, also können auch seine Eigenwerte nicht verändert werden. Die Hinlänglichkeit folgt aus (6.26) und Satz 6.1. □

Liegt die mathematische Beschreibung *nicht* in Regelungsnormalform vor, erhält man bei einer Zustandsrückführung

$$u(t) = w(t) - \boldsymbol{k}^T \boldsymbol{x}(t) \tag{6.46}$$

die Zustandsgleichung

$$\dot{\boldsymbol{x}}(t) = (\boldsymbol{A} - \boldsymbol{b}\boldsymbol{k}^T)\boldsymbol{x}(t) + \boldsymbol{b}w(t). \tag{6.47}$$

Im allgemeinen ist der für die Synthese nach (6.26) notwendige Systemvektor $\boldsymbol{a}$, also das charakteristische Polynom der Systemmatrix $\boldsymbol{A}$ nicht bekannt. Es soll jetzt gezeigt werden, wie man ohne Kenntnis des Vektors $\boldsymbol{a}$ den Rückkopplungsvektor $\boldsymbol{k}$ ermitteln kann.

Eine Transformation der Zustandsgleichung (6.47) mit Hilfe der Transformationsmatrix $\boldsymbol{T}_R$ gemäß (6.45) führt zu

$$\dot{\boldsymbol{x}}_R(t) = \boldsymbol{T}_R(\boldsymbol{A} - \boldsymbol{b}\boldsymbol{k}^T)\boldsymbol{T}_R^{-1}\boldsymbol{x}_R(t) + \boldsymbol{b}_R w(t). \tag{6.48}$$

Ein Vergleich von (6.48) mit

$$\begin{aligned} \dot{\boldsymbol{x}}_R(t) &= (\boldsymbol{A}_R - \boldsymbol{b}_R\boldsymbol{k}_R^T)\boldsymbol{x}_R(t) + \boldsymbol{b}_R w(t) \\ &= \left[\begin{array}{c|c} \boldsymbol{o}_{n-1} & \boldsymbol{I}_{n-1} \\ \hline \multicolumn{2}{c}{-(\boldsymbol{a} + \boldsymbol{k}^T)} \end{array}\right] \boldsymbol{x}_R(t) + \boldsymbol{b}_R w(t) \\ &= \underbrace{\left[\begin{array}{c|c} \boldsymbol{o}_{n-1} & \boldsymbol{I}_{n-1} \\ \hline \multicolumn{2}{c}{-\boldsymbol{\alpha}^T} \end{array}\right]}_{\boldsymbol{F}} \boldsymbol{x}_R(t) + \boldsymbol{b}_R w(t) \end{aligned} \tag{6.49}$$

liefert

$$\boldsymbol{T}_R(\boldsymbol{A} - \boldsymbol{b}\boldsymbol{k}^T)\boldsymbol{T}_R^{-1} = \boldsymbol{F},$$

bzw. mit $\boldsymbol{T}_R\boldsymbol{b} = \boldsymbol{b}_R$ und nach Rechtsmultiplikation mit $\boldsymbol{T}_R$

$$\boldsymbol{T}_R\boldsymbol{A} - \boldsymbol{b}_R\boldsymbol{k}^T = \boldsymbol{F}\boldsymbol{T}_R. \tag{6.50}$$

Beachtet man die besondere Form von $\boldsymbol{b}_R = \begin{bmatrix} 0 & \cdots & 0 & 1 \end{bmatrix}^T$, folgt für die letzten Zeilen der Matrizen in (6.50)

$$\boldsymbol{t}_n^T \boldsymbol{A} - \boldsymbol{k}^T = -\boldsymbol{\alpha}^T \boldsymbol{T}_R,$$

also

$$\boldsymbol{k}^T = \boldsymbol{\alpha}^T \boldsymbol{T}_R + \boldsymbol{t}_n^T \boldsymbol{A}. \tag{6.51}$$

Ausgeschrieben lautet die Gleichung mit $\boldsymbol{T}_R$ gemäß (6.45)

$$\begin{aligned} \boldsymbol{k}^T &= \alpha_0 \boldsymbol{q}^T + \alpha_1 \boldsymbol{q}^T \boldsymbol{A} + \cdots + \alpha_{n-1} \boldsymbol{q}^T \boldsymbol{A}^{n-1} + \boldsymbol{q}^T \boldsymbol{A}^n \\ &= \boldsymbol{q}^T (\alpha_0 \boldsymbol{I} + \alpha_1 \boldsymbol{A} + \cdots + \alpha_{n-1}^T \boldsymbol{A}^{n-1} + \boldsymbol{A}^n), \end{aligned} \tag{6.52}$$

oder in kompakter Form als ACKERMANN-Formel

$$\boxed{\boldsymbol{k}^T = \boldsymbol{q}^T P_\alpha(\boldsymbol{A}).} \tag{6.53}$$

Hierbei ist der Vektor $\boldsymbol{q}$ nach (6.44) als Lösung des linearen Gleichungssystems

$$\boldsymbol{S}^T \boldsymbol{q} = \boldsymbol{i}_n \tag{6.54}$$

zu bestimmen und $P_\alpha(s)$ das vorgegebene charakteristische Polynom

$$P_\alpha = \alpha_0 + \alpha_1 s + \cdots + \alpha_{n-1} s^{n-1} + s^n. \tag{6.55}$$

Für die allgemeine Synthese braucht also die Zustandsgleichung nicht auf Regelungsnormalform transformiert zu werden, sondern es muß nur der Vektor $\boldsymbol{q}$ gemäß (6.54) ermittelt werden.

6.4 Beispiel: Für das System in Beispiel 6.2 werden die neuen Pole

$$\begin{aligned} s_{1,2} &= -1 \pm j \\ s_2 &= -6 \end{aligned}$$

gewünscht, also das charakteristische Polynom

$$\begin{aligned} P_\alpha(s) &= (s - s_1)(s - s_2)(s - s_3) \\ &= (s + 1 - j)(s + 1 + j)(s + 6) \\ &= 12 + 14s + 8s^2 + s^3 \\ &= \underbrace{\begin{bmatrix} 12 & 14 & 8 \end{bmatrix}}_{\boldsymbol{\alpha}^T} \boldsymbol{s} + s^3 \end{aligned}$$

vorgegeben. Mit dem bereits im Beispiel 6.2 berechneten Vektor

$$\boldsymbol{q}^T = \begin{bmatrix} 0,25 & 0 & 0 \end{bmatrix}$$

erhält man gemäß (6.53) den Rückkopplungsvektor

$$\begin{aligned} \boldsymbol{k}^T &= \boldsymbol{q}^T P_\alpha(\boldsymbol{A}) \\ &= \boldsymbol{q}^T (12\boldsymbol{I} + 14\boldsymbol{A} + 8\boldsymbol{A}^2 + \boldsymbol{A}^3) \\ &= \begin{bmatrix} 0,333 & 15,333 & 0,333 \end{bmatrix}. \end{aligned}$$

□

Für ein vorgegebenes charakteristisches Polynom mit verschiedenen Eigenwerten $\lambda_1, \dots, \lambda_n$ kann der Rückkopplungsvektor $\boldsymbol{k}$ auch so ermittelt werden:

6.5 Satz: *Wenn die gewünschten Eigenwerte $\lambda_1, \dots, \lambda_n$ alle untereinander und von den Eigenwerten von $\boldsymbol{A}$ verschieden sind, ist*

$$\boxed{\boldsymbol{k}^T = \begin{bmatrix} 1 & 1 & \cdots & 1 \end{bmatrix} \begin{bmatrix} \boldsymbol{x}_1 & \boldsymbol{x}_2 & \cdots & \boldsymbol{x}_n \end{bmatrix}^{-1}} \tag{6.56}$$

mit

$$\boldsymbol{x}_i \stackrel{\text{def}}{=} (\boldsymbol{A} - \lambda_i \boldsymbol{I})^{-1}\boldsymbol{b}. \tag{6.57}$$

Die Vektoren $\boldsymbol{x}_i$ sind außerdem Eigenvektoren der Systemmatrix $\boldsymbol{F} = \boldsymbol{A} - \boldsymbol{b}\boldsymbol{k}^T$ des rückgekoppelten Systems, d.h., es gilt

$$\boldsymbol{F}\boldsymbol{x}_i = \lambda_i \boldsymbol{x}_i. \tag{6.58}$$

Beweis: Das charakteristische Polynom einer Matrix kann auch in faktorisierter Form geschrieben werden: $\alpha_0 + \alpha_1\lambda + \cdots + \alpha_{n-1}\lambda^{n-1} + \lambda^n = (\lambda - \lambda_1)(\lambda - \lambda_2)\cdots(\lambda - \lambda_n)$, d.h., die ACKERMANN-Formel kann auch wie folgt dargestellt werden: $\boldsymbol{k}^T = \begin{bmatrix} 0 & \cdots & 0 & 1 \end{bmatrix} \boldsymbol{S}^{-1}(\boldsymbol{A} - \lambda_1\boldsymbol{I})(\boldsymbol{A} - \lambda_2\boldsymbol{I})\cdots(\boldsymbol{A} - \lambda_n\boldsymbol{I})$. Multipliziert man diese Gleichung auf der linken Seite von rechts mit der linken Seite von (6.57), also mit $\boldsymbol{x}_i$ und auf der rechten Seite mit der rechten Seite von (6.57), also mit $(\boldsymbol{A} - \lambda_i\boldsymbol{I})^{-1}\boldsymbol{b}$, erhält man

$$\boldsymbol{k}^T\boldsymbol{x}_i = \begin{bmatrix} 0 & \cdots & 0 & 1 \end{bmatrix} \boldsymbol{S}^{-1}(\boldsymbol{A} - \lambda_1\boldsymbol{I})\cdots(\boldsymbol{A} - \lambda_n\boldsymbol{I})(\boldsymbol{A} - \lambda_i\boldsymbol{I})^{-1}\boldsymbol{b}. \tag{6.59}$$

Es ist

$$(\boldsymbol{A} - \lambda_i\boldsymbol{I})(\boldsymbol{A} - \lambda_j\boldsymbol{I})^{-1} = (\boldsymbol{A} - \lambda_j\boldsymbol{I})^{-1}(\boldsymbol{A} - \lambda_i\boldsymbol{I}), \tag{6.60}$$

denn ergänzt man den ersten Faktor auf der rechten Seite mit $\lambda_j\boldsymbol{I} - \lambda_j\boldsymbol{I} = \boldsymbol{O}$, erhält man

$$\begin{aligned}
(\boldsymbol{A} - \lambda_i\boldsymbol{I})(\boldsymbol{A} - \lambda_j\boldsymbol{I})^{-1} &= (\lambda_j\boldsymbol{I} - \lambda_i\boldsymbol{I} + \boldsymbol{A} - \lambda_j\boldsymbol{I})(\boldsymbol{A} - \lambda_j\boldsymbol{I})^{-1} \\
&= (\lambda_j - \lambda_i)\boldsymbol{I}(\boldsymbol{A} - \lambda_j\boldsymbol{I})^{-1} + \boldsymbol{I} \\
&= (\boldsymbol{A} - \lambda_j\boldsymbol{I})^{-1}((\lambda_j - \lambda_i)\boldsymbol{I}) + (\boldsymbol{A} - \lambda_j\boldsymbol{I})^{-1}(\boldsymbol{A} - \lambda_j\boldsymbol{I}) \\
&= (\boldsymbol{A} - \lambda_j\boldsymbol{I})^{-1}(\boldsymbol{A} - \lambda_i\boldsymbol{I}).
\end{aligned}$$

Die Vertauschbarkeit (6.60) in (6.59) mehrfach angewendet führt zur Annullierung des Faktors $(\boldsymbol{A} - \lambda_i\boldsymbol{I})$ auf der rechten Seite von (6.59):

$$\begin{aligned}
\boldsymbol{k}^T\boldsymbol{x}_i &= \begin{bmatrix} 0 & \cdots & 0 & 1 \end{bmatrix} \boldsymbol{S}^{-1}(\gamma_0\boldsymbol{I} + \gamma_1\boldsymbol{A} + \cdots + \gamma_{n-1}\boldsymbol{A}^{n-2} + \boldsymbol{A}^{n-1})\boldsymbol{b} \\
&= \begin{bmatrix} 0 & \cdots & 0 & 1 \end{bmatrix} \boldsymbol{S}^{-1}\boldsymbol{S} \begin{bmatrix} \gamma_0 \\ \vdots \\ \gamma_{n-2} \\ 1 \end{bmatrix} = 1.
\end{aligned} \tag{6.61}$$

Die n Beziehungen $\boldsymbol{k}^T\boldsymbol{x}_i = 1$ in einem Zeilenvektor zusammengefaßt, ergibt

$$\begin{bmatrix} \boldsymbol{k}^T\boldsymbol{x}_1 \mid \boldsymbol{k}^T\boldsymbol{x}_2 \mid \cdots \mid \boldsymbol{k}^T\boldsymbol{x}_n \end{bmatrix} = \begin{bmatrix} 1 & 1 & \cdots & 1 \end{bmatrix} = \boldsymbol{k}^T \begin{bmatrix} \boldsymbol{x}_1 & \boldsymbol{x}_2 & \cdots & \boldsymbol{x}_n \end{bmatrix}.$$

Diese Gleichung von rechts mit der Matrix $\begin{bmatrix} \boldsymbol{x}_1 & \boldsymbol{x}_2 & \cdots & \boldsymbol{x}_n \end{bmatrix}^{-1}$ multipliziert, liefert (6.56). Außerdem folgt aus (6.57) $(\boldsymbol{A} - \lambda_i \boldsymbol{I})\boldsymbol{x}_i = \boldsymbol{b}$ und daraus mit (6.61) $(\boldsymbol{A} - \lambda_i \boldsymbol{I})\boldsymbol{x}_i = \boldsymbol{b}\boldsymbol{k}^T\boldsymbol{x}_i$, also $(\boldsymbol{A} - \boldsymbol{b}\boldsymbol{k}^T - \lambda_i \boldsymbol{I})\boldsymbol{x}_i = (\boldsymbol{F} - \lambda_i \boldsymbol{I})\boldsymbol{x}_i = \boldsymbol{o}$, d.h. die Behauptung (6.58). □

6.6 Beispiel: In Beispiel 6.4 wurde ein Eigenwert bei $\lambda = -6$ und ein konjugiert komplexes Eigenwertpaar bei $-1 \pm j$ vorgegeben. Nach (6.56) aus Lemma 6.5 wird

$$\boldsymbol{k}^T = \begin{bmatrix} 1 & 1 & 1 \end{bmatrix} \begin{bmatrix} \boldsymbol{x}_1 & \boldsymbol{x}_2 & \boldsymbol{x}_3 \end{bmatrix}^{-1}$$

mit

$$\boldsymbol{x}_1 = (\boldsymbol{A} + 6\boldsymbol{I})^{-1}\boldsymbol{b},\ \boldsymbol{x}_2 = (\boldsymbol{A} - (-1+j)\boldsymbol{I})^{-1}\boldsymbol{b} \text{ und } \boldsymbol{x}_3 = (\boldsymbol{A} - (-1-j)\boldsymbol{I})^{-1}\boldsymbol{b}.$$

Nach Satz 3.12 sind die beiden Vektoren $\boldsymbol{x}_2$ und $\boldsymbol{x}_3$ konjugiert komplex und es ist

$$\begin{aligned}
\boldsymbol{k}^T &= \begin{bmatrix} 1 & 1 & 1 \end{bmatrix} \begin{bmatrix} 0,1333 & -0,5455 + j0,5455 & -0,5455 - j0,5455 \\ -0,1 & 0,1364 & 0,1364 \\ 7,4667 & -2,7273 - j0,5455 & -2,7273 + j0,5455 \end{bmatrix}^{-1} \\
&= \begin{bmatrix} 1 & 1 & 1 \end{bmatrix} \begin{bmatrix} 0,1923 & 4,6154 & 0,1923 \\ 0,0705 - j0,9637 & 5,3590 - j4,7949 & 0,0705 - j0,0470 \\ 0,0705 + j0,9637 & 5,3590 + j4,7949 & 0,0705 + j0,0470 \end{bmatrix} \\
&= \begin{bmatrix} 0,3333 & 15,3333 & 0,3333 \end{bmatrix}.
\end{aligned}$$

Das ist der gleiche Rückkopplungsvektor wie in Beispiel 6.4. □

Eine (6.56) entsprechende Formel erhält man aber auch für den Fall, daß Mehrfachpole vorgegeben werden, denn es gilt der

6.7 Satz: *Seien die ersten r der gewünschten Eigenwerte gleich λ_1 und die restlichen Eigenwerte $\lambda_{r+1}, \ldots, \lambda_n$ untereinander und von den Eigenwerten von $\boldsymbol{A}$ verschieden, dann erhält man für den Rückkopplungsvektor*

$$\boldsymbol{k}^T = [\underbrace{1|0|\cdots|0}_{r}|\underbrace{1|1|\cdots|1}_{n-r}] \begin{bmatrix} \boldsymbol{x}_1 & \boldsymbol{x}_2 & \cdots & \boldsymbol{x}_n \end{bmatrix}^{-1} \tag{6.62}$$

mit

$$\boldsymbol{x}_i = (\boldsymbol{A} - \lambda_1 \boldsymbol{I})^{-i}\boldsymbol{b} \text{ für } i = 1, 2, \ldots, r \tag{6.63}$$

und

$$\boldsymbol{x}_j = (\boldsymbol{A} - \lambda_j \boldsymbol{I})^{-1}\boldsymbol{b} \text{ für } j = r+1, \ldots, n. \tag{6.64}$$

Die Vektoren $\boldsymbol{x}_1, \boldsymbol{x}_{r+1}, \ldots, \boldsymbol{x}_n$ sind außerdem Eigenvektoren der Systemmatrix $\boldsymbol{F} = \boldsymbol{A} - \boldsymbol{b}\boldsymbol{k}^T$ des rückgekoppelten Systems, d.h., es gilt

$$\boldsymbol{F}\boldsymbol{x}_i = \lambda_i \boldsymbol{x}_i \text{ für } i = 1, r+1, \ldots, n \tag{6.65}$$

und die Vektoren $\boldsymbol{x}_2, \ldots, \boldsymbol{x}_r$ sind Hauptvektoren zum Eigenwert λ_1 der Systemmatrix, es gilt also

$$(\boldsymbol{F} - \lambda_1 \boldsymbol{I})\boldsymbol{x}_{i+1} = \boldsymbol{x}_i \text{ für } i = 1, 2, \ldots, r-1. \tag{6.66}$$

Beweis: In diesem Fall kann die ACKERMANN-Formel so geschrieben werden

$$\boldsymbol{k}^T = [\ 0\ \cdots\ 0\ 1\ ]\ \boldsymbol{S}^{-1}(\boldsymbol{A}-\lambda_1\boldsymbol{I})^r(\boldsymbol{A}-\lambda_{r+1}\boldsymbol{I})\cdots(\boldsymbol{A}-\lambda_n\boldsymbol{I}). \tag{6.67}$$

Gleichung (6.67) von rechts mit Gleichung (6.63) für $i = 1$ multipliziert, liefert mit (6.60)

$$\begin{aligned} \boldsymbol{k}^T\boldsymbol{x}_1 &= [\ 0\ \cdots\ 0\ 1\ ]\ \boldsymbol{S}^{-1}(\boldsymbol{A}-\lambda_1\boldsymbol{I})^r(\boldsymbol{A}-\lambda_{r+1}\boldsymbol{I})\cdots(\boldsymbol{A}-\lambda_n\boldsymbol{I})(\boldsymbol{A}-\lambda_1\boldsymbol{I})^{-1}\boldsymbol{b} \\ &= [\ 0\ \cdots\ 0\ 1\ ]\ \boldsymbol{S}^{-1}(\boldsymbol{A}-\lambda_1\boldsymbol{I})^{r-1}(\boldsymbol{A}-\lambda_{r+1}\boldsymbol{I})\cdots(\boldsymbol{A}-\lambda_n\boldsymbol{I})\boldsymbol{b} \\ &= [\ 0\ \cdots\ 0\ 1\ ]\ \boldsymbol{S}^{-1}(\gamma_0\boldsymbol{I}+\gamma_1\boldsymbol{A}+\cdots+\gamma_{n-2}\boldsymbol{A}^{n-2}+\boldsymbol{A}^{n-1})\boldsymbol{b} \\ &= [\ 0\ \cdots\ 0\ 1\ ]\ \boldsymbol{S}^{-1}\boldsymbol{S}\begin{bmatrix}\gamma_1\\ \vdots\\ \gamma_{n-2}\\ 1\end{bmatrix} = 1. \end{aligned} \tag{6.68}$$

Multipliziert man jetzt Gleichung (6.67) von rechts mit (6.63) für $i = 2, \ldots, r$, erhält man mit (6.60)

$$\begin{aligned} \boldsymbol{k}^T\boldsymbol{x}_i &= [\ 0\ \cdots\ 0\ 1\ ]\ \boldsymbol{S}^{-1}(\boldsymbol{A}-\lambda_1\boldsymbol{I})^{r-i}(\boldsymbol{A}-\lambda_{r+1}\boldsymbol{I})\cdots(\boldsymbol{A}-\lambda_n\boldsymbol{I})\boldsymbol{b} \\ &= [\ 0\ \cdots\ 0\ 1\ ]\ \boldsymbol{S}^{-1}(\gamma_0\boldsymbol{I}+\gamma_1\boldsymbol{A}+\cdots+\gamma_{n-(i-1)}\boldsymbol{A}^{n-(i-1)}+\boldsymbol{A}^{n-i})\boldsymbol{b} \\ &= [\ 0\ \cdots\ 0\ 1\ ]\ \boldsymbol{S}^{-1}\boldsymbol{S}\begin{bmatrix}\gamma_0\\ \vdots\\ \gamma_{n-(i-1)}\\ 1\\ 0\\ \vdots\\ 0\end{bmatrix} = 0. \end{aligned} \tag{6.69}$$

Für $i = r+1, \ldots, n$ kann wie im Beweis von Lemma 6.5

$$\boldsymbol{k}^T\boldsymbol{x}_i = 1 \tag{6.70}$$

gezeigt werden. Insgesamt erhält man den Zeilenvektor

$$[\ \boldsymbol{k}^T\boldsymbol{x}_1\ \ \boldsymbol{k}^T\boldsymbol{x}_2\ \cdots\ \boldsymbol{k}^T\boldsymbol{x}_r\ \ \boldsymbol{k}^T\boldsymbol{x}_{r+1}\ \cdots\ \boldsymbol{k}^T\boldsymbol{x}_n\ ] = [\underbrace{1|0|\cdots|0}_{r}|\underbrace{1|\cdots|1}_{n-r}] = \boldsymbol{k}^T[\ \boldsymbol{x}_1\ \cdots\ \boldsymbol{x}_n\ ]$$

und nach Rechtsmultiplikation mit $[\ \boldsymbol{x}_1\cdots\boldsymbol{x}_n\ ]^{-1}$ schließlich (6.62). Für $i = 1$ und $r+1$ bis n kann wie im Beweis von Lemma 6.5 aufgrund von (6.61) und (6.70) die Behauptung (6.65) gezeigt werden. Außerdem folgt aus (6.63) für $i+1$:

$$\boldsymbol{x}_{i+1} = (\boldsymbol{A}-\lambda_1\boldsymbol{I})^{-(i+1)}\boldsymbol{b} = (\boldsymbol{A}-\lambda_1\boldsymbol{I})^{-1}(\boldsymbol{A}-\lambda_1\boldsymbol{I})^{-i}\boldsymbol{b} = (\boldsymbol{A}-\lambda_1\boldsymbol{I})^{-1}\boldsymbol{x}_i$$

und nach Linksmultiplikation mit $(\boldsymbol{A}-\lambda_1\boldsymbol{I})$ und Berücksichtigung von (6.69) schließlich

$$(\boldsymbol{A}-\boldsymbol{b}\boldsymbol{k}^T-\lambda_1\boldsymbol{I})\boldsymbol{x}_{i+1} = (\boldsymbol{F}-\lambda_1\boldsymbol{I})\boldsymbol{x}_{i+1} = \boldsymbol{x}_i,$$

also die Bedingung (6.66). □

In den Sätzen 6.5 und 6.7 wurde vorausgesetzt, daß die Matrizen $(\boldsymbol{A}-\lambda_i\boldsymbol{I})$ regulär sind, was natürlich nur dann der Fall ist, wenn die gewünschten Eigenwerte λ_i der Systemmatrix $\boldsymbol{F}$ des rückgekoppelten Systems nicht gleichzeitig Eigenwerte der Systemmatrix $\boldsymbol{A}$ sind. Diese Einschränkung ist bei der ACKERMANN-Formel nicht gegeben.

6.1.4 Numerische Berechnung des Rückkopplungsvektors k

Zunächst fällt bei der Vorgabe von komplexen Eigenwerten für die Verfahren in Satz 6.5 und 6.7 auf, daß zwischenzeitlich mit *komplexen* Vektoren und Matrizen gerechnet werden muß, obwohl das Ergebnis, nämlich der Rückkopplungsvektor $\boldsymbol{k}$ wieder nur reelle Komponenten enthält. Abhilfe bringt hier der

6.8 Satz: *Wenn ein konjugiert komplexes Eigenwertpaar $\lambda_i, \lambda_{i+1} = \bar{\lambda}_i$ vorgegeben wird, kann durch folgende Modifikation der Formel* (6.56) *in Satz 6.5 der Rückkopplungsvektor $\boldsymbol{k}$ nur mit reellen Zahlen berechnet werden:*

$$\boldsymbol{k}^T = [\underbrace{1|\cdots|1}_{i}|0|1|\cdots|1] \begin{bmatrix} \boldsymbol{x}_1 & \cdots & \boldsymbol{x}_{i-1} & \Re e(\boldsymbol{x}_i) & \Im m(\boldsymbol{x}_i) & \boldsymbol{x}_{i+2} & \cdots & \boldsymbol{x}_n \end{bmatrix}^{-1}. \tag{6.71}$$

Beweis: Sei ähnlich wie in Abschnitt 3.2.2

$$\boldsymbol{V} \stackrel{\text{def}}{=} \begin{bmatrix} 1 & & & & & & \\ & \ddots & & & & & \\ & & 1 & & & & \\ & & & \frac{1}{2} & -\frac{1}{2}j & & \\ & & & \frac{1}{2} & +\frac{1}{2}j & & \\ & & & & & 1 & \\ & & & & & & \ddots \\ & & & & & & & 1 \end{bmatrix}, \tag{6.72}$$

sowie $\boldsymbol{p}^T \stackrel{\text{def}}{=} [\,1 \ \cdots \ 1\,]\,\boldsymbol{V}$ und $\hat{\boldsymbol{X}} \stackrel{\text{def}}{=} \boldsymbol{X}\boldsymbol{V}$, dann ist

$$\begin{aligned} \boldsymbol{p}^T &= [\,1 \ \cdots \ 1 \ 1 \ 0 \ 1 \ \cdots \ 1\,], \\ \hat{\boldsymbol{X}} &= [\,\boldsymbol{x}_1 \ \cdots \ \boldsymbol{x}_{i-1} \ \Re e(\boldsymbol{x}_i) \ \Im m(\boldsymbol{x}_i) \ \boldsymbol{x}_{i+2} \ \cdots \ \boldsymbol{x}_n\,] \quad \text{und} \\ \boldsymbol{p}^T\hat{\boldsymbol{X}}^{-1} &= [\,1 \ \cdots \ 1\,]\,\boldsymbol{V}(\boldsymbol{X}\boldsymbol{V})^{-1} \\ &= [\,1 \ \cdots \ 1\,]\,\boldsymbol{V}\boldsymbol{V}^{-1}\boldsymbol{X}^{-1} \\ &= [\,1 \ \cdots \ 1\,]\,\boldsymbol{X}^{-1} = \boldsymbol{k}^T. \end{aligned}$$

□

Eine entsprechende Modifikation kann auch beim Vorgeben von konjugiert komplexen Eigenwertpaaren für die Formel (6.62) in Satz 6.7 angegeben werden.

Ein weiteres numerisches Problem stellen die in den Formeln (6.57),(6.63) und (6.64) für die Berechnung der Vektoren $\boldsymbol{x}_i$ auftretenden Matrizeninversionen dar, die dann auch noch in den Formeln (6.56) und (6.62) für die Berechnung des Rückkopplungsvektors $\boldsymbol{k}$ auftreten. Diese Probleme können aber einfach durch Umformung der gegebenen Gleichungen in lineare Gleichungssysteme umgangen werden. So wird z.B. aus (6.57) durch Linksmultiplikation mit der Matrix $(\boldsymbol{A} - \lambda_i\boldsymbol{I})$ das lineare Gleichungssystem

$$(\boldsymbol{A} - \lambda_i\boldsymbol{I})\boldsymbol{x}_i = \boldsymbol{b} \tag{6.73}$$

für die Berechnung von $\boldsymbol{x}_i$. Für die Lösung dieses Grundproblems der linearen Algebra stehen erprobte Algorithmen zur Verfügung [LUDYK,1990]. Ebenso kann (6.56) durch

Rechtsmultiplikation mit der Matrix $\begin{bmatrix} \boldsymbol{x}_1 & \cdots & \boldsymbol{x}_n \end{bmatrix}$ und anschließendes Transponieren des Gleichungssystems in das lineare Gleichungssystem

$$\begin{bmatrix} \boldsymbol{x}_1^T \\ \boldsymbol{x}_2^T \\ \vdots \\ \boldsymbol{x}_n^T \end{bmatrix} \boldsymbol{k} = \begin{bmatrix} 1 \\ 1 \\ \vdots \\ 1 \end{bmatrix} \tag{6.74}$$

für die Berechnung von $\boldsymbol{k}$ umgeformt werden.

Auch das Gleichungssystem (6.63) kann in das lineare Gleichungssystem

$$(\boldsymbol{A} - \lambda_1 \boldsymbol{I})^i \boldsymbol{x}_i = \boldsymbol{b} \quad (i = 1, \ldots, r) \tag{6.75}$$

umgeformt werden. Wenn aber die Matrix $(\boldsymbol{A} - \lambda_1 \boldsymbol{I})$ schlecht konditioniert ist, sind Potenzen dieser Matrix noch weitaus schlechter konditioniert und können nur mit immer größer werdenden Fehlern berechnet werden. Deshalb ist es sinnvoll, das Potenzieren der Matrix zu vermeiden. Das kann z.B. dadurch geschehen, daß für $i = 1$ bis r die Vektoren $\boldsymbol{x}_1$ bis $\boldsymbol{x}_r$ auf einen Schlag aus dem folgenden expandierten Gleichungssystem berechnet werden:

$$\begin{bmatrix} (\boldsymbol{A} - \lambda_1 \boldsymbol{I}) & \boldsymbol{O} & \cdots & \cdots & \boldsymbol{O} \\ -\boldsymbol{I} & (\boldsymbol{A} - \lambda_1 \boldsymbol{I}) & \ddots & & \vdots \\ \boldsymbol{O} & -\boldsymbol{I} & \ddots & \ddots & \vdots \\ \vdots & \ddots & \ddots & \ddots & \boldsymbol{O} \\ \boldsymbol{O} & \cdots & \boldsymbol{O} & -\boldsymbol{I} & (\boldsymbol{A} - \lambda_1 \boldsymbol{I}) \end{bmatrix} \begin{bmatrix} \boldsymbol{x}_1 \\ \boldsymbol{x}_2 \\ \vdots \\ \boldsymbol{x}_r \end{bmatrix} = \begin{bmatrix} \boldsymbol{b} \\ \boldsymbol{o} \\ \vdots \\ \boldsymbol{o} \end{bmatrix}, \tag{6.76}$$

denn für die erste Zeile von (6.76) gilt $(\boldsymbol{A} - \lambda_1 \boldsymbol{I})\boldsymbol{x}_1 = \boldsymbol{b}$ und für die i-te Zeile

$$-\boldsymbol{x}_{i-1} + (\boldsymbol{A} - \lambda_1 \boldsymbol{I})\boldsymbol{x}_i = \boldsymbol{o},$$

also

$$\boldsymbol{x}_i = (\boldsymbol{A} - \lambda_i \boldsymbol{I})^{-1} \boldsymbol{x}_{i-1} = (\boldsymbol{A} - \lambda_1 \boldsymbol{I})^{-i} \boldsymbol{b}.$$

In der ACKERMANN-Formel (6.53)

$$\boldsymbol{k}^T = \begin{bmatrix} 0 & \cdots & 0 & 1 \end{bmatrix} \boldsymbol{S}^{-1} P_\alpha(\boldsymbol{A})$$

wird die Inverse der Steuerbarkeitsmatrix $\boldsymbol{S} = \begin{bmatrix} \boldsymbol{b} & \boldsymbol{Ab} & \cdots & \boldsymbol{A}^{n-1}\boldsymbol{b} \end{bmatrix}$ benötigt. Durch die fortlaufende Potenzierung der Matrix $\boldsymbol{A}$ in der Steuerbarkeitsmatrix $\boldsymbol{S}$ werden ihre Spalten mehr und mehr linear abhängig, d.h., die Steuerbarkeitsmatrix ist für größere n sehr schlecht konditioniert. Eine Inversion sollte man deshalb vermeiden. Ebenso treten in dem Matrizenpolynom $P_\alpha(\boldsymbol{A})$ gemäß (6.52) Matrizenpotenzen bis $\boldsymbol{A}^n$ auf. In [LUDYK,1990] sind Verfahren beschrieben, wie die Probleme auch bei schlecht konditionierten Systembeschreibungen gemeistert werden können, so daß man auch in diesem Fall den Rückkopplungsvektor $\boldsymbol{k}$ exakt berechnen kann.

6.1.5 Stationäre Genauigkeit

Mit der Zustandsrückführung wird die innere Dynamik eines Systems verändert. Von einem geregelten System wird aber außerdem verlangt, daß die Regelgröße $y(t)$ im eingeschwungenen Zustand gleich der Führungsgröße $w(t)$ wird:

$$\lim_{t\to\infty} y(t) \stackrel{!}{=} \lim_{t\to\infty} w(t). \tag{6.77}$$

Für eine sprungförmige Führungsgröße $w(t) = \sigma(t)$ soll

$$y_\infty \stackrel{\text{def}}{=} \lim_{t\to\infty} \stackrel{!}{=} 1 \tag{6.78}$$

sein. Da sich im eingeschwungenen Zustand der Zustand nicht mehr ändert, gilt für $\boldsymbol{x}_\infty \stackrel{\text{def}}{=} \lim_{t\to\infty} \boldsymbol{x}(t)$

$$\dot{\boldsymbol{x}}_\infty = \boldsymbol{o} = \boldsymbol{F}\boldsymbol{x}_\infty + \boldsymbol{b}w_\infty,$$

also

$$\boldsymbol{x}_\infty = -\boldsymbol{F}^{-1}\boldsymbol{b}w_\infty$$

und

$$y_\infty = \boldsymbol{c}^T\boldsymbol{x}_\infty = -\boldsymbol{c}^T\boldsymbol{F}^{-1}\boldsymbol{b}w_\infty. \tag{6.79}$$

Im Falle der Sprungfunktion wird verlangt:

$$-\boldsymbol{c}^T(\boldsymbol{A} - \boldsymbol{b}\boldsymbol{k}^T)^{-1}\boldsymbol{b} \stackrel{!}{=} 1. \tag{6.80}$$

Durch Erweitern mit der Transformationsmatrix $\boldsymbol{T}_R$ erhält man daraus

$$\begin{aligned} -\boldsymbol{c}^T\boldsymbol{T}_R^{-1}\boldsymbol{T}_R(\boldsymbol{A} - \boldsymbol{b}\boldsymbol{k}^T)^{-1}\boldsymbol{T}_R^{-1}\boldsymbol{T}_R\boldsymbol{b} = 1 \\ = -\boldsymbol{c}^T\boldsymbol{T}_R^{-1}(\boldsymbol{T}_R\boldsymbol{A}\boldsymbol{T}_R^{-1} - \boldsymbol{T}_R\boldsymbol{b}\boldsymbol{k}^T\boldsymbol{T}_R^{-1})^{-1}\boldsymbol{T}_R\boldsymbol{b} \\ = -\boldsymbol{c}_R^T(\boldsymbol{A}_R - \boldsymbol{b}_R\boldsymbol{k}_R^T)^{-1}\boldsymbol{b}_R \stackrel{!}{=} 1. \end{aligned} \tag{6.81}$$

Beachtet man die besondere Form der Matrix $\boldsymbol{A}_R$ und und des Vektors $\boldsymbol{b}_R$, erhält man für (6.81)

$$\begin{aligned} -\boldsymbol{c}_R^T(\boldsymbol{A}_R - \boldsymbol{b}_R\boldsymbol{k}_R^T)^{-1}\boldsymbol{b}_R &= \frac{-\boldsymbol{c}_R^T \left[\begin{array}{c|c} & 1 \\ * & 0 \\ & \vdots \\ & 0 \end{array}\right] \begin{bmatrix} 0 \\ \vdots \\ 0 \\ 1 \end{bmatrix}}{\det(\boldsymbol{A}_R - \boldsymbol{b}_R\boldsymbol{k}_R^T)} \\ &= \frac{-c_{R,1}}{-(a_0 + k_{R,1})}, \end{aligned}$$

also

$$\boxed{\frac{c_{R,1}}{\alpha_0} \stackrel{!}{=} 1.} \tag{6.82}$$

Zum gleichen Ergebnis kommt man mit Hilfe der Übertragungsfunktion des rückgekoppelten Systems und dem Endwertsatz der LAPLACE-Transformation, denn als Übertragungsfunktion erhält man aus (6.24)

$$F(s) = \frac{\boldsymbol{c}_R^T \boldsymbol{s}}{(\boldsymbol{a}^T + \boldsymbol{k}_R^T)\boldsymbol{s} + s^n} \tag{6.83}$$

und als Forderung bei sprungförmiger Eingangsgröße $w(s) = \frac{1}{s}$:

$$\lim_{t\to\infty} y(t) = \lim_{s\to 0} s y(s) = \lim_{s\to 0} \frac{\boldsymbol{c}_R^T \boldsymbol{s}}{(\boldsymbol{a}^T + \boldsymbol{k}_R^T)\boldsymbol{s} + s^n} = \frac{c_{R,1}}{a_0 + k_{R,1}} = \frac{c_{R,1}}{\alpha_0} \stackrel{!}{=} 1. \tag{6.84}$$

Da $c_{R,1}$ eine Systemgröße und α_0 durch die Eigenwertfestlegung vorgegeben ist, kann i. allg. nicht erwartet werden, daß die Bedingung (6.82) erfüllt ist. Für das System in Beispiel 6.2 und 6.4 ist z.B. $c_{R,1}/\alpha_0 = 4/12 \neq 1$. Abhilfe kann mit einem Vorverstärker wie in Bild 6.4 erreicht werden, da dann der Zusammenhang

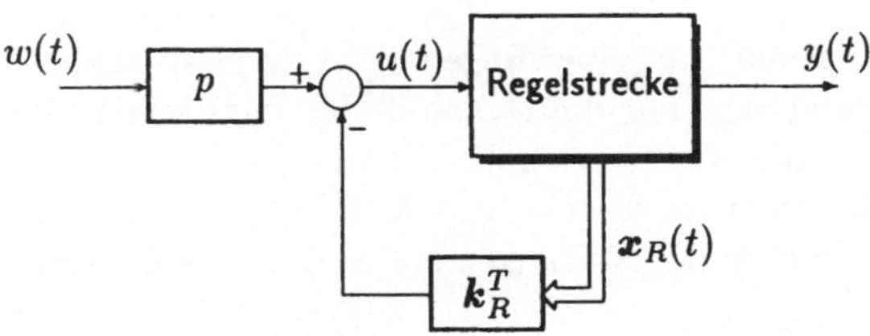

Bild 6.4: Zustandsrückkopplung mit Vorverstärkung.

$$-p\boldsymbol{c}_R^T(\boldsymbol{A}_R - \boldsymbol{b}_R\boldsymbol{k}_R^T)^{-1}\boldsymbol{b}_R = \frac{p c_{R,1}}{\alpha_0} \stackrel{!}{=} 1$$

verlangt wird, der durch den Verstärkungsfaktor

$$\boxed{p = \frac{\alpha_0}{c_{R,1}}} \tag{6.85}$$

erfüllt wird.

6.9 Beispiel: Für das System aus Beispiel 6.2 und 6.4 erhält man den Vorverstärkungsfaktor $p = 12/4 = 3$ und mit

$$u(t) = p \cdot w(t) - \boldsymbol{k}^T \boldsymbol{x}(t)$$

die in Bild 6.5 skizzierte Sprungantwort. □

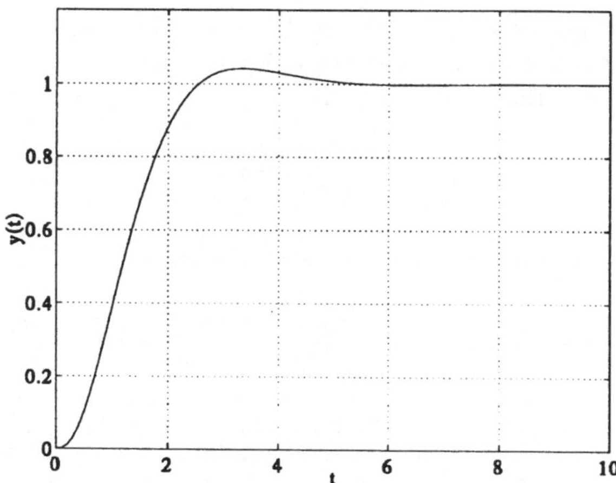

Bild 6.5: Sprungantwort des Systems aus Beispiel 6.9 mit einer Struktur gemäß Bild 6.4.

6.1.6 Zustandsrückführung in einem Regelkreis

Ein wesentliches Kennzeichen einer Regelung ist der Soll-Istwert-Vergleich. Bisher wurde in diesem Kapitel aber nur die Dynamik der Regelstrecke verändert und der stationäre Wert eingestellt. Ändern sich die Streckenparameter, so ändern sich sowohl das dynamische Verhalten als auch die stationären Werte des zustandsrückgekoppelten Systems. Außerdem wirken sich Störungen $v(t)$ voll auf die Regelgröße $y(t)$ aus, sie werden *nicht* ausgeregelt.

Einen Regelkreis erhält man durch eine direkte Rückkopplung der Regelgröße $y(t)$ wie in Bild 6.6. Soll das neue Gesamtsystem das gleiche Übertragungsverhalten wie

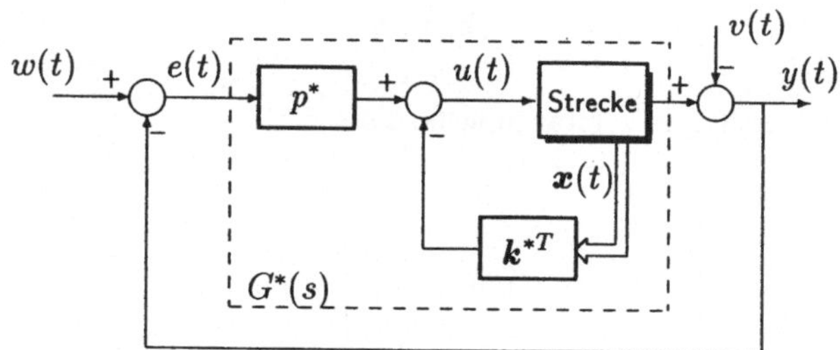

Bild 6.6: Regelkreis mit unterlagerter Zustandsrückführung.

das in Bild 6.4 haben, müssen der Rückkopplungsvektor $\boldsymbol{k}_R$ und die Vorverstärkung p modifiziert werden: Es soll

$$u(t) = p^*[w(t) - y(t)] - \boldsymbol{k}^{*T}\boldsymbol{x}(t) = p^*w(t) - (p^*\boldsymbol{c}^T + \boldsymbol{k}^{*T})\boldsymbol{x}(t) \stackrel{!}{=} pw(t) - \boldsymbol{k}^T\boldsymbol{x}(t) \quad (6.86)$$

sein, woraus durch Vergleich folgt

$$p^* = p \quad (6.87)$$

und

$$\boxed{\boldsymbol{k}^{*T} = \boldsymbol{k}^T - p\boldsymbol{c}^T.} \tag{6.88}$$

6.10 Beispiel: Für das System aus den Beispielen 6.2 und 6.9 erhält man für den modifizierten Rückkopplungsvektor

$$\begin{aligned}\boldsymbol{k}^{*T} &= [\ 0,3333 \quad 15,3333 \quad 0,3333\ ] - 3 \cdot [\ 1 \quad 0 \quad 0\ ] \\ &= [\ -2,6666 \quad 15,3333 \quad 0,3333\ ].\end{aligned}$$

□

Der Zusammenhang (6.88) kann anschaulich erklärt werden: Durch die direkte Rückkopplung der Regelgröße $y(t) = \boldsymbol{c}^T\boldsymbol{x}(t)$ über die Vorverstärkung $p^* = p$ wird bereits eine Zustandsrückführung gemäß $p\boldsymbol{c}^T\boldsymbol{x}$ vorgenommen, wodurch von der ursprünglichen Zustandsrückführung $\boldsymbol{k}^T\boldsymbol{x}$ nur noch $(\boldsymbol{k}^T - p\boldsymbol{c}^T)\boldsymbol{x} = \boldsymbol{k}^{*T}\boldsymbol{x}$ zurückgeführt zu werden braucht.

6.1.7 Auswirkung von Störgrößen

Wirkt die Störung $v(t)$ wie in Bild 6.6, ist

$$y(t) = \boldsymbol{c}^T\boldsymbol{x}(t) - v(t). \tag{6.89}$$

Wäre keine Rückführung mit Soll-Istwert-Vergleich vorhanden, würde sich die Störung $v(t)$ gemäß (6.89) voll in der Regelgröße $y(t)$ bemerkbar machen. Ist jedoch ein Regelkreis wie in Bild 6.6 vorhanden, erhält man für die Regelgröße $y(t)$ bei nicht vorhandener Führungsgröße, also $w(t) \equiv 0$ und sprungförmiger Störung $v(t) = \sigma(t)$ für die LAPLACE-transformierten Größen

$$y(s) = G^*(s)e(s) - v(s) = -G^*(s)y(s) - v(s) = \frac{-1}{1 + G^*(s)}v(s), \tag{6.90}$$

wobei

$$G^*(s) \stackrel{\text{def}}{=} \frac{p\boldsymbol{c}_R^T\boldsymbol{s}}{(\boldsymbol{a}^T + \boldsymbol{k}_R^{*T})\boldsymbol{s} + s^n} \tag{6.91}$$

und

$$\boldsymbol{k}_R^{*T} \stackrel{\text{def}}{=} \boldsymbol{k}^{*T}\boldsymbol{T}_R$$

ist. Für den stationären Wert der Sprungantwort erhält man dann

$$\begin{aligned}\lim_{t\to\infty} y(t) &= \lim_{s\to 0} sy(s) = \lim_{s\to 0} \frac{-1}{1 + G^*(s)} \\ &= \lim_{s\to 0} -\frac{(\boldsymbol{a}^T + \boldsymbol{k}_R^{*T})\boldsymbol{s} + s^n}{(\boldsymbol{a}^T + \boldsymbol{k}_R^{*T})\boldsymbol{s} + s^n + p\boldsymbol{c}_R^T\boldsymbol{s}} \\ &= -\frac{a_0 + k_{R,1}^*}{a_0 + k_{R,1}^* + pc_{R,1}} = -\frac{\alpha_0 - pc_{R,1}}{\alpha_0}\end{aligned}$$

$$= -\frac{\alpha_0 - \alpha_0}{\alpha_0} = 0. \tag{6.92}$$

Eine sprungförmige Störung ergibt die bleibende Regelabweichung null. Ohne die direkte Rückkopplung der Regelgröße $y(t)$ würde $\lim_{t\to\infty} y(t) = \lim_{t\to\infty}(-v(t)) = -1$ sein!

6.1.8 Auswirkung von Parameteränderungen

Der Rückkopplungsvektor $\boldsymbol{k}^*$ und der Vorverstärkungsfaktor p seien für ein Systemmodell mit den Parametervektoren $\boldsymbol{a}$ und $\boldsymbol{c}_R$ ausgelegt, in Wirklichkeit habe aber die Regelstrecke die Parametervektoren $\boldsymbol{a}^\circ = \boldsymbol{a} + \Delta\boldsymbol{a}$ bzw. $\boldsymbol{c}_R^\circ = \boldsymbol{c}_R + \Delta\boldsymbol{c}_R$. Wie wirkt sich das auf das Systemverhalten aus?

Bei der Berechnung des stationären Wertes der Störsprungantwort in Gleichung (6.92) im vorigen Abschnitt war

$$\lim_{t\to\infty} y(t) = \frac{-(a_0^\circ + k_{R,1}^*)}{a_0^\circ + k_{R,1}^* + pc_{R,1}^\circ}, \tag{6.93}$$

wobei die tatsächlich vorhandenen Parameter $a_0^\circ = a_0 + \Delta a_0$ und $c_{R,1}^\circ = c_{R,1} + \Delta c_{R,1}$ eingesetzt wurden. Aufgrund der ungenauen Kenntnis der Regelstreckenparameter wird aber bei der Berechnung von $k_{R,1}^*$ und p von den Parametern a_0 und $c_{R,1}$ ausgegangen, d.h., es wird

$$p = \frac{\alpha_0}{c_{R,1}} \tag{6.94}$$

und

$$k_{R,1}^* = k_{R,1} - pc_{R,1} = \alpha_0 - a_0 - \alpha_0 = -a_0 \tag{6.95}$$

gewählt. Diese Werte in (6.93) eingesetzt, liefern für $v(t) = \sigma(t)$ und $w(t) \equiv 0$

$$\boxed{\lim_{t\to\infty} y(t) = \frac{-(a_0^\circ - a_0)}{a_0^\circ - a_0 + \alpha_0 c_{R,1}^\circ / c_{R,1}} = \frac{-\Delta a_0}{\Delta a_0 + \alpha_0 c_{R,1}^\circ / c_{R,1}},} \tag{6.96}$$

d.h., die Auswirkung der sprungförmigen Störgröße auf die Regelgröße $y(t)$ wird nur dann im stationären Zustand zu null, wenn $\Delta a_0 = 0$ ist. Das ist der Fall, wenn entweder der Parameter a_0 exakt bekannt ist – sich nicht ändert – oder wenn $a_0 \equiv 0$ ist. $a_0 = 0$ bedeutet aber, daß die Regelstrecke integrales Verhalten aufweist, denn dann hat sie die Übertragungsfunktion

$$G(s) = \frac{\boldsymbol{c}_R^T \boldsymbol{s}}{a_1 s + a_2 s^2 + \cdots + s^n} = \frac{\boldsymbol{c}_R^T \boldsymbol{s}}{s(a_1 + a_2 s + \cdots + s^{n-1})}. \tag{6.97}$$

Als Führungssprungantwort erhält man $(v(t) \equiv 0)$

$$y(s) = \frac{G^*(s)}{1 + G^*(s)} w(s) \tag{6.98}$$

und für den stationären Wert der Regelgröße

$$\begin{aligned}\lim_{t\to\infty} y(t) &= \lim_{s\to 0} \frac{G^*(s)}{1+G^*(s)} \\ &= \lim_{s\to 0} \frac{p\boldsymbol{c}_R^{\circ T}\boldsymbol{s}}{(\boldsymbol{a}_R^{\circ T}+\boldsymbol{k}_R^{*T})\boldsymbol{s}+s^n+p\boldsymbol{c}_R^{\circ T}\boldsymbol{s}} \\ &= \frac{pc_{R,1}^\circ}{a_0^\circ + k_{R,1}^* + pc_{R,1}^\circ}\end{aligned}$$

und mit (6.94) und (6.95) schließlich für $w(t)=\sigma(t)$ und $v(t)\equiv 0$

$$\lim_{t\to\infty} y(t) = \frac{\alpha_0 c_{R,1}^\circ / c_{R,1}}{a_0^\circ - a_0 + \alpha_0 c_{R,1}^\circ / c_{R,1}},$$

also

$$\boxed{\lim_{t\to\infty} y(t) = \frac{\alpha_0\,(1+\Delta c_{R,1}/c_{R,1})}{\Delta a_0 + \alpha_0\,(1+\Delta c_{R,1}/c_{R,1})}.} \tag{6.99}$$

Auch in diesem Fall spielt der Parameter a_0 die entscheidende Rolle: Ist $\Delta a_0 = 0$ oder $a_0 \equiv 0$, dann ist der stationäre Wert der Regelgröße wie gewünscht gleich eins.

6.11 Beispiel: Das System ohne integrales Verhalten aus den Beispielen 6.2 bis 6.10 sei gemäß Bild 6.6 geregelt. In Bild 6.7 sind die Sprungantworten für Variationen des Parameters a_0 um ±20% angegeben. Es treten die Endwerte auf:

a) Führungsgrößensprung:

$$\lim_{t\to\infty} y(t) = \frac{\alpha_0}{\Delta a_0 + \alpha_0} = \frac{12}{\pm 1,6 + 12} = \begin{cases} 0,882 & \text{für} \quad \Delta a_0 = +1,6, \\ 1,154 & \text{für} \quad \Delta a_0 = -1,6. \end{cases}$$

b) Störgrößensprung:

$$\lim_{t\to\infty} y(t) = \frac{-\Delta a_0}{\Delta a_0 + \alpha_0} = \frac{\pm 1,6}{\pm 1,6 + 12} = \begin{cases} -0,1176 & \text{für} \quad \Delta a_0 = +1,6, \\ +0,1538 & \text{für} \quad \Delta a_0 = -1,6. \end{cases}$$

□

Zusammenfassend erhält man den

6.12 Satz: *Bei einem Regelkreis mit Zustandsrückführung gemäß Bild 6.6 ist die bleibende Regelabweichung sowohl bei sprungförmiger Führungsgröße als auch bei sprungförmiger Störgröße unabhängig von Parameterschwankungen dann und nur dann gleich null, wenn die Regelstrecke integrales Verhalten hat.*

Das ist ein bereits aus Kapitel 4 bekanntes Ergebnis. Es ist naheliegend, jetzt in den Regelkreis einen zusätzlichen Integrator einzufügen, um auch bei nichtintegralem Verhalten der Regelstrecke und bei Parameterschwankungen stets die bleibende Regelabweichung null zu erhalten.

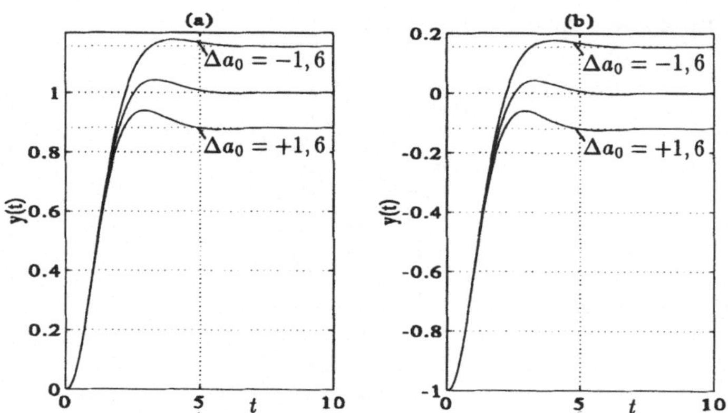

Bild 6.7: Auswirkung von Parameteränderungen des geregelten Systems aus Beispiel 6.11 (a) auf die Führungsgrößensprungantwort und (b) die Störgrößensprungantwort.

6.1.9 PI-Zustandsregler

Für den Regelkreis mit einem zusätzlichen Integrator, insgesamt also einem PI-Zustandsregler gemäß Bild 6.8 erhält man für den LAPLACE-transformierten Fehler

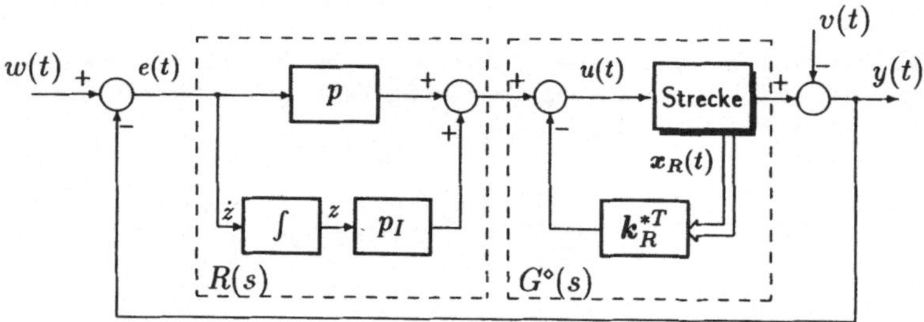

Bild 6.8: Regelkreis mit PI-Zustandsregler.

$$e(s) = \frac{1}{1 + R(s)G^\circ(s)} w(s) \tag{6.100}$$

mit

$$R(s) = \frac{p_I + p \cdot s}{s} \tag{6.101}$$

und

$$G^\circ(s) \stackrel{\text{def}}{=} \frac{\boldsymbol{c}_R^T \boldsymbol{s}}{(\boldsymbol{a}^T + \boldsymbol{k}_R^{*T})\boldsymbol{s} + s^n}. \tag{6.102}$$

Ist die Führungsgröße eine Sprungfunktion $w(s) = 1/s$, erhält man für die bleibende Regelabweichung

$$\lim_{t\to\infty} e(t) = \lim_{s\to 0} s e(s) = \lim_{s\to\infty} \frac{s[(\boldsymbol{a}^{\circ T} + \boldsymbol{k}_R^{*T})\boldsymbol{s} + s^n]}{s[(\boldsymbol{a}^{\circ T} + \boldsymbol{k}_R^{*T})\boldsymbol{s} + s^n] + \boldsymbol{c}_R^{\circ T} \boldsymbol{s}(p_I + ps)} = 0, \tag{6.103}$$

vollkommen unabhängig von Strecken- und Reglerparametern!

Für das Gesamtsystem, das jetzt die Ordnung $n+1$ hat, müssen noch die Reglerparameter festgelegt werden. Wenn das lineare System die mathematische Beschreibung

$$\dot{\boldsymbol{x}}(t) = \boldsymbol{A}\boldsymbol{x}(t) + \boldsymbol{b}u(t) + \boldsymbol{e}v(t), \tag{6.104}$$

$$y(t) = \boldsymbol{c}^T\boldsymbol{x}(t) \tag{6.105}$$

hat und ein PI-Zustandsregler wie in Bild 6.8 eingesetzt wird, enthält der Regelkreis einen Term $z(t)$, der proportional dem Fehlerintegral ist:

$$z(t) = \int_0^t e(\tau)\mathrm{d}\tau = \int_0^t [w(\tau) - y(\tau)]\mathrm{d}\tau = \int_0^t [w(\tau) - \boldsymbol{c}^T\boldsymbol{x}(\tau)]\mathrm{d}\tau. \tag{6.106}$$

Die Hilfsgröße $z(t)$ genügt also der Differentialgleichung

$$\dot{z}(t) = w(t) - \boldsymbol{c}^T\boldsymbol{x}(t) \tag{6.107}$$

mit dem Anfangswert $z(0) = 0$.

Die Gleichungen (6.104), (6.105) und (6.107) beschreiben zusammen ein System $(n+1)$-ter Ordnung. Mit dem erweiterten Zustandsvektor

$$\begin{bmatrix} \boldsymbol{x} \\ z \end{bmatrix} \in \mathbb{R}^{n+1}$$

erhält man die mathematische Beschreibung

$$\begin{bmatrix} \dot{\boldsymbol{x}}(t) \\ \dot{z}(t) \end{bmatrix} = \begin{bmatrix} \boldsymbol{A} & \boldsymbol{o} \\ -\boldsymbol{c}^T & 0 \end{bmatrix} \begin{bmatrix} \boldsymbol{x}(t) \\ z(t) \end{bmatrix} + \begin{bmatrix} \boldsymbol{b} \\ 0 \end{bmatrix} u(t) + \begin{bmatrix} \boldsymbol{e} & \boldsymbol{o} \\ 0 & 1 \end{bmatrix} \begin{bmatrix} v(t) \\ w(t) \end{bmatrix}, \tag{6.108}$$

$$y(t) = \begin{bmatrix} \boldsymbol{c}^T & 0 \end{bmatrix} \begin{bmatrix} \boldsymbol{x}(t) \\ z(t) \end{bmatrix}. \tag{6.109}$$

In Bild 6.9 ist diese Struktur nochmals verdeutlicht. Es ist klar zu erkennen, daß p_I zusammen mit $\boldsymbol{k}^T$ eine Zustandsrückführung des $(n+1)$-dimensionalen „Zustandsvektors" $\begin{bmatrix} \boldsymbol{x}^T & z \end{bmatrix}^T$ darstellt. Um eine beliebige Eigenwertfestlegung vornehmen zu können, muß das Gesamtsystem mittels der Eingangsgröße $u(t)$ steuerbar sein.

Faßt man den Rückkoppelungsvektor $\boldsymbol{k}$ und den Faktor p_I zu dem Rückkoppelungsvektor

$$\bar{\boldsymbol{k}}^T \stackrel{\text{def}}{=} \begin{bmatrix} \boldsymbol{k}^T \mid -p_I \end{bmatrix} \tag{6.110}$$

zusammen, kann dieser nach den oben beschriebenen Verfahren festgelegt werden.

Damit sich Führungsgrößenänderungen sofort auf die Stellgröße $u(t)$ auswirken können, wird, wie in Bild 6.8 beschrieben, die Proportionalverstärkung p eingeführt. So erhält man den Rückkopplungsvektor

$$\bar{\boldsymbol{k}}^T = \begin{bmatrix} \boldsymbol{k}^T \mid -p_I \end{bmatrix} = \begin{bmatrix} p\boldsymbol{c}^T + \boldsymbol{k}^{*T} \mid -p_I \end{bmatrix}. \tag{6.111}$$

Jetzt ist noch zu klären, wie der Rückkopplungsvektor $\boldsymbol{k}^T$ auf $p\boldsymbol{c}^T$ und $\boldsymbol{k}^{*T}$ aufgeteilt werden kann. Wählt man zunächst die Proportionalverstärkung p aus, ist $\boldsymbol{k}^{*T} =$

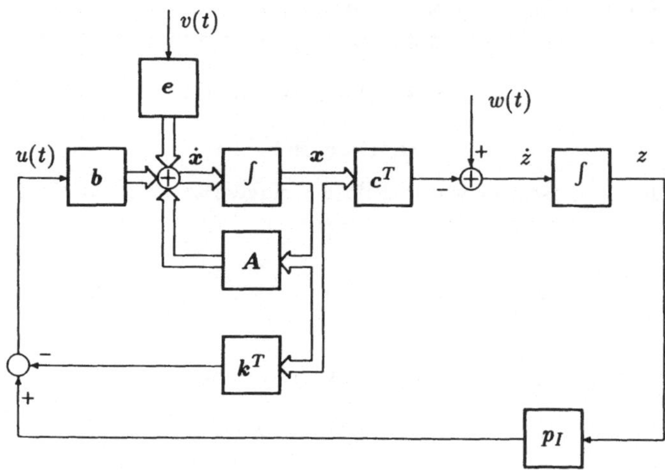

Bild 6.9: Umgeformte Struktur eines Regelkreises mit Zustands- und I-Regler.

$\boldsymbol{k}^T - p\boldsymbol{c}^T$ eindeutig festgelegt. Der Faktor p bestimmt, auf welchen Wert die Stellgröße u springt, wenn sich die Führungsgröße $w(t)$ sprungartig ändert. Geht man davon aus, daß im Anfangszeitpunkt sowohl $\boldsymbol{x}(0) = \boldsymbol{o}$ als auch $z(0) = 0$ ist, ist

$$u(0_+) = p \cdot w(0_+). \tag{6.112}$$

Andererseits ist unter der Annahme $v(t) \equiv 0$ für $t \to \infty$ im eingeschwungenen Zustand $\dot{\boldsymbol{x}} = \boldsymbol{o}$ und $\dot{z} = 0$, also sowohl

$$\boldsymbol{o} = \boldsymbol{A}\boldsymbol{x}_\infty + \boldsymbol{b}u_\infty \tag{6.113}$$

als auch

$$y_\infty = w_\infty. \tag{6.114}$$

Da der I-Anteil im Regler nur dann benötigt wird, wenn die Regelstrecke selbst keinen integralen Anteil enthält, also die Systemmatrix $\boldsymbol{A}$ keinen Eigenwert bei Null hat, ist die Systemmatrix $\boldsymbol{A}$ regulär und die Gleichung (6.113) kann nach $\boldsymbol{x}_\infty$ aufgelöst werden:

$$\boldsymbol{x}_\infty = -\boldsymbol{A}^{-1}\boldsymbol{b}u_\infty. \tag{6.115}$$

Dieses Ergebnis in die Ausgangsgleichung (6.105) eingesetzt, liefert

$$y_\infty = -\boldsymbol{c}^T\boldsymbol{A}^{-1}\boldsymbol{b}u_\infty \tag{6.116}$$

und nach Auflösung nach u_∞ unter Berücksichtigung von (6.114)

$$u_\infty = -(\boldsymbol{c}^T\boldsymbol{A}^{-1}\boldsymbol{b})^{-1}w_\infty. \tag{6.117}$$

Aus den beiden Beziehungen (6.112) und (6.117) folgen beispielsweise folgende Wahlmöglichkeiten für den Verstärkungsfaktor p:

1. (6.112) bringt zum Ausdruck, daß bei einer sprungförmigen Führungsgröße auch die Stellgröße ein sprungförmiges Verhalten aufweist. Soll ein solches sprungartiges Verhalten der Stellgröße z.B. aus technischen Gründen vermieden werden, ist
$$p = 0 \tag{6.118}$$
zu wählen.
2. Werden dagegen Stellgrößensprünge zugelassen, ist es sinnvoll, die Stellgröße am Anfang gleich auf den Wert springen zu lassen, der gemäß (6.117) für $t \to \infty$ sowieso benötigt wird, also
$$p = \frac{-1}{\boldsymbol{c}^T \boldsymbol{A}^{-1} \boldsymbol{b}} \tag{6.119}$$
zu wählen.
3. Eine weitere Möglichkeit für die Wahl von p stellt (6.85) dar, nämlich
$$p = \frac{\alpha_0}{c_{R,1}}, \tag{6.120}$$
allerdings nur dann, wenn p nicht zu groß wird.

Man erhält besonders kompakte Formeln für die Berechnung der Rückkopplungsvektoren, wenn man von einer mathematischen Beschreibung in Regelungsnormalform ausgeht. Dann ist der Zusammenhang zwischen Eingangsgröße $w(s)$ und Ausgangsgröße $y(s)$
$$y(s) = \frac{R(s)G^\circ(s)}{1 + R(s)G^\circ(s)} w(s) = F(s)w(s), \tag{6.121}$$
wobei
$$F(s) = \frac{\{[p_I \boldsymbol{c}_R^T|0] + [0|p\boldsymbol{c}_R^T]\}\underline{\boldsymbol{s}}}{\{[0|\boldsymbol{a}^T + \boldsymbol{k}_R^{*T} + p\boldsymbol{c}_R^T] + [p_I \boldsymbol{c}_R^T|0]\}\underline{\boldsymbol{s}} + s^{n+1}} \tag{6.122}$$
mit
$$\underline{\boldsymbol{s}} \stackrel{\text{def}}{=} \begin{bmatrix} 1 & s & s^2 & \cdots & s^n \end{bmatrix}^T$$
ist. Schreibt man als Übertragungsverhalten
$$F(s) = \frac{\underline{\boldsymbol{c}}_R^T \underline{\boldsymbol{s}}}{\underline{\boldsymbol{\alpha}}^T \underline{\boldsymbol{c}} + s^{n+1}} \tag{6.123}$$
vor, mit
$$\underline{\boldsymbol{\alpha}}^T \stackrel{\text{def}}{=} \begin{bmatrix} \alpha_0 & \alpha_1 & \cdots & \alpha_n \end{bmatrix} \in \mathbb{R}^{n+1}$$
und
$$\underline{\boldsymbol{c}}_R^T \stackrel{\text{def}}{=} [p_I \boldsymbol{c}_R^T|0] + [0|p\boldsymbol{c}_R^T] \in \mathbb{R}^{n+1},$$
erhält man die **Synthesebedingung**
$$[0|\boldsymbol{a}^T + \boldsymbol{k}_R^{*T} + p\boldsymbol{c}_R^T] + [p_I \boldsymbol{c}_R^T|0] \stackrel{!}{=} \underline{\boldsymbol{\alpha}}^T. \tag{6.124}$$

Das sind $n+1$ Bedingungen für die $n+2$ gesuchten Parameter $k^*_{R,1}, \ldots, k^*_{R,n}$, p und p_I.

Der Parameter p wird, wie oben beschrieben, durch Betrachtung des Stellgrößenverlaufs festgelegt. Für (6.119) wird, wenn man von der Regelungsnormalform ausgeht, $\boldsymbol{c}_R^T \boldsymbol{A}_R^{-1} \boldsymbol{b}_R$ benötigt. In diesem Fall ist

$$\boldsymbol{A}_R^{-1} = \left[\begin{array}{ccccc} 0 & 1 & 0 & \cdots & 0 \\ \vdots & \ddots & \ddots & \ddots & \vdots \\ \vdots & & \ddots & \ddots & 0 \\ 0 & \cdots & \cdots & 0 & 1 \\ \hline -a_0 & -a_1 & \cdots & \cdots & -a_{n-1} \end{array}\right]^{-1} = \frac{\operatorname{adj} \boldsymbol{A}_R}{\det \boldsymbol{A}_R} = \frac{\left[\begin{array}{c|c} & 1 \\ * & 0 \\ & \vdots \\ & 0 \end{array}\right]}{-a_0},$$

also

$$\boldsymbol{c}_R^T \boldsymbol{A}_R^{-1} \boldsymbol{b}_R = \frac{\boldsymbol{c}_R^T \left[\begin{array}{c|c} & 1 \\ * & 0 \\ & \vdots \\ & 0 \end{array}\right] \begin{bmatrix} 0 \\ \vdots \\ 0 \\ 1 \end{bmatrix}}{-a_0} = \frac{c_{R,1}}{-a_0},$$

d.h., für die Wahlmöglichkeit (6.119) erhält man jetzt

$$\underline{p = \frac{a_0}{c_{R,1}}.}$$

Ein Vergleich der ersten Vektorkomponenten in (6.124), liefert

$$p_I c_{R,1} = \alpha_0,$$

also

$$\boxed{p_I = \frac{\alpha_0}{c_{R,1}}.} \tag{6.125}$$

Das Ergebnis in (6.124) eingesetzt und nach $\boldsymbol{k}_R^{*T}$ aufgelöst, ergibt

$$\boxed{\boldsymbol{k}_R^* = \underline{\boldsymbol{\alpha}}^* - (\boldsymbol{a} + p\boldsymbol{c}_R + \frac{\alpha_0}{c_{R,1}} \boldsymbol{c}_R^*),} \tag{6.126}$$

mit

$$\underline{\boldsymbol{\alpha}}^* \overset{\text{def}}{=} \left[\begin{array}{cccc} \alpha_1 & \alpha_2 & \cdots & \alpha_n \end{array}\right]^T$$

und

$$\underline{c}_R^* \stackrel{\text{def}}{=} \begin{bmatrix} c_{R,2} & \cdots & c_{R,n} & 0 \end{bmatrix}^T.$$

Der vorzugebende Parametervektor $\underline{\alpha}$ für das charakteristische Polynom $\underline{\alpha}^T \underline{s} + s^{n+1}$ des Gesamtsystems kann nach einer der in Kapitel 4 beschriebenen Methoden festgelegt werden. Das Zählerpolynom $\underline{c}_R^T \underline{s}$ liegt fest, wenn die Faktoren p und p_I vorliegen, das folgt aus einem Vergleich der Zähler in (6.122) und (6.123).

6.13 Beispiel: Für die Regelstrecke aus den Beispielen 6.2 bis 6.9 soll ein parameterunempfindlicher PI-Zustandsregler entworfen werden. Zunächst muß der Vektor $\underline{\alpha}$ vorgegeben werden. Der zusätzliche Eigenwert wird nach $\lambda_4 = -6$ gelegt, so daß insgesamt das gewünschte charakteristische Polynom

$$\begin{aligned} \underline{\alpha}^T \underline{s} + s^4 &= (\alpha^T s + s^3)(s+6) \\ &= 72 + 96s + 62s^2 + 14s^3 + s^4 \end{aligned}$$

mit

$$\underline{\alpha}^T = \begin{bmatrix} 72 & 96 & 62 & 14 \end{bmatrix}$$

vorgegeben wird. Nach (6.126) ist

$$p_I = \frac{\alpha_0}{c_{R,1}} = \frac{72}{4} = 18.$$

Für die beiden oben angegebenen ersten Wahlmöglichkeiten für den Verstärkungsfaktor p erhält man hier:

1. $p = 0$ und damit aus (6.125) $k_{R,i}^* = \alpha_i - a_{i-1}$ für $i = 1, 2$ und 3:

$$k_{R,1}^* = 96 - 8 = 88, k_{R,2}^* = 62 - 6,333 = 55,667, k_{R,3}^* = 14 - 6 = 8;$$

2. $p = \frac{a_0}{c_{R,1}} = \frac{8}{4} = 2$ und damit aus (6.125)

$$k_{R,1}^* = \alpha_1 - a_0 - pc_{R,1} = 96 - 8 - 8 = 80$$

und $k_{R,2}^*$ sowie $k_{R,3}^*$ wie unter 1).

In Bild 6.10 sind die Sprungantworten der Regelgröße $y(t)$ und der Stellgröße $u(t)$ für die Parameter $p = 0$ bzw. $p = 2$ dargestellt. Bild 6.11 zeigt die Unempfindlichkeit gegenüber Parameteränderungen von $\Delta a_0 = \pm 1,6$ ($\pm 20\%$ von a_0) für den Fall $p = 0$. □

6.1.10 PID-Regler

Der in der Praxis am häufigsten eingesetzte Regler ist der PID-Regler. Ursprünglich wurde er so konzipiert, daß die Stellgröße $u(t)$ proportional der Summe aus dem Regelfehler $e(t) = w(t) - y(t)$, dem Integral und der Ableitung des Regelfehlers ist:

$$u(t) = K\left[e(t) + \frac{1}{T_I}\int_0^t e(\tau)\mathrm{d}\tau + T_D\frac{\mathrm{d}e}{\mathrm{d}t}\right]. \tag{6.127}$$

Diese Form des PID-Reglers kann in der Praxis nur mit einem Tiefpaßfilter vor dem Differenzierer verwendet werden, um eine stoßförmige Stellgröße bei jedem Führungsgrößensprung zu vermeiden. Aus diesem Grund werden heute PID-Regler fast nur noch

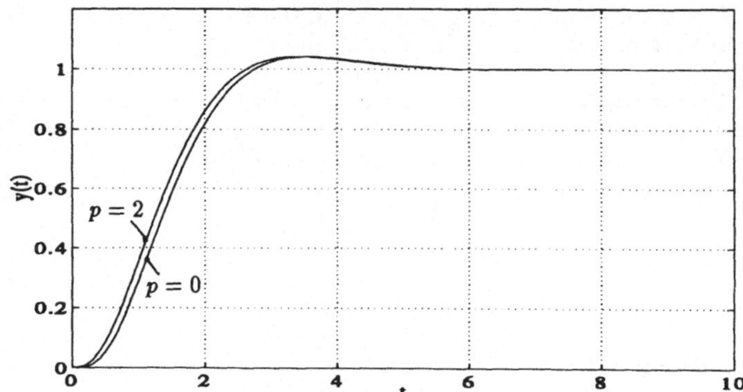

Bild 6.10: Führungsgrößen-Sprungantwort der Regelgröße $y(t)$ des Regelkreises aus Beispiel 6.13.

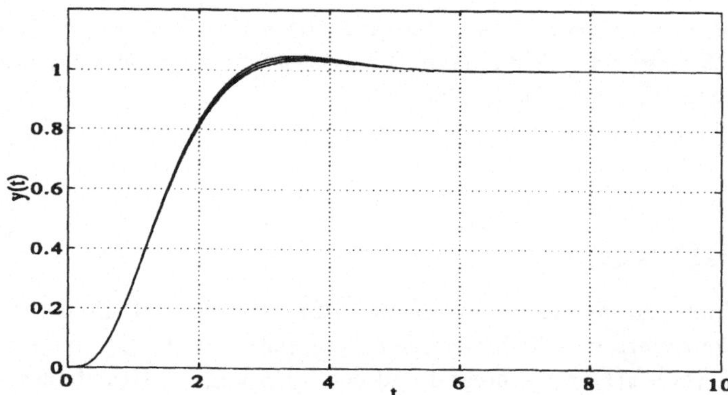

Bild 6.11: Sprungantwort der Regelgröße $y(t)$ bei Parameteränderungen $\Delta a_0 = \pm 1,6$ ($\pm 20\%$ von a_0) für den Fall $p = 0$ des Regelkreises aus Beispiel 6.13.

mit der Struktur gemäß Bild 6.12 in der Form

$$u(t) = K\left[e(t) + \frac{1}{T_I}\int_0^t e(\tau)\mathrm{d}\tau - T_D\frac{\mathrm{d}y}{\mathrm{d}t}\right] \tag{6.128}$$

mit einem Differenzierer für die Regelgröße $y(t)$ eingesetzt. Mit diesem Regler erhält man gegenüber Störungen das gleiche Verhalten wie mit dem Regler nach Bild 6.12, aber sprungartige Führungsgrößenänderungen erreichen erst durch die Regelstrecke ge-

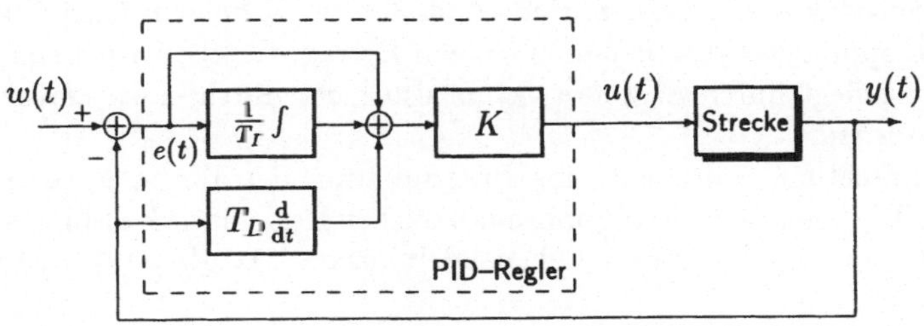

Bild 6.12: Regelkreis mit PID-Regler.

filtert den Differenzierer. Aber auch bei der Version (6.128) des PID-Reglers ist ein idealer Differenzierer praktisch nicht zu verwirklichen, sondern wird durch einen *realen Differenzierer* mit der Übertragungsfunktion

$$R_D(s) = \frac{T_D s}{1 + \frac{T_D}{N} s}$$

angenähert, wobei N zwischen 5 und 100 liegt. Diese Besonderheit des realen Differenziergliedes soll aber im folgenden nicht beachtet werden, sondern es soll nur der PID-Regler (6.128) als PI-Zustandsregler interpretiert werden.

Geht man von der mathematischen Beschreibung

$$\begin{aligned} \dot{\boldsymbol{x}}(t) &= \boldsymbol{A}\boldsymbol{x}(t) + \boldsymbol{b}u(t), \\ y(t) &= \boldsymbol{c}^T\boldsymbol{x}(t) \end{aligned}$$

der Regelstrecke aus, erhält man für die differenzierte Regelgröße

$$\dot{y}(t) = \boldsymbol{c}^T\dot{\boldsymbol{x}}(t) = \boldsymbol{c}^T\boldsymbol{A}\boldsymbol{x}(t) + \boldsymbol{c}^T\boldsymbol{b}u(t). \tag{6.129}$$

(6.129) in (6.128) eingesetzt, ergibt

$$u(t) = Ke(t) + \frac{K}{T_I}\int_0^t e(\tau)\mathrm{d}\tau - KT_D[\boldsymbol{c}^T\boldsymbol{A}\boldsymbol{x}(t) + \boldsymbol{c}^T\boldsymbol{b}u(t)]$$

und nach $u(t)$ aufgelöst

$$u(t) = pe(t) + p_I\int_0^t e(\tau)\mathrm{d}\tau - \boldsymbol{k}^T\boldsymbol{x}(t),$$

mit

$$p \stackrel{\text{def}}{=} \frac{K}{1+KT_D\boldsymbol{c}^T\boldsymbol{b}},$$
$$p_I \stackrel{\text{def}}{=} \frac{K}{T_I(1+KT_D\boldsymbol{c}^T\boldsymbol{b})}$$

und

$$\boldsymbol{k}^T \stackrel{\text{def}}{=} \frac{KT_D}{1+KT_D\boldsymbol{c}^T\boldsymbol{b}}\boldsymbol{c}^T\boldsymbol{A}.$$

Die Verstärkungsfaktoren p bzw. p_I sind durch K bzw. T_I beliebig einstellbar. Dagegen ist der Rückkopplungsvektor $\boldsymbol{k}$ nur in seinem Betrag mittels T_D beliebig einstellbar; seine Richtung liegt durch $\boldsymbol{c}^T\boldsymbol{A}$ fest, kann also nicht durch einen $\boldsymbol{\alpha}$-Vektor beliebig vorgegeben werden.

Diese Betrachtung sollte nur eine Interpretation der Wirkungsweise eines PID-Reglers sein. Die eigentliche Auslegung eines solchen Reglers wird ausführlich in Grundlagenbüchern der Regelungstechnik behandelt, siehe z.B. [LANDGRAF/SCHNEIDER, SCHMIDT].

6.2 Zustandsrückführung zeitdiskreter Einfachsysteme

6.2.1 Einleitung

Verwendet man für die Realisierung eines Reglers mit Zustandsrückführung einen Mikrorechner, erhält man z.B. die in Bild 6.13 dargestellte Konfiguration. Für eine hin-

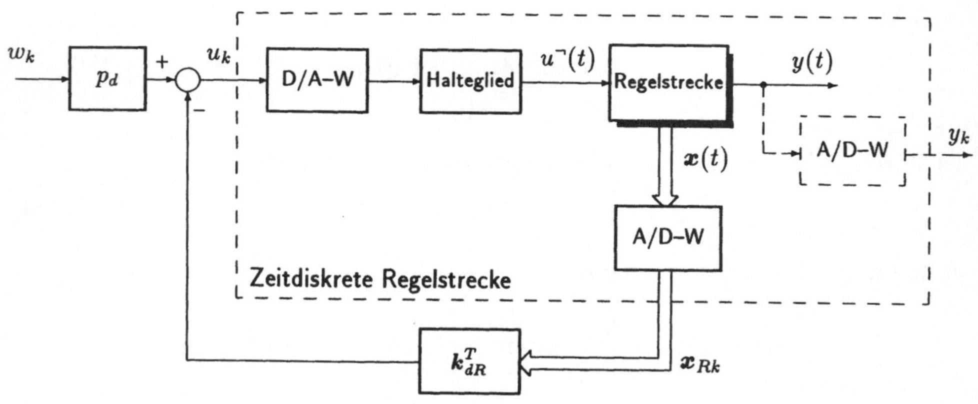

Bild 6.13: Digitale Zustandsregelung.

reichend kleine Abtastperiode T wird sich dieses Regelungssystem wie das zeitkontinuierliche Regelungssystem in Bild 6.4 verhalten. Wie verhält sich aber ein digitaler Regelkreis mit großer Abtastperiode T? Hierzu das

6.14 Beispiel: Für die Regelstrecke in Bild 6.3 aus Beispiel 6.2 mit der mathematischen Beschreibung

$$\begin{aligned} \dot{\boldsymbol{x}}(t) &= \begin{bmatrix} 0 & 8 & 0 \\ -\frac{1}{6} & 0 & 1/12 \\ 0 & -60 & -6 \end{bmatrix} \boldsymbol{x}(t) + \begin{bmatrix} 0 \\ 0 \\ 6 \end{bmatrix} u(t), \\ y(t) &= \begin{bmatrix} 1 & 0 & 0 \end{bmatrix} \boldsymbol{x}(t) \end{aligned}$$

erhält man mit dem Rückkopplungsvektor

$$\boldsymbol{k}^T = \begin{bmatrix} 0,3333 & 15,333 & 0,3333 \end{bmatrix}$$

aus Beispiel 6.4 und dem Verstärkungsfaktor $p = 3$ aus Beispiel 6.9 in einer Konfiguration gemäß Bild 6.13 für eine Abtastperiode $T = 0,1$ die in Bild 6.14(a) dargestellte Sprungantwort auf einen Führungsgrößensprung $w(t) = \sigma(t)$. Diese Sprungantwort ist fast identisch mit der in Bild 6.5 dargestellten Sprungantwort des entsprechenden zeitkontinuierlichen Regelungssystems. Vergrößert man aber die Abtastperiode auf $T = 1$, erhält man die in Bild 6.14(b) dargestellte Sprungantwort. Ein solches Verhalten ist natürlich unannehmbar! □

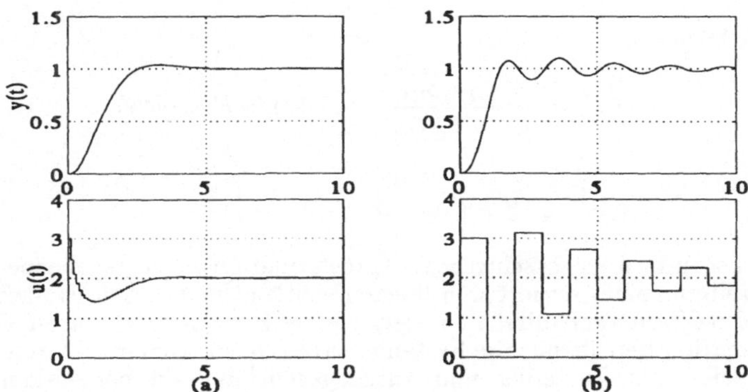

Bild 6.14: Sprungantwort des Regelkreises aus Beispiel 6.14 für eine Abtastperiode (a) $T = 0,1$ und (b) $T = 1,0$.

Das Beispiel zeigt, wie auch schon das Beispiel 4.16 zur Realisierung eines zeitkontinuierlichen Kompensationsreglers durch Mikrorechner, daß nur bei hinreichend kleiner Abtastperiode der zeitdiskret arbeitende Regler ein adäquates Verhalten aufweist. Im folgenden soll deshalb hergeleitet werden, wie man bei einem direkten Entwurf der Zustandsrückführung für ein zeitdiskretes System auch bei relativ großer Abtastperiode ein gutes dynamisches Verhalten erhält.

6.2.2 Zustandsrückführung und Regelungsnormalform zeitdiskreter Systeme

Die Ergebnisse aus Abschnitt 6.1 über die Synthese von Zustandsreglern für zeitkontinuierliche Systeme können mit geringfügigen Modifikationen auf die Synthese von digitalen Reglern für zeitkontinuierliche Regelstrecken übertragen werden.

Stehen sämtliche Zustandsgrößen x_i wie in Bild 6.13 für eine Rückkopplung zur Verfügung, dann ist

$$u_k = p_d w_k - \boldsymbol{k}_{dR}^T \boldsymbol{x}_{Rk}, \tag{6.130}$$

wobei von einer mathematischen Beschreibung in Regelungsnormalform ausgegangen wird. Das zustandsrückgekoppelte System hat die Zustandsgleichung

$$\boldsymbol{x}_{R,k+1} = (\boldsymbol{A}_{dR} - \boldsymbol{b}_{dR}\boldsymbol{k}_{dR}^T)\boldsymbol{x}_{Rk} + p_d \boldsymbol{b}_{dR} w_k. \tag{6.131}$$

Für den Anfangszustand $\boldsymbol{x}_{R,0} = \boldsymbol{o}$ erhält man mit der Ausgangsgleichung

$$y_k = \boldsymbol{c}_{dR}^T \boldsymbol{x}_{Rk} \tag{6.132}$$

nach $\mathcal{Z}$-Transformation

$$y(z) = \frac{p_d \boldsymbol{c}_{dR}^T \boldsymbol{z}}{(\boldsymbol{a}_d^T + \boldsymbol{k}_{dR}^T)\boldsymbol{z} + z^n} w(z) = F_d(z) w(z) \tag{6.133}$$

mit

$$\boldsymbol{z} \stackrel{\text{def}}{=} \begin{bmatrix} 1 & z & z^2 & \cdots & z^{n-1} \end{bmatrix}^T.$$

Die in Abschnitt 6.1.2 beschriebene Transformation einer gegebenen mathematischen Beschreibung eines steuerbaren linearen zeitkontinuierlichen Einfachsystems auf Regelungsnormalform kann direkt auf zeitdiskrete Systeme übertragen werden, denn die Transformation betrifft nur die Systemmatrizen bzw. Systemvektoren $\boldsymbol{A}, \boldsymbol{b}$ und $\boldsymbol{c}^T$ der rechten Seiten von Zustands- und Ausgangsgleichung, die bei zeitkontinuierlichen und zeitdiskreten Systemen in ihrer Struktur übereinstimmem. Der Satz 6.1 über die Transformierbarkeit eines linearen Einfachsystems auf Regelungsnormalform kann auch auf zeitdiskrete Systeme direkt angewendet werden.

6.15 Beispiel: Für die Regelstrecke in Bild 6.3 mit der in Beispiel 6.14 angegebenen mathematischen Beschreibung erhält man für die Abtastperiode $T = 1$ die zeitdiskrete Zustandsbeschreibung

$$\begin{aligned} \boldsymbol{x}_{k+1} &= \underbrace{\begin{bmatrix} 0,4998 & 4,6202 & 0,0601 \\ -0,0963 & 0,0490 & 0,0030 \\ 0,9016 & -2,1957 & -0,0503 \end{bmatrix}}_{\boldsymbol{A}_d} \boldsymbol{x}_k + \underbrace{\begin{bmatrix} 0,1900 \\ 0,0451 \\ 0,5996 \end{bmatrix}}_{\boldsymbol{b}_d} u_k, \\ y_k &= \begin{bmatrix} 1 & 0 & 0 \end{bmatrix} \boldsymbol{x}_k. \end{aligned}$$

Die letzte Zeile der invertierten Steuerbarkeitsmatrix

$$\boldsymbol{S}_d^{-1} = \begin{bmatrix} 0,1900 & 0,3393 & 0,1063 \\ 0,0451 & -0,0142 & -0,0332 \\ 0,5996 & 0,0421 & 0,3350 \end{bmatrix}^{-1} = \begin{bmatrix} 0,2956 & 9,5665 & 0,8550 \\ 3,0686 & 0,0050 & -0,9728 \\ -0,9149 & -17,1202 & 1,5771 \end{bmatrix}$$

ist gleich der ersten Zeile

$$\boldsymbol{q}^T = \begin{bmatrix} -0,9149 & -17,1202 & 1,5771 \end{bmatrix}$$

der Transformationsmatrix $\boldsymbol{T}_R$. Damit erhält man gemäß (6.45) die Transformationsmatrix

$$\boldsymbol{T}_R = \begin{bmatrix} \boldsymbol{q}^T \\ \boldsymbol{q}^T \boldsymbol{A}_d \\ \boldsymbol{q}^T \boldsymbol{A}_d^2 \end{bmatrix} = \begin{bmatrix} -0,9149 & -17,1202 & 1,5771 \\ 2,6125 & -8,5295 & -0,1866 \\ 1,9585 & 12,0617 & 0,1404 \end{bmatrix}$$

und für die mathematische Beschreibung in Regelungsnormalform

$$\begin{aligned} \boldsymbol{x}_{R,k+1} &= \boldsymbol{A}_{dR}\boldsymbol{x}_{Rk} + \boldsymbol{b}_{dR}u_k \\ y_k &= \boldsymbol{c}_{dR}^T\boldsymbol{x}_{Rk} \end{aligned}$$

die Matrizen bzw. Vektoren

$$\begin{aligned} \boldsymbol{A}_{dR} &= \boldsymbol{T}_R\boldsymbol{A}_d\boldsymbol{T}_R^{-1} = \left[\begin{array}{ccc} 0 & 1 & 0 \\ 0 & 0 & 1 \\ \hline & -\boldsymbol{a}_d^T & \end{array}\right] = \begin{bmatrix} 0 & 1 & 0 \\ 0 & 0 & 1 \\ 0,0025 & -0,3941 & 0,4985 \end{bmatrix}, \\ \boldsymbol{b}_{dR} &= \boldsymbol{T}_R\boldsymbol{b}_d = \begin{bmatrix} 0 \\ 0 \\ 1 \end{bmatrix}, \\ \boldsymbol{c}_{dR}^T &= \boldsymbol{c}_d^T\boldsymbol{T}_R^{-1} = \begin{bmatrix} 0,0120 & 0,2446 & 0,1900 \end{bmatrix}. \end{aligned}$$

Aus der letzten Zeile der Systemmatrix $\boldsymbol{A}_{dR}$ kann das charakteristische Polynom

$$\boldsymbol{a}_d^T\boldsymbol{z} + z^3 = -0,0025 + 0,3941z - 0,4985z^2 + z^3$$

abgelesen werden, dessen Wurzeln bei $z_1 = 0,0063$ und $z_{2,3} = 0,2461 \pm j0,5748$ liegen. Das System hat die Übertragungsfunktion

$$H(z) = \frac{\boldsymbol{c}_{dR}^T\boldsymbol{z}}{\boldsymbol{a}_d^T\boldsymbol{z} + z^3} = \frac{0,0120 + 0,2446z + 0,1900z^2}{-0,0025 + 0,3941z - 0,4985z^2 + z^3}.$$

□

Aus (6.133) folgt wieder die gleiche Synthesevorschrift wie für die zeitkontinuierliche Zustandsrückführung, nämlich

$$\boxed{\boldsymbol{k}_{dR}^T = \boldsymbol{\alpha}_d^T - \boldsymbol{a}_d^T,} \tag{6.134}$$

wenn das charakteristische Polynom $\boldsymbol{\alpha}_d^T\boldsymbol{z} + z^n$ für die Gesamtübertragungsfunktion $F_d(z)$ vorgegeben wird. Das charakteristische Polynom wird man wiederum so vorgeben, daß seine Wurzeln in dem schraffierten, herzförmigen Gebiet im Inneren des Einheitskreises der z-Ebene in Bild 4.56 liegen. Mit Hilfe der Struktur der Transformationsmatrix $\boldsymbol{T}_R$ kann dann, wie in Abschnitt 6.1.3 für zeitkontinuierliche Zustandsrückführungen, auch für die zeitdiskrete Zustandsrückführung die ACKERMANN-Formel

$$\boxed{\boldsymbol{k}_d^T = \begin{bmatrix} 0 & \cdots & 0 & 1 \end{bmatrix} \boldsymbol{S}_d^{-1} P_{\alpha_d}(\boldsymbol{A}_d)} \tag{6.135}$$

hergeleitet werden. Auch die daraus ableitbaren besonderen Syntheseformeln aus den Sätzen 6.5, 6.7 und 6.8 können direkt übernommen werden.

Für die Berechnung des Verstärkungsfaktors p_d erhält man bei zeitdiskreten Systemen allerdings eine vollkommen andere Berechnungsvorschrift. Aus der Bedingung

$$\lim_{k\to\infty} y_k = \lim_{z\to 1}(z-1)y(z) \stackrel{!}{=} 1 \tag{6.136}$$

für die Sprungantwort folgt

$$\begin{aligned}
\lim_{z\to 1}(z-1)y(z) &= \lim_{z\to 1}(z-1)F_d(z)w(z) \\
&= \lim_{z\to 1} F_d(z) \\
&= \lim_{z\to 1} \frac{p_d \boldsymbol{c}_{dR}^T \boldsymbol{z}}{\boldsymbol{\alpha}_d^T \boldsymbol{z} + z^n} \\
&= \frac{p_d \sum\limits_{i=1}^{n} c_{dRi}}{\sum\limits_{i=0}^{n-1} \alpha_{di} + 1} \stackrel{!}{=} 1,
\end{aligned}$$

also mit $\mathbf{1} \stackrel{\text{def}}{=} \begin{bmatrix} 1 & 1 & \cdots & 1 \end{bmatrix}^T$

$$\boxed{p_d = \frac{\boldsymbol{\alpha}_d^T \mathbf{1} + 1}{\boldsymbol{c}_{dR}^T \mathbf{1}}.} \tag{6.137}$$

6.16 Beispiel: Das zeitdiskrete System aus Beispiel 6.15 soll eine Zustandsrückführung so erhalten,

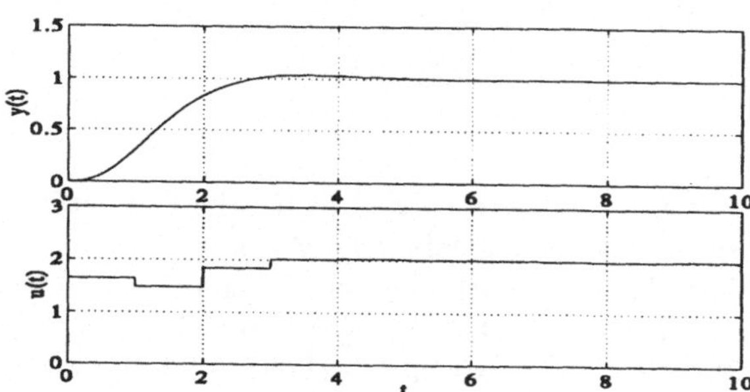

Bild 6.15: Sprungantwort des digitalen Regelkreises aus Beispiel 6.16

daß sich das rückgekoppelte System annähernd so verhält wie bei der zeitkontinuierlichen Rückkoppelung in Beispiel 6.4. Dort wurden die neuen Eigenwerte $\lambda_{1,2} = -1 \pm j$ und $\lambda_3 = -6$ vorgeschrieben. Dem entspricht im zeitdiskreten Fall ein Eigenwertpaar bei $z_{1,2} = \mathrm{e}^{(-1\pm j)T}$ und ein Eigenwert bei $z_3 = \mathrm{e}^{-6T}$. Vorgeschrieben wird für die Abtastperiode $T = 1$:

$$z_{1,2} = \mathrm{e}^{-1}\mathrm{e}^{\pm j} = 0,3679(\cos\varphi \pm j\sin\varphi)$$

mit $\varphi = (180/\pi)^\circ$, also

$$z_{1,2} = 0,2 \pm j0,3$$

und

$$z_3 = \mathrm{e}^{-6} \approx 0.$$

Es soll also sein

$$\begin{aligned} \boldsymbol{\alpha}_d^T \boldsymbol{z} + z^3 &= (z - z_1)(z - z_2)(z - z_3) \\ &= (0,13 - 0,4z + z^2)z \\ &= \underbrace{\left[\begin{array}{ccc} 0 & 0,13 & -0,4 \end{array}\right]}_{\boldsymbol{\alpha}_d^T} \boldsymbol{z} + z^3 \end{aligned}$$

und damit

$$\begin{aligned} \boldsymbol{k}_{dR}^T &= \boldsymbol{\alpha}_d^T - \boldsymbol{a}_d^T \\ &= \left[\begin{array}{ccc} 0 & 0.13 & -0,4 \end{array}\right] - \left[\begin{array}{ccc} -0,0025 & 0,3941 & -0,4985 \end{array}\right] \\ &= \left[\begin{array}{ccc} 0,0025 & -0,2641 & 0,0985 \end{array}\right]. \end{aligned}$$

Mit Hilfe der ACKERMANN-Formel (6.135) erhält man dagegen

$$\boldsymbol{k}_d^T = \left[\begin{array}{ccc} -0,5 & 3,4 & 0,067 \end{array}\right].$$

(6.137) liefert für den Vorverstärkungsfaktor

$$p_d = \frac{0,73}{0,4466} = 1,635.$$

Das Übergangsverhalten in Bild 6.15 entspricht jetzt dem des zeitkontinuierlich geregelten System in Bild 6.5. □

6.2.3 Zeitdiskrete Zustandsrückführung und Parameterempfindlichkeit

Bisher wurde die digitale Zustandsrückführung nur für die Änderung des dynamischen Verhaltens der Regelstrecke verwendet. Da sich aber bei einer Änderung der Streckenparameter sowohl das dynamische Verhalten als auch der stationäre Wert der Regelgröße y verändern, ist es sinnvoll, wie in Abschnitt 6.1.6 bei den zeitkontinuierlichen Zustandsreglern, auch hier zusätzlich eine direkte Rückkopplung der Regelgröße y wie in Bild 6.16 vorzunehmen. Das neue Gesamtsystem soll das gleiche dynamische Verhalten wie das in Bild 6.13 haben. Um dies zu erreichen, muß der Rückkopplungsvektor modifiziert werden. Es muß sein

$$\begin{aligned} u_k &= p_d^*(w_k - y_k) - \boldsymbol{k}_d^{*T} \boldsymbol{x}_k \\ &= p_d^* w_k - (\boldsymbol{k}_d^{*T} + p\boldsymbol{c}_d^T)\boldsymbol{x}_k \\ &\overset{!}{=} p_d w_k - \boldsymbol{k}_d^T \boldsymbol{x}_k, \end{aligned}$$

woraus durch Vergleich folgt

$$\boxed{p_d^* = p_d \quad \text{und} \quad \boldsymbol{k}_d^{*T} = \boldsymbol{k}_d^T - p_d \boldsymbol{c}_d^T.} \tag{6.138}$$

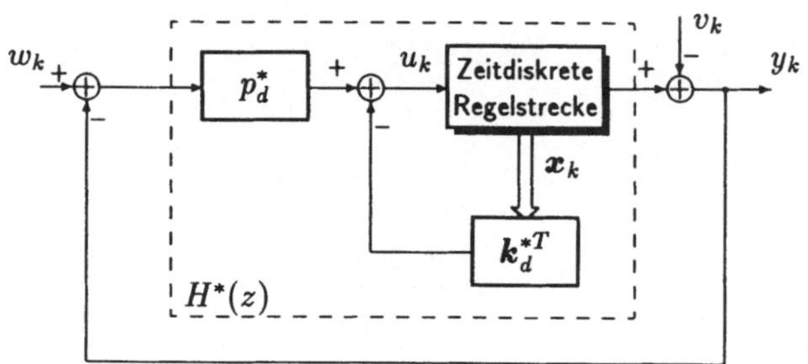

Bild 6.16: Digitaler Regelkreis mit unterlagerter Zustandsrückführung.

6.17 Beispiel: Für das System aus Beispiel 6.16 erhält man für den modifizierten Rückkoppelungsvektor

$$\begin{aligned} k_d^{*T} &= [\ -0,5 \quad 3,4 \quad 0,067\ ] - 1,635\,[\ 1 \quad 0 \quad 0\ ] \\ &= [\ -2,135 \quad 3,4 \quad 0,067\ ]. \end{aligned}$$

□

Der Rückkopplungsvektor k_d^* und der Vorverstärkungsfaktor p_d seien für das Streckenmodell mit den Parametervektoren a_d und c_{dR} ausgelegt, die Regelstrecke selbst habe aber die Parameter $a_d^\circ = a_d + \Delta a_d$ bzw. $c_{dR}^\circ = c_{dR} + \Delta c_{dR}$.

Für die Sprungantwort auf einen Führungsgrößensprung erhält man (ohne Störgröße, $v(t) \equiv 0$)

$$y(z) = \frac{H^*(z)}{1 + H^*(z)} w(z), \tag{6.139}$$

wobei

$$H^*(z) = \frac{p_d c_{dR}^{\circ T} z}{(a_d^{\circ T} + k_{dR}^{*T}) z + z^n} \tag{6.140}$$

ist. Die Regelgröße y stellt sich dann auf den folgenden stationären Wert ein:

$$\begin{aligned} \lim_{k\to\infty} y_k &= y_\infty = \lim_{z\to 1} (z-1) y(z) \\ &= \lim_{z\to 1} \frac{H^*(z)}{1 + H^*(z)} \\ &= \lim_{z\to 1} \frac{p_d c_{dR} z}{(a_d^{\circ T} + k_{dR}^{*T}) z + z^n + p_d c_{dR}^{\circ T} z} \\ &= \frac{p_d c_{dR} 1}{1 + (a_d^{\circ T} + k_{dR}^{*T} + p_d c_{dR}^{\circ T}) 1}. \end{aligned} \tag{6.141}$$

Bei der Berechnung der Reglerparameter p_d und k_{dR}^* wird von den Streckenmodellparametern a_d und c_{dR} ausgegangen, d.h., es wird nach (6.137) berechnet

$$p_d = \frac{1 + \alpha_d^T 1}{c_{dR}^T 1} \tag{6.142}$$

und nach (6.138) und (6.142)

$$\boldsymbol{k}_{dR}^{*T} = \boldsymbol{k}_{dR}^{T} - p_d \boldsymbol{c}_{dR}^{T}$$
$$= \boldsymbol{\alpha}_d^T - \boldsymbol{a}_d^T - \frac{1 + \boldsymbol{\alpha}_d^T \mathbf{1}}{\boldsymbol{c}_{dR}^T \mathbf{1}} \boldsymbol{c}_{dR}^T. \tag{6.143}$$

Für die im Nenner von (6.141) auftretende Summe über die Rückkopplungskoeffizienten k_{dRi}^* erhält man aus (6.143)

$$\boldsymbol{k}_{dR}^{*T}\mathbf{1} = \left(\boldsymbol{\alpha}_d^T - \boldsymbol{a}_d^T - \frac{1 + \boldsymbol{\alpha}_d^T \mathbf{1}}{\boldsymbol{c}_{dR}^T \mathbf{1}} \boldsymbol{c}_{dR}^T \right) \mathbf{1} = -(1 + \boldsymbol{a}_d^T)\mathbf{1}. \tag{6.144}$$

(6.142) und (6.144) in (6.141) eingesetzt, liefert schließlich für $w(t) = \sigma(t)$ und $v(t) \equiv 0$

$$\boxed{\lim_{k\to\infty} y_k = \frac{(1 + \boldsymbol{\alpha}_d^T \mathbf{1}) \frac{\boldsymbol{c}_{dR}^{\circ T} \mathbf{1}}{\boldsymbol{c}_{dR}^T \mathbf{1}}}{\Delta \boldsymbol{a}_d^T \mathbf{1} + (1 + \boldsymbol{\alpha}_d^T \mathbf{1}) \frac{\boldsymbol{c}_{dR}^{\circ T} \mathbf{1}}{\boldsymbol{c}_{dR}^T \mathbf{1}}}.} \tag{6.145}$$

Zunächst kann aus (6.145) abgelesen werden, daß die Summe $\Delta \boldsymbol{a}_d^T \mathbf{1}$ über die Parameteränderungen die entscheidende Rolle spielt. Ist sie gleich null, ist der stationäre Wert der Regelgröße, unabhängig davon, wie sehr sich $\boldsymbol{c}_{dR}^\circ$ von $\boldsymbol{c}_{dR}$ unterscheiden, gleich eins.

Wie verhält sich ein digitaler Regelkreis, wenn die Regelstrecke integrales Verhalten aufweist? Die $\mathcal{Z}$-Übertragungsfunktion einer Regelstrecke mit integralem Verhalten hat einen Pol bei $z = 1$, d.h., für diesen Pol ist $\boldsymbol{a}_d^T \boldsymbol{z} + z^n = 0$, also $\boldsymbol{a}_d^T \mathbf{1} = -1$. Mit (6.144) ergibt das $\boldsymbol{k}_{dR}^{*T} \mathbf{1} = 0$. Außerdem wird bei Parametervariationen der Strecke das integrale Verhalten erhalten bleiben, also wird auch $\boldsymbol{a}_d^{\circ T} \mathbf{1} = -1$ sein. Damit erhält man aber aus 6.103

$$\lim_{k\to\infty} y_k = \frac{p_d \boldsymbol{c}_{dR}^{\circ T} \mathbf{1}}{p_d \boldsymbol{c}_{dR}^{\circ T} \mathbf{1}} = 1, \tag{6.146}$$

also keine bleibende Regelabweichung, unabhängig von $\Delta \boldsymbol{c}_{dR}$ und $\Delta \boldsymbol{a}_d$!

Für einen Störgrößensprung $v(z) = z/(z-1)$ erhält man für die Regelgröße, wenn die Führungsgröße $w_k \equiv \mathbf{0}$ ist,

$$\begin{aligned} y(z) &= H^*(z) e(z) - v(z) \\ &= -H^*(z) y(z) - v(z) \\ &= \frac{-1}{1 + H^*(z)} v(z) \\ &= -\frac{(\boldsymbol{a}_d^T + \boldsymbol{k}_{dR}^{*T}) \boldsymbol{z} + z^n}{(\boldsymbol{a}_d^T + \boldsymbol{k}_{dR}^{*T}) \boldsymbol{z} + z^n + p_d \boldsymbol{c}_{dR}^{\circ T} \boldsymbol{z}} v(z) \end{aligned} \tag{6.147}$$

und als Endwert

$$\begin{aligned}\lim_{k\to\infty} y_k &= \lim_{z\to 1}(z-1)y(z)\\ &= -\frac{(\boldsymbol{a}_d^T+\boldsymbol{k}_{dR}^{*T})\mathbf{1}+1}{(\boldsymbol{a}_d^T+\boldsymbol{k}_{dR}^{*T})\mathbf{1}+1+p_d\boldsymbol{c}_{dR}^{\circ T}\mathbf{1}},\end{aligned}$$

also mit (6.142) und (6.144) für $v(t)=\sigma(t)$ und $w(t)\equiv 0$

$$\boxed{\lim_{k\to\infty} y_k = -\frac{\Delta\boldsymbol{a}_d^T\mathbf{1}}{\Delta\boldsymbol{a}_d^T\mathbf{1}+(1+\boldsymbol{\alpha}_d^T\mathbf{1})\frac{\boldsymbol{c}_{dR}^{\circ T}\mathbf{1}}{\boldsymbol{c}_{dR}^T\mathbf{1}}}.} \qquad (6.148)$$

Die Auswirkung der sprungförmigen Störgröße auf die Regelgröße y_k wird nur dann im stationären Zustand zu null, wenn die Summe über alle Parameteränderungen verschwindet: $\Delta\boldsymbol{a}_d^T\mathbf{1}=0$. Enthält die Regelstrecke einen Integrator, ist, wie oben gezeigt wurde, $\boldsymbol{a}_d^T\mathbf{1}=\boldsymbol{a}_d^{\circ T}\mathbf{1}=-1$, also $\Delta\boldsymbol{a}_d^T\mathbf{1}=0$. Ungenauigkeiten im Parametervektor $\boldsymbol{c}_{dR}$ haben dann wiederum keinen Einfluß.

6.18 Beispiel: Die Regelstrecke aus Beispiel 6.2 und 6.14 enthält keinen Integrator. Für die Abtastperiode $T=1$ ist nach Beispiel 6.15 $\boldsymbol{a}_d^T=[-0,0025|0,3941|-0,4985]$. Verändert sich z.B. das Element a_0 der kontinuierlichen Regelstrecke um ±20%, dann ist $\boldsymbol{a}^T=[8\pm 1,6|6,333|6]$, wozu das zeitdiskrete System mit den Parametervektoren $\boldsymbol{a}_d^T=[-0,0025|0,4212|-0,3560]$ und $\boldsymbol{c}_{dR}^T=[0,0122|0,2425|0,1881]$ für $\Delta a_0=+1,6$ bzw. $\boldsymbol{a}_d^T=[-0,0025|0,3677|-0,6445]$ und $\boldsymbol{c}_{dR}^T=[0,0119|0,2466|0,1919]$ für $\Delta a_0=-1,6$ gehört. In Bild 6.17 sind die drei Sprungantworten für die drei Parameter $a_0=9,6;8$ und $6,4$ dargestellt. Im eingeschwungenen Zustand erhält man gemäß (6.145)

$$\lim_{k\to\infty} y_k = \begin{cases} 1,3057 & \text{für} \quad a_0=6,4,\\ 1 & \text{für} \quad a_0=8,\\ 0,8102 & \text{für} \quad a_0=9,6.\end{cases}$$

□

Zusammenfassend erhält man den

6.19 Satz: *Bei einem digitalen Regelkreis mit Zustandsrückführung gemäß Bild 6.17 ist die bleibende Regelabweichung sowohl bei sprungförmiger Führungsgröße als auch bei sprungförmiger Störgröße unabhängig von Parameterschwankungen gleich null, wenn die Regelstrecke integrales Verhalten hat.*

6.2.4 Digitaler PI-Zustandsregler

Bereits in Kapitel 4 und in Abschnitt 6.1.8 wurden Integratoren zur Behebung von Parameterempfindlichkeiten vorgeschlagen. Es ist also naheliegend, auch in den digitalen Regler zusätzlich einen Summierer als digitalen Integrator einzufügen, um auch bei nichtintegralem Verhalten der Regelstrecke und Parameteränderungen stets die bleibende Regelabweichung null zu erhalten.

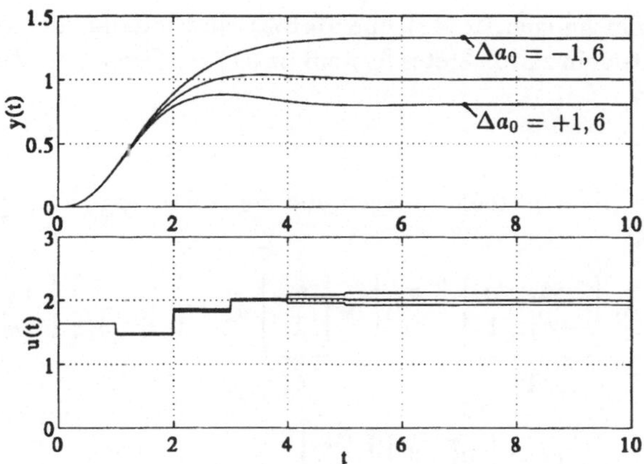

Bild 6.17: Sprungantwort des digitalen Regelkreises aus Beispiel 6.18 für drei verschiedene Parameter a_0.

Wenn die Regelstrecke als zeitdiskretes lineares System die mathematische Beschreibung

$$\boldsymbol{x}_{k+1} = \boldsymbol{A}_d \boldsymbol{x}_k + \boldsymbol{b}_d u_k + \boldsymbol{e}_d v_k \tag{6.149}$$

$$y_k = \boldsymbol{c}_d^T \boldsymbol{x}_k \tag{6.150}$$

hat und ein PI-Zustandsregler wie in Bild 6.18 eingesetzt wird, enthält der Regler einen

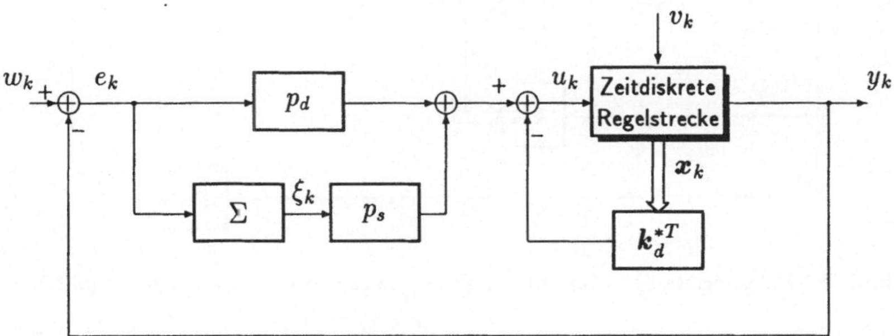

Bild 6.18: Regelkreis mit digitalem PI-Zustandsregler.

Term ξ, der proportional der Fehlersumme ist:

$$\xi_k = \sum_{i=0}^{k} e_i = \sum_{i=0}^{k} (w_i - y_i) = \sum_{i=0}^{k} (w_i - \boldsymbol{c}_d^T \boldsymbol{x}_i). \tag{6.151}$$

Die Hilfsgröße ξ_k genügt der Differenzengleichung

$$\xi_{k+1} = \xi_k + e_k = \xi_k + (w_k - \boldsymbol{c}_d^T \boldsymbol{x}_k) \tag{6.152}$$

mit dem Anfangswert $\xi_0 = 0$.

Die Zustandsgleichungen (6.149) und (6.152) sind miteinander gekoppelt und beschreiben zusammen ein zeitdiskretes System $(n+1)$-ter Ordnung. Mit dem erweiterten Zustandsvektor

$$\begin{bmatrix} \boldsymbol{x} \\ \xi \end{bmatrix} \in \mathbb{R}^{n+1}$$

können die beiden Differenzengleichungen und die Ausgangsgleichung wie folgt zusammengefaßt werden:

$$\begin{bmatrix} \boldsymbol{x}_{k+1} \\ \xi_{k+1} \end{bmatrix} = \underbrace{\begin{bmatrix} \boldsymbol{A}_d & \boldsymbol{o} \\ -\boldsymbol{c}_d^T & 1 \end{bmatrix}}_{\bar{\boldsymbol{A}}_d} \begin{bmatrix} \boldsymbol{x}_k \\ \xi_k \end{bmatrix} + \underbrace{\begin{bmatrix} \boldsymbol{b}_d \\ 0 \end{bmatrix}}_{\bar{\boldsymbol{b}}_d} u_k + \begin{bmatrix} \boldsymbol{e}_d & \boldsymbol{o} \\ 0 & 1 \end{bmatrix} \begin{bmatrix} v_k \\ w_k \end{bmatrix} \tag{6.153}$$

$$y_k = \begin{bmatrix} \boldsymbol{c}_d^T & 0 \end{bmatrix} \begin{bmatrix} \boldsymbol{x}_k \\ \xi_k \end{bmatrix}. \tag{6.154}$$

Bild 6.19 zeigt die Struktur. p_s stellt zusammen mit $\boldsymbol{k}_d$ den $(n+1)$-dimensionalen

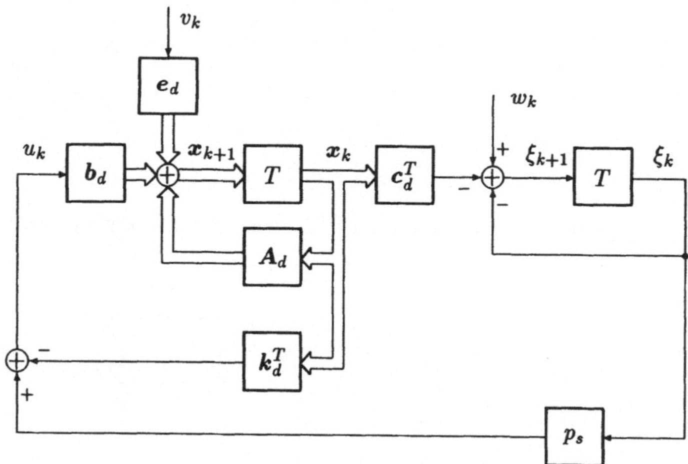

Bild 6.19: Umgeformte Struktur eines digitalen Regelkreises mit Zustands- und I-Regler.

Rückkopplungsvektor dar, über den der $(n+1)$-dimensionale Zustandsvektor $\begin{bmatrix} \boldsymbol{x}^T & \xi \end{bmatrix}^T$ rückgekoppelt wird. Faßt man $\boldsymbol{k}_d$ und p_s zu dem Rückkopplungsvektor

$$\bar{\boldsymbol{k}}_d^T \overset{\text{def}}{=} \begin{bmatrix} \boldsymbol{k}_d^T \mid -p_s \end{bmatrix} \tag{6.155}$$

zusammen, kann dieser nach den oben angegebenen Verfahren festgelegt werden.

Sollen sich Führungsgrößenänderungen sofort auf die Stellgröße u_k auswirken, wird wie in Bild 6.18 zusätzlich noch die Proportionalverstärkung p_d eingeführt. Damit wird der Rückkopplungsvektor

$$\bar{\boldsymbol{k}}_d^T = [\boldsymbol{k}_d^T | - p_s] = [p_d \boldsymbol{c}_d^T + \boldsymbol{k}_d^* | - p_s] \in \mathbb{R}^{n+1}. \tag{6.156}$$

Auch hier ist, wie bei den zeitkontinuierlichen Sytemen, zu klären, wie $\boldsymbol{k}_d$ auf $p_d \boldsymbol{c}_d$ und $\boldsymbol{k}_d^*$ aufzuteilen ist. Der Faktor p_d legt wieder fest, auf welchen Wert die Stellgröße u

springt, wenn sich die Führungsgröße w_k sprungartig ändert. Geht man davon aus, daß im Anfangszeitpunkt sowohl $\boldsymbol{x}_0 = \boldsymbol{o}$ als auch $\xi_0 = 0$ ist, dann ist

$$u_0 = p_d w_0. \tag{6.157}$$

Andererseits ist unter der Annahme $v_k \equiv 0$ im eingeschwungenen Zustand für $k \to \infty$: $\boldsymbol{x}_{k+1} = \boldsymbol{x}_k$ und $\xi_{k+1} = \xi_k$, also einerseits

$$\boldsymbol{x}_\infty = \boldsymbol{A}_d \boldsymbol{x}_\infty + \boldsymbol{b}_d u_\infty \tag{6.158}$$

und andererseits nach (6.152)

$$y_\infty = w_\infty. \tag{6.159}$$

Da der Summierer als Integratorersatz im Regler nur dann benötigt wird, wenn die Regelstrecke selbst keinen Integralanteil enthält, also die Systemmatrix $\boldsymbol{A}_d$ keinen Eigenwert bei eins hat, ist davon auszugehen, daß die Differenzmatrix $(\boldsymbol{I} - \boldsymbol{A}_d)$ regulär ist und (6.158) nach $\boldsymbol{x}_\infty$ aufgelöst werden kann:

$$\boldsymbol{x}_\infty = (\boldsymbol{I} - \boldsymbol{A}_d)^{-1} \boldsymbol{b}_d u_\infty. \tag{6.160}$$

Das Ergebnis in die Ausgangsgleichung (6.150) eingesetzt, liefert

$$y_\infty = \boldsymbol{c}_d^T (\boldsymbol{I} - \boldsymbol{A}_d)^{-1} \boldsymbol{b}_d u_\infty \tag{6.161}$$

und nach u_∞ unter Berücksichtigung von (6.156) aufgelöst

$$u_\infty = [\boldsymbol{c}_d^T (\boldsymbol{I} - \boldsymbol{A}_d)^{-1} \boldsymbol{b}_d]^{-1} w_\infty. \tag{6.162}$$

Aus (6.157) und (6.162) folgen z.B. die beiden Wahlmöglichkeiten für den Verstärkungsfaktor p_d:

1. Würde man, wie bei den zeitkontinuierlichen Regelkreisen, um ein „Springen" der Stellgröße zu vermeiden, $p_d = 0$ wählen, wäre bei einem Führungsgrößensprung die Stellgrößenänderung während der folgenden Abtastperiode gleich null, es wird künstlich eine Totzeit eingefügt. Deshalb scheidet eine solche Wahl bei zeitdiskreten Reglern aus.
2. Eine sinnvolle Wahl ist dagegen wieder die, daß sich der Anfangswert u_0 der Stellgröße gleich auf den Wert einstellt, der auch für $k \to \infty$ benötigt wird:

$$p_d = \frac{1}{\boldsymbol{c}_d^T (\boldsymbol{I} - \boldsymbol{A}_d)^{-1} \boldsymbol{b}_d}. \tag{6.163}$$

Geht man davon aus, daß die mathematische Beschreibung der zeitdiskreten Regelstrecke in Regelungsnormalform vorliegt,

$$\boldsymbol{x}_{R,k+1} = \begin{bmatrix} 0 & 1 & 0 & \cdots & 0 \\ 0 & 0 & 1 & \ddots & \vdots \\ \vdots & \vdots & \ddots & \ddots & 0 \\ 0 & 0 & \cdots & 0 & 1 \\ \hline & & -\boldsymbol{a}_d^T & & \end{bmatrix} \boldsymbol{x}_{Rk} + \begin{bmatrix} 0 \\ \vdots \\ 0 \\ 1 \end{bmatrix} u_k, \tag{6.164}$$

$$y_k = \boldsymbol{c}_d^T \boldsymbol{x}_{Rk}, \tag{6.165}$$

erhält man besonders kompakte Synthesegleichungen. Für p_d gemäß (6.163) erhält man mit

$$\begin{aligned} \boldsymbol{c}_{dR}^T(\boldsymbol{I} - \boldsymbol{A}_{dR})^{-1}\boldsymbol{b}_{dR} &= \boldsymbol{c}_{dR}^T \frac{\operatorname{adj}(\boldsymbol{I} - \boldsymbol{A}_{dR})}{\det(\boldsymbol{I} - \boldsymbol{A}_{dR})} \boldsymbol{b}_{dR} \\ &= \frac{\boldsymbol{c}_{dR}^T \left[\begin{array}{c|c} & 1 \\ * & 1 \\ & \vdots \\ & 1 \end{array} \right] \begin{bmatrix} 0 \\ \vdots \\ 0 \\ 1 \end{bmatrix}}{\det(\boldsymbol{I} - \boldsymbol{A}_{dR})} \\ &= \frac{\boldsymbol{c}_{dR}^T \mathbf{1}}{\boldsymbol{a}_d^T \mathbf{1} + 1} \end{aligned} \tag{6.166}$$

schließlich

$$\boxed{p_d = \frac{\boldsymbol{a}_d^T \mathbf{1} + 1}{\boldsymbol{c}_{dR}^T \mathbf{1}}.} \tag{6.167}$$

Die Ergebnisse für die adjungierte Matrix und die Determinante von $(\boldsymbol{I} - \boldsymbol{A}_{dR})$ erhält man jeweils durch Entwicklung nach der letzten Zeile der Matrix $(\boldsymbol{I} - \boldsymbol{A}_{dR})$.

Die noch fehlenden Parameter p_s und $\boldsymbol{k}_d^*$ erhält man dann aus (6.156) zu

$$\boxed{p_s = -\bar{k}_{d,n+1} \quad \text{und} \quad \boldsymbol{k}_d^{*T} = \boldsymbol{k}_d^T - p_d \boldsymbol{c}_d^T.} \tag{6.168}$$

6.20 Beispiel: Für die Regelstrecke ohne Integralanteil aus den Beispielen 6.2 bis 6.18 soll ein parameterunempfindlicher digitaler PI-Zustandsregler entworfen werden. Zunächst muß der Parametervektor $\underline{\alpha}$ vorgeschrieben werden. Die drei Eigenwerte aus Beispiel 6.16 werden übernommen und zusätzlich ein vierter Eigenwert bei $z_4 = 0$ vorgegeben, so daß insgesamt das charakteristische Polynom

$$(\boldsymbol{\alpha}_d^T \boldsymbol{z} + z^3)z = 0,13z^2 - 0,4z^3 + z^4$$

entsteht. Der Verstärkungsfaktor p_d wird gemäß Vorschlag (6.167) zu

$$p_d = \frac{a_d^T \mathbf{1} + 1}{c_{dR}^T \mathbf{1}} = \frac{0,8932}{0,4466} = 2$$

gewählt. Für die Anwendung der ACKERMANN-Formel benötigt man die letzte Zeile der invertierten Steuerbarkeitsmatrix

$$\bar{S} = \begin{bmatrix} \bar{b}_d & \bar{A}_d\bar{b}_d & \bar{A}_d^2\bar{b}_d & \bar{A}_d^3\bar{b}_d \end{bmatrix},$$

wofür man

$$\bar{q}^T = [\ -0,2195 \quad 20,2769 \quad -1,4556 \quad -2,2396\ ]$$

erhält. Die ACKERMANN-Formel liefert dann

$$\begin{aligned} \bar{k}_d^T &= \bar{q}^T(0,13\bar{A}_d^2 - 0,4\bar{A}_d^3 + \bar{A}_d^4) \\ &= [\ 2,1967 \quad 12,6536 \quad 0,1839 \quad -1,6349\ ]. \end{aligned}$$

Gemäß (6.168) ist also

$$p_s = 1,6349$$

und

$$k_d^{*T} = [\ 0,1967 \quad 12,6536 \quad 0,1839\ ].$$

Bild 6.20 zeigt die Sprungantworten der Regelgröße $y(t)$ und der Stellgröße $u(t)$ für einen Führungsgrößensprung $w(t) = \sigma(t)$ und Parameteränderungen von $\pm 20\%$ des Parameters a_0 der kontinuierlichen Regelstrecke. Das dynamische Verhalten variiert zwar, aber die bleibende Regelabweichung wird

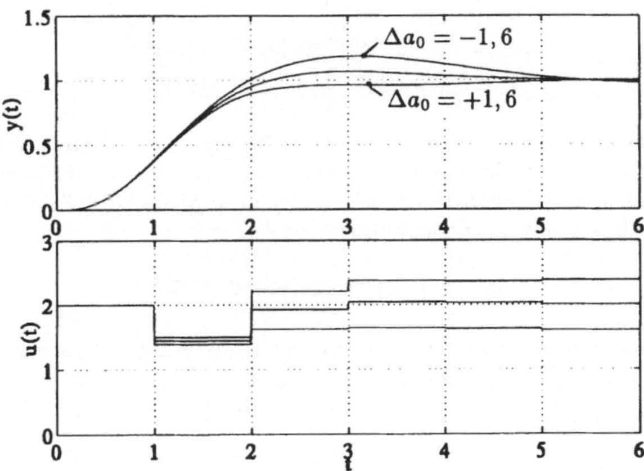

Bild 6.20: Sprungantworten der Regelgröße und der Stellgröße des digitalen Regelkreises aus Beispiel 6.20.

trotz Parameteränderungen stets Null. □

Vergleicht man die in Bild 6.20 dargestellten Ergebnisse einer Regelung mit einem digitalen PI-Zustandsregler mit den in Bild 6.11 dargestellen Ergebnissen mit einem kontinuierlichen PI-Zustandsregler, erkennt man die stärkere Parameterabhängigkeit des Übergangsverhaltens des digitalen Regelkreises. Das wäre nicht der Fall, wenn die Abtastperiode hinreichend klein gewählt worden wäre. Schon für eine halbierte Abtastperiode, also für $T = 0,5$ statt $T = 1$, erhält man eine geringere Empfindlichkeit

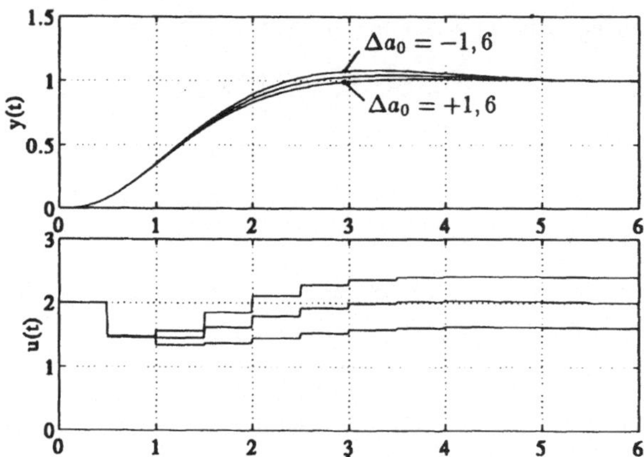

Bild 6.21: Sprungantworten der Regelgröße und der Stellgröße des digitalen Regelkreises aus Beispiel 6.21.

gegenüber Parameteränderungen, wie die Ergebnisse des folgenden Beispiels in Bild 6.21 zeigen.

6.21 Beispiel: Für die neue Abtastperiode $T = 0,5$ erhält man für das System aus Beispiel 6.2 und 6.14 die Parametervektoren

$$\begin{aligned} \boldsymbol{a}_d^T &= [\ -0,0498 \quad 0,7394 \quad -1,3998\ ]\,, \\ \boldsymbol{c}_R^T &= [\ 0,0098 \quad 0,0883 \quad 0,0424\ ]\,. \end{aligned}$$

Zu einem dominierenden Eigenwertpaar $\lambda_{1,2} = -1 \pm j$ für das zeitkontinuierliche System gehört jetzt im z-Bereich das konjugiert komplexe Eigenwertpaar $z_{1,2} = 0,54 \pm j0,29$. Mit den beiden zusätzlichen Eigenwerten $z_{3,4} = 0$ wird das charakteristische Polynom $0,3757z^2 - 1,08z^3 + z^4$ vorgegeben. Die ACKERMANN-Formel liefert den Rückkopplungsvektor

$$\boldsymbol{k}_d^{*T} = [\ 3,368 \quad 30,69 \quad 0,4012\ ]\,.$$

Mit $p_d = 2$ und $p_s = 2,106$ erhält man für die gleichen Parametervariationen wie in Beispiel 6.20 die in Bild 6.21 dargestellten Sprungantworten des geregelten Systems. □

6.2.5 Deadbeat-Zustandsregler

Das bereits in Abschnitt 4.85 angesprochene Deadbeat-Verhalten kann mittels digitaler Zustandsregler besonders einsichtig erzeugt werden. Fordert man nämlich, daß nach einer endlichen Zahl N von Abtastperioden jeder Anfangszustand $\boldsymbol{x}_0$ eines Systems mit der Zustandsgleichung

$$\boldsymbol{x}_{k+1} = \boldsymbol{A}_d \boldsymbol{x}_k + \boldsymbol{b}_d u_k$$

in den Zustand $\boldsymbol{x}_N = \boldsymbol{o}$ mit Hilfe einer Zustandsrückführung

$$u_k = -\boldsymbol{k}_d^T \boldsymbol{x}_k$$

überführt wird, muß für das rückgekoppelte System

$$\boldsymbol{x}_N = (\boldsymbol{A}_d - \boldsymbol{b}_d\boldsymbol{k}_d^T)^N\boldsymbol{x}_0 \stackrel{!}{=} \mathbf{o} \tag{6.169}$$

sein. Das soll für jeden beliebigen Anfangszustand $\boldsymbol{x}_0$ gelten, also muß

$$(\boldsymbol{A}_d - \boldsymbol{b}_d\boldsymbol{k}_d^T)^N \stackrel{!}{=} \boldsymbol{O} \tag{6.170}$$

sein, d.h., die Matrix

$$\boldsymbol{F}_d \stackrel{\text{def}}{=} \boldsymbol{A}_d - \boldsymbol{b}_d\boldsymbol{k}_d^T \tag{6.171}$$

muß nilpotent sein[1]. Die charakteristische Gleichung für $\boldsymbol{F}_d$ lautet andererseits

$$\alpha_0 + \alpha_1 z + \cdots + \alpha_{n-1}z^{n-1} + z^n = 0,$$

d.h., auf Grund des Satzes von CAYLEY-HAMILTON gilt auch

$$\alpha_0\boldsymbol{I} + \alpha_1\boldsymbol{F}_d + \cdots + \alpha_{n-1}\boldsymbol{F}_d^{n-1} + \boldsymbol{F}_d^n = \boldsymbol{O}. \tag{6.172}$$

Aus dieser Beziehung ist abzulesen, daß die Forderung (6.170) mit $N = n$ und $\alpha_0 = \alpha_1 = \cdots = \alpha_{n-1} = 0$ erfüllt werden kann. Schreibt man also

$$\boxed{\boldsymbol{\alpha}_d \stackrel{!}{=} \boldsymbol{o}} \tag{6.173}$$

vor, also als gewünschtes charakteristisches Polynom $P_\alpha = z^n$, ist $\boldsymbol{F}_d$ nilpotent, was zur Folge hat, daß jeder Anfangszustand $\boldsymbol{x}_0$ in maximal n Abtastperioden in den Nullzustand überführt wird!

Geht man von einer Systembeschreibung in Regelungsnormalform aus, ist als Rückkoppelungsvektor

$$\boxed{\boldsymbol{k}_{dR}^T = \boldsymbol{\alpha}_d^T - \boldsymbol{a}_d^T = -\boldsymbol{a}_d^T} \tag{6.174}$$

zu wählen, bzw. für eine allgemeine Systembeschreibung gemäß der ACKERMANN-Formel (6.135) mit $P_\alpha(\boldsymbol{A}_d) = \boldsymbol{A}_d^n$

$$\boxed{\boldsymbol{k}_d^T = \begin{bmatrix} 0 & \cdots & 0 & 1 \end{bmatrix} \boldsymbol{S}^{-1}\boldsymbol{A}_d^n.} \tag{6.175}$$

Die Regelungsnormalform erlaubt eine anschauliche Interpretation der Wirkungsweise einer Deadbeat-Regelung, denn gemäß Bild 6.22 wird durch die Zustandsrück-

[1] Eine Matrix $\boldsymbol{M}$ heißt *nilpotent*, wenn sie selbst nicht die Nullmatrix ist, aber $\boldsymbol{M}^\nu = \boldsymbol{O}$ ab einer endlichen Potenz ν gilt.

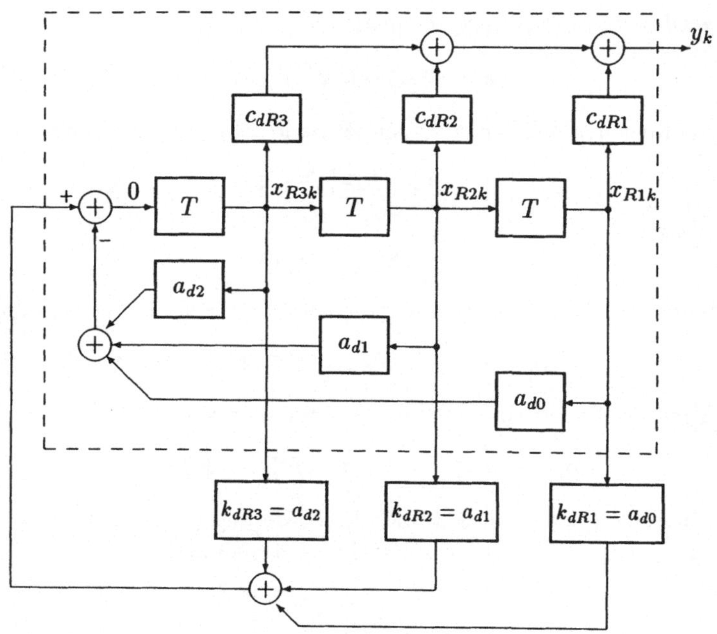

Bild 6.22: Zur Interpretation der Deadbeat-Regelung als Schieberegister.

kopplung über $\boldsymbol{k}_{dR}$ gerade die interne Systemrückkopplung über $-\boldsymbol{a}_d$ so kompensiert, daß am Systemeingang stets eine Null erzeugt wird, die nach jeder Abtastperiode innerhalb des „Schieberegisters" um ein Element nach rechts rückt, bis spätestens nach n Abtastperioden an jedem Elementausgang null erscheint, also $\boldsymbol{x}_n = \boldsymbol{o}$ ist.

Aber auch der Systemmatrix

$$\boldsymbol{F}_d = \begin{bmatrix} 0 & 1 & 0 & \cdots & 0 \\ 0 & 0 & 1 & \ddots & \vdots \\ \vdots & & \ddots & \ddots & 0 \\ \vdots & & & \ddots & 1 \\ 0 & \cdots & \cdots & \cdots & 0 \end{bmatrix}$$

ist sofort anzusehen, daß sie nilpotent ist, denn mit steigender Potenz rückt die Nebendiagonale mit Einsen immer mehr nach rechts oben, so daß

$$\boldsymbol{F}_d^{n-1} = \begin{bmatrix} 0 & 1 & 0 & \cdots & 0 \\ 0 & 0 & 1 & \ddots & \vdots \\ \vdots & & \ddots & \ddots & 0 \\ \vdots & & & \ddots & 1 \\ 0 & \cdots & \cdots & \cdots & 0 \end{bmatrix}^{n-1} = \begin{bmatrix} 0 & \cdots & 0 & 1 \\ 0 & \cdots & \cdots & 0 \\ \vdots & & & \vdots \\ 0 & & & 0 \end{bmatrix}$$

und $\boldsymbol{F}_d^n = \boldsymbol{O}$ ist.

Ist andererseits die Führungsgröße w eine Sprungfunktion, ist dem Bild 6.22 zu entnehmen, daß bei exakter Deadbeat-Regelung spätestens nach n Abtastperioden jede Zustandsgröße $x_{Ri,n} = p_d$, $i = 1, 2, \ldots, n$, ist. Wird

$$p_d = \frac{1}{\boldsymbol{c}_{dR}^T \mathbf{1}} \tag{6.176}$$

gewählt, ist für $k \geq n$ die Regelgröße

$$\begin{aligned} y_k &= c_{dR1} x_{R1,k} + \cdots + c_{dRn} x_{Rn,k} \\ &= c_{dR1} p_d + \cdots + c_{dRn} p_d \\ &= \boldsymbol{c}_{dR}^T \mathbf{1} p_d \\ &= 1. \end{aligned}$$

6.22 Beispiel: Für den Roboterarm aus den Beispielen 6.2 bis 6.21 erhält man für die drei Abtastperioden $T = 1; 0,5$ und $0,25$ die in Tabelle 6.1 zusammengefaßten Rückkopplungsvektoren $\boldsymbol{k}_d$ und Vorverstärkungsfaktoren p_d. Bild 6.23 zeigt die Sprungantwort der Regelgröße y und der Stellgröße u. In der Tat ist nach jeweils $n = 3$ Abtastperioden die Regelgröße gleich der Führungsgröße $w(t) = \sigma(t)$.□

Tabelle 6.1: Rückkopplungsvektoren $\boldsymbol{k}_d$ und Vorverstärkungsfaktoren p_d für das System in Beispiel 6.22.

T	k_{d1}	k_{d2}	k_{d3}	p_d
1	-0,0555	9.3319	0,1474	2,2393
0,5	4,2465	34,6007	0,4372	7,1209
0,25	27,8615	105,65	1,0206	31,9028

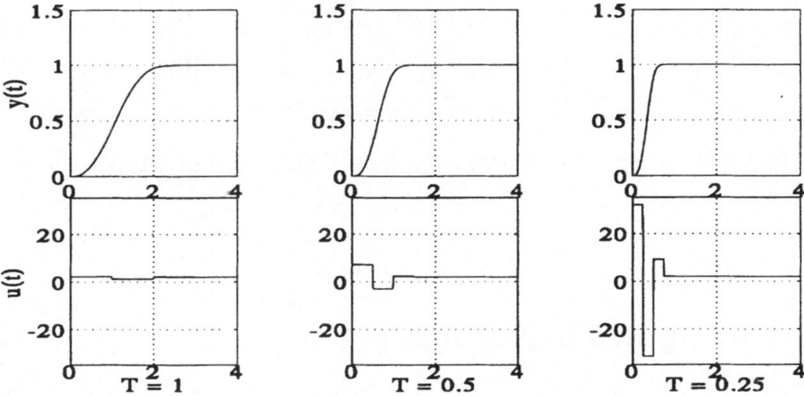

Bild 6.23: Deadbeat-Regelung bei verschiedenen Abtastperioden für die Regelstrecke in Beispiel 6.22.

Wie bereits in Abschnitt 4.8.5 gesagt wurde, ist ein solches Deadbeat-Verhalten mit Hilfe eines digitalen Reglers zu erzeugen. Die Übergangszeit von einem beliebigen

Anfangszustand in einen gewünschten Endzustand ist nur von der Systemordnung n und der Abtastperiode T abhängig, sie ist gleich $n \cdot T$. Je kleiner die Abtastperiode ist, desto schneller reagiert das Regelungssystem. Der einzige veränderliche Entwurfparameter bei einem gegebenen System ist also die Abtastperiode T. Das Beispiel 6.22 zeigt aber auch, daß die Amplituden der Stellgröße mit kleiner werdender Abtastperiode größer werden. Hier muß ein Kompromiß zwischen Einstellzeit und maximaler Stellgröße gefunden werden.

Da bei einem Deadbeat-Regler angestrebt wird, den Systemzustand, wenn die Führungsgröße $w \equiv 0$ vorgegeben wird, exakt in den Nullzustand zu überführen, ist zu erwarten, daß das Deadbeat-Verhalten bei sich ändernden Systemparametern nicht mehr gewährleistet werden kann. Wie das folgende Beispiel zeigt, hilft dann auch ein PI-Zustandsregler nur bedingt.

6.23 Beispiel: Verändert sich in der Regelstrecke des Beispiels 6.22 der Parameter $a_0 = 8$ um -20% auf $a_0 = 6,4$, erhält man mit dem Regler aus Beispiel 6.22 die Übergangsvorgänge in Bild 6.24. Ein PI-Zustandsregler vermindert zwar die Parameterabhängigkeit, kann aber auch nicht das Deadbeat-Verhalten erzwingen, wie Bild 6.25 zeigt. Hierbei wurde für $\underline{\alpha} = o_{n+1}$ ein PI-Zustandsregler mit $p_s = p_d = 1/\boldsymbol{c}_{dR}^T \boldsymbol{1} = 2,2391$ und der Rückkopplungsvektor

$$\boldsymbol{k}_d^{*T} = [\ 1,1401 \quad 16,0327 \quad 0,2231\ ]$$

verwendet. □

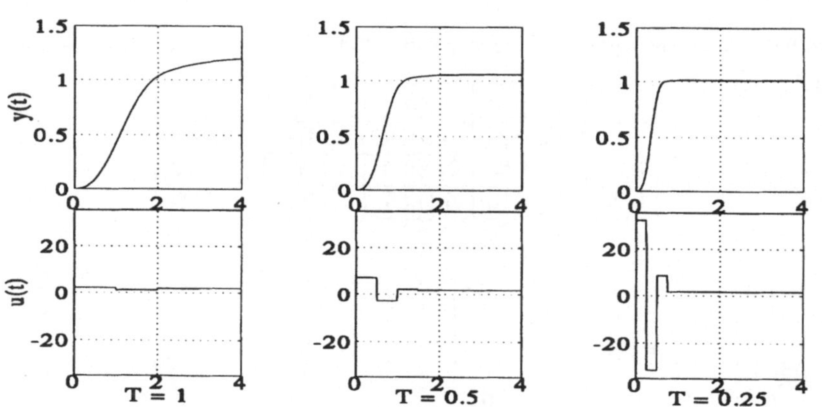

Bild 6.24: Deadbeat-Zustandsregler bei Parameteränderungen des Beispiels 6.23.

6.3 Übungen zu Kapitel 6

Aufgabe 6.1: Welche Regelungsnormalformen gehören zu den Systemen in a) Aufgabe 3.1, b) Aufgabe 2.4, c) Aufgabe 3.2, d) Aufgabe 3.5 und e) Aufgabe 2.2 mit den Daten aus Aufgabe 2.6 und welche Transformationsmatrix $\boldsymbol{T}$ wird benötigt?

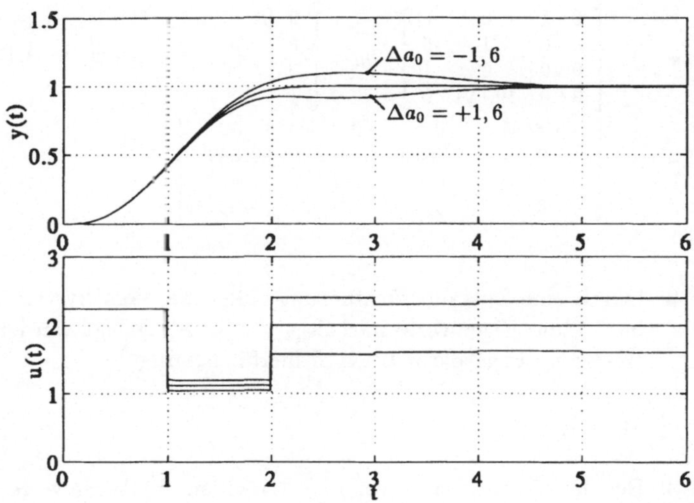

Bild 6.25: Deadbeat-PI-Zustandsregler bei Parameteränderungen des Beispiels 6.23.

Lösung:

$$a)\quad \boldsymbol{A}_R = \begin{bmatrix} 0 & 1 \\ 2 & 5 \end{bmatrix},\ \boldsymbol{b}_R = \begin{bmatrix} 0 \\ 1 \end{bmatrix},\ \boldsymbol{c}_R^T = \begin{bmatrix} 4 & 11 \end{bmatrix},\ \boldsymbol{T} = \begin{bmatrix} -2 & 1 \\ 1 & 0 \end{bmatrix},$$

$$b)\quad \boldsymbol{A}_R = \begin{bmatrix} 0 & 1 \\ -0,1353 & 0,7358 \end{bmatrix},\ \boldsymbol{b}_R = \begin{bmatrix} 0 \\ 1 \end{bmatrix},\ \boldsymbol{c}_R^T = \begin{bmatrix} 0,1354 & 0,2642 \end{bmatrix},$$

$$\boldsymbol{T} = \begin{bmatrix} 2,5029 & -1,7974 \\ 2,5028 & 0,9208 \end{bmatrix},$$

$$c)\quad \boldsymbol{A}_R = \begin{bmatrix} 0 & 1 & 0 \\ 0 & 0 & 1 \\ -15 & -23 & -9 \end{bmatrix},\ \boldsymbol{b}_R = \begin{bmatrix} 0 \\ 0 \\ 1 \end{bmatrix},\ \boldsymbol{c}_R^T = \begin{bmatrix} 1 & 3 & 1 \end{bmatrix},$$

$$\boldsymbol{T} = \begin{bmatrix} -2,0909 & 0,8182 & -0,3636 \\ 5,4545 & -2,0909 & 0,8182 \\ -13,2727 & 5,4545 & -2,0909 \end{bmatrix},$$

$$d)\quad \boldsymbol{A}_R = \begin{bmatrix} 0 & 1 & 0 \\ 0 & 0 & 1 \\ -3,75 & -4,25 & -4 \end{bmatrix},\ \boldsymbol{b}_R = \begin{bmatrix} 0 \\ 0 \\ 1 \end{bmatrix},\ \boldsymbol{c}_R^T = \begin{bmatrix} 4,25 & 5 & 2 \end{bmatrix},$$

$$\boldsymbol{T} = \begin{bmatrix} 0 & -0,1379 & 0,2759 \\ 1 & -0,5862 & -0,8276 \\ -2 & 1,7586 & 1,4828 \end{bmatrix},$$

$$e)\quad \boldsymbol{A}_R = \begin{bmatrix} 0 & 1 & 0 & 0 \\ 0 & 0 & 1 & 0 \\ 0 & 0 & 0 & 1 \\ 0 & 0 & 10,791 & 0 \end{bmatrix},\ \boldsymbol{b}_R = \begin{bmatrix} 0 \\ 0 \\ 0 \\ 1 \end{bmatrix},\ \boldsymbol{c}_R^T = [\ -1,1772 \quad 0 \quad 0,1 \quad 0\ ],$$

$$\boldsymbol{T} = \begin{bmatrix} -0,8495 & 0 & -0,8495 & 0 \\ 0 & -0,8495 & 0 & -0,8495 \\ 0 & 0 & -10 & 0 \\ 0 & 0 & 0 & -10 \end{bmatrix}$$

Aufgabe 6.2: Durch eine Zustandsrückführung sollen bei dem System aus Aufgabe 3.1 die Eigenwerte nach $\lambda_{1,2} = -1 \pm j$ gelegt werden. Welcher Rückkopplungsvektor $\boldsymbol{k}^T$ wird hierfür benötigt?

Lösung: $\boldsymbol{k}^T = [\ -1 \quad 4\ ]$.

Aufgabe 6.3: Bei dem System aus Aufgabe 3.5 sollen die Eigenwerte durch eine Zustandsrückführung nach $\lambda_{1,2} = -1 \pm j$ und $\lambda_3 = -10$ gelegt werden. Welcher Rückkopplungsvektor $\boldsymbol{k}^T$ wird hierfür benötigt?

Lösung: $\boldsymbol{k}^T = [\ 1,75 \quad 1,4224 \quad 1,6552\ ]$.

Aufgabe 6.4: Für die Regelstrecke aus den Aufgaben 3.1 und 6.2 soll ein parameterunempfindlicher PI-Zustandsregler entworfen werden. Zusätzlich zu den Eigenwerten aus Aufgabe 6.2 soll der dritte Eigenwert bei $\lambda = -6$ liegen. Wie groß müssen die Verstärkungen p und p_I und der Rückkopplungsvektor $\boldsymbol{k}_R^{*T}$ sein?

Lösung: $p = -0,5$; $p_I = 3$, $\boldsymbol{k}_R^{*T} = [\ -15 \quad 18,5\ ]$.

Aufgabe 6.5: Die Regelstrecke aus den Aufgaben 3.5 und 6.3 soll ein parameterunempfindlicher PI-Zustandsregler entworfen werden. Der zusätzliche Eigenwert gegenüber Aufgabe 6.3 soll bei $\lambda_4 = -10$ liegen. Wie groß müssen die Verstärkungen p und p_I und der Rückkopplungsvektor $\boldsymbol{k}_R^{*T}$ sein?

Lösung: $p = 0,8824$, $p_I = 47,06$, $\boldsymbol{k}_R^{*T} = [\ -2,7941 \quad 39,2206 \quad 16,2353\ ]$.

Aufgabe 6.6: Welcher Zustandsregler ($\boldsymbol{k}^T$) erzeugt bei dem System aus Aufgabe 2.6 „Deadbeat"-Verhalten?

Lösung: $\boldsymbol{k}^T = [\ -0,4445 \quad -1,1113 \quad -121,2090 \quad -36,9868\ ]$.

A Vektoren, Matrizen und Vektorräume

A.1 Vektoren und Matrizen

Soll die Geschwindigkeit eines Körpers angegeben werden, so gehört zu ihrer Kennzeichnung die Größe der Geschwindigkeit und ihre Richtung. Für die eindeutige Beschreibung einer solchen gerichteten Größe, **Vektor** genannt, werden im dreidimensionalen Raum drei Komponenten benötigt, die z.B. in einem *Spaltenvektor* zusammengefaßt werden:

$$\boldsymbol{v} = \begin{bmatrix} v_1 \\ v_2 \\ v_3 \end{bmatrix}. \tag{A.1}$$

Eine zweite Möglichkeit ist die Darstellung durch einen *transponierten* Vektor

$$\boldsymbol{v}^T = \begin{bmatrix} v_1 & v_2 & v_3 \end{bmatrix}, \tag{A.2}$$

einen *Zeilenvektor.*

Auf einem anderen Weg erhält man den Begriff des Vektors, wenn man das folgende rein mathematische Problem betrachtet. Gegeben seien drei gekoppelte Gleichungen mit den vier Unbekannten x_1, x_2, x_3 und x_4:

$$a_{11}x_1 + a_{12}x_2 + a_{13}x_3 + a_{14}x_4 = y_1, \tag{A.3}$$

$$a_{21}x_1 + a_{22}x_2 + a_{23}x_3 + a_{24}x_4 = y_2, \tag{A.4}$$

$$a_{31}x_1 + a_{32}x_2 + a_{33}x_3 + a_{34}x_4 = y_3. \tag{A.5}$$

Die vier Unbekannten können zu dem Vektor

$$\boldsymbol{x} \stackrel{\text{def}}{=} \begin{bmatrix} x_1 \\ x_2 \\ x_3 \\ x_4 \end{bmatrix}, \tag{A.6}$$

die Größen y_1, y_2 und y_3 zu dem Vektor

$$\boldsymbol{y} \stackrel{\text{def}}{=} \begin{bmatrix} y_1 \\ y_2 \\ y_3 \end{bmatrix} \tag{A.7}$$

und die Koeffizienten a_{ij} zu der **Matrix**

$$\boldsymbol{A} \stackrel{\text{def}}{=} \begin{bmatrix} a_{11} & a_{12} & a_{13} & a_{14} \\ a_{21} & a_{22} & a_{23} & a_{24} \\ a_{31} & a_{32} & a_{33} & a_{34} \end{bmatrix} \tag{A.8}$$

zusammengefaßt werden. Mit den beiden Vektoren $\boldsymbol{x}$ und $\boldsymbol{y}$ und der Matrix $\boldsymbol{A}$ kann das Gleichungssystem kompakt auch so geschrieben werden

$$\boldsymbol{A}\boldsymbol{x} = \boldsymbol{y}. \tag{A.9}$$

A.2 Lineare Vektorräume

Werden die beiden Gleichungssysteme

$$a_{11}x_1 + a_{12}x_2 = y_1, \tag{A.10}$$

$$a_{21}x_1 + a_{22}x_2 = y_2 \tag{A.11}$$

und

$$a_{11}z_1 + a_{12}z_2 = v_1, \tag{A.12}$$

$$a_{21}z_1 + a_{22}z_2 = v_2 \tag{A.13}$$

addiert, erhält man

$$a_{11}(x_1 + z_1) + a_{12}(x_2 + z_2) = (y_1 + v1), \tag{A.14}$$

$$a_{21}(x_1 + z_1) + a_{22}(x_2 + z_2) = (y_2 + v_2). \tag{A.15}$$

Mit Hilfe von Vektoren und Matrizen können die beiden Gleichungssysteme auch folgendermaßen geschrieben werden

$$\boldsymbol{A}\boldsymbol{x} = \boldsymbol{y} \quad \text{und} \quad \boldsymbol{A}\boldsymbol{z} = \boldsymbol{v}. \tag{A.16}$$

Die Addition der beiden Gleichungen in (A.16) ergibt formal

$$\boldsymbol{A}\boldsymbol{x} + \boldsymbol{A}\boldsymbol{z} = \boldsymbol{A}(\boldsymbol{x} + \boldsymbol{z}) = \boldsymbol{y} + \boldsymbol{v}. \tag{A.17}$$

Ein Vergleich von (A.17) mit (A.14) und (A.15) legt die folgende Definition der Addition von Vektoren nahe:

$$\boldsymbol{y} + \boldsymbol{v} = \begin{bmatrix} y_1 \\ y_2 \\ \vdots \\ y_n \end{bmatrix} + \begin{bmatrix} v_1 \\ v_2 \\ \vdots \\ v_n \end{bmatrix} \stackrel{\text{def}}{=} \begin{bmatrix} y_1 + v_1 \\ y_2 + v_2 \\ \vdots \\ y_n + v_n \end{bmatrix}. \tag{A.18}$$

Entsprechend wird die Multiplikation eines Vektors mit einer reellen oder komplexen Zahl c durch

$$c\boldsymbol{x} \overset{\text{def}}{=} \begin{bmatrix} c \cdot x_1 \\ \vdots \\ c \cdot x_n \end{bmatrix} \tag{A.19}$$

definiert.

Die Menge der reellen Zahlen wird mit $\mathbb{R}$ und die Menge der komplexen Zahlen mit $\mathbb{C}$ bezeichnet. Allgemein nennt man eine Menge von Skalaren, wie z.B. $\mathbb{R}$ oder $\mathbb{C}$, zusammen mit den algebraischen Operationen Addition und Multiplikation einen **Körper** $\mathcal{K}$. Eine Menge von Vektoren zusammen mit den zuvor definierten Operationen „Vektoraddition" und „Multiplikation eines Vektors mit einem Skalar" wird, grob gesprochen, *linearer Vektorraum über dem Körper* $\mathcal{K}$ genannt, wobei der Körper z.B. die reellen oder die komplexen Zahlen enthält. Die genaue Definition lautet:

A.1 Definition: *Eine Menge* $\mathcal{V}$ *von Vektoren heißt* **linearer Vektorraum über dem Körper** $\mathcal{K}$, *wenn*

1. $(\boldsymbol{x} + \boldsymbol{y}) \in \mathcal{V}, \quad \forall\, \boldsymbol{x}, \boldsymbol{y} \in \mathcal{V}$,
2. $\boldsymbol{x} + \boldsymbol{y} = \boldsymbol{y} + \boldsymbol{x}, \quad \forall\, \boldsymbol{x}, \boldsymbol{y} \in \mathcal{V}$ *(kommutatives Gesetz der Addition),*
3. $(\boldsymbol{x} + \boldsymbol{y}) + \boldsymbol{z} = \boldsymbol{x} + (\boldsymbol{y} + \boldsymbol{z}), \quad \forall\, \boldsymbol{x}, \boldsymbol{y}, \boldsymbol{z} \in \mathcal{V}$ *(assoziatives Gesetz der Addition),*
4. *ein Nullvektor* $\mathbf{o}$ *so existiert, daß* $\boldsymbol{x} + \mathbf{o} = \boldsymbol{x}, \ \forall\, \boldsymbol{x} \in \mathcal{V}$,
5. *für jedes* $\boldsymbol{x}$ *ein eindeutiger Vektor* $-\boldsymbol{x}$ *so existiert, daß* $\boldsymbol{x} + (-\boldsymbol{x}) = \mathbf{o}$ *ist,*
6. $c\boldsymbol{x} \in \mathcal{V}, \quad \forall\, \boldsymbol{x} \in \mathcal{V}$ *und* $\forall\, c \in \mathcal{K}$,
7. $c_1(c_2\boldsymbol{x}) = (c_1 c_2 \boldsymbol{x}), \quad \forall\, \boldsymbol{x} \in \mathcal{V}$ *und* $\forall\, c_1, c_2 \in \mathcal{K}$ *(assoziatives Gesetz der Multiplikation mit skalaren Größen),*
8. $c(\boldsymbol{x} + \boldsymbol{y}) = c\boldsymbol{x} + c\boldsymbol{y}, \quad \forall\, \boldsymbol{x}, \boldsymbol{y} \in \mathcal{V}$ *und* $\forall\, c \in \mathcal{K}$ *(distributives Gesetz),*
9. $(c_1 + c_2)\boldsymbol{x} = c_1\boldsymbol{x} + c_2\boldsymbol{x}, \quad \forall\, \boldsymbol{x} \in \mathcal{V}$ *und* $\forall\, c_1, c_2 \in \mathcal{K}$ *(distributives Gesetz) und*
10. $1 \cdot \boldsymbol{x} = \boldsymbol{x}, \quad \forall\, \boldsymbol{x} \in \mathcal{V}$ *ist.*

Wenn zwei Mengen $\mathcal{X}$ und $\mathcal{Y}$ gegeben sind, wird die Menge der geordneten Paare $(\boldsymbol{x}, \boldsymbol{y})$, wobei $\boldsymbol{x} \in \mathcal{X}$ und $\boldsymbol{y} \in \mathcal{Y}$ ist, **kartesisches Produkt** genannt und mit $\mathcal{X} \times \mathcal{Y}$ bezeichnet. Sind die beiden Mengen gleich, schreibt man auch $\mathcal{X} \times \mathcal{X} = \mathcal{X}^2$. Die Menge, in der ein Vektor $\boldsymbol{x}$ mit n Komponenten definiert wird, wobei z.B. $x_i \in \mathbb{R}$ für $i = 1, 2, \ldots, n$ ist, wird mit $\mathbb{R}^n$ bezeichnet.

A.2 Definition: *Sei $\mathcal{V}$ ein Vektorraum über dem Körper $\mathcal{K}$ und $\mathcal{W}$ eine Untermenge von $\mathcal{V}$, dann heißt $\mathcal{W}$* **linearer Unterraum** *von $\mathcal{V}$, wenn*

$$c_1\boldsymbol{x} + c_2\boldsymbol{y} \in \mathcal{W}, \quad \forall\, \boldsymbol{x}, \boldsymbol{y} \in \mathcal{W} \text{ und } \forall\; c_1, c_2 \in \mathcal{K} \text{ ist.}$$

A.3 Beispiel: In dem Vektorraum $\mathbb{R}^3$ ist jede Ebene, die durch den Koordinatenursprung geht, also den Nullvektor $\mathbf{o}$ als Element enthält, ein linearer Unterraum von $\mathbb{R}^3$. Denn addiert man zwei Vektoren, die in einer Ebene liegen, erhält man wieder einen in dieser Ebene liegenden Vektor, und wird ein Vektor aus der Ebene mit einer reellen Zahl multipliziert, erhält man ebenfalls wieder einen Vektor aus dieser Ebene. Auch die übrigen Bedingungen aus Definition A.1 sind erfüllt. □

A.4 Definition: *Die Menge*

$$\mathcal{U} + \mathcal{W} = \{\boldsymbol{u} + \boldsymbol{w} : \boldsymbol{u} \in \mathcal{U} \text{ und } \boldsymbol{w} \in \mathcal{W}\} \tag{A.20}$$

heißt **Summe** *der beiden Vektorräume und die Menge*

$$\mathcal{U} \cap \mathcal{W} = \{\boldsymbol{z} : \boldsymbol{z} \in \mathcal{U} \text{ und } \boldsymbol{z} \in \mathcal{W}\} \tag{A.21}$$

heißt **Durchschnitt** *der beiden Vektorräume.*

Wie man leicht zeigen kann, sind die Summe und der Durchschnitt von zwei Vektorräumen wieder Vektorräume. Eine wichtige Rolle bei der eindeutigen Zerlegung von Vektoren spielen Unterräume, die nur den Nullvektor gemeinsam haben. Wenn $\mathcal{U}$ und $\mathcal{W}$ zwei Unterräume von $\mathcal{V}$ sind und für den Durchschnitt der beiden Unterräume

$$\mathcal{U} \cap \mathcal{W} = \{\mathbf{o}\} \stackrel{\text{def}}{=} \mathcal{O} \tag{A.22}$$

gilt, wird festgelegt:

A.5 Definition: *Wenn $\mathcal{U}$ und $\mathcal{W}$ zwei Unterräume des linearen Vektorraums $\mathcal{V}$ sind und $\mathcal{U} \cap W = \mathcal{O}$ ist, dann heißt*

$$\mathcal{U} \oplus \mathcal{W} = \{\boldsymbol{u} + \boldsymbol{w} : \boldsymbol{u} \in \mathcal{U} \text{ und } \boldsymbol{w} \in \mathcal{W}\} \tag{A.23}$$

die **direkte Summe** *von $\mathcal{U}$ und $\mathcal{W}$.*

Es gilt der

A.6 Satz: *Jeder Vektor $\boldsymbol{z} \in U \oplus \mathcal{W}$ hat eine eindeutige Darstellung $\boldsymbol{z} = \boldsymbol{u} + \boldsymbol{w}$ mit $\boldsymbol{u} \in \mathcal{U}$ und $\boldsymbol{w} \in \mathcal{W}$.*

Beweis: Angenommen, $\boldsymbol{z}$ hätte zwei verschiedene Darstellungen

$$\boldsymbol{z} = \boldsymbol{u} + \boldsymbol{w} \text{ und } \boldsymbol{z} = \boldsymbol{u}' + \boldsymbol{w}', \tag{A.24}$$

dann würde man durch Subtraktion der beiden Gleichungen

$$\mathbf{o} = \boldsymbol{u} - \boldsymbol{u}' + \boldsymbol{w} - \boldsymbol{w}' \tag{A.25}$$

bzw.

$$\boldsymbol{u} - \boldsymbol{u}' = \boldsymbol{w}' - \boldsymbol{w} \tag{A.26}$$

erhalten. Die beiden Vektoren $(\boldsymbol{u} - \boldsymbol{u}')$ und $(\boldsymbol{w}' - \boldsymbol{w})$ liegen also sowohl im Unterraum $\mathcal{U}$ als auch im Unterraum $\mathcal{W}$ und können deshalb nach Voraussetzung nur gleich dem Nullvektor sein. Dann folgt aber aus $\boldsymbol{u} - \boldsymbol{u}' = \mathbf{o}$ und $\boldsymbol{w}' - \boldsymbol{w} = \mathbf{o}$ sowohl $\boldsymbol{u} = \boldsymbol{u}'$ als auch $\boldsymbol{w} = \boldsymbol{w}'$, d.h., die Eindeutigkeit der Zerlegung.□

In der Ebene des Beispiels A.3 kann jeder Vektor durch die Linearkombination zweier Vektoren $\boldsymbol{x}_1$ und $\boldsymbol{x}_2$ dargestellt werden, wenn die beiden Vektoren nicht parallel und ungleich dem Nullvektor sind. Man nennt dann die beiden Vektoren *linear unabhängig*:

A.7 Definition: *Die Vektoren $\boldsymbol{x}_1, \boldsymbol{x}_2, \ldots, \boldsymbol{x}_n$ aus $\mathcal{V}$ heißen* **linear abhängig**, *wenn Skalare $c_1, c_2, \ldots, c_n \in \mathcal{K}$, nicht alle Null, so existieren, daß*

$$c_1\boldsymbol{x}_1 + c_2\boldsymbol{x}_2 + \cdots + c_n\boldsymbol{x}_n = \mathbf{o} \tag{A.27}$$

ist. Ist (A.27) nur für $c_1 = c_2 = \cdots = c_n = 0$ erfüllbar, heißen die Vektoren $\boldsymbol{x}_1, \boldsymbol{x}_2, \ldots, \boldsymbol{x}_n$ **linear unabhängig**.

Ist einer der Vektoren $\boldsymbol{x}_i = \mathbf{o}$, sind die Vektoren linear *abhängig*. Andererseits kann bei einer linear abhängigen Menge mindestens einer der Vektoren als Linearkombination der restlichen Vektoren dargestellt werden, denn ist z.B. $c_i \neq 0$, dann kann (A.27) nach $\boldsymbol{x}_i$ so aufgelöst werden

$$\boldsymbol{x}_i = -\sum_{j=1, j\neq i}^{n} \frac{c_j}{c_i}\boldsymbol{x}_j.$$

A.8 Beispiel: In dem linearen Vektorraum $\mathbb{R}^3$ sind die beiden Vektoren

$$\boldsymbol{x}_1 = \begin{bmatrix} 1 \\ 0 \\ 0 \end{bmatrix} \quad \text{und} \quad \boldsymbol{x}_2 = \begin{bmatrix} 0 \\ 1 \\ 0 \end{bmatrix}$$

linear unabhängig, denn es gibt keine reellen Zahlen $c_1 \neq 0$ und $c_2 \neq 0$ so, daß

$$c_1\boldsymbol{x}_1 + c_2\boldsymbol{x}_2 = \mathbf{o}$$

ist. Dagegen sind die beiden Vektoren

$$\boldsymbol{x}_1 = \begin{bmatrix} 1 \\ 2 \\ 1 \end{bmatrix} \quad \text{und} \quad \boldsymbol{x}_2 = \begin{bmatrix} -2 \\ -4 \\ -2 \end{bmatrix}$$

linear abhängig, denn es ist z.B.

$$2\boldsymbol{x}_1 + 1\boldsymbol{x}_2 = \mathbf{o}.$$

□

A.9 Definition: *Die maximale Zahl von linear unabhängigen Vektoren eines Vektorraums $\mathcal{V}$ heißt die* **Dimension** *dieses Vektorraums und wird mit* $\dim(\mathcal{V})$ *bezeichnet. Ist die Dimension gleich n, so heißt der lineare Vektorraum n-***dimensional**. *Eine Menge von n linear unabhängigen Vektoren eines n-dimensionalen Vektorraums heißt* **Basis** *dieses Vektorraums.*

A.10 Definition: *Der durch alle möglichen Linearkombinationen einer Menge von Vektoren $\boldsymbol{x}_1, \ldots, \boldsymbol{x}_r$ aus einem Vektorraum $\mathcal{V}$ aufgespannte lineare Vektorraum wird mit*

$$\operatorname{span}\{\boldsymbol{x}_1, \ldots, \boldsymbol{x}_r\}$$

bezeichnet.

A.3 Matrizen

A.3.1 Matrixtypen

Im ersten Abschnitt wurde der Begriff der Matrix eingeführt. Wenn eine Matrix $\boldsymbol{A}$ n Zeilen und m Spalten hat, wird sie $(n \times m)$-Matrix genannt. Die **transponierte Matrix** einer Matrix $\boldsymbol{A}$ wird mit $\boldsymbol{A}^T$ bezeichnet. Sie entsteht, wenn Zeilen und Spalten vertauscht werden. So hat die zur Matrix (A.8) transponierte Matrix die Form

$$\boldsymbol{A}^T = \begin{bmatrix} a_{11} & a_{21} & a_{31} \\ a_{12} & a_{22} & a_{32} \\ a_{13} & a_{23} & a_{33} \\ a_{14} & a_{24} & a_{34} \end{bmatrix}. \tag{A.28}$$

Ist $\boldsymbol{A}$ eine $(n \times m)$-Matrix, dann ist $\boldsymbol{A}^T$ eine $(m \times n)$-Matrix.

Bei einer **quadratischen Matrix** ist $n = m$ und bei einer $(n \times n)$-**Diagonalmatrix** sind alle Elemente a_{ij}, $i \neq j$ außerhalb der Hauptdiagonalen gleich null. Die **Einheitsmatrix** $\boldsymbol{I}$ ist eine Diagonalmatrix, bei der sämtliche Elemente in der Hauptdiagonalen gleich eins sind. Eine $(r \times r)$-Einheitsmatrix wird auch mit $\boldsymbol{I}_r$ bezeichnet.

Ist die transponierte Matrix $\boldsymbol{A}^T$ gleich der Matrix $\boldsymbol{A}$, heißt die Matrix **symmetrisch**. In diesem Fall ist $a_{ij} = a_{ji}$.

A.3.2 Matrizenoperationen

Werden die beiden Gleichungssysteme

$$a_{11}x_1 + a_{12}x_2 + \cdots + a_{1m}x_m = y_1,$$

$$\begin{aligned} a_{21}x_1 + a_{22}x_2 + \cdots + a_{2m}x_m &= y_2, \\ &\vdots \\ a_{n1}x_1 + a_{n2}x_2 + \cdots + a_{nm}x_m &= y_n \end{aligned}$$

und

$$\begin{aligned} b_{11}x_1 + b_{12}x_2 + \cdots + b_{1m}x_m &= z_1, \\ b_{21}x_1 + b_{22}x_2 + \cdots + b_{2m}x_m &= z_2, \\ &\vdots \\ b_{n1}x_1 + b_{n2}x_2 + \cdots + b_{nm}x_m &= z_n \end{aligned}$$

addiert, erhält man

$$\begin{aligned} (a_{11} + b_{11})x_1 + (a_{12} + b_{12})x_2 + \cdots + (a_{1m} + b_{1m})x_m &= (y_1 + z_1), \\ (a_{21} + b_{21})x_1 + (a_{22} + b_{22})x_2 + \cdots + (a_{2m} + b_{2m})x_m &= (y_2 + z_2), \\ &\vdots \\ (a_{n1} + b_{n1})x_1 + (a_{n2} + b_{n2})x_2 + \cdots + (a_{nm} + b_{nm})x_m &= (y_n + z_n) \end{aligned}$$

oder mit

$$\boldsymbol{A}\boldsymbol{x} = \boldsymbol{y} \quad \text{und} \quad \boldsymbol{B}\boldsymbol{x} = \boldsymbol{z}$$

auch symbolisch geschrieben

$$(\boldsymbol{A} + \boldsymbol{B})\boldsymbol{x} = \boldsymbol{y} + \boldsymbol{z}. \tag{A.29}$$

Ein Vergleich der letzten Gleichungen legt die folgende Definition nahe:

A.11 Definition: *Die* **Summe** *zweier* $(n \times m)$*-Matrizen* $\boldsymbol{A}$ *und* $\boldsymbol{B}$ *wird definiert durch*

$$\boldsymbol{A} + \boldsymbol{B} = \begin{bmatrix} a_{11} & \cdots & a_{1m} \\ \vdots & & \vdots \\ a_{n1} & \cdots & a_{nm} \end{bmatrix} + \begin{bmatrix} b_{11} & \cdots & b_{1m} \\ \vdots & & \vdots \\ b_{n1} & \cdots & b_{nm} \end{bmatrix} = \begin{bmatrix} (a_{11} + b_{11}) & \cdots & (a_{1m} + b_{1m}) \\ \vdots & & \vdots \\ (a_{n1} + b_{n1}) & \cdots & (a_{nm} + b_{nm}) \end{bmatrix}. \tag{A.30}$$

Die Summe zweier Matrizen kann nur dann gebildet werden, wenn beide Matrizen gleich viele Zeilen und gleich viele Spalten haben.

Wenn die Beziehungen

$$\boldsymbol{y} = \boldsymbol{A}\boldsymbol{x} \quad \text{und} \quad \boldsymbol{x} = \boldsymbol{B}\boldsymbol{z} \tag{A.31}$$

gegeben sind, welcher Zusammenhang besteht dann zwischen den beiden Vektoren $\boldsymbol{y}$ und $\boldsymbol{z}$? Es sei

$$a_{11}x_1 + a_{12}x_2 + \cdots + a_{1m}x_m = y_1,$$

$$\begin{aligned} a_{21}x_1 + a_{22}x_2 + \cdots + a_{2m}x_m &= y_2, \\ &\vdots \\ a_{n1}x_1 + a_{n2}x_2 + \cdots + a_{nm}x_m &= y_n \end{aligned}$$

und

$$\begin{aligned} b_{11}z_1 + b_{12}z_2 + \cdots + b_{1\ell}z_\ell &= x_1, \\ b_{21}z_1 + b_{22}z_2 + \cdots + b_{2\ell}z_\ell &= x_2, \\ &\vdots \\ b_{m1}z_1 + b_{m2}z_2 + \cdots + b_{m\ell}z_\ell &= x_m, \end{aligned}$$

dann erhält man durch Einsetzen der x_i aus dem letzten Gleichungssystem in das vorhergehende

$$\begin{aligned} a_{11}(b_{11}z_1 + \cdots + b_{1\ell}z_\ell) + \cdots + a_{1m}(b_{m1}z_1 + \cdots + b_{m\ell}z_\ell) &= y_1, \\ a_{21}(b_{11}z_1 + \cdots + b_{1\ell}z_\ell) + \cdots + a_{2m}(b_{m1}z_1 + \cdots + b_{m\ell}z_\ell) &= y_2, \\ &\vdots \\ a_{n1}(b_{11}z_1 + \cdots + b_{1\ell}z_\ell) + \cdots + a_{nm}(b_{m1}z_1 + \cdots + b_{m\ell}z_\ell) &= y_n. \end{aligned}$$

Faßt man die Terme mit z_i zusammen, erhält man

$$\begin{aligned} (a_{11}b_{11} + \cdots + a_{1m}b_{m1})z_1 + \cdots + (a_{11}b_{1\ell} + \cdots + a_{1m}b_{m\ell})z_\ell &= y_1, \\ (a_{21}b_{11} + \cdots + a_{2m}b_{m1})z_1 + \cdots + (a_{21}b_{1\ell} + \cdots + a_{2m}b_{m\ell})z_\ell &= y_2, \\ &\vdots \\ (a_{n1}b_{11} + \cdots + a_{nm}b_{m1})z_1 + \cdots + (a_{n1}b_{1\ell} + \cdots + a_{nm}b_{m\ell})z_\ell &= y_n. \end{aligned}$$

Setzt man andererseits formal den rechten Teil von (A.31) in den linken Teil ein, so erhält man

$$\boldsymbol{y} = \boldsymbol{A}\boldsymbol{B}\boldsymbol{z} \stackrel{\text{def}}{=} \boldsymbol{C}\boldsymbol{z}. \tag{A.32}$$

A.12 Definition: *Das* **Produkt** *der $(n \times m)$-Matrix $\boldsymbol{A}$ mit der $(m \times \ell)$-Matrix $\boldsymbol{B}$ ist die $(n \times \ell)$-Matrix $\boldsymbol{C}$ mit den Matrixelementen*

$$c_{ij} = \sum_{k=1}^{m} a_{ik}b_{kj}, \tag{A.33}$$

für $i = 1, 2, \ldots, n$ und $j = 1, 2, \ldots, \ell$.

Das Element c_{ij} der Produktmatrix $\boldsymbol{C}$ erhält man also, indem man die Elemente der i-ten Zeile der ersten Matrix $\boldsymbol{A}$ mit den Elementen der j-ten Spalte der zweiten Matrix $\boldsymbol{B}$ multipliziert und addiert. Daraus folgt, daß die Spaltenzahl der ersten Matrix gleich der Zeilenzahl der zweiten Matrix sein muß, damit die Matrizenmultiplikation überhaupt ausgeführt werden kann. Die Produktmatrix hat so viele Zeilen wie die erste

Matrix und so viele Spalten wie die zweite Matrix. Daraus folgt, daß im allgemeinen $\boldsymbol{AB} \neq \boldsymbol{BA}$ ist.

Zu einer weiteren Matrizenoperation kommt man durch das folgende Problem. In

$$\boldsymbol{Ax} = \boldsymbol{b} \tag{A.34}$$

seien die (3×3)-Matrix $\boldsymbol{A}$ und der (3×1)-Vektor $\boldsymbol{b}$ gegeben. Gesucht ist der (3×1)-Vektor $\boldsymbol{x}$, der das Gleichungssystem (A.34) erfüllt. Ausgeschrieben lautet dieses lineare Gleichungssystem

$$\begin{aligned} a_{11}x_1 + a_{12}x_2 + a_{13}x_3 &= b_1, \\ a_{21}x_1 + a_{22}x_2 + a_{23}x_3 &= b_2, \\ a_{31}x_1 + a_{32}x_2 + a_{33}x_3 &= b_3. \end{aligned}$$

Bezeichnet man die Determinante der quadratischen Matrix $\boldsymbol{A}$ mit $\det(\boldsymbol{A})$, erhält man mit Hilfe der CRAMERschen Regel die Lösungen

$$x_1 = \frac{1}{\det(\boldsymbol{A})} \det \begin{bmatrix} b_1 & a_{12} & a_{13} \\ b_2 & a_{22} & a_{23} \\ b_3 & a_{32} & a_{33} \end{bmatrix}, \tag{A.35}$$

$$x_2 = \frac{1}{\det(\boldsymbol{A})} \det \begin{bmatrix} a_{11} & b_1 & a_{13} \\ a_{21} & b_2 & a_{23} \\ a_{31} & b_3 & a_{33} \end{bmatrix}, \tag{A.36}$$

$$x_3 = \frac{1}{\det(\boldsymbol{A})} \det \begin{bmatrix} a_{11} & a_{12} & b_1 \\ a_{21} & a_{22} & b_2 \\ a_{31} & a_{32} & b_3 \end{bmatrix}. \tag{A.37}$$

Entwickelt man in (A.35) die Determinante im Zähler nach der ersten Spalte, erhält man

$$\begin{aligned} x_1 &= \frac{1}{\det(\boldsymbol{A})} \left(b_1 \det \begin{bmatrix} a_{22} & a_{23} \\ a_{32} & a_{33} \end{bmatrix} - b_2 \det \begin{bmatrix} a_{12} & a_{13} \\ a_{32} & a_{33} \end{bmatrix} + b_3 \det \begin{bmatrix} a_{12} & a_{13} \\ a_{22} & a_{23} \end{bmatrix} \right) \\ &= \frac{1}{\det(\boldsymbol{A})} (b_1 A_{11} + b_2 A_{21} + b_3 A_{31}) \\ &= \frac{1}{\det(\boldsymbol{A})} \begin{bmatrix} A_{11} & A_{21} & A_{31} \end{bmatrix} \boldsymbol{b}. \end{aligned} \tag{A.38}$$

Entsprechend erhält man aus (A.36) und (A.37)

$$x_2 = \frac{1}{\det(\boldsymbol{A})} \begin{bmatrix} A_{12} & A_{22} & A_{32} \end{bmatrix} \boldsymbol{b} \tag{A.39}$$

und

$$x_3 = \frac{1}{\det(\boldsymbol{A})} \begin{bmatrix} A_{13} & A_{23} & A_{33} \end{bmatrix} \boldsymbol{b}. \tag{A.40}$$

Hierbei sind die **Adjunkten** A_{ij} die Determinanten, die man erhält, wenn die i-te Zeile und die j-te Spalte der Matrix $\boldsymbol{A}$ gestrichen, davon die Determinante berechnet und diese mit dem Faktor $(-1)^{i+j}$ multipliziert wird. Die Adjunkten werden in der **adjungierten Matrix**

$$\operatorname{adj}(\boldsymbol{A}) = \begin{bmatrix} A_{11} & A_{21} & A_{31} \\ A_{12} & A_{22} & A_{32} \\ A_{13} & A_{23} & A_{33} \end{bmatrix} \tag{A.41}$$

zusammengefaßt. Mit dieser Matrix können die drei Gleichungen (A.38) bis (A.40) als eine Gleichung

$$\boldsymbol{x} = \frac{\operatorname{adj}(\boldsymbol{A})}{\det(\boldsymbol{A})}\boldsymbol{b} \tag{A.42}$$

geschrieben werden. Die in (A.42) vor dem Vektor $\boldsymbol{b}$ stehende Matrix heißt **inverse Matrix.**

A.13 Definition: *Die zu einer quadratischen* $(n \times n)$*-Matrix* $\boldsymbol{A}$ *gehörende* $(n \times n)$*-Matrix* $(\det(\boldsymbol{A}) \neq 0)$

$$\boldsymbol{A}^{-1} \stackrel{\text{def}}{=} \frac{\operatorname{adj}(\boldsymbol{A})}{\det(\boldsymbol{A})} \tag{A.43}$$

heißt die zur Matrix $\boldsymbol{A}$ **inverse Matrix.**

Für die inverse Matrix eines Matrizenprodukts erhält man

$$(\boldsymbol{AB})^{-1} = \boldsymbol{B}^{-1}\boldsymbol{A}^{-1}, \tag{A.44}$$

denn es ist

$$(\boldsymbol{AB})(\boldsymbol{B}^{-1}\boldsymbol{A}^{-1}) = \boldsymbol{A}(\boldsymbol{BB}^{-1})\boldsymbol{A}^{-1} = \boldsymbol{AA}^{-1} = \boldsymbol{I}.$$

A.3.3 Blockmatrizen

Oft weisen große Matrizen eine gewisse Struktur auf, die z.B. darin zum Ausdruck kommt, daß ein oder mehrere Untermatrizen Nullmatrizen sind. Andererseits kann man aus jeder Matrix durch senkrechte und waagerechte Linien eine Blockmatrix machen. Für ein Gleichungssystem erhält man dann z.B.

$$\left[\begin{array}{c|c|c|c} \boldsymbol{A}_{11} & \boldsymbol{A}_{12} & \cdots & \boldsymbol{A}_{1n} \\ \hline \boldsymbol{A}_{21} & \boldsymbol{A}_{22} & \cdots & \boldsymbol{A}_{2n} \\ \hline \vdots & \vdots & \cdots & \vdots \\ \hline \boldsymbol{A}_{m1} & \boldsymbol{A}_{m2} & \cdots & \boldsymbol{A}_{mn} \end{array}\right] \left[\begin{array}{c} \boldsymbol{x}_1 \\ \hline \boldsymbol{x}_2 \\ \hline \vdots \\ \hline \boldsymbol{x}_n \end{array}\right] = \left[\begin{array}{c} \boldsymbol{y}_1 \\ \hline \boldsymbol{y}_2 \\ \hline \vdots \\ \hline \boldsymbol{y}_m \end{array}\right]. \tag{A.45}$$

Die $\boldsymbol{A}_{ij}$ heißen *Untermatrizen* und die Vektoren $\boldsymbol{x}_i$ und $\boldsymbol{y}_i$ *Untervektoren.* Für geeignet unterteilte Blockmatrizen gelten die gleichen Rechenregeln wie für Matrizen, z.B. erhält man für das Produkt von zwei Blockmatrizen

$$\left[\begin{array}{c|c} \boldsymbol{A}_{11} & \boldsymbol{A}_{12} \\ \hline \boldsymbol{A}_{21} & \boldsymbol{A}_{22} \end{array}\right] \left[\begin{array}{c|c} \boldsymbol{B}_{11} & \boldsymbol{B}_{12} \\ \hline \boldsymbol{B}_{21} & \boldsymbol{B}_{22} \end{array}\right] = \left[\begin{array}{c|c} \boldsymbol{A}_{11}\boldsymbol{B}_{11} + \boldsymbol{A}_{12}\boldsymbol{B}_{21} & \boldsymbol{A}_{11}\boldsymbol{B}_{12} + \boldsymbol{A}_{12}\boldsymbol{B}_{22} \\ \hline \boldsymbol{A}_{21}\boldsymbol{B}_{11} + \boldsymbol{A}_{22}\boldsymbol{B}_{21} & \boldsymbol{A}_{21}\boldsymbol{B}_{12} + \boldsymbol{A}_{22}\boldsymbol{B}_{22} \end{array}\right].$$

Insbesondere kann die Unterteilung von Matrizen in Blöcke bei der Berechnung der invertierten Matrix von Nutzen sein. Betrachtet man das Gleichungssystem

$$\boldsymbol{A}\boldsymbol{x}_1 + \boldsymbol{B}\boldsymbol{x}_2 = \boldsymbol{y}_1, \tag{A.46}$$

$$\boldsymbol{C}\boldsymbol{x}_1 + \boldsymbol{D}\boldsymbol{x}_2 = \boldsymbol{y}_2 \tag{A.47}$$

oder zusammengefaßt zu

$$\left[\begin{array}{c|c} \boldsymbol{A} & \boldsymbol{B} \\ \hline \boldsymbol{C} & \boldsymbol{D} \end{array}\right] \left[\begin{array}{c} \boldsymbol{x}_1 \\ \hline \boldsymbol{x}_2 \end{array}\right] = \left[\begin{array}{c} \boldsymbol{y}_1 \\ \hline \boldsymbol{y}_2 \end{array}\right], \tag{A.48}$$

kann die Inverse der Matrix

$$\boldsymbol{M} = \left[\begin{array}{c|c} \boldsymbol{A} & \boldsymbol{B} \\ \hline \boldsymbol{C} & \boldsymbol{D} \end{array}\right] \tag{A.49}$$

durch einfacher zu berechnende Inverse von Untermatrizen ausgedrückt werden. Wenn die Matrix $\boldsymbol{A}$ invertierbar ist, erhält man aus (A.46)

$$\boldsymbol{x}_1 = \boldsymbol{A}^{-1}\boldsymbol{y}_1 - \boldsymbol{A}^{-1}\boldsymbol{B}\boldsymbol{x}_2. \tag{A.50}$$

Das in (A.47) eingesetzt, ergibt

$$\boldsymbol{y}_2 = \boldsymbol{C}\boldsymbol{A}^{-1}\boldsymbol{y}_1 - (\boldsymbol{C}\boldsymbol{A}^{-1}\boldsymbol{B} - \boldsymbol{D})\boldsymbol{x}_2 \tag{A.51}$$

und nach $\boldsymbol{x}_2$ aufgelöst

$$\boldsymbol{x}_2 = (\boldsymbol{C}\boldsymbol{A}^{-1}\boldsymbol{B} - \boldsymbol{D})^{-1}(\boldsymbol{C}\boldsymbol{A}^{-1}\boldsymbol{y}_1 - \boldsymbol{y}_2). \tag{A.52}$$

(A.52) in (A.50) eingesetzt, liefert

$$\boldsymbol{x}_1 = [\boldsymbol{A}^{-1} - \boldsymbol{A}^{-1}\boldsymbol{B}(\boldsymbol{C}\boldsymbol{A}^{-1}\boldsymbol{B} - \boldsymbol{D})^{-1}\boldsymbol{C}\boldsymbol{A}^{-1}]\boldsymbol{y}_1 + \boldsymbol{A}^{-1}\boldsymbol{B}(\boldsymbol{C}\boldsymbol{A}^{-1}\boldsymbol{B} - \boldsymbol{D})^{-1}\boldsymbol{y}_2. \tag{A.53}$$

Damit ist die Lösung des Gleichungssystems (A.48) gefunden, nämlich

$$\left[\begin{array}{c} \boldsymbol{x}_1 \\ \hline \boldsymbol{x}_2 \end{array}\right] = \boldsymbol{M}^{-1} \left[\begin{array}{c} \boldsymbol{y}_1 \\ \hline \boldsymbol{y}_2 \end{array}\right] \tag{A.54}$$

mit

$$\boldsymbol{M}^{-1} = \left[\begin{array}{c|c} \boldsymbol{A}^{-1} - \boldsymbol{A}^{-1}\boldsymbol{B}(\boldsymbol{C}\boldsymbol{A}^{-1}\boldsymbol{B} - \boldsymbol{D})^{-1}\boldsymbol{C}\boldsymbol{A}^{-1} & \boldsymbol{A}^{-1}\boldsymbol{B}(\boldsymbol{C}\boldsymbol{A}^{-1}\boldsymbol{B} - \boldsymbol{D})^{-1} \\ \hline (\boldsymbol{C}\boldsymbol{A}^{-1}\boldsymbol{B} - \boldsymbol{D})^{-1}\boldsymbol{C}\boldsymbol{A}^{-1} & -(\boldsymbol{C}\boldsymbol{A}^{-1}\boldsymbol{B} - \boldsymbol{D})^{-1} \end{array}\right]. \tag{A.55}$$

Damit kann die inverse Matrix von $\boldsymbol{M}$ mit Hilfe der inversen Matrizen der kleineren Untermatrizen $\boldsymbol{A}$ und $(\boldsymbol{C}\boldsymbol{A}^{-1}\boldsymbol{B} - \boldsymbol{D})$ berechnet werden. Wenn die Untermatrix $\boldsymbol{D}$ invertierbar ist, kann man (A.47) nach $\boldsymbol{x}_2$ auflösen und dann auf einem ähnlichen Weg ebenfalls die inverse Matrix von $\boldsymbol{M}$ berechnen. Man erhält dann eine andere Form der invertierten Matrix, nämlich

$$\boldsymbol{M}^{-1} = \left[\begin{array}{c|c} -(\boldsymbol{B}\boldsymbol{D}^{-1}\boldsymbol{C} - \boldsymbol{A})^{-1} & (\boldsymbol{B}\boldsymbol{D}^{-1}\boldsymbol{C} - \boldsymbol{A})^{-1}\boldsymbol{B}\boldsymbol{D}^{-1} \\ \hline \boldsymbol{D}^{-1}\boldsymbol{C}(\boldsymbol{B}\boldsymbol{D}^{-1}\boldsymbol{C} - \boldsymbol{A})^{-1} & \boldsymbol{D}^{-1} - \boldsymbol{D}^{-1}\boldsymbol{C}(\boldsymbol{B}\boldsymbol{D}^{-1}\boldsymbol{C} - \boldsymbol{A})^{-1}\boldsymbol{B}\boldsymbol{D}^{-1} \end{array}\right]. \tag{A.56}$$

Damit liegen zwei verschiedene Ergebnisse für dieselbe Matrix vor. Das heißt aber, daß die entsprechenden Untermatrizen gleich sein müssen. Aus dem Vergleich der „nordwestlichen“ Blöcke folgt, wenn $\boldsymbol{D}$ durch $-\boldsymbol{D}$ ersetzt wird, das bekannte Matrizeninversions-Lemma:

$$(\boldsymbol{A}+\boldsymbol{B}\boldsymbol{D}^{-1}\boldsymbol{C})^{-1} = \boldsymbol{A}^{-1} - \boldsymbol{A}^{-1}\boldsymbol{B}(\boldsymbol{C}\boldsymbol{A}^{-1}\boldsymbol{B}+\boldsymbol{D})^{-1}\boldsymbol{C}\boldsymbol{A}^{-1}. \tag{A.57}$$

Ein Sonderfall ist gegeben, wenn eine Blockdreiecksmatrix vorliegt, bei der z.B. $\boldsymbol{C} = \boldsymbol{O}$ ist. Dann erhält man für

$$\left[\begin{array}{c|c} \boldsymbol{A} & \boldsymbol{B} \\ \hline \boldsymbol{O} & \boldsymbol{D} \end{array}\right]^{-1} = \left[\begin{array}{c|c} \boldsymbol{A}^{-1} & -\boldsymbol{A}^{-1}\boldsymbol{B}\boldsymbol{C}^{-1} \\ \hline \boldsymbol{O} & \boldsymbol{D}^{-1} \end{array}\right]. \tag{A.58}$$

A.3.4 Der Satz von CAYLEY-HAMILTON

Der Satz von CAYLEY-HAMILTON ist die Grundlage für viele wichtige Ergebnisse der Theoretischen Regelungstechnik und der Systemtheorie. In der inversen $(n \times n)$-Matrix

$$(s\boldsymbol{I} - \boldsymbol{A})^{-1} = \frac{\operatorname{adj}(s\boldsymbol{I} - \boldsymbol{A})}{\det(s\boldsymbol{I} - \boldsymbol{A})} \tag{A.59}$$

enthält die adjungierte Matrix im Zähler nach Abschnitt 2.9.3 nur Polynome höchstens vom Grade $n-1$, d.h., man kann

$$\operatorname{adj}(s\boldsymbol{I} - \boldsymbol{A}) = \boldsymbol{R}_{n-1}s^{n-1} + \boldsymbol{R}_{n-2}s^{n-2} + \cdots + \boldsymbol{R}_0 \tag{A.60}$$

schreiben. Damit folgt aus (A.59)

$$(s\boldsymbol{I} - \boldsymbol{A})^{-1}\det(s\boldsymbol{I} - \boldsymbol{A}) = \boldsymbol{R}_{n-1}s^{n-1} + \boldsymbol{R}_{n-2}s^{n-2} + \cdots + \boldsymbol{R}_0 \tag{A.61}$$

und nach Multiplikation der Gleichung von links mit $(s\boldsymbol{I} - \boldsymbol{A})$

$$\det(s\boldsymbol{I} - \boldsymbol{A})\boldsymbol{I} = (s\boldsymbol{I} - \boldsymbol{A})(\boldsymbol{R}_{n-1}s^{n-1} + \boldsymbol{R}_{n-2}s^{n-2} + \cdots + \boldsymbol{R}_0). \tag{A.62}$$

Mit dem in Abschnitt 3.2 eingeführten charakteristischen Polynom

$$\det(s\boldsymbol{I} - \boldsymbol{A}) = s^n + a_{n-1}s^{n-1} + \cdots + a_1 s + a_0 \tag{A.63}$$

kann man für die linke Seite von Gleichung (A.62) auch

$$s^n\boldsymbol{I} + a_{n-1}s^{n-1}\boldsymbol{I} + \cdots + a_1 s\boldsymbol{I} + a_0\boldsymbol{I} \tag{A.64}$$

schreiben. Führt man auf der rechten Seite von (A.62) die Multiplikation aus, erhält man dafür

$$\boldsymbol{R}_{n-1}s^n + (\boldsymbol{R}_{n-2} - \boldsymbol{A}\boldsymbol{R}_{n-1})s^{n-1} + \cdots + (\boldsymbol{R}_0 - \boldsymbol{A}\boldsymbol{R}_1)s - \boldsymbol{A}\boldsymbol{R}_0. \tag{A.65}$$

Ein Koeffizientenvergleich der beiden Polynome (A.64) und (A.65) liefert dann die folgenden Gleichungen für die Matrizen $\boldsymbol{R}_i$:

$$\begin{aligned} \boldsymbol{R}_{n-1} &= \boldsymbol{I}, \\ \boldsymbol{R}_{n-2} - \boldsymbol{A}\boldsymbol{R}_{n-1} &= a_{n-1}\boldsymbol{I}, \\ \boldsymbol{R}_{n-3} - \boldsymbol{A}\boldsymbol{R}_{n-2} &= a_{n-2}\boldsymbol{I}, \\ &\vdots \\ \boldsymbol{R}_0 - \boldsymbol{A}\boldsymbol{R}_1 &= a_1\boldsymbol{I} \end{aligned}$$

und schließlich

$$-\boldsymbol{A}\boldsymbol{R}_0 = a_0\boldsymbol{I}. \tag{A.66}$$

Löst man diese Gleichungen nach den Matrizen $\boldsymbol{R}_i$ auf und setzt fortlaufend das Ergebnis der vorangehenden Gleichung ein, erhält man

$$\begin{aligned} \boldsymbol{R}_{n-1} &= \boldsymbol{I}, \\ \boldsymbol{R}_{n-2} &= \boldsymbol{A}\boldsymbol{R}_{n-1} + a_{n-1}\boldsymbol{I} = \boldsymbol{A} + a_{n-1}\boldsymbol{I}, \\ \boldsymbol{R}_{n-3} &= \boldsymbol{A}\boldsymbol{R}_{n-2} + a_{n-2}\boldsymbol{I} = \boldsymbol{A}^2 + a_{n-1}\boldsymbol{A} + a_{n-2}\boldsymbol{I}, \\ \boldsymbol{R}_{n-4} &= \boldsymbol{A}\boldsymbol{R}_{n-3} + a_{n-3}\boldsymbol{I} = \boldsymbol{A}^3 + a_{n-1}\boldsymbol{A}^2 + a_{n-2}\boldsymbol{A} + a_{n-3}\boldsymbol{I} \\ &\vdots \end{aligned}$$

und

$$\boldsymbol{R}_0 = \boldsymbol{A}^{n-1} + a_{n-1}\boldsymbol{A}^{n-2} + \cdots + a_1\boldsymbol{I}. \tag{A.67}$$

Multiplikation dieser Gleichung von links mit der Matrix $\boldsymbol{A}$ und Addition der Gleichung (A.66) liefert

$$\boxed{\boldsymbol{A}^n + a_{n-1}\boldsymbol{A}^{n-1} + \cdots + a_1\boldsymbol{A} + a_0\boldsymbol{I} = \boldsymbol{O}.} \tag{A.68}$$

Diese Gleichung hat die gleiche Form wie die charakteristische Gleichung, nur daß die s^i durch die Matrixpotenzen $\boldsymbol{A}^i$ ersetzt sind.

A.14 Satz: *(von* CAYLEY-HAMILTON*) Jede quadratische Matrix genügt ihrer charakteristischen Gleichung.*

A.3.5 Quadratische Formen

In der Optimierungstheorie spielen *quadratische Formen* $\boldsymbol{x}^T\boldsymbol{Q}\boldsymbol{x}$ eine große Rolle. Stets werden in quadratischen Formen die Matrizen $\boldsymbol{Q}$ symmetrisch angenommen: $\boldsymbol{Q} = \boldsymbol{Q}^T$. Der Grund dafür ist, daß bei unsymmetrischen Matrizen nur der symmetrische Anteil in einer quadratischen Form wirksam ist. Denn für eine quadratische Form kann man auch schreiben

$$\begin{aligned} \boldsymbol{x}^T\boldsymbol{Q}\boldsymbol{x} &= \boldsymbol{x}^T\left[\frac{1}{2}(\boldsymbol{Q}+\boldsymbol{Q}^T)+\frac{1}{2}(\boldsymbol{Q}-\boldsymbol{Q}^T)\right]\boldsymbol{x} \\ &= \frac{1}{2}\boldsymbol{x}^T(\boldsymbol{Q}+\boldsymbol{Q}^T)\boldsymbol{x}+\frac{1}{2}\boldsymbol{x}^T(\boldsymbol{Q}-\boldsymbol{Q}^T)\boldsymbol{x} \\ &= \frac{1}{2}\boldsymbol{x}^T(\boldsymbol{Q}+\boldsymbol{Q}^T)\boldsymbol{x}+\frac{1}{2}\boldsymbol{x}^T\boldsymbol{Q}\boldsymbol{x}-\frac{1}{2}\boldsymbol{x}^T\boldsymbol{Q}^T\boldsymbol{x}. \end{aligned}$$

Da die quadratische Form eine Zahl ist, ändert Transponieren nichts an ihrem Wert, d.h., es ist

$$\boldsymbol{x}^T\boldsymbol{Q}\boldsymbol{x} = (\boldsymbol{x}^T\boldsymbol{Q}\boldsymbol{x})^T = \boldsymbol{x}^T\boldsymbol{Q}^T\boldsymbol{x}.$$

Damit wird aber

$$\boldsymbol{x}^T\boldsymbol{Q}\boldsymbol{x} = \boldsymbol{x}^T\left[\frac{1}{2}(\boldsymbol{Q}+\boldsymbol{Q}^T)\right]\boldsymbol{x}, \tag{A.69}$$

wobei die Matrix in eckigen Klammern symmetrisch ist.

A.15 Definition: *Eine quadratische Form heißt* **positiv (negativ) definit**, *wenn* $\boldsymbol{x}^T\boldsymbol{Q}\boldsymbol{x} > 0$ $(<= 0)$ *für alle* $\boldsymbol{x} \neq \mathbf{o}$ *und* **positiv (negativ) semidefinit**, , *wenn* $\boldsymbol{x}^T\boldsymbol{Q}\boldsymbol{x} \geq 0$ (≤ 0) *für alle* $\boldsymbol{x} \neq \mathbf{o}$ *ist.*

Es gilt der z.B. in [ZURMÜHL/FALK] bewiesene

A.16 Satz: *Die quadratische Form* $\boldsymbol{x}^T\boldsymbol{Q}\boldsymbol{x}$ *ist positiv (negativ) definit dann und nur dann, wenn sämtliche Eigenwerte der Matrix* $\boldsymbol{Q}$ *positiv (negativ) sind. Sie ist positiv (negativ) semidefinit genau dann, wenn sämtliche Eigenwerte nicht negativ (nicht positiv) sind.*

A.3.6 Vektor– und Matrixnorm

Bei der Stabilitätsanalyse der Ruhelage eines dynamischen Systems wird z.B. ein Maß für die *Entfernung* des Systemzustands von der Ruhelage benötigt. Das kann durch die Länge des Abstandsvektors geschehen. So, wie durch die Länge einer Strecke eine Zahl zugeordnet wird, wird allgemein durch die *Norm* einem Vektor eine Zahl zugeordnet.

A.17 Definition: *Die nicht negative Zahl* $||\boldsymbol{x}||$ *heißt* **Norm** *von* $\boldsymbol{x}$, *wenn*

1. $||\boldsymbol{x}|| > 0$ *für alle* $\boldsymbol{x} \neq \mathbf{o}$ *und* $||\boldsymbol{x}|| = 0$ *für* $\boldsymbol{x} = \mathbf{o}$,
2. $||c\boldsymbol{x}|| = |c|||\boldsymbol{x}||$ *und*
3. $||\boldsymbol{x}_1 + \boldsymbol{x}_2|| \leq ||\boldsymbol{x}_1|| + ||\boldsymbol{x}_2||$ *ist.*

Die bekannteste Norm ist die EUKLIDische Norm, die mit der Länge eines Vektors übereinstimmt:

$$||\boldsymbol{x}||_2 \stackrel{\text{def}}{=} \left(\sum_{i=1}^{n}|x_i|^2\right)^{\frac{1}{2}}.$$

Andere bekannte Normen sind die *Summennorm*

$$||\boldsymbol{x}||_1 \stackrel{\text{def}}{=} \sum_{i=1}^{n} |x_i|,$$

die *Maximumnorm*

$$||\boldsymbol{x}||_\infty \stackrel{\text{def}}{=} \max_i |x_i|$$

und allgemein die HÖLDER-Norm

$$||\boldsymbol{x}||_p \stackrel{\text{def}}{=} \left(\sum_{i=1}^{n} |x_i|^p \right)^{\frac{1}{p}}.$$

Liegen das lineare Gleichungssystem $\boldsymbol{x} = \boldsymbol{A}\boldsymbol{y}$ und die Norm $||\boldsymbol{x}||_p$ vor, so interessiert oft eine Schätzung für $||\boldsymbol{y}||_p$. Eine solche Schätzung liegt vor, wenn

$$||\boldsymbol{x}||_p = ||\boldsymbol{A}\boldsymbol{y}||_p \leq ||\boldsymbol{A}||_p ||\boldsymbol{y}||_p \tag{A.70}$$

ist. $||\boldsymbol{A}||_p$ heißt *Matrixnorm* und *verträglich* mit der Vektornorm $||\boldsymbol{x}||_p$, wenn (A.70) gilt. Verträglich mit den entsprechenden Vektornormen sind die Matrixnormen:

$$||\boldsymbol{A}||_1 \stackrel{\text{def}}{=} \max_j \sum_{i=1}^{n} |a_{ij}| \quad \text{(maximale Spaltensumme)}$$

$$||\boldsymbol{A}||_2 \stackrel{\text{def}}{=} \max_i \sqrt{\lambda_i(\boldsymbol{A}\boldsymbol{A}^T)} = \max_i \sigma_i(\boldsymbol{A}) \quad \text{(größter Singulärwert von } \boldsymbol{A}\text{)}$$

$$||\boldsymbol{A}||_\infty \stackrel{\text{def}}{=} \max_i \sum_{j=1}^{n} |a_{ij}| \quad \text{(maximale Zeilensumme).}$$

A.3.7 Singulärwertzerlegung

In Kapitel 3 wird gezeigt, wie die $(n \times n)$-Systemmatrix $\boldsymbol{A}$ durch eine Ähnlichkeitstransformation mit der Transformationsmatrix $\boldsymbol{T}$, deren Spalten aus den Eigenvektoren der Matrix $\boldsymbol{A}$ besteht, auf Diagonalform transformiert werden kann,

$$\boldsymbol{\Lambda} = \text{diag}(\lambda_i) = \boldsymbol{T}^{-1}\boldsymbol{A}\boldsymbol{T}, \tag{A.71}$$

wenn die n Eigenvektoren linear unabhängig sind. Hier soll jetzt die Transfortion einer allgemeinen rechteckigen $(m \times n)$-Matrix auf Diagonalform behandelt werden, was durch Links- und Rechtsmultiplikation mit *orthogonalen* Matrizen[1] möglich ist. Die in der Diagonalmatrix auftretenden Elemente σ_i werden *Singulärwerte* der Matrix genannt. Mit Hilfe dieser Singulärwerte können dann Aussagen z.B. über den Rang und die Norm der Matrix $\boldsymbol{A}$ gemacht werden sowie mittels der orthogonalen Matrizen Basisvektoren für gewisse Unterräume, die durch die Spaltenvektoren der Matrix $\boldsymbol{A}$ aufgespannt werden, angegeben werden, wie weiter unten gezeigt wird.

Im folgenden wird stets angenommen, daß $m \geq n$ ist. Dies ist keine Einschränkung der Allgemeinheit, denn man kann, wenn diese Bedingung nicht erfüllt ist, anstelle von $\boldsymbol{A}$ die transponierte Matrix $\boldsymbol{A}^T$ betrachten.

---

[1] Eine Matrix $\boldsymbol{Q}$ heißt *orthogonal*, wenn $\boldsymbol{Q}^T\boldsymbol{Q} = \boldsymbol{I}$ ist.

A.18 Satz: Singulärwertzerlegung (SWZ): *Wenn* $\boldsymbol{A} \in \mathbb{R}^{m \times n}$ *ist, existieren zwei quadratische orthogonale Matrizen*

$$\boldsymbol{U} \stackrel{\text{def}}{=} \begin{bmatrix} \boldsymbol{u}_1 & \dots & \boldsymbol{u}_m \end{bmatrix} \in \mathbb{R}^{m \times m} \tag{A.72}$$

und

$$\boldsymbol{V} \stackrel{\text{def}}{=} \begin{bmatrix} \boldsymbol{v}_1 & \dots & \boldsymbol{v}_m \end{bmatrix} \in \mathbb{R}^{n \times n}, \tag{A.73}$$

so daß

$$\boldsymbol{U}^T \boldsymbol{A} \boldsymbol{V} = \begin{bmatrix} \overline{\boldsymbol{\Sigma}} \\ \boldsymbol{O} \end{bmatrix} = \boldsymbol{\Sigma} \in \mathbb{R}^{m \times n} \tag{A.74}$$

und

$$\overline{\boldsymbol{\Sigma}} \stackrel{\text{def}}{=} \operatorname{diag}(\sigma_1, \dots, \sigma_n), \tag{A.75}$$

sowie

$$\sigma_1 \geq \sigma_2 \geq \dots \geq \sigma_n \geq 0. \tag{A.76}$$

Beweis: Seien $\boldsymbol{x} \in \mathbb{R}^n$ und $\boldsymbol{y} \in \mathbb{R}^m$ zwei Vektoren mit den Normen $||\boldsymbol{x}||_2 = ||\boldsymbol{y}||_2 = 1$, so daß $\boldsymbol{A}\boldsymbol{x} = \sigma \boldsymbol{y}$ und $\sigma = ||\boldsymbol{A}||_2$ ist. Die Vektoren $\boldsymbol{x}$ und $\boldsymbol{y}$ werden jetzt durch orthonormale Vektoren[2] so ergänzt, daß die Matrizen

$$\boldsymbol{V} = [\ \boldsymbol{x} \mid \boldsymbol{V}_1\ ] \in \mathbb{R}^{n \times n}$$

und

$$\boldsymbol{U} = [\ \boldsymbol{y} \mid \boldsymbol{U}_1\ ] \in \mathbb{R}^{m \times m}$$

orthogonal sind. Dann hat $\boldsymbol{U}^T \boldsymbol{A} \boldsymbol{V}$ die Struktur

$$\boldsymbol{A}_1 = \boldsymbol{U}^T \boldsymbol{A} \boldsymbol{V} = \begin{pmatrix} \sigma & \boldsymbol{w}^T \\ \boldsymbol{o} & \boldsymbol{B} \end{pmatrix} \in \mathbb{R}^{m \times n},$$

wobei $\boldsymbol{B} \in \mathbb{R}^{(m-1)\times(n-1)}$. Für die EUKLIDische Norm des Vektors $\boldsymbol{A}\begin{pmatrix} \sigma \\ \boldsymbol{w} \end{pmatrix}$ erhält man die Abschätzung

$$\left\| \boldsymbol{A}_1 \begin{pmatrix} \sigma \\ \boldsymbol{w} \end{pmatrix} \right\|_2^2 \geq (\sigma^2 + \boldsymbol{w}^T \boldsymbol{w})^2$$

und mit

$$||\boldsymbol{A}_1||_2^2 \cdot \left\| \begin{pmatrix} \sigma \\ \boldsymbol{w} \end{pmatrix} \right\|_2^2 \geq \left\| \boldsymbol{A}_1 \begin{pmatrix} \sigma \\ \boldsymbol{w} \end{pmatrix} \right\|_2^2$$

sowie

$$\left\| \begin{pmatrix} \sigma \\ \boldsymbol{w} \end{pmatrix} \right\|_2^2 = (\sigma^2 + \boldsymbol{w}^T \boldsymbol{w})$$

schließlich

$$||\boldsymbol{A}_1||_2^2 \geq \sigma^2 + \boldsymbol{w}^T \boldsymbol{w}.$$

Da aber nach Voraussetzung $\sigma^2 = ||\boldsymbol{A}||_2^2$ und $||\boldsymbol{U}^T||_2^2 = ||\boldsymbol{V}||_2^2 = 1$ ist, gilt insgesamt die Abschätzung

$$\begin{aligned} \sigma^2 + \boldsymbol{w}^T \boldsymbol{w} &\leq ||\boldsymbol{A}_1||_2^2 = ||\boldsymbol{U}^T \boldsymbol{A} \boldsymbol{V}|| \\ &\leq ||\boldsymbol{U}^T||_2^2 \cdot ||\boldsymbol{A}||_2^2 \cdot ||\boldsymbol{V}||_2^2 = ||\boldsymbol{A}||_2^2 = \sigma^2, \end{aligned}$$

[2]Zwei Vektoren heißen *orthonormal*, wenn jeder die Länge Eins hat und ihr Skalarprodukt gleich Null ist.

d.h., es können nur die Gleichheitszeichen gültig sein und es ist $\boldsymbol{w} = \boldsymbol{o}$. Durch Induktion bezüglich $\boldsymbol{B}$ kann der Beweis vervollständigt werden. □

Multipliziert man (A.74) von links mit $\boldsymbol{U}$ und von rechts mit $\boldsymbol{V}^T$, erhält man unter Berücksichtigung der Eigenschaften $\boldsymbol{U}\boldsymbol{U}^T = \boldsymbol{I}$ und $\boldsymbol{V}\boldsymbol{V}^T = \boldsymbol{I}$ von orthogonalen Matrizen die *Singulärwertzerlegung* genannte Zerlegung der Matrix $\boldsymbol{A}$ in

$$\boldsymbol{A} = \boldsymbol{U}\boldsymbol{\Sigma}\boldsymbol{V}^T. \tag{A.77}$$

Die Vektoren $\boldsymbol{u}_i$ werden *Linkssingulärvektoren* und die $\boldsymbol{v}_i$ *Rechtssingulärvektoren* genannt. Multipliziert man (A.74) von links mit der Matrix $\boldsymbol{U}$, erhält man

$$\boldsymbol{A}\boldsymbol{V} = \boldsymbol{U}\boldsymbol{\Sigma} \tag{A.78}$$

und daraus für den i-ten Spaltenvektor $(i = 1, 2, \ldots, n)$

$$\boldsymbol{A}\boldsymbol{v}_i = \sigma_i \boldsymbol{u}_i. \tag{A.79}$$

Multipliziert man dagegen (A.74) von rechts mit $\boldsymbol{V}^T$, ergibt das

$$\boldsymbol{U}^T\boldsymbol{A} = \boldsymbol{\Sigma}\boldsymbol{V}^T, \tag{A.80}$$

also für den i-ten Zeilenvektor $(i = 1, 2, \ldots, n)$

$$\boldsymbol{u}_i^T\boldsymbol{A} = \sigma_i \boldsymbol{v}_i^T, \tag{A.81}$$

oder transponiert

$$\boldsymbol{A}^T\boldsymbol{u}_i = \sigma_i \boldsymbol{v}_i \tag{A.82}$$

und für $i > n$

$$\boldsymbol{A}^T\boldsymbol{u}_i = \boldsymbol{o}. \tag{A.83}$$

Man erhält zwei weitere interessante Zusammenhänge: Multipliziert man (A.79) von links mit der transponierten Matrix $\boldsymbol{A}^T$, ist

$$\boldsymbol{A}^T\boldsymbol{A}\boldsymbol{v}_i = \sigma_i \boldsymbol{A}^T\boldsymbol{u}_i$$

und daraus mit (A.82)

$$\boldsymbol{A}^T\boldsymbol{A}\boldsymbol{v}_i = \sigma_i^2 \boldsymbol{v}_i. \tag{A.84}$$

Multipliziert man dagegen (A.82) von links mit der Matrix $\boldsymbol{A}$ und berücksichtigt (A.79), bekommt man

$$\boldsymbol{A}\boldsymbol{A}^T\boldsymbol{u}_i = \sigma_i^2 \boldsymbol{u}_i. \tag{A.85}$$

Die Eigenschaften (A.84) und (A.85) werden in dem folgenden Satz zusammengefaßt:

A.19 Satz: *Die Spalten $\boldsymbol{u}_i$ der Matrix $\boldsymbol{U}$ sind orthonormale Eigenvektoren der symmetrischen $(m \times m)$-Matrix $\boldsymbol{A}\boldsymbol{A}^T$ und die Spalten $\boldsymbol{v}_i$ der Matrix $\boldsymbol{V}$ sind orthonormale Eigenvektoren der symmetrischen $(n \times n)$-Matrix $\boldsymbol{A}^T\boldsymbol{A}$. Die nicht negativen Eigenwerte λ_i der symmetrischen Matrizen $\boldsymbol{A}\boldsymbol{A}^T$ und $\boldsymbol{A}^T\boldsymbol{A}$ sind gleich und können wegen (A.84) und (A.85) so geschrieben werden*

$$\lambda_i = \sigma_i^2. \tag{A.86}$$

A.4 Struktur linearer Abbildungen

Die Gleichung

$$\boldsymbol{A}\boldsymbol{x} = \boldsymbol{y} \tag{A.87}$$

mit $\boldsymbol{x} \in \mathbb{R}^n$, $\boldsymbol{y} \in \mathbb{R}^m$ und $\boldsymbol{A} \in \mathbb{R}^{m \times n}$ kann als *Abbildung* aus dem Vektorraum $\mathbb{R}^n$ in den Vektorraum $\mathbb{R}^m$ aufgefaßt werden:

$$\boldsymbol{A} : \mathbb{R}^n \to \mathbb{R}^m. \tag{A.88}$$

Dagegen liefert die transponierte Matrix die Abbildung

$$\boldsymbol{A}^T : \mathbb{R}^m \to \mathbb{R}^n. \tag{A.89}$$

Bezeichnet man die Spalten der Matrix $\boldsymbol{A}$ mit $\boldsymbol{a}_i$, kann (A.87) auch so geschrieben werden:

$$\boldsymbol{y} = \boldsymbol{a}_1 x_1 + \cdots + \boldsymbol{a}_n x_n, \tag{A.90}$$

die Spaltenvektoren $\boldsymbol{a}_i$ spannen also im $\mathbb{R}^m$ einen Unterraum auf.

A.20 Definition: *$\boldsymbol{A}$ sei eine Abbildung von $\mathcal{V}$ nach $\mathcal{W}$. Dann heißt der Vektorraum*

$$\text{Bild}(\boldsymbol{A}) \stackrel{\text{def}}{=} \{\boldsymbol{y} : \boldsymbol{y} = \boldsymbol{A}\boldsymbol{x}, \;\; \boldsymbol{x} \in \mathcal{V}\} \subseteq \mathcal{W} \tag{A.91}$$

Bildraum *von $\boldsymbol{A}$. Die Dimension von* Bild($\boldsymbol{A}$) *heißt* **Rang** *der Matrix $\boldsymbol{A}$.*

Eine besondere Rolle spielen die Vektoren, die durch die Matrix $\boldsymbol{A}$ in den Nullvektor abgebildet werden:

A.21 Definition: *$\boldsymbol{A}$ sei eine Abbildung von $\mathcal{V}$ nach $\mathcal{W}$. Die Menge aller Vektoren*

$$\text{Kern}(\boldsymbol{A}) \stackrel{\text{def}}{=} \{\boldsymbol{x} : \boldsymbol{A}\boldsymbol{x} = \mathbf{o}, \;\; \boldsymbol{x} \in \mathcal{V}\} \subseteq \mathcal{V} \tag{A.92}$$

heißt **Kern** *oder* **Nullraum** *von $\boldsymbol{A}$. Die Dimension von* Kern($\boldsymbol{A}$) *heißt* **Defekt** *der Matrix $\boldsymbol{A}$.*

A.22 Beispiel: Die (3×2)-Matrix

$$\boldsymbol{A} = \begin{bmatrix} -2 & -1 \\ 2 & 1 \\ 4 & 2 \end{bmatrix}$$

bildet den zweidimensionalen Vektorraum $\mathcal{V}$ in den dreidimensionalen Vektorraum $\mathcal{W}$ ab, wobei $\mathcal{V}$ und $\mathcal{W}$ über dem Körper $\mathbb{R}$ definiert seien. Da die drei Zeilen von $\boldsymbol{A}$ linear abhängig sind, folgt für den Kern von $\boldsymbol{A}$ aus

$$\boldsymbol{A}\boldsymbol{x} = \mathbf{o} \tag{A.93}$$

die einzige Bestimmungsgleichung

$$-2x_1 = x_2, \tag{A.94}$$

d.h., alle Vektoren

$$\boldsymbol{x} = \begin{bmatrix} x_1 \\ -2x_1 \end{bmatrix} \in \mathcal{V} \tag{A.95}$$

gehören zum Kern($\boldsymbol{A}$) und es ist

$$\text{Kern}(\boldsymbol{A}) = \{\boldsymbol{x} : \boldsymbol{x} = \alpha \begin{bmatrix} 1 \\ -2 \end{bmatrix}, \quad -\infty < \alpha < +\infty\}. \tag{A.96}$$

Andererseits gehören zu Bild($\boldsymbol{A}$) alle die Vektoren $\boldsymbol{y}$, die durch

$$\boldsymbol{y} = \boldsymbol{A}\boldsymbol{x} = x_1 \begin{bmatrix} -2 \\ 2 \\ 4 \end{bmatrix} + x_2 \begin{bmatrix} -1 \\ 1 \\ 2 \end{bmatrix} = (2x_1 + x_2) \begin{bmatrix} -1 \\ 1 \\ 2 \end{bmatrix} \tag{A.97}$$

dargestellt werden können, d.h., es ist

$$\text{Bild}(\boldsymbol{A}) = \{\boldsymbol{y} : \boldsymbol{y} = \alpha \begin{bmatrix} -1 \\ 1 \\ 2 \end{bmatrix}, \quad -\infty < \alpha < +\infty\}. \tag{A.98}$$

□

Der Rang und der Defekt einer Matrix hängen wie folgt zusammen.

A.23 Satz: *$\boldsymbol{A}$ sei eine Abbildung von $\mathcal{V}$ nach $\mathcal{W}$ und* Rang($\boldsymbol{A}$) = dim($\mathcal{V}$) = n. *Dann ist*

$$\dim(\text{Bild}(\boldsymbol{A})) + \dim(\text{Kern}(\boldsymbol{A})) = n = \dim(\mathcal{V}). \tag{A.99}$$

Beweis: Wenn $\{\boldsymbol{b}_1, \ldots, \boldsymbol{b}_n\}$ eine Basis des Vektorraums $\mathcal{V}$ und $\{\boldsymbol{b}_1, \ldots, \boldsymbol{b}_k\}$ eine Basis von Kern($\boldsymbol{A}$) ist, dann ist

$$\text{span}\{\boldsymbol{b}_1, \ldots, \boldsymbol{b}_n\} = \text{span}\{\boldsymbol{b}_{k+1}, \ldots, \boldsymbol{b}_n\} = \text{Bild}(\boldsymbol{A}).$$

Es ist also hinreichend zu zeigen, daß die Vektoren $\boldsymbol{A}\boldsymbol{b}_{k+1}, \ldots, \boldsymbol{A}\boldsymbol{b}_n$ linear unabhängig sind. Es ist

$$\sum_{i=k+1}^{n} c_i \boldsymbol{A}\boldsymbol{b}_i = \boldsymbol{A} \sum_{i=k+1}^{n} c_i \boldsymbol{b}_i = \boldsymbol{o},$$

also muß

$$\sum_{i=k+1}^{n} c_i \boldsymbol{b}_i \in \text{Kern}(\boldsymbol{A})$$

sein. Da aber die Vektoren $\boldsymbol{b}_{k+1}, \ldots, \boldsymbol{b}_n$ nicht zur Menge der Basisvektoren von Kern($\boldsymbol{A}$) gehören, muß $c_{k+1} = \cdots = c_n = 0$ sein, d.h., die Vektoren $\boldsymbol{b}_{k+1}, \ldots, \boldsymbol{b}_n$ müssen linear unabhängig sein. □

Das *Skalarprodukt* versieht den n-dimensionalen Vektorraum mit einer geometrischen Struktur:

A.24 Definition: *Zwei Vektoren $\boldsymbol{x}$ und $\boldsymbol{y}$ heißen* **orthogonal**, *wenn ihr Skalarprodukt Null ist:*

$$\boldsymbol{x} \perp \boldsymbol{y} \Leftrightarrow \boldsymbol{x}^T\boldsymbol{y} = 0. \tag{A.100}$$

Entsprechend wird, wenn $\mathcal{S}$ und $\mathcal{T}$ Unterräume des $\mathbb{R}^n$ sind, definiert:

$$\boldsymbol{x} \perp \mathcal{S} \Leftrightarrow \boldsymbol{x}^T\boldsymbol{y} = 0, \quad \forall\, \boldsymbol{y} \in \mathcal{S}, \tag{A.101}$$

$$\mathcal{T} \perp \mathcal{S} \Leftrightarrow \boldsymbol{x}^T\boldsymbol{y} = 0, \quad \forall\, \boldsymbol{x} \in \mathcal{S},\ \boldsymbol{y} \in \mathcal{T}. \tag{A.102}$$

Der Unterraum

$$\mathcal{S}^\perp \overset{\text{def}}{=} \{\boldsymbol{x} : \boldsymbol{x} \in \mathbb{R}^n,\ \boldsymbol{x} \perp \mathcal{S}\} \tag{A.103}$$

heißt **orthogonales Komplement** *von $\mathcal{S}$.*

Die Unterräume $\mathcal{S}$ und $\mathcal{S}^\perp$ erzeugen eine **Zerlegung** des $\mathbb{R}^n$ in dem Sinn, daß jeder Vektor $\boldsymbol{x} \in \mathbb{R}^n$ eindeutig in

$$\boldsymbol{x} = \boldsymbol{x}_1 + \boldsymbol{x}_2 \tag{A.104}$$

zerlegt werden kann, wobei $\boldsymbol{x}_1 \in \mathcal{S}$ und $\boldsymbol{x}_2 \in \mathcal{S}^\perp$. Entsprechend ist $\mathbb{R}^n$ die *direkte Summe* von $\mathcal{S}$ und $\mathcal{S}^\perp$:

$$\mathbb{R}^n = \mathcal{S} \oplus \mathcal{S}^\perp. \tag{A.105}$$

Da der Kern($\boldsymbol{A}$) aus den Vektoren besteht, die orthogonal zu den Zeilen der Matrix $\boldsymbol{A}$, d.h., den Spalten von $\boldsymbol{A}^T$ sind, gilt:

$$\text{Kern}(\boldsymbol{A}) = \left[\text{span}(\boldsymbol{A}^T)\right]^\perp = \left[\text{Bild}(\boldsymbol{A}^T)\right]^\perp. \tag{A.106}$$

Außerdem gilt das

A.25 Satz: *Sei $\boldsymbol{A} : \mathbb{R}^n \to \mathbb{R}^m$, dann ist*

$$\text{Bild}(\boldsymbol{A}) = \text{Bild}(\boldsymbol{A}\boldsymbol{A}^T), \tag{A.107}$$

$$\text{Kern}(\boldsymbol{A}) = \text{Kern}(\boldsymbol{A}^T\boldsymbol{A}). \tag{A.108}$$

Beweis: Wenn $\boldsymbol{y} \in \text{Bild}(\boldsymbol{A}\boldsymbol{A}^T)$, dann existiert ein $\boldsymbol{z} \in \mathbb{R}^m$ so, daß

$$\boldsymbol{y} = \boldsymbol{A}\boldsymbol{A}^T\boldsymbol{z} \tag{A.109}$$

ist. Sei $\boldsymbol{A}^T\boldsymbol{z} = \boldsymbol{x} \in \mathbb{R}^n$, dann ist $\boldsymbol{y} = \boldsymbol{A}\boldsymbol{x}$, folglich ist $\boldsymbol{y} \in \text{Bild}(\boldsymbol{A})$. Ist umgekehrt $\boldsymbol{y} \in \text{Bild}(\boldsymbol{A})$, dann existiert ein $\boldsymbol{x} \in \mathbb{R}^n$ so, daß

$$\boldsymbol{y} = \boldsymbol{A}\boldsymbol{x} \tag{A.110}$$

ist. Aus (A.104) und (A.105) folgt, daß $\boldsymbol{x}$ in $\boldsymbol{x} = \boldsymbol{x}_1 + \boldsymbol{x}_2$ zerlegt werden kann, wobei

$$\boldsymbol{x}_1 \in \text{Bild}(\boldsymbol{A}^T) \Rightarrow \boldsymbol{x}_1 = \boldsymbol{A}^T\boldsymbol{z}, \quad \text{für ein } \boldsymbol{z} \in \mathbb{R}^m, \tag{A.111}$$

$$\boldsymbol{x}_2 \in \left[\text{Bild}(\boldsymbol{A}^T)\right]^\perp \Rightarrow \boldsymbol{A}\boldsymbol{x}_2 = \mathbf{o}. \tag{A.112}$$

Demnach gilt

$$\boldsymbol{y} = \boldsymbol{A}\boldsymbol{x} = \boldsymbol{A}\boldsymbol{x}_1 + \boldsymbol{A}\boldsymbol{x}_2 = \boldsymbol{A}\boldsymbol{A}^T\boldsymbol{z} + \mathbf{o}, \quad (\boldsymbol{z} \in \mathbb{R}^m) \tag{A.113}$$

und daraus folgt $\boldsymbol{y} \in \text{Bild}(\boldsymbol{A}\boldsymbol{A}^T)$. Dieses Argument verifiziert (A.107). (A.108) folgt ebenfalls daraus, denn es ist

$$\text{Kern}(\boldsymbol{A}) = \left[\text{Bild}(\boldsymbol{A}^T)\right]^{\perp} = \left[\text{Bild}(\boldsymbol{A}^T\boldsymbol{A})\right]^{\perp} = \text{Kern}(\boldsymbol{A}^T\boldsymbol{A}). \tag{A.114}$$

□

Sämtliche Ergebnisse sind in Bild A.1 dargestellt.

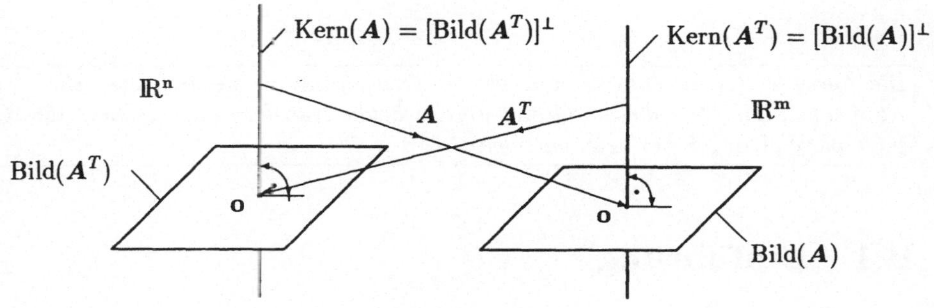

Bild A.1: Zerlegung der linearen Abbildung $\boldsymbol{A}$.

B LAPLACE- und $\mathcal{Z}$-Transformation

Die Gesetze der LAPLACE*- und der $\mathcal{Z}$-Transformation weisen eine sehr große Ähnlichkeit auf. Aus diesem Grund werden beide Transformationen bzw. ihre Gesetze parallel eingeführt bzw. hergeleitet.*

B.1 Einführung

Die LAPLACE-Transformation | Die $\mathcal{Z}$-Transformation

wird vor allem zur Lösung von

Differentialgleichungen | Differenzengleichungen

mit konstanten Koeffizienten herangezogen. Ziel der Transformation ist, das Problem so zu transformieren, daß es mittels einfacherer bekannter mathematischer Methoden gelöst werden kann. Allgemein erhält man das Schema in Bild B.1 für die Lösung von Problemen durch eine Transformation.
Mit Hilfe der

LAPLACE-Transformation werden Differentialgleichungen | $\mathcal{Z}$-Transformation werden Differenzengleichungen

so transformiert, daß algebraische Gleichungen entstehen.

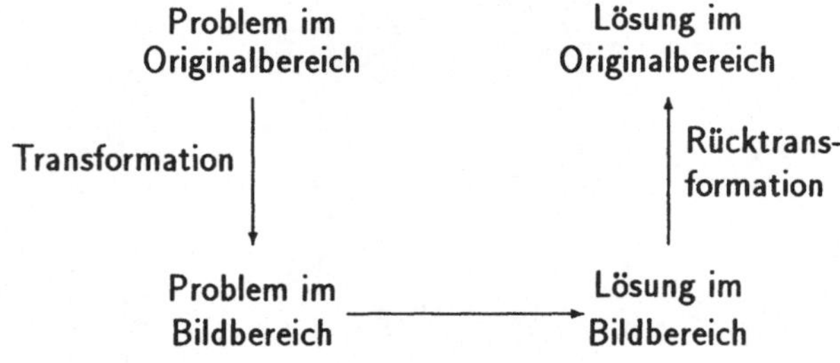

Bild B.1: Schema für die Lösung eines Problems durch eine Transformation.

Differentialgleichungen mit der kontinuierlichen Zeit t	Differenzengleichungen mit der diskreten Zeit k

werden in algebraische Gleichungen mit einer

neuen Variablen $s \in \mathbb{C}$	neuen Variablen $z \in \mathbb{C}$

transformiert. Diese neuen Variablen sind komplexe Zahlen, da die Lösungen einer algebraischen Gleichung mit reellen Koeffizienten auch komplexe Zahlen sein können. Die transformierte Gleichung wird dann algebraisch umgeformt. Die umgeformte Gleichung in s bzw. in z wird in eine Zeitfunktion zurücktransformiert, die bereits die Lösung der

Differentialgleichung	Differenzengleichung

für die gegebenen Anfangswerte darstellt. An die Stelle der

Differentiation nach der Zeit	Zeitverschiebung

soll im Bildbereich die

Multiplikation mit s treten: $$\mathcal{L}\{\dot{f}(t)\} \stackrel{!}{=} s\mathcal{L}\{f(t)\} \quad \text{(B.1)}$$	Multiplikation mit z treten: $$\mathcal{Z}\{f_{k+1}\} \stackrel{!}{=} z\mathcal{Z}\{f_k\}. \quad \text{(B.2)}$$

Aus der Operatorenrechnung der Mathematik ist bekannt, daß hierfür

Integraltransformationen	Summentransformationen

besonders günstig sind:

$$\mathcal{L}\{f(t)\} \stackrel{\text{def}}{=} \int_t K(s,t)f(t)\mathrm{d}t. \quad \text{(B.3)}$$	$$\mathcal{Z}\{f_k\} \stackrel{\text{def}}{=} \sum_k Z(z,k)f_k. \quad \text{(B.4)}$$

Die Forderungen (B.1) und (B.2) heißen dann

$$s\int_t K(s,t)f(t)\mathrm{d}t \stackrel{!}{=} \int_t K(s,t)\dot{f}(t)\mathrm{d}t. \quad \text{(B.5)}$$	$$z\sum_k Z(z,k)f_k \stackrel{!}{=} \sum_k Z(z,k)f_{k+1}. \quad \text{(B.6)}$$

$K(s,t)$ bzw. $Z(z,k)$ müssen so festgelegt werden, daß die Forderungen (B.5) bzw. (B.6) möglichst gut erfüllt werden.

Um $K(s,t)$ aus (B.5) bestimmen zu können, wird die rechte Seite von (B.5) partiell integriert:

$$\int_t K(s,t)\dot{f}(t)\mathrm{d}t =$$

$$= [K(s,t)f(t)] - \int_t \frac{\partial K(s,t)}{\partial t} f(t)\mathrm{d}t. \tag{B.7}$$

Aus (B.5) und (B.7) folgt, wenn man die Randglieder zunächst nicht berücksichtigt, da die Integrationsgrenzen noch nicht festgelegt sind, eine Differentialgleichung für $K(s,t)$

$$\frac{\partial K(s,t)}{\partial t} + sK(s,t) = 0. \tag{B.10}$$

Das ist eine lineare Differentialgleichung, bei der der Lösungsansatz

$$K(s,t) = c(s)\mathrm{e}^{-st} \tag{B.11}$$

immer zum Ziel führt. Mit $c(s) = 1$ erhält man die einfachste Lösung

$$\underline{\underline{K(s,t) = \mathrm{e}^{-st}}}. \tag{B.12}$$

Die rechte Seite von (B.6) kann in

$$\sum_k Z(z,k)f_{k+1} = \sum_k Z(z,k-1)f_k \tag{B.8}$$

umgeformt werden. Aus der linken Seite von (B.6) und der rechten Seite von (B.8) folgt

$$zZ(z,k) = Z(z,k-1). \tag{B.9}$$

Die einfachste Funktion, die diese Bedingung erfüllt, ist

$$\underline{\underline{Z(z,k) = z^{-k}}}, \tag{B.13}$$

denn es ist

$$zZ(z,k) = zz^{-k} = z^{-(k-1)} = Z(z,k-1). \tag{B.14}$$

Bei der Lösung von linearen gewöhnlichen Differential- bzw. Differenzengleichungen interessiert die Lösung für alle Zeiten, die größer als der Anfangszeitpunkt $t = k = 0$ ist. Daher ist es sinnvoll,

als
untere Integrationsgrenze des Transformationsintegrals (B.3) $t = 0$ zu wählen.

als untere Summengrenze der Transformationssumme (B.4) $k = 0$ zu wählen.

Damit die transformierte Funktion außerdem unabhängig von der Zeit ist, wird als obere Grenze $t = k = \infty$ gewählt. Damit erhält man endgültig als Definitionsgleichung für die

LAPLACE-Transformation

$$\mathcal{L}\{f(t)\} \stackrel{\text{def}}{=} \int_{0+}^{+\infty} e^{-st} f(t)\mathrm{d}t \stackrel{\text{def}}{=} f(s). \tag{B.15}$$

Z-Transformation

$$\mathcal{Z}\{f_k\} \stackrel{\text{def}}{=} \sum_{k=0}^{\infty} z^{-k} f_k \stackrel{\text{def}}{=} f(z). \tag{B.16}$$

Jetzt müssen noch die Forderungen (B.1) bis (B.6) beachtet werden. Nach Einsetzen der Grenzen

und Berücksichtigen der Randglieder in (B.7) erhält man

$$\mathcal{L}\{\dot{f}(t)\} = \int_0^{\infty} e^{-st} \dot{f}(t)\mathrm{d}t$$

$$= \left[e^{-st} f(t)\right]_0^{\infty} + s\int_0^{\infty} e^{-st} f(t)\mathrm{d}t$$

$$= z\left[\sum_{k=0}^{\infty} z^{-k} f_k - f_0\right]$$

$$= zf(z) - zf_0. \tag{B.18}$$

in (B.8) erhält man

$$\mathcal{Z}\{f_{k+1}\} = \sum_{k=0}^{\infty} z^{-k} f_{k+1}$$

$$= z\sum_{k=0}^{\infty} z^{-(k+1)} f_{k+1}$$

$$= sf(s) - f(0+). \tag{B.17}$$

Die Forderungen (B.1) bzw. (B.3) ließen sich also nicht ganz durchhalten.

Die Differentiationsregel mußte durch den Anfangswert $f(0+)$ modifiziert werden.

Die Verschiebungsregel mußte durch den mit z multiplizierten Anfangswert zf_0 modifiziert werden.

Um eindeutige Zusammenhänge zwischen den Funktionen bzw. Folgen und den Transformierten zu erhalten, wird angenommen, daß

$$f(t) = 0 \quad \text{für} \quad t < 0.$$

$$f_k = 0 \quad \text{für} \quad k < 0.$$

B.2 Konvergenz der transformierten Größen

Damit die LAPLACE-Transformierte $f(s)$ für eine Funktion $f(t)$ existiert, muß das Integral in (B.12) konvergieren. Ist für alle $t \geq 0$

$$|f(t)| \leq M e^{\delta_m t}, \quad M > 0, \ \delta_m < \infty, \tag{B.19}$$

dann existiert die LAPLACE-Transformierte, denn es ist

$$\begin{aligned} |f(s)| &= \left| \int_0^\infty e^{-st} f(t) dt \right| \\ &\leq \int_0^\infty \left| e^{-st} \right| |f(t)| \, dt \\ &\leq \int_0^\infty \left| e^{-st} \right| M e^{\delta_m t} dt \\ &= \int_0^\infty M e^{(\delta_m - \delta)t} dt. \end{aligned} \tag{B.20}$$

Das letzte Integral konvergiert für $\delta_m - \delta < 0$, d.h. für

$$\delta > \delta_m. \tag{B.24}$$

Daraus folgt, daß für jede Funktion $f(t)$, die (B.19) erfüllt, $|f(s)|$ endlich ist und damit $f(s)$ für alle s, die (B.24) erfüllen, existiert. $f(s)$ existiert also für alle s in der rechts von der Senkrechten durch den Punkt δ_m (Bild B.2a) liegenden Halbebene der s-Ebene.

B.1 Beispiel: Gesucht ist die LAPLACE-Transformierte der Funktion

$$f(t) = e^{\alpha t}, \quad \alpha \in \mathbb{C}.$$

Damit die $\mathcal{Z}$-Transformierte $f(z)$ für eine Folge f_k existiert, muß die Summe in (B.14) konvergieren. Ist für alle $k \geq 0$

$$|f_k| \leq M R^k, \quad M > 0, \ R > 0, \tag{B.21}$$

dann existiert die $\mathcal{Z}$-Transformierte, denn es ist

$$\begin{aligned} \left| f_k z^{-k} \right| &\leq M \left| \left(\frac{z}{R} \right)^{-k} \right| \\ &= M \left| \frac{R}{z} \right|^k \to 0 \quad \text{für} \quad k \to \infty \end{aligned} \tag{B.22}$$

wenn

$$|z| > R. \tag{B.23}$$

R nennt man den „Konvergenzradius“ der Reihe (*Radius*, weil z auch eine komplexe Zahl sein kann). Die Reihe in der Summe von (B.16) konvergiert für alle z außerhalb des Kreises um den Ursprung mit dem Radius R in der z-Ebene (Bild B.2b).

Ist eine kontinuierliche Funktion $f(t)$ und nicht eine Folge $\{f_k\}$ gegeben, dann versteht man unter $\mathcal{Z}\{f(t)\}$ die $\mathcal{Z}$-Transformierte der Funktion $f(t)$ in den Abtastzeitpunkten: $f(t) \to f(kT) = f_k$.

B.3 Beispiel: Zu der Funktion

$$f(t) = a^{t/T}$$

gehört für $t = kT$ die Folge

$$f_k = a^k.$$

Dafür erhält man die $\mathcal{Z}$-Transformierte aus

$$\mathcal{Z}\{a^k\} = f(z) = \sum_{k=0}^{\infty} a^k z^{-k}.$$

$$f(s) = \int_{0+}^{+\infty} e^{-st} e^{\alpha t} dt$$

$$= \int_{0+}^{+\infty} e^{(\alpha - s)t} dt$$

$$= \left[\frac{e^{(\alpha-s)t}}{\alpha - s} \right]_{0+}^{+\infty}.$$

Für $\Re e(s) > \Re e(\alpha)$ ist

$$\underline{\underline{\mathcal{L}\{e^{\alpha t}\} = \frac{1}{s - \alpha}.}}$$

B.2 Beispiel: Für $\alpha = 0$ in der Funktion $f(t)$ des Beispiels B.1, also für die Sprungfunktion $f(t) = \sigma(t)$, erhält man die LAPLACE-Transformierte

$$\underline{\underline{\mathcal{L}\{\sigma(t)\} = \frac{1}{s}.}}$$

Aus der Summenformel für Potenzreihen mit $|b| < 1$

$$\sum_{k=0}^{m} b^k = \frac{1 - b^m}{1 - b}$$

folgt

$$\lim_{m \to \infty} \frac{1 - b^m}{1 - b} = \frac{1}{1 - b}.$$

Für $|z| > |a|$, d.h., $|a| = R$ ist der Konvergenzradius, erhält man mit $b = a/z$ aus der letzten Formel

$$\underline{\underline{\mathcal{Z}\{a^k\} = \frac{1}{1 - az^{-1}} = \frac{z}{z - a}.}}$$

B.4 Beispiel: Ist $a = 1$, also $f(t) = \sigma(t)$, erhält man aus dem Ergebnis von Beispiel B.3

$$\underline{\underline{\mathcal{Z}\{\sigma(t)\} = \mathcal{Z}\{1\} = \frac{z}{z - 1}.}}$$

□

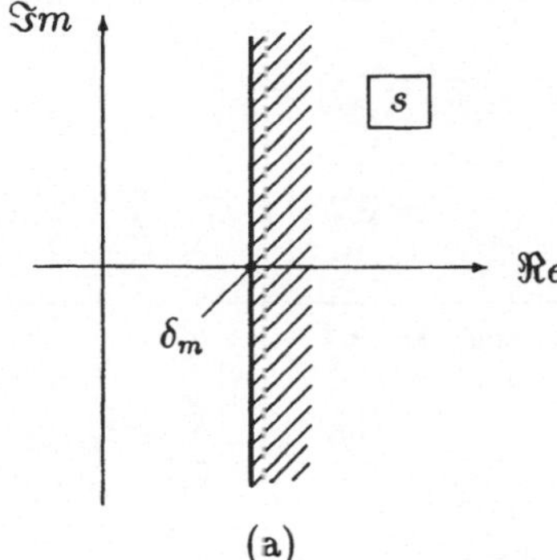

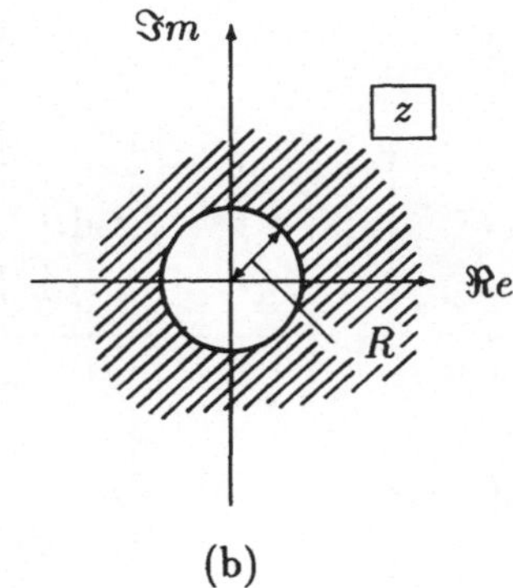

Bild B.2: Konvergenzbereich a) des Integrals der LAPLACE-Transformation und b) der Summe der $\mathcal{Z}$-Transformation.

B.3 Eigenschaften der LAPLACE- und der $\mathcal{Z}$-Transformation

B.3.1 Linearität

Wie man leicht zeigen kann, sind beide Transformationen linear:

$$\mathcal{L}\{c_1 f(t) + c_2 g(t)\} = c_1 f(s) + c_2 g(s).$$

$$\mathcal{Z}\{c_1 f_k + c_2 g_k\} = c_1 f(z) + c_2 g(z).$$

B.3.2 Differentiation bzw. Differenzbildung

Aus den Definitionen der Transformationen und der Linearität folgen:

$$\mathcal{L}\{\dot{f}(t)\} = s f(s) - f(0+).$$

$$\mathcal{Z}\{f_{k+1} - f_k\} = (z-1) f(z) - z f_0.$$

B.3.3 Zeitverschiebung

Für eine nach *rechts* verschobene Funktion bzw. Folge gilt:

$$\mathcal{L}\{f(t-T)\} = = e^{-sT}\left[f(s) + \int_{-T}^{0} e^{-st} f(t)\mathrm{d}t\right]$$

Beweis: Es ist

$$\mathcal{L}\{f(t-T)\} = \int_{0+}^{+\infty} e^{-st} f(t-T)\mathrm{d}t$$

und mit $\tau \stackrel{\text{def}}{=} t - T$

$$\mathcal{L}\{f(t-T)\} = \int_{-T}^{+\infty} e^{-s(\tau+T)} f(\tau)\mathrm{d}\tau$$

$$\mathcal{Z}\{f_{k-m}\} = = z^{-m}\left[f(z) + \sum_{k=1}^{m} z^k f_{-k}\right].$$

Beweis: Es ist

$$\mathcal{Z}\{f_{k-m}\} = \sum_{k=0}^{\infty} z^{-k} f_{k-m}$$

und mit $i \stackrel{\text{def}}{=} k - m$

$$\mathcal{Z}\{f_{k-m}\} = \sum_{i=-m}^{\infty} z^{-(i+m)} f_i$$

$$= e^{-sT}\int_{-T}^{\infty} e^{-s\tau} f(\tau)d\tau$$

$$= e^{-sT}\left[\int_{0}^{\infty} e^{-s\tau} f(\tau)d\tau + \int_{-T}^{0} e^{-s\tau} f(\tau)d\tau\right]$$

□

$$= z^{-m}\left[\sum_{i=0}^{\infty} z^{-i} f_i + \sum_{i=-m}^{-1} z^{-i} f_i\right]$$

$$= z^{-m}\left[f(z) + \sum_{k=1}^{m} z^{k} f_{-k}\right].$$

□

Für eine nach *links* verschobene Funktion bzw. Folge gilt:

$$\mathcal{L}\{f(t+T)\} = = e^{sT}\left[f(s) - \int_{0}^{T} e^{-st} f(t)dt\right]$$

Beweis: Siehe Beweis für die nach rechts verschobene Funktion. □

$$\mathcal{Z}\{f_{k+m}\} = = z^{m}\left[f(z) - \sum_{k=0}^{m-1} z^{-k} f_k\right].$$

Beweis: Siehe Beweis für die nach rechts verschobene Folge. □

B.3.4 Dämpfungssatz

$$\mathcal{L}\left\{e^{\pm at} f(t)\right\} = f(s \mp a).$$

Beweis: Die LAPLACE-Transformation liefert direkt

$$\mathcal{L}\left\{e^{\pm at} f(t)\right\} = \int_{0+}^{+\infty} e^{-st} e^{\pm at} f(t)dt =$$

$$= \int_{0+}^{+\infty} e^{-(s\mp a)t} f(t)dt = f(s \mp a).$$

□

$$\mathcal{Z}\left\{e^{\pm akT} f_k\right\} = f_z(z e^{\mp aT}).$$

Beweis: Die $\mathcal{Z}$-Transformation liefert direkt

$$\mathcal{Z}\left\{e^{\pm akT} f_k\right\} = \sum_{k=0}^{\infty} z^{-k} e^{\pm akT} f_k =$$

$$= \sum_{k=0}^{\infty} (z e^{\mp aT})^{-k} f_k = f(z e^{\mp aT}).$$

□

B.3.5 Integration bzw. Summation

Für die Transformation des Integrals über eine Funktion bzw. der Summe über eine Folge, erhält man:

$$\mathcal{L}\left\{\int_0^t f(t)\mathrm{d}t\right\} = \frac{1}{s}f(s).$$

Beweis: Es ist

$$\mathcal{L}\left\{\int_0^t f(t)\mathrm{d}t\right\} = \int_{0+}^{+\infty} \mathrm{e}^{-st}\int_0^t f(\tau)\mathrm{d}\tau\mathrm{d}t.$$

Partielle Integration liefert:

$$\mathcal{L}\left\{\int_0^t f(t)\mathrm{d}t\right\} = \left[-\frac{1}{s}\mathrm{e}^{-st}\int_0^t f(\tau)\mathrm{d}\tau\right]_0^{+\infty} + \int_{0+}^{+\infty}\frac{1}{s}\mathrm{e}^{-st}f(t)\mathrm{d}t.$$

Wenn $\mathcal{L}\{f(t)\}$ existiert, wird die eckige Klammer Null und es verbleibt der behauptete Zusammenhang. □

$$\mathcal{Z}\left\{\sum_{i=0}^k f_i\right\} = \frac{z}{z-1}f(z).$$

Beweis: Die Summe als Folge geschrieben ergibt:

$$\left\{\sum_{i=0}^k f_i\right\} = \{f_0, f_0+f_1, f_0+f_1+f_2, \ldots\}$$

Dafür erhält man

$$f_0 + (f_0+f_1)z^{-1} + (f_0+f_1+f_2)z^{-2} + \cdots$$
$$= \sum_{k=0}^{\infty} f_0 z^{-k} + \sum_{k=1}^{\infty} f_1 z^{-k} + \sum_{k=2}^{\infty} f_2 z^{-k} + \cdots.$$

Mit Hilfe der Zeitverschiebungsregel wird daraus

$$\frac{z}{z-1}f_0 + \frac{z}{z-1}z^{-1}f_1 + \frac{z}{z-1}z^{-2}f_2 + \cdots$$
$$= \frac{z}{z-1}\sum_{k=0}^{\infty} z^{-k}f_k = \frac{z}{z-1}f(z).$$

□

B.3.6 Anfangswertsatz

$$f(0+) = \lim_{s\to\infty} sf(s).$$

Beweis: Aus der Differentiationsregel folgt für $s \to 0$:

$$0 = \lim_{s\to 0} sf(s) - f(0+),$$

also der Anfangswertsatz. □

$$f_0 = \lim_{z\to\infty} f(z).$$

Beweis: Aus der Definitionsgleichung der $\mathcal{Z}$-Transformation folgt

$$\lim_{z\to\infty} f(z) = \lim_{z\to\infty}\sum_{k=0}^{\infty} z^{-k}f_k =$$
$$\lim_{z\to\infty}(f_0 + z^{-1}f_1 + z^{-2}f_2 + \cdots) = f_0.$$

□

B.3.7 Endwertsatz

$$f(\infty) = \lim_{s\to 0} sf(s).$$

Beweis: Aus der Differentiationsregel folgt

$$\lim_{s\to 0}\int_0^\infty e^{-st}\dot f(t)\mathrm{d}t = \lim_{s\to 0}(sf(s) - f(0)) =$$

$$= \int_0^\infty \dot f(t)\mathrm{d}t = f(\infty) - f(0) = \lim_{s\to 0} sf(s) - f(0).$$

□

$$f_\infty = \lim_{z\to 1}(z-1)f(z).$$

Beweis: Betrachtet werden die beiden endlichen Reihen

$$\sum_{i=0}^{k} z^{-i} f_i = f_0 + f_1 z^{-1} + f_2 z^{-2} + \cdots + f_k z^{-k}$$

und

$$\sum_{i=0}^{k} z^{-i} f_{i-1} = f_{-1} + f_0 z^{-1} + f_1 z^{-2} + f_2 z^{-3} + \cdots + f_{k-1} z^{-k}$$

$$= z^{-1} \sum_{i=-1}^{k-1} z^{-i} f_i.$$

Die beiden Gleichungen subtrahiert und der Grenzübergang durchgeführt, liefert

$$\lim_{z\to 1}\left[\sum_{i=0}^{k} z^{-i} f_i - z^{-1}\sum_{i=-1}^{k-1} z^{-i} f_i\right] =$$

$$= \sum_{i=0}^{k} f_i - \sum_{i=-1}^{k-1} f_i = f_k - f_{-1}.$$

Mit dem Grenzübergang $k\to\infty$ wird daraus

$$\lim_{k\to\infty}(f_k) - f_{-1} =$$

$$= \lim_{k\to\infty}\lim_{z\to 1}\left[\sum_{i=0}^{k} z^{-i} f_i - z^{-1}\sum_{i=0}^{k-1} z^{-i} f_i\right] - f_{-1},$$

d.h., es ist

$$\lim_{k\to\infty} f_k = \lim_{z\to 1}(1 - z^{-1})f(z).$$

□

B.3.8 Faltung

Zwischen der Eingangsgröße u und der Ausgangsgröße y eines Systems besteht im Transformationsbereich der Zusammenhang

$$y(s) = G(s)u(s),$$

$$y(z) = H(z)u(z),$$

d.h., es treten Produkte von transformierten Funktionen auf. Welche Zeitfunktion ergibt gerade ein solches Produkt? Es ist allgemein

$$G(s)F(s) =$$

$$\int_{0+}^{\infty} e^{-s\theta} g(\theta)d\theta \int_{0+}^{\infty} e^{-s\tau} f(\tau)d\tau =$$

$$= \int_{0}^{\infty} \left[\int_{0}^{\infty} e^{-s(\theta+\tau)} g(\tau) f(\theta) d\tau \right] d\theta.$$

Mit $t = \theta + \tau$, d.h., $\tau = t - \theta$ wird daraus

$$G(s)F(s) =$$

$$= \int_{0}^{\infty} \left[\int_{0}^{t} g(t-\tau) f(\tau) d\tau \right] e^{-st} dt,$$

d.h., $G(s)F(s)$ ist die LAPLACE-Transformierte des sogenannten *Faltungsintegrals*:

$$\mathcal{L}\left\{ \int_{0}^{t} g(t-\tau) f(\tau) d\tau \right\} = G(s)F(s).$$

$$G(z)F(z) = \left[\sum_{k=0}^{\infty} z^{-k} g_k \right] \left[\sum_{k=0}^{\infty} z^{-k} f_k \right] =$$

$$= g_0 f_0 + (g_0 f_1 + g_1 f_0) z^{-1} + (g_0 f_2 + g_1 f_1 + g_2 f_0) z^{-2} + \cdots$$

$$= g_0 f_0 + \left(\sum_{i=0}^{1} g_{1-i} f_i \right) z^{-1} + \left(\sum_{i=0}^{2} g_{2-i} f_i \right) z^{-2} + \cdots$$

$$= \sum_{k=0}^{\infty} \left[\sum_{i=0}^{k} g_{k-i} f_i \right] z^{-k},$$

d.h., $G(z)F(z)$ ist die $\mathcal{Z}$-Transformierte der sogenannten *Faltungssumme*:

$$\mathcal{Z}\left\{ \sum_{i=0}^{k} g_{k-i} f_i \right\} = G(z)F(z).$$

B.3.9 Die $\mathcal{Z}$-Transformierte einer LAPLACE-Transformierten

Bei der $\mathcal{Z}$-Transformation besteht der Zusammenhang

$$f(t) \rightarrow f_k \leftrightarrow f(z)$$

und bei der LAPLACE-Transformation der Zusammenhang

$$f(t) \leftrightarrow f(s),$$

insgesamt also

$$f(s) \leftrightarrow f(t) \rightarrow f_k \leftrightarrow f(z).$$

Daraus folgt, daß die $\mathcal{Z}$-Transformierte auch aus der LAPLACE-Transformierten direkt berechnet werden kann, aber nicht umgekehrt! Um sofort erkennen zu können, daß die $\mathcal{Z}$-Transformierte einer LAPLACE-Transformierten gebildet wird, wird ein anderes Symbol verwendet

$$f(z) = \mathsf{Z}\{f(s)\}.$$

Beispiel:

$$\mathcal{L}\{\sigma(t)\} = \frac{1}{s} \leftrightarrow \sigma(t) \rightarrow f_k = 1 \leftrightarrow \mathcal{Z}\{\sigma(t)\} = \frac{z}{z-1},$$

also

$$\mathsf{Z}\left\{\frac{1}{s}\right\} = \frac{z}{z-1}.$$

□

B.4 LAPLACE-Rücktransformation in den Zeitbereich

Die Rücktransformation in den Zeitbereich wird geschrieben

$$\mathcal{L}^{-1}\{f(s)\} = f(t) \tag{B.25}$$

und **inverse LAPLACE-Transformation** genannt. Bei der Lösung von Problemen mit Hilfe der LAPLACE-Transformation ist zum Schluß aus $f(s)$ die Zeitfunktion $f(t)$ zu bestimmen. Mathematisch erhält man $f(t)$ aus dem Zusammenhang

$$f(t) = \lim_{d\to\infty} \frac{1}{2\pi j} \int_{c-jd}^{c+jd} \mathrm{e}^{st} f(s) \mathrm{d}s, \tag{B.26}$$

wobei c eine reelle Konstante ist, die so gewählt werden muß, daß sie größer als die Realteile sämtlicher Singularitäten von $f(s)$ ist. Der Integrationsweg ist also parallel zur Imaginärachse der komplexen s-Ebene und um den Betrag c verschoben. Die Berechnung von $f(t)$ mit Hilfe von (B.26) ist in der Regel nicht notwendig, da die gebräuchlichsten Funktionen in Tabellen der LAPLACE-Transformation aufgeführt sind (siehe z.B. Tabelle B.1). Eine ausführlichere Tabelle ist in [DOETSCH] zu finden. Bei der Verwendung von Tabellen für die Rücktransformation muß $f(s)$ in einer Form vorliegen, die in den Tabellen vorhanden ist. Wenn eine rückzutransformierende Funktion in einer gerade zur Verfügung stehenden Tabelle nicht vorhanden ist, muß $f(s)$ in Partialbrüche zerlegt und durch die Summe einfacherer Funktionen von s dargestellt werden, von denen die inversen LAPLACE-Transformierten bekannt oder in der Tabelle zu finden sind.

Wenn $f(s)$ so in Komponenten zerlegt wird:

$$f(s) = F(s) = F_1(s) + F_2(s) + \cdots + F_n(s) \tag{B.27}$$

und die inversen LAPLACE-Transformierten von $F_1(s), \ldots, F_n(s)$ bekannt sind, erhält man

$$\mathcal{L}^{-1}\{F(s)\} = f(t) = \mathcal{L}^{-1}\{F_1(s)\} + \cdots + \mathcal{L}^{-1}\{F_n(s)\} = f_1(t) + \cdots + f_n(t). \tag{B.28}$$

In der Regelungstheorie liegt $F(s)$ häufig in der Form

$$F(s) = \frac{Z(s)}{N(s)} = \frac{b_m s^m + b_{m-1}s^{m-1} + \cdots + b_1 s + b_0}{s^n + a_{n-1}s^{n-1} + \cdots + a_1 s + a_0} \tag{B.29}$$

vor, wobei die b_i und a_i reell sind und $m < n$ ist. Für die Zerlegung in Partialbrüche müssen die Wurzeln des Nennerpolynoms $N(s)$ bekannt sein. Die Zerlegung kann also nur durchgeführt werden, wenn der Nenner faktorisiert ist:

$$F(s) = \frac{Z(s)}{\prod_{j=1}^{n}(s - p_j)}, \tag{B.30}$$

wobei die p_j die Wurzeln des Nennerpolynoms sind.

Fall 1: Die Wurzeln des Nennerpolynoms von $F(s)$ sind alle verschieden.

In diesem Fall existieren Konstanten K_j so, daß für alle s gilt:

$$F(s) = \frac{Z(s)}{N(s)} = \frac{K_1}{s - p_1} + \frac{K_2}{s - p_2} + \cdots + \frac{K_n}{s - p_n}. \tag{B.31}$$

Die K_j heißen **Residuen** von $F(s)$ bei den Polen $s = p_j$. Man erhält sie aus

$$K_j = [(s - p_j)F(s)]_{s=p_j}. \tag{B.32}$$

Beweis: Es sei

$$F(s) = \sum_{i=1}^{n} \frac{K_i}{s - p_i}.$$

Multiplikation mit $(s - p_j)$ ergibt

$$(s - p_j)F(s) = K_j + (s - p_j)\sum_{\substack{i=1 \\ i \neq j}}^{n} \frac{K_i}{s - p_i}.$$

$s = p_j$ gesetzt, ergibt (B.32). □

Aus (B.28) erhält man schließlich mit

$$\mathcal{L}^{-1}\left\{\frac{K_i}{s - p_i}\right\} = K_i e^{p_i t} \tag{B.33}$$

die Zeitfunktion

$$f(t) = K_1 e^{p_1 t} + K_2 e^{p_2 t} + \cdots + K_n e^{p_n t}. \tag{B.34}$$

B.5 Beispiel: Gesucht ist die zu

$$F(s) = \frac{s+3}{(s+1)(s+2)} \tag{B.35}$$

gehörende Zeitfunktion $f(t)$. Die Partialbruchzerlegung von $F(s)$ ist

$$F(s) = \frac{K_1}{s+1} + \frac{K_2}{s+2}, \tag{B.36}$$

wobei K_1 und K_2 mit (B.32) wie folgt bestimmt werden können:

$$K_1 = \left[(s+1)\frac{s+3}{(s+1)(s+2)}\right]_{s=-1} = 2,$$

$$K_2 = \left[(s+2)\frac{s+3}{(s+1)(s+2)}\right]_{s=-2} = -1.$$

Damit erhält man

$$f(t) = \mathcal{L}^{-1}\left\{\frac{2}{s+1}\right\} + \mathcal{L}^{-1}\left\{\frac{-1}{s+2}\right\} = 2e^{-t} - e^{-2t}.$$

Fall 2: $F(s)$ hat Mehrfachpole.

Angenommen, $F(s)$ hat einen Mehrfachpol p_1 mit der Vielfachheit r, die anderen Pole mögen ohne Einschränkung der Allgemeinheit alle verschieden sein. Das Nennerpolynom kann dann geschrieben werden:

$$N(s) = (s-p_1)^r (s-p_{r+1}) \cdots (s-p_n). \tag{B.37}$$

Für die Partialbruchzerlegung von $F(s)$ erhält man dann

$$F(s) = \frac{Z(s)}{N(s)} = \frac{K_{1,r}}{(s-p_1)^r} + \frac{K_{1,r-1}}{(s-p_1)^{r-1}} + \cdots + \frac{K_{1,1}}{s-p_1} + \frac{K_{r+1}}{s-p_{r+1}} + \cdots + \frac{K_n}{s-p_n} \tag{B.38}$$

mit

$$K_{1,r} = \left[(s-p_1)^r F(s)\right]_{s=p_1}, \tag{B.39}$$

$$K_{1,r-1} = \left(\frac{\mathrm{d}}{\mathrm{d}s}\left[(s-p_1)^r F(s)\right]\right)_{s=p_1}, \tag{B.40}$$

$$\vdots$$

$$K_{1,r-i} = \frac{1}{i!}\left(\frac{\mathrm{d}^i}{\mathrm{d}s^i}\left[(s-p_1)^r F(s)\right]\right)_{s=p_1}, \tag{B.41}$$

$$\vdots$$

$$K_{1,1} = \frac{1}{(r-1)!}\left(\frac{\mathrm{d}^{r-1}}{\mathrm{d}s^{r-1}}\left[(s-p_1)^r F(s)\right]\right)_{s=p_1} \tag{B.42}$$

Beweis: Multiplikation von (B.38) mit $(s-p_1)^r$ und Grenzübergang $s \to p_1$ ergibt $K_{1,r}$ in (B.39). Multiplikation von (B.38) mit $(s-p_1)^r$ und Differentiation nach s, ergibt

$$\begin{aligned}\frac{\mathrm{d}}{\mathrm{d}s}\left[(s-p_1)^r F(s)\right] &= K_{1,r}\frac{\mathrm{d}}{\mathrm{d}s}\left[\frac{(s-p_1)^r}{(s-p_1)^r}\right] + K_{1,r-1}\frac{\mathrm{d}}{\mathrm{d}s}\left[\frac{(s-p_1)^r}{(s-p_1)^{r-1}}\right] + \\ &+ \cdots + K_{1,1}\frac{\mathrm{d}}{\mathrm{d}s}\left[\frac{(s-p_1)^r}{s-p_1}\right] + K_{r+1}\frac{\mathrm{d}}{\mathrm{d}s}\left[\frac{(s-p_1)^r}{s-p_{r+1}}\right] + \\ &+ \cdots + K_n\frac{\mathrm{d}}{\mathrm{d}s}\left[\frac{(s-p_1)^r}{s-p_n}\right].\end{aligned}$$

Der erste Summand auf der rechten Seite dieser Gleichung entfällt. Der zweite Summand wird zu $K_{1,r-1}$. Alle übrigen Summanden enthalten Potenzen von $(s-p_1)$ als Faktor, d.h., sie entfallen, wenn s gegen p_1 strebt. Daraus folgt (B.40). Entsprechend erhält man durch sukzessive Differentiation nach s und den Übergang $s \to p_1$ (B.41) und (B.42). □

B.6 Beispiel: Gesucht ist die zu

$$F(s) = \frac{s^2+2s+3}{(s+1)^3} \tag{B.43}$$

gehörende Zeitfunktion $f(t)$. Der Pol $p=-1$ ist dreifach. Partialbruchzerlegung ergibt

$$F(s) = \frac{K_{1,3}}{(s+1)^3} + \frac{K_{1,2}}{(s+1)^2} + \frac{K_{1,1}}{s+1}, \tag{B.44}$$

wobei die Konstanten wie folgt bestimmt werden:

$$\begin{aligned}K_{1,3} &= \left[(s+1)^3\frac{s^2+2s+3}{(s+1)^3}\right]_{s=-1} = 2, \\ K_{1,2} &= \left(\frac{\mathrm{d}}{\mathrm{d}s}\left[(s+1)^3\frac{s^2+2s+3}{(s+1)^3}\right]\right)_{s=-1} \\ &= \left(\frac{\mathrm{d}}{\mathrm{d}s}\left[s^2+2s+3\right]\right)_{s=-1} \\ &= (2s+2)_{s=-1} = 0,\end{aligned}$$

$$\begin{aligned}K_{1,1} &= \frac{1}{(3-1)!}\left(\frac{\mathrm{d}^2}{\mathrm{d}s^2}\left[(s+1)^3\frac{s^2+2s+3}{(s+1)^3}\right]\right)_{s=-1} \\ &= \frac{1}{2!}\left(\frac{\mathrm{d}^2}{\mathrm{d}s^2}\left[s^2+2s+3\right]\right)_{s=-1} \\ &= \frac{1}{2!}2 = 1.\end{aligned}$$

Damit erhält man

$$f(t) = \mathcal{L}^{-1}\{F(s)\} = \mathcal{L}^{-1}\left\{\frac{2}{(s+1)^3}\right\} + \mathcal{L}^{-1}\left\{\frac{1}{s+1}\right\} = (t^2+1)\mathrm{e}^{-t}.$$

□

B.5 $\mathcal{Z}$-Rücktransformation in den Zeitbereich

B.5.1 Partialbruchzerlegung

Analog zur LAPLACE-Rücktransformation von $F(s)$ über eine Partialbruchzerlegung wäre bei der $\mathcal{Z}$-Rücktransformation die Partialbruchzerlegung

$$F(z) = \frac{K_1}{z+p_1} + \frac{K_2}{z+p_2} + \frac{K_3}{z+p_2} + \cdots. \tag{B.45}$$

Für die Partialbrüche auf der rechten Seite dieser Zerlegung sind jedoch in Tabelle B.2 keine $\mathcal{Z}$-Transformierten zu finden, aber z.B. für $K_i z/(z-p_i)$:

$$\mathcal{Z}^{-1}\left\{\frac{K_i z}{z-p_i}\right\} = K_i p_i^k. \tag{B.46}$$

Deshalb ist es sinnvoll, $F(z)$ in die Partialbrüche

$$F(z) = \frac{K_1 z}{z-p_1} + \frac{K_2 z}{z-p_2} + \frac{K_3 z}{z-p_3} + \cdots \tag{B.47}$$

oder zunächst in

$$\frac{F(z)}{z} = \frac{K_1}{z-p_1} + \frac{K_2}{z-p_2} + \frac{K_3}{z-p_3} + \cdots \tag{B.48}$$

zu zerlegen. Multiplikation dieser Partialbruchzerlegung mit z und Rücktransformation in den Zeitbereich liefert dann

$$\mathcal{Z}^{-1}\{F(z)\} = f_k = K_1 p_1^k + K_2 p_2^k + k_3 p_3^k + \cdots. \tag{B.49}$$

Die K_i erhält man aus

$$\lim_{z\to p_i}\left[(z-p_i)\frac{F(z)}{z}\right] = K_i. \tag{B.50}$$

Treten im Nennerpolynom von $F(z)/z$ Mehrfachwurzeln auf, ist z.B. p_i eine zweifache Wurzel, dann Zerlegung in

$$\frac{F(z)}{z} = \cdots + \frac{K_{i,1}}{z-p_i} + \frac{K_{i,2}}{(z-p_i)^2} + \cdots. \tag{B.51}$$

Durch Multiplikation dieser Gleichung mit dem Nenner von $F(z)/z$ und anschließendem Koeffizientenvergleich erhält man die Koeffizienten $K_{i,j}$.

B.7 Beispiel: Für die $\mathcal{Z}$-Transformierte

$$F(z) = \frac{z^2}{(z-1)(z-0,45)}$$

erhält man die Koeffizienten

$$\begin{aligned} K_1 &= \lim_{z\to 1}\left[(z-1)\frac{F(z)}{z}\right] = \lim_{z\to 1}\frac{z}{z-0,45} = 1,818 \quad \text{und} \\ K_2 &= \lim_{z\to 0,45}\left[(z-0,45)\frac{F(z)}{z}\right] = \lim_{z\to 0,45}\frac{z}{z-1} = -0,818, \end{aligned}$$

d.h., die Partialbruchzerlegung

$$F(z) = \frac{1,818z}{z-1} - \frac{0,818z}{z-0,45}.$$

Rücktransformation in den Zeitbereich ergibt schließlich

$$\underline{f_k = 1,818 - 0,818(0,45)^k.}$$

□

B.5.2 Ausdividieren der $\mathcal{Z}$-Transformierten

Durch dividieren des Zählerpolynoms durch das Nennerpolynom erhält man die Reihe

$$F(z) = a_0 + a_1 z^{-1} + a_2 z^{-2} + \cdots. \tag{B.52}$$

Ein Koeffizientenvergleich mit der Definitionsformel

$$F(z) = \sum_{k=0}^{\infty} f_k z^{-k} = f_0 + f_1 z^{-1} + f_2 z^{-2} + \cdots \tag{B.53}$$

der $\mathcal{Z}$-Transformation liefert

$$\begin{aligned} f_0 &= a_0, \\ f_1 &= a_1, \\ f_2 &= a_2, \\ &\vdots \end{aligned}$$

Man erhält aber keine geschlossene Formel für f_k.

B.8 Beispiel: Für die Funktion $F(z)$ aus Beispiel B.7 erhält man durch Division

$$z^2 : (z^2 - 1,45z + 0,45) = 1 + 1,45z^{-1} + 1,6525z^{-2} + 1,743z^{-3} + \cdots,$$

also ist

$$f_0 = 1, \quad f_1 = 1,45, \quad f_2 = 1,6525, \quad f_3 = 1,743, \ldots .$$

□

B.5.3 Umkehrformel

Nach dem Satz von CAUCHY aus der Funktionentheorie gilt:

$$\oint_C z^k \mathrm{d}z = \begin{cases} 2\pi j & \text{für} \quad k = -1, \\ 0 & \text{für} \quad k = \text{ganze Zahl} \neq -1. \end{cases} \tag{B.54}$$

Hierbei ist der Integrationsweg C eine geschlossene Kontur, die den Ursprung der z-Ebene umschließt. Multipliziert man die Definitionsformel der $\mathcal{Z}$-Transformierten $F(z)$ mit z^{k-1}, so steht bei f_k der Faktor z^{-1}:

$$z^{k-1}F(z) = f_0 z^{k-1} + f_1 z^{k-2} + \cdots + f_{k-1} z^0 + f_k z^{-1} + \cdots.$$

Nach dem Satz von CAUCHY ist dann

$$\oint_C z^{k-1}F(z)\mathrm{d}z = 2\pi j \cdot f_k \tag{B.55}$$

oder

$$f_k = \frac{1}{2\pi j}\oint_C z^{k-1}F(z)\mathrm{d}z = \mathcal{Z}^{-1}\left\{F(z)\right\}. \tag{B.56}$$

Das Integral kann mit Hilfe des Residuensatzes berechnet werden:

$$f_k = \frac{1}{2\pi j}\oint_C z^{k-1}F(z)\mathrm{d}z = \sum_i \mathrm{Res}\left(z^{k-1}F(z)\right)_{z=p_i}. \tag{B.57}$$

Hat die Funktion $z^{k-1}F(z)$ bei p_i einen Mehrfachpol der Ordnung r, dann gilt:

$$\mathrm{Res}(z^{k-1}F(z)) = \lim_{z\to p_i}\frac{1}{(r-1)!}\frac{\mathrm{d}^{r-1}}{\mathrm{d}z^{r-1}}\left[(z-p_i)^r z^{k-1}F(z)\right]. \tag{B.58}$$

Insbesondere für $r = 1$ ist:

$$\mathrm{Res}_{p_i}\left(z^{k-1}F(z)\right) = \lim_{z\to p_i}\left[(z-p_i)z^{k-1}F(z)\right]. \tag{B.59}$$

B.9 Beispiel: Für die gleiche Funktion wie in den vorhergehenden beiden Beispielen B.7 und B.8 erhält man

$$\begin{aligned} f_k &= \sum \mathrm{Res}\left(\frac{z^{k+1}}{(z-1)(z-0,45)}\right) \\ &= \lim_{z\to p_1}\frac{z^{k+1}}{z-0,45} + \lim_{z\to p_2}\frac{z^{k+1}}{z-1} \\ &= \frac{1}{0,55} + \frac{(0,45)^{k+1}}{-0,55} \\ &= \underline{1,818 - 0,818(0,45)^k}. \end{aligned}$$

B.10 Beispiel: Für die Funktion

$$F(z) = \frac{z}{(z-1)(z-0,5)^2}$$

mit dem Einfachpol $p_1 = 1$ und dem Doppelpol $p_2 = 0,5$ erhält man

$$\begin{aligned} f_k &= \lim_{z\to 1}\frac{z^k}{(z-0,5)^2} + \lim_{z\to 0,5}\frac{\mathrm{d}}{\mathrm{d}z}\left(\frac{z^k}{z-1}\right) \\ &= \lim_{z\to 1}\frac{z^k}{(z-0,5)^2} + \lim_{z\to 0,5}\frac{kz^{k-1}(z-1)-z^k}{(z-1)^2} \\ &= 4 - 2k(0,5)^{k-1} - 4(0,5)^k \\ &= \underline{4[1-(k+1)(0,5)^k]}. \end{aligned}$$

□

Tabelle B.1: LAPLACE-Transformierte einiger Zeitfunktionen

$f(t)$	$\mathcal{L}\{f(t)\}$
$\delta(t)$	1
$\sigma(t)$	$\frac{1}{s}$
t	$\frac{1}{s^2}$
$\frac{1}{(n-1)!}t^{n-1}$	$\frac{1}{s^n}$
e^{-at}	$\frac{1}{s+a}$
$\cos(\omega t)$	$\frac{s}{s^2+\omega^2}$
$\sin(\omega t)$	$\frac{\omega}{s^2+\omega^2}$
$\frac{1}{b-a}\left(\mathrm{e}^{-at}-\mathrm{e}^{-bt}\right);\ a \neq b$	$\frac{1}{(s+a)(s+b)}$
$\frac{1}{b-a}\left(b\mathrm{e}^{-bt}-a\mathrm{e}^{-at}\right);\ a \neq b$	$\frac{s}{(s+a)(s+b)}$
$\mathrm{e}^{-at}\sin(\omega t)$	$\frac{\omega}{(s+a)^2+\omega^2}$
$\mathrm{e}^{-at}\cos(\omega t)$	$\frac{s+a}{(s+a)^2+\omega^2}$
$\frac{1}{a^2}\left(at-1+\mathrm{e}^{-at}\right);\ a \neq 0$	$\frac{1}{s^2(s+a)}$
$A\mathrm{e}^{-at}\cos(\omega t+\varphi)$; $A=\frac{1}{\omega}\left[b^2\omega^2+(c-ab)^2\right]^{\frac{1}{2}},\quad \varphi=-\arctan\frac{c-ab}{b\omega}$	$\frac{bs+c}{(s+a)^2+\omega^2}$

Tabelle B.2: $\mathcal{Z}$-Transformierte einiger Zeitfunktionen

$f(t)$	f_k	$\mathcal{Z}\{f_k\}$
$\sigma(t)$	1	$\frac{z}{z-1}$
t	kT	$\frac{Tz}{(z-1)^2}$
t^2	$(kT)^2$	$\frac{T^2 z(z+1)}{(z-1)^3}$
e^{at}	$\left(e^{aT}\right)^k$	$\frac{z}{z-e^{aT}}$
$\sin(\omega t)$	$\sin(\omega kT)$	$\frac{z\sin(\omega T)}{z^2-2z\cos(\omega T)+1}$
$\cos(\omega t)$	$\cos(\omega kT)$	$\frac{z(z-\cos(\omega T))}{z^2-2z\cos(\omega T)+1}$
$e^{at}\cos(\omega t)$	$\left(e^{aT}\right)^k\cos(\omega kT)$	$\frac{z(z-e^{aT}\cos(\omega T))}{z^2-2ze^{aT}\cos(\omega T)+e^{2aT}}$

Literaturverzeichnis

[Ackermann] **Ackermann, J.**: Der Entwurf linearer Regelungssysteme im Zustandsraum. Regelungstechnik, 20 (1972) 297-300

[Anderson/Moore] **Anderson, B.D.O.; Moore, J.B.**: Optimal Filtering. Englewood Cliffs: Prentice-Hall 1979

[Arnold] **Arnold, V.I.**: Geometrische Methoden in der Theorie der gewöhnlichen Differentialgleichungen. Berlin: Deutscher Verlag der Wissenschaften 1987

[Basile/Marro] **Basile, G.; Marro, G.**: Controlled and Conditioned Invariants in Linear System Theory. Englewood Cliffs: Prentice-Hall 1992

[Boltjanski] **Boltjanski, W.G.**: Mathematische Methoden der optimalen Steuerung. München: Hanser 1972

[Brammer/Siffling] **Brammer, K.; Siffling, G.**: Kalman-Bucy-Filter. München: Oldenbourg 1975

[Casti] **Casti, J.L.**: Dynamical Systems and their Applications. New York: Academic Press 1977

[Chen] **Chen, C.T.**: Introduction to Linear System Theory. New York: Holt Rinehart and Winston 1970

[Chiang/Safonow] **Chiang, R.Y.; Safonow, M.G.**: Robust Control Toolbox Users Guide. Sherborn: The Matworks 1988

[Cruz] **Cruz, J.B.; Freudenberg, J.S.; Looze, D.P.**: A relationship between sensitivity and stability of multivarible feedback systems. IEEE-Tran. Automatic Control, 26 (1981) 66-74

[Cybenko] **Cybenko, G.**: Continuous value neural networks with two hidden layers are sufficient. Math. Control Signals and Systems, 2 (1898) 303-314

[DOETSCH] **Doetsch, G.**: Anleitung zum praktischen Gebrauch der Laplace-Transformation und der Z-Transformation. München: Oldenbourg 1967

[DOYLE] **Doyle, J.; Glover, K.; Khargonekar, P.P.; Francis, B.A.**: State space solutions to standard H_2 and H_∞ control problems. IEEE Trans. Automatic Control, 34 (1989) 831-847

[DOYLE/STEIN] **Doyle, J.C.; Stein, G.**: Multivariable feedback design. IEEE Trans. Automatic Control, 26 (1981) 4-16

[DRÜCKE] **Drücke, P.**: Robuste Regelung durch Störungsentkopplung. Dissertation, Bremen 1992

[ENGELL] **Engell, S.**: Optimale lineare Regelung. Berlin: Springer 1988

[FÖLLINGER] **Föllinger, O.**: Regelungstechnik. Heidelberg: Hüthig 1992

[FRANCIS] **Francis, B.A.**: A Course in H_∞ Control Theory. Berlin: Springer 1987

[GANTMACHER] **Gantmacher, F.R.**: Matrizentheorie. Berlin: Deutscher Verlag der Wissenschaften 1986

[HAUTUS] **Hautus, M.L.J.**: Controllability and observability conditions for linear autonomous systems. Nederl. Akad. Wet. Proc. A72 (1969) 443-448

[HORNIK] **Hornik, K.; Stinchcombe, M.; White, H.**: Multi-layer feedforward networks are universal approximators. Neural Networks, 2 (1989) 359-366

[ISERMANN] **Isermann, R.**: Identifikation Dynamischer Systeme. Band 1 und 2. Berlin: Springer 1992

[ISIDORI] **Isidori, A.**: Nonlinear Control Systems. Berlin: Springer 1989

[KALMAN] **Kalman, R.E.**: Mathematical description of linear dynamical systems. SIAM-Journal Control, 1 (1963) 152-192

[KALMAN/BERTRAM] **Kalman, R.E.; Bertram, J.E.**: Control system analysis and design via the second method of Ljapunov. Trans. ASME, J. Basic Engineering, 82 (1960) 371-400

[KALMAN/BUCY] **Kalman, R.E.; Bucy, R.S.**: New results in linear filtering and prediction theory. Trans. ASME, J. Basic Engineering, 83 (1961) 95-100

[KNOBLOCH/KWAKERNAAK] **Knobloch, H.W.; Kwakernaak, H.**: Lineare Kontrolltheorie. Berlin: Springer 1985

[Krebs] **Krebs, V.**: Nichtlineare Filterung. München: Oldenbourg 1980

[Landgraf/Schneider] **Landgraf, Chr.; Schneider, G.**: Elemente der Regelungstechnik. Berlin: Springer 1970

[Lee/Markus] **Lee, E.B.; Markus, L.**: Foundations of Optimal Control Theory. New York: John Wiley 1967

[Liénard/Chipart] **Liénard, A.M.; Chipart, A.H.**: Über die Vorzeichen des Realteils der Wurzeln einer algebraischen Gleichung. J. Math. Pures et Appl. (1914) 291-346

[Levin/Narendra] **Levin, A.U.; Narendra, K.S.**: Control of nonlinear dynamical systems using neural networks: Controllability and stabilization. IEEE-Trans. Neural Networks, 4 (1993) 192-206

[Ludyk, 1968a] **Ludyk, G.**: Zeitoptimale Abtastsysteme mit Beschränkung der Stellgröße. Regelungstechnik, 16 (1968) 344-352

[Ludyk, 1968b] **Ludyk, G.**: Zeitoptimale Abtastsysteme mit mehreren beschränkten Stellgrößen. IFAC-Symp. Multivariable Control Systems, Düsseldorf 1968

[Ludyk, 1976] **Ludyk, G.**: Steuerbarkeit, Erreichbarkeit, Beobachtbarkeit und Rekonstruierbarkeit zeitvarianter linearer zeitdiskreter Systeme. Regelungstechnik, 24 (1976) 417-426

[Ludyk, 1977] **Ludyk, G.**: Theorie dynamischer Systeme. Berlin: Elitera 1977

[Ludyk, 1981] **Ludyk, G.**: Time-Variant Discrete-Time Systems. Braunschweig: Vieweg 1981

[Ludyk, 1985] **Ludyk, G.**: Stability of Time-Variant Discrete-Time Systems. Braunschweig: Vieweg 1985

[Ludyk, 1990] **Ludyk, G.**: CAE von Dynamischen Systemen: Analyse, Simulation, Entwurf von Regelungssystemen. Berlin: Springer 1990

[Luenberger] **Luenberger, D.G.**: Observing the state of a linear system. IEEE Trans. Military Electronics, 8 (1964) 74-80

[Lunze] **Lunze, J.**: Robust Multivariable Control. New York: Prentice Hall 1989

[Müller] **Müller, P.C.**: Stabilität und Matrizen. Berlin: Springer 1977

[NARENDRA/PHATHASARATHY] **Narendra, K.S.; Parthasarathy, K.**: Identification and control of dynamical systems using neural networks. IEEE Trans. Neural Networks, 1 (1990) 4-27

[NIJMEIJER/VAN DER SCHAFT] **Nijmeijer, H.; van der Schaft, H.**: Nonlinear Dynamical Contol Systems. Berlin: Springer 1990

[O'REILLY] **O'Reilly, J.**: The discrete linear time invariant time-optimal control problem. Automatica, 17 (1981) 363-370

[REINSCHKE] **Reinschke, K.**: Multivariable Control. Berlin: Akademie 1988

[ROPPENECKER] **Roppenecker, G.**: Zeitbereichsentwurf linearer Regelungen. München: Oldenbourg 1990

[RUMELHART] **Rumelhart, D.E.; Hinton, G.E.; McClelland, J.L.**: Parallel Distributed Processing. Cambridge: MIT-Press 1987

[SCHMIDT] **Schmidt, G.**: Grundlagen der Regelungstechnik. Berlin: Springer 1982

[SCHWARZ] **Schwarz, H.**: Nichtlineare Regelungssysteme. München: Oldenbourg 1991

[SPONG/VIDYASAGAR] **Spong, M.W.; Vidyasagar, M.**: Robot Dynamics and Control. New York: John Wiley 1989

[UNBEHAUEN] **Unbehauen, H.; Göhring, B.; Bauer, B.**: Parameterschätzverfahren zur Systemidentifikation. München: Oldenbourg 1974

[VIDYASAGAR] **Vidyasagar, M.**: Nonlinear Systems Analysis. London: Prentice-Hall 1993

[WILKINSON] **Wilkinson, J.H.**: Rundungsfehler. Berlin: Springer 1969

[WONHAM] **Wonham, W.M.**: Linear Multivariable Control: A Geometric Approach. Berlin: Springer 1979

[ZHUANG/ATHERTON] **Zhuang, M.; Atherton, D.P.**: Tuning PID controllers with integral performance criteria. In: Chipperfield, A.; Fleming, P.: MATLAB-Toolboxes and Applications for Control. Exeter: Peter Peregrinus 1993

[ZURMÜHL/FALK] **Zurmühl, R.; Falk, S.**: Matrizen und ihre Anwendungen. Band 1 und 2. Berlin: Springer 1992/1986

Sachverzeichnis

Springer-Verlag und Umwelt

Als internationaler wissenschaftlicher Verlag sind wir uns unserer besonderen Verpflichtung der Umwelt gegenüber bewußt und beziehen umweltorientierte Grundsätze in Unternehmensentscheidungen mit ein.

Von unseren Geschäftspartnern (Druckereien, Papierfabriken, Verpackungsherstellern usw.) verlangen wir, daß sie sowohl beim Herstellungsprozeß selbst als auch beim Einsatz der zur Verwendung kommenden Materialien ökologische Gesichtspunkte berücksichtigen.

Das für dieses Buch verwendete Papier ist aus chlorfrei bzw. chlorarm hergestelltem Zellstoff gefertigt und im pH-Wert neutral.